SketchUp（中国）授权培训中心官方指定教材

SketchUp曲面建模思路与技巧

孙　哲　潘　鹏　编著

清华大学出版社
北京

内 容 简 介

本书是 SketchUp（中国）授权培训中心系列教材《SketchUp 要点精讲》《SketchUp 建模思路与技巧》的进阶篇，供已入门的 SketchUp 用户提高之用。与本书同时出版的《SketchUp 常用插件手册》是配合本书使用的重要工具书。

曲面建模一直是 SketchUp 应用的难点所在。本书从简到繁，有理论，有实践，以超过 200 个大大小小的实例涵盖了曲面建模的方方面面，是目前市场上针对 SketchUp 曲面建模课题的专业教材。

本书与《SketchUp 常用插件手册》一起能为你解决曲面建模方面的很多麻烦，是 SketchUp 用户案头之必备工具书，也是大专院校相关专业教材与师生们的重要工具书。

图书在版编目（CIP）数据

SketchUp 曲面建模思路与技巧 / 孙哲，潘鹏编著 . —北京：清华大学出版社，2023.8
SketchUp（中国）授权培训中心官方指定教材
ISBN 978-7-302-64213-8

Ⅰ. ①S…　Ⅱ. ①孙…　②潘…　Ⅲ. ①建筑设计—计算机辅助设计—应用软件—中等专业学校—教材
Ⅳ. ①TU201.4

中国国家版本馆CIP数据核字（2023）第135456号

责任编辑：张　瑜
封面设计：潘　鹏
责任校对：李玉茹
责任印制：丛怀宇
出版发行：清华大学出版社
　　　　　网　　　址：http://www.tup.com.cn, http://www.wqbook.com
　　　　　地　　　址：北京清华大学学研大厦A座　　　　　邮　　编：100084
　　　　　社 总 机：010-83470000　　　　　　　　　　邮　　购：010-62786544
　　　　　投稿与读者服务：010-62776969, c-service@tup.tsinghua.edu.cn
　　　　　质量反馈：010-62772015, zhiliang@tup.tsinghua.edu.cn
　　　　　课件下载：http://www.tup.com.cn, 010-62791865
印 装 者：三河市君旺印务有限公司
经　　销：全国新华书店
开　　本：190mm×260mm　　印　　张：39.25　　　　　字　　数：976千字
版　　次：2023年9月第1版　　印　　次：2023年9月第1次印刷
定　　价：198.00元

产品编号：093690-01

SketchUp（中国）授权培训中心
官方指定教材编审委员会

主　编：潘　鹏
副主编：孙　哲

顾　问：王　奕　张　然

编　委：

SketchUp官方序

自 2012 年天宝（Trimble）公司从谷歌（Google）公司收购 SketchUp 以来，这些年 SketchUp 的功能得以持续开发和迭代，目前已经发展成天宝建筑最核心的通用三维建模及 BIM 软件。几乎所有的天宝软、硬件产品都已经和 SketchUp 连通，因此可以将测量测绘、卫星图像、航拍倾斜摄影、3D 激光扫描点云等信息导入 SketchUp；用 SketchUp 进行设计和深化之后，也可通过 Trimble Connect 云端协同平台与 Tekla 结构模型、IFC、rvt 等格式协同，还可结合天宝 MR/AR/VR 软、硬件产品进行可视化展示，以及结合天宝 BIM 放样机器人进行数字化施工。

近期天宝公司发布了最新的 3D Warehouse 参数化的实时组件（live component）功能，以及未来参数化平台 Materia，将为 SketchUp 打开一扇新的大门，未来还会有更多、更强大的 SketchUp 衍生开发产品陆续发布。由此可以看出，SketchUp 已经发展成为天宝 DBO（design, build, operate，设计、建造、运维）全生命周期解决方案的核心工具。

SketchUp 在中国的建筑、园林景观、室内设计、规划以及其他众多设计专业里有非常庞大的用户基础和市场占有率。然而大部分用户仅仅使用了 SketchUp 最基础的功能，并不知道虽然 SketchUp 的原生功能很简单，但通过这些基础功能，结合第三方插件，众多资深用户可以将 SketchUp 发挥成一款极其强大的工具，处理复杂的造型和庞大的设计项目。

SketchUp（中国）授权培训中心（ATC）的官方教材编审委员会已经组织编写了一批相关的通用纸质和多媒体教材，后续还将推出更多新的教材，其中，SketchUp（中国）授权培训中心副主任孙哲（SU 老怪）老师的教材和视频对很多基础应用和技巧做了很好的归纳总结。孙哲老师是国内最早的 SketchUp 用户之一，从事 SketchUp 教育培训工作十余年，积累了大量的教学成果。未来还需要 ATC 以孙哲老师为代表的教材编审委员贡献更多此类相关教材，助力所有用户更加高效、便捷地创作出更多优秀的作品。

向所有为 SketchUp 推广应用做出贡献的老师们致敬！

向所有 SketchUp 的忠实用户致敬！

SketchUp 将与大家一起进步和飞跃！

SketchUp 大中华区经理
王奕（Vivien）

SketchUp 大中华区技术总监
张然（Leo Z）

　　《SketchUp 曲面建模思路与技巧》是 SketchUp（中国）授权培训中心在中国大陆地区出版的官方指定系列教材中的一本。此系列教材已经陆续出版了《SketchUp 要点精讲》《SketchUp 学员自测题库》《SketchUp 建模思路与技巧》《LayOut 制图基础》《SketchUp 材质系统精讲》5 种图书与配套的视频教程。另外，《SketchUp 插件应用手册》等图书以及与之配套的一系列官方视频教程也在策划中。

　　SketchUp 软件诞生于 2000 年，经过二十多年的演化升级，已经成为全球用户最多、应用最广泛的三维（3D）设计软件。自 2003 年登陆中国以来，在城市规划、建筑、园林景观、室内设计、产品设计、影视制作与游戏开发等专业领域，越来越多的设计师转而使用 SketchUp 来完成自身的工作。2012 年，Trimble（天宝）公司从 Google（谷歌）公司收购了 SketchUp。凭借 Trimble 公司强大的科技实力，SketchUp 迅速成为融合地理信息采集、3D 打印、VR/AR/MR 应用、点云扫描、BIM、参数化设计等信息技术的"数字创意引擎"，并且这一趋势正在悄然改变着设计师的工作方式。

　　官方教材的编写是一个系统性的工程。为了保证教材的翔实性、规范性及权威性，ATC 专门成立了"教材编审委员会"，组织专家对教材内容进行反复的论证与审校。本教材的编写由 ATC 副主任孙哲老师主笔。孙哲老师是国内最早的 SketchUp 用户之一，从事 SketchUp 教育培训工作十余年，积累了大量的教学研究成果和经验。此系列教材的出版将有助于院校、企业及个人在学习过程中，更加规范、系统地认识和掌握 SketchUp 软件的相关知识与技能。

　　在教材编写过程中，我们得到了来自 Trimble 公司的充分信任与肯定。特别鸣谢 Trimble SketchUp 大中华区经理王奕女士及 Trimble 公司 SketchUp 大中华区技术总监张然先生的鼎力支持。同时，也要感谢我的同事们以及 SketchUp 官方认证讲师团队，这是一支由建筑师、设计师、工程师、美术师组成的超级团队，是 SketchUp（中国）授权培训中心的中坚力量。

　　最后，要向那些 SketchUp 在中国发展初期的使用者和拓荒者致敬。事实上，SketchUp 旺盛的生命力源自民间各种机构、平台乃至个体之间的交流与碰撞。SketchUp 丰富多样的用户生态是我们最为宝贵的财富。

　　SketchUp 是一款性能卓越、扩展性极强的软件，仅凭一本或几本工具书并不足以展现其全貌。我们当前的努力也仅能助力用户实现一个小目标，即推开通往 SketchUp 世界的大门。欢迎大家加入我们。

SketchUp（中国）授权培训中心主任

前　言

　　3D 建模的方式有很多，如 NURBS（曲面建模）、Polygon Modeling（多边形建模）、Parametric Modeling（参数化建模）、Reverse Modeling（逆向建模）、Point cloud（点云建模）等，常用的软件有数十种，不同的建模方式有不同的优势与特点，以适应不同的领域。

　　SketchUp 属于 Polygon Modeling（多边形建模），简称"Poly"，由 Vertex（顶点）、Edge（边线）、Face（面）、Element（元素或体）构成网格拼成曲面。我们可以通过增加细分次数让曲面趋近理想，不过无论如何细分，它永远是折面，因此称为"多边形建模"，简称"Besh"（网格建模）。

　　SketchUp 作为 Polygon Modeling（多边形建模）工具的优点是方便快捷，相对于某些建模工具，多边形建模方式对于用户的美术与数学功底要求不是很高，容易上手，方便修改，因此类似原理的软件已成为主流的建模方法，在国内外拥有较多的使用者。此类软件的缺点也很明显，就是很难获得高精度的曲面。

　　世间万物普遍存在着两面性，Polygon Modeling（多边形建模）虽然有难以获得高精度曲面的先天缺陷，但是在设计与生产实践中发现，多边形网格的这种缺陷在很多方面反而成了优点，例如，多边形的网格非常适合对点、线、面进行编辑；多边形网格更方便施工中的定位与放样。现代的图像逆向建模、激光扫描建模、航拍点云建模也是基于多边形网格，这些特点对于规划、建筑、景观与室内设计行业而言可谓难能可贵。因此，我们该用辩证的观点来看待它。

　　本书介绍了 10 多种在 SketchUp 里创建曲面模型的方法。从最简单的 SketchUp 原生工具创建曲面模型到图像逆向重建、机器人放样等，以超过 200 个实例涵盖了 SketchUp 用户在创建曲面模型时必然或可能关注的方方面面。本书几乎所有实例都附带操作过程的 SketchUp 模型，以便读者直接学习和应用。

　　需要向读者特别说明的是，如果把这本书看成是"姐姐"，那么她还有一个孪生的"妹妹"——《SketchUp 常用插件手册》。"妹妹"原先是本书中的第 3 章，只因篇幅太大，分拆并充实成了另一本书，这样她们就成了双胞胎，因此，你最好把她们"姐妹"俩都带回家，让她们搭配干活，相信我，一加一会远大于二。

目　录

扫码下载本章配套资源

第1章

SketchUp 曲面基础

作为本书的开头，本章的几节要对"曲面建模"课题展开后可能会遇到的问题（包括读者可能会感兴趣的话题）提前做一个综合性的介绍与铺垫。

本章有些内容看起来比较基础，对于自觉已经入门 SketchUp 的用户来说可能有点乏味，但是作者相信，其中一定有你原先不懂，甚至从来没有想过的问题。

本章中有一些涉及曲线与曲面理论方面的话题和本应用数学推导来详细叙述的例子，为了让大多数读者阅读起来更为流畅，采取直接给出结果的方式，以避免给读者造成阅读障碍，但同时也会给出想要深入研究时获取相关文献的线索。

1.1 曲面建模概述

从本节开始和后面的几节要对本书"曲面建模"话题展开后可能会遇到的问题提前做一个综合性的铺垫，即使是已经入门的 SketchUp 用户，建议你也快速浏览一遍。

1. 计算机图形的分类

"计算机图形"是指用计算机生成或表现的图形。从处理技术上来看，计算机图形大概可分为以下 5 类。

（1）以像素为基础形成的图像，如漫画、照片，也可能是以色彩渐变或渲染来模拟 3D（三维）的效果，特征是 2D（二维），通常称之为"图像"或"位图"。

（2）由点和线等几何元素按一定的数学公式与算法组成的图形，如施工图、等高线图等，特征也是 2D，通常称之为"图形"或"矢量图形"。

（3）以点与线为基础生成的"3D 线框模型"，主要用于教学领域或者需要用来说明或表达某种形体的全面概况。"线框模型"在 SketchUp 里常用来生成"框架"类的结构。

（4）以点与线为基础生成面，再由若干面组成"体"，然后把若干"体"集合成"3D 模型"相对于上述"线框模型"，"3D 模型"又引入了"面"的概念（即"表面模型"）。很多 3D 模型的用途仅限于"看"的层面，如 3D 动画、3D 游戏等都以尽可能好地表现物体外观，获得良好视觉效果为目标。很多软件工具在这方面都有优秀的表现。

用来"看"，也是 SketchUp 的应用领域之一；但 SketchUp 创建的模型，除了上述"被看"的低阶层面的应用外，还有更多、更重要的功能、内涵与用途。

（5）还有一种实体模型，相对于上述的"表面模型"来说，又引入了"实心"的概念，在构建物体表面的同时，还深入到物体内部，形成物体的"体模型"，这种建模方法常被应用于医学影像（如 B 超、CT 检查、同位素扫描等）、科学数据可视化等专业应用中。

本书要讨论的主题集中于上述的第（4）类，也有少许内容涉及第（2）和第（3）类；第 19 章关于曲面贴图的内容会涉及第（1）类。

对第（1）类与第（2）类的创作与操作，可统称为"画图"；而对第（3）～（5）类的创作与操作，称为"建模"；所以不会说"画一个模型"，而会说"建一个模型"。

2. 基本几何体与其分类

在 SketchUp 里"建模"，无论是简单还是复杂的模型，总是由各种各样的"几何体"组成的。在几何学中对"几何体"有以下定义。

① 若干几何面（平面或曲面）所围成的有限形体称为几何体。

② 围成几何体的面称为几何体的界面或表面。SketchUp 中称为"Face"（面）。

③ 不同界面的交线称为几何体的棱线。SketchUp 中称为"Edge"（边线）。

④ 不同棱线的交点称为几何体的顶点。SketchUp 中称为"Vertex"（顶点）。

⑤ 几何体也可看成空间中若干几何面分割出来的有限空间区域。

用 SketchUp 创建 3D 模型将涉及平面几何、立体几何、解析几何及微积分方程等专业知识，即使不是以深入研究为目标的初级实际应用，如对各种常见的多面体、旋转体及其组合体等的创建与编辑，也需要掌握并熟练运用一些较简单的几何学知识。

关于几何体的分类，有的文献中分为两类，举例如下。

① 第一类泛指有曲面参与其中的曲面几何体，如曲面、圆柱体、圆锥体、球体等。

② 第二类泛指仅由平面组成的几何体，如立方体、多面体、长方体、棱柱体、锥体等。

③ 也有部分文献把"球体"单独列为一类，这样就有了 3 类几何体。

3. 各种建模方法的优缺点与适用领域

3D 建模的方法有很多种，如多边形建模（Polygon Modeling）、曲面建模（NURBS Modeling）、参数化建模（Parametric Modeling）、逆向建模（Reverse Modeling）等。对应的软件有数十种。但是主流的建模方式大概只有上述 4 种。不同的建模方式有不同的专长与特点，因此有不同的应用领域。例如，工业类（包括建筑）建模要求有精确的尺寸，参数化建模就显得非常有优势。又如，动画或 3D 游戏只要求好看，多边形建模就行。下面简单介绍各种建模方式的优缺点与适用范围。

1）NURBS（曲面建模）

NURBS（Non-Uniform Rational B-Splines）是"非均匀有理 B 样条曲线"的意思。NURBS 曲线和 NURBS 曲面在传统的制图领域是不存在的，它是专门为使用计算机进行 3D 建模而建立的体系，用于在 3D 建模的内部空间里用曲线和曲面来表现轮廓和外形。

NURBS 的造型特点总是由曲线和曲面来定义：图 1.1.1 中①所示是用某 NURBS 软件建立的球体，是一个光滑没有瑕疵的球体，若打开它的控制线，如图 1.1.1 中②所示，居然只有 3 个圆圈。所以，想要在 NURBS 表面生成一条有棱角的边是很困难的。可以用它做出各种复杂的曲面造型和表现特殊的效果，如人的皮肤、面貌或流线型跑车等。在高级 3D 软件中都支持这种建模方式。NURBS 能够比传统的网格建模方式更好地控制物体表面的曲线光滑程度，从而能够创建出更逼真、生动的模型。

综上所述，"NURBS"是基于数学算法的一种曲面，是真实的曲面，有尺寸和形状精准的优点，多用于要求较高的机械、模具、钣金等设计领域等，"NURBS 曲面建模"对应的软件有 UG、Catia、Creo、SolidWorks、AutoCAD 等。

NURBS 曲面建模的缺点也很明显：它仅适合创建光滑的物体，并且因为 NURBS 曲面建模的内置要求很多，用起来比较麻烦而且也很难参数化，所以，目前 NURBS 除了工业生产外，更多还是作为视觉表现使用，最终以产生效果图或视频表现为主。

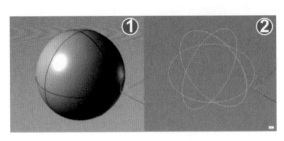

图 1.1.1　NURBS（曲面建模）示例

2）Polygon（Poly）多边形网格建模

Polygon 多边形网格建模简称"Poly""网格（Besh）建模"或"多边形建模"，是目前 3D 软件中比较流行的建模方法。如图 1.1.2 所示，建模的对象由 Vertex（顶点）、Edge（边线）、Face（面）、Element（元素或体）构成网格拼成的曲面。两点成边，三边成面，两个以上的三边面成一个多边形，若干个多边形构成一个 Entity（实体）。这就是多边形建模的基本原理（后面还要详细讨论）。

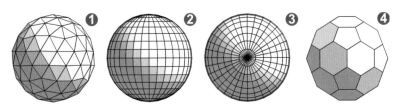

图 1.1.2　多边形建模示例

综上所述，用 Polygon 建模方式创建的模型，实际是由很多"折面"组成的，随着细分次数的增加，越来越趋近理想曲面，不过无论如何细分，它永远是折面。所以，称为"多边形建模"。这种建模方法有点像雕塑，建模过程就是以加线、减线（同时加减面）、移动、旋转、缩放、复制等使建模对象逐步逼近想要的形状。

这种建模方法的优点是方便、快捷，对美术与数学功底要求不是很高，容易上手，也方便修改。因此，这已经是主流的建模方法，在国内外拥有最多的使用者。该建模方法的缺点是很难获得高精度的曲面。

Polygon（多边形建模）对应的软件有 3DCoat、ZRrush、Blender、3ds Max、C4D、Maya 等，也包括 SketchUp。

3）参数化建模（Parametric Modeling）

参数化建模是 20 世纪末逐渐占据主导地位的一种计算机辅助设计方法，是 BIM（建筑信息模型）与参数化设计的重要手段。参数化建模主要应用于工业零部件、建筑模型（含板式家具）等需要以尺寸作为基础的模型设计。因为参数化建模由数据作为支撑，数据与数据之间存在相互关联，改变一个尺寸会对多个关联数据产生影响，所以参数化建模的最大优势在于可以通过对某个参数的改变实现对模型的整体修改，从而实现快捷设计与投产。这一点对于工业（包括建筑业）尤为重要。

UG、Pro/E（Creo）、SolidWorks 都是不错的参数化建模软件，SketchUp 也开始有参数化建模的插件，如"Parametric Modeling"和"VIZ Pro"。

4）逆向建模（Reverse Modeling）

逆向建模也叫作"3D 逆向重建"，这是一种基于现实物体，包括地形、建筑、人物、物品等的测量数据进行逆向建模的一种方式。目前逆向建模的技术发展日新月异，已逐渐成熟。逆向建模技术至少包括激光点云逆向建模、照片逆向建模、灰度图（高度映像）逆向建模及 3D 扫描逆向建模等先进技术。

逆向建模是一种完全不同的建模思路，常用来获得传统方法无法创建的 3D 模型。无论采用上述哪一种逆向建模技术，最终都将转化为多边形或者三角面的数字模型。生成的模型可用于各行业的数字可视化，如文物与考古的数字化存档模型，建筑、景观、规划设计用模型，接近真实的地形模型及其他科研项目用的模型。

逆向建模通常用扫描方式获取建模数据，包括激光点阵扫描、卫星多频谱扫描、无人机空拍、普通照片环拍等方式取得对象信息来生成模型，目前技术还无法直接提供像上述参数化建模一样的精确尺寸模型（地形模型已可达到厘米级别），但是可以借助实地测量的数据（如激光全站仪），结合对逆向建模的结果进行校正，最后为参数化建模提供准确的模型。

逆向建模生成的模型通常线面数量较高，但可在建模过程中设置调整，或者后期再用多边形建模技术进行优化。从长远来看，逆向建模的用途会越来越广，非常值得所有 SketchUp 用户提前布局。本书将结合实例用第 17 章和第 18 章的大篇幅介绍与讨论逆向建模的课题；在第 21 章也会重点提及。

1.2 SketchUp 几何概述

我国人教版七年级上册（也就是初一第一学期）的数学课本里就有"点、线、面、体"的内容。基本概念是：点动成线，线动成面，面动成体。高一年级的数学课程里又有"点、线、面、体"，名称一样，内容深度却跟初中不一样。高中微积分初步和大学的微积分里都有对"点、线、面、体"的研究……点积分成线，线积分成面，面积分成体……大致如此。由此可见"点、线、面、体"概念的重要性。

人类生活在 3D 空间里（严格地讲还有第四个维度，即时间维度，它代表着世间万事万物的千万种可能性，因与本书的关系不大，暂且放过不提），因为是 3D 空间，所以就有了 3 个互不干扰的方向 x、y、z，可以用（x, y, z）一组 3 个数字来确定一个"点"在 3D 空间里的位置，几何学中的"点"不占用空间，只是个空间位置；点作为最简单的图形概念，通常是几何学、物理学、矢量图形和其他很多领域中最基本的组成部分。如果还有另外一组用（x, y, z）表征的点，跟第一个点连起来就有了"线"；3 组（x, y, z）代表的点就能够得到一个面，这是众所周知的道理，同样也是 SketchUp 与许多其他软件底层核心算法的基础。至于 SketchUp 用户，对于"点、线、面、体"的认识与运用，还有丰富得多的内容。

1. SketchUp 中的"点"（Point）与"顶点"（Vertex）

（1）首先，在 SketchUp 中的"点"，并不像数学里描述的那样，只是个"0 维"的空间概念。在 SketchUp 中，"点"不仅仅是个空间位置，它还有实实在在的可见性、可用性与不可或缺性。"点"可由 SketchUp 自动生成，也可以人为创建。譬如一条直线的两个"端点"和一个"中点"，两条直线相交后新产生的端点（顶点，Vertex）与中点；一条曲线上的很多端点与中点。也可以人为创建"构造点（辅助点）"。

（2）其次，可以用方括号"[x, y, z]"的形式输入"绝对坐标"；或者用尖括号"<x, y, z>"的形式输入"相对坐标"，它们都可以定义一个 3D 空间里的点；但很多 SketchUp 用户甚至都不知道还可以用这种办法输入坐标位置来建模，所以很多人从来就不用这种方法。

（3）在 SketchUp 中建模，当光标移动到某些特定的位置时，会有明确的提示——当前是端点，中点……在建模时，时常要利用甚至寻找这些点来作为新建几何体的起点或参照点。

（4）在 SketchUp 中，不同边线（Edge）的交点也可称为 Vertex（顶点），它在创建模型的过程中有着举足轻重的作用，尤其对于曲面的编辑不可或缺。

2. SketchUp 中的"线""边线"（Edge）

在几何学中，线是点运动的轨迹，又是面的起点，几何学中的线只具有位置和长度；而 SketchUp 中的线（边线，Edge）非但可见，还有很多不同的定义、属性和用途。

（1）SketchUp 中的直线，垂线、斜线、折线等每个线段都有两个端点与一个中点。

（2）SketchUp 中还有另一种以虚线形式存在的直线，通常用来作参考线或辅助线。

（3）直接来源于 SketchUp 原生工具的曲线只有圆、弧线和手绘线。

（4）SketchUp 的手绘线工具可以绘制有实体属性与无实体属性（按 Shift 键）的曲线。

（5）SketchUp 可以用插件生成很多种普通与高阶的曲线，如仅 Bezier Spline（贝塞尔曲线）一个插件就可以用来绘制"多段线""B 样条曲线""F 样条曲线""螺旋线""经典与高阶的贝塞尔曲线"……抛物线、双曲线、椭圆、波浪线、蛇形线等都可以在 SketchUp 中实现。

（6）重要！ SketchUp 中的所有曲线，无论看起来多么圆滑可爱无瑕，其实都是"折线"，也就是说，SketchUp 中的所有曲线都是以很多小线段"拟合"而成的。这是非常重要的概念。

（7）重要！ SketchUp 中的所有曲线都可以用改变线段数量的办法调整其平滑度。确定足够又不多余的线段数量在建模过程中至关重要，甚至涉及能否顺利完成模型。

3. SketchUp 中的"面"（Face）

SketchUp 中的面（Face）大致可分成 3 类，即几何形、修整形与自然形。

（1）几何形（或规则形）：是可以用数学方法描述与构成的类型，由直线或曲线或直曲线相结合形成的面，如正方形、长方形、三角形、梯形、菱形、圆形、半圆形、椭圆形、五角形等，具有简洁明快的秩序感，被广泛运用在建筑、实用器物等造型设计中。

（2）修整形（也称不规则形）：是指人为创造、自由构成的，可随意地运用各种自由的、徒手的线条经过人为修整构成的面，具有人工造型特征和鲜明的个性。

（3）自然形：是一种不可用数学方法描述与生成的自然形态，富有纯朴的视觉特征。例如，自然界的鹅卵石、树叶、瓜果外形以及人体外形等都是自然形，可以在 SketchUp 中用对照实物照片描绘轮廓的办法获取这类面。

（4）重要概念！ SketchUp 跟大多数"多边面"Polygon（Poly）建模工具一样，都是以"三边面"为底层内核算法的 3D 建模工具（与其他软件的区别是人机界面的表现不同而已）。SketchUp 模型中只有少数是真正的四边面，大多数（人工修改后的）四边面是由两个三边面拼合后隐藏掉对角线的"折面"，这个问题在后面的章节中还会多次重复提出、讨论与研究。

4. SketchUp 中的曲面（Camber）

根据不同的分类标准，曲面有许多不同的分类方法，在此一并列出供参考，下一节还要讨论。

（1）根据母线运动方式分类。

① 回转面：由母线绕轴线旋转而形成的曲面。

② 非回转面：由母线根据其他约束条件运动而形成的曲面。

（2）根据母线的形状分类。

① 直纹曲面：凡是可以由直母线运动而成的曲面，如圆柱面、圆锥面、椭圆柱面、椭圆锥面、双曲抛物面、锥状面和柱状面等。

② 双曲曲面：只能由曲母线运动而成的曲面，如球面、环面等。

同一个曲面可能由几种不同的运动形式形成，如圆柱面，既可以看作直线绕着与之平行的轴线做旋转运动而成，也可以看作一个圆沿轴向平移而形成的。

（3）根据曲面能否展开成平面分类。

① 可展曲面：能展开成平面的曲面，如柱面、锥面。

② 不可展曲面：不能展开成平面的曲面，如椭圆面、椭圆抛物面、曲线回转面。

只有直纹曲面才是可展曲面，双曲曲面都是不可展曲面。

5. SketchUp 中的"体"（Entity）

几何学中的"体"可以解释为"多个面围成的几何体"，也可以解释为"占有一定空间的几何体"，即一个规则图形，通过旋转、平移等运动，形成的轨迹变成的 3D 图形称为"体"。而 SketchUp 中的"体"（Entity）的形态还要更多一些，至少包括以下几类。

（1）经典柱体，包括圆柱和棱柱。棱柱又可分为直棱柱和斜棱柱，按底面边数的多少还可分为三棱柱、四棱柱、N 棱柱。

（2）经典锥体，包括圆锥体和棱锥体，棱锥分为三棱锥、四棱锥及 N 棱锥。

1.3 SketchUp 中的曲线与曲面

本节的内容将分成两部分，分别为"关于曲线"与"关于曲面"。内容可能会有点枯燥。虽然这本书的内容（包括在 SketchUp 中的实际建模操作）多少跟数学与几何学有关，但本书终究不是以研究讨论数学或几何学为最终目标的，所以下面的内容中，除了实在有必要的部分之外，尽可能直接给出通俗易懂的结果，避免枯燥乏味的过程推导。读者如果有兴趣深入研究相关的理论基础，可查阅章后所附的参考文献。

1. 关于"曲线"

曲线是构建曲面的基础，在曲面的理论研究与应用中占有非常重要的地位。想要讨论"曲面"就要先了解"曲线"，所以现在就从"曲线"开始。

1）曲面的基础——曲线

"曲线"是"点"运动的轨迹。按照点运动时有无一定的规律，曲线可分为规则曲线与不规则曲线。按曲线上各点的相对位置，曲线又可分为平面曲线与空间曲线。

（1）平面曲线：指移动的各点都位于同一平面上的曲线，如圆、椭圆、双曲线、抛物线、渐开线、阿基米德涡线等。研究平面曲线的工具是平面解析几何。

（2）空间曲线：指任意连续四点不位于同一平面的曲线，如各种螺旋线以及曲面在一般情况下相交所形成的交线。研究空间曲线的工具是微分几何。

2）曲线的结构特征

因为曲线是点的集合，所以画出曲线上的一系列点，并将各点依次光滑连接得到该曲线，这是绘制曲线的一般方法。若能画出曲线上一些特殊的点，如最高点、最低点、最左点、最右点、最前点及最后点等，并光滑连接，则可更确切地表示曲线。

3）曲线的"阶次"

我们时常会见到以"阶次"的高低来描述曲线。曲线阶数的值越大，受控制点的影响越小（也就是越可以精确调整），曲率就越平缓顺滑。当阶数为 1 时就是折线。多项式中的最大指数称为多项式的"阶次"，例如 $6x^3+3x^2-8x=10$ 的阶次为 3 阶；而 $5x^4+6x^3-7x=10$ 的阶次为 4 阶。

其实，曲线的阶次仅用于判断曲线的复杂程度，而不是精确程度。曲线的阶次越高，曲线就越复杂，计算量就越大。使用低阶曲线则更加灵活，更有利于后续操作（如显示、编辑与分析等），软件运行速度也更快。还便于与其他计算机辅助设计系统进行数据交换，所以许多计算机辅助设计工具通常只接受三次曲线。一般来讲，最好使用低阶曲线，这就是各种计算机辅助设计软件中默认的曲线阶次都为低阶的原因。SketchUp 当然也不例外。

4）曲线的形式

曲线按数学形式分类，可以分为直线、二次曲线（如圆弧、圆、椭圆、双曲线、抛物线等）、样条曲线等。样条曲线又可分为 B 样条曲线和非均匀有理 B 样条曲线等，因为非均匀有理B样条曲线已作为世界工业标准,所以一般无特别说明的,都指非均匀有理B样条曲线(可查阅 1.1 节的介绍)。曲线的连续性通常有点连续、切线连续、曲率连续,以曲率连续最为光滑。

5）规则曲线

规则曲线就是按照一定规律分布的曲线。规则曲线根据结构分布特点,可分为平面规则进线和空间规则曲线,分别介绍如下。

（1）平面规则曲线:凡曲线上所有的点都属于同一平面,则该曲线称为平面曲线。常见的圆、椭圆、抛物线和双曲线等可以用二次方程描述,见图 1.3.1。平面曲线的投影性质从略。

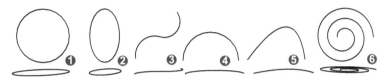

图 1.3.1　平面规则曲线

（2）空间规则曲线:凡是曲线上有任意 4 个连续的点不属于同一平面,则称该曲线为空间曲线。常见的空间规则曲线有圆柱螺旋线和球面螺旋线等,图 1.3.2 中①②③是 3 种空间规则曲线的正视图,1.3.2 中④⑤⑥所示的是①②③对应的俯视图。

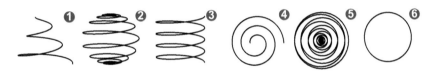

图 1.3.2　空间规则曲线

6）不规则曲线

不规则曲线又称自由曲线,是指形状比较复杂、不能用二次方程准确描述的曲线。其涉及的问题有两个方面:一是被修改过的自由曲线,使其满足设计者的要求,如图 1.3.3 ②所示;二是由已知的离散点确定的曲线,如图 1.3.3 ①所示。使用平面离散点获得曲线特征,则必须首先通过拟合方式形成光滑的曲线。离散点确定了曲线的大致形状,拟合就是强制曲线沿着这些点绘制出样条曲线。拟合的方法常见的有"插值拟合"(见图 1.3.3 ① a、b、c、d)与"逼近拟合"(见图 1.3.3 ② a b c d)等(见图知意,不展开讨论)。

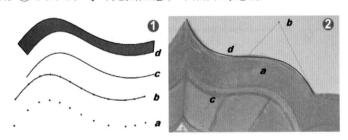

图 1.3.3　不规则曲线示例（插值拟合与逼近拟合）

2. 关于"曲面"

曲面可看成一条动线（母线），在给定的条件下进行空间连续运动的轨迹。常见的有平面、旋转面和二次曲面。圆锥的侧面是曲面，但展开后是平面。

1）曲面的分类

（1）根据形成曲面的母线形状分类，曲面可分为以下几种。

① 直线面：由直母线运动而形成的曲面，如图 1.3.4 ①②③所示。

② 曲线面：由曲母线运动而形成的曲面，如图 1.3.4 ④和⑤所示。

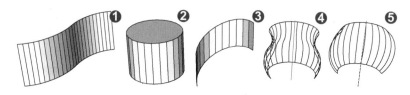

图 1.3.4　直线面与曲线面

（2）按曲面形成的原理分类（不展开讨论）。

① 函数曲面：是指能由解析函数来表示的曲面，又称解析曲面，如球面、椭球面、圆柱面、双曲抛物面等，这些曲面都属于二次曲面。所谓二次曲面，即曲面的解析表达式是最高次数为 2 次的代数表达式。

② 自由曲面：当曲面不能由解析函数表达式来表示时，称为自由曲面。

2）曲面的结构特征

所有的面都可以归类为曲面。平面是曲面的一种，平面是曲率为 0 的曲面。常见的曲面还有旋转曲面、二次曲面、直纹面、可展曲面、极小曲面、多面曲面、单侧曲面等。

（1）旋转曲面。也称回转曲面，是一类特殊的曲面，它是一条平面曲线绕着它所在的平面上一条固定直线旋转一周所生成的曲面。该固定直线称为旋转轴，该旋转曲线称为母线。曲面和过旋转轴的平面的交线称为经线或子午线，见图 1.3.5 ①；曲面和垂直于旋转轴的平面的交线称为纬线或平行圆，见图 1.3.5 ②。

（2）二次曲面。直线与二次曲面相交于两个点；如果相交于 3 个点以上，那么此直线全部在曲面上。这时称此直线为曲面的母线。如果二次曲面被平面所截，其截线是二次曲线。通常将三元二次方程所表示的曲面称为二次曲面，如图 1.3.5 ③④所示。平面是一次曲面。

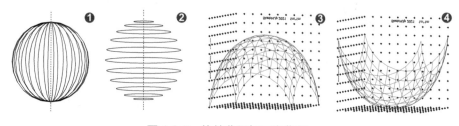

图 1.3.5　旋转曲面与二次曲面

二次曲面大致可归纳为 12 种，如下所列（截图略）：

① 圆柱面（Cylindrical surface）；   ⑦ 球面（Sphherical surface）；

② 椭圆柱面（Elliptic cylinder）；   ⑧ 椭球面（Ellipsoid）；

③ 双曲柱面（Hyperbolic cylinder）；   ⑨ 椭圆抛物面（Elliptic paraboloid）；

④ 抛物柱面（Parabolic cylinder）；   ⑩ 单叶双曲面（Hyperboloid of one sheet）；

⑤ 圆锥面（Conical surface）；   ⑪ 双叶双曲面（Hyperboloid of two sheets）；

⑥ 椭圆锥面（Elliptic cone）；   ⑫ 双曲抛物面（马鞍面）（Hyperbolic paraboloid）。

（3）直纹面。可以描述为直线扫过的一组点形成的面，如图 1.3.6 ①②③⑤⑥所示。如保持线的一个点固定，另一个点沿着圆移动形成锥体，如图 1.3.6 ④所示。如果通过其每个点都有两条不同的线，那么表面是双重的。双曲抛物面和双曲面是双重曲面（截图略）。

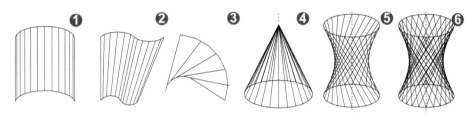

图 1.3.6 直纹面与直纹曲面

（4）直纹曲面。在几何学中，"由一条直线通过连续运动构成的曲面则可称其为直纹曲面"，最常见的直纹曲面是平面、柱面和锥面。著名的莫比乌斯环也是直纹曲面（截图略）。

（5）可展曲面。它是在其上每一点处高斯曲率为零的曲面。有个一般性的定理表明：一片具有常数高斯曲率的曲面能够经弯曲（非拉伸、收缩、皱褶或撕裂）而变为任何一片具有相同常数高斯曲率的曲面。图 1.3.7 是两个例子。

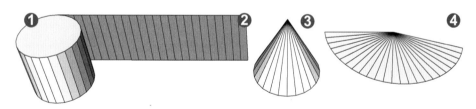

图 1.3.7 可展曲面示例

（6）经典旋转体。它包括圆柱、圆台、圆锥、球、球冠、弓环、圆环、堤环、扇环、枣核形等。

（7）跟随体。一个截面沿路径连续移动形成的"体"形状千变万化，无穷无尽（截图略）。

（8）修整体。经修整后的原始几何体，修整可能是对顶点、线或面的编辑或布尔运算。

（9）点云体。这是传统经典几何学里没有的几何体类别，以光学扫描或非光学手段获得的数据创建的几何体。

1.4 曲面在 SketchUp 中的实现

本节的内容可看成 SketchUp 创建曲面方法的大汇总，也可以看作本书将要展开讨论的创建曲面方法的预览。所要介绍的方法，有些用 SketchUp 自带的原生工具就可以完成，这部分将在第 2 章来讨论。更多的则需要外部的扩展程序（插件）来配合，所需的插件品种多，各有各的操作要领；很多插件的底层逻辑非常复杂，可调整的参数很多，运行规则与原理也不太容易理解，操作程序也不容易都能记住，这是 SketchUp 曲面建模一个大大的课题与难题。各种插件的操作要领与应用实例将在与本书配套的重要工具书《SketchUp 常用插件手册》中详细讨论。

1. SketchUp 中立体的分类

在展开讨论 SketchUp 如何实现曲面创建之前，先回顾一下几何学中"立体的分类"，几何学中把立体分成"曲面立体"与"平面立体"，分别简述如下（例子都是理想的"正几何体"）。

（1）曲面立体：是由曲面或曲面与平面围成的基本几何体。常见的曲面立体如图 1.4.1 所示。有圆柱①、圆锥③、半球体④、圆环⑤、正半球⑥等；圆锥被截顶则成了如图 1.4.1 ②所示的"锥台"。曲面立体的曲表面可以看作母线绕轴线回转而形成的，因此，这类曲面立体又称为"回转体"，其曲表面称为"回转面"。

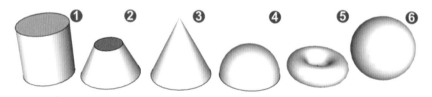

图 1.4.1 曲面立体示例

（2）平面立体。由若干平面围成的基本几何体称为平面立体。平面立体主要有棱柱和棱锥两种。棱柱的棱线互相平行，如图 1.4.2 ①与④所示，棱锥的棱线交于一点，如图 1.4.2 ②与⑤所示，棱锥被截顶则形成"棱台"（截台），如图 1.4.2 中的③和⑥所示。

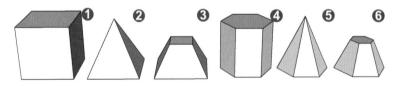

图 1.4.2 平面立体

（3）SketchUp 中的多面体。3D 建模领域广泛应用着三边面和四边面作为基础拓扑单元，有些特殊的地方还使用五边面、六边面和七边面，请看如图 1.4.3 所示的一些实例：图 1.4.3 ①②所示为两个以三边面为基础单元的几何体；如图 1.4.3 ③所示的 3 个对象，看起来都是以四边面为基础的几何体，其实只有圆环才是，两个球体的南北极都是三边面；图 1.4.3 ④所示为十二面体，全部由五边面组成；图 1.4.3 ⑤所示为六边面和五边面混合而成的球体。

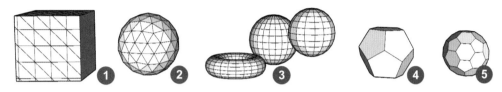

图 1.4.3　多面体

有些声称可以把三边面转换成四边面的工具，其实是把两个相邻的三边面合并在一起，隐藏了拼合的对角线，看起来像是四边面，其实质仍然是三边面，这种四边面称为"non-planar quads"，也就是"非平面四边面"，这是 SketchUp 曲面建模中要记住的一个重要概念。

2. 推拉（挤出）成形

有些讨论 SketchUp 的文章借用其他 3D 软件的提法，将 SketchUp 中的"推拉"称为"挤出"（Extrude），作者以为用"挤出"来描述 SketchUp 的"推拉"（Push-pull）不甚合理，因为 SketchUp 的"推拉"隐含着增加与减少对象体量的双重含义，而"挤出"至少从字面上看，只有增加体量的意思。

SketchUp 中的"推拉"是以沿着直线路径移动一个轮廓面构成一个立体或改变原有立体的 3D 成形方法，是一种几乎所有 3D 建模软件都有的方法。SketchUp 中的"推拉"有两种用法，区别在于是否按住 Ctrl 键。JointPushPull Interactive（联合推拉）插件中还有更多的推拉方式（截图略）。

3. 2D 线成面（拉伸边线成形）

将曲线形成曲面有多种方法，如熟知的"拉线升墙"就是方法之一，其准确的名称是 Extrude Edges By Vector（拉伸边线）。图 1.4.4 就是这个工具的例子：图 1.4.4 ①所示为一条原始的波浪线，沿蓝轴向上移动后得到曲面，如图 1.4.4 ②所示；曲线沿红轴移动后得到平面，如图 1.4.4 ③所示；再沿蓝轴向下移动后增加了一个曲面，如图 1.4.4 ④所示；再次沿红轴向左移动，得到第二个平面，结果如图 1.4.4 ⑤所示。

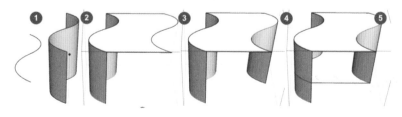

图 1.4.4　拉线成面

4. 路径跟随（旋转成形）

SketchUp 中的路径跟随有多种用法，这里所说的"旋转成形"是其中之一；也有文章称其为 turning（车削）（这个称呼不太合理，如图 1.4.5 中的④和⑥就不能用"车削"工艺成形）。这是把一个 2D 图形沿着一个轴旋转产生 3D 几何体的方法。大多数 3D 建模工具都有这种功能。

SketchUp 的路径跟随（旋转成形）必须具备 3 个条件：如图 1.4.5 ① a 所指的旋转轴（中心线）、图 1.4.5 ① b 所在的旋转平面（俗称放样截面）、图 1.4.5 ① c 所指的旋转路径（俗称"放样路径"。注意：SketchUp 默认以面的边线为路径）。图 1.4.5 ①③⑤⑦所示为准备旋转成形的条件，图 1.4.5 ②④⑥⑧所示为旋转成形的结果。

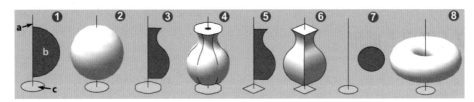

图 1.4.5　路径跟随（旋转成形）

5. 路径跟随（沿路径成形）

"路径跟随（沿路径成形）"是 SketchUp 路径跟随工具的第二种用法，俗称"路径放样"，这是令一个 2D 图形沿一条路径扫描形成 3D 立体的技术，利用这种技术可创建很多复杂的模型。

用这种方式建模必须满足两个条件：一是必须有一条连续的"放样路径"，如图 1.4.6 中所有的"a"所指；二是必须有一个垂直于路径的"放样截面"，如图 1.4.6 中所有的"b"所指。

图 1.4.6 ①③⑤⑦所示为符合上述条件的放样路径与截面，图 1.4.6 ②④⑥⑧所示为放样后的结果。

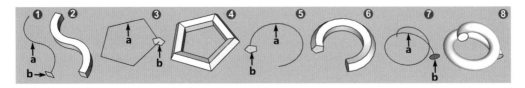

图 1.4.6　路径跟随（沿路径成形）

还有一个附带的注意点，即放样截面与路径的相对位置将影响放样后的结果。

6. 路径跟随（倒角成形）

"路径跟随（倒角成形）"是通过直线或曲线生成一个带有倒角边界的截面，能够生成倒角截面的线条包括圆弧、曲线或直线。用圆弧或直线倒角，除了美观外，还能有效地避免物体的尖锐边缘（见图 1.4.7）。在实际操作中，很多边界（如相框或装饰线条）需要使用曲线生成倒角，这样可以使物体看起来更加美观。

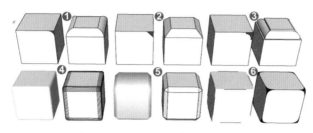

图 1.4.7　路径跟随（倒角成形）

7. 折叠成形

"折叠成形"是 SketchUp 里一种非常重要的造型手段，可惜很多 SketchUp 的老用户都不知道它的存在，更不会经常运用它。SketchUp 的折叠成形是用移动工具或者再加上 Alt 键配合，下面给出几个例子，但远不是全部。

如图 1.4.8 所示，其中①是立方体顶部的中心线，②是用移动工具向上移动中心线形成尖顶，③是用推拉工具拉出厚度，④是用移动工具移动两条边线合到一起，⑤是在正方形的中间画个圆形，⑥是选中圆形后，用移动工具，按住 Alt 键向上移动圆形，得到传统"天圆地方"的造型。

图 1.4.8 的下面两排也是用移动工具做的折叠造型，具体操作可查阅《SketchUp 要点精讲》一书第 5 章。

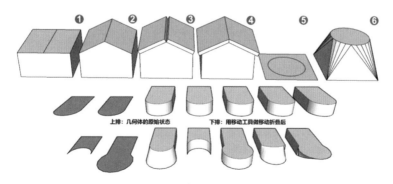

图 1.4.8　折叠成形（用移动工具或加 Alt 键）

8. 螺旋成形

SketchUp 中的螺旋成形，通常是从生成螺旋线开始的，虽然用 SketchUp 的原生工具也可以生成螺旋线（见本书 6.2 节），但是因为太麻烦，大多用插件来生成螺旋线，而后再加工成形。图 1.4.9 ①所示为"宝塔螺旋线"，图 1.4.9 ②所示为以图 1.4.9 ①的螺旋线为基础创建的蜗牛，图 1.4.9 ③也是"宝塔螺旋线"，图 1.4.9 ④所示为以图 1.4.9 ③为基础创建的螺旋体，图 1.4.9 ⑤所示为用多圈螺旋线创建的螺栓，图 1.4.9 ⑥所示为用单圈螺旋线创建的弹簧垫圈。

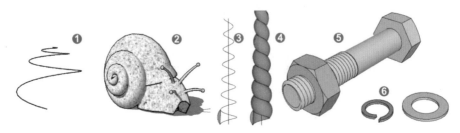

图 1.4.9　螺旋成形

9. 扭曲成形

扭曲也是 SketchUp 中一种常用的造型方法，通常用 SketchUp 的旋转工具或相关插件来配合完成。图 1.4.10 ①所示为用扭曲方法创建的麻花钻，图 1.4.10 ②和③所示为用扭曲方法创建的教堂尖顶，图 1.4.10 ④和⑤所示为用扭曲方法创建的花盆。

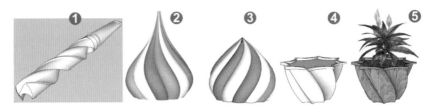

图 1.4.10　扭曲成形

10. 弯曲成形

SketchUp 自身并没有原生的弯曲功能，所以需借助外部插件来配合。能够在 SketchUp 中完成对几何体弯曲的插件有三四种，有能够精准完成真实弯曲的，如图 1.4.11 ①所示；还有可按照用户意图按需弯曲的，如图 1.4.11 ②所示；甚至还有可随意弯曲的，如图 1.4.11 ③所示。

图 1.4.11　弯曲成形

11. 单轨旋转成形（单曲线旋转放样）

这是一种仅用一条曲线沿轴做旋转放样的方式，要用 Extrude Tools 插件工具栏的旋转放样工具配合完成，示例如图 1.4.12 所示。

图 1.4.12 ①②③所示为准备好的一条曲线和一条中心线；预选曲线①，调用"旋转放样"工具，按顺序单击图 1.4.12 ②③；输入不同的旋转角度后按 Enter 键，可得到如图 1.4.12 ④所示的 45°、图 1.4.12 ⑤所示的 180°、图 1.4.12 ⑥所示的 270°、图 1.4.12 ⑦所示的 360°的结果。图 1.4.12 ⑦所示的"放样精度"很低，不过可以输入新的片段数改变精度。

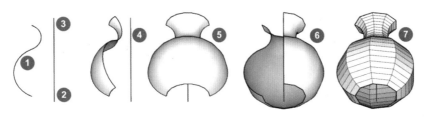

图 1.4.12　单轨旋转放样示例

12. 单轨扫描成形（单轨放样）

这是用两条曲线轨迹进行扫描并在它们中间形成一个曲面的技术，同样需要插件配合完成。两条轨迹线中的任意一条都可以看成放样路径，另一条轨迹线沿路径移动形成曲面。所以有些插件把能完成这种任务的工具命名为"单轨放样"。图 1.4.13 ①②③所示为 3 组不同的轨迹线，图 1.4.13 ④⑤⑥所示为对应的放样成形结果。

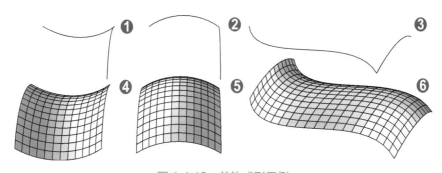

图 1.4.13　单轨成形示例

13. 边界曲面成形（多截面融合成形）

这是用很多不同的截面（也可以是边线）融合成形的技术，需插件配合。在曲面融合的过程中还能自动细分、折叠、平滑、柔化。图 1.4.14 ①②③④⑤⑥所示为曲线与成形融合后的结果，特别是图 1.4.14 ③，仅用了两条水平线加一条垂线就生成了平滑无瑕的曲面，非常了不起。

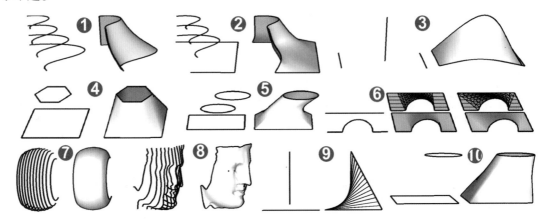

图 1.4.14　多截面融合成形示例

14. 轮廓线成形

这是一种用一组轮廓线生成曲面的技术（须插件配合），在生成过程中同样可自动完成细分、折叠、平滑与柔化。特别是图 1.4.15 ①②③所示从轮廓线生成曲面的过程中可见，中间的两个矩形轮廓是如何跟两端弧形的轮廓自动生成自然平滑的过渡。图 1.4.15 ④⑤和⑥⑦所示两组标本也有同样的表现。

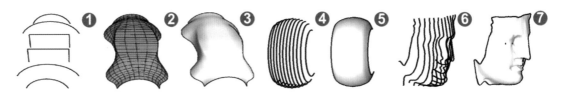

图 1.4.15　轮廓线成形

15. 线框成形

这是一种以既有线框自动封面成形的方法，可以更加精准地实现创意，但需要插件配合。

（1）图 1.4.16 最上面一组是创意中的线框，线框必须是封闭的。

（2）图 1.4.16 中间的一组是取消自动柔化后暴露出的网格，可见部分生成了四边面，大多折叠成了三边面，可见这类插件有一定的智能识别判断能力，能够尽量优化模型。

（3）图 1.4.16 最下面一排是自动柔化的结果，基本光滑柔顺。

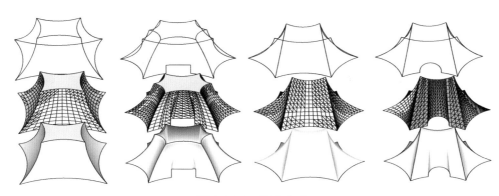

图 1.4.16　线框成形

16. 面加路径成形

也许有人会奇怪，SketchUp 的路径跟随的实质不就是"面加路径成形"吗？这里所说的"面加路径成形"与 SketchUp 原生的"路径跟随"的区别是，面的数量不再局限于 SketchUp 路径跟随的"一条路径与一个垂直于路径的截面"。这种成形的方法，虽然路径仍然只有一条，但是放样用的截面可以是很多个不同形状的面，在放样成形过程中，可自动完成细分、折叠、平滑与柔化，从而得到近乎无瑕的曲面对象。图 1.4.17 ①③⑤⑦所示为路径与截面的组合，不同的截面既可以在路径的两端，也可以出现在路径的任意位置，截面的数量也没有限制。生成的曲面会按不同的截面自动形成平滑过渡。

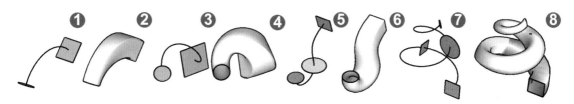

图 1.4.17　面加路径成形

17. 充气曲面成形

本书里将要提到的"充气曲面"有两种完全不同的生成方法。

（1）用 Soap Skin Bubble（肥皂泡）插件模拟充气的方法，如图 1.4.18 所示，它的特点是局限于只能生成单层凸出或凹入的曲面，关键词是"面"，并且生成的"曲面"形态相对简单。

如图 1.4.18 ①所示，安排了一些柱子和与其相连的弧线，用"肥皂泡"插件生成的张拉膜如图 1.4.18 ②所示。调整曲线的形状和充气的张力等参数，可获得不同的张拉膜形状。

（2）图 1.4.18 ③所示为一组用"肥皂泡"插件充气膜,旋转复制后得到图 1.4.18 ④所示的"充气帐篷"。

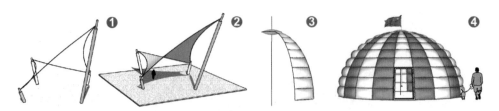

图 1.4.18　以"肥皂泡"插件成形的示例

（3）充气结构不一定全要用"肥皂泡"插件，图 1.4.19 就是综合运用 SketchUp 的其他插件与技巧生成近乎实体的充气部件，综合运用其他工具与一系列技巧，还可生成各种形态、各种用途的气膜结构，如气肋、气枕、气囊等多种充气曲面模型。

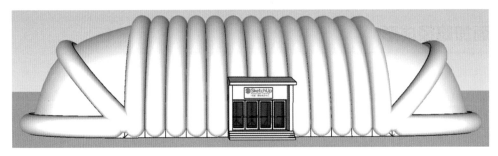

图 1.4.19　以其他插件成形的气肋式游泳馆示例

18. 无序曲面

有些特殊的模型，其表面是不规则的，如窗帘、床单、枕头、台布、旗帜等各种织物的表面应当产生自然起伏与折皱的效果，同时还要有准确的 UV 纹理。现在只要合理运用"布料模拟"插件就可以完成之前在 SketchUp 里想都不敢想的任务。

图 1.4.20 ①②③所示的是单层布料的窗帘与旗帜曲面模型，并且保留了准确的纹理。图 1.4.20 ④所示的两只枕头是无序的有体量的曲面模型，也有准确的 UV 纹理。图 1.4.20 ⑤所示的面纱与⑥所示的渔网，都有各自的特色。这种以往只能借用其他 3D 软件创建的模型，现在用 SketchUp 也可以轻易完成了。

19. 点云逆向重建

以点云相关原理创建曲面模型的方法与技巧有很多，尽管这部分的内容非常丰富，但是为了不至于占用太多篇幅，下面把包括"扫描点云重建""照片建模""灰度图建模"等内容全部集中在一起介绍。更详细的内容可查阅第 17、18 章与第 21 章的一部分。

（1）图 1.4.21 所示为以一幅灰度图（见图 1.4.21 ①），生成立体浮雕（见图 1.4.21 ②），图 1.4.21 ③④所示为改变颜色后的效果。

（2）图 1.4.22 所示为 3 个用照片建模的例子，其中，图 1.4.22 ①所示的石狮子由 4 层共 66

幅手机环拍的照片生成，图 1.4.22 ②所示的高浮雕模型由 14 幅等高度拍摄的照片生成，细节
纤毫毕露，如图 1.4.22 ③所示的人物石雕以 3 层共 28 幅手机拍摄的照片重建模型。

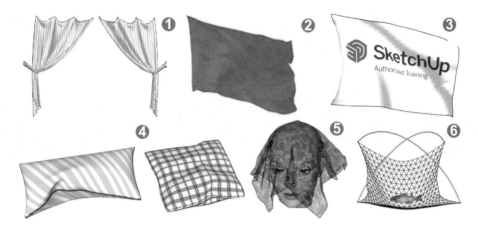

图 1.4.20　无序曲面示例

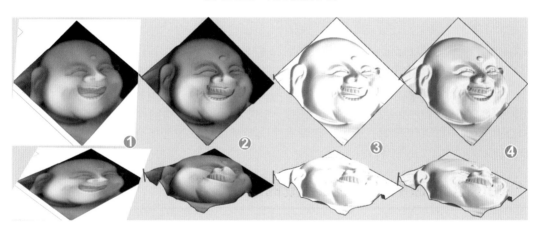

图 1.4.21　灰度图建模示例

图 1.4.22　照片逆向重建示例

（3）图 1.4.23 所示的两幅图片是用天宝公司的激光 3D 扫描的点云数据进行精准拼接、降噪、分割离散点、剔除非目标区域，提取出房屋立面结构成功实现逆向重建。

图 1.4.23　激光扫描逆向重建示例

说明：本节附件里只有上述部分简单实例，更多的实例将在后面的相关章节细述。

1.5　SketchUp 曲线曲面编辑工具概述

1.4 节介绍了在 SketchUp 中能实现的近 20 种曲面建模手段，有用 SketchUp 原生工具可以完成的，也有必须用插件才能完成的。对于曲面的编辑也是一样，可以用 SketchUp 自带的工具进行，也有 SketchUp 原生工具无能为力而必须用插件参与的编辑。下面仅对作者个人最常用的插件做个简单的梳理，不包括偶尔用一下的冷门插件。相信作者常用的插件也是大多数 SketchUp 用户难以拒绝的，为了让读者有个大致的概念，下面所介绍的插件仅仅是作者常用的，远不是全部。

1. SketchUp 原生工具就能完成的编辑

如移动与复制、旋转与复制、镜像、缩放、倒角（用路径跟随工具）、切割（剖切面编组后炸开）、切割（用模型交错）、布尔运算（用实体工具）、沙盒工具等，以上这些都是绝大多数读者所熟悉的，就不再赘述了。如果你是初学者，可查阅这个系列教程中的《SketchUp 要点精讲》《SketchUp 建模思路与技巧》《SketchUp 用户自测题库》等书籍与配套视频。

2. 最常用的几种重要插件

（1）JHS 超级工具栏：这是必须安装的工具栏，里面有很多实用工具，作者常用的有"分级柔化""拉线生墙""直立跟随""生成面域""按轴对齐""顶点参考点""镜像""超级焊接""组件至参考点""自由变形（FFD）"等。

（2）曲线与曲面绘图工具：绘制曲线，除了使用 SketchUp 自带的圆弧与徒手线工具外，用得最多的就是"贝塞尔曲线"工具，偶尔会用到"螺旋线工具"与 CurveMaker（铁艺曲线）。

做曲面模型，免不了要在曲面上绘图，SketchUp 本身不具备此能力，Tools On Surface（曲面绘图工具）是唯一可选项。

（3）曲线选择与优化工具：在 SketchUp 中处理曲线，时常要对一个个线段做加选，非常麻烦，Select Curve（选连续线工具）非常好用。对于分段精度太高的线，需要简化；反过来，对于精度太低的线又要适度增加线段数量，Curvizard（曲线优化工具）是不二选择。近年新出现的 NURBS Curve Manager（曲线编辑器）功能强大。此外，还有两个好用的工具，即 Selection Toys（选择工具）和 Edge Tools（边线工具），对于线和面有多种选择，可明显简化建模操作。

（4）路径垂面与倒角：把放样截面精准垂直于曲线路径是件不容易做好的事情，路径垂面工具（PerpendicularFaceTools）可以帮大忙；各种"倒角"的任务交给 RoundCorner（倒角插件）来完成也尽可放心。

3. 扭曲与弯曲变形

老资格的用户都知道 Fredo Scale（自由比例缩放）工具，扭曲与弯曲都不在话下，因为自由度高，比后起之秀的 Truebend（真实弯曲）与 Shape Bender（按需弯曲）更适合"创作"，而不是"干活"。顺便说一下，尽管插件有上千个，能正经做扭曲的实在不算多（FFD 也能做扭曲）。

4. 线面成体的常用工具

JointPushPull Interactive（联合推拉）、Extrude Tools（曲面放样工具包）以及 Curviloft（曲线放样）这几大件是历史悠久的线面成体工具，加起来有 20 多个工具可选用，能解决 SketchUp 中一半以上曲面创建的任务。

5. 顶点编辑与细分平滑

SUbD（参数化细分平滑）、Vertex Tools²（顶点工具）与 QuadFaceTools（四边面工具）三组插件都是知名 Ruby 作者 Thomthom（tt）的作品，可以看成一套互相配合使用的曲面建模工具。把它们三者配合起来运用可以得到更高的效率和更好的效果。

6. 偶尔用到但不可或缺的工具

此类工具包括 Sketch UV（UV 映射调整）、ClothWorks（布料模拟）、Skimp（模型转换减面）、Flowify（曲面流动）、Curve scale（曲线干扰）、SoapSkinBubble（肥皂泡）、Bitmap to Mesh（灰度图转浮雕）、Stick groups to mesh（曲面黏合）、S4U To Components（S4U 点线面转组件）、Chrisp RepairAddFace DWG（DWG 修复）和 Skimp（模型转换减面）。

7. 关于"三边面与四边面"问题解惑

在 SketchUp 用户中，普遍对"四边面建模"方面有些错误的理解与困惑，下面是意译 SketchUp 的知名 Ruby 脚本作者 Thomthom 在发布 QuadFaceTools（四边面工具）时的说明，也许对正确理解所谓"四边面建模"有益。

"……许多应用程序允许你处理非平面四边形。然而在 SketchUp 中就不那么容易了。当你在 SketchUp 中修改一个四边形的顶点时，它会自动折叠并将四边形分成两个三角形——而其他 3D 应用程序可能会将其作为一个单元。

在每个 3D 应用程序的核心，所有东西都由三边面组成——唯一的区别是（不同软件）它们如何向用户展示三角形。然而，SketchUp 用户没有理由不能使用非平面四边形，只是我们需要了解它们。

这个工具集是对这样一套工具的尝试，让 SketchUp 用户使用四边形。我的方法在概念上很简单：当两个面被一个柔边（平滑只影响阴影）分开时，这两个面被视为一个单元。单击其中一个，就选择了两者，实体信息窗口说你已经选择了一个表面。基于此，下面是我如何在 SketchUp 中定义四边形：

（下面是对四边面工具的介绍，略。）

上文中的"非平面四边形"也称"伪四边面"，指的是把两个相邻的三边面合并成一个"非平面四边形"柔化掉三边面拼合后的对角线，以一个"非平面四边形（伪四边形）"的形象出现在我们面前，也可以用处理四边形的方式来处理它，其实质仍然是两个三边面。

扫码下载本章配套资源

第2章

简单曲面结构与造型
（不用插件）

  但凡提到"曲面造型"或"曲面建模"，一些 SketchUp 用户就以为很复杂、很麻烦且离不开"插件"，其实，就算用 SketchUp 的原生工具和一些最简单的功能就可以创建很多并不简单的曲面模型。

  本章将要介绍的就是用 SketchUp 原生的"路径跟随""模型交错""缩放变形""实体工具""移动折叠""旋转折叠""沙箱地形"等基本工具创建曲面模型的思路与技法。

  需要指出，很多插件能做的也就是自动重复这些基本工具的基础功能。本章安排的内容是为了后续创建更复杂、更高级的曲面对象做一个必要的铺垫。

  本章的所有演示实例未用插件，若你有兴趣跟随做本章相关内容的练习，也请自觉不用插件；这样做对于锻炼基本功、形成建模思路会有立竿见影的效果并能受惠终生。

2.1 路径跟随详述

路径跟随工具是 SketchUp 的重要造型工具。造型工具不同于绘图工具，造型工具可以把平面变成立体，甚至可以"无中生有"，还能用来修改立体的形状。

SketchUp 中的路径跟随工具、推拉工具和实体工具等都是造型用的工具；还有一个模型交错，它是一个菜单项，没有工具图标，但它也是一个重要的造型手段，时常跟其他工具配合创建曲面对象。这些工具都很重要，需要熟练掌握。

"路径跟随"其实是一个动词，这 4 个字放在"工具"之前，就组合成了名词，说的是一种工具。所以，为了避免混淆，当"路径跟随"是动词时，也可以沿用其他软件里的术语，称之为"放样"。路径跟随工具的应用方法非常灵活，需要设计师充分发挥想象力。

1. 完成"路径跟随"的必要条件

完成一次"路径跟随"（放样）的必要条件有以下两个，见图 2.1.1。

（1）要有一条连续的放样路径，放样路径可以是单条曲线或直线，也可以是曲线与曲线，曲线与直线的组合，唯一的要求是必须要首尾相接的连续线。

（2）要有一个垂直于放样路径的"放样截面"，放样截面可以是简单或复杂的几何图形，唯一的要求是要跟放样路径垂直。如果放样截面与放样路径不垂直，仍然可以完成放样，但放样结果将会变形。

除了以上两个必要条件外，还有一点需要注意，就是要注意放样截面跟放样路径的相对位置，譬如一个圆的放样截面与放样路径就有无数种不同的位置组合，通常要把放样截面的圆心对齐放样截面的端部，其他形状的放样截面也有同样的问题需要注意。

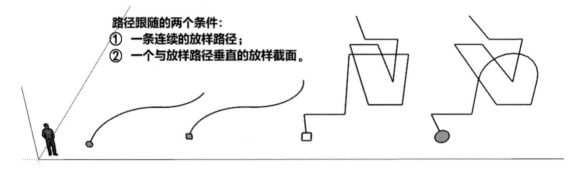

路径跟随的两个条件：
① 一条连续的放样路径；
② 一个与放样路径垂直的放样截面。

图 2.1.1　路径跟随的两个条件

2. 沿路径手动放样

SketchUp 的默认面板上有一个工具向导，单击路径跟随工具后会播放一个小动画展示其使用方法，如图 2.1.2 所示。

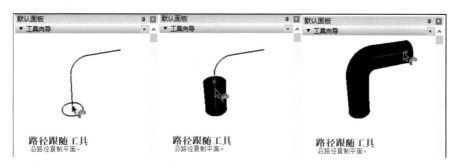

图 2.1.2　小动画中的手动放样

这种方法可以称为"沿路径手动放样"，操作方法如下。

① 调用路径跟随工具；② 把工具靠近放样截面，这个平面被自动选中；③ 按下鼠标左键不要松开，使工具顺着放样路径慢慢移动，在移动的过程中，如果看到路径变成红色，就说明当前的路径可用，工具顺着红色的路径移动到头，放样就完成了。

试过这样操作的人都知道，用小动画里的方法做路径跟随不是很方便、可靠，适用范围仅限制在如图 2.12 所示的理想状态，实际操作中还经常会失败。

提到这个工具向导中的小动画，还有个笑话：有不少无师自通的 SketchUp 老用户告诉我，他们基本都是看着这些小动画学的 SketchUp，平时使用 SketchUp 的技巧也就局限于这些小动画所教会他们的这些。自从看过我发布在互联网上的视频教程，特别是关于路径跟随的一些教程后，他们用"恍然大悟"来形容。原来这么多年，他们在 SketchUp 中的操作居然一直是错的，错的源头就是这些工具向导中的小动画。还有一位玩 SketchUp 七八年的老用户笑说这些小动画"罪恶滔天"，害他走了这么多年的弯路……。下面要介绍的 3 种方法就是让他们"恍然大悟"的放样方法。

3. 沿路径自动放样

下面仍然对这些对象做放样操作，我的方法如图 2.1.3 所示。

（1）选择好全部放样路径，放样路径必须是首尾相连的连续线。

（2）调用路径跟随工具，把工具移动到放样截面上单击，放样就完成了。

这种方法是不是要比小动画中的办法更快、更好些？

4. 旋转放样与循边放样

（1）旋转放样同样需要放样路径和放样截面，图 2.1.4 左侧的 4 个图是做旋转放样的准备工作。

（2）在垂直面上画出放样的截面并截取一半（不截取也可以）。

（3）沿中心线往下，在水平面上画出旋转放样的形状，要跟放样截面相同或稍小些。

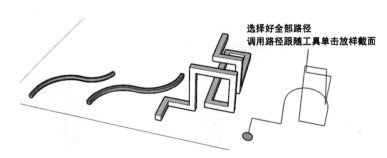

图 2.1.3　沿路径自动放样（路径放样）

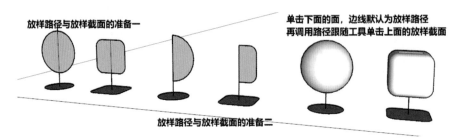

图 2.1.4　旋转放样

（4）选择下部的面（所有边线默认为放样路径），调用路径跟随工具，单击放样截面即成。

图 2.1.5 左边 4 个图形是另外一些准备好要做"旋转放样"的对象。

图 2.1.5 右边 4 个图形是准备做"循边放样"的对象。

循边放样的方法：单击"循边"的平面，调用路径跟随工具，单击放样截面。

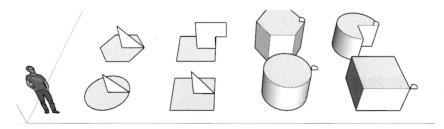

图 2.1.5　旋转放样与循边放样准备

图 2.1.6 所示为旋转放样与循边放样的成品，应注意其区别。

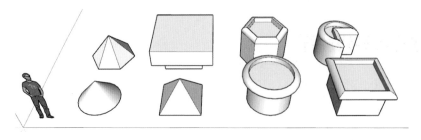

图 2.1.6　旋转放样与循边放样结果

5. Alt 键配合放样

在默认面板的工具向导小动画下面，对于路径跟随工具介绍了一个所谓的"功能键"。

抄录如下："Alt = 将平面周长作为路径"。

这句话实在是含含糊糊、语焉不详，很少有人一下子就能看懂，其实这种路径跟随的操作要领是这样的，请看图 2.1.7 的演示。

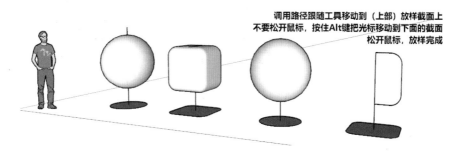

图 2.1.7　Alt 键配合放样的结果

放样截面（垂直面）和放样路径（水平面）的准备工作如前。

调用路径跟随工具，把工具移动到垂直的放样截面上，按住 Alt 键，把放样工具移动到水平的平面上，松开鼠标，放样成功。

用这个办法做放样操作，比第一种方法快了不少，但需要有点技巧，要练习一下。

6. 旋转放样的扩展应用

下面来看一些东西，有各种各样的形状；然而形状虽然不同，来源都一样，它们全都是来源于路径跟随工具的旋转放样。

图 2.1.8 中前排垂直面上的就是准备好的放样截面，躺在地面上的这些就是放样路径用的面，有圆形的、矩形的，还有梅花形的，放样路径的形状跟放样截面一起，决定了放样后的形状。

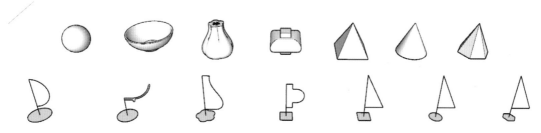

图 2.1.8　旋转放样示例

操作的方法是，选中水平的面（SketchUp 会默认以面的边线作为放样路径），调用路径跟随工具，单击垂直的面（放样截面），放样完成。

7. 特殊情况下的放样

如图 2.1.9 右侧所示，要在某些结构的凹入部分做出线脚形状，可以在图 2.1.9 所指的位置先画出放样截面（如位置受限，也可以在其他地方画好后移动过来），然后要做的仍然是预选作为放样路径的平面（或边线），调用路径跟随工具，单击放样截面即可。

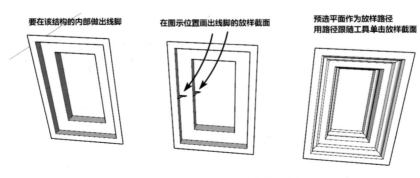

要在该结构的内部做出线脚　　在图示位置画出线脚的放样截面　　预选平面作为放样路径
　　　　　　　　　　　　　　　　　　　　　　　　　　用路径跟随工具单击放样截面

图 2.1.9　特殊的循边放样示例

8. 路径跟随的局限性

最后，还要提醒一下，虽然"路径跟随工具"功能强大，但还是有它的局限性。

图 2.1.10 所示为一些相同的螺旋线，螺旋线的端部有一些不同的放样截面，即一个圆形、一个缺角矩形、一个矩形。

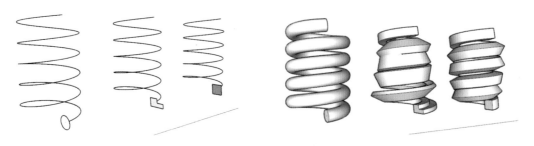

图 2.1.10　路径跟随准备　　　　　　　　　图 2.1.11　路径跟随缺陷

现在来做放样操作，先选择好放样路径，再调用路径跟随工具，单击放样截面。

圆形放样截面的图形，得到的结果跟预料是一样的，如图 2.1.11 所示。

另外两个图形的放样结果却惨不忍睹，螺旋线是一样的，就因为放样截面换成了矩形和缺了一个角的矩形，你能想到会有这么大的区别吗？ 这个结果显然不是我们想要的，放样的截面扭转了大约 180°，这就是路径跟随工具先天的缺陷。想要解决这个问题，也不难，在系列教程的插件应用专题中，会介绍几个插件和解决的办法。

本节我们学习（复习）了 SketchUp 的路径跟随工具应用要领，包括"沿路径手动放样""沿路径自动放样""旋转放样""循边放样""Alt 键配合放样"及其扩展应用，还有"路径跟随工具的局限性"路径跟随工具及其活用，这些都是学习 SketchUp 建模非常重要的内容，请一定要动手练习，本节附件里有练习用的模型。

2.2 路径跟随（另一些问题与缺陷）

2.1 节复习（学习）了 SketchUp 路径跟随工具的 5 种放样形式，具体如下。

（1）"沿路径手动放样"（就是工具向导小动画中的方法，问题多，不推荐用）；

（2）"沿路径自动放样"（改良的路径放样，又快又好，推荐使用）；

（3）"旋转放样"（也可称"车削放样"，放样截面沿放样路径的中心转一圈）；

（4）"循边放样"（特点是放样截面较小，并沿着放样路径转一圈）；

（5）"Alt 键配合放样"（有一定的局限性，不适用于路径放样，需练习）。

2.1 节还介绍了"路径跟随工具的局限性"，本节还要讨论路径跟随工具的另外一些局限性：请看图 2.2.1 ①③，这是两组放样用的路径与放样截面，图 2.2.1 ②④所示为完成放样后的结果。两组充当放样路径的平面都是"梅花形"，两组放样截面都是带有凸出圆弧的平面。两组实例的放样结果都符合原先的设想。

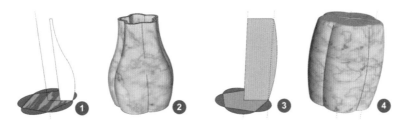

图 2.2.1 两组满意的放样

如图 2.2.2 ①所示的花盆看起来也是用上述类似的方式通过路径跟随放样与适当扭曲后形成的，图 2.2.2 ③所示为已经准备好的放样路径和放样截面，图 2.2.2 ②所示为创建放样路径和放样截面的过程。

为了方便对照，图 2.2.3 ①复制了图 2.2.2 ③所示的放样路径与放样截面。

现在再看看如图 2.2.3 ②所示的放样结果，放样完成后，问题一大堆，所有用箭头标出的位置，还有被遮挡的对应位置都有问题。

顺便说一下，如图 2.2.3 ②所示的问题，并非不能解决：用"模型交错""删除废线面""修补缺面"等措施也可以完成，但过程冗长，不确定因素多，会非常辛苦。

为了纠正上述的问题，我们尝试把用来当作"放样路径"的八角形平面适当缩小到跟"放样截面"的"圆弧起点"对齐，如图 2.2.4 ①所示。

图 2.2.4 ②所示为再次放样后的结果，原先有问题的位置有了明显的改良，但是又产生了

新的问题，请看图 2.2.4 ②箭头所指处：本该是圆弧形的位置全部变成了"折线形"，这显然不符合原先的设想。

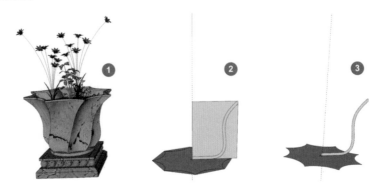

图 2.2.2　第二组放样的条件

图 2.2.3　第二组放样结果　　　　　　　　图 2.2.4　第二组新的问题

上面用一个例子说明了 SketchUp 路径跟随的另一些局限，希望引起你的注意。

此外，如何解决上面实例中暴露的缺陷，完成如图 2.2.2 ①所示的模型，是本节留给你的思考题与实战练习。在后面的篇幅里，还要对这个实例做深入讨论。

2.3　路径跟随交错实例 1（休闲椅）

这是作者 2010 年 10 月发布在某 SketchUp 专业论坛的图文教程（有部分改动）。

本节要做的是图 2.3.1 和图 2.3.2 所示的一套躺椅，玻璃钢材质，由一个躺椅和一个蛋形的"搁脚"组成。图 2.3.3 是侧视图，图 2.3.4 是俯视图，上面有一些主要尺寸，难以标注出的小尺寸将在操作步骤中给出，也可到附件里查看。

图 2.3.5 是保存在附件里的照片，下面就要用这幅照片做出这套躺椅，操作步骤如下。

（1）把该图片拉到 SketchUp 窗口中，要让它垂直站着，别让它躺下。

（2）炸开，重新创建群组，双击进入群组，用小皮尺工具调整尺寸（可参考图 2.3.3）。

（3）用圆弧工具与直线工具配合，沿躺椅的侧缘描出边线，如图 2.3.6 ①所指。

（4）用移动工具复制该边线到旁边，如图 2.3.7 所示。

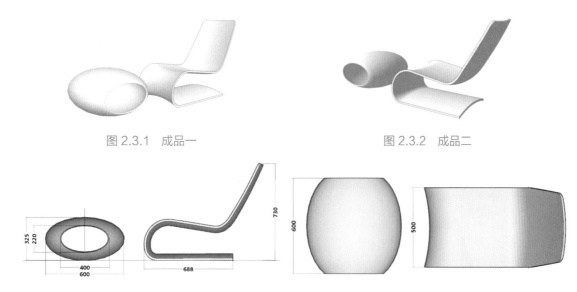

图 2.3.1 成品一   图 2.3.2 成品二

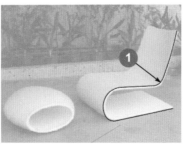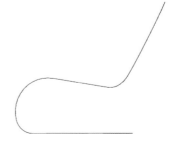

图 2.3.3 主要尺寸   图 2.3.4 俯视图

图 2.3.5 原始照片   图 2.3.6 描绘曲线   图 2.3.7 关键曲线

（5）接着在上述边线的端部画出辅助面，并画出弧形的放样截面，如图 2.3.8 所示。弦长为 500mm，弧高为 34mm，两弧间距（即厚度）为 16mm 或 18mm。

（6）做"沿路径放样"后得到躺椅的毛坯，如图 2.3.9 所示。

（7）下面要按靠背的倾斜角度作辅助面、画辅助线，完成后如图 2.3.10 所示。

（8）用毛坯正面左上、右上两个角点和图 2.3.11 ①②两点画矩形，并平行于靠背。

（9）用量角器工具作斜线，用圆弧工具绘制圆弧，完成后如图 2.3.10 所示。

（10）用推拉工具把该形状拉出到靠背的前面，如图 2.3.11 所示。

（11）全选后做"模型交错"，如图 2.3.12 所示。

（12）删除废线面后得到成品，如图 2.3.13 所示。

上面几步的目的是要用模型交错"切割"出靠背的造型，难点在于获取平行于靠背的辅助面。

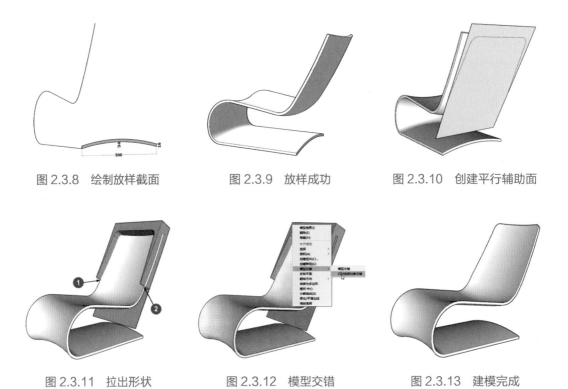

图 2.3.8　绘制放样截面　　　　图 2.3.9　放样成功　　　　图 2.3.10　创建平行辅助面

图 2.3.11　拉出形状　　　　图 2.3.12　模型交错　　　　图 2.3.13　建模完成

接着要作出"蛋形搁脚"的部分，操作步骤如下。

（1）在地面上画一个 600mm × 600mm 的矩形，向上拉出 600mm，形成一个立方体，如图 2.3.14 所示。

（2）在立方体侧面画圆，半径为 300mm，如图 2.3.15 所示，它将是放样路径。

（3）在立方体顶面上绘制弧形的放样截面，如图 2.3.16 所示，弧高为 150mm；两弧间距相当于搁脚成品的厚度 16mm。完成后如图 2.3.16 所示。

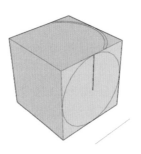

图 2.3.14　创建立方体　　　　图 2.3.15　画圆与弧　　　　图 2.3.16　画圆与弧

（4）删除所有废线面，只留下放样截面（弧）和放样路径（圆），如图 2.3.17 所示。

（5）把放样截面的弧形移动到放样路径的中部，准备放样，如图 2.3.17 所示。

（6）循边放样完成后如图 2.3.18 所示，用缩放工具把对象压扁到总高为 325mm 左右，总宽为 600mm 左右，如图 2.3.19 所示。

（7）尝试赋予不同的颜色与不同的透明度，如图 2.3.20 至图 2.3.23 所示。

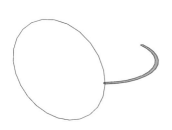
图 2.3.17　放样路径与截面

图 2.3.18　放样完成

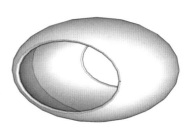
图 2.3.19　缩放工具压扁

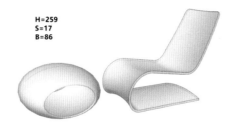
图 2.3.20　淡紫色

图 2.3.21　淡红色

图 2.3.22　淡蓝色

图 2.3.23　淡绿色

这里给你留下除建模之外的另一个练习：请尝试复制出若干份，用材质面板默认的"HSB"色系面板做产品的色彩设计，调配出不同的颜色，并截图做成供甲方挑选的产品色谱模板。

客户选中某款色后要生产出准确的颜色，所以必须记下每一款的"HSB"参数（关于"色彩和色彩设计"可查阅本系列教材中的《SketchUp 材质系统精讲》一书）。

这个实例的重点有 3 个：

（1）从照片获得对象的基本特征，如图 2.3.6 和图 2.3.7 所示。

（2）创建倾斜的辅助面以及为模型交错做准备的技巧，如图 2.3.10 和图 2.3.11 所示。

（3）再一次体会了路径跟随与模型交错这两大法宝。

2.4 路径跟随交错实例 2（弧形薄壳屋面）

图 2.4.1 至图 2.4.3 所示为作者于 2009 年 9 月应某网友的请求，发布在某论坛的图文教程（有部分更改）。本节的建模任务就是这 3 幅图中的美术馆蓝绿色的弧形薄壳屋面。

"薄壳"是一种曲面建筑构件，按曲面生成的形式分为筒壳、圆顶薄壳、双曲扁壳和双曲抛物面壳等，材料大都采用钢筋混凝土。壳体能充分利用材料强度，同时又能将承重与围护两种功能融合为一。实际工程中还可利用对空间曲面的切削与组合，形成造型奇特、新颖且能适应各种平面的建筑，薄壳结构的优点是可以把受到的压力均匀地分散到建筑物的各个部分，减少局部受到的压力。许多建筑物屋顶都运用了薄壳结构的原理，缺点是较为费工和费模板。

本节要用 SketchUp 的"路径跟随"和"模型交错"两种功能结合起来完成曲面造型。

图 2.4.1 参考图片一

图 2.4.2 参考图片二

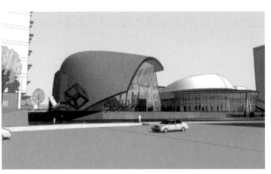

图 2.4.3 参考图片三

经分析可知，本例模型的曲面形状由两个不同心的椭圆构成，辅以圆弧和局部切割成形，对于 SketchUp 来说，创建类似的圆弧造型不是太复杂，用 SketchUp 原生的工具就可以轻松完成。

1. 大致确定建模对象的尺寸

总的思路是：以图片上某些已知尺寸的参照物为依据，用 SketchUp 的小皮尺工具把图片调整到尽量接近真实的现场尺寸，然后从图片量取建模用的尺寸。操作步骤如下。

（1）把两幅参考图片"拉入"SketchUp 工作窗口，调整到一样大小，如图 2.4.4 所示，这里假设两幅图片有相同的比例。应注意图 2.4.4 ①处有个白色的人形，可以用此人形的身高来作参照尺寸。

图 2.4.4　并排放置的图片与其上的参照物

（2）尽量放大图片，如图 2.4.5 ①所示，直至能够比较准确地用小皮尺工具量取人形的身高，从键盘输入男性的大致身高：1700mm，按 Enter 键并且确定改变模型整体大小后，两幅图片即可调整到接近真实的现场尺寸，估计误差在 1% ～ 2% 的范围内。

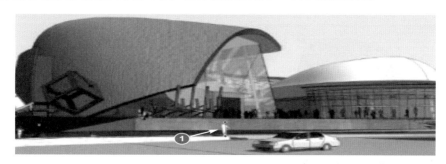

图 2.4.5　用小皮尺工具缩放参照物到合理尺寸

（3）然后就可以量取图片上的相关尺寸，记下来建模时使用，如图 2.4.6 所示。

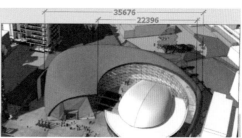

图 2.4.6　量取尺寸

2. 绘制放样用路径和放样截面

（1）在地面上画一个大圆，如图 2.4.7 ①所示，半径为 35676/2，这个圆形的一部分将作为放样路径。

（2）根据尺寸画一个小圆，如图 2.4.7 ②所示，半径为 22396/2，将用它来切割出内圆的形状。

（3）根据造型在大圆与小圆间画两条短直线，以确定放样的起止位置，如图 2.4.7 ③④所示。

（4）建立一个临时的立面，在该立面上作图，画出放样的截面，如图 2.4.7 ⑤所示。

（5）偏移 400mm，删除废线面后形成放样截面，如图 2.4.7 ⑥所示。

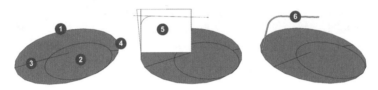

图 2.4.7　路径跟随准备

（6）用路径跟随工具，以大圆规划出的部分为路径完成放样后如图 2.4.8 ①所示。

（7）用推拉工具拉出地面上的小圆，如图 2.4.8 ②所示，准备做模型交错。

（8）模型交错后，删除多余的废线面后如图 2.4.8 ③所示。

图 2.4.8　切割出内圆

3. 切割掉曲面对象的一个角

（1）在模型端部建立一临时立面，根据造型设想画出斜线，如图 2.4.9 ①所示。

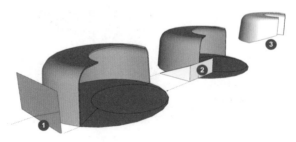

图 2.4.9　切割掉一个角

（2）用推拉工具拉出这个三角形后做模型交错，如图 2.4.9 ②所示。

（3）删除多余的废线面后，建模任务完成，成品如图 2.4.9 ③所示。

4. 小结

（1）图 2.4.10 所示为模型与原图片的对照。可见相似度尚可。

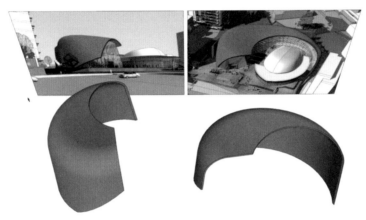

图 2.4.10　相似度比较

（2）本例中用到的 SketchUp 工具为缩放工具、画圆工具、直线工具、圆弧工具、偏移工具、路径跟随工具；还用了照片导入、炸开与重新编组、模型交错和删除以及柔化等功能，以上全部为 SketchUp 自带的基本工具（功能），未借助任何插件。

（3）用外来图片作为参考创建模型是经常要用到的技能：要善于利用图像上可作为尺寸参考的对象，譬如本例中的人形，或已知大概尺寸的门窗、台阶的高度，围墙的高，瓷砖、石材的尺寸以及所有能提供尺寸的图上元素等。

（4）要善于抓住对象的形状特征，估计出各部分的比例、角度、圆弧等重要的建模参数……这些技能对于接受过素描写生训练的 SketchUp 用户不会有太大困难，如果没有接受过相关训练，只能多做练习积累经验。

2.5　模型交错功能详述

　　大多数 SketchUp 用户对于模型交错并不陌生，在本章前面 4 节的实例中，曾经两次使用过模型交错功能。因为 SketchUp 的模型交错没有工具图标，只有在条件符合时才允许做这个操作，所以只能说它是 SketchUp 中的一项功能，而不是"工具"。虽然模型交错没有工具图标，但丝毫不影响它成为 SketchUp 建模过程中的一个重要造型手段。

　　为说明 SketchUp 的模型交错功能，还要提到另一个老牌 3D 建模软件——3ds Max。在3ds Max 中有个重要的造型手段，叫作"布尔"工具。"布尔"是一种逻辑运算方式的名称。

它是数学的一个分支——"逻辑代数",也叫作"布尔代数",由英国数学家乔治·布尔于1849年创立。在布尔代数中,所有可能出现的数字只有两个,即0和1;基本的运算只有"与""或""非"3种。

3ds Max 中的布尔工具所进行的操作和操作结果,跟布尔运算有相似之处,所以借用了"布尔"这个名词。3ds Max 的布尔工具可以把两个或更多的三维实体,通过布尔运算的并集、交集和差集,生成新的实体。这些并集、交集和差集,正是布尔代数里面的"与、或、非"。SketchUp 从 8.0 版开始,就拥有了跟 3ds Max 功能相同的布尔工具,在 SketchUp 中,它们统称为"实体工具",要在后面的篇幅里详细讨论它。

SketchUp 8.0 以后的版本虽然都有了专门进行布尔操作用的实体工具,但因为实体工具对参与运算的几何体要求太高,操作不太直观而少有人用。在"实体工具"诞生之前,"模型交错"是 SketchUp 一直都有的造型功能;模型交错虽然没有 3ds Max 中的布尔工具强大,但也可以实现相似的功能,并且比 3ds Max 的布尔功能更直观。所以,直到现在,"模型交错"仍然是 SketchUp 一个非常高效、实用、直观的造型工具。

众所周知,在 SketchUp 中,绘图和造型工具都很简单;只使用不多的绘图工具和造型工具,能够创建的模型形状就非常有限;而如果善于用模型交错功能,就可以创作出更多、更复杂的几何体。

1. 模型交错的基本概念

图 2.5.1 的左侧有两个不同的几何体,把它们移动重叠在一起后,两者相交的位置没有边线,如图 2.5.1(b)中的箭头所示;模型交错可以对重叠的不同几何体在相交处创作出新的边线和面,用这种办法创作出新的几何体。两者相交处出现边线是模型交错已经成功的标志,如图 2.5.1(c)中的箭头所指处。分解模型交错后的几何体,可见已经变成了 3 个新的几何体,如图 2.5.1 右侧所示。

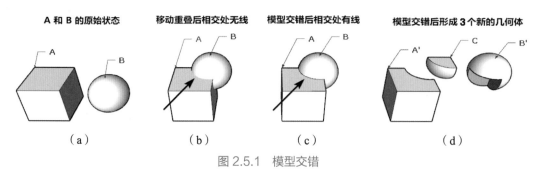

图 2.5.1 模型交错

2. 模型交错的注意事项

(1)如果参与模型交错的是群组或组件,必须先炸开(模型交错功能对群组与组件无效)。

（2）模型交错的操作：全选参与交错的几何体并右击，在弹出的快捷菜单中选择"模型交错"→"只对选择对象交错"命令，如图 2.5.2 所示。

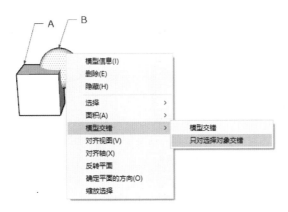

图 2.5.2　永远只选下面的"只对选择对象交错"命令

3. 对上面两点的补充说明

（1）为什么要炸开后才可以做模型交错？

因为只有把它们炸开后，才可以完成后续的模型交错的操作。这是 SketchUp 的模型交错功能提出的要求，请记住：只有把对象炸开后才可以进行模型交错。

（2）为什么要选择右键快捷菜单里的"只对选择的对象交错"命令？

作者要给你一个忠告：请你永远选择右键快捷菜单中下面的"只对选择对象交错"；永远不要选择上面那个"模型交错"，并且要养成习惯。

为什么一定要这么做？　因为图 2.5.2 所示菜单上面的"模型交错"命令是对 SketchUp 里的所有的实体做模型交错。而事实上，我们几乎永远不需要对模型中的所有实体都来一次模型交错。如果选择了第一个命令，就会对模型中并不需要交错的部分也进行了交错操作，造成的结果，当时可能难以发现，但是到了某个特定时刻麻烦就来了，还有可能是灾难性的。

另外，如果当前的模型很大，你又选择了对模型里所有实体做模型交错，这就需要消耗大量计算机软、硬件资源，有很大可能会造成死机或者 SketchUp 崩溃退出，当然也可能造成损失。所以，要再重复一遍忠告："任何时候，任何情况下，都不要选择图 2.5.2 中右键快捷菜单上面的'模型交错'命令，一定不要有意或无意试图对模型里所有的实体进行交错。"

4. 模型交错与布尔运算

模型交错功能，除了条件成熟后在右键快捷菜单中可以找到外，在"编辑"菜单中也有，条件不符合的时候，它是灰色的不可用状态，一旦条件满足，它就变成可使用的状态了，使用方法是一样的。

图 2.5.3 所示为重复上面的操作，让我们好好看看得到了些什么。现在得到了 4 种不同的组合，如把立方体看成实体 A，球体看成实体 B，则有以下结果：

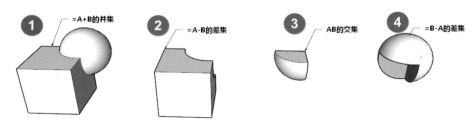

图 2.5.3　模型交错的 4 种结果

图 2.5.3 ①所示为实体 A 和实体 B 并在一起，相当于布尔运算的并集。

图 2.5.3 ②所示为从实体 A 减去实体 B 的差。

图 2.5.3 ④与图 2.5.3 ②相反，是实体 B 减去实体 A 的差，它们两个相当于布尔运算的差集。

图 2.5.3 ③所示为实体 A 和实体 B 重叠相交的部分，所以是布尔运算的交集。

关于这方面的问题，在后面还有详细的讨论。

5. "剖面工具"的切割功能

"模型交错"时常被用来切割模型里的几何体，试验证明，如果参与切割的线面数量较多，形状较繁杂，模型交错就可能不够彻底，有经验的 SketchUp 用户会重复操作多次来避免这种问题发生。建模实践中可以发现，"剖面工具"可以用于切割几何体，并且比较可靠，举例如下。

图 2.5.4 所示为一个售楼部，其屋面是一个斜坡。

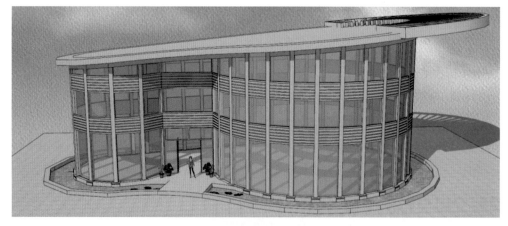

图 2.5.4　某售楼部（倾斜的屋面）

图 2.5.5 所示为已完成的墙体，要切割出倾斜的形状，通常用模型交错，较麻烦且不可靠。

图 2.5.6 所示为用剖面工具创建一个剖切并移动、旋转到合适的位置。

图 2.5.6 所示为移动旋转到位后，右击剖切，在弹出快捷菜单中选择"从剖面创建群组"

命令。

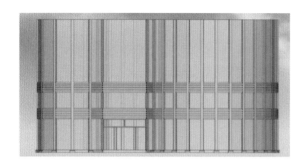

图 2.5.5　已完成的墙体

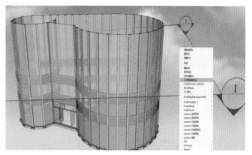

图 2.5.6　设置一个剖切

图 2.5.7 所示为剖面创建的群组，右击该群组，在弹出的快捷菜单中选择"炸开"命令。

图 2.5.8 所示为炸开该群组后，墙体分成上、下两个部分。

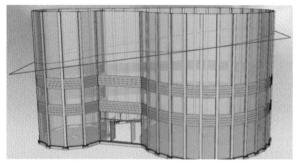

图 2.5.7　从剖面创建群组

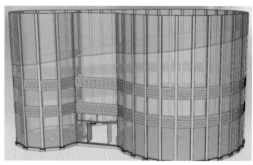

图 2.5.8　炸开该群组后

图 2.5.9 所示为删除上半截后的结果，此时切割完成。

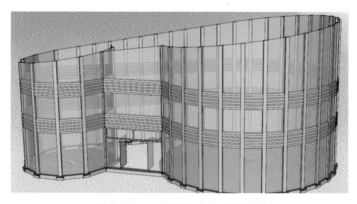

图 2.5.9　一次删除全部废线面后

6. 小结

（1）善用模型交错来配合建模，可创建用其他方法不能完成的复杂几何体。

（2）参与模型交错的所有实体都不能是群组或组件，如果是，则需要炸开后交错。

（3）对群组和组件做模型交错，可以在被动一方上产生相交线。

（4）任何情况下都选择"只对选择对象交错"，千万不要试图对整个模型做交错。

（5）用剖面工具代替模型交错做平面切割，方便且可靠。

2.6　跟随交错实例（个性花钵）

"花钵"作为一种设计小品，在室内外环艺设计、景观设计等行业有着一定的实用地位，它又是最少受标准与规程约束，最能随设计师天马行空、异想天开、发挥创造力的练习题材。在这本讨论曲面建模的书里，会用几个不同的花钵做标本讨论不同的曲面建模思路与技巧。

本节要讨论的"个性花钵"于 2010 年 10 月始以系列教程之一的形式发布在某 SketchUp 专业论坛上，曾引起热烈讨论，并纠正了一些人以为 SketchUp 的曲面一定要用插件的偏见。现在就尝试用"路径跟随"与"模型交错"这两个重要的造型工具结合起来创建如图 2.6.1 所示的花钵。

图 2.6.1　个性花钵

下面按操作顺序截图说明建模过程。

如图 2.6.2 所示，建立一垂直辅助面，创建辅助线，绘制放样截面。

图 2.6.3 所示为完成旋转放样后的模型。

如图 2.6.4 所示的这一步比较重要，可能需要练习几次才能熟练运用。

（1）用剖面工具生成一个"剖切"，移动旋转到图示位置。

（2）右击"剖切"，在弹出的快捷菜单中选择"从剖面创建群组"命令，在对象上新增一圈边线。

（3）删除"剖切工具"后，单击对象表面新出现的边线，右击并在弹出的快捷菜单中选择"炸开"命令，对象分成上、下两半。

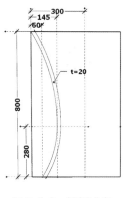

图 2.6.2 规划准备

图 2.6.3 循边放样

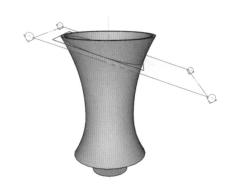

图 2.6.4 从剖面创建群组

图 2.6.5 所示为删除对象上面的部分后，形成花钵的内层，如图 2.6.5 左侧所示。现在复制一个到旁边留作花钵的内层。对底部用剖面工具做同样的切割操作，结果如图 2.6.5 右侧所示。

图 2.6.6 所示为用缩放工具把右侧对象压扁到合适的高度，形成花钵的外层。

图 2.6.5 炸开后删除废线面复制一个副本

图 2.6.6 缩放工具压扁

图 2.6.7 所示为再用缩放工具做中心缩放，把花钵外层放大到合适的大小，以便套在内层上。

图 2.6.8 所示为外层创建群组，移动到内、外两层中心线对齐，外层还要旋转到与内层的顶部平行。

最后如图 2.6.9 所示，还要把切割的面封起来，把封面产生的平面向下复制形成"泥土"，这些局部操作的范围虽然很小，但是直接影响模型的整体品质与观感，有一定难度，马虎不得。

设计这样一个花钵，需要发挥空间想象力和创造力，做出来的模型好不好看，能不能被大多数人接受很考验你的美学修养，所以做好这个模型并不容易，需要注意以下几点：

（1）在辅助面上做规划，尤其是那条圆弧，差一点的结果会有天壤之别；

（2）用剖面工具切割几何体，做移动旋转较容易控制，但切割处需要封面；

（3）始终保留中心线，它是内、外两层准确套在一起的必备条件；

（4）外层的高度与直径，跟内层的相对位置与角度也要仔细对应；

（5）内、外两层可以用深浅不同颜色的大理石材质。

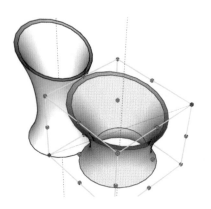

图 2.6.7　中心缩放扩大　　图 2.6.8　组装并生成泥土　　图 2.6.9　赋予材质与栽种

2.7　投影交错实例（传统家具脚）

在本系列教材中的《SketchUp 材质系统精讲》里出现过如图 2.7.1 所示的传统八仙桌，不过每次出现的目的都不同，这一次是以"曲面造型"的题材用它来做案例。

如果把如图 2.7.1 所示的桌子腿分解开来（简化榫卯结构），它的形状就如图 2.7.2 和图 2.7.3 所示。仔细观察就会发现，桌腿的顶部与底部有多处圆弧曲面的形状，虽然范围不算很大，但是不掌握点窍门，想要把这部分做好会遇到困难。

图 2.7.1　传统八仙桌与长凳　　图 2.7.2　桌腿顶部　　图 2.7.3　桌腿底部

本节主要介绍一种叫作"投影交错"的曲面建模技巧，这种方法很简单，容易掌握，但能解决建模过程中遇到的很多难题，下面就用这种方法分别创建两种带有曲面的桌子腿，一个是中式的八仙桌腿，另一个例子是西式的书桌腿。

例1　中式八仙桌腿。

（1）如图2.7.4所示，导入一幅八仙桌照片，炸开后重新群组，进入群组用小皮尺工具调整图片尺寸到合理大小。

（2）描摹一条桌子腿的轮廓并成面，如图2.7.4①所示。

（3）复制桌子腿平面，并摆放成互相垂直的投影状态，如图2.7.5①所示。

（4）用推拉工具分别拉出体量并令其垂直交叉，如图2.7.5②所示。

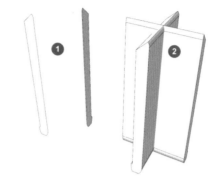

图2.7.4　从照片描摹下桌腿的轮廓　　　　图2.7.5　两垂直投影面拉出体量并交叉

（5）全选后做模型交错，删除废线面后如图2.7.6所示。

（6）复制并分别旋转移动到位后如图2.7.7所示。

（7）后续操作此处从略，有兴趣者可查阅《SketchUp材质系统精讲》一书的5.3节。

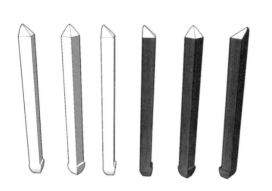

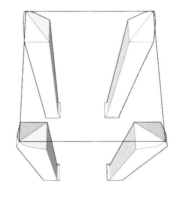

图2.7.6　模型交错后结果　　　　　　图2.7.7　分别旋转到位

例2　西式书桌腿。

（1）与中式家具内敛的造型不同，西式家具的弯曲造型普遍较为张扬，如图2.7.12所示。

（2）首先如图2.7.8所示，仍然是创建辅助面和辅助线，勾画出桌子腿的投影面。

（3）复制桌子腿投影，并摆放成互相垂直的投影状态，如图2.7.9①所示。

（4）用推拉工具分别拉出体量并令其垂直交叉，如图 2.7.9 ②所示。

（5）模型交错并清理废线面后如图 2.7.10 所示。

（6）复制旋转移动到位后如图 2.7.11 所示。

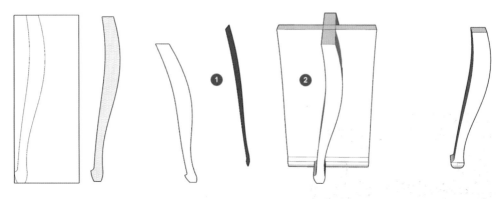

图 2.7.8　画出投影面　　　　图 2.7.9　两垂直投影面拉出体量并交叉　　　　图 2.7.10　模型交错后结果

图 2.7.11　复制旋转移动到位

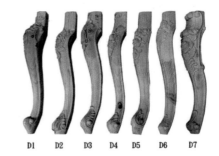

图 2.7.12　西式家具腿示例

2.8　重叠交错实例 1（中式屋面）

制作中式传统建筑模型一直是很多中国 SketchUp 用户的追求。创建中式传统建筑模型的难度要比西式建筑大得多，对于现代的设计师们来说，难度在于名词多、制式多、规矩多、结构多、尺寸多、线面多……用本节几页的篇幅显然无法说得清楚以上任一个"多"，本节的内容仅限于提供一些创建中式传统建筑屋面的思路与技巧，顺便科普一点相关知识。

1. 中国传统建筑的屋顶分类概要

中国自古以来就是礼仪之邦，其中的"礼仪"也反映在建筑形制上，尤其是屋顶在中国传统建筑中占有非常重要的位置，各朝各代都规定严格、等级森严，胡乱僭越搭建有掉脑袋的危险。

如图 2.8.1 所示的"庑殿"，仅限于帝王宫殿、陵寝、高等级寺庙才可用。图为单檐，重檐为最高等级，庑殿的结构并不复杂，但等级最高，造型中正平和、气派恢宏。即使在紫禁城里，也只有皇帝上朝的太和殿与几个皇帝主要起居场所为单檐或重檐庑殿。某些重要寺庙也可看到庑殿建筑。

如图 2.8.2 所示的屋顶形式叫作"歇山"，重要官府和重要建筑物可用。歇山结构比庑殿复杂得多，有八垂脊一正脊，但等级低于庑殿。造型简单有力，是重要的屋面样式。图中所示为单檐，若是重檐则级别更高。紫禁城内，除了最为重要的几处庑殿外，更多大殿都是歇山，天安门屋面也是歇山。

图 2.8.1　庑殿

图 2.8.2　歇山

图 2.8.3 所示为悬山式屋面，人字顶，屋面外挑。正脊饰以花卉走兽，山墙多有博风板以阻挡风雨，或有悬鱼装饰，两山悬挑外放，具层次感。常见于民间百姓大户。

图 2.8.4 所示为硬山式屋面，是北方一般平民百姓的朴素房屋形制。硬山式屋面流行于明代（14 世纪）之后，是制砖业蓬勃发展、砖墙取代土墙后的普遍趋势，外形较简单、平凡。

图 2.8.5 所示为卷棚式屋面，是一种较为自由的形制，用瓦铺顶。常见于北方农村与城镇民间。卷棚屋面也有硬山卷棚与悬山卷棚的区别。

图 2.8.3　悬山

图 2.8.4　硬山

图 2.8.5　卷棚

图 2.8.6 至图 2.8.8 所示都是"攒尖"式样的屋面，"攒尖"屋顶的变化较多，大多作为观赏性较强的建筑所采用，如亭子和宝塔等，根据需要，攒尖也有单檐与重檐的区别。

图 2.8.6　攒尖 1

图 2.8.7　攒尖 2

图 2.8.8　重檐攒尖

2. 对传统建筑屋顶建模的建议

图 2.8.9 所示为作者于 2010 年 3 月发布于某 SketchUp 专业论坛的庑殿屋顶模型，可以在本节附件中找到它，特点是"实模"（每一瓦片都是模型）。图片上附有两组数据：模型的容量为 12MB，模型的边线有 26 万条，面的数量有 10.6 万个，非常惊人，差不多够一个居民小区模型的体量了；花费的时间大约两个半小时或更多。

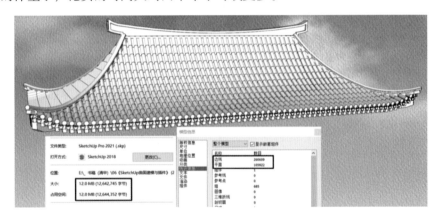

图 2.8.9　传统庑殿建筑屋面模型及线面数量

如图 2.8.10 所示，这是为了写此书稿临时创建的类似模型，也可以在本节附件中找到它，文件名是"对照"。该模型用了路径跟随放样加贴图的形式，skp 模型的容量为 2.06MB，仅为上述实模的 17%；边线数量为 789，仅为上述实模的 0.2%；面的数量为 326，也仅为实模的 0.3%。更为关键的是，创建这样一个屋顶模型，耗时不会超过 10 分钟，大约是创建实模耗时的 6%。另外，还有一个附带的好处：只要换用贴图，就可以得到完全不同的风格和效果。

根据以上比较，想必你猜得到作者的建议——"能不用实模处就尽量不要用实模"。在下面的篇幅中要介绍 3 种创建类似模型的技巧。在这个系列教材中的《SketchUp 材质系统精讲》一书里，有关于贴图制备与应用的详细介绍，另外，还有一章的名称叫作"以图代模"，介绍了近 30 个类似的可无须创建实模的例子仅供参考。

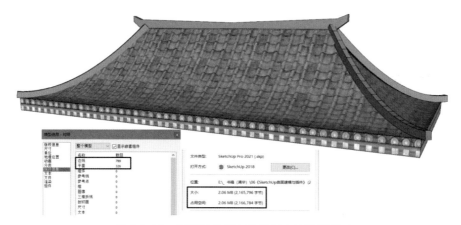

图 2.8.10   用跟随放样和贴图创建的类似屋面

3. 例 1   用路径跟随创建中式屋顶

如图 2.8.11 所示，规划屋面尺寸为 20m×10m，拉出高度为 4500mm，在端部绘制放样截面。

如图 2.8.12 所示，是移动放样截面到中间，向内偏移放样路径，如图 2.8.12 ②所示。

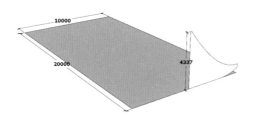

图 2.8.11   规划屋顶投影绘制放样截面

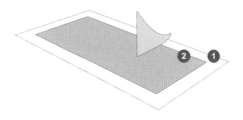

图 2.8.12   移动放样截面并偏移放样路径

图 2.8.13 所示为路径跟随放样完成后，向下拉出檐口厚度。

图 2.8.14 所示为添加垂脊和正脊，作投影贴图。

图 2.8.13   循边放样完成

图 2.8.14   加垂脊与正脊并贴图

注意，本例与实模只为示意，均已简化，不符合任何制式，读者建模可查阅本书的参考文献 [25]-[27]。

4. 例 2 用投影交错的方法创建中式屋顶

图 2.8.15 来源于同济大学吴为廉主编的《景观与景园建筑工程规划设计》。

图 2.8.16 是描摹图 2.8.14 的"翼角投影"。

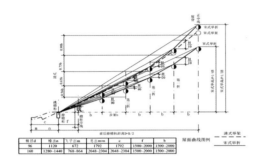

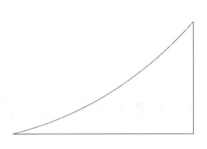

图 2.8.15 宋式屋面曲线   图 2.8.16 描摹一条曲线并成面

图 2.8.17 ①所示为复制并垂直布置"翼角投影"。

图 2.8.17 ②所示为分别拉出体量并交叉重叠。

图 2.8.17 ③所示为模型交错并删除废线面，形成一个翼角。

图 2.8.17 推拉并模型交错出一个翼角

如图 2.8.18 ①所示，复制出另一个翼角。

如图 2.8.18 ②所示，镜像。

如图 2.8.18 ③所示，移动合并后柔化掉所有废线，形成屋面一端的两个翼角。

如图 2.8.18 ④所示，复制出一份，根据设计要求分隔开一定距离。

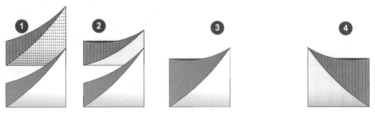

图 2.8.18 移动复制出全部翼角

如图 2.8.19 ①所示，拉长屋顶中间的部分，柔化掉废线，箭头所指为"垂脊线"。

如图 2.8.19 ②所示，复制出一条"垂脊线"。

如图 2.8.19 ③所示，这是为后续作图方便设置临时的用户坐标，并生成辅助面。

图 2.8.19 ④是在辅助面上画出"垂脊"的轮廓。

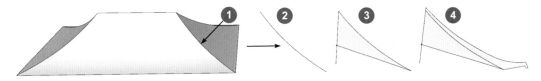

图 2.8.19　以垂脊线创建垂脊

如图 2.8.20 ①所示，拉出垂脊的体量，向中间偏移，再次推拉出凸缘，旋转 90°复制 3 份。

如图 2.8.20 ②所示，将垂脊分别移动到位。

如图 2.8.20 ③所示，创建辅助面，画出正脊轮廓。拉出体量，偏移，再次推拉出凸缘。

图 2.8.20　旋转复制并添加正脊

如图 2.8.21 ①所示，从垂脊交点向上引出辅助线，把屋顶的"底面"复制到上面，用直线分隔出屋顶投影区域，分别赋予材质并调整材质的大小、位置与角度。

如图 2.8.21 ②所示，对屋顶的 4 个坡面分别作"投影贴图"；4 个檐口分别作"非投影贴图"。（若以上两步不得要领，可查阅《SketchUp 要点精讲》和《SketchUp 材质系统精讲》。）

如图 2.8.21 ③所示，分别对 4 条垂脊和 1 条正脊赋予材质。

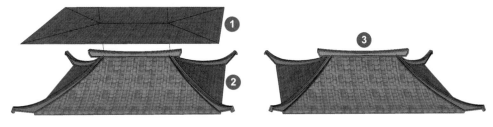

图 2.8.21　完成投影贴图

注意，本例与实模只为示意，均已简化，不符合任何制式，读者建模可查阅参考文献[25]-[27]。

5. 例 3　歇山顶建模技巧

图 2.8.22 所示为宋式屋面曲线，来源于同济大学吴为廉主编的《景观与景园建筑工程规

划设计》一书。

如图 2.8.23 所示，描摹曲线并形成放样截面，在底部往上约 40% 处画一条横线分隔成上下两部分。

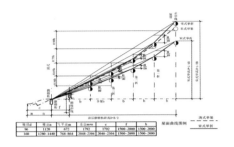

图 2.8.22 宋式屋面曲线

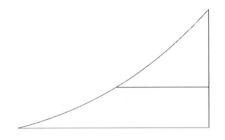

图 2.8.23 描摹下的曲线

如图 2.8.24 所示，绘制屋面投影平面矩形，大小为 15m×10m，移动放样截面到中部。

如图 2.8.25 所示，以屋面投影矩形为路径，对放样截面的下半部分做循边放样。

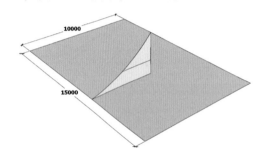

图 2.8.24 生成放样截面

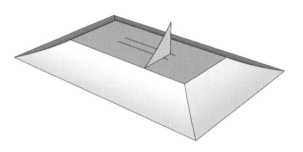

图 2.8.25 放样并生成另一半截面

如图 2.8.26 所示，移动复制放样截面的上半部分，镜像合并成图示截面。

如图 2.8.27 所示，拉出歇山顶的上半部分。

图 2.8.26 移动到位并镜像复制

图 2.8.27 拉出上半截面

如图 2.8.28 所示，柔化掉废线。

如图 2.8.29 所示，从 4 个翼角转折点往上引出辅助线，把底部的矩形垂直向上复制如图所示。

如图 2.8.30 所示，按图示用直线分隔出 4 个投影贴图区域。

图 2.8.28　柔化掉废线

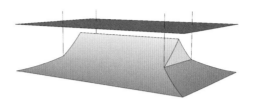

图 2.8.29　向上引辅助线并复制矩形

如图 2.8.31 所示，做投影贴图的准备，分别调整投影贴图的大小、角度、位置等参数，隐藏待用。

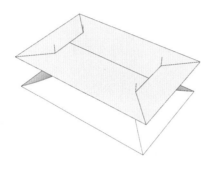

图 2.8.30　用直线分隔投影区域

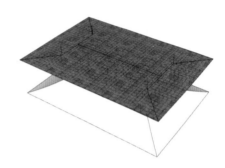

图 2.8.31　为投影贴图做准备

如图 2.8.32 所示，复制垂脊线，完成放样，做成组件，旋转复制成 4 份。

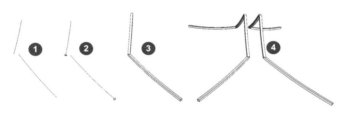

图 2.8.32　用垂脊线创建垂脊

如图 2.8.33 所示，分别移动垂脊到位，创建正脊，赋色；完成投影贴图；对两个"歇山"做偏移和推拉，做出造型，建模完成。

图 2.8.33　歇山顶成品

2.9　重叠交错实例2（鸡心项链吊坠）

本节要做如图 2.9.3 ④所示的一个"鸡心项链吊坠"，虽然没有太多实际意义，但其中包含的建模思路与技巧可供创建类似曲面模型时参考。操作步骤如下。

（1）按图 2.9.1 ①所示创建放样截面（1/4 圆）和充当放样路径的正圆。

（2）做"旋转放样"后按图 2.9.1 ②所示再创建一个辅助面，如图 2.9.1 ③所示。

（3）在辅助面上绘制放样用的圆弧，如图 2.9.1 ④所示。

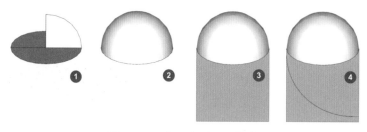

图 2.9.1　步骤（1）～（3）

（4）清理掉辅助面的多余部分后做"路径放样"结果如图 2.9.2 ①所示。

（5）复制一个并做镜像，如图 2.9.2 ②所示。

（6）为了能顺利移动，对其中之一创建群组以隔离，移动重叠到合适位置，如图 2.9.2 ③所示。

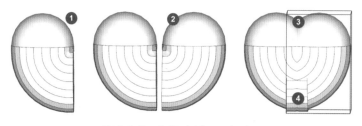

图 2.9.2　步骤（4）～（7）

（7）炸开群组后做模型交错，仔细清理掉图 2.9.2 ④所示位置的多余线面后如图 2.9.3 ①所示。

（8）用缩放工具压扁到合适形状，如图 2.9.3 ②所示。

（9）柔化掉所有边线后如图 2.9.3 ③所示；赋色并加吊环后如图 2.9.3 ④所示。

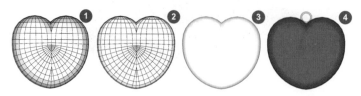

图 2.9.3　步骤（8）～（11）

2.10　重叠交错实例 3（简易六角亭）

这是个老戏新唱的教程，2009 年 10 月，本书作者以《十分钟亭子建模教程》为名在某 SketchUp 专业论坛发布了这个图文教程，现在各大搜索引擎还都可搜索到，至今已有 13 年，这个帖子已被阅读近 30 万次，有几千个回复，网上被反复转载引用，还被至少 3 本正式出版物原样"复制"，线下成了很多教师们讲课的例题。既然大家都喜欢它，就拿来改进充实一下，作为本节内容。

很多 SketchUp 玩家喜欢做中式的亭子，本节要做一个如图 2.10.1 所示的亭子，后面介绍的方法，特点是简单，只用了 SketchUp 的基本工具，没有用插件，也没有深奥的技巧，形状实在算不得漂亮，也不够精细，只为提供创建类似模型的思路供读者参考。只要掌握了"建模的思路"和 SketchUp 基本工具的使用技法，这类曲面造型的模型，谁都做得出来。

图 2.10.1　本节实例

亭子的模型，多数用于景观设计，如果用于方案设计，对于亭子的模型只求形似而不求细节，本节介绍的方法正好符合要求。需要指出，如果你是研究古建筑，或者有严格结构要求的设计，本节介绍的方法不适合你使用。为使本节的教程不至于太长，附件里有一个带操作步骤的模型，现在就用这个模型的截图来一步步讲述建模的过程；对于比较简单、一看就懂的操作步骤将一带而过，需要注意的部分会强调一下。下面所列的尺寸数据和形状等仅供参考，相信你可以做得更好、更美。

1. 从绘制一系列最基础的线面开始

（1）首先要在地面上画出亭子台基的轮廓，用多边形工具在地面上画个六边形，外接圆半径为 2000mm，如图 2.10.2 所示。向上 3200mm 复制一个，如图 2.10.3 ①②所示。

（2）现在有了上、下两个六边形，暂时不用管如图 2.10.3 ①所示的那个，选中上面的②，用缩放工具按住 Ctrl 键做中心缩放，从键盘输入 1.2，也就是比原来放大了 20%；也可以用偏移工具向外偏移 400mm，如图 2.10.4 ②所示。

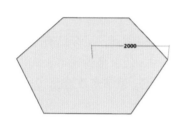

图 2.10.2　画六角形

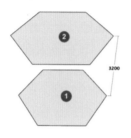

图 2.10.3　向上复制一个

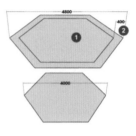

图 2.10.4　向外偏移

（3）再向下复制一个备用，如图 2.10.5 ②所示。

（4）在上面的六边形边缘创建一个垂直的辅助面，如图 2.10.6 ①所示，辅助面可以画得大一点。

（5）用圆弧工具在辅助面上画圆弧，弧高为 300mm 左右。图 2.10.6 ②这条圆弧决定了亭子顶部水平方向的造型。

（6）用偏移工具把圆弧向下偏移 150mm，图 2.10.6 ③所示的两条圆弧之间的距离就是屋面的厚度。

（7）按图 2.10.7 ①所示画出垂直方向的辅助线，高度为 2m 左右；再创建三角形的辅助面。

（8）在辅助面上画圆弧，如图 2.10.7 ②所示，弧高为 300mm 左右，这条圆弧决定了亭子顶部另外一个方向的造型。

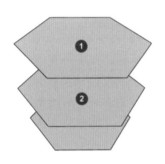

图 2.10.5　向下复制一个

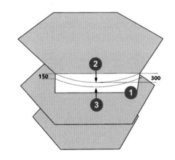

图 2.10.6　画辅助面并绘制弧面

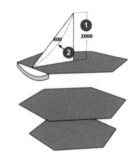

图 2.10.7　绘制放样路径

2. 路径跟随

（1）现在删除所有多余的废线废面，只留下一条放样路径（见图 2.10.8 ①）和一个放样用的截面（见图 2.10.8 ②）。注意中心线要留下，它还要被多次使用。

（2）接着用路径跟随选作放样，形成一个作屋顶用的曲面，如图 2.10.9 所示，这个曲面现在还不能直接应用，需要切割出有用的部分。

（3）想切割出有用的部分，需要用到图 2.10.10 ①所示的三角形以及图 2.10.10 ②所指的圆弧。

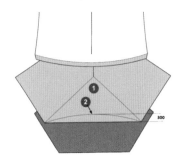

图 2.10.8　清理废线面　　　　　图 2.10.9　路径放样　　　　图 2.10.10　绘制交错（冲）截面

3.　"翘"和"冲"的概念

这里要插入介绍一下中国传统建筑术语里的"翘"和"冲"的概念。

"翘"（起翘）是屋角比屋檐升高的高度，是垂直方向的变化，如图 2.10.11 ①②所示。

"冲"（出冲）是屋角水平投影比屋檐伸出的距离，是水平方向的变化，如图 2.10.11 ③④所示。

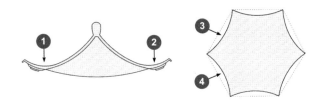

图 2.10.11　冲与翘

"翘"和"冲"的尺寸历来都有"定规"而不是随便确定的，表 2.10.1 是从 3 本经典古建筑文献中摘录的，仅供参考，其上名词解释略，请自行查阅相关文献。

表 2.10.1　古籍中的冲、翘值

文献名称	翼角起翘点	冲出值	起翘值
《营造法式》	梢间补间铺作中心线与檐口交点	檩头 1 间伸 4 寸，3 间伸 5 寸，5 间伸 7 寸	起翘按角梁高
《工程做法则例》	搭交下金檩中心线与檐口交点	冲出三檩径	起翘四檩径
《营造法源》	交叉步桁中心线与檐口交点	冲出 1 尺	起翘 0.5745 界深

图 2.10.11 ③④所指的"弧高"就是上述的"冲出"，暂定为 300mm，略小于 1 尺。

4. 模型交错

（1）清理废线面后，现在有了路径跟随得到的曲面（见图 2.10.12 ①）与带圆弧的三角形（见图 2.10.12 ②），它其实就是亭子顶部的俯视投影，下面就要用它来做模型交错，获取亭子的顶面。

（2）用推拉工具向上拉出图 2.10.13 所示的形状，要使 3 个面能完整切割出顶部的曲面。

（3）全部选择后做模型交错，清理废线面后的结果如图 2.10.14 所示。

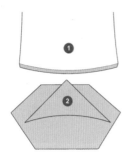

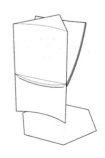

图 2.10.12　交错用的截面　　　　图 2.10.13　拉出交叠　　　　图 2.10.14　模型交错

5. 继续创建亭子的顶部垂脊等

（1）清理废线面后得到结果如图 2.10.15 ①所示，它是顶部的 1/6。

（2）留下顶部的三角形，如图 2.10.15 ②所示，等一会要用它来做投影贴图。

（3）接着要画出垂脊的轮廓，为方便作图，可以把模型旋转到与红轴或绿轴平行（重要）。

（4）创建一个临时的立面，如图 2.10.16 ①所示。

（5）画出垂脊的截面，这一组轮廓线非常重要，南、北方各地的亭子有不同的风格，这一组轮廓在很大程度上会影响亭子的风格，如图 2.10.16 ②所示，所指的这组轮廓是经过简化的。

（6）清理掉废线面后的结果如图 2.10.17 所示。

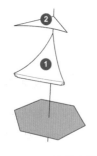

图 2.10.15　清理废线面　　　　图 2.10.16　画出翘的截面　　　　图 2.10.17　清理废线面

（7）用推拉工具拉出垂脊，宽度为140mm，注意要往左、右两边拉出同样的距离，如图2.10.18所示。

（8）调用材质面板，把瓦片的材质赋予顶部备用的三角形，调整纹理、大小、角度，如图2.10.19所示。

（9）对屋顶做"投影贴图"后如图2.10.20所示，方法可参见《SketchUp材质系统精讲》一书。

（10）对"垂脊"与"檐口"等其他部分赋予适当的灰色，如图2.10.20所示。

图2.10.18　拉出厚度

图2.10.19　赋予材质

图2.10.20　清理并群组

6. 接着要创建"柱""梁"等木质构件

（1）首先要把地面上的六角形向上拉出150mm，形成台基，创建群组。

（2）按图2.10.21①②所示绘制出两条辅助线，其中图2.10.21②所示辅助线离台基边缘250mm。

（3）画出"柱""梁"等木质构件的截面，如图2.10.21③④⑤所示；其中"柱"的截面直径为240mm，"梁"的截面宽80mm，长度不限，绘制好后分别创建群组。

（4）现在拉出柱子到合适的高度，如图2.10.22所示，因为这个模型是简易的亭子，没有严格意义的屋面结构，只要拉到顶部附近就可以了。

（5）拉出两个矩形的高度在160mm左右，然后分别拉出到合适的长度，如图2.10.23所示。

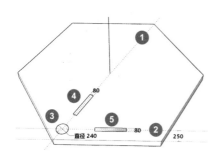

图2.10.21　画辅助线和辅助面

图2.10.22　拉出

图2.10.23　继续拉出

（6）往上移动复制两根横梁到合适的位置，如图 2.10.24 所示。

（7）沿着蓝轴往下复制一组横梁，如图 2.10.25 所示。

（8）把下面的一组加宽大约 50%，如图 2.10.26 所示。

图 2.10.24　向上复制　　　　图 2.10.25　向上移动　　　　图 2.10.26　拉出区别

（9）以上几步完成后，就可以上颜色或贴图了。

（10）全选顶部和梁柱，做成组件，方便以后修改。

7. 下面要创建宝顶的部分

（1）按图 2.10.27 所示的模样，绘制放样截面和放样路径用的圆。

（2）做旋转放样后，赋予一种接近金色的材质，如图 2.10.28 所示。

（3）选择之前已经完成的"顶＋梁柱"组件，做旋转复制后如图 2.10.29 所示。

（4）将"宝顶"沿垂直辅助线下移到合适的位置，如图 2.10.30 ①所示。

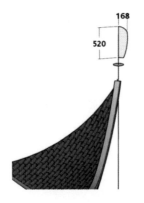  

图 2.10.27　绘制宝顶截面　　　图 2.10.28　放样后赋色　　　图 2.10.29　旋转复制结果

8. 旋转复制石桌石凳

（1）创建或从组件库调用一套石桌石凳，如图 2.10.31 所示。

（2）复制一个鼓形的石凳，如图 2.10.31 ①所示。

（3）用缩放工具压扁到 200mm 左右高度，如图 2.10.31 ②所示。

（4）塞到柱子的底部，变成柱础，调整好位置，如图 2.10.31 ③所示。

（5）对柱础做旋转复制，并放置一两件参照物，建模完成，如图 2.10.32 所示。

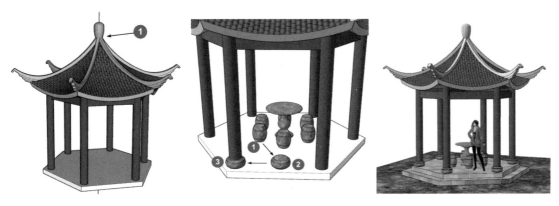

图 2.10.30　宝顶下降到位　　图 2.10.31　石凳压扁成柱础　　图 2.10.32　成品

简易的六角亭建模就算结束了。最后再重复一次，这个模型并不漂亮，也没有严格意义的建筑结构，特点是简单，可用于方案设计过程中"占位"或"示意"，也为初学者提供一个用于练习的题材，只用了 SketchUp 的基本工具，没有深奥的技巧，谁都可以制作出来。

建这个模型，用到了《SketchUp 要点精讲》一书学过的大多数工具和技巧，初步接触曲面建模的概念，是一个很好的练习题材，请多练习几次，对综合运用已经学习过的建模技巧，形成自己的建模思路很有好处。

2.11　移动折叠要点

SketchUp 中的移动工具有多种不同的功能，大多数 SketchUp 用户仅仅用到了它的"移动"和"复制"功能，其实移动工具还是一种功能强大的"造型工具"。下面列出用移动工具完成推拉和折叠几何体的操作要领。

图 2.11.1 ①②③左边为原始图形，右侧所示为：移动工具靠近面，面被自动选中，接着就可移动这个面，其中①为"折叠"，②和③的操作有点像推拉工具。

图 2.11.2 ①②③左边为原始图形，右侧所示为：移动工具靠近几何体的边线，线被自动选中，可以用移动单条线的方法来改变几何体。

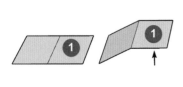 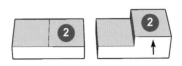 

图 2.11.1　用移动工具改变几何体 1

图 2.11.2　用移动工具改变几何体 2

图 2.11.3 ①②左边为原始图形，中间和右边所示分别为：移动工具靠近端点或节点，该点被自动选中，移动端点或节点可改变几何体。

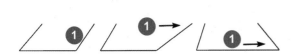 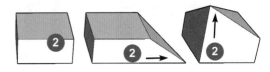

图 2.11.3　用移动工具改变几何体 3

图 2.11.4 ①②③的左侧为原始图形，右侧所示为：预选几何体的一部分，移动该部分，相连部分可折叠（四边面变成三边面）延伸或压缩。

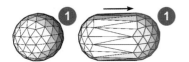 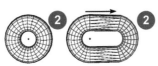 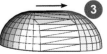

图 2.11.4　用移动工具改变几何体 4

图 2.11.5 ①左侧为原始图形，右侧所示为：移动拉伸操作时产生非共面的平面，SketchUp 将自动折叠，令四边面变成三边面。

图 2.11.5 ②左侧为原始图形，右侧所示为：移动面时按住 Alt 键，可强迫执行"自动折叠"操作。

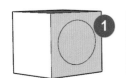 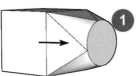 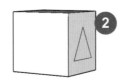 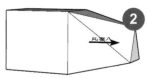

图 2.11.5　用移动工具改变几何体 5

图 2.11.6 ①④为原始图形，每个圆形在红、绿、蓝三轴对应的位置有 4 个"操控点"（如箭头所指处），移动工具接近某"操控点"，该操控点自动选中，移动光标可缩放该圆形。

图 2.11.6 ②⑤所示为向内移动操控点，缩小图形。

图 2.11.6 ③⑥所示为向外移动操控点，放大图形。

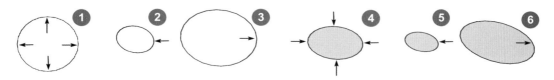

图 2.11.6　用移动工具改变几何体六

注意：圆周上还有更多节点，只能移动整个圆形，而不能缩放。

如图 2.11.7 所示的圆弧，与轴向对应的位置有一个"操控点"（箭头所指处），移动工具接近时被自动选中，移动工具靠近该操控点时被自动选中，移动该操控点可改变几何体，如图 2.11.7 ②③所示。

含有圆弧的 3D 几何体，轴向对应位置有条隐藏的"操控线"，移动工具接近时被自动选中，以虚线显示，移动该操控线可缩放几何体，如图 2.11.7 ⑤⑥所示。

含有圆弧的 3D 几何体，可单独移动其 2D 图形中的圆弧"操控点"，移动工具接近时被自动选中，移动该操控点可改变几何体，如图 2.11.7 ⑦⑧所示。

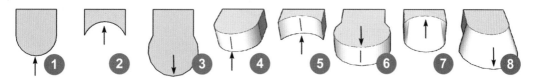

图 2.11.7　移动操控点可改变几何体

无论移动端点、边线还是平面，按住 Shift 键可锁定当前移动方向。上面说了移动工具的多种使用要领，下面用几个实例说明用移动工具做拉伸、折叠等一些非主流的有趣操作。

2.12　移动折叠实例 1（筷子 + 饭碗）

在《SketchUp 建模思路与技巧》一书中有一个实例，如图 2.12.1 所示，桌子上有一碗红油豆腐、一碗米饭、一双筷子、一本古书，本节只讲一碗饭加上筷子，都用到了"移动折叠"的技巧。

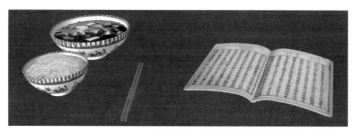

图 2.12.1　移动折叠示例

1. 折叠造型示例 1（米饭）

图 2.12.1 所示的米饭模型是用那碗红油豆腐改造的，按常识，红油豆腐是汤菜，它的表面接近一个平面，如果把米饭也做成平面，那就成了一碗粥，汤菜配粥，要闹笑话了。下面的操作要把这个平面弄成米饭不规则的高低起伏的小山头状，以区别于粥。

有位聪明的学员，在做这个米饭模型的时候，动用了地形工具，虽然不能算错，不过"杀鸡焉用宰牛刀？"也算是个笑话。我们只要用移动工具来完成这碗米饭的建模即可。

（1）用徒手线工具在平面上画条徒手线，两端要相接后成面，如图 2.12.2 所示。

（2）下面就要用到"移动折叠"的技巧。双击这个面，选择面和边线，按键盘上的 M 键调出移动工具，按住 Alt 键，往上移动这个面，移动到合适位置停下，如图 2.12.3 所示。

（3）如图 2.12.4 所示，再次在顶面上画徒手线，首尾相接成面。

图 2.12.2　画闭合的徒手线　　　图 2.12.3　向上做折叠操作　　　图 2.12.4　再画闭合徒手线

（4）再次用移动工具，按住 Alt 键做折叠操作，结果如图 2.12.5 所示。

（5）不够还可以再来第三次。如果够了，就柔化一下这个"小山"，如图 2.12.6 所示。

（6）利用留下的中心线画一个圆，这是做米饭贴图用的幻灯片，如图 2.12.7 所示。

图 2.12.5　再次做折叠　　　图 2.12.6　适度柔化　　　图 2.12.7　准备投影贴图

（7）把米饭的照片拉到窗口里，炸开，赋予"幻灯片"，如图 2.12.8 所示。

（8）仔细调整米饭贴图的大小和位置，指定为"投影"，调整完成后如图 2.12.9 所示。

（9）用吸管工具汲取"幻灯片"上的米饭材质，赋予下面的"小山头"，如图 2.12.10 所示。

图 2.12.8　赋予材质　　　图 2.12.9　调整大小与位置　　　图 2.12.10　投影贴图完成

（10）满满一碗米饭完成，全选后做成组件，入库备用。

2. 折叠造型示例2（筷子）

现在要想开吃还缺一双筷子，传统的筷子是一头方一头圆，中国人称之为"天圆地方"，而"天圆地方"是中国古代的朴素哲学理念，是一种信仰、一种文化。下面演示操作过程。

（1）画个矩形，找到中心，再画个圆形，删除多余线条，如图2.12.11所示。

（2）双击选中圆形和它的边线，用移动工具，按住Alt键，再次使用"折叠"的技巧，拉出来形成了天圆地方的形状，如图2.12.12所示。

（3）补线成面后，延长一点方的部分，在端部画对角交叉线，如图2.12.13所示。

图2.12.11　绘制一方一圆　　　　图2.12.12　折叠操作拉出　　　　图2.12.13　适度延长方的部分

（4）现在要再一次做"折叠"。用移动工具移动到端部对角线的交叉点，看到被自动选中后，按住Alt键拉出一点，形成筷子顶的"四棱锥形"，如图2.12.14所示，注意这一次折叠是用移动"节点"完成的，区别于前几次的移动平面。

（5）全选后创建群组，进入群组后用缩放工具，整体缩放到长度为253mm左右，如图2.12.15所示；筷子的传统长度是市尺7寸6分（即七寸六分，市尺7寸6分约为公制的253mm），寓意人有七情六欲，以区别于动物。

（6）对筷子赋予一种木纹的材质，如图2.12.15所示。

（7）复制成一双，创建组件入库备用，如图2.12.16所示。

图2.12.14　绘制交叉线并折叠　　　图2.12.15　缩放并赋予材质　　　图2.12.16　复制成双

本节安排了一碗米饭和一双筷子的建模过程，连续4次引入了用移动工具加Alt键的"折叠"技巧，其中3次是移动一个平面的折叠，一次是移动"顶点"（即交叉点）的折叠。如果你以为在同一个小节里连续出现多次不太常用的"折叠"技巧是巧合，那就错了，这正是作者煞费苦心、有意安排的。

无论是移动面的折叠还是移动顶点的折叠，都是 SketchUp 的重要造型功能，但却没有被大多数 SketchUp 用户所了解与熟练运用。"折叠"功能与相关的技巧在建模中虽然没有其他工具常用，但是，用这个办法往往可以做到用其他工具和方法难以完成的任务。建模中若能够熟练运用这些折叠技巧，可以减少很多麻烦，提高自己的建模水平。

在本节附件里可以找到上面演示中所用到的所有素材，请多做练习。

2.13 移动折叠实例 2（黄石假山）

自从 SketchUp 进入中国，如何创建景观石块和假山模型就成了中国用户们区别于其他国家用户的特别话题，大约在 2007 年，本书作者率先尝试用石块和假山照片加工成景石假山组件发布到论坛共享，后来在朋友们的鼓励下，于 2009 年 9 月编写了"假山置石 SU 建模技法"系列图文教程，包括"斧劈石假山""黄石假山""挑战太湖石"等七八篇文章，其中创建"黄石"和"太湖石"就反复用到了"移动折叠"的技巧，本节附件里有一些 PDF 文件和模型供参考。

图 2.13.1 所示为一种用照片创建的斧劈石假山，模型看起来有二三十米高，层层叠叠 \ 峰回路转，还有两处瀑布跌水，是一处不错的景色。它的原始照片竟然是一个小小的盆景。

图 2.13.1　斧劈石假山模型

图 2.13.2 和图 2.13.3 两幅是当年习作的截图，奥巴马曾调侃说："这是中国的老怪用我们美国的 SketchUp 作的，我们美国什么都有，就是没有这种石头。"（原始模型因 UU 网盘关闭已经丢失。）

图 2.13.2　挑战太湖石第一拳（实模）

图 2.13.3　挑战太湖石第二拳（实模）

图 2.13.4 所示为黄石假山模型，是用图 2.13.5 所示的一幅照片为依据创建的。黄石假山的操作跟附件 PDF 文件里讲的斧劈石假山基本相同，也是从导入黄石或黄石假山甚至盆景的照片开始，逐步勾勒出石块的轮廓，描绘时同样要注意沿着石块的内部有颜色的边缘描绘，如果看不清楚，可以打开 X 光模式。

图 2.13.4　黄石假山模型

图 2.13.5　原始照片素材

如果想做成不同的石块，而后自行拼装出假山，就要把需要的"面"移动到照片之外；根据照片上的纹理勾勒出细节；再推拉出细节，做成石块组件，保存起来以备后用。

也可以在勾画出一块石头后，就在原处推拉成体，继续勾画和推拉出细节。勾勒和推拉可以重复多次以获得丰富的层次与细节，细节越多就越逼真。颜色深处通常是凹入的。

应注意黄石跟斧劈石的区别：图 2.13.1 介绍的斧劈石，其特征是"层"，每一层有不同的形状，只要勾画出每一层的形状，拉出适当的厚度就可以得到近乎完美的形象。

黄石的特征是"块"和"棱角"，如果仍用勾画轮廓再推拉的办法就不能获得满意的结果，为了更好地表现黄石的"块"和"棱角"，还需要更多的技巧。

创建黄石（或类似石料）除了推拉外，还可以用移动工具，配合 Alt 键移动某些边线和节点进行折叠操作，图 2.13.6 至图 2.13.8 这 3 幅图上圈出的地方就进行了折叠操作，可以在附件里找到这个模型，仔细看看区别（可取消全部柔化后查看）。单块的黄石（或类似石料）做成群组或组件，保存入库备用；堆叠时，还可以用缩放、旋转、复制、镜像等技巧形成新的石块。

有朋友创建的假山，正面是照片的原状，当然逼真，但是侧面就如图 2.13.9 ①②③所示的那样，惨不忍睹，这种假山模型绝不能以侧面示人，原因在于 SketchUp 对于材质和贴图以"投影"为默认形式。图 2.13.10 和图 2.13.11 是同一石块的另一侧面（可到附件模型里查看），看起来就比较正常，因为采取了以下措施。

（1）三击全选后取消柔化，暴露出所有线面（柔化面板滑块向左拉到底）。

（2）挑选侧面一块较大的平面（不要同时选中边线），右击并在弹出的快捷菜单中选择"纹理"子菜单中的命令取消"投影"。

（3）再次以右键选中该平面（不要同时选中边线），右击并在弹出的快捷菜单中选择"纹理"→"位置"命令。

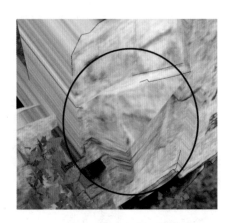
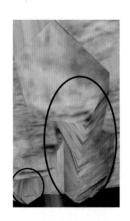

图 2.13.6　移动折叠 1　　　　　图 2.13.7　移动折叠 2　　　　　图 2.13.8　移动折叠 3

（4）按本系列教程《SketchUp 要点精讲》的 7.1 节和 7.2 节介绍的方法调整贴图位置。

（5）用吸管工具获取这个面的材质，再赋予邻近的其他面。

（6）全部完成后，三击全选后适当柔化（保留部分必要的边线）。

（7）对其他的石块做相同处理，分别创建组件或群组后备用。

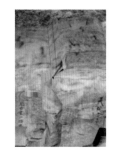

图 2.13.9　有缺陷的侧面　　　　图 2.13.10　侧面赋予材质 1　　　图 2.13.11　侧面赋予材质 2

　　石头堆成的假山是无生命的，但它有自然的纹理，造型和色彩朴实无华，这是假山的魅力。还可以在创建好的假山上栽种一些有生命的植物，点缀一下，赋予假山以生命。

2.14　移动折叠实例 3（3D 雕塑局部）

　　本节仍然要讨论用移动工具做"折叠"造型的课题，完成后的成品是图 2.14.1 所示的 3D 雕塑件（局部），在实木家具、泥塑石雕等场合都可以见到类似造型的部件。

　　本节介绍的方法主要用直线工具勾画关键的边线（俗称布线），用移动工具进行折叠；看起来简单，但是很考验操作者对于目标的认识、空间想象力与实际操作经验。这种简单的操作是在 SketchUp 中创建类似模型的常规做法，也是本书后续篇幅中用插件配合创建复杂曲面模型的基础，需要练习一下。操作过程如下。

如图 2.14.1 所示为本节的目标成品：一个 3D 雕塑（雕刻）的局部。

如图 2.14.2 所示用直线工具勾画出轮廓，为避免成品线面数量过多，边线精度如图即可。

如图 2.14.3 所示勾画出部分细节，①所指的曲线将成为重要分界线（请跟图 2.14.1 对比）。

图 2.14.1　3D 雕塑零件成品　　　图 2.14.2　用直线工具勾画轮廓　　　图 2.14.3　勾画出部分细节

如图 2.14.4 所示把箭头所指处的部分面推进去，形成台阶。

如图 2.14.5 所示选择好相关边线，用移动工具折叠出斜坡。

如图 2.14.6 所示继续勾画出细节，偏移出①所指的曲线，它将成为重要分界线。

  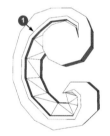

图 2.14.4　推出部分细节　　　图 2.14.5　勾画细节并折叠　　　图 2.14.6　继续勾画细节

如图 2.14.7 所示继续勾画细节（①处形成双线，形成分隔）。

如图 2.14.8 所示选择好相关边线，继续折叠出细节（箭头所指处向下折叠）。

如图 2.14.9 所示为经过几番添加细节、几番折叠，得到半成品。

图 2.14.7　继续勾画细节　　　图 2.14.8　继续折叠出细节　　　图 2.14.9　得到半成品

如图 2.14.10 所示复制出另一半。

如图 2.14.11 所示进行镜像，移动合二为一，注意要删除拼合处的边线。

如图 2.14.11 所示进行柔化（也可用插件做"细分平滑"，见《SketchUp 常用插件手册》相关内容），如果上一步没有删除拼合处的边线，细分平滑后会出现图 2.14.12 ①所指处的凹陷。

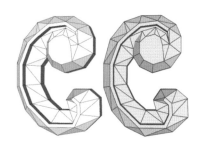　　　　　　　　

图 2.14.10　复制半成品　　　　图 2.14.11　镜像合并　　　　图 2.14.12　细分平滑后

上述勾画轮廓线，逐步勾画出细节，逐步折叠出细节的过程，是在 SketchUp 做较复杂曲面造型时难以避免的重要环节，即便今后可用插件配合建模，这些仍然是要用到的基本功。

有以下几点提示。

（1）绘制轮廓线与勾画细节时，如直线工具"不听话"难以停留在理想的位置时，不必纠缠，可以把线与交点绘制在目标点附近，然后用移动工具移动线或节点到正确的位置。

（2）在 3D 空间里绘图，常会脱离平面画到半空中去，须不时旋转对象检查。

（3）每次折叠后都可能有些三角形边线的方向不对，看起来相邻的两个面形成一个"凹陷"，此时可用沙盒工具的"对调角线"工具进行纠正。

（4）用移动工具做折叠时，尽可能借用已有的边线导向，或者用箭头键锁定移动方向：上箭头锁定蓝轴，左箭头锁定绿轴，右箭头锁定红轴。

2.15　旋转折叠曲面详述

大多数 SketchUp 用户只用到了旋转工具的"旋转"与"旋转复制"两个功能，其实，旋转工具还有一种"旋转折叠"功能，因此它还是一种重要的"造型工具"。操作要领如下。

图 2.15.1 ①所示为原始六棱体；如图 2.15.1 ②所示双击顶面，选中面与边线，令旋转工具与六棱体中心重合，单击确认，光标移动到六棱体边线任一点，再次单击确认；光标移向旋转方向，输入旋转角度，按 Enter 键后"旋转折叠"完成，图 2.15.1 ③④所示分别为旋转30° 与 90° 后的结果。

从图 2.15.2 可以看到，旋转角度大于 75°（甚至大于 60°），似乎就不再有实用价值。

图 2.15.3 ①②③所示为分别用旋转工具旋转 75° 后的效果。两个连接在一起和局部柔化

后，这样做基本没有实用价值，而图 2.15.3 ④⑤⑥是用插件"Fredo Scale-Box Twisting"做同样操作后的结果，局部柔化后，结果接近完美。

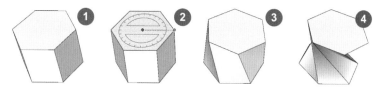

图 2.15.1　旋转折叠操作

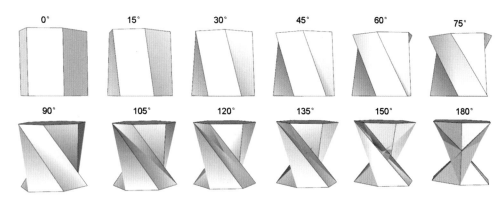

图 2.15.2　旋转工具扭转角度效果比较

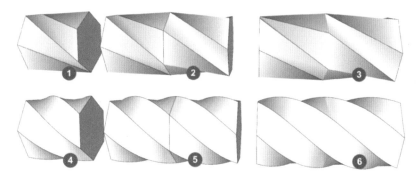

图 2.15.3　旋转工具与插件扭转曲面效果比较

　　结论：旋转工具可以用来生成扭转的曲面，但扭转角度最好不要超过 60°，而且扭转曲面比较生硬（仅把一个四边面变成两个三边面而已），如需获得更大的扭转角度、更细腻的扭曲表现，要借助具有细分加扭转功能的插件。

2.16　缩放折叠

　　大多数 SketchUp 用户使用 SketchUp 的缩放工具仅局限于"等比缩放""中心缩放"或者

"单边缩放"功能,这些缩放虽然也能够改变对象的形状,但基本不会产生新的面。本节要讨论的是缩放工具在曲面建模中的应用,包括把原有的几何体改造成带有新曲面的几何体,或者对原有的曲面几何体进行编辑改造。

图 2.16.1 ①所示为几何体原样,图 2.16.1 ②所示为缩放选中的部分,图 2.16.1 ③所示为局部缩放结果。

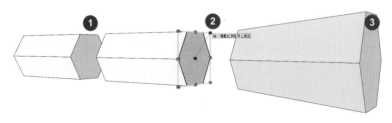

图 2.16.1　缩放一端

图 2.16.2 ①所示为几何体原样,图 2.16.2 ②所示为中心缩放选中的部分,图 2.16.2 ③所示为局部缩放后的结果。

图 2.16.2　中心缩放选中部分

图 2.16.3 ①所示为几何体原样,图 2.16.3 ②所示为单边缩放选中的部分,图 2.16.3 ③所示为缩放操作后的结果。

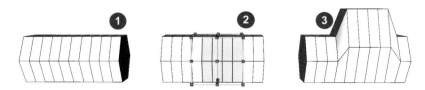

图 2.16.3　单边缩放选中部分

图 2.16.4 ①所示为几何体原样,图 2.16.4 ②所示为对选中的部分做中心缩放,图 2.16.4 ③所示为局部中心缩放后的结果,图 2.16.4 ④所示为选择了另一部分后做中心缩放的结果。

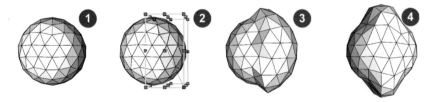

图 2.16.4　中心缩放选中部分

这4个实例说明，缩放工具非但可以对几何体的整体进行缩放，也可以缩放对象的局部；只要预先选择好想要缩放的部分，再调用缩放工具，仍然可以做"等比缩放""中心缩放"或"单边缩放"。因此，可以产生包括曲面的新几何体，也可以对原有的几何体进行编辑。

2.17　缩放折叠实例1（球变金鱼）

本节要用2.16节介绍的"缩放折叠"技巧把一个普通的球体变成一条金鱼的身体，这是一个用缩放工具创建曲面对象的经典案例。

1. 准备工作

图2.17.1①所示为创建一个球体的准备工作所需的一个垂直的放样截面和一个水平的放样路径。

图2.17.2②所示为旋转放样完成后的效果，应注意球体的南北极在上下方向。

图2.17.3③是一幅从外部导入的金鱼图片，调整到方便操作的大小，注意把它放置在与红轴平行并重合的位置，这样可方便后面的操作，炸开后重新创建群组，为了防止操作过程中移动，可以在右键快捷菜单中把它锁定。

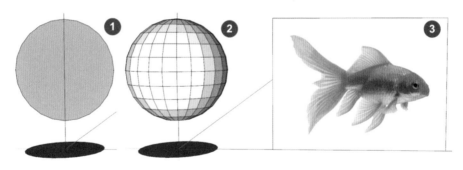

图2.17.1　准备工作

还要往绿轴方向平行移动复制出另外一幅图片，先隐藏掉，留下它是为了稍后做投影贴图用。

2. 粗略缩放

如图2.17.2①所示，把准备好的球体沿绿轴旋转90°。令原先南北极线面密集的部位放在鱼头鱼尾的方向，以方便后续的缩放操作；把球体整体缩放到合适的大小（按住 Ctrl 键做中心缩放，重要！），按图2.17.2②把球体移动到与金鱼图片重叠，令金鱼图片正好平分球体。

按图2.17.3①所示调用缩放工具，初步改变球体在红轴上的长度，跟图片上金鱼的身长差不多，要略短一些，留出后续操作的空间。

图 2.17.3 ②所示为缩放工具初步改变球体在绿轴上的尺寸，也就是鱼身的"厚度"到大致差不多，因为后续还有精细的调整，所以初调的尺寸不用太在意。

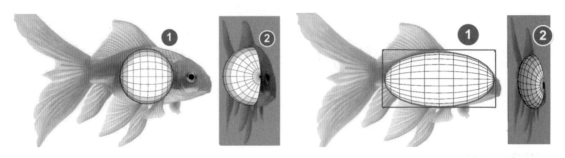

图 2.17.2　移动球体　　　　　　　　　　图 2.17.3　缩放球体

3. 精细缩放

到现在为止，已经多次使用了缩放工具，但都是缩放工具的简单操作，用来对几何体做"整体的缩放"和"整体的拉长和压扁"。下面的缩放工具操作就要用到 2.16 节介绍的"局部缩放"技巧，要让如图 2.17.3 所示的椭圆形的立体逐步适合金鱼的轮廓。下面要按图 2.17.4 ①所示做精细的局部缩放操作，要领如下。

（1）每次缩放操作前只选择部分线面，甚至仅选择一条线。

（2）为了得到准确的选区，要善用工具条上的小房子（视图）工具与"平行投影"功能。

（3）精细缩放仍然可把"同比缩放""中心缩放"和"单边缩放"混合使用。

（4）缩放过程中可以用箭头键锁定工具移动方向（左箭头锁定绿轴，右箭头锁定红轴，上箭头锁定蓝轴，Shift 键锁定当前轴）。

（5）当想要微动缩放工具时，可用不断输入新数据的方法逐步逼近理想值。

（6）缩放完成后，图 2.17.4 ②是鱼身的左视图，图 2.17.4 ③是鱼身的俯视图。

4. 最后的工作

图 2.17.5 所示为完成所有扫尾工作后的结果。

（1）选择所有完成的"鱼身"，创建组件，暂时隐藏。

（2）现在留下了金鱼图片，用手绘线工具描摹金鱼的"鳍"和"尾"，共分成 5 个部分，单独成面后创建群组。

（3）分别用推拉工具把"鳍"和"尾"做出厚度（视需要做出锥度）。

（4）恢复隐藏的鱼身，全选后调出柔化面板做柔化，部分不能用柔化面板柔化的边线，要用橡皮擦工具加 Ctrl 键做局部柔化。

（5）恢复先前隐藏的金鱼图片，炸开，右击图片（不要选中边线），检查是否为"投影"状态；做投影贴图后，建模完成。

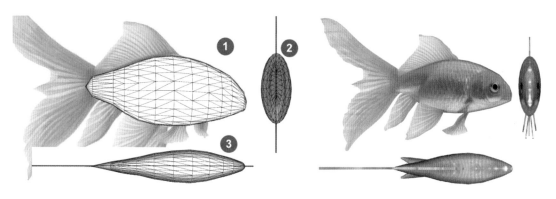

图 2.17.4　局部缩放完成后　　　　　　图 2.17.5　投影贴图完成后

（6）全选后创建组件入库备用。

附件里还有一条鲤鱼和一条青鱼的照片，供练习用。

2.18　缩放折叠实例 2（高跟鞋）

本节再讨论一个用移动与缩放工具创建曲面模型的实例，也是一次基本功训练。

（1）按图 2.18.1 ①所示绘制外轮廓，按图 2.18.1 ②用直线细分成更多三角面。

（2）按图 2.18.2 ①②选择好图示的线面，按图 2.18.2 ②用移动工具按住 Alt 键折叠出初步曲面。

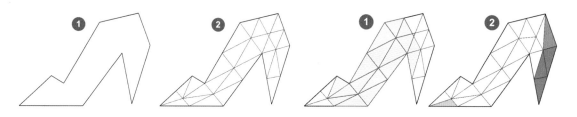

图 2.18.1　绘制轮廓线与细分三角面　　　　图 2.18.2　移动折叠成曲面

（3）按图 2.18.3 左侧复制并镜像，如图 2.18.3 ①②所示用直线工具对鞋帮、鞋底补线成面。

（4）从图 2.18.3 到图 2.18.4 的过程比较冗长，通过仔细调整布线，最终目的是要得到一个"形状准确、尺寸合理、形态美观、线面节省"的模型毛坯。

（5）在图 2.18.4 ①②所指处用沙盒工具的"对调角线"工具处理凹陷部分的边线。此外，这一步调整布线的过程中还使用了几次"移动折叠""旋转折叠"，但是用得最多的还是缩放工具的"等比缩放""单边缩放"和"中心缩放"。

（6）如图 2.18.5 ①所示，仅用 SketchUp 的原生工具柔化，结果生硬，勉强合用。

（7）如图 2.18.5 ②所示，用"细分平滑"插件加工后，结果细腻，后文将有专题讨论。

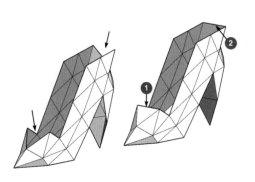
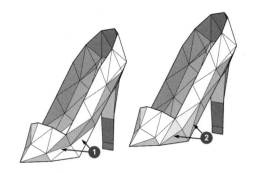

图 2.18.3　复制镜像补线成面　　　　图 2.18.4　多种工具综合调整布线

图 2.18.5　模型成品

2.19　景观花与喷泉

图 2.19.1 所示模型是于 2010 年发布在某 SketchUp 专业网站的图文教程，因文中所述内容至今仍有实用价值，故收录于本书作为曲面建模课题的一个实例。

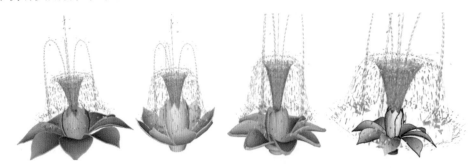

图 2.19.1　景观花与喷泉

本节要介绍两种创建类似曲面模型的思路与技巧，如果方法运用得当，创建过程只要用 SketchUp 的原生工具即可完成，但是若能用 JHS 超级工具条的 FFD 工具适当加工，可获得更加丰富多彩的变化。

喷泉的"水"部分可参见《SketchUp 建模思路与技巧》一书 4.20 节，在此不再赘述。

1. 第一种方法

（1）如图 2.19.2 ①所示，在 XY 平面绘制花瓣的形状，创建群组。

（2）如图 2.19.2 ②所示画圆，创建垂直辅助面，在辅助面上画曲线。

（3）以圆为路径，曲线形成的面为截面放样，形成凸包形，结果如图 2.19.2 ③所示。

（4）如图 2.19.2 ④箭头所示，把花瓣图形移动到凸包的内部。

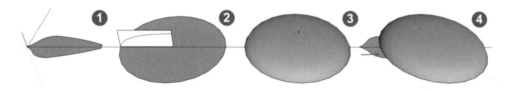

图 2.19.2　绘制花瓣与曲面

（5）如图 2.19.3 ①所示，把视图调整到俯视，X 光透视模式，缩放并移动花瓣图形。

（6）如图 2.19.3 ②所示，把花瓣平面拉出高度，超过凸包的曲面。

（7）炸开花瓣群组后模型交错，删除废线面后得到花瓣状的曲面，创建组件，如图 2.19.3 ③所示。

（8）复制图 2.19.3 ③的组件，竖立在坐标原点附近，如图 2.19.4 ①所示。

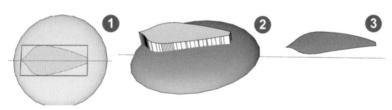

图 2.19.3　调整与模型交错

（9）复制图 2.19.4 ①并做镜像，旋转到接近水平的状态，如图 2.19.4 ②所示。

（10）注意图 2.19.4 ③所示，把图 2.19.4 ①所示的组件水平旋转 15° 左右；图 2.19.4 ①与图 2.19.4 ②错开 1/2 宽度。

（11）相隔 60° 旋转复制后如图 2.19.4 ④所示，用联合推拉工具拉出厚度，如图 2.19.4 ⑤所示。

图 2.19.4　调整位置与旋转复制

（12）如图 2.19.5 ①所示，在花瓣组的底部绘制放样截面与圆形路径；旋转放样后如图 2.19.5 ②所示；垂直向上移动到合适位置后如图 2.19.5 ③所示，建模完成。

图 2.19.5　创建底座

2. 第二种方法

（1）图 2.19.6 ①所示为花瓣图形，图 2.19.6 ②所示为一个用来作为放样截面的圆环，环的宽度将成为成品花瓣的厚度，图 2.19.6 ③所示为一条圆弧，它是放样路径。图 2.19.6 ④所示为放样完成后的俯视图（X 光模式），图 2.19.6 ⑤所示为花瓣所在的位置，移动花瓣位置将会得到不同的结果。

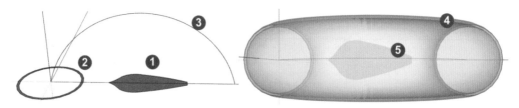

图 2.19.6　曲面获取准备

（2）如图 2.19.7 ①所示，把花瓣拉出高度，与"圆管"相交；全选后模型交错，删除废线面后得到如图 2.19.7 ②和③所示的两片花瓣，分别创建组件。

（3）把图 2.19.7 ②竖起来，扭转约 15° 后，做旋转复制，做成如图 2.19.7 ④中心的部分。

（4）把图 2.19.7 ③旋转到接近水平的合适位置后，旋转复制出外圈花瓣，如图 2.19.7 ④所示。

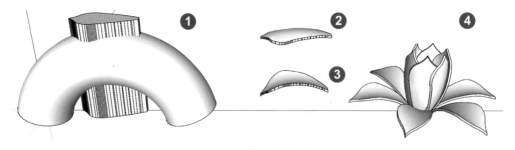

图 2.19.7　获取花瓣并组合

经过上述两个练习，你有什么体会？只要肯动脑筋，曲面建模并不复杂。

2.20 沙盒投影实例（船帆）

这是一个沙盒工具条常规应用之外的小案例，建模目标是一艘船上用的帆。

图 2.20.1 所示为一条帆船，上面有很多帆可供仿制临摹（保存于本节附件中）。

图 2.20.1 帆船

按图 2.20.2 ①所示，在地面上绘制一个三角形（其他形状也一样）。

按图 2.20.2 ②所示，用沙盒工具条的"根据网格创建"绘制网格覆盖三角形。

如图 2.20.3 ③所示，向上移动网格群组。

如图 2.20.3 ④所示，选中网格后，调用沙盒工具的"曲面投射"，单击三角形复制网格。

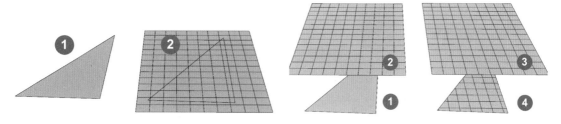

图 2.20.2 绘图　　　　　　　　　　　图 2.20.3 投射

如图 2.20.4 ①所示，清理废线面后调用沙盒工具条的"曲面起伏"工具，推拉形成曲面。

如图 2.20.4 ②所示，移动曲面到桅杆上，用缩放、旋转等工具调整到位。

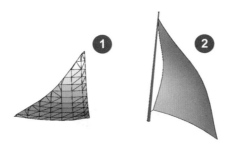

图 2.20.4　成形

图 2.20.5 所示为另一个实例，操作程序相同。

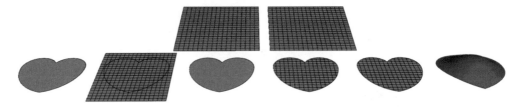

图 2.20.5　另一个实例

这个小实例用到了沙盒工具条上的 3 个工具，活用这些工具可创建更多曲面造型。

2.21　沙盒融合实例（桌布等）

在这个系列教程《SketchUp 要点精讲》一书的 4.5 节中提到过，沙盒工具不见得只能做地形，它还有很多别的用途，如果把这组工具用活了，也可以组合出地形以外的大量曲面建模特技。这一次要做的台布（见图 2.21.1）就是跟地形完全没有关系的对象。

图 2.21.1　成品

1. 做台布的部分

（1）在地面上画个矩形，尺寸为 1800mm×900mm，如图 2.21.2 所示。

（2）用徒手线工具在紧靠矩形的外侧画一圈手绘波浪线，如图 2.21.3 所示。

（3）把地面上的矩形平面向上 750mm 做移动复制，如图 2.21.4 所示。

图 2.21.2　地面矩形　　　　图 2.21.3　绘制曲线　　　　图 2.21.4　向上复制平面

（4）把手绘的波浪线向上移动 350mm，如图 2.21.5 所示。

（5）删除上、下两个矩形中的面，只留下边线，如图 2.21.6 所示。

（6）选择上面的矩形和中间的手绘线，单击沙盒工具条中的第一个工具，生成台布，如图 2.21.7 所示。

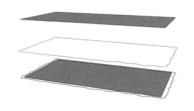
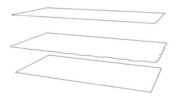
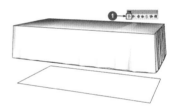

图 2.21.5　向上移动曲线　　　图 2.21.6　删除顶面　　　　图 2.21.7　沙箱工具成形

（7）在台布上连续三击，选择全部后，用右键调出柔化面板，把滑块拉到最左边取消柔化，暴露出全部边线，如图 2.21.8 所示。

（8）用橡皮擦工具删除下沿多余的线面，若造成破面，可补线修复，如图 2.21.9 和图 2.21.10 所示。

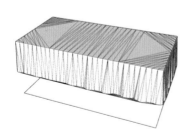
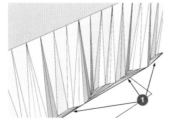
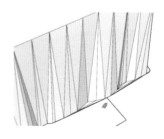

图 2.21.8　取消柔化　　　　图 2.21.9　删除废线面　　　　图 2.21.10　画线修补

（9）删除所有废线面后如图 2.21.11 所示，全选，适当柔化并赋予材质后如图 2.21.12 和图 2.21.13 所示。

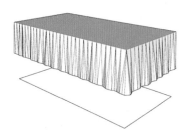

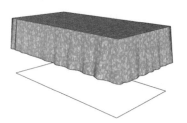

图 2.21.11　删除所有废线面　　　　图 2.21.12　适度柔化　　　　图 2.21.13　赋予材质

2. 做出餐桌的四条腿

（1）对留在地面上的矩形向内偏移 60mm，再在一个角上画一个大小为 70mm×70mm 的矩形，如图 2.21.14 所示。

（2）把小矩形做成组件，移动复制到四角，如图 2.21.15 所示。

（3）进入任一组件向上拉出，600mm 后如图 2.21.16 所示。

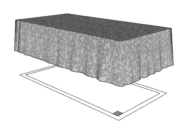
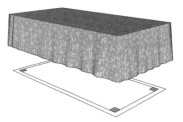

图 2.21.14　画矩形＋组件　　　　图 2.21.15　复制　　　　图 2.21.16　拉出

（4）选择桌腿的下端作为中心，缩放到原来的 70%，形成桌腿锥度，如图 2.21.17 所示。

（5）赋予材质后如图 2.21.18 所示。

（6）删除废线面，摆些参照物后做成组件，入库备用，如图 2.21.19 所示。

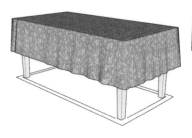

图 2.21.17　中心缩放　　　　图 2.21.18　赋予材质　　　　图 2.21.19　清理废线面

2.22　实体布尔应用要领

实体工具也是 SketchUp 拥有曲面造型功能的工具之一。

实体工具条上有 6 个不同的工具，自左至右分别是外壳、相交、联合、减去、剪辑和拆分。

实体工具的相交、联合、减去、剪辑和拆分相当于布尔代数里的并集、交集、差集与合集。

1. 实体

根据 SketchUp 官方网站上的定义：实体是任何具有有限封闭体积的 3D 模型（组件或组），SketchUp 实体不能有任何裂缝（平面缺失或平面间存在缝隙）。

检测一个几何体是否符合上述对于实体的定义，只要单击它，在默认面板的"图元信息"中查看是否出现"体积"的数据。

图 2.22.1 里有 7 个几何体都已经创建成了群组；分别单击它们，从"图元信息"面板中查看只有①⑤两个符合实体的条件，其余的都有点小毛病，因此不是实体。这 7 个几何体都保存在本节的附件里，你可以亲自找找毛病并体会一下。

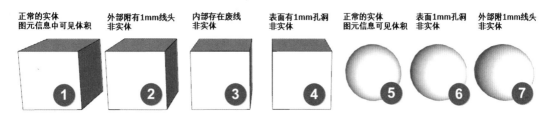

图 2.22.1　看起来一样的几何体

2. 外壳工具

外壳工具是实体工具条的左边第一个工具。图 2.22.2 ①所示为新创建的立方体（中间挖空，X 光显示），现在在复制、移动这两个实体到重叠的位置，如图 2.22.2 ②所示，全选后"图元信息"显示"两个实体"。

复制一些到旁边留作对比，现在同时选择图 2.22.2 ③所示的两个，单击外壳工具后可以看到它的外形起了变化，打开 X 光模式，内部也有了变化（见图 2.22.2 ③），几何体重叠的部分被删除了。

我们来把这些几何体堆起来，如图 2.22.2 ④所示，全部选中后，单击外壳工具，它被加工过后再打开 X 光模式，可以看到中间重叠的部分也已经被删除并且合并在一起。

经过试验，可以看出外壳工具用于删除清理群组或组件内部交叠部位的线面，只保留所有的外表面。可以利用它来清理模型，提高模型的性能。外壳工具可以对两个或多个实体进行外壳操作。加上如图 2.22.2 ③④所示的"外壳"，这种操作也叫作"加壳"。

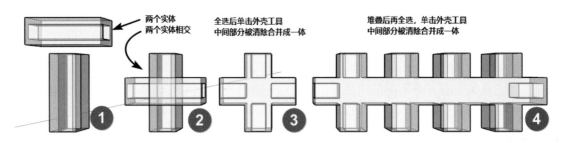

图 2.22.2　外壳工具（X 光显示模式）

3. 实体的身份与命名

成功进行"外壳"操作后的几何体，在"图元信息"面板上的正式身份是"实体组"，以区别于普通的"组"。成功进行"外壳"操作后的几何体，其临时名称是"实体外壳"（见图 2.22.3 ）。

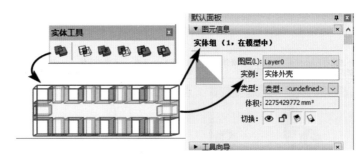

图 2.22.3　实体的默认名称

须注意一个细节，在执行外壳工具之前，选中这些几何体，虽然它是实体，但是它们没有名字，执行完外壳操作以后，它们有了名字，在"图元信息"里它叫作"实体外壳"，如图 2.22.3 所示，可以并且有必要在这里给它重命名，就像为新生儿申报户籍，千万不要偷懒。如果你的和别人的所有孩子，名字都叫"实体外壳"，这个世界不就乱套了吗？

对每个实体起个有意义又不重复的名字还有更重要的作用：方便管理模型，提高建模水平，有利于团队合作。如模型是 BIM 或 Trimble Connect 方面的应用，非但要有名字，还要指定其 IFC 类型。

4. 试验标本的准备

为了介绍另外几个工具，先要创建一个几何体并创建群组，如图 2.22.4 ①所示，它符合实体的要求。然后，复制出一个旋转 90°，移动至两个模型相接，如图 2.22.4 ②所示，其中有一部分是重叠的；打开 X 光模式可见重叠的部分，如图 2.22.4 ③所示，后面将要用这两个实体做一系列试验。

图 2.22.4　试验标本

5. 相交工具

相交工具移动到实体上时，光标旁边会有个数字，还有实体组的文字提示，说明已经选择到实体。光标移动到被破坏的实体时会提示"不是实体"。

用相交工具单击图 2.22.5 ①中的一个实体，再单击另一个实体，虽然看不到过程，但结果很明确，只有两个实体相交的部分被保留下来了，其余的部分不翼而飞，这就是相交工具的功劳。相交工具相当于布尔代数的"交集运算"。

图 2.22.5　相交的结果

如果预选这两个实体后再单击相交工具，结果跟分别单击一样，这是相交工具的另外一种用法。

小结一下，当两个实体交叠时，相交工具只保留交叠部分，其余的部分被删除。相交操作如下。

（1）调用相交工具分别单击重叠在一起的实体。

（2）或者预选所有参与相交的实体后单击相交工具。

注意：如果两个实体没有重叠的部分，执行相交以后的结果是两者全部删除。

6. 联合（并集）工具

联合工具曾经称为"并集工具"，它的功能相当于逻辑代数里的并集运算，功能跟它的名称一样，它能把两个实体合并在一起。

调用并集工具，在如图 2.22.6 ①所示的任一个实体上单击，再到第二个实体上单击，从外部看两个实体合并在了一起，如图 2.22.6 ②所示，打开 X 光可以看到内部重叠的部分被删除。

也可以预选好所有参加合并的实体，再单击联合工具，结果是一样的。

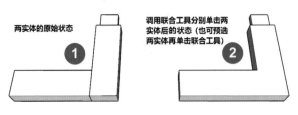

图 2.22.6 联合的结果

7. 减去工具

图 2.22.7 左所示为两组相同的实体，调用减去工具，先单击左边的Ⓐ，光标显示①，再单击右边的Ⓑ，光标上显示②，得到的结果如图 2.22.7 右所示，两个实体重叠的部分被去除了，应注意，留下的是实体②，已经被实体①的形状改变了。实体①在执行完减去命令后被删除。

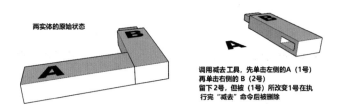

图 2.22.7 减去的结果

现在换一个单击的顺序，先单击右边的实体Ⓑ，它现在变成实体①了，再单击左边的实体Ⓐ，它现在是实体②，看起来结果跟前面这个试验完全不同，其实结果还是一样的，留下的仍然是实体②，留下的部分被实体 1 改变，如图 2.22.8 所示。

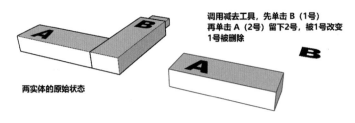

图 2.22.8 不同的结果

小结一下：减去工具将一个群组或组件的几何体与另一个群组或组件的几何体合并，然后从结果中删除第一个群组或组件，所以要注意选择的顺序。

8. 剪辑（修剪）工具

调用修剪工具，如图 2.22.9 所示，单击左边的实体Ⓐ，它是第一个实体，再单击右边的第二个实体Ⓑ，从外部看不出什么变化，把它们分开一点，第一个实体Ⓐ没有变化，第二个实体⑧按交叠处的形状被修剪出了一个孔，两个实体仍然保留。这个功能用来做类似家具榫卯的结构简直太妙了。

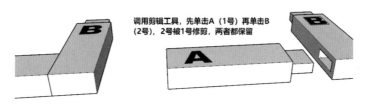

图 2.22.9　修剪的结果

　　现在换一个顺序操作，先单击右边的实体，再单击左边的实体，移开看一下，中间相重叠的部分没有了，如图 2.22.10 所示的修剪工具的结果类似于前一个去除工具，区别是参与修剪的两个实体都保留下来。

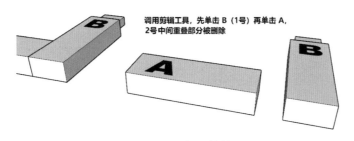

图 2.22.10　相反的结果

　　小结一下：修剪工具是把一个群组或组件的交叠几何图形与另一个群组或组件的几何图形进行合并。与去除功能不同的是，第一个群组或组件会保留在修剪的结果中。只能对两个交叠的组或组件执行修剪，所产生的修剪结果还要取决于群组或组件的选择顺序。

9. 拆分工具

　　（1）要用另一个小模型来做试验：建立一个圆柱体创建群组，旋转复制出另一个。
　　（2）用缩放工具，按住 Ctrl 键做中心缩放，缩小其中的一个，结果如图 2.22.11 左所示。
　　（3）全选后单击拆分工具，结果有点像模型交错，如图 2.22.11 中间所示，相交的面上多了些边线。

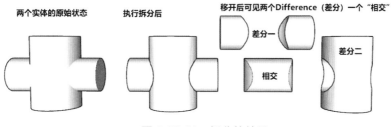

图 2.22.11　拆分的结果

（4）用移动工具把它们分开，可以看到两个实体做拆分操作以后变成了 3 个，其中两个的名称是 Difference 1 和 Difference 2，Difference 是差分的意思，也就是相减后的差；中间的这个名称是相交，也就是两个实体的重叠部分。

可见，拆分工具是把交叠的几何体拆分成相减后的差和重叠的部分。

10. 实体工具总结

实体工具的概念有点抽象，区别不明显，还有点绕人，很容易弄错，现在归纳一下。

实体，不同于群组和组件，今后 SketchUp 的发展会建立在以实体为基础之上，所以要对它有所了解，简单地说，实体是一个不漏气的几何体，也不能有多余的线面，创建实体需要有严谨的建模习惯，并且要创建成群组或组件。"实体"对于需要 BIM 应用的用户尤为重要。

下面尽可能用精简的文字描述实体工具栏上 6 个工具的功能要点（仍然很绕人）。

（1）外壳工具去除几何体的重叠部分后生成一个外壳，用来精简模型。

（2）相交工具只保留相交实体间交叠的部分，删除其余部分。

（3）联合工具把重叠的几何体合并在一起，删除重叠的部分。

（4）减去工具去除实体重叠的部分，同时删除实体 1。

（5）剪辑工具用实体 1 去修剪实体 2，两个实体都保留。

（6）拆分工具把重叠的几何体拆分成两个相减后的差及重叠部分。

最后，提醒一下，要掌握像实体工具这种比较绕人的概念和操作要领，要多动手练习，多体会，才能加深记忆。

2.23 实体布尔实例（桁架榫卯）

图 2.23.1 右侧所示为木结构的桁架，为了看得清楚些，只画出了一部分。

图 2.23.1 左侧所示为拆开后看到的榫卯结构，如果没有实体工具，想要做出这样的结构，只能用"模型交错"来做，麻烦的程度恐怕要增加 10 倍以上。

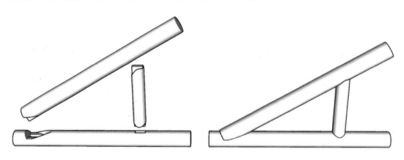

图 2.23.1　桁架与细节

1. 上弦榫和下弦卯的操作顺序

（1）如图 2.23.2 所示，画一个圆形，半径为 100mm；拉出长度随意，这是桁架的下弦。

（2）创建群组后复制出另一个；旋转 30°，等一会要把它加工成桁架的上弦，如图 2.23.3 所示。

（3）创建一个临时平面；按照榫头的宽 60mm 和高 100mm 画出矩形，如图 2.23.4 左所示。

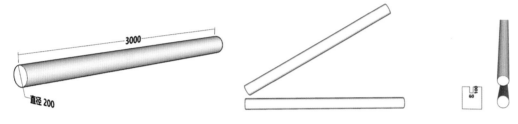

图 2.23.2　初始材料　　　　　　图 2.23.3　复制旋转　　　　　　图 2.23.4　复制辅助面

（4）拉出长度后创建群组，这是用来加工榫头的临时模具，如图 2.23.5 所示。

（5）移动上弦圆木到模具的合适位置，跟模具重叠相交，如图 2.23.6 所示。

（6）使用剪切（去除）工具，先单击模具，再单击上弦的圆木，榫就完成了，如图 2.23.7 所示。

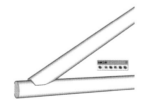

图 2.23.5　拉出加工模具　　　　图 2.23.6　修剪上弦　　　　　　图 2.23.7　修剪后

（7）再把上弦的圆木移动到合适的位置，跟下弦的圆木重叠相交，如图 2.23.8 所示。

（8）下面的操作要把上弦作为模具，加工出下弦的卯，因为加工完成后还要保留这两部分，所以要用剪切工具。先单击作为模具的上弦，再单击加工对象的下弦，如图 2.23.9 所示。

（9）移开两者，可以看到榫和卯都已经完成，如图 2.23.10 所示。

图 2.23.8　移动到位　　　　　图 2.23.9　用上弦修剪下弦　　　　图 2.23.10　修剪完成

2. 做出桁架中间垂直的部分（俗称"直杆"的部件）

（1）先在地面上画一个圆形，半径为 100mm，拉出长度，如图 2.23.11 所示。

（2）移动这段直杆到合适位置。再拉出合适的高度，如图 2.23.12 所示，注意箭头所指处无边线。

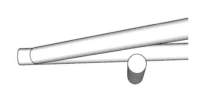

图 2.23.11　柱木原型

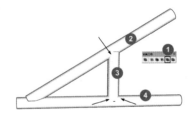

图 2.23.12　移动到位

（3）现在要把上、下弦当模具，用剪辑工具分别加工"直杆"操作如下。

① 调用剪辑工具（见图 2.23.12 ①），单击模具（见图 2.23.12 ②），再单击被加工的直杆（见图 2.23.12 ③），上端完成，按空格键退出。

② 调用剪辑工具（见图 2.23.12 ①），单击模具（见图 2.23.12 ④），再单击被加工的直杆（见图 2.23.12 ③），下端完成，按空格键退出。

③ 也可以按住 Ctrl 键，选中图 2.23.12 ②③，再单击工具 ①，上端完成，按空格键退出。

④ 再按住 Ctrl 键，选中图 2.23.12 ③④，再单击工具 ①，下端也完成，按空格键退出。

注意，加工完成后，箭头所指处产生了新的边线，说明之前的加工是成功的，如图 2.23.13 所示。

3. 做出"直杆"上的"榫"

（1）把上、下弦的两根木头暂时隐藏起来，腾出操作空间。

（2）大概画一个矩形，如图 2.23.14 所示，移动到立杆凹槽的中间，如图 2.23.15 所示。

（3）向左、右两侧拉出厚度，各 30mm，如图 2.23.16 所示。

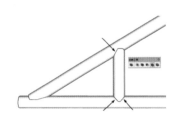

图 2.23.13　分别修剪后隐藏上、下弦

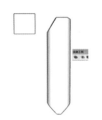

图 2.23.14　画矩形

图 2.23.15　移动到位

（4）用推拉工具调整到符合尺寸和位置要求，如图 2.23.17 所示。

（5）创建群组后复制一个到下端，如图 2.23.18 所示。

图 2.23.16 拉出厚度

图 2.23.17 推拉到位

图 2.23.18 实体工具加壳

（6）选择好直杆和两端的立方体，单击实体工具上的"外壳"按钮清理多余线面，合并 3 个群组为一个实体，这一步很重要。

（7）接下来，要用"立杆"作为模具，去加工上、下弦两根木头。现在恢复显示隐藏的上弦和下弦，如图 2.23.19 所示。

（8）调用实体工具的"剪辑"工具（见图 2.23.20 ①），单击图 2.23.20 ②所示部件，再单击图 2.23.20 ③所示部件，按空格键退出。

（9）再调用"剪辑"工具（见图 2.23.20 ①），单击图 2.23.20 ②所示部件，再单击图 2.23.20 ④所示部件，按空格键退出。

（10）以上操作也可按住 Ctrl 键，加选图 2.23.20 ②和图 2.23.20 ③所示部件，再单击图 2.23.20 ①所示工具，按住 Ctrl 键，加选图 2.23.20 ③和图 2.23.20 ④所示部件，再单击图 2.23.20 ①所示工具，结果相同。

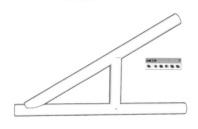
图 2.23.19 恢复显示上、下弦

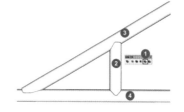
图 2.23.20 分别修剪

以上操作完成后的榫卯如图 2.23.21 和图 2.23.22 所示。

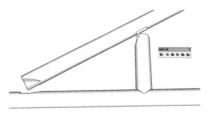
图 2.23.21 修剪后的上弦榫孔

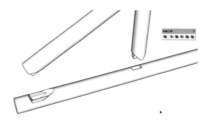
图 2.23.22 修剪后的下弦榫孔

请认真做这个练习，尤其是传统建筑业、室内外环艺设计、家具制造业的学员，一定要掌握好实体工具的应用要领，它在你的专业领域有不可替代的作用。其他行业的建模过程中同样有大量实体工具的展现机会，也不能疏忽。如果你对实体工具还不太熟悉，请回《SketchUp要点精讲》4.4 节复习。

2.24　圆弧折叠弯曲件

这是一个看起来简单，做起来并不容易的练习，且不提建模思路的形成，就算是基本功方面也颇具挑战，所以放在本章——不用插件创建曲面的稍后。完成后成品如图 2.24.1 所示，多角度视图貌不惊人，却曾经难住很多建模老手。

图 2.24.1　圆弧折叠弯曲件的不同视图

图 2.24.2 ①②③一看就懂，图 2.24.2 ①所示为画一个矩形，图 2.24.2 ②所示为创建两条 45° 辅助线，图 2.24.2 ③所示为画出实线。

图 2.24.3 所示为第一个有点难度的操作，如果你从来没有用过这个方法，需要练习几次，详述如下。

（1）预选好要折叠的两个面，调用旋转工具。

（2）移动到图 2.24.3 ②所在的折线上，不要松开鼠标左键，沿折线滑动到③处，松开鼠标左键。

（3）将光标再移动到图 2.24.3 ④处，移动光标进行折叠，完成后如图 2.24.3 ⑤所示。

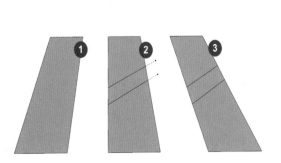

图 2.24.2　画矩形与 45° 斜线

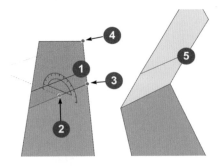

图 2.24.3　第一次折叠

（4）按图 2.24.4 ①②③④⑤重复一次图 2.24.3 所示的操作，完成第二次折叠。

（5）如图 2.24.5 所示，用直线工具绘制"垂直于面"的辅助线，始于边线的中点（也需要练习）。

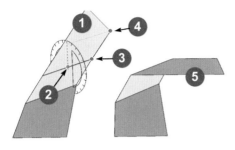

图 2.24.4　第二次折叠

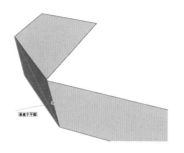

图 2.24.5　画垂直的辅助线

（6）如图 2.24.6 所示，以垂直于面的辅助线为依据创建辅助面①。

（7）如图 2.24.7 所示，以边线中点①为圆心，以②为半径画圆。

（8）如图 2.24.8 所示，画圆的垂直中心线，删除右边半个圆，此时圆心与边线中点重合。

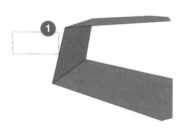

图 2.24.6　形成辅助面

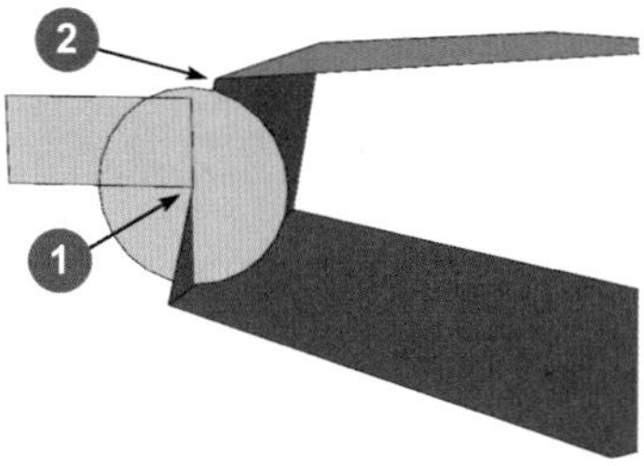

图 2.24.7　画圆形

图 2.24.8　切掉一半

（9）如图 2.24.9 所示，复制半圆到右边图示位置，注意弧的顶点与边线中点重合。

（10）如图 2.24.10 所示，删除废线面，留下一个半圆面在内侧。

（11）如图 2.24.11 所示，把半圆向两端拉出体量。

图 2.24.9　移动复制到内侧

图 2.24.10　清理废线面

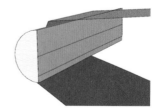

图 2.24.11　拉出体量

（12）如图 2.24.12 所示，以直线连接①②两点补线成面，再连接①③两点成面，另一端做同样操作。

（13）如图 2.24.13 所示，模型交错后①所指处出现新的边线。

（14）如图 2.24.14 所示，清理所有废线面，局部柔化后完成平滑过渡的"弯曲折叠"。

图 2.24.12　补线成面

图 2.24.13　模型交错

图 2.24.14　完成效果

请用上面介绍的思路与技巧创建图 2.24.15 所示的铺面装饰件（注意，不能用任何插件）。

图 2.24.15　练习题

2.25　经典正多面体（经验画法）

　　众所周知，正多面体并不能算作经典的曲面，但是 SketchUp 里的所谓曲面本来就是由若干多边面拟合而成的，所以创建曲面造型，大都可以从创建正多面体开始，然后再缩放、折叠、推拉、变形、细分、平滑成需要的曲面对象。这就是要把创建正多面体作为这本书一小节的原因。实际应用中，还需要在正多面体的基础上创建更高阶的多面体，这方面的内容可参见 2.26 节与《SketchUp 常用插件手册》的 Raylectron Platonic Solids（柏拉图多面体）。

1. 正多面体的定义与特征

　　下面用简单的文字复习一下多面体的基本概念。

　　由若干平面多边形围成的几何体叫作多面体。围成多面体的多边形叫作多面体的面。两个面的公共边叫作多面体的棱。若干条棱的公共相交点叫作多面体的顶点。

　　把多面体的面数记作 F，顶点数记作 V，棱数记作 E，则 F、E、V 满足以下关系：$F+V=E+2$。这就是关于多面体面数、顶点数和棱数的欧拉定理。由欧拉定理可知，共有四面体、五面体、六面体、十二面体、二十面体这 5 种正多面体，其要素统计如表 2.25.1 所示。

表 2.25.1　正多面体要素统计

类　型	面　数	棱　数	顶 点 数	每面边数	每顶点棱数
正四面体	4	6	4	3	3
正六面体	6	12	8	4	3
正八面体	8	12	6	3	4
正十二面体	12	30	20	5	3
正二十面体	20	30	12	3	5

每个面都是全等的正多边形的多面体叫作正多面体。

每个面都是正三角形的正多面体有正四面体、正八面体和正二十面体。

每个面都是正方形的多面体只有正六面体，即正方体。

每个面都是正五边形的只有正十二面体。

注意：只有各个面都是平面的立体图形才能称为多面体，如圆锥、圆柱、圆台统称为旋转体，因为它们中有的面是曲面，所以不能称为多面体。判断正多面体的条件如下：

（1）正多面体的面由正多边形构成；

（2）正多面体的各个顶角相等；

（3）正多面体的各条棱长都相等。

以上 3 个条件都必须同时满足，否则就不是正多面体。比如，五角十二面体，虽然和正十二面体一样是由 12 个五角形围成的，但是由于它的各个顶角并不相等，因此不是正多面体。

中以上学历的同学都学习过正多面体的理论与推导计算，不过真的要用这些公式去 SketchUp 中创建多面体却很麻烦且复杂。下面的实例全部用经验公式，创建正多面体的棱长都是 1m。

2. 创建正四面体

创建一个棱长为 1m 的经验方法如下。

（1）SketchUp 里创建正四面体的思路是：先画出一个正三角形，在正三角形的中心向上画垂线，用直线连接三角形的顶点，正四边形完成。

上面的思路中需要两个参数：一个是用多边形工具画正三角形的半径，经验公式是用正三角形边长的 0.57735 倍为半径画三角形，如图 2.25.1 ①所示；第二个参数是正四面体的高，也就是中心垂线的长度，经验公式是正三角形边长的 0.8166 倍，如图 2.25.1 ②所示。

（2）现在有了一个正三角形和一条相当于正四面体高的垂线，只要用直线工具分别连接垂线的顶端到三角形 3 个顶点即可，如图 2.25.1 ③④所示。

注意：在"封口"前务必先删除中心线，否则该四面体不能成为实体（下同）。

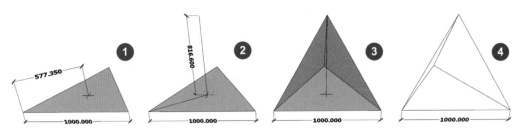

图 2.25.1　正四面体经验做法

3. 创建正六面体

正六面体就不用详细介绍了，画个正方形，输入尺寸再按 Enter 键，拉出边长相同的高度即可。

4. 创建正八面体

正八面体不是两个正四面体镜像后合并在一起那么简单（常有同学做错），以下是作者总结的经验做法。要创建一个棱长为 1m 的正八面体，操作步骤如下。

（1）如图 2.25.2 ①所示，按多边形棱长的 0.57735 倍为半径，用多边形工具画三角形并群组。

（2）如图 2.25.2 ②所示，画直线②，然后把直线②向左、右各旋转 90°，形成图 2.25.2 ③所示的两条线。

（3）如图 2.25.2 ④所示，用直线连接两端，形成正方形辅助面。

（4）如图 2.25.2 ⑤所示，把刚形成的正方形旋转 90°，立起来（正方形也可用其他方法完成）。

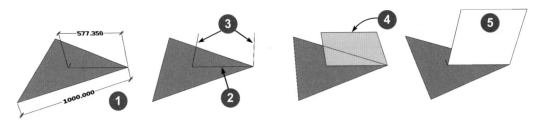

图 2.25.2　正八面体经验做法 ①

（5）如图 2.25.3 ①所示，按图示的方向，在正方形上画一条对角线。

（6）如图 2.25.3 ②所示，把①所示的正方形连同对角线旋转 45°，令对角线垂直。

（7）如图 2.25.3 ③④所示，把水平的三角形③旋转复制一个成④。

（8）如图 2.25.3 ⑤所示，把三角形③的顶点旋转到⑤所指的位置（旋转的技巧见 2.24 节）。

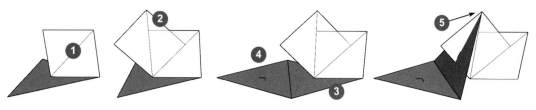

图 2.25.3　正八面体经验做法 ②

（9）如图 2.25.4 ①所示，删除两个辅助正方形。

（10）如图 2.25.4 ②所示，以水平三角形的中心为圆心，旋转复制出另外两个三角形。

（11）如图 2.25.4 ③所示，用直线连接 3 处顶点，形成 4 个新的三边面，正八面体完成。

（12）图 2.25.4 ④所示为删除所有面后的正八面体线框图。

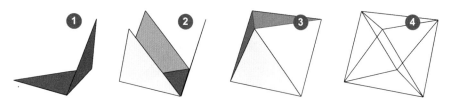

图 2.25.4　正八面体经验做法 ③

5. 创建正十二面体

正十二面体的 12 个面都是五边形，创建一个棱长为 1m 的正十二面体的方法如下。

（1）如图 2.25.5 ①所示，按多面体棱长的 0.850651 倍为半径画五边形，创建群组如图 2.25.5 ②所示。

（2）如图 2.25.5 ③所示，复制一个五边形，移动到一个角对齐，旋转到另一个角也对齐，如图 2.25.5 ④所示。

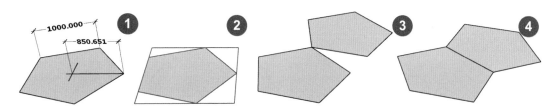

图 2.25.5　正十二面体经验做法 ①

（3）如图 2.25.6 ①所示，选择全部，整体旋转到跟红轴平行，以方便后续操作。

（4）如图 2.25.6 ②③④所示，调用旋转工具，单击②不要松开左键，拉到③处（确定旋转轴），再移动到④处单击，然后往上移动一点，从键盘输入 63.44（度），按 Enter 键，结果如图 2.25.6 ⑤所示。

（5）如图 2.25.7 ①所示，以水平的五边形圆心为中心做旋转复制，得到正十二面体的一半。

（6）如图 2.25.7 ②所示，全选后创建群组，复制一个到旁边。

（7）如图 2.25.7 ③所示，移动对齐一个顶点，旋转到全部对齐。

（8）图 2.25.7 ④所示为删除了所有面域后的线框图。

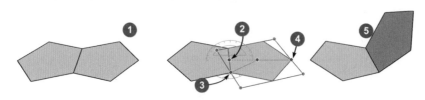

图 2.25.6　正十二面体经验做法 ②

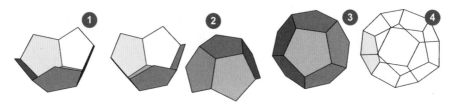

图 2.25.7　正十二面体经验做法 ③

6. 创建正二十面体

正二十面体的所有面都是相同的等边三角形，下面是正二十面体的经典做法（棱长随意）。

（1）如图 2.25.8 ①所示，绘制一个"黄金分割"的矩形Ⓐ（短边是长边的 0.618 倍）。

（2）如图 2.25.8 ②所示，旋转复制出另一个矩形Ⓑ。

（3）如图 2.25.8 ③所示，旋转矩形Ⓑ。

（4）如图 2.25.8 ④所示，再旋转Ⓐ复制出第三个矩形Ⓒ。

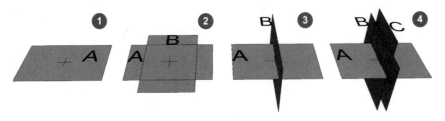

图 2.25.8　正二十面体经典做法 ①

（5）如图 2.25.9 ①所示，旋转矩形Ⓒ。

（6）如图 2.25.9 ②所示，用直线连接相邻的矩形顶点，图中已形成了 3 个正三角形。

（7）如图 2.25.9 ③所示，继续用直线连接矩形的顶点，完成所有 20 个正三角形。

（8）图 2.25.9 ④所示为删除了所有面以后的线框图。

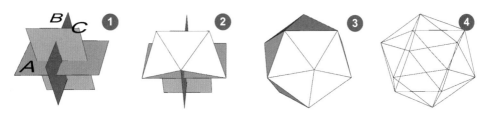

图 2.25.9　正二十面体经典做法 ②

注意：在封口之前，要删除内部所有的辅助面和辅助线；否则不能成为实体。

创建各种正多面体，除了上面介绍的基于经验的方法外，还有一些插件可以部分或全部代劳，尽管有插件可用，但是掌握上述正多面体的几何学基础与经验画法，对于每一位 SketchUp 用户在建模中快速形成建模思路与灵活运用建模技法都是必要的。

2.26　多面体进阶实例（足球）

这是一个以正二十面体为基础发展出来的三十二面体；经过加工，原先组成正二十面体的 20 个正三角形变成了 12 个正五边形和 20 个正六边形，成品如图 2.26.14 所示的类似足球的形状，只要细分平滑后即可成为图 2.26.15 所示的足球。因为创建这种模型的方法有一定难度，所以一直是 SketchUp 用户中比较热衷讨论的话题。同样的方法还可用于创建更高阶的多面体。

把正二十面体改造成类似足球的三十二面体，有两方面的难度：一是建模思路的确立要有点儿立体几何学方面的基础和空间概念；二是 SketchUp 的操作技能，特别是旋转工具的操作技巧。全部操作过程介绍如下。

（1）图 2.26.1 ①是 3 个符合黄金分割条件的矩形，旋转到图示垂直相交,连接各顶角如②。

（2）图 2.26.2 是完成后的正二十面体，创建细节还可以查看 2.25 节的介绍。

（3）如图 2.26.3 所示，分别对任一正三角形的每条边①②③做 3 等分。

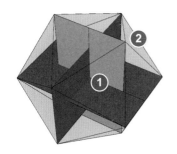

图 2.26.1　创建正二十面体要领

图 2.26.2　完成的正二十面体

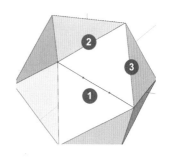

图 2.26.3　3 等分边线

（4）如图 2.26.4 所示，用直线连接 3 条边的等分点后形成一个正六边形。

（5）如图 2.26.5 所示的操作，新手做这一步需要练习，要领如下：

① 打开 X 光模式，从中心点③往顶点④画辅助线①；

② 预选好六边形②，将旋转工具移到中心点③单击，顺辅助线①滑到顶点④松开左键；

③ 将光标移动到⑤，按 Ctrl 键进行复制，将光标再移动到⑥或输入 72，按 Enter 键；

④ 看到复制成功的⑦以后，再输入 4x，复制出另外 3 个。完成后如图 2.26.6 所示。

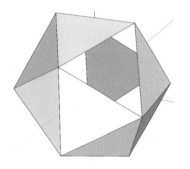
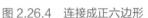
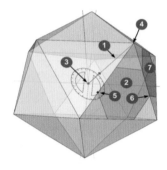
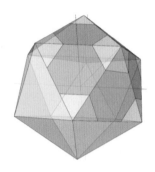

图 2.26.4　连接成正六边形　　　图 2.26.5　第一次旋转复制　　　图 2.26.6　旋转复制完成后

（6）如图 2.26.7 所示，重复上述图 2.25.4 和图 2.25.5 的等分、画线、旋转、复制操作，进行第二次旋转、复制。

（7）如图 2.26.8 所示，第二次旋转复制完成。

（8）如图 2.26.9 所示，重复上述图 2.25.4 和图 2.25.5 所示的等分、画线、旋转、复制操作，进行第三次旋转复制。

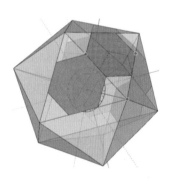

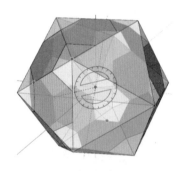

图 2.26.7　第二次旋转复制　　　图 2.26.8　旋转复制完成后　　　图 2.26.9　第三次旋转复制

（9）第三次旋转复制完成后如图 2.26.10 所示。经过三次旋转复制后，还剩下 5 个三角形，其中 3 个连在一起的仍然用旋转复制，另外还有两个单独的如图 2.26.11 所示。

（10）如图 2.26.12 所示，只要用直线连接相关的点，即可完成如①所指的线面。

（11）如图 2.26.13 所示，删除图上编号处所有的五边形顶点，获得五边形，若有破面则补线成面。

（12）清理废线面后如图 2.26.14 所示。用插件细分平滑后如图 2.26.15 所示。

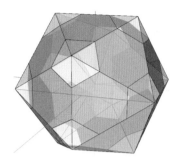

图 2.26.10　旋转复制完成后

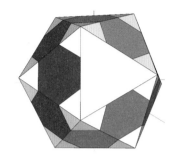

图 2.26.11　几个零星剩余面

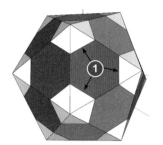

图 2.26.12　补线成面

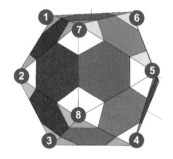

图 2.26.13　删除废面

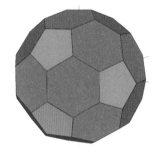

图 2.26.14　三十二面体

图 2.26.15　细分平滑后

扫码下载本章配套资源

第3章

SketchUp 插件与管理

SketchUp 官方曾不止一次表态：SketchUp 本身是一个开放的平台，仅提供最基础的工具，更多高级功能需借助各种扩展程序。（注：SketchUp 自带的原生工具在北美特定环境下，对于一般的民用建筑设计应大致够用。）

大概从 SketchUp 4.0 版前后，Ruby 脚本扩展程序（本书后面的篇幅中统称为"插件"）就开始出现，时至今日，全球无数 Ruby 作者编写了大量"插件"（总数估计为 4 位数）。随着 SketchUp 应用领域的扩展，用户已涉及至少 10 多个不同领域，SketchUp 自带的原生工具已远不能满足用户的需求。目前，"原生工具"加"插件"已经成为 SketchUp 的重要生态之一，这一点在创建曲面模型时更为突出。

SketchUp 的插件很多，其中跟曲面有关的数量也很可观，最后发现因为内容丰富，占用篇幅太多，经与出版社协商，下决心拆分出来，补充了更多常用插件，自成一书，即《SketchUp 常用插件手册》，这样也更方便读者查阅与使用。

本书读者在阅读与对照练习的时候，务必与《SketchUp 常用插件手册》配合起来，才能更加方便地查阅这些工具的用途与用法。

3.1 插件来源与安装调用

本节的部分内容曾经出现在本系列教材的《SketchUp 要点精讲》与《SketchUp 材质系统精讲》中，因为重要，所以在这本书里有选择地重复部分内容并充实改写。随着 SketchUp 用户的快速增加，用户的平均应用水平不断提高，更多用户越来越依赖各种插件来完成复杂的工作；很多任务离开插件就没法高质量完成，甚至不知道该怎样完成。SketchUp 的原生工具只提供最低门槛的功能，插件却不断飞速进化，数量巨大。所以，用户、Ruby 作者与 SketchUp+Ruby 三者之间就形成了下述奇怪的生态。

丰富的插件对使用者看起来像是好事（除了要花费大量时间成本外），但是对于插件开发者的维护却相对麻烦。随着计算机图形学的发展，每个插件都是由善于某个领域的专家 / 程序员来开发的（实际上很多插件都是择优借鉴甚至抄袭其他软件已成熟的技术），尤其是插件依赖的 Ruby 语言时常变化升级，开发者要不断投入时间成本去更新并且很难获得回报，所以随着 SketchUp 的改版与 Ruby 升级，很多插件的作者放弃跟随升级，甚至很多人已经离开了这个领域。而 SketchUp 用户也要面对同样的问题，随着 SketchUp 每年的升级，总有很多刚用熟的插件失效，能否得到更新，全看插件作者的心情。

SketchUp 的插件数量远多于其他软件，对各种应用、各行业均有覆盖，造成了 SketchUp "入门容易，想要提高的学习成本却较高"的事实。原因是除学会 SketchUp 原生工具外，至少还要熟练运用几十种（组）插件，因此所付出的时间远高于学习 SketchUp 本身。如前所述，更麻烦的是随着 SketchUp 每次升级，都有一些插件失效。对于插件的寻找、测试等学习成本是分散累计的；当你想要成为 SketchUp 建模的专家高手时，必须一个个学习并熟悉这些插件，这使学习曲线实际上变得很漫长。譬如本书作者自 SketchUp 3.0 版开始入门，只用了三四天就可以投入设计实战，而经历了 20 年，16 个不同 SketchUp 版本后的今天，还在不断学习新出现的插件，还在为曾经用过的插件失效，甚至忘记如何操作而犯愁。

时至今日，SketchUp "原生工具 + 插件"已成为 SketchUp 无法改变的重要生态，所有 SketchUp 用户必须接受这个事实。所以，初学者入门以后，"用插件"是必然要面对的问题；希望上面的文字能让你对"插件"有点思想准备。而"找插件"是"用插件"遇到的第一个问题，本节就来详细介绍插件的来源、安装与调用。

1. 国外的插件来源

SketchUp 的"窗口"菜单中有一个"扩展程序库"命令，可用来直接联网寻找需要的插件和安装。你也可以用浏览器直接访问官方扩展程序库 https://extensions.sketchup.com/，因为这是官方的网站，公布的插件都有大量用户在应用，可以比较放心地安装使用，但还是要重点注意该插件是否支持你所用的 SketchUp 版本。

最近几年发现，官方扩展程序库 https://extensions.sketchup.com/ 有一些不太健康的现象，列出如下，读者访问时要注意。

（1）有些插件注明是"Free"（免费）的，其实只是以"Free"（免费）为诱饵引诱你去下载，真正使用的时候就会收费，或者只有很短的免费时间，如果你上过当，记住这个插件作者的名字，以后离他远点。

（2）官方扩展程序库 https://extensions.sketchup.com/ 逐步成为一些"插件专业户"的"推广平台"：单击了官方扩展程序库标注为"Free"（免费）的链接，根本没有东西可下载，必须跳转到插件作者自己的网站才能下载，往往到此时才知道该插件是收费的。

（3）有些插件作者像是"穷昏了头"，10 多年前就成熟并且免费的，类似拉线生墙、智能偏移一类的简单小插件，被他改头换面后就成了收费的，坑的都是没有经验的新手。

另一个插件来源 https://sketchucation.com/ 也是优秀插件的第三方发源地之一，注册后可下载完全免费、免费试用和付费的插件。但是要注意，这里的很多插件都只适用于老版本的SketchUp，下载后建议用后面介绍的方法解压缩后安装，如果发现不适用于新版的软件，应立即删除，免得占用资源，拖慢 SketchUp 启动与运行的速度。

以上两处网站都需要提前注册一个 ID；否则只能浏览而无法下载。注册是免费和永久有效的。建议读者们关注几位真正的知名 Ruby 大佬，如 ThomThom（TT）Fredo6、Tig，他们写的插件，品质高又大多免费。

2. 国内插件来源

这是一个非常敏感的话题，为慎重起见，SketchUp（中国）授权培训中心在编写这部分内容的时候，特地征询了天宝公司与 SketchUp（中国）官方的态度，归纳如下。

（1）天宝官方尊重、支持并保护所有原创 Ruby 脚本，包括中国作者的原创作品。

（2）Extension Warehouse 和 Sketchucation 上的所有 Ruby 脚本都受国际著作权相关法律保护。

（3）所有未经原创作者书面授权的汉化、改编、分拆、重命名和破解等操作都属侵权行为，天宝公司与 SketchUp 官方保留支持插件原创者追究法律责任的权力（见本节附录）。

（4）中国本地主要的 SketchUp 插件库开发者们目前正在积极配合完成合规性的整改工作，希望未来中国的 SketchUp 社群有一个注重知识产权保护的良好环境。

（5）天宝公司 SketchUp 大中华区团队愿意为中国大陆尊重知识产权的专业商户、网站提供相关原则性的业务指引与协助。

3. 插件的文件形式

上面介绍了两个主要插件来源，应该已经解决了 SketchUp 初学者的第一个难题。有了插件如何安装（包括插件的文件形式）将是要碰到的第二个难题，现在再来为你解决这些同样重要的问题。应注意下面的内容对每一位 SketchUp 用户都是必须掌握的"应知应会"知识，尤其对打算自己单独安装、调试插件或者打算参加考核、获取技能证书的用户更要谙熟于心。

SketchUp 发展很快，插件的安装方法也在改变。编写 SketchUp 插件用的 Ruby 脚本语言发展得也很快，所以 SketchUp 的插件形式也在跟着改变。这些变化中的大部分对 SketchUp 用户是有利的，但有些变化也给我们带来了一点困惑和麻烦。下面先介绍一下 SketchUp 插件的文件格式和结构。

1）最早的 rb 插件

SketchUp 最简单的插件，只有一个用 Ruby 语言编写的脚本文件，其文件后缀是 rb。凡是 rb 后缀的插件，可以用 Windows 的记事本打开和编辑，甚至可以在文本中找到插件编写者留给你的使用方法和跟他联系的信息；这种插件汉化起来也比较容易，所以很多沿用至今。

图 3.1.1 所示的两个插件就是 rb 格式的：经验教训告诉我们"人不可貌相，插件也不能看外貌"，这种插件看起来很简单、颜值差；须知其中有很多是非常优秀的，沿用至今的还有不少。

第一个是 makefaces，它是一种封面用的插件，后来有人为它做了图标。

第二个是大名鼎鼎的 UVTools，后来也有人为它做了图标，其实骨子里还是它。

rb 后缀的插件通常没有图标，需要在 SketchUp 的菜单里去调用，至于它藏身在什么菜单的什么位置，全凭插件作者的心情。可能对初学者觉得更大的麻烦是：有很多 rb 插件安装后在菜单里根本找不到，这种插件通常是要等到预设条件满足后到鼠标右键关联菜单里去找了。

2）稍微复杂的插件

后来，有一些功能比较复杂的插件，rb 文件就只起一个引导作用了，Ruby 脚本的大部分和图标等附属文件都保存在另外的文件或文件夹里。图 3.1.2 展示的就是这类插件。这个插件有一个 rb 文件，还带有一个文件夹，这还算是比较简单的，复杂的可能带有多个文件和多个文件夹。

| EM_makefaces.rb | UVtools.rb | TT_ArchitectTools | tt_architect_tools.rb |

图 3.1.1　两个"rb"格式的插件　　　图 3.1.2　带有文件夹的"rb"文件

图 3.1.3 是一个 rb 文件，带有一个文件夹，文件夹里面全是图标。还带有一个 rbs 文件（后面还会提到）以及一个 so 格式的动态链接库，这是一种较复杂的结构。

在 rb 插件稍后出现的还有一种 rbs 后缀的插件，如图 3.1.4 所示，这是一种 SketchUp 官方提供的混淆加密的 rb 文件，用 rbs 加密的插件汉化起来就有点麻烦了。说到加密，如图 3.1.5 所示的那样，有一种 rbe 后缀的文件也是加密的，如大名鼎鼎的 Dibac 里，有一个内核脚本文件就是 rbe 后缀的。

ChrisP_Repair_AddFace_DWG

ChrisP_Repair_AddFace_DWG.rb

jjProgressBar_MsAPI.rbs

Win32API.so

c_extension_manager.rbs

crease_finder.rbs

tools.rbs

dcclass_overlays.rbe

dcclass_v1.rbe

dcclassifier.rbe

dcconverter.rbe

图 3.1.3　较复杂的插件　　　图 3.1.4　rbs 后缀的加密的插件　图 3.1.5　rbe 后缀的加密的插件

3）rbz 格式的插件

Trimble 公司从 Google 接手 SketchUp 以后，从 SketchUp 2013 版开始，所有的插件格式统一变成了一个文件，都是 rbz 后缀的单个文件。图 3.1.6 就全都是 rbz 格式的插件了，都有一个蓝色的钻石形状的图标。

图 3.1.6　rbz 格式的插件

把所有的插件都变成了 rbz 格式的单文件形式，出发点是好的，可以让安装插件的操作变得简单方便。可是实际效果却未必，作者在这个系列教程的其他教材里一再强调过：用 SketchUp 的扩展程序管理器安装 rbz 格式的插件是在碰运气，运气好当然开心，偶尔运气不好相当于吃到了苍蝇，吃出了毛病，连吐都吐不出来（高手与有准备者除外）。

为什么这么说：用 SketchUp 的菜单命令"窗口"→"扩展程序管理器"安装 rbz 格式的插件，整个过程简单快速是优点，但是安装的全过程对我们用户来说完全不透明，绝大多数用户用这种方式安装插件，糊里糊涂中，根本不清楚它在后台把些什么东西复制进你的系统里去了，万一事后发现问题，再想删除都很困难（不是不能），"想吐都吐不出来"说的就是这个意思。后面有一小段会教你不吃苍蝇和如何把吃进去的苍蝇吐出来。

4."库"文件

前面介绍了"rb""rb + 文件夹""rbs""rbe""rbz"5 种不同的插件格式，还有一种特殊情况的文件，看起来像插件，其实不是，它没有具体的功能，却不能缺少，它们就是所谓的各种"库"文件。

有些插件的作者把一些常用的子程序和共用的文件做成多个插件共用的运行库，还有多国语言通用的"语言库"；有了这些"预置"的"库"，新写的插件只要去调用运行库里的各种子程序和通用文件即可，大大减少了插件开发的工作量。但是用户需要提前安装这些"库文件"才能获得插件的正常功能。新出现的插件常常还需要更新这些库，缺少某些库或者没有及时更新这些库，非但插件不能正常运行，还会不断弹出各种提示信息，非常烦人。下面列出几种常见的"库"，今后这种"库"会越来越多，请经常关注新出现的"库"并时常更新原有的"库"：

- LibFredo6（Fredo6 基础扩展库，多国语言编译库）；
- AMS Library（AMS 运行库）；
- ACC Library（ACC 扩展库）；
- TT Library（TT 插件编译库）；
- BGSketchup Library（BGSketchup 运行库）；
- ……

很多初学者用插件碰到的问题，尤其是 SketchUp 启动时蹦出来的一连串弹窗提示，半数以上是出自这些库的安装和更新上面（此外，还有收费插件的权限问题等），必须引起足够的注意。

5. 插件的安装

好了，上面介绍了 SketchUp 插件的各种文件形式，下面就详细介绍如何用不同的方法来安装这些插件。

首先，每一位 SketchUp 用户必须要知道的是，SketchUp 是一个开放的平台，所以有一些经常要打交道的 SketchUp 关键位置和关键目录。老的 SketchUp 版本已经过时，就不说了。就说 2018 版以后到目前的 2023 版本，我们必须知道的是这条路径，请仔细看好了并记住。

（1）首先是系统的 C 盘，也就是安装操作系统的那个硬盘分区，无论你把 SketchUp 主程序安装在什么位置，插件和其他几个重要的文件夹都在 C 盘中。

（2）找到"用户"，有些系统是英文"user"，都一样。

（3）然后找到你的用户名，默认是"Administrator"（管理员）。

（4）再找到"AppDate"，很多人到了这一步就抓瞎了，因为他们的计算机中找不到这一项，其实，Windows 系统为了避免用户误删除或改动系统重要文件，对这一项默认是隐藏的，只要执行"查看"菜单中的"文件夹选项"命令，在弹出的对话框中找到"隐藏文件"和文件夹，勾选"显示隐藏的文件"，这里就会出现"AppDate"了。

（5）打开它以后接着再找到"Roaming"，然后就可以看到你计算机中安装的所有软件。

（6）耐心点找到 SketchUp，目标就越来越近了，这里可以看到在这台计算机中安装的所有版本的 SketchUp，进入其中的一个，可见到图 3.1.7 ②所示的六个文件夹，完整的路径如图 3.1.7 ①所示：

- Classifications 分类；
- Components 组件；
- Materials 材质；
- Plugins 插件；
- Styles 风格；
- Templates 模板。

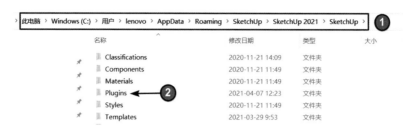

图 3.1.7　所有 SketchUp 用户必须牢记的路径与目录

以上 6 个目录除了 Classifications（分类）里面有一个 "IFC 2x3.skc 分类标准文件"，Plugins 里有 5 个默认插件（沙箱、天宝中心、高级镜头、动态组件等）外，其余 4 个文件夹都是空的。理论上可以把用户自己的组件、材质、风格、模板等保存在这些文件夹里；但是这样做并不合适，原因是重装系统的时候，你保存在 C 盘中的所有资料都将灰飞烟灭，有时候连转存抢救的机会都没有。

上面讲了一大堆，总结一下，插件的安装路径如下，你不用抄下来，本节的附件里就能找到：

C:\Users（或用户）\Administrator（或你的名字）\AppData（先解除隐藏）\Roaming\SketchUp\SketchUp 2018（或 2021 等）\SketchUp\Plugins

6. 关于插件的另一些重要问题

（1）所谓安装插件，其实就是把 "rb" "rbs" "rbe" 和附带的文件夹复制到上述 "Plugins" 文件夹里去；即使用 SketchUp 的 "扩展程序管理器" 安装插件，其背后的实质也一样。

（2）2021 之前版本的 SketchUp，只有在安装过哪怕一个插件之后，SketchUp 的菜单栏上才会出现 "扩展程序" 菜单。2022 版的 SketchUp，"扩展程序" 已成为默认菜单。

（3）无论你把 SketchUp 安装到计算机的什么位置，不用怀疑，插件文件夹永远在 C 盘的上述位置。你用 SketchUp 的菜单命令 "窗口"→"扩展程序管理器" 安装的 "rbz" 格式的插件也都在这里，不过它们到了这里后就不是原来的 rbz 了，解散成很多文件与文件夹。

（4）如果你想要自己动手把插件安装到这里，请注意这里只接受前面提到的 "rb" "rbs" "rbe" 和附带的文件夹；只要原样复制进去，重新启动 SketchUp 后就可以在 "扩展程序" 菜单里调用；也可以在 "视图" 菜单的工具栏里调用。请注意，很多人安装插件不成功的原因是只复制了 "rb" "rbs" "rbe"，却没有同时复制附带的文件夹，或者文件太老没有更新。

（5）正如前面提醒过的，某些插件可能需要在其他菜单项下调用，甚至隐藏在鼠标右键菜单里；很多人安装了插件却找不到它们，请仔细找找；如果你对 SketchUp 这些菜单里原来有些什么东西不熟悉，新出现了什么也不知道的话，很可能当面错过。

（6）如果你把 "rbz" 后缀的插件也复制进 "Plugins" 里去是没有用的，因为 "rbz" 是 "rb" "rbs" "rbe"，与相关文件夹的压缩形式，只有把它解压成正常的文件后再复制进去才有用。即使你用扩展程序管理器安装的 "rbz" 插件，它最终也是要解压成 "rb" "rbs" "rbe"

和相关文件夹，不过解压过程是自动的。

（7）想要把"rbz"格式的插件变成"rb""rbs""rbe"与相关文件夹,很简单,只要把后缀"rbz"改成"zip"，就可以用 WinrAR 或 WinZip 等工具正常解压了。

（8）如果你一定要用某个来历可疑、身份不明的"rbz"插件（尤其是很久前发布的），建议你一定不要用 SketchUp 自带的"扩展程序管理器"做"不透明的糊涂安装"；请一定提前用上面的方法把"rbz"文件解压后再复制进 Plugins 里去，这个做法虽然麻烦一点，但是可以避免"想吐都吐不出来"的尴尬，这是唯一的好办法；你复制进去什么东西，你心里是有数的，如果忘记了也不要紧，解压前后的东西全在，按样子对照着删除就可以了，大不了不用这个插件，不至于造成更多、更大的麻烦。

（9）有一些插件，大多是收费的插件，是"exe"格式的可执行文件，只要像安装其他软件一样操作就行，唯一需要注意的是安装的位置和路径。

（10）前面说过，很多系列插件是要同时或提前安装库文件的，库文件的版本还不能是过时的老版本，不然启动 SketchUp 时弹出的提示会烦到你发疯，碰到这种情况，请把提示复制出来，你要仔细看清楚每一条提示信息，看清楚后，按要求安装库文件，如果库文件过时，就去找新版本替换老版本；或者干脆到 Plugins 文件夹里去删除这个插件。

（11）有些插件之间有可能产生冲突甚至排斥（请原谅不方便解释得太具体），碰到这种情况，请勤快点去搜索原因和解决的办法。

附录：

以下摘录自：https://extensions.sketchup.com/terms/（以下括号内为译文）

SketchUp Extension Warehouse Terms of Use（SketchUp 官方插件库使用条款）

Warehouse Content; Use Restrictions [扩展仓库（以下简称仓库）的内容；使用限制]

1）Use Restrictions（使用限制）

You may not（你不可以）：

① Modify the Warehouse Content（修改仓库内容）or use them for any public display, performance, sale, rental or for any commercial purpose except as expressly authorized in these Terms of Use.（或将其用于任何公开展示、表演、销售、出租或用于任何商业目的，但本使用条款明确授权的除外。）

② Decompile, reverse engineer, or disassemble any Warehouse Content.（反编译、逆向工程或反汇编任何仓库内容。）

③ Remove or modify any copyright, trademark or other proprietary or legal notices from the Warehouse Content.（从仓库内容中移除或修改任何版权、商标或其他所有权或法律通知。）

④ Redistribute or transfer the Warehouse Content to another person.（将仓库内容重新分配或转移给另一个人。）

You will be responsible for any costs incurred by Trimble or any other party（including attorneys'fees）as a result of your Misuse of the Warehouse Materials. [你将承担 Trimble 或任何其他方因你滥用仓库资料而产生的任何费用（包括律师费）。]

以下摘录自：https://extensions.sketchup.com/general-extension-eula（以下括号内为译文）

SketchUp Extension Warehouse: General Extension End User License Agreement（SketchUp 官方插件库通用用户许可协议）

2）License Restrictions（许可限制）

You may not, and you may not permit anyone else to（你不能，你也不能允许任何人）:

① copy, modify, adapt, translate, create a derivative work of the Extensionor use it for any public display or performance.（复制、修改、改编、翻译、创建一个衍生作品的扩展，或将其用于任何公开展示或表演。）

② decompile, reverse engineer, or disassemble the Extension.（反编译、逆向工程或反汇编扩展。）

③ remove, obscure or alter any product identification, proprietary, copyright, trademark or other notices contained in the Extension.（删除、模糊或更改扩展中包含的任何产品标识、所有权、版权、商标或其他通知。）

④ distribute, sell, transfer, sublicense, rent, or lease the Extension（分销、销售、转让、转许可、出租或租赁延期）or use the Extension（or any portion thereof）for time sharing, hosting, service provider, or like purposes. [或将扩展（或其任何部分）用于分时、托管、服务提供商或类似用途。]

3.2 插件的维护

"插件的维护"是所有 SketchUp 用户必须掌握的"应知应会"技能，所以专门安排了本节的内容。"插件的维护"主要依靠"扩展程序"→"扩展程序管理器"来实现。但是应注意，"扩展程序"→"扩展程序管理器"并非万能，经测试仅对下述几种途径安装的插件可实现维护与管理：

- SketchUp 自带的默认插件（如 Trimble Connect、动态组件、沙盒工具等）；
- 从菜单"窗口"→ Extensions warehouse 直接安装的大多数插件（非全部）；
- 从 https://extensions.sketchup.com/ 下载后安装的大多数插件（非全部）；
- 从 https://sketchucation.com 下载后安装的部分插件（非全部）；
- 从其他途径下载安装的（来源于上述途径且没有汉化或改动过的）；
- 部分国产或汉化得较好的插件。

1. 插件的启用与暂时停用

如图 3.2.1 所示，单击"窗口"→"扩展程序管理器"（见图 3.2.1 ①）→"主页"（见图 3.2.1 ②），找到相关插件，单击对应的"启用"与"停用"开关（见图 3.2.1 ③）即可。（注意：停用的插件并未删除，只是不随 SketchUp 一起启动而已，以加快 SketchUp 启动速度；再次单击该按钮即可恢复随 SketchUp 一起启动）单击④向右的箭头可查看该插件的更多信息。

　　建议你对已经安装，经测试没有问题可用的，但又不是每天要用的插件用上述方法暂时"停用"（不随 SketchUp 一起启动），要用的时候再去打开。

2. 插件的更新

　　SketchUp 启动后会自动检查已安装的插件是否为最新的版本，如需要更新，会在屏幕的右下角弹出提示信息，看到需要更新的信息后，单击"窗口"→"扩展程序管理器"（见图 3.2.1 ⑤）→"管理"（见图 3.2.1 ⑥），凡需更新的插件，如图 3.2.1 ⑦所示的按钮变成红色，单击它，稍等片刻即可自动完成更新，按钮恢复成浅蓝色即已完成更新。经观察，该功能仅对前述几种途径安装的插件有效，部分汉化或改动后的插件不能自动更新。若提示更新的是收费的插件，而你并未付费（不言自明），更新将令插件不再能用。

3. 删除插件

　　发现有问题的插件或决定不再使用的插件，可依次单击"窗口"→"扩展程序管理器"（见图 3.2.1 ⑤）→"管理"（见图 3.2.1 ⑥），找到该插件，单击"卸载"按钮（见图 3.2.1 ⑧），该插件即卸载，重新启动 SketchUp 后生效。（注意：只有上面几种来源的插件才会出现在扩展程序管理器里并用这个方法卸载）单击如图 3.2.1 ⑨所示向右的箭头可查看该插件的更多信息。

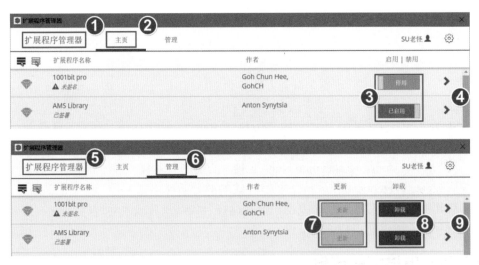

图 3.2.1　插件的维护与管理

　　最后请给作者一个感叹的机会，你可以看成是有益的忠告。大概 20 年前，作者只用了三五天就能拿 SketchUp 干活，以为这很简单；自从 SketchUp 4.0 版以后，接触了插件，就一直头痛；前前后后用在花花绿绿插件上的时间，百倍于当初学 SketchUp 的时间都不止，麻烦的是，新的插件还在天天出现，用熟了的插件却不断失效；在插件上耗费的时间越来越多，做正经事的时间被严重挤占，工作效率越来越低，头痛的毛病却遥遥无期，看不到痊愈的希望。后来，我给自己定了下面几条规矩。

（1）计算机里只安装经过测试没有问题的，最可靠、最常用的插件，通常不超过 30 个（组）。不常用但今后可能会用到的插件保存起来，要用的时候再安装。

（2）有空的时候，也要对新出的插件了解一下行情，对于沽名钓誉不实用的插件，坚决不用（连试都不试）。可能会用得到的，记录下来，等一定要用的时候再去安装测试。

（3）如果你有多台计算机，新的插件要在其他的计算机上做测试和练习，可靠后再列入常用插件行列。（即便如此谨慎，也难保插件之间互相不打架。）

自从制定这些规矩后，工作的效率明显高了许多。希望读者能从我的经验教训里得到一些启发。

3.3　插件的管理

通过前面两节的介绍,想必你已经对 SketchUp 的"扩展程序"（插件）有了些基本的了解；并且希望你至少对即将接触并寄予厚望的"插件们"树立起一个全面和客观的认识，已经有充分的思想准备接受并处理由插件引起的大大小小的问题。

1. 两种不同层级的"插件管理"

即将展开的"插件管理"课题，至少可以从下面两个不同层级展开。

（1）首先要讨论的是，如何避免前面所介绍的"找插件和安装调试它们"的麻烦，关键词是"避免""麻烦"，这是对插件第一层次的管理。

（2）然后才是对于计算机中已有的插件进行管理，目的是提高建模的效率，关键词是"提高""效率"，这是第二层次的管理。

2. 传统寻找测试安装插件的问题与解决办法

3.2 节已经介绍和讨论过找插件、安装、测试的问题，是一种我们自己动手去搜索、去找、去下载，然后安装和测试的做法。这种做法在 SketchUp 用户中已经沿用了 10 多年，现在还有不少人在用这样的办法。但是，由于下列原因，这种方法正在被逐步淘汰。插件的寻找安装管理将用后面介绍的更先进、省事，效率更高的新办法来实现。

（1）自行"找插件、安装、测试"需要对计算机和 SketchUp 有相当的认识和经验。

（2）自行"找插件、安装、测试"需要花费很多时间和精力。

（3）如你有经验又不缺时间，那么下面（4）～（7）条就一定会引起你的共鸣。

（4）SketchUp 每年一次的更新，随即有很多用熟的插件不再能用，折腾了半年刚刚解决问题，SketchUp 又来一次更新，还要从头再来，年复一年，麻烦复麻烦。

（5）英文的插件看不懂，不好用，对应的新版免费汉化插件越来越难找。

（6）3.2 节提到的各种各样的"运行库""编译库""语言库""扩展库"太难伺候，只要有任一个库更新，启动 SketchUp 时就会弹出一连串的提示，并且"锲而不舍，永不妥协"，实在是烦不胜烦。

（7）有些插件确实好用，单个插件收费也不高，但是好些个凑起来就是我们学生党负担不起的数字了。再说即使愿意购买，也没有外币支付渠道。

3. 一种插件管理器（ExtensionStore V4.0）

那么，更先进、省事，效率更高的新办法是什么呢？其实，马上要介绍的这个工具正在成为 SketchUp 用户使用扩展程序（插件）的一种新潮流、一种新的生态，国内外都有，目的就是解决上面提出的一系列问题。

要介绍的是"ExtensionStore V4.2.9"（本书 2022 年 8 月脱稿时的最新版本是 V4.2.9）。

（1）"ExtensionStore V4.2.9"（扩展程序商店）实质上是一个"管理插件的插件"，它还有另一个名字，叫作"SketchUactionTools"（注：SketchUcation 是一个老资格的插件发源地）。

（2）可以用它来访问 SketchUaction 庞大的插件库，其中已经包含 800 多个（组）免费的插件，并且允许用户把它们安装到 SketchUp 中去使用。

（3）注意，有些插件如 ClothWorks（布料模拟）必须先安装这个管理器后才能安装。

（4）这个"管理插件的插件"的下载链接为 https://sketchucation.com/pluginstore?pln=SketchUcationTools，本节附件里有 4.2.9 版。

下载完成后可以用 SketchUp 菜单"窗口"→"扩展程序管理器"进行快速安装。

（5）安装完成后的工具条名称是 ExtensionStore，如图 3.3.1 所示，在"扩展程序"菜单栏里的名称是 SketchUcation，如图 3.3.2 所示，菜单栏里还有 9 个次级菜单，可参阅图 3.3.2 右侧的译文，其功能比工具栏分得更细，调用更快捷，后面还要讨论。

图 3.3.1 ExtensionStore 工具条

（6）根据 SketchUcation 公布的信息，ExtensionStore V4.0 至少有以下功能：

① 搜索 ExtensionStore 上 800 多个插件和扩展程序；

② 查找信息，报告错误并直接向作者提出功能请求；

③ 使用自动安装功能将插件或扩展程序直接安装到 SketchUp 中；

④ 将 SketchUp 插件或扩展安装到自定义文件夹位置；

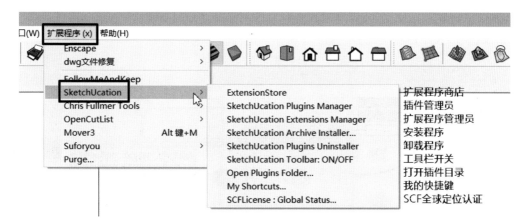

图 3.3.2　ExtensionStore 工具条对应的菜单命令

⑤ 向 SketchUp 插件或扩展的作者提供捐赠；

⑥ 管理已安装的 SketchUp 插件和扩展；

⑦ 保存已启用 / 禁用的插件或扩展集；

⑧ 卸载插件和扩展；

⑨ 自动插入计算机原有的 "Archive"（存档）的 zip 和 rbz 格式的插件；

⑩ 切换 SketchUcation 工具栏的可见性；

⑪ 可以根据需要定制 SketchUp 环境，根据任务定义启动或临时加载的插件；

⑫ 完成自定义后，可保存为"Sets"，需要时将插件加载到 SketchUp 中，从而改进工作流程，随时从工作区中删除不必要的项，使管理插件和扩展设置成为一个简单的过程。

（7）ExtensionStore（扩展程序商店）的操作面板。

① 单击如图 3.3.3 ①所示的按钮，弹出如图 3.3.3 ②所示的主面板，其功能是搜索和设置。

② 左侧有 "完整的列表""最近" 和 "最热下载" 3 个选项，如图 3.3.3 ③所示。

③ 主面板中间的标签可在众多插件作者中选择，如知道其名字，如图 3.3.3 ④所示。

④ 还可以在主面板右侧的标签选择插件的类别，如图 3.3.3 ⑤所示。

⑤ 可以用这 3 个标签中的一个或几个搜索需要的插件，默认状态为 "最近、全部作者的、所有类别"，搜索结果出现在图 3.3.3 ②所在的位置。

⑥ 图 3.3.3 ②所在的位置有搜索出来的插件名称、作者；单击作者右侧的小箭头还可以查阅该插件的简介。单击插件名右侧的心形（见图 3.3.3 ②），可表示喜欢，面板右侧是下载按钮。

⑦ 面板的上面有个齿轮图标，单击它可进入设置页面（见图 3.3.3 ⑥），能设置的项目可分别单击，图 3.3.3 ⑦⑧⑨⑩所示图标分别是更新、下载、配置与软件集。

⑧ 如图 3.3.3 ⑦所示，单击 Updates（更新）按钮可对已安装的插件进行更新，更新完成后出现 "Woot! All your extensions are up to date."（耶！你所有的扩展都是最新的）。

⑨ 如图 3.3.3 ⑧所示，单击 Downloads（下载）按钮，可查看已下载的插件清单。

⑩ 单击如图 3.3.3 ⑨所示的 Profile（配置）按钮，可见 SketchUp 中已经安装的插件数量

等，如图 3.3.3⑪ 所示。

⑪ 如图 3.3.3⑩ 所示，单击 Bundles 按钮，可保存、查看你的"插件（文件）包"，这是一个新的功能，允许你在更多计算机上运行相同的插件包。

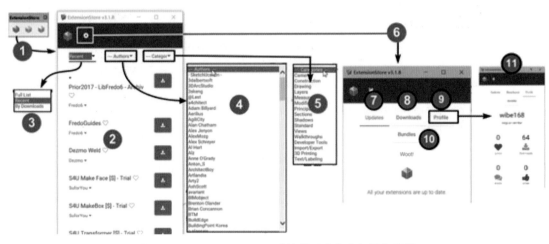

图 3.3.3　ExtensionStore（扩展程序商店）操作界面

⑫ 单击图 3.3.3 ②所示的下载按钮后，ExtensionStore 会弹出图 3.3.4 所示的提示，让你确定保存（安装）在默认的"主插件目录"或"自建的插件目录"里，如图 3.3.4 所示。

⑬ 图 3.3.5 是 SketchUp 在安装任何插件时都会弹出的安全提示。

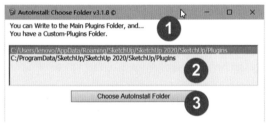

图 3.3.4　插件目录路径

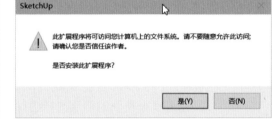

图 3.3.5　安全提示

⑭ 已经安装的插件，在图 3.3.3 ②所示的插件名称左侧会出现一个提示用的小黑点。

（8）SketchUcation Plugins Manager（SketchUcation 插件管理器）。

下面介绍 ExtensionStore 工具条上中间的绿色按钮 SketchUcation Plugins Manager（插件管理器）及其功能（见图 3.3.6）。

① "插件管理器"面板最上面一行，默认显示主插件目录（见图 3.3.6 ②），单击右侧向下箭头也可选择用户自建的插件目录（有个默认的目录）。

② 图 3.3.6 ③所示为"已加载插件"，图 3.3.6 ④所示为"禁用的插件"。

③ 面板中间有一组按钮（见图 3.3.6 ⑥），分别是向左、向右的箭头和一个菱形，用途

如下。

a. 选中左侧某插件后，再单击向右的箭头，该插件被移入右侧的禁用区，插件名称变成红色，该插件在 SketchUp 启动时不会载入，节约计算机资源。

b. 如想恢复右侧已被禁用的插件，可选中它后单击向左的箭头，该插件恢复正常。

c. 中间菱形的是 Load-Temporarily（临时加载），单击右侧已禁用的插件，再单击"临时加载"，这个插件就会出现；用过后可关闭该插件。

④ 无论选中左侧还是右侧的某个插件，在图 3.3.6 ⑤所示的位置都可查看该插件的详细信息。

⑤ 单击图 3.3.6 ⑦所示的管理器设置按钮，会弹出图 3.3.6 ⑧所示的一堆按钮（Plugins Sets），可以用它们来添加插件、指定应用、返回、更新、删除、输出和输出全部、输入与输入全部，管理功能非常强大。

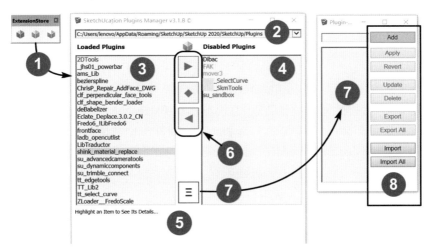

图 3.3.6　插件管理器

⑥ 上面曾经提到过"SketchUp 的默认插件目录"路径如下（见图 3.3.7 上面一行）：C:/Users/ 用户名 /AppData/Roaming/SketchUp/SketchUp 2020/SketchUp/Plugins。

⑦ 还有一个"用户定义的插件目录"，如果没有自定义，SketchUp 有一个默认路径如下：C:/ProgramData/SketchUp/SketchUp 2020/SketchUp/Plugins（见图 3.3.7 下面一行），建议你在 C 盘以外的位置另外自定义一个插件目录，可避免重装系统时造成麻烦或损失。

图 3.3.7　默认与自定义插件目录路径

（9）SketchUcation Extensions Manager（扩展程序管理器）。

ExtensionStore 工具条上的第三个按钮是 SketchUcation Extensions Manager（扩展程序管理器）（见图 3.3.8）。

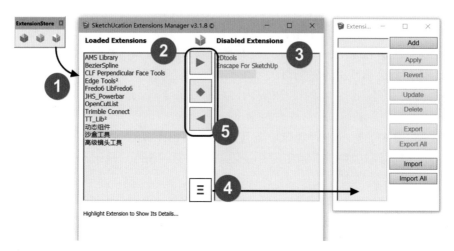

图 3.3.8　扩展程序管理器操作界面

它与前面介绍的 SketchUcation Plugins Manager（插件管理器）功能与用法完全一样，所以就不再重复介绍与讨论了。区别仅在于它们分别对 Extensions（扩展程序）和 Plugins（插件）进行管理。Extensions（扩展程序）与 Plugins（插件）两者的区别如下（附英文定义）：Plugins are bits of code that can be added into Sketchup after the initial install to provide additional features.（插件是一些代码，可以在初始安装后添加到 SketchUp 中，提供额外的功能）Extensions are more robust plugins.（扩展程序是更强大的插件）。

根据上述定义，在这本书与配套的《SketchUp 常用插件手册》里把"Plugins"和"Extensions"统称为中文的"插件"并无原则性问题。就像在官方的插件库"Extensions Warehouse"里把它们统称为"Extensions"一样。

（10）ExtensionStore 的菜单项。

图 3.3.9 所示的菜单项在前面已经出现过一次，可以看到，菜单上面 3 项的功能跟 ExtensionStore 工具条的 3 个按钮完全相同，不再赘述。

① ExtensionStore（插件商店）。

② SketchUcation Plugins Manager（插件管理器）。

③ SketchUcation Extensions Manager（扩展管理器）。

④ SketchUcation Archive Installer（存档安装程序）：就是安装新的插件，ExtensionStore 面板上有相同的功能。

⑤ SketchUcation Plugins Uninstaller（插件卸载程序）：ExtensionStore 面板上没有该功能，用来卸载不再需要的插件。

⑥ SketchUcation Toolbar: ON/OFF（工具栏：开 / 关），单击它可以关闭或显示 ExtensionStore 工具条。

⑦ Open Plugins Folder（打开插件目录），非常好用，免得记那一大串路径了。

⑧ My Shortcuts（我的快捷键），试了多次，好像只能显示部分快捷键，似乎不大好用。

图 3.3.9　SketchUcation 子菜单中的命令

4. ExtensionStore V4.0 小结与国内的众多"插件管理器"

ExtensionStore V4.0 确实是一个非常出色的"管理插件的插件"，但是，或许因为它自身和其中的插件全都是英文的界面，或许因为其中有一些收费的插件，又或许它还存在些不尽如人意之处……总之，它在中国大陆的知名度并不高，其应用一直局限于少数高水平用户的尝试。插件的使用要领内容较多，可查阅《SketchUp 常用插件手册》的 10.10 节。

至于国内，类似的"管理插件的工具"（统称为"插件管理器"）就更多了。其中有些已经成功运行 10 多年，能够提供稳定的服务；有些还存在这样那样的问题，正在改进中；有些则已经熄火……从总体上看，我国 SketchUp 应用界虽然原创的插件数量不多，但是在"插件管理器"方面的努力和表现（除知识产权方面的问题外）要远优于世界上（包括美国在内的）所有国家。

尤其是最近一些年，国内有好几种新的"插件管理器"应运而生，从免费开始发展到部分收费，这些"插件管理器"确实解决了我国很多 SketchUp 用户的一些困难，他们可以不再被洋字码所困扰，也不用为 Ruby 升级犯愁，这种情况已经成为一种不太健康的"生态"，相关商户或网站普遍存在"未经原创作者书面授权的汉化、改编、分拆、剽窃、重命名、破解"等侵权行为，触犯了国际著作权保护的相关法律，所以才有 3.1 节所述的：SketchUp 官方对于提供插件或插件管理器的商户正在开展的"合规性整改"。

本书和《SketchUp 常用插件手册》（或更多教材）作为 SketchUp（中国）授权培训中心的"官方指定教材"，必须配合 SketchUp 官方的工作，在国内相关商户与网站完成"合规性整改"之前，原则上只向读者推荐 SketchUp 的官方插件库（https://extensions.sketchup.com/ ）和另一个优秀插件原创来源（https://sketchucation.com/ ）；本节要介绍的 ExtensionStore V4.0 就是其中之一。请读者谅解 SketchUp（中国）授权培训中心与作者这样做的必要性。

5. 对插件第二层次的管理

上面介绍的是对插件们第一层次的管理，要解决的是"找插件和安装调试它们"的麻烦。

下面还要用一点篇幅讨论"第二层次"的插件管理，是对计算机中已有的插件进行管理，目的是提高建模效率。

1）插件的启动管理

这个问题前面已经提到过，随 SketchUp 一起启动的插件数量严重影响 SketchUp 启动速度，极端情况下还会造成 SketchUp 启动失败退出。所以，不是十分有必要的、非最常用的插件，最好不要随 SketchUp 一起启动。

如果你已经用了上面讨论的 ExtensionStore V4.0 一类的"插件管理器"，当然可以指定某些不常用的插件，特别是不常用的大型插件是否要随 SketchUp 一起启动。

如果是自行单独安装的零星插件，就要对一些不常用的插件，包括 SketchUp 自带的地形工具、高级相机工具、天宝连接，动态组件，还有你自己安装的所有暂时不用的插件，都可以在 SketchUp 的菜单"窗口"→"扩展程序管理器"里暂时禁用，这样，下一次 SketchUp 启动时就不用加载它们，可以大大减少计算机资源消耗，加快 SketchUp 启动和运行速度，在需要时再勾选它，丝毫不会影响你的应用。

2）插件的颜值与价值

众所周知，"以貌取人"是一种不太正确的态度，同样"以貌取插件"也可能是一种认识误区：SketchUp 的插件从外观看是不能确定它有没有价值、值不值得收藏和应用的；譬如一些插件连工具图标都没有，要用时必须到菜单或右键菜单里去选择，它们看起来很简单，可怜得连衣服都没有，但并不等于它们的功能就不行。

好多没有工具图标的插件，作者已经用了很多年还爱不释手，缺了它们还真不行，譬如 FAK（不扭转放样）、Cylindrical Coordinates（圆柱坐标）、SolidSolver（实体修理工）、UVTools（UV 贴图 3.2.）、IVY（藤蔓生成器）、Z to 0（Z 轴归零）、SetArcSegments（重建圆弧）、Voronoi XY（冰裂纹工具）等都是没有工具图标的插件，却曾经陪伴了我很多年，有些一直用到现在（上述的有些已被合并或改造）。

另外，很多插件有花花绿绿的图标，一点开又是一大片一大片的图表，弄得人眼花缭乱、无所适从，其实它能做的也就那么点事情。所以，建议你在挑选插件入库之前，最好亲自动手测试，要挑选那些确实需要，又确实能解决问题的，要坚持"不拘一格选插件""实用和常用，宁缺毋滥"的原则。如果你没有能力或不愿意花大量时间测试，建议你至少要认真阅读本书的姊妹篇——《SketchUp 常用插件手册》提供的相关介绍。

3）插件的桌面管理

你有没有见过孩子们喜欢把所有玩具统统摊开，铺满床铺或地板"接受检阅""乐在炫耀和显摆的满足之中"？长期的教学活动中发现，很多 SketchUp 的初学者跟孩子们有着同样的心理活动，恨不得把所有工具和插件都弄出来，摆满窗口"接受检阅"，同样"乐在炫耀和显摆的满足之中"，花花绿绿的工具条把宝贵的工作空间挤剩下很小的一块，说实话，其实这是一种心理不够成熟的表现。

作者还亲耳听见一位使用 SketchUp 已经五六年的熟手说，把尽可能多的工具条弄出来摆满桌面，可以吓唬吓唬不懂 SketchUp 的同事和客户，会让他们肃然起敬，觉得自己很了不起，满足一下虚荣心……依我看，他非但是一个心理不健康的人，而且对于 SketchUp 的认识也仅限于皮毛，甚至并不懂得如何"显摆"，与其用满屏的工具条来装门面，吓唬人，还不如建模全程用眼花缭乱的快捷键操作，完全不理会工具条才是真正令人生畏的炫技。

说实话，SketchUp 的很多默认的原生工具以及很多插件图标，若干年都不会去碰它一次，为什么要弄出来占据一大块空间？常用的工具反而被淹没其中，想用要找很久，严重影响建模的速度。所以，聪明人只会把最常用的工具和插件调出来常驻在窗口里，不是每天都要用几次的工具或插件，不如到需要的时候再弄出来，用过就关掉，让出尽可能多的作图空间，提高作图的效率，这样所节约的时间会远远超过调用插件的那几秒。

另外，一些又长又大的工具栏，像 JHS 的基本工具栏，占用了好大一块作图空间，有 88个工具，很多都是可有可无的，即使设置成小规格的工具图标，其长度也超过了所有笔记本电脑显示屏的宽度，其实上面有用的、常用的工具只是非常有限的几个，其中大多数工具还是 SketchUp 本来就有的；还有很多工具是跟其他插件工具栏重复的，要不要留着它占据宝贵的作图空间，真值得考虑。还有一些插件，花花绿绿洋洋洒洒一大摊，看起来显得很复杂的样子，满足了插件作者的虚荣心，却弄得初学者们坠入了雾里云中，其实它能完成的也不过是一些简单的功能而已。

4）载入错误提示

每一位 SketchUp 用户在启动 SketchUp 时，差不多都遇到过图 3.3.10 和图 3.3.11 这样的 Loard Errors（载入错误）的提示，这种情况绝大多数是因为某些插件而出现，很少有因为插件以外的原因出现，原因大致如下：

（1）扩展库、语言库、运行库、编译库等库文件已经失效，需要更新；

（2）插件的某些文件丢失或已经改变，经常发生在用某种"插件管理器"时；

（3）某些插件的版本太旧，不能在新版的 SketchUp 里使用；

（4）免费试用的插件或收费的插件已经过期；

（5）或者遇到诸如此类性质的事情。

没有经验的 SketchUp 用户，反复遇到这种情况一定抓狂，其实这些弹出窗口不过是提示你一下而已，出现这种提示的大多数情况并不会影响 SketchUp 的正常使用；最多某些插件暂时不能用或中文变成了英文而已，如果你暂时没有时间去处理，可以先放过它，等有空时把这些提示复制下来，认真阅读，你会发现，洋洋洒洒一大篇，其中，90% 以上是某个插件的路径，只有不到 10% 才是有用的信息，可以"按图索骥"去解决（譬如更新或重新安装新版本），实在解决不了的只能"忍痛割爱"，在菜单"窗口"→"扩展程序管理器"中关闭或干脆删除该插件，重新启动就不会再弹出提示。

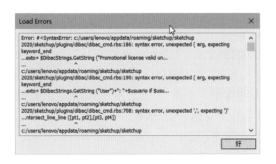

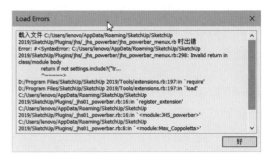

图 3.3.10　Loard Errors（载入错误）一　　　　图 3.3.11　Loard Errors（载入错误）二

5）插件的更新与卸载

在 3.2 节已经简单介绍过图 3.2.1 所示的"扩展程序管理器"，可以在菜单"窗口"→"扩展程序管理器"中调出它。在这里，可以安装插件，停用插件，还可以更新与卸载插件。这些我们都知道了，但是有一个细节，如果没有引起你的足够注意，可能会造成不应有的麻烦：当 SketchUp 启动或某个时候，显示屏右下角提示你有某些插件需要"更新"时，打开这个扩展程序管理器面板，单击"管理"标签，里面会出现如图 3.3.12 所示的红色按钮，上面有"更新"二字，此时务必看清楚，提示你要更新的是不是正规来源的免费插件，如果是，可以单击更新，稍等片刻即可（有些插件需重新启动 SketchUp 才能生效）。重点来了：如果提示你更新的是收费的插件，而你并没有付过费（细节自知），单击"更新"按钮后，可能你会后悔。

图 3.3.12　扩展程序管理器

6. 插件的保存与检索

1）插件库问题

大多数 SketchUp 用户的计算机里都保存有大量已经安装或下载后准备安装的插件（几十到几百个不等），对这些插件的保存与检索普遍存在以下问题：

（1）插件大多数由国外引入，以英文命名，其中很多是"望文不能生义"的生造词；

（2）同一个插件改版后用不同的名称，也容易造成困惑；

（3）插件的中文名称往往是由首先引入该插件的网站或个人翻译，不见得都合理；

（4）同一个插件在不同的下载点也许有不同的中文名，也会造成麻烦与困惑；

（5）一些似曾相识又不太常用的插件很难回忆其名称与用法。

2）解决上述问题的建议

（1）所有插件集中保存在同一个文件夹里（也可再设置不太多的子文件夹）；

（2）每个插件的命名规则应是"插件原英文名（中文名＋用途）"，这样做的好处是以英文名称开头的文件在系统里可自动以升序或降序排列，检索查找方便，中文名用于核对，括号里的"用途"还可起提示作用；

（3）本书和配套的工具书《SketchUp 常用插件手册》中对所有收录的、保存的、提到的、用到的插件全部按上述规则命名。

7. 插件的分类规则

（1）图 3.3.13 是 Extension Warehouse 的插件分类，图 3.3.14 是 Sketchucation 的插件分类，把它们的分类名称与其中的内容认真对照，就会发现很多莫名其妙、名不副实的情况。

图 3.3.13　Extension Warehouse 的插件分类　　图 3.3.14　Sketchucation.com 的插件分类

（2）作者曾先后对国内外 10 多个有插件分享内容的网站进行研究比较，发现每一家都有自己的分类规则，随意性非常大，有分成 10 多类的，最多的有分成四五十类的。所以，如果你收集了很多插件，想要分类保存的话，可以参考别人的分类方法，以简单、合理、易用为原则，适合自己的才是最好的。

（3）与本书配套的《SketchUp 常用插件手册》把所有插件分成"最常用插件""次常用插件""偶尔用插件""曲线曲面用插件""建造业用插件""规划景观业用插件""室内与木业用插件""材质与动画插件""其他插件与软件" 9 个大类，前 3 个大类是各行业通用的，根据使用频度分类，后面的几类是结合专业的，查找起来非常方便。

3.4 自定义工具栏管理器（LordOfTheToolbars）

"LordofToolBars"（简称 LOTT）插件按其实际功能译为"自定义工具栏管理器"；国内也有直译成"王者工具条"或"Fredo6 工具栏之王"的。这个插件的功能，实质就是一种"自定义插件工具栏"的工具。

当你有大量插件和工具栏时，满屏幕的插件工具栏图标挤占了宝贵的作图空间，用起来也不方便。这个插件可以帮助你按自己的使用习惯，最合理地自定义工具栏，在有效节省屏幕空间占用的同时，还能明显提高建模的工作效率。

（1）该插件只能访问"sketchucation.com"用"LordOfTheToolbars"搜索下载安装。

（2）本节附件里有一个 V2.2 版的 rbz 文件，可用"扩展程序管理器"安装。

（3）注意必须同时把 LibFredo6（弗雷多扩展库）更新到 V12.9a 以上。

（4）选择"视图"→"工具栏"→ LordOfTheToolbars，调出如图 3.4.1 ①所示的工具栏。

（5）选择"工具"→ Fredo6 Collection → LordOfTheToolbars，调出如图 3.4.1 ②所示的菜单命令。

（6）图 3.4.1 ③里有 7 个子菜单项，"关于"里有插件的详细信息，建议浏览一下。

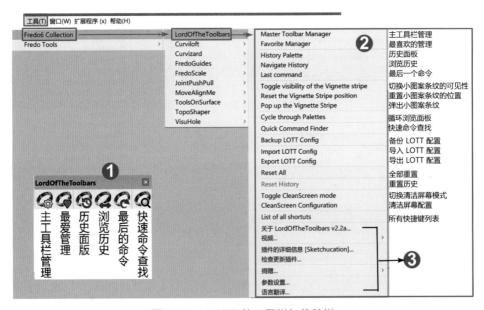

图 3.4.1　LOTT 的工具栏与菜单栏

（7）单击图 3.4.1 ③的"视频"命令，可跳转到 Youtube 播放作者的 3 段视频（法语），已经下载保存到本节的附件里，可供参考。

（8）本节附件里还有一个带中文字幕的视频，推荐播放学习。

（9）单击"插件的详细信息"，会跳转到"sketchucation.com"的相关页面。

（10）单击"检查更新插件"，会弹出一个面板，以红色提示你需要更新的插件。

（11）单击"参数设置"，可打开设置面板，对插件的功能与细节进行设置。

（12）如果你对自己的专业英文水平有信心，并且有时间当"志愿者"，可单击图 3.4.1 ③的"语言翻译"，按给出的英文单词与短语填入对应的中文。不过，Fredo6 很多插件里牛头不对马嘴，令人哭笑不得的中文翻译就是这样搞出来的，所以请自告奋勇的"志愿者"有自知之明，对专业词汇要慎之又慎，免得搞出笑话误导他人。

3.5 《SketchUp 常用插件手册》索引表

本书后文讨论曲面建模的过程中将要用到各种插件，为了方便本书读者安装，运用相关插件，并随时查阅浏览各种插件的操作要领与演示实例，特列出《SketchUp 常用插件手册》索引表如下。

《SketchUp 常用插件手册》是与本书配套的重要工具书，由清华大学出版社与本书同时出版，两者须配合使用。

《SketchUp 常用插件手册》索引

（按插件英文名称首字母顺序排列）

等 级	章 节	英 文 名	中 文 名
★★★★	6.1	1001bit Tools	1001 建筑工具集
★★	3.5	2DBoolean	2D 布尔
★★★	3.14	2D Tools	2D 工具集
★★	3.8	3D GRID LINE	3D 网格
★★★	6.2	3skeng	机电暖通 BIM 工程设计套件
★	10.7	3DF Zephyr（简称 3DF）	图像逆向重建工具三
★★	4.4	AreaTextTag	面积标注
★★	4.5	Angular Dimension	角度标注
★★★	5.13	Artisan Organic Toolset	雕塑工具集一
★★★	5.14	Artisan Organic Toolset	雕塑工具集二
★★★	5.15	Artisan Organic Toolset	雕塑工具集三
★★	10.1	Auto Magic Dimensions	自动标注尺寸
★★	5.17	Bezier Surface	贝塞尔曲面
★★	5.18	Bezier Surfaces from Curves	曲线生成贝塞尔曲面
★★★	3.1	BoolTools	布尔群组交错
★★★	5.5	Bezier Spline	贝塞尔曲线
★★	5.23	Bitmap to Mesh	灰度图转网格（无工具图标）
★★★★	8.3	BabaoMod	八宝模型库

等 级	章 节	英 文 名	中 文 名
★★★	2.9	Chrisp RepairAddFace DWG	DWG 修复工具
★★	2.18	Groups from Tags/Layers	按图层编组
★★	2.19	Construct tool	点线工具
★★	3.3	Cylindrical Coordinates	圆柱坐标（无工具栏）
★★	3.10	Curic_axis_v1.1.0	轴工具
★★★	3.12	ColorEdge	彩线与虚线
★★	4.6	CompoSpray	组件喷雾
★★★	4.9	CleanUp³	清理大师（无工具栏）
★	4.11	Center of Gravity	质量重心（无工具栏）
★★	4.15	Curic Face Knife	库里克面刀
★★★	5.3	Curviloft	曲线放样
★★★	5.4	Curvizard	曲线优化工具
★★★	5.29	CurveMaker	铁艺曲线
★★	6.3	Curic Section	Curic 剖面填充工具
★★★	7.3	Compo Spray	组件喷雾工具
★★	8.4	Click-Kitchen 2	一键厨房（测试版）
★★	8.5	Curic_make2d	Curic 2D 生成
★★	8.7	ClothWorks	布料模拟
★★	9.6	Color Maker	颜色制造者
★★★	9.15	Color Paint	调色板
★★	5.7	Draw Ring	莫比乌斯环（无工具图标）
★★★	6.5	DIBAC for SketchUp	建筑绘图工具
	2.14	Edge tools	边界工具
★★★	5.1	Extrude Tools	曲面放样工具包
★★	8.6	Eneroth Random Selection	随机选择
★★★	10.10	ExtensionStore	插件管理器
★★	6.13	Edgez+	一键边界上色
★★★★	2.4	Fredo6 Tools	弗雷多工具箱
★★★★	2.6	Fredo Scale	自由比例扭曲缩放
★★★★	2.11	FrontFace	智能翻面
★★	3.11	Fredo_VisuHole	弗雷多智能开洞
★★	3.17	Flatten to Plane	压平工具（无工具栏）

续表

等 级	章 节	英 文 名	中 文 名
★	4.12	Face Centroid	面质心
★★	5.16	Flowify	曲面流动
★★	5.20	Follow and Rotate	变形跟随（无工具图标）
★★★	6.6	Flex Pack Pro	建筑动态组件工具包
★★★	6.7	FrameModeler	结构 BIM 建模
★★★	7.8	Fredo6 Tools	高度渐变色
★★★	7.9	Fredo6 Tools	坡度渐变色
★★	3.16	Guide Tools + Projection	辅助线工具 + 投影
★★	9.10	Goldilocks	纹理分析
★★	9.13	Grey Scale	灰度材质
★★★	5.6	Helix along curve	曲线与球形螺旋
★	10.8	img2cad	位图矢量化工具一
★★	6.13	Indexz	一键统计
★★★	2.2	JHS Standard	JHS 标准工具栏
★★★★	2.3	JHS Powerbar	JHS 超级工具栏
★★★★	2.7	JointPushPull Interactive	联合推拉
★★★★	2.12	JF MoveIt（Mover）	精确移动
★★★★	2.1	LibFredo6 等	库文件（重要）
★★★★	2.10	Make Face	自动封面
★★	3.19	Mouse Gesture	鼠标手势
★★★	6.8	Medeek Wall	Medeek 墙结构
★★★	6.13	Magiz	一键建筑造型
★★★	7.4	Modelur	参数化城市设计
★★	9.7	Munsell Maker	蒙塞尔色彩生成器
★★★	9.8	Material Replacer	材质替换
★★★	9.9	Material Resizer	材质调整
★★★	5.21	NURBS Curve Manager	曲线编辑器
★★★★	2.16	PerpendicularFaceTools	路径垂面工具
★★★★	3.15	Place Shapes Toolbar	基本形体工具条
★	4.1	Parametric Modeling	参数化建模一（无工具栏）
★★	4.10	Polyhedra	规则多面体（无工具栏）
★★	6.13	Pumap	一键风格地图
★★★	8.1	Profile Builder 3	参数化轮廓建模

等 级	章 节	英 文 名	中 文 名
★★	10.5	Photoscan，Agisoft Metashape	图像逆向重建工具一
★★★	2.15	QuadFaceTools	四边面工具
★★	6.9	Quantifier Pro	计量器
★★★★	2.5	RoundCorner	弗雷多倒角
★★	3.4	Raylectron Platonic Solids	柏拉图多面体
★★	3.7	Random Tools	随机工具
★★	4.8	Revcloud	云线（无工具栏）
★★	7.5	Random Entity Generator	随机对象生成器
★★	7.1	RpTreeMaker	创建植物
★	10.6	RealityCapture	图像逆向重建工具二
★★★★	2.8	Selection Toys	选择工具
★★★	2.13	Solid inspector2	实体检测修复
★★★★	2.17	Select Curve	选连续线
★★★	2.20	SUAPP	SUapp 基础版
★★	3.2	S4U To Components	点线面转组件
★★★	3.6	Skimp	模型转换减面
★★	3.9	SteelSketch	创建型材
★★★	3.13	Solid Quatify	实体量化（无工具栏）
★★	4.13	Skydome	球顶背景
★★	4.14	Simplify contours	简化等高线（无工具栏）
★★	4.16	Slicer	切片
★★	5.8	Superellipse	张力椭圆（无工具图标）
★★★	5.9	Soap Skin & Bubble	肥皂泡
★★	5.11	SurfaceGen	参数曲面
★★★	5.12	Scale By Tools	干扰缩放
★★	5.19	Stick Groups to Mesh	曲面黏合
★★★	5.24	SUbD	参数化细分平滑
★★★	5.25	SDM FloorGenerator WD	铺装生成器
★★★	5.28	Shape Bender	形体弯曲（按需弯曲）
★★	6.4	Solar North	太阳北极
★★	6.10	Skalp	斯卡普截面工具
★★	6.12	SU2XL	模型与表格互导

续表

等　级	章　节	英　文　名	中　文　名
★★	7.6	SketchUp Ivy	藤蔓生成器
★★	7.10	Skatter2	自然散布
★★★	9.3	SketchUV	UV 调整一
★★★	9.4	SketchUV	UV 调整二
★★★	9.5	SketchUV	UV 调整三
★★★★	9.12	SK Material Brower	八宝材质助手
★★	9.16	SU Animate	专业动画插件（一）
★★	9.17	SU Animate	专业动画插件（二）
★★★★	10.3	SketchUp Viewer	SketchUp 浏览器
★★	7.7	SR Gradientator	水平渐变色
★★★	3.18	Toogle Large icons	工具栏图标切换
★★★	5.2	Tools On Surface	曲面绘图工具
★★	5.26	Torus	扭曲环面
★★★	5.27	Truebend	真实弯曲
★★★	5.30	TaperMaker	锥体制作
★★	7.2	TopoShaper	地形轮廓
★★	9.11	Texture Positioning Tools	纹理定位
★★★	9.14	Thru Paint	穿透纹理
★★	4.3	Unwrap and Flatten Faces	展开压平
★★	6.11	Undet for SketchUp	点云逆向建模
★★★	9.1	UVTools	UV 工具
★★★	9.2	UV Toolkit	TT UV 工具包
★	10.2	Universal Importer	通用格式导入和减面
★	4.2	VIZ Pro	参数化建模
★★	5.10	Voronoi + Conic Curve	泰森多边形圆锥曲线
★★★	5.22	Vertex Tools	顶点工具栏
★★	10.9	Vector Magic	位图矢量化工具
★★★★	8.2	Yunku	云中库
★★	4.7	Zorro2	佐罗刀（无工具栏）
★★	5.25	FloorGenerator	铺装生成器（补遗）

SketchUp曲面建模思路与技巧

扫码下载本章配套资源

第4章

扭曲结构与造型

"扭曲"是曲面结构与造型中的重要类型之一。大到建筑设计、城市景观雕塑设计，小到珠宝饰品设计，都可以找到以"扭曲"为主，或以"扭曲"配以"弯曲""缩放""交错"等变形的实例。

本章以 8 个小模型为标本来展示"扭曲"在曲面建模领域的基础应用与相关工具的运用技巧，需特别注意"细分"在"扭曲"造型中的重要性。

注意，本章中反复提到的 SketchyFFD（自由变形）插件可在"扩展程序"→Extension Warehouse 中用 SketchyFFD 搜索安装；安装完成后无工具栏，要用右键菜单调用 FFD 中的各子菜单项。在《SketchUp 常用插件手册》5.31 节的附件里有一个 rbz 副本,可用"扩展程序管理器"安装。

4.1 扭曲造型与工具概述

"扭曲"是按一定规律扭转一个对象,从而生成新形状的建模技法,是一种重要的曲面造型手段。想要在 SketchUp 里创建扭曲造型,有很多种办法和工具,举例如下。

(1)SketchUp 原生的旋转工具就可以用来做扭曲(见本书 2.15 节),优点是不需要任何外来插件,方便快捷;缺点是一次扭曲的角度有限,不宜超过 60°。扭曲折叠生成的曲面也不够精细。

(2)利用 SketchyFFD(自由变形)工具(见图 4.1.1)(见《SketchUp 常用插件手册》5.31 节),选择好一组控制点后调用旋转工具做旋转,不太好操作,但是它的细分功能不错。同类工具还有 JHS 工具栏的 FFD 工具。

(3)如图 4.1.2 所示的 FredoScale(自由缩放扭曲)/(变形框扭曲缩放)(见《SketchUp 常用插件手册》2.6 节),这是较好的扭曲工具,在做扭曲操作的同时会默认把对象细分成 12 份;按 Tab 键可在参数对话框里改变细分切片的数量。所以能扭转超过 360° 而不至于破面。需要更大旋转角度时,可以多次重复与细分。

图 4.1.1 SketchyFFD(自由变形)工具　　　图 4.1.2 变形框扭曲缩放工具

(4)Follow and Rotate(跟随变形)(见《SketchUp 常用插件手册》5.20 节),其优点是扭转的同时还可以做缩放,通过输入每个节点的旋转角度和缩放比例来实现。缺点是不够直观,可能需要多次尝试。

调用方法:没有工具图标,只能选择菜单"扩展程序"→ Follow and Rotate 执行。本章没有安排对这个工具的应用实例。

(5)如图 4.1.3 所示的 Curviloft 曲线放样中的"沿路径放样"与"TIG 常用工具"(见《SketchUp 常用插件手册》5.1 节与 5.3 节)这两个工具,都可以用两个截面加上连接这两个面的路径生成扭曲的对象,两截面可以是相同的,也可以是不同的。优点是可以得到两端截面不同的曲面对象,缺点是扭转的角度有限。

(6)如图 4.1.4 所示的 Vertex Tools2(顶点工具栏 2)(见《SketchUp 常用插件手册》5.22 节),可以扭转选定部分的几何体,缺点是很难精确指定(或限制)参与扭转的部分与扭曲变形的量。

图 4.1.3　Curviloft 曲线放样和 TIG 工具的
　　　　　双截面沿路径放样

图 4.1.4　Vertex Tools2（顶点工具栏 2）

4.2　旋转扭曲花盆

这是一个综合练习，要用到不止一种技法，最重要的当然还是"扭曲"，成品如图 4.2.1 所示（不包括植物）。建模过程中要用到以下插件。

（1）SketchyFFD（自由变形，安装《SketchUp 常用插件手册》5.31 节里的工具，右键菜单调用 FFD）。

（2）FredoScale（自由缩放扭曲，见《SketchUp 常用插件手册》2.6 节）。

图 4.2.1　旋转扭曲花盆成品

建模过程大致分成以下 3 步。

（1）如图 4.2.2 所示，在 XY 平面（地面）绘制八边形（见图 4.2.2 ①）；以八边形的一条边为弦长画弧（见图 4.2.2 ②）；旋转复制后如图 4.2.2 ③所示；清理废线面后如图 4.2.2 ④所示；拉出高度后呈棱柱体，如图 4.2.2 ⑤所示。

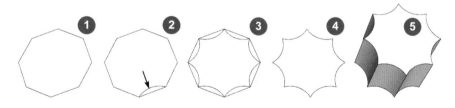

图 4.2.2　建模过程 1

（2）如图 4.2.3 所示，双击棱柱体①的上端面（选中面与边线），调用缩放工具，按住 Ctrl 键做中心缩放后如图 4.2.3 ②所示；向外偏移②的上端面，并向上拉出边缘如图 4.2.3 ③所示；全选后创建群组。用右键快捷菜单调用 FFD → NxN FFD 命令，把对象的垂直方向细分成 12 份（注意选择 true），设置如图 4.2.3 ④所示；细分完成后，删除控制点群组，炸开剩下的群组后重新建组，如图 4.2.3 ⑤所示。

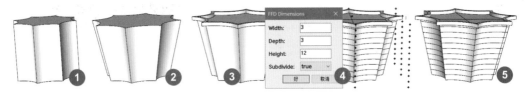

图 4.2.3　建模过程 2

（3）如图 4.2.4 所示，再次调用 SketchyFFD，仍然用 SketchyFFD 的 NxN FFD 工具设置，如图 4.2.4 ①所示，然后选用底部的一组控制点，按住 Ctrl 键做中心缩放，做出花盆底部的圆弧，如图 4.2.4 ①所示；最后调用 FredoScale 插件的变形框扭曲工具做旋转扭曲 45°，如图 4.2.4 ②所示；适当柔化后如图 4.2.4 ③所示。因为已经用 FFD 工具做了切片细分，所以扭转时就不需要再做切片细分了。

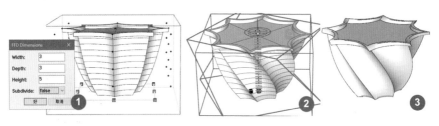

图 4.2.4　建模过程 3

4.3　教堂顶（大蒜头形）

国外的教堂建筑跟我国的庙宇建筑一样，拥有者、设计者和建造者都会尽可能体现出最高水平，贡献给他们崇拜的神仙，所以留下了很多传世之作。西方教堂建筑的顶部总是最有特色的部分之一。图 4.3.1 就是俄罗斯的圣瓦西里升天大教堂屋顶的局部，其上 5 个顶部各有特色，尤其是左上角的两个像是"大蒜头"的顶部，由若干"大蒜瓣"组合而成，很有特色。

图 4.3.1　圣瓦西里升天大教堂局部（俄罗斯）

图 4.3.2 是在 SketchUp 里创建的类似构造，通过这样的练习，将掌握类似对象的快速而简单的创建方法。创建图 4.3.2 所示的对象，需要用到以下两种插件。

（1）SketchyFFD（自由变形，安装《SketchUp 常用插件手册》5.31 节附件，右键菜单调用 FFD）。

（2）FredoScale（自由缩放扭曲，见《SketchUp 常用插件手册》2.6 节）。

图 4.3.2　5 种大蒜头教堂顶

1. 第一种"大蒜瓣"示例

（1）在 *XY* 平面（地面）上绘制一个十二边形，如图 4.3.3 ①所示。

（2）以多边形一条边为弦长画圆弧，如图 4.3.3 ②箭头所指处；并旋转复制，如图 4.3.3 ③所示。

（3）清理废线面后如图 4.3.3 ④所示，拉出高度，创建群组，如图 4.3.3 ⑤所示；此时赋予材质或颜色是最佳时机。

（4）右击对象，选择 FFD → NxN FFD 命令，在弹出的对话框中填写图 4.3.3 ⑥所示的数据：宽 =1，深 =1，高度 =12，细分 =true（真），确认后得到图 4.3.3 ⑦所示的细分。

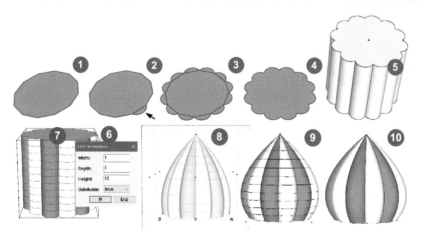

图 4.3.3　规矩的大蒜头

（5）炸开该群组，删除无用的控制点后重新创建群组。

（6）右击群组，在弹出的快捷菜单中选择 FFD → 3x3 FFD 命令，生成"控制点群组"，双击任一小黑点进入"控制点群组",选择最上面的一组小黑点,调用缩放工具,按住 Ctrl 键做中心缩放后如图 4.3.3 ⑧所示。

(7)接着选择中部的一组小黑点,调用缩放工具,按住 Ctrl 键做中心缩放;再选择底部的一组小黑点,调用缩放工具,按住 Ctrl 键做中心缩放。完成所有缩放后如图 4.3.3 ⑨所示。

(8)适度柔化后的成品如图 4.3.3 ⑩所示。

2. "扭转的大蒜头"示例

前面一部分完成后的结果如图 4.3.3 ⑩所示,得到了一个规规矩矩的"大蒜头",这一步要在它的基础上稍微加工成图 4.3.4 ④所示的扭曲的大蒜头,方法很简单,具体操作步骤如下。

(1)调用图 4.3.4 ①所示的 FredoScale 自由缩放扭曲 / 变形框扭曲缩放工具。

(2)移动到大蒜头的顶部,单击左键,看到图 4.3.4 ②所示的量角器。

(3)将光标移动到半径方向,再次单击左键确认。

(4)将光标向圆周方向稍微旋转(30°~45°),输入旋转的角度后按 Enter 键,如图 4.3.4 ③所示。

(5)扭转变形后的成品如图 4.3.3 ④所示,得到了一个扭转的大蒜头。

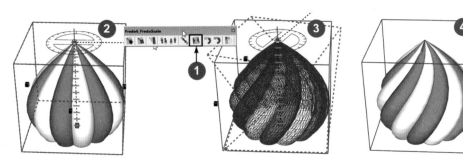

图 4.3.4 扭转的大蒜头

3. "小辫子大蒜头"示例

这部分要把前面图 4.3.2 ⑩所示的规规矩矩的大蒜头改造成"小辫子大蒜头",其特征是顶部更为细长,所以显得更加清秀。

(1)图 4.3.5 ①就是前面第一步完成的"规矩大蒜头"。

(2)全选后调用缩放工具,把它向上拉得更高一点,如图 4.3.5 ②所示。

(3)调用 SketchyFFD 自由变形插件的 NxN FFD,做切片细分(12),如图 4.3.5 ③所示。

(4)删除 SketchyFFD 附加的控制点群组,炸开对象群组。重新编组(截图略)。

(5)再次调用 SketchyFFD,设置成 5x5 FFD,分别选择上部和底部的控制点组,按住 Ctrl 键做中心收缩;选择中部的控制点组,按住 Ctrl 键做中心放大,多次重复后,如图 4.3.5 ④所示。

（6）调用 FredoScale 自由缩放扭曲插件实施扭转操作，结果如图 4.3.5 ⑤所示。

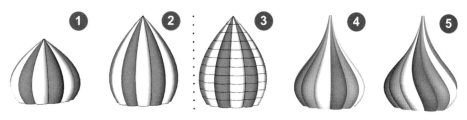

图 4.3.5 小辫子大蒜头

4.4 蛋筒冰激凌

这是一个要涉及多种工具与技巧的练习，最终目标是要创建图 4.4.1 ①所示的蛋筒冰激凌，要分成下部的"蛋筒"与上部的"冰激凌"两个部分来完成，难度当然在上部。创建这个模型需要用到以下插件。

（1）FredoScale（自由扭曲缩放，见《SketchUp 常用插件手册》2.6 节）。

（2）SketchyFFD（自由变形，见《SketchUp 常用插件手册》5.31 节，右键菜单调用）。

（3）Curviloft（曲线放样中的"沿路径放样"，见《SketchUp 常用插件手册》5.3 节）。

（4）PerpendicularFaceTools（路径垂面工具，见《SketchUp 常用插件手册》2.16 节）。

下面开始建模，要分成 4 个部分来完成。

1. 创建蛋筒

在 *XZ* 平面上创建辅助面，并在其上绘制"蛋筒"的截面，如图 4.4.1 ②所示；清理废线面后如图 4.4.1 ③所示；沿中心线画当作放样路径的圆，如图 4.4.1 ④所示；做旋转放样后如图 4.4.1 ⑤所示；翻转表面后如图 4.4.1 ⑥所示。

图 4.4.1 创建蛋筒

2. 创建冰激凌（1）

如图 4.4.2 所示，在"蛋筒"的顶部绘制六边形①；移出六边形，画直线如②；旋转复制该直线如③；清理废线面后得到六角星形如④；拉出高度后形成六棱柱如⑤。

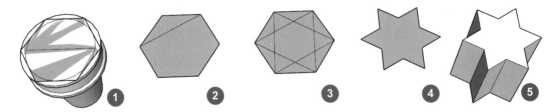

图 4.4.2　创建冰激凌 1

3. 创建冰激凌（2）

对六棱柱间隔赋色，如图 4.4.3 ①所示。

（1）调用 SketchyFFD 自由变形的 NxN FFD 做切片细分（12 层），如图 4.4.3 ①所示。

（2）调用 FredoScale 自由变形扭曲缩放工具旋转扭曲后，如图 4.4.3 ②所示。

（3）再次调用 SketchyFFD 自由变形的 NxN FFD，设置成 5x5 FFD，选择最上面的一层控制点，调用缩放工具，按住 Ctrl 键做向内收缩后，如图 4.4.3 ③所示。

（4）选择最下面的一层控制点，调用缩放工具，按住 Ctrl 键做向内收缩后，如图 4.4.3 ④所示。

（5）选择中间一层控制点，调用缩放工具，按住 Ctrl 键做向外放大后，如图 4.4.3 ⑤所示。

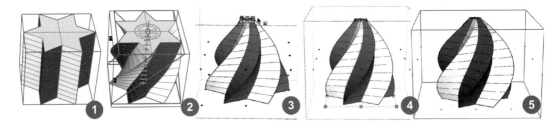

图 4.4.3　创建冰激凌 2

4. 创建冰激凌（3）

（1）最后要做冰激凌顶部弯曲的小尖，体积最小，难度却较大。

（2）在冰激凌的顶部中心画一条弧线，如图 4.4.4 ①所示。

（3）调用 PerpendicularFaceTools 路径垂面工具，把六边形复制到弧线的另一端，如图 4.4.4 ②所示。

图 4.4.4　创建冰激凌 3

（4）调用缩放工具，按住 Ctrl 键做中心收缩，如图 4.4.4③所示。

（5）调用 Curviloft 曲线放样中的"沿路径放样"，获得如图 4.4.4④所示的小弯尖。

（6）赋值并柔化平滑后创建群组，将其移动到"蛋筒"部分，组装成如图 4.4.4⑤所示的成品。

4.5　麻花钻

这是一个关于创建扭转形曲面的经典练习，除了 SketchUp 原生的多种工具外，还主要用到了 FredoScale 自由缩放扭曲插件中的"变形框扭曲缩放"工具（见《SketchUp 常用插件手册》2.6 节）。须注意这个实例中的"分次扭转"和"调整细分切片数"两个技巧。

下面开始建模（见图 4.5.2），大概可以分成 3 个部分。

1. 生成毛坯

（1）从图纸（见图 4.5.1）上描绘麻花钻的截面（见图 4.5.3①），注意上面有几个细节不要漏掉。

（2）描绘完成后的截面如图 4.5.3②所示；按图 4.5.1 所示的比例拉出大致的"毛坯"长度，如图 4.5.3③所示。

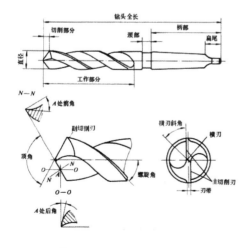

图 4.5.1　锥柄麻花钻图纸

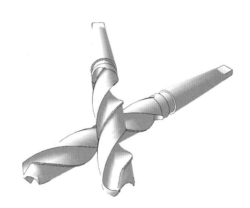

图 4.5.2　锥柄麻花钻成品

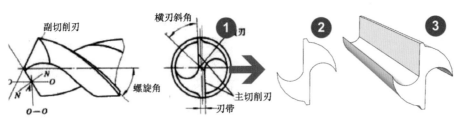

图 4.5.3 创建毛坯

2. 扭曲成形

（1）调用 FredoScale 自由缩放扭曲插件中的"变形框扭曲缩放"工具，移动到"毛坯"的端部单击，出现如图 4.5.4 ①所示的量角器，还有轴向的"切片细分"标志，默认切片数量是 12，为保证成品模型的光滑，可按 Tab 键调出参数设置对话框，改变切片数量为 24 或 36。

（2）然后将光标向半径方向移动，单击确认，再向圆周方向移动，可见到对象开始扭曲，为防止破面，建议一次扭转操作不要超过 180°，如图 4.5.4 ②所示，再次单击扭曲完成。

（3）图 4.5.4 ③所示是扭转 180° 后的情况；如果扭转的角度不够，还可以重复扭转一次，如图 4.5.4 ④所示就是两次共扭转 360° 的情况。

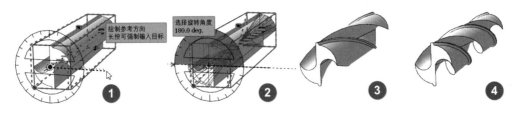

图 4.5.4 两次扭转成形

3. 做出麻花钻的细节

（1）全部用 SketchUp 的原生工具完成。

（2）按图纸尺寸拉出麻花钻的颈部和柄部，如图 4.5.5 ①所示。

（3）选择好端部的线面，按住 Ctrl 键做中心缩放，做出锥度，如图 4.5.5 ②所示。

（4）用另外准备好的"模具"对锥体的端部做模型交错，形成"扁尾"，如图 4.5.5 ③④所示。

（5）再用预先准备好的另一个 120° 模具做模型交错，形成"刃部"，如图 4.5.5 ⑤⑥所示。

（6）如以上过程看不清楚，可查阅附件里的 skp 文件与视频。

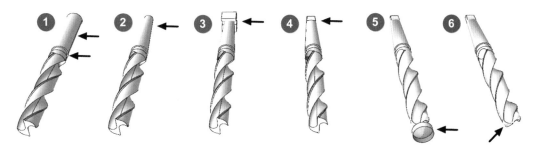

图 4.5.5　锥柄与刃部

4.6　涡轮机桨叶

涡轮机不同于活塞驱动的发动机，它利用流体冲击叶轮转动而产生动力，按流体的不同而分为汽轮机、燃气轮机和水轮机等形式。在发电、航空、航海设备中大量应用。通常涡轮机中会有很多级串联在一起的桨叶，本节的练习要创建一个图 4.6.1 所示的一级桨叶。

图 4.6.1　涡轮机桨叶

这个练习要用到 FredoScale（自由缩放扭曲）插件的"变形框扭曲缩放"工具（见《SketchUp 常用插件手册》2.6 节）。

练习相对简单，注意对组件的扭曲变形，建模过程可分成两个部分。

1. 绘制毛坯

（1）在 XY 平面上画圆，半径为 500mm（片段数 24），中心留孔半径为 100mm，如图 4.6.2 ① 所示。

（2）拉出厚度 72mm，如图 4.6.2 ②所示；沿圆柱体片段边界画垂直和对角辅助线，如图 4.6.2 ③所示。

（3）按对角辅助线画出桨叶截面，如图 4.6.2 ④所示。

图 4.6.2　绘制毛坯

2. 组件扭曲变形

（1）拉出桨叶长度 250mm，创建组件如图 4.6.3 ①所示；做旋转复制后如图 4.6.3 ②所示。

（2）双击进入任一组件，三击全选后调用 FredoScale 自由缩放扭曲插件的变形框扭曲缩放工具，做旋转扭曲（约 20°），成品如图 4.6.3 ③所示。

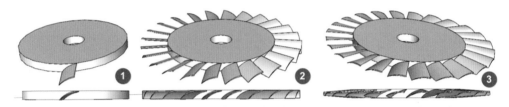

图 4.6.3　组件扭曲变形

4.7　螺旋桨

螺旋桨的形式很多，大到直径上百米的风力发电机，中等的有大小船舶、飞机的驱动装置，小到家用电风扇。螺旋桨或类似形式的器械可谓随处可见，严格的螺旋桨设计要牵涉很多流体力学的计算。本节的模型是一个船用的五叶螺旋桨，除了要用到多种 SketchUp 的原生工具外，还要用到 FredoScale 自由缩放扭曲插件工具栏上的"变形框扭曲缩放"（见《SketchUp 常用插件手册》2.6 节）。

图 4.7.1 ①②分别是这个螺旋桨的正视图和侧视图；图 4.7.1 ③④是创建完成后的螺旋桨成品的视图。

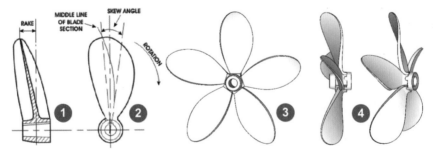

图 4.7.1　船用螺旋桨图纸与成品

创建这个模型大致可分成两步，注意创建过程中的思路与技巧，具体操作如下。

1. 创建桨叶异形毛坯

（1）先在图纸上的关键部位分别画出十字中心线。

（2）再把图 4.7.2 ①②两部分切割分开，分别连同十字中心线建组。

（3）然后旋转其中之一，摆放成直角状，如图 4.7.2 ③④所示，令中心线在水平面⑤上对齐锁定。

（4）分别在图纸上描绘出轮廓线，如图 4.7.2 ③④所示。

（5）分别拉出体量并相交，如图 4.7.2 ⑥⑦所示。

（6）全选后做模型交错。

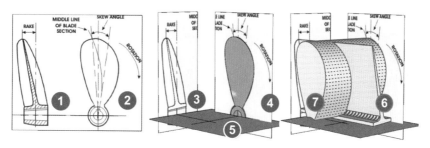

图 4.7.2　创建桨叶异形毛坯

2. 完成桨叶扭曲并组装

（1）图 4.7.3 ①是经过模型交错后的对象，等待清理。

（2）删除全部废线面后如图 4.7.3 ②所示。

（3）接着还要把扇叶跟轴套做模型交错，清理废线面后创建组件，如图 4.7.3 ③所示。

（4）现在调用 FredoScale（自由缩放扭曲）插件工具栏上的"变形框扭曲缩放"工具，按图纸方向扭转 45°，如图 4.7.3 ④所示。

（5）最后做旋转复制，成品如图 4.7.1 ③④所示。

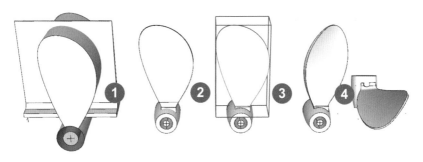

图 4.7.3　完成浆叶扭曲并组装

4.8 异形花瓶

图 4.8.1 所示是一种买不到的花瓶，因为这种造型很难批量生产，不符合生产企业投入产出的规律。这个练习纯粹是为了提供一些曲面建模思路与相关工具的使用技巧而专门设计的。为了创建这种模型，除了 SketchUp 原生工具外，还要用到以下插件。

（1）Bezier Spline（贝塞尔曲线，见《SketchUp 常用插件手册》5.5 节）。

（2）Curvizard（曲线优化工具，见《SketchUp 常用插件手册》5.4 节）。

（3）JHS 超级工具栏上的多种工具（见《SketchUp 常用插件手册》2.3 节）。

（4）Fredo Scale（自由比例缩放，见《SketchUp 常用插件手册》2.6 节）。

（5）Edge Tools（边线工具，见《SketchUp 常用插件手册》2.14 节）。

图 4.8.1　异形花瓶

1. 曲线与曲面的生成

（1）创建一个水平的辅助面，然后用"贝塞尔曲线"工具绘制一个像图 4.8.2 ①所示的曲线环，这个过程看起来简单，真的动手后就知道不十分容易，这是对"贝塞尔曲线"工具的练习。

（2）"贝塞尔曲线"工具默认的线段数量是"20"，绘制特别复杂（或特别简单）形状时需在单击工具后立即输入新的线段数量，再加一个代表复数的字母"s"后按 Enter 键。

（3）图 4.8.2 ①所示是刚绘制完成的曲线环（左上角有一小部分多余），线段数等于"1240"，这么多线段在后续加工时会有麻烦，所以要用 Curvizard（曲线优化）工具栏的"简化曲线"工具进行简化。图 4.8.2 ②就是选取曲线①后调用"简化曲线"工具，把曲线转折角度调整到 35°后的情况，线段数量减少至"149"，可以多尝试几次，在曲线平滑度与线段数之间找到平衡。

（4）曲线完成简化后，要用 Edge Tools（边线工具）检测曲线是否连续。没有问题后全选，调用 JHS 超级工具栏的"拉线成面"工具，拉出曲面如图 4.8.2 ③所示，高度根据需要确定。

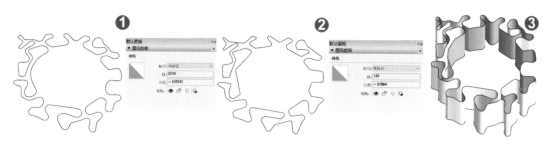

图 4.8.2 曲线与曲面的生成

2. 拉线成面与旋转扭曲

（1）图 4.8.3 ①所示的曲线是经过简化的，转折角度 24°，线段数 290，"拉线成面"后如图 4.8.3 ②所示，高度不限（因后续还可用缩放工具调整）。

（2）翻面并创建群组（重要，后称"目标群组"），如图 4.8.3 ③所示。选取该群组后调用 Fredo Scale 自由比例缩放工具栏的"变形框 扭曲缩放"工具，进行旋转扭曲；扭曲角度为 90°，过程如图 4.8.3 ④所示。扭曲变形需要稍微等待，结果如图 4.8.3 ⑤所示，为看清细节，赋上点临时颜色，如图 4.8.3 ⑥所示。

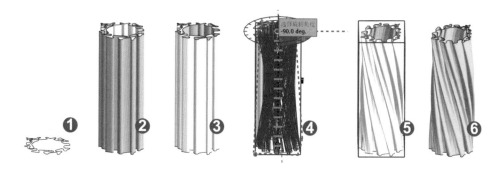

图 4.8.3 拉线成面与旋转扭曲

3. 自由比例缩放成形与赋色

（1）选取图 4.8.3 ⑥所示的"目标群组"，再单击调用 JHS 超级工具栏的"自由变形 输入框"工具，按图 4.8.4 ①所示输入：宽度 =5，深度 =5，高度 =7，细分 = 真。按 Enter 键确认后生成图 4.8.4 ①左侧的"控制点群组"，现在是两个群组重叠在一起，后续操作将通过调整控制点间接调整目标群组变形。

（2）双击任一黑点，进入"控制点群组"（为方便操作，可调到正视图和平行投影），接着如图 4.8.4 ②所示，分别选择中间和上、下控制点组，调用缩放工具，按住 Ctrl 键（重要）做"中心缩放"，也可以用其他控制点组配合，直到如图 4.8.4 ③所示，形状满意（也可缩放到腰鼓形）。

（3）如图 4.8.4 ④所示，赋予一种基本颜色后，在材质面板的 HSB 色彩模式下，调整 S（即饱和度）与透明度两项，得到类似彩色玻璃的效果，如图 4.8.4 ⑤所示。关于色彩材质方面的理论与实操内容可查阅本系列教材中的《SketchUp 材质系统精讲》一书。

（4）最后选择底部边线后，调用 JHS 超级工具栏的"生成面域"工具"封底"。

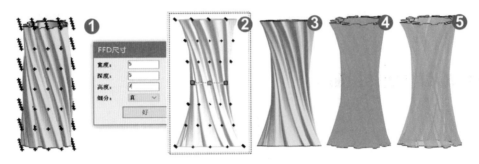

图 4.8.4　自由比例缩放与赋色

4.9　异形水罐

如图 4.9.1 所示的水罐并不属于本节主题——"扭曲"的范围，收录进来只是想利用 4.8 节已有的条件，多一个练习的题目而已。这个实例的标本似乎也是一个不大会有厂家生产的东西，原因除了 4.8 节所述的之外，还要加上一条，这种形状（曲线状的罐口）绝不是"水罐"的合理形状，不过，拿来当作花瓶或一个建模练习还是很有价值的。为了创建这种模型，除了 SketchUp 原生工具外，还要用到以下插件。

（1）Bezier Spline（贝塞尔曲线，见《SketchUp 常用插件手册》5.5 节）。

（2）Curvizard（曲线优化工具，见《SketchUp 常用插件手册》5.4 节）。

（3）JHS 超级工具栏上的多种工具（见《SketchUp 常用插件手册》2.3 节）。

图 4.9.1　异形水罐

1. 曲线成面、细分与 FFD 变形

（1）图 4.9.2 ①和②已经在 4.8 节讨论过，不再赘述。

（2）如果你爱动脑筋就会发现，4.8 节做类似图 4.9.2 ④的缩放前并没有做额外的细分，为什么本节的例子要增加一个图 4.9.2 ③所示的"细分"环节？请回到 4.8 节看图 4.8.3 ④，你会发现，用"变形框扭曲缩放"工具进行旋转扭曲时，已经完成了细分，图 4.8.3 上显示的红色短水平线就是细分标志（默认细分数为 12，可以更改），所以后续的 FFD 变形就不需要再细分。而本节的对象没有经过"扭转"时的默认细分，所以需要提前进行细分。

（3）"细分"是 SketchUp 曲面建模中的常见过程与技巧，有时还是必需的过程，很多插件都有细分功能，甚至还有很多专门用来细分的插件。图 4.9.2 ③的细分只要选择好顶部或者底部的曲线，用移动工具做"内部阵列"即可完成（见本系列教材《SketchUp 要点精讲》5.3 节）。

（4）图 4.9.2 ④和⑤是用 JHS 超级工具栏上的"自由变形输入框"进行"中心缩放"变形，具体操作要领见《SketchUp 常用插件手册》2.3 节相关内容。

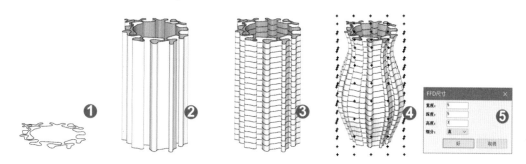

图 4.9.2　曲线成面与细分变形

2. 罐口 FFD 旋转变形与柄部

（1）之前已经介绍过用 FFD 工具与 SketchUp 的缩放工具配合做"缩放变形"操作；其实 FFD 工具还可以与 SketchUp 移动工具配合做"拉伸变形"，也可以与旋转工具配合做"旋转变形"。

（2）图 4.9.3 ①就是选择好顶部两层"控制点"后调用 SketchUp 旋转工具（注意量角器的颜色与位置，必要时用箭头键锁定旋转方向）对罐子的口部做旋转变形，结果如图 4.9.3 ②所示。变形完成后全选，适当柔化后如图 4.9.3 ③所示。

（3）如图 4.9.3 ⑤所示，用贝塞尔曲线工具绘制"柄"的放样路径曲线，并画出放样截面；放样完成后的柄部（经修整后）如图 4.9.3 ⑤所示。移动调整到位并赋予材质后如图 4.9.3 ④所示。

（4）全选底部的曲线，用 JHS 超级工具栏的"生成面域"工具封面，完成底部封口。

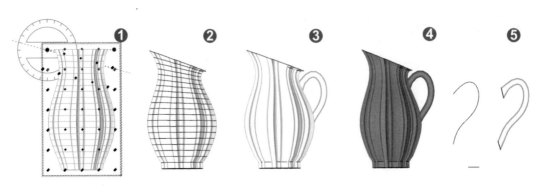

图 4.9.3　罐口 FFD 旋转变形与柄部

（5）用推拉工具往下做出底部的垂直部分。建模完成。

扫码下载本章配套资源

第 5 章

弯曲结构与造型

　　"弯曲"也是曲面结构与造型中的重要类型之一,比起第 4 章讨论的"扭曲"更为常见,应用领域更为广泛,"弯曲"造型的工具与技法也丰富了许多。各行各业的模型设计中都可以找到以"弯曲"为主,或以"弯曲"配以"扭曲""缩放""交错""坡度"等变形的实例。

　　本章以 7 个小模型为标本来展示"弯曲"在曲面建模领域的基础应用与相关工具的运用技巧,应特别注意"路径"在"弯曲"造型中的重要性。

5.1 弯曲造型与工具概述

本节将要讨论的"弯曲造型"相对于第 4 章讨论的"扭曲造型"在生产、生活和设计实践中更为常见。这里所指的"弯曲"专指长度远大于截面尺寸的对象。"弯曲造型"在 SketchUp 建模实践中大致可分为以下 3 种不同的类型。

1. 任意弯曲

这是一种在方案推敲过程中经常用到的弯曲技法，在实施弯曲之前对于曲率半径、弯曲角度等参数并无明确的数据,任由设计师在尝试中确定。可用于"任意弯曲"的工具有图 5.1.1 框出的 FredoScale 自由缩放插件中的"径向自由弯曲"工具（见《SketchUp 常用插件手册》2.6 节），示例如图 5.2.2 所示。

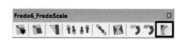

图 5.1.1　任意弯曲工具

2. 真实弯曲

目前只有图 5.1.2 ①所示的 Truebend 插件用这个名称（见《SketchUp 常用插件手册》5.27 节），插件名称中的"真实"可用来区别于其他弯曲方式，这个插件完成弯曲有以下特征。

（1）弯曲对象有一侧的长度在弯曲后基本不变，弯曲后的截面也不改变，这是优点。

（2）弯曲对象的几何中点（见图 5.1.2 ②）成为弯曲的"支点"，两端以"支点"为中心相互靠拢弯曲，如图 5.1.2 ③所示。

（3）弯曲对象两端面与弯曲中心的放射线平行，如图 5.1.2 ③所示，直到两端相接，如图 5.1.2 ④所示。

（4）弯曲的结果只能是"正圆"或"正圆弧"，并且只能对整个几何体进行弯曲，这些特性是其优点，也限制了它的应用范围。

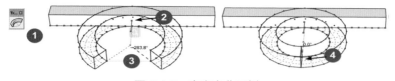

图 5.1.2　真实弯曲示例

3. 规则弯曲

这是一种有精确尺寸和精确形状的弯曲造型形式。

（1）SketchUp 原生的路径跟随就是一种可以用来创建精确弯曲造型的工具。

（2）图 5.1.3 ①所示的 Shape Bender 形体弯曲插件也是规则弯曲工具（见《SketchUp 常用插件手册》5.28 节）。

（3）Extrude Tools 曲线放样工具包（TIG 工具）（见图 5.13 ②）的"双截面放样"（见《SketchUp 常用插件手册》5.1 节）。

（4）Curviloft 曲线放样工具栏（见图 5.13 ③）的"沿路径放样"工具（见图 5.13 ②）（见《SketchUp 常用插件手册》5.3 节）。

（5）其他以指定"放样路径"与"放样截面"为特征的工具。

图 5.1.3　几种规则弯曲工具

5.2　任意弯曲实例 1（吊灯流苏）

吊灯上有很多弯曲的配件，有刚性的管状弯曲配件，可以用路径跟随工具来生成。还有用线绳串起各种珠子做成的流苏，属于软性的弯曲，显然不能再用路径跟随了。这个练习就是要解决这个问题，图 5.2.1 ①所指的就是这种软性弯曲，图 5.2.1 ②是放大的特写。

下面就来创建这种软性弯曲配件。先来创建一些"珠子"，这种珠子是菱形的，就像图 5.2.1 ③所示的那样，移动复制成一串，并创建群组，如图 5.2.1 ④所示。经过弯曲的成品如图 5.2.1 ⑤所示。

图 5.2.1　吊灯及流苏配件

做这样的弯曲要用到 FredoScale 自由缩放插件中的"径向自由弯曲"工具（见《SketchUp 常用插件手册》2.6 节）。

想要把如图 5.2.1 ④所示的一串珠子弯曲到合适的形状，可能需要重复操作多次。如图 5.2.2 所示的是比较理想状态下的弯曲操作，分成①和②两次完成，工具的具体操作要领可查阅《SketchUp 常用插件手册》2.6 节。

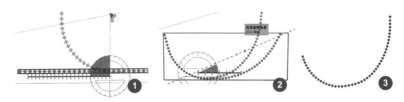

图 5.2.2　弯曲过程

5.3　任意弯曲实例 2（窗扇）

这是一个以弯曲窗户为目的的练习，仍然用 FredoScale 自由缩放插件中的"径向自由弯曲"工具。操作要领见《SketchUp 常用插件手册》2.6 节。

图 5.3.1 ①是连在一起的 3 个窗扇，图 5.3.1 ②弯曲了大概 120°，图 5.3.1 ③弯曲了大概 180°。因为弯曲的结果是圆弧形的，所以叫作弧形弯曲。

图 5.3.1　弧形弯曲示例

弧形弯曲操作的过程见图 5.3.2。

（1）调用 FredoScale 插件中的"径向自由弯曲"工具，单击端点①，这里将成为弯曲中心。

（2）移动光标再次单击另一个端点②，此时可见"切片细分"标志（见图 5.3.2 ③），默认为 12；按 Tab 键可调出参数设置对话框，改变切片细分数（详见后述）。

（3）将光标继续向圆周方向移动，如图 5.3.2 ④所示。

（4）光标沿圆周方向移动时将出现如图 5.3.2 ⑤所示的绿色数值框，上面有当前弯曲的角度。

（5）当看到数值框里显示的弯曲角度满意后，右击，在弹出的快捷菜单中选择"完成"命令（见图 5.3.2 ⑥），弯曲完成。

再看图 5.3.3，跟前面的弧形弯曲有了较大区别，虽然用的工具仍然是 FredoScale 插件中的"径向自由弯曲"，弯曲的结果却变成了折线形，所以称之为"折线形"弯曲。

折线形弯曲的操作过程见图 5.3.4。

（1）调用 FredoScale 插件中的"径向自由弯曲"工具，单击端点①，这里将成为弯曲中心。

（2）移动光标再次单击另一个端点②，因为这次要做"折线形"的弯曲，所以要设置"折线"的段数，也就是"切片细分"的数量。

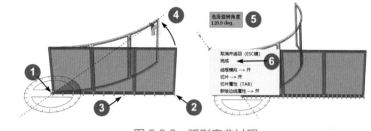

图 5.3.2　弧形弯曲过程

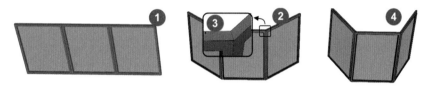

图 5.3.3　折线弯曲示例

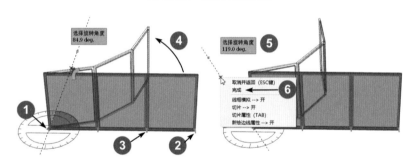

图 5.3.4　折线形弯曲过程

（3）现在按 Tab 键，弹出图 5.3.5 所示的"切片参数"对话框，把图 5.3.5 ①所指处的"负号"取消，数字改成"3"，即分成 3 段（该参数默认是个负数，默认做弧形弯曲）。

图 5.3.5　"切片参数"对话框

（4）此时可见"切片细分"标志（见图 5.3.4 ③），已经分成了 3 段。

（5）将光标继续向圆周方向移动，如图 5.3.4 ④所示。

（6）光标沿圆周方向移动时将出现如图 5.3.4 ⑤所示的绿色数值框，上面有当前弯曲的角度。

（7）当看到数值框里显示的弯曲角度满意后，右击，在弹出的快捷菜单中选择"完成"命令（图 5.3.4 ⑥），折线弯曲完成。

5.4 真实弯曲实例（公园椅）

这个练习要用 Truebend 插件（真实弯曲）创建一个混凝土（或石材）的弯曲公园椅。Truebend 插件（真实弯曲）的使用要领可查阅《SketchUp 常用插件手册》5.27 节。

1. 建模过程的第一步

（1）在 XZ 平面上绘制一个类似于图 5.4.1 ①所示的截面。

（2）把图 5.4.1 ①的截面拉出 4000mm，形成公园椅的毛坯，创建成群组，如图 5.4.1 ②所示。

（3）这一步请注意：Truebend 插件（真实弯曲）只能对平行于 X 轴（红轴）的几何体（组或组件）做弯曲变形，而现在创建的公园椅毛坯的长轴是平行于 Y 轴（绿轴）的，需要调整。有两种不同的方法进行调整：如果允许，建议把公园椅毛坯整体旋转 90°，让它的长轴平行于 X 轴；如果不允许或不方便，可以创建临时的用户坐标系，让公园椅毛坯的长轴临时平行于 X 轴，图 5.4.1 ③就是正在创建的用户坐标系。

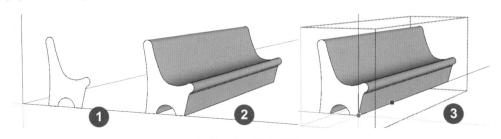

图 5.4.1 绘制截面

2. 建模过程的第二步

（1）调用 Truebend 插件（真实弯曲）工具。

（2）移动工具到对象的中点（见图 5.4.2 ①）处并单击，会出现一个红色的弯曲中心标志。

（3）单击鼠标左键向远离弯曲中心的方向（见图 5.4.2 ②）移动，出现紫色的弯曲形状。

（4）如想要一个准确的弯曲角度，现在输入弯曲角度，如输入 180° 后按 Enter 键。

（5）最后得到的结果就像图 5.4.2 ④所示一样。

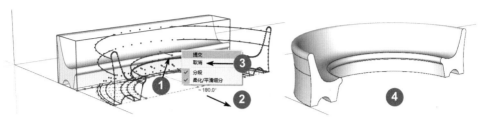

图 5.4.2　制作弯曲

5.5　规则弯曲实例（弧形坡道）

　　你一定会奇怪，5.4 节刚刚介绍了一个"真实弯曲"插件，为什么接着又来一个"规则弯曲"？它们两者间有什么区别？

　　5.4 节介绍的"Truebend 真实弯曲"插件，虽然能得到准确的弯曲，但有个局限，就是只能"两端往中心弯曲"，得到的结果一定是"正圆""正半圆"或"正圆弧"，碰到像图 5.5.1 所示的特殊情况就无能为力了。本节要介绍的"Shape Bender 成形弯曲"就不同了，它可以完成符合设计要求的"成形弯曲"（也有译为形体弯曲的），这个工具也可完成更为复杂的弯曲。下面就介绍如何完成图 5.5.1 ①②那样的弧形坡道，这是很多楼堂馆所建筑的标配。

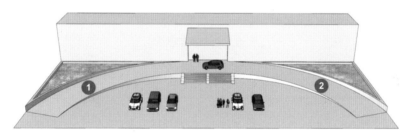

图 5.5.1　弧形坡道

1. 准备工作

　　（1）如图 5.5.2 所示，复制面①到②，拉出长度（不限），得到一个矩形立方体。

　　（2）画条斜线推出斜坡，创建组件后如图 5.5.2 ③所示。

　　（3）在③群组外，靠近目标的方向画条直线④。

　　（4）再把弯曲的边线⑤复制出来为边线⑥。准备工作完成。

2. 做成形弯曲

　　（1）如图 5.5.2 所示，预选组件③，单击工具图标⑦，将工具移动到直线④附近时，直线被选中，呈蓝色显示。

（2）鼠标单击，直线上出现开始和结束方向的提示，若方向不对，可按 End 键切换。

（3）再把光标移动到曲线⑥附近，弧线被选中呈蓝色，再次单击鼠标后出现红色和绿色的虚线框，若方向不对，可用上、下箭头键改变方向。

（4）符合要求后按 Enter 键，成形弯曲完成。

（5）把新的群组与①对齐，复制一个做镜像，再移动到右侧同样位置对齐。

（6）把两个新的斜坡群组炸开，跟原有模型合并，删除或柔化废线面。

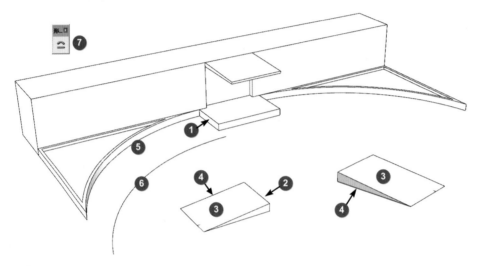

图 5.5.2　制作弯曲

3. 几点说明

（1）被弯曲对象（见图 5.5.2 ③）必须是群组或组件，被弯曲的方向必须与红轴平行。

（2）弯曲变形必须有一条直线和一条弯曲路径，直线的长度必须跟被弯曲对象（见图 5.5.2 ③）相同，还必须跟红轴平行。

（3）弯曲路径（见图 5.5.2 ⑥）不能利用模型中的某条边线，如图 5.5.2 ⑤所示，必须把它复制出来，单独放在红绿平面上，它的形状决定了弯曲变形后的形状。

（4）直线④与被弯曲对象③的相对位置决定弯曲后的大小和弯曲中心所在，直线④一定要在图 5.5.2 ④所示的位置，改变直线④的位置将影响结果的准确性。

（5）要对线面数量很多的复杂形状进行弯曲，可能造成 SketchUp 崩溃退出。

5.6　真实弯曲实例（弧形楼梯）

本节的练习是一个弧形楼梯。弧形楼梯这个主题曾经出现在本系列教材的其他部分里，但是每次出现都有其不同的做法与不同的价值，都有其优点与不足，本节介绍的方法其优点是：

简单、快速、准确；至于缺点，将会在下面的讨论中说明。

本实例仍然要用到 Truebend 插件（真实弯曲），其使用要领可查阅《SketchUp 常用插件手册》5.27 节。

1. 创建弧形楼梯的第一步

（1）在 XZ（红蓝）平面上绘制如图 5.6.1 ①所示的截面，图 5.6.1 ②所示为放大后的尺寸。

（2）沿着图 5.6.1 ③指出的方向做移动复制。

（3）画出缺少的线段，形成一个封闭的楼梯截面，如图 5.6.1 ④所示。

（4）拉出楼梯的宽度，形成"直梯"并创建群组，如图 5.6.1 ⑤所示。

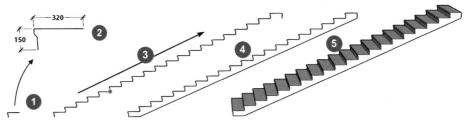

图 5.6.1　创建直梯

2. 将直梯改造成弧梯

（1）调用 Truebend 插件（真实弯曲）工具。

（2）移动工具到对象的中点（见图 5.6.2 ①）处，单击会出现一个红色的弯曲中心标志。

（3）按下鼠标左键向远离弯曲中心的方向移动，出现紫色的弯曲形状，如图 5.6.2 ②所示。

（4）如想要一个准确的弯曲角度，现在输入弯曲角度，如输入 180° 后按 Enter 键。

（5）在右键菜单里选择③"提交"命令，稍待片刻得到最后的结果，如图 5.6.2 ④所示。

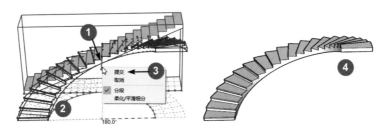

图 5.6.2　将直梯改造成弧梯

3. 连同扶手一气呵成

（1）花点工夫，把扶手的栏杆做出来，如图 5.6.3 ①所示，快速创建的诀窍是用"组件"。

（2）因为是直梯的"扶手"，可以直接用 SketchUp 的路径跟随来做。

（3）用图 5.6.2 介绍的方法做弯曲，输入 360°，按 Enter 键后如图 5.6.3 ②所示。

（4）图 5.6.3 ③是旋转了 360° 后看到的视图。

（5）应注意，图 5.6.3 ④⑤两处指出了这种方法的缺点：直梯上左、右两侧的栏杆和扶手尺寸是完全一样的，但是经过弯曲后，圆弧内侧栏杆④的尺寸基本不变，外侧⑤的尺寸被明显放大了。这个缺点除了"动态组件"外，目前还没有简单的根本解决办法。

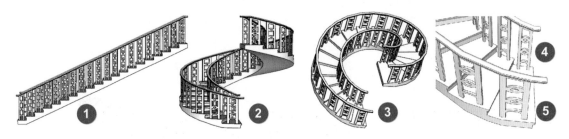

图 5.6.3　连同栏杆一起弯曲与缺陷

4. 设法弥补上述缺陷

（1）可尝试用图 5.6.4 所示的办法，用平板形式（如钢化玻璃）的栏板也许能部分弥补上述缺陷。

（2）在使用 Truebend 插件（真实弯曲）工具时还有一个细节需要注意：选择好弯曲对象，调用工具后，右键菜单④所列命令时常被忽视：如"分段"被勾选，弯曲变形后的对象将会是由一段一段直线拼接起来的折线形状，有时需要这样的效果；取消勾选该项后就是弧线了。勾选"柔化 / 平滑细分"后虽然可以得到较平滑的模型，但往往并不需要。

图 5.6.4　平板形式的栏杆

5.7　规则弯曲实例（环形坡道）

"规则弯曲"就是一种有精确尺寸和精确形状的弯曲造型形式。所以，先决条件有两个：一是弯曲的截面形状；二是弯曲的依据，也就是路径。本节要创建一个坡道，坡道两端的差是 3m，弯曲的形状要符合一种叫作"渐开线"的曲线。创建过程要用到以下工具或插件。

（1）Shape Bender 形体弯曲插件，这是一种重要的规则弯曲工具。操作要领可查阅《SketchUp 常用插件手册》5.28 节。

（2）"渐开线"也可以用 CurveMaker（铁艺曲线）绘制，见《SketchUp 常用插件手册》5.29 节。

1. 手工绘制渐开线

（1）在 *XY* 平面上画一个正方形 abcd，如图 5.7.1 ①所示。

（2）调用绘图工具栏上的两个"圆弧"工具之一（如图 5.7.1 ②框出的图标，后同）。

（3）以 a 为圆心，ab 为半径画圆弧 be，如图 5.7.1 ①所示。

（4）以 d 为圆心，de 为半径画圆弧 ef，如图 5.7.1 ③所示。

（5）以 c 为圆心，cf 为半径画圆弧 fg，如图 5.7.1 ④所示。

（6）以 b 为圆心，bg 为半径画圆弧 gh，如图 5.7.1 ⑤所示。

（7）最终得到渐开线 bh，这种渐开线常用在鼓风机、齿轮等器械上，此处用来做坡道。

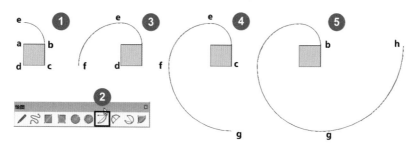

图 5.7.1　创建弯曲路径（渐开线）

2. 确定坡道形状并生成

（1）图 5.7.2 ①就是已经绘制好的渐开线，要以它作为弯曲的依据创建坡道。

（2）在 *XZ* 平面上画一个直角三角形，*Z* 向拉出 3000mm，*X* 向不限，*Y* 向拉出 5000mm，成组后如图 5.7.2 ②所示。

（3）在紧靠图 5.7.2 ②的位置画直线③，实战中这条线要与三角形 *X* 向边线重合，否则尺寸不准。

（4）预选图 5.7.2 ④，调用 Shape Bender 形体弯曲插件，单击直线⑤，用上、下箭头键调整方向。

（5）再单击曲线①，可见彩色的虚显形状。用上、下箭头键调整⑥所指处的始末标志。

（6）没有问题后按 Enter 键确认，坡道生成，如图 5.7.2 ⑦所示。

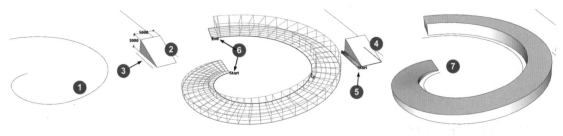

图 5.7.2　创建坡道

3. 创建带护栏的坡道

（1）若想要创建带有护栏的坡道，只要在创建小样（见图 5.7.3 ①）时画出护栏即可。

（2）按上述方法创建的坡道（见图 5.7.3 ②）就会带有护栏。

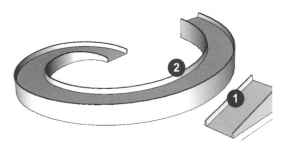

图 5.7.3　带护栏的坡道

5.8　规则弯曲实例（坡道栅栏）

5.7 节创建了带护栏和没有护栏的两种坡道，本节要创建像图 5.8.1 那样带栅栏的坡道。创建过程要分成 3 步来进行。

1. 创建一个弯曲的斜坡

这部分要从绘制曲线和直角三角形开始，如图 5.8.1 所示，5.7 节已经介绍过了，不再赘述。

2. 制作偏移线并创建栅栏

（1）要在已经完成的坡道群组（见图 5.8.2 ①）上偏移出两条曲线（见图 5.8.2 ②③）。注意，要创建这两条偏移线并不容易，这是留给你的思考题，无论用什么办法创建的曲线都要焊接成整体。

（2）在"图元信息"面板上读出曲线②或③的长度。

（3）创建如图 5.8.2 ④所示的栅栏（群组），长度最好与曲线②或③一样，否则变形将太大。

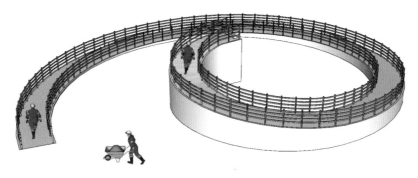

图 5.8.1　带栏杆的坡道

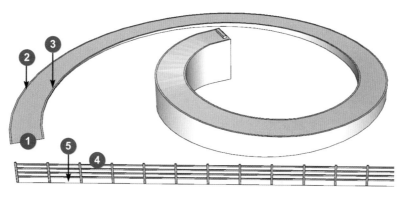

图 5.8.2　创建弯曲的栅栏

3. 生成弯曲的栅栏

（1）如图 5.8.2 所示，画一条与栅栏④等长的直线⑤。

（2）预先选择好栅栏群组④，调用 Shape Bender 形体弯曲插件，单击直线⑤，再单击曲线②或③，生成一侧栅栏。重复一次，生成另一侧的栅栏。成品如图 5.8.1 所示。

SketchUp曲面建模思路与技巧

扫码下载本章配套资源

第6章

螺旋结构类

　　"螺旋形"也是曲面结构与造型中的重要类型之一,虽然没有前面讨论过的"扭曲"与"弯曲"常见,但应用领域也颇为广泛。"螺旋形"造型所需的工具与技法也跟"扭曲""弯曲"有根本的区别。各行各业的模型设计中都可以找到以"螺旋形"为主,或以"螺旋形"配以其他曲面形式变形的实例。

　　本章以 8 个小模型为标本来展示"螺旋形"在曲面建模领域的基础应用与相关工具的运用技巧,应特别注意"螺旋线路径"与"分段"在"螺旋"造型中的重要性。

6.1 螺旋造型与工具概述

"螺旋"形式的曲面造型一向是设计中的常见课题，用途广泛，变化形式也较丰富。本节先介绍一下有关的知识与相关工具。

1. SketchUp 螺旋线的大致分类

（1）圆柱螺旋如图 6.1.1 ①所示，特征是螺径相同，形状近似于圆柱形。

（2）圆锥螺旋如图 6.1.1 ②所示，特征是螺径逐圈变化，形状近似于圆锥体。

（3）2D 螺旋如图 6.1.1 ③所示，特征是螺旋在同一平面上。

（4）球形螺旋如图 6.1.1 ④所示，特征是螺径逐圈变化，两端相同，整体像个球形。

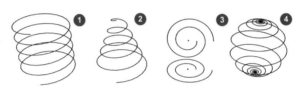

图 6.1.1　几种主要螺旋线

2. 螺旋线诸要素（指在 SketchUp 里创建时）

（1）圆柱螺旋六要素，包括螺距、螺径、旋向、总圈数、每圈边数、相位角（始端位置）。

（2）圆锥螺旋七要素，包括始端螺径、终端螺径、螺距、旋向、总圈数、每圈边数、相位角。

（3）2D 螺旋六要素（阿基米德螺旋），包括大螺径、小螺径、螺距、总圈数、每圈边数、相位角。

（4）球形螺旋四要素，包括大半径、总圈数、每圈边数、南北相位角。

3. 螺旋线工具（只有绘制螺旋线的功能）

（1）Helix along curve 沿线段生成螺旋线，简称"线生螺旋"（见《SketchUp 常用插件手册》5.6 节）。

（2）CurveMaker（铁艺曲线）插件，可生成如图 6.1.2 所示的 9 种曲线，其中④⑦⑧⑨可创建 3D 曲线，其余都是 2D 曲线（见《SketchUp 常用插件手册》5.29 节）。

（3）Spherical Helix 斜航线球状螺旋，简称"球状螺旋"（见《SketchUp 常用插件手册》5.6 节）。

图 6.1.2　9 种铁艺曲线

4. 螺旋造型工具（指可将螺旋线（或普通线）变成曲面的工具）

（1）SketchUp（原生路径跟随）（存在的问题见1-1、1-2节）。

（2）Extrude Tools（曲线放样工具包）（TIG工具，见《SketchUp常用插件手册》5.1节）。

（3）Curviloft（曲线放样，见《SketchUp常用插件手册》5.3节）。

（4）Bezier Surfaces from Curves（曲线生成贝塞尔曲面，见《SketchUp常用插件手册》5.18节）。

（5）TaperMaker（锥体制作，见《SketchUp常用插件手册》5.30节）。

6.2 原生工具创建螺旋线

6.1节介绍了能够用来创建螺旋线的3种工具，基本可以解决在SketchUp里创建螺旋线的问题。为了强化SketchUp用户对螺旋线特点的认识，也为了万一手头没螺旋线工具时可以用SketchUp的原生工具应急，本节要介绍经典的螺旋线生成方法。下面的篇幅中要以创建一个圆柱形螺旋线为例，说明操作全过程。

1. 确定各项参数

（1）圆柱螺旋有六要素，即螺距、螺径、螺旋方向、总圈数、每圈边数、相位。

（2）本例中设螺径为200mm，边数为24，螺距为25mm，总圈数为10，旋向为逆时针，相位角为0°（即正南）。

2. 创建圆柱螺旋第一部分

（1）根据螺径为200mm，边数为24的要求，画一个半径为100mm、片段数为24的圆，如图6.2.1①所示。

（2）在圆心位置留下十字标记（重要），拉出一个适合操作的高度，如图6.2.1②所示。

（3）打开"视图"菜单，勾选"隐藏物体"，虚显边线，如图6.2.1②箭头所指处。

（4）在任意两条虚线之间画对角线，如图6.2.1③箭头所指处。

（5）删除所有面，只留下中心标志与一条对角线，如图6.2.1④所示。

（6）做旋转复制后如图6.2.1⑤所示，获得一组对角线，如图6.2.1⑤所示。

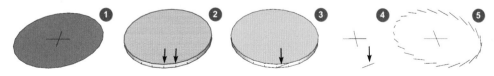

图 6.2.1 创建操作第一部分

3. 创建圆柱螺旋第二部分

（1）把图 6.2.1⑤所示的一组对角线向上做移动复制，复制数量为 24，如图 6.2.2①所示。

（2）用鼠标左键单击在线端正南方向的那条线，在如图 6.2.2①箭头所指处三击，选择整条螺旋线，连同中心标记一起移动复制出来，如图 6.2.2②所示。

（3）在线的端部（即相位角 0°处）画一条 25mm 高的垂线，如图 6.2.2③箭头所指处。

（4）用缩放工具把螺旋线压缩到与垂线等高，如图 6.2.2④所示，形成螺旋线的一圈。

（5）全选图 6.2.2④那圈螺旋线，向上复制出另外 9 圈，得到如图 6.2.2⑤所示的螺旋线。

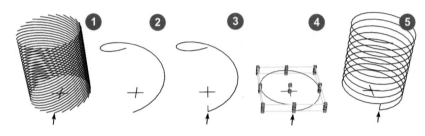

图 6.2.2　创建操作第二部分

4. 把圆柱螺旋改造成圆锥螺旋

如果手头有"SketchyFFD 自由变形"工具（见《SketchUp 常用插件手册》5.32 节）就可以把圆柱螺旋改造成圆锥螺旋，操作如下。

（1）全选圆柱螺旋后创建群组，如图 6.2.3①所示。

（2）在右键菜单里调用 SketchyFFD 自由变形工具的 3x3 FFD，如图 6.2.3②所示。

（3）双击任一小黑点，进入 FFD 的控制点群组，选择顶部一层的 9 个黑点，调用缩放工具，按住 Ctrl 键，做中心缩放后如图 6.2.3③所示。

（4）再选择中间一层 9 个黑点，仍然做中心缩放修整圆锥螺旋，如图 6.2.3④所示。

（5）改造完成后的圆锥曲线如图 6.2.3⑤所示。

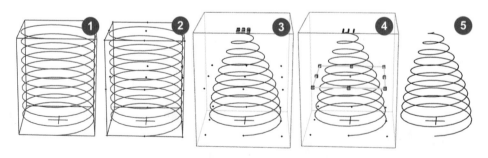

图 6.2.3　把圆柱螺旋改造成圆锥螺旋

6.3　等距等径螺旋实例（螺栓）

建模实战中很少有必要对螺栓、螺帽建模，即使要做，也只要做个大概的样子，没有必要把螺纹等细节都做出来。因此，本节安排创建螺栓的例子，目的是掌握相关的制作思路与技巧。

先要确定几个概念：一是螺栓的形状属于 6.2 节介绍的"圆柱螺旋"，二是创建螺栓至少要考虑以下几类要素（参考图 6.3.1 和图 6.3.2）。

（1）属螺栓结构的：螺栓标称直径、螺栓总长、螺纹部分长、齿形等（本节附件有更多）。

（2）属于建模所需的：螺距、螺径、齿形、旋向、总圈数、每圈边数等。

（3）本例参数（单位：mm）：$d=10$，$d_1=0.85d$，$b=20$，$l=50$，$k=0.7d$，$R=5d$，$R_1=d$，$r=d$，螺距 $t=1.5$，底径 $=0.8376d$（见图 6.3.2）。

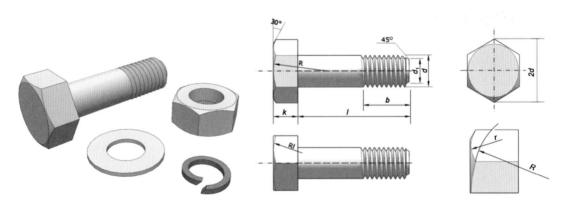

图 6.3.1　螺栓螺母垫圈　　　　　　　图 6.3.2　螺栓比例画法

除了 SketchUp 的原生工具之外，还要用到的插件有以下两个。

（1）Helix along curve 沿线段生成螺旋线，简称"线生螺旋"（见《SketchUp 常用插件手册》5.6 节）。

（2）JHS Powerbar JHS 超级工具栏的"直立放样"工具（见《SketchUp 常用插件手册》2.3 节）。

下面开始创建模型，大致可分成 4 个部分来完成。

1. 生成螺旋线

（1）为操作方便，放大 10 倍建模，操作如图 6.3.3 所示。

（2）画一条垂线，长度等于螺纹部分的长度或略长一些，如图 6.3.3 ①所示。

（3）选择垂线后调用 Helix along curve "线生螺旋"插件，参数设置如图 6.3.3 ②所示。注意，相位角设为 90°，这样做是为后续操作方便，如图 6.3.3 ③所示。

（4）从生成的螺旋线端部到中心线画一个临时辅助面，在螺纹直径的 0.85 处画垂线，如

图 6.3.3 ④所示。

（5）画出齿形⑤。须说明，严格的齿形非常复杂（见附件），这里简化成三角形。

（6）移动代表齿形的三角形，把齿尖与螺旋线端部对齐，如图 6.3.3 ⑥所示。

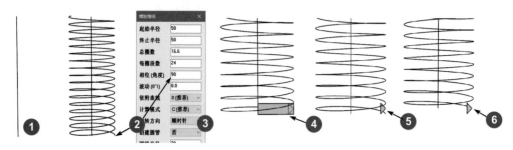

图 6.3.3　生成螺旋线与齿形截面

2. 生成螺纹与光杆

（1）这部分操作主要是完成螺栓的螺杆部分，操作过程如图 6.3.4 所示。

（2）上一步已经准备好了放样的路径与截面，如果用 SketchUp 的路径跟随工具来完成放样，结果就如图 6.3.4 ①所示，显然不能用。

（3）选择好螺旋放样路径和放样截面后，单击 JHS 工具栏的"直立放样"，结果如图 6.3.4 ②所示，创建群组后如图 6.3.4 ③所示。

（4）延长中心线，并在端部按螺纹内外径画圆，如图 6.3.4 ④⑤⑥所示。

（5）往下拉出螺纹的内径圆到⑦箭头所指的位置，把螺纹光杆外径拉到⑧箭头所指处。

（6）如图 6.3.4 ⑨下部箭头所指处，缩短圆柱体到与螺纹对齐，按住 Ctrl 键做复制推拉，再对端面做中心缩放；形成图 6.3.4 ⑩下部箭头所指处的锥度。

（7）把螺杆顶部多余的部分推到符合螺杆的总长度，如图 6.3.4 ⑩所示。

（8）在螺杆顶部绘制六角形，直径等于 2 倍螺杆径，如图 6.3.4⑪ 所示（经验值）。

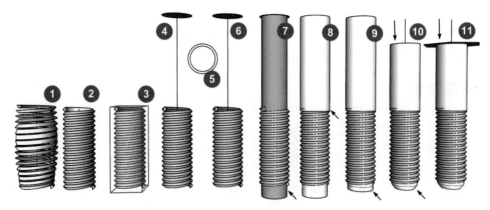

图 6.3.4　生成螺纹与光杆

3. 螺帽头倒角

（1）如图6.3.5①所示，按图纸尺寸拉出螺栓头部高度等于80mm（放大了10倍）。

（2）如图6.3.5②所示，向上延长中心线，并如图6.3.5③所示画直角三角形，斜边与中心线夹角为60°。

（3）以图6.3.5③为放样截面做旋转放样（截图略），清理废线面后获得如图6.3.5④所示的圆锥形。

（4）如图6.3.5⑤所示，沿中心线往下移动圆锥形到与螺栓（群组）顶部边线相切。

（5）如图6.3.5⑥所示，全选螺栓与圆锥，炸开后做模型交错，清理废线面后如图6.3.5⑦所示。

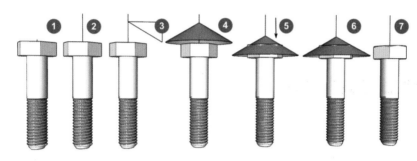

图 6.3.5　螺帽头倒角

4. 螺母与弹簧垫圈

（1）如图6.3.6①所示，复制一个螺栓的头部，推出中间的孔后如图6.3.6②所示。

（2）如图6.3.6③所示，复制底部平面到螺帽的中部，删除下半部分后如图6.3.6④所示。

（3）向下做复制、镜像后如图6.3.6⑤所示，删除废线面后如图6.3.6⑥所示，螺母制作完成。

（4）按附件图纸做出平垫⑦和⑧。

（5）复制或者用插件生成一圈圆弧，如图6.3.6⑨所示，在图6.3.6⑨的端部绘制矩形放样截面，如图6.3.6⑩所示。

（6）用JHS的直立放样工具放样后如图6.3.6⑪所示；切割出端部斜面刃口后如图6.3.6⑫所示。

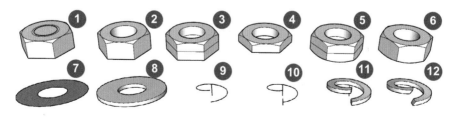

图 6.3.6　螺帽平垫与弹簧垫

6.4　等距等径多头螺旋实例（家具脚）

　　虽然这一次的建模标本是家具的脚，但其中包含的建模思路与方法对于室内设计、家具、建筑与景观乃至机械设计等很多行业都是一个有实用价值的练习。本例螺旋体的特点是"多头"。

　　螺旋体中只有一条螺旋线的称为单头，有两条以上螺旋线的就称为多头。在机械行业中，多头螺旋体的应用很常见，如多头丝杠、多头螺杆等。多头螺旋体的特点是一个螺距中有多条起始相位不同的螺旋。如本例中螺旋线的螺距为112mm，因为用了4头螺旋的技巧，整个螺旋体由4个单元螺旋体组成，每个单元螺旋体占用螺距的1/4（28mm），除了可得到特别的视觉效果外，也大大降低了建模的难度。

　　创建过程中除了SketchUp的原生工具外，还要用到以下插件。

　　（1）Helix along curve（螺旋缠绕，见《SketchUp常用插件手册》5.6节）。

　　（2）JHS超级工具条的"直立放样"（见《SketchUp常用插件手册》2.3节）。

1. 生成螺旋线与放样截面

　　（1）在XZ平面上创建一辅助面，X方向70mm，Z方向800mm，并大致分成4个区，如图6.4.1①所示。

　　（2）进一步画出细节：两个50mm高的区域形状相同，如图6.4.1②所示。

　　（3）接着用路径跟随创建底部的50mm高部分，如图6.4.1③④⑤所示。

　　（4）画垂直中心线，长度要比螺旋部分加长至少2个螺旋半径，如图6.4.1⑥所示。

　　（5）调用Helix along curve螺旋缠绕工具，按图6.4.1⑩所示设置好，生成的螺旋线如图6.4.1⑦所示。

　　（6）从螺旋线的端部向上画垂线，垂线的长度等于螺距，如图6.4.1⑧所示。

　　（7）把螺距垂线⑧等分成4段，画辅助面，高度等于螺距的1/4，如图6.4.1⑨所示。

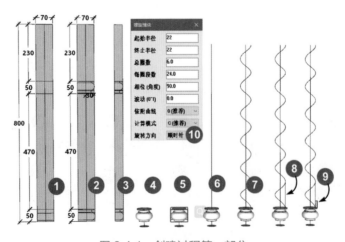

图 6.4.1　创建过程第一部分

2. 创建螺旋体

（1）在辅助面上绘制圆弧形成放样截面，如图 6.4.2 ①箭头所指处（弧高 5 ～ 8mm）。

（2）选择好螺旋线和放样截面，单击 JHS 超级工具条的直立放样工具，放样完成，如图 6.4.2 ②所示。

（3）把已经完成放样的部分做成组件，向上移动复制出另外 3 份后成螺旋体，如图 6.4.2 ③所示。

（4）画一个立方体包围螺旋体，高度等于所需螺旋体高度 470mm，如图 6.4.2 ④所示。

（5）炸开全部后做模型交错，删除所有废线面，获得螺旋体的有用部分，如图 6.4.2 ⑤所示。

（6）把螺旋体部分与底部装配连接，如图 6.4.2 ⑥所示，箭头所指处与底部一样（但上、下镜像）。

（7）画出旋转放样用的圆弧（截图略），顶部做旋转放样得到圆弧部分，如图 6.4.2 ⑦所示，建组。

（8）把顶部的立方体做上、下翻转，把箭头所指部分翻到下面，如图 6.4.2 ⑧所示。

（9）赋予材质后完成，如图 6.4.2 ⑨所示。创建组件，保存入库备用。

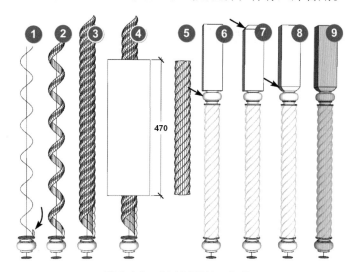

图 6.4.2　创建过程第二部分

6.5　等距异径实例（景观灯）

本节的练习是如图 6.5.1 所示的景观灯，以这幅图为基础创建的模型如图 6.5.2 所示。把这个实例收录进本书的原因是灯杆上有两段螺旋形的部分，而且这两段螺旋的特点跟之前例子有点区别，它们有不同的螺径。

图 6.5.1　景观灯（图）

图 6.5.2　景观灯（模型）

本节除了要用到 SketchUp 的原生工具外，还要用到以下插件。

（1）Helix along curve（螺旋缠绕，见《SketchUp 常用插件手册》5.6 节）。

（2）JHS 超级工具条的"直立放样"（见《SketchUp 常用插件手册》2.3 节）。

1. 建模的第一步：绘制截面图

（1）根据图 6.5.1，大概绘制出截面轮廓的一半，如图 6.5.3 ②所示。

（2）复制、镜像后如图 6.5.3 ①所示。根据参照物（左侧的人像）调整局部尺寸与整体尺寸。

（3）图 6.5.3 ③是分解出来的零部件截面，图 6.5.3 ④所指的两个是螺旋部分的参考截面。

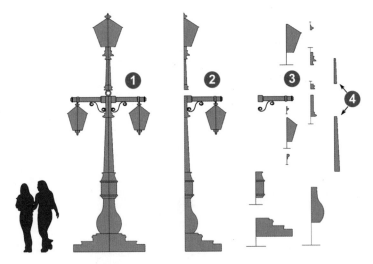

图 6.5.3　绘制截面图

2. 建模的第二步：完成两个螺旋部分

（1）根据如图 6.5.3 ④所示的螺旋部分高度（见图 6.5.4 ①）画垂线（见图 6.5.4 ②），该垂线代表螺旋线的总高度，因为生成螺旋体后，上、下两端要切除一部分，所以这条垂线要稍微长一些，增加的长度约为图 6.5.4 ①的宽度。

（2）调用 Helix along curve（线生螺旋）插件，根据图 6.5.4 ①所示尺寸生成螺旋线（见图 6.5.4 ③）。注意：

① 因螺旋线总高度已延长，所以螺旋线的始、末端半径参数需适当调整；

② 螺旋线的"总圈数"和"每圈段数"两个参数不要贪多，否则放样会产生破洞；

③ 特别注意"相位角"参数要输入 900mm 或 2700mm，以方便后续绘制放样截面。

（3）向外平移复制垂直中心线，连接两端画出辅助面，如图 6.5.4 ④所示，并画出放样截面（见图 6.5.4 ⑤）。

（4）全选螺旋线与放样截面后，单击 JHS 工具栏上的"直立放样"工具，稍待片刻得到螺旋体毛坯，如图 6.5.4 ⑥所示，经多次测试，几乎都会产生少许破洞，可三击全选暴露边线后修补。

（5）翻面并创建群组后如图 6.5.4 ⑦所示。根据 6.5.4 ①所示的高度创建一立方体包围螺旋体全部，如图 6.5.4 ⑧所示。

（6）炸开群组后做模型交错，删除废线面，切割出螺旋体，如图 6.5.4 ⑨所示。

（7）注意须适当延长中心线，以便后续的装配，创建成群组。

（8）另一个螺旋体重复以上操作（图文略）。

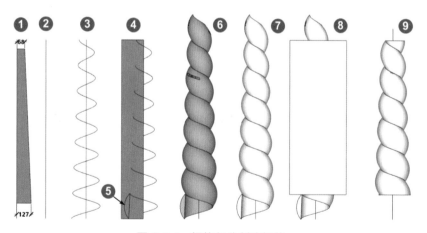

图 6.5.4　螺旋部分创建细节

3. 建模的第三步：创建其余配件和装配

（1）创建完成的全部零部件如图 6.5.5 ①所示，共 15 件。

① 其中圆形旋转放样的零部件有 6 件。

② 正六边形旋转放样的有 4 件（其中两种灯具还要用偏移和推拉做出玻璃部分）。

③ 螺旋形放样的有 2 件（已经完成）。

④ 简单推拉成形的有 2 件（水平方向的"横担"还可分解出 5 个更小的部分，细节略）。

⑤ 梅花瓣形旋转放样的有 1 件（细节略，可查看附件里的 skp 文件）。

⑥ 除螺旋体之外的零部件，大多只要用旋转放样或推拉即可完成，可自行查看本节附件里的 skp 文件，细节略。

⑦ 接着对各零部件赋予材质，其中两个灯具的玻璃部分赋予一种半透明材质。

⑧ 创建每个零部件时，都要把中心线稍微延长一点后创建群组以方便装配。

（2）装配操作与注意点，如图 6.5.5 所示。

① 装配的顺序从最下面的基础部分开始，一件件往上堆砌，直至完成。

② 装配对齐的窍门是：用移动工具"抓取"一个零部件下面的中心线端部，移到与另一部件中心线的上面端部对齐，这样的操作就不会有困难。

③ 上、下中心线对齐后，把上面的零件往下移动，必要时用箭头键锁定方向。

④ 全部装配好检查并做必需的细部调整后如图 6.5.5 ③所示。

图 6.5.5　创建部件与装配

6.6　异距异径双头螺旋实例（罗马柱）

本节要创建图 6.6.2 ⑥和图 6.6.2 ⑦所示的罗马柱，后者是在前者的基础上改造而来。

如图 6.6.2 ⑥所示的模型，它在"等距等径"和"多头螺旋"两个方面有点像 5.4 节的家具脚。而如图 6.6.2 ⑦所示的模型，它的特点是螺距和螺径都不同。

本节除了要用到 SketchUp 的原生工具外，还要用到以下插件。

（1）Helix along curve（线生螺旋，见《SketchUp 常用插件手册》5.6 节）。

（2）JHS Powerbar（JHS 超级工具栏的直立放样工具，见《SketchUp 常用插件手册》2.3 节）。

（3）JHS Powerbar（JHS 超级工具栏的 3×3 FFD 工具，见《SketchUp 常用插件手册》2.3 节）。

建模过程可分成 3 个部分。为了明确主题和不至于占用太多篇幅，图 6.6.1 ①所示的"柱头"和图 6.6.1 ②所示的"柱础"不包含在本节讨论的范围内（后面会安排类似的实例）。下面开始建模。

1. 创建螺旋线和放样截面

（1）准备好柱头（见图 6.6.1 ①）和柱础（见图 6.6.1 ②），确定柱身螺旋体底半径为 300mm，螺旋体顶半径为 340mm，如图 6.6.1 ③所示。

（2）二者之间的距离等于 4200mm，绘制垂线，如图 6.6.1 ④所示。

（3）因为生成的螺旋体上、下两端是不能用的（两端至少各半个螺距），将要被切割掉，所以代表螺旋线高度的中心线要加长一点（至少加一个螺距）。

（4）调用 Helix along curve（线生螺旋）插件，设置参数如图 6.6.1 ⑦所示：始末半径都是 300mm，注意总圈数是 9，切割后实际只能得到 8 圈有效螺旋体。为后续操作方便，相位设为 900mm。

（5）生成的螺旋线如图 6.6.1 ⑥所示（等距等径螺旋，共 9 圈）。

（6）沿着红轴移动复制中心线到图 6.6.1 ⑧所示的位置，用直线工具连接两端形成辅助面。

（7）画代表螺距的直线，以直线的一半为弦长画弧，弧片段设为 8，弧高 40mm，如图 6.6.1 ⑨所示。

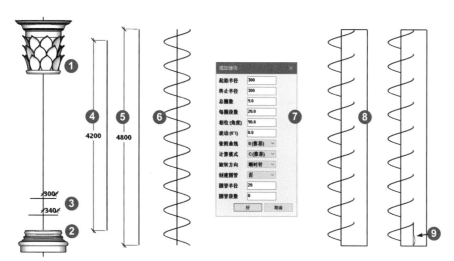

图 6.6.1　生成螺旋线与放样截面

2. 创建等距等径螺旋体

（1）清理废线面后，留下螺旋线、中心线、放样截面，如图 6.6.2 ①所示。

（2）炸开螺旋线（原来是群组），预选好螺旋线与放样截面，单击调用 JHS Powerbar JHS 的直立放样工具，生成如图 6.6.2 ①所示的螺旋体。

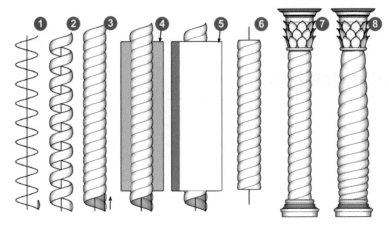

图 6.6.2　创建罗马柱

（3）删除螺旋体②内侧无用的废面，三击全选后向上做移动复制，结果如图 6.6.2 ③所示。

（4）螺旋体成组。绘制一个矩形，高度等于 4200mm，宽度以能覆盖螺旋体为准，如图 6.6.2 ④所示。

（5）推拉出一个立方体⑤，目的是要用立方体的上、下两个端面切割出螺旋体的一部分。

（6）炸开螺旋体群组，全选螺旋体和立方体做模型交错。

（7）删除废线面后得到如图 6.6.2 ⑥所示的一段螺旋体，适当延长中心线后创建群组。

（8）把螺旋体⑥移动到柱头与柱础之间，得到完整的罗马柱，如图 6.6.2 ⑦所示。

3. 改造螺旋体

（1）图 6.6.3 ①就是刚刚生成的螺旋体（等距等径），下面几步要把它变成异距异径的形状。

（2）选择好螺旋体后调用 JHS Powerbar JHS 的 3×3 FFD 工具。

（3）3×3 FFD 工具会在螺旋体的四周生成一个 3×3 的包围扩展框，如图 6.6.3 ②所指。

（4）双击包围框上的任意一个小黑点，进入包围框。

（5）选择中间的一组控制点，调用缩放工具，按住 Ctrl 键做中心缩放，如图 6.6.3 ③所示。

（6）重新选择中间的一组控制点，调用移动工具，把整组控制点往下移动，如图 6.6.3 ④ 所示。

（7）再次调用缩放工具，按住 Ctrl 键做中心缩放，得到异距异径的螺旋体，如图 6.6.3 ⑤ 所示。

（8）上述（3）（4）两步可以多次重复，以得到最满意的效果。

（9）满意后创建成组件，保存到自己的组件库备用。

图 6.6.3   改造成异距异径

6.7 异距异径实例（景观小品蜗牛）

图 6.7.1 是用玻璃钢制作的蜗牛形景观小品照片，图 6.7.2 是在 SketchUp 里"临摹"的模型截图，2009 年 8 月，作者曾用"非线性建模教程 - 蜗牛"的名称把这个图文教程发布于某专业论坛，有数万的浏览量和较好的评价与响应。现稍作整理修改后把它作为一个"异距异径螺旋体建模"的实例收录入本书。

图 6.7.1   景观雕塑蜗牛（照片）

图 6.7.2   景观雕塑蜗牛（仿制模型）

本节除了要用到 SketchUp 的原生工具外，还要用到以下插件。

（1）Helix along curve（线生螺旋，见《SketchUp 常用插件手册》5.6 节）。

（2）JHS Powerbar JHS 超级工具栏的 3×3 FFD 工具（见《SketchUp 常用插件手册》2.3 节）。

（3）TaperMaker 锥体制作（见《SketchUp 常用插件手册》5.30 节）。

现在开始建模，全过程如下。

1. 创建与加工螺旋线

（1）画一条垂线（见图 6.7.3 ①）当作螺旋的中心线，高 900mm 左右。

（2）预选中心线后调用 Helix along curve（线生螺旋）插件，在弹出的对话框（见图 6.7.3 ②）中填写螺旋线参数。

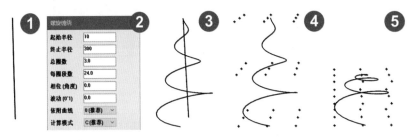

图 6.7.3　创建与加工螺旋线

（3）确定后生成初始螺旋线，如图 6.7.3 ③所示（螺旋线是一个群组）。

（4）预选螺旋线群组后单击 JHS Powerbar 工具栏的 3×3 FFD 工具，如图 6.7.3 ④所示。

（5）双击 FFD 控制点框的任一控制点，进入 FFD 群组内，全选最上面一组控制点，向下移动，压缩螺旋线，结果如图 6.7.3 ⑤所示（可能需要重复操作 2～3 次，螺旋线总高 450～500mm）。

2. 生成螺旋体

（1）预选螺旋线（见图 6.7.4 ①）（已经用 FFD 加工成不等螺距）。

（2）单击调用 TaperMaker 锥体制作插件，在弹出的对话框（见图 6.7.4 ②）中选择"圆形"。

（3）单击"好"按钮，在另一个对话框（见图 6.7.4 ③）中填写螺旋体参数（图中数据供参考）。

（4）再次单击"好"按钮，根据填写的参数，自动生成一个预览图，如图 6.7.4 ④所示，在螺旋线的两端各放置了一个垂直于螺旋线的圆面。

（5）现在请看图 6.7.5，预览图①上自动预置的大小两个圆面，位置显然不对，此时用不着退回前一步去修改参数，只要在对话框②中单击"否"按钮，TaperMaker 锥体制作插件就能把大小两个圆面对调，并自动生成螺旋体，如图 6.7.5 ③所示。

图 6.7.4　生成螺旋体 1

图 6.7.5　生成螺旋体 2

3. 装配

（1）图 6.7.6 ①所示就是刚刚生成的螺旋体，需要旋转到合适的角度。

（2）经过两次甚至更多次旋转后，螺旋体的角度如图 6.7.6 ②所示。

（3）进入群组，选择螺旋体的大头端面，调用缩放工具，形成喇叭口形状，如图 6.7.6 ③所示。

（4）做一个如图 6.7.6 ④所示的"蜗牛头"（参考图 6.7.1 照片），虽然这部分看起来很简单，但只要亲自做过一次，哪怕就像④这样，做到只有六七分像，也要花费不少时间，并且非常考验 SketchUp 基本功甚至建模者的美术修养（因这部分跟本节主题相差甚远，过程略），愿意接受挑战的读者可以尝试一下，若没有时间，可借用附件里作者提供的蜗牛头。

（5）把③④两者移动到合适的位置，赋予合适材质后得成品（见图 6.7.6 ⑤），成组后保存入库备用。

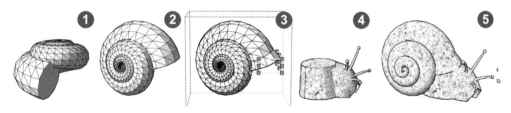

图 6.7.6　装配

6.8　平面螺旋实例（铁艺大门）

前面几节讨论的都是 3D 螺旋体，本节和下面各节将要讨论平面螺旋体的创建与应用。

这里所说的"平面"并不是几何或物理范畴的平面，只是因为它的厚度远小于长度和宽度，呈扁平状，近似于平面而已。图 6.8.1 和图 6.8.2 就是一些典型的例子。

下面的篇幅里将通过创建图 6.8.1 所示的铁艺大门来熟悉类似对象的建模过程。完成这样一个模型，除了要用到 SketchUp 的原生工具外，还要用到以下插件。

（1）CurveMaker（铁艺曲线，见《SketchUp 常用插件手册》5.29 节）。

（2）TaperMaker（锥体制作，见《SketchUp 常用插件手册》5.30 节）。

（3）JHS Powerbar（JHS 超级工具栏上的"焊接线条"工具，见《SketchUp 常用插件手册》2.3 节）。

图 6.8.1　铁艺大门 1

图 6.8.2　铁艺大门 2

上述（1）和（2）两个插件都是位于美国得克萨斯州奥斯汀的"DRAW 金属有限公司"（DRAW METAL LLC）于 2008 年同时发布的（中文翻译由河北建科提供），目的是方便铁艺用户或设计师自行完成个性设计后委托该公司加工制造。这两个插件本来就是一对，一个专门绘制铁艺曲线，另一个把曲线变成铁艺部件，在建模实践中，两者的用途远不止创建铁艺那么单纯，所以希望读者举一反三。

本例铁艺大门螺旋弯曲的部分，从图案学的角度看属于"适合图案"，也就是主体的曲线图案被约束在两个方框之内，图案的形状必须"适合"方框。从几何学的角度分析，可分解出两种不同性质的曲线：中间占用空间较大的是"伯努利曲线"与它的镜像组合；四周较小的是"尤拉曲线"与其分解组合。

从中国传统吉祥纹样的角度来看，中间较大的部分可命名为"双重金钩如意纹"，其寓意不用细说，看名称便知；这部分还可以看成是"豹脚纹"，有"辟邪、改变、上进"等寓意。四周较小的曲线有一部分看起来像是"蔓草纹"，有两处可以看成是变形的"回纹"。蔓草纹有"茂盛长久、绵绵不断"的寓意；而回纹有"富贵不断头、吉利永久"的寓意。对中国传统纹样与古典园林、古典建筑有兴趣的读者，可查阅同为本书作者编著的《中国古典园林花窗》一书。

从建模与施工的角度考虑，本例的铁艺大门，螺线弯曲部分大多分布在方框之内，并被方框所约束；螺旋弯曲的部分既是装饰件，也是提供支撑和刚性的结构件，所以建模和施工时要注意，弯曲部分在方框里面上、下、左、右要撑足，以提供足够的刚性。下面开始建模。

1. 分解任务

（1）大门整体有对开的两扇，图 6.8.3 ①是其中的一半。

（2）进一步分解出如图 6.8.3 ②所示的方框部分和如图 6.8.3 ③所示的弯曲部分。

（3）弯曲部分③还可再度分解出上下对称的④，这是需要建模的部分。

（4）绘制出方框部分⑤，各主要尺寸已标注在图上，等一会要用。

（5）方框部分材料只有两种：30×80（6处）；60×80（1处）。

（6）弯曲部分材料也是两种：中间的 20×55 和旁边的 16×55。

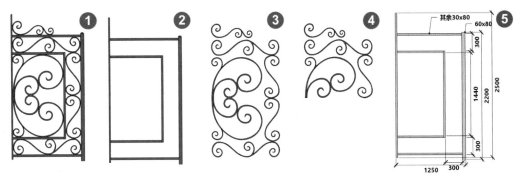

图 6.8.3　分解各部分

2. 创建螺旋线

（1）调用 CurveMaker 曲线制造插件的"尤拉曲线"工具，绘制螺旋线，如图 6.8.4 ①所示。

（2）复制并镜像后如图 6.8.4 ②所示，用圆弧工具修整后如图 6.8.4 ③所示。

（3）复制出一个后画直线分割，如图 6.8.4 ④⑤所示，获取一半并复制镜像后如图 6.8.4 ⑥⑦所示。

（4）修整、缩放并合并在一起后，如图 6.8.4 ⑧所示，备用。

（5）绘制这些曲线时，要用图 6.8.3 ②的方框作为尺寸规范。

图 6.8.4　创建螺旋线

3. 创建螺旋线与组装

（1）调用 CurveMaker 曲线制造插件的"尤拉螺线"工具，绘制螺旋线，如图 6.8.5 ① a 所示。

（2）炸开① a 后，在合适的位置用直线工具分割曲线，得到曲线① c，缩小后成① b。

（3）对分割断开后的① a，分别做放大、缩小、旋转、拼接后得到① d 和① e。

（4）注意：经过加工的曲线必须清理干净小线头，而后用 JHS 超级工具栏上的"焊接线条"工具焊接成一个整体并单独成组。

（5）把这些单元曲线准备好后，如图 6.8.5 ②所示，逐个移入方框内，调整大小和角度并拼接；在照顾曲线美观典雅的同时，还要适应方框的约束；这部分工作看起来简单，其实需要用较多的时间。按理说，曲线的尺寸在方框内应缩小一点以留出生成实体后的厚度，真的想这样做会很难，所以这一步先把曲线调整到适合方框的尺寸，如图 6.8.5 ②所示，待生成实体后再缩小到适合尺寸。

图 6.8.5　生成实体

（6）曲线安排完成后，逐个用 TaperMaker（锥体制作插件）生成实体，具体的操作要领见《SketchUp 常用插件手册》5.30 节，此处不再赘述。生成一个实体后及时缩放调整到最终尺寸和位置，如图 6.8.5 ③所示。

（7）全部曲线部件完成后，逐个柔化成组。拉出各方框部件的厚度，如图 6.8.5 ④所示，赋予材质后如图 6.8.5 ⑤所示。

（8）在本节的附件里还保存有如图 6.8.6 所示的模型，供景观和建筑专业的读者参考、仿制或直接调用。建议经常要制作类似模型的读者，平时抽空创建一些图案部件，积累保存成库；接到新任务后就可以比较轻松地调用改造。如果你还能对相关的图案纹样做出新的组合，并说得出一点图案的来历、文化、故事和寓意，你将从"画图匠、建模工"上升为真正的"设计师"。

图 6.8.6　多种铁艺纹样

6.9　双路径双截面放样示例

前面几节所讨论的都是以单条螺旋线为路径的建模实例，本节要介绍用两条线（不一定是螺旋线）作为路径和两个不同截面放样的建模实例。将通过创建几个如图 6.9.1 所示的实例来熟悉类似对象的建模过程。完成这些小模型，除了要用到 SketchUp 的原生工具外，还要用到以下插件。

（1）TaperMaker 锥体制作插件，见《SketchUp 常用插件手册》5.30 节。

（2）JHS Powerbar JHS 超级工具栏上的"焊接线条"工具，见《SketchUp 常用插件手册》2.3 节。

正如 6.8 节所述，"曲线制造"和"锥体制作"两个插件都是为了方便铁艺用户或设计师自行完成个性设计而提供的。这两个插件是一对，一个绘制曲线，另一个把曲线变成实体。本节要完成的几个模型如图 6.9.1 所示。

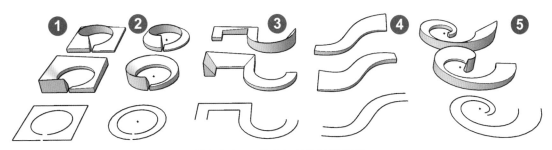

图 6.9.1　双路径双截面放样示例

1. 双路径准备

（1）图 6.9.2 ①所示为同心的圆与正方形，各自在同一方向切割出一个缺口。

（2）图 6.9.2 ②所示为两个同心圆，各自在同一方向切割出一个缺口。

（3）图 6.9.2 ③所示为半个正方形和半个圆形连接后，再偏移出另一条后的组合。

（4）图 6.9.2 ④所示为一条贝塞尔曲线，偏移出另一条后的组合。

（5）图 6.9.2 ⑤所示为一条伯努利螺线，偏移出另一条后的组合。

图 6.9.2　路径准备

2. 双路径双截面放样示例

（1）本节要讨论"双路径"加"双截面"的建模形式，尤其是两个放样截面完全由参数化生成的功能，目前只有 TaperMaker（锥体制作）插件可以胜任。

（2）下面以如图 6.9.3 ① 所示的两条路径生成如图 6.9.3 ⑩ ⑪⑫ 所示的螺旋锥体为例，说明创建类似模型的方法。

（3）图 6.9.3 ①所示是准备好的两条路径，矩形的边长等于 1000mm，圆形的半径等于 350mm，两者同心，在同一方向上各切割出一个缺口，宽 40 ～ 100mm 都可以，不一定相同。两条路径最好焊接后各自成组（不焊接、不成组也可以，用起来会麻烦些）。

（4）选择好图 6.9.3 ①所示的两条路径后，调用 TaperMaker（锥体制作）插件，在弹出的对话框里选择生成"直角梯形"（可供选择的还有"边界矩形""四边形"两种），单击"好"按钮确认后，弹出图 6.9.3 ③所示的第 2 个对话框，输入两个梯形截面各自的高度，至于梯形的宽度将由两条路径的间距决定。

（5）梯形的参数确定后，在路径的两端生成两个梯形，如图 6.9.3 ④所示，同时弹出第 3 个对话框，要求确认路径端点是否正确配对（若交叉就不正确）。

（6）确认后弹出第 4 个对话框⑦，询问两个梯形的位置对不对，单击"否"按钮以后，两个梯形截面翻转到平面以上，如图 6.9.3 ⑥所示。

（7）接着弹出如图 6.9.3 ⑨所示的第 5 个对话框，询问两个截面的方向是否正确，再次单击"否"按钮，如图 6.9.3 ⑨所示，两个梯形的位置对调，如图 6.9.3 ⑧所示，同时生成螺旋锥体，如图 6.9.3 ⑩所示。

（8）柔化、翻转表面后如图 6.9.3⑪ 所示。图 6.9.3⑫ 是改变部分参数后生成的新的结果。

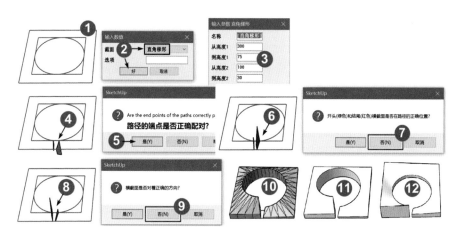

图 6.9.3 生成一个螺旋锥体

3. 路径分段的重要性

图 6.9.4 ①②③所示为一组测试标本，图 6.9.4 ④⑤⑥是另一组。图 6.9.4 ①和④是两组看起来相同的路径，其实有很大的区别，请先对照图 6.9.4 ②和⑤，都是用 TaperMaker（锥体制作）插件以同样的参数做直角梯形放样后的不同结果，非常明显的区别是图 6.9.4 ②所示的边线分布均匀，而图 6.9.4 ⑤所示的边线分布明显疏密不匀。再看柔化后的结果，图 6.9.4 ③所示为柔化角度在 17.5°，已经完全柔化；而图 6.9.4 ⑥是把柔化滑块拉到近 90°，仍然不能得到满意的柔化。非常明显，图 6.9.4 ①②③所示的一组品质要远优于图 6.9.4 ④⑤⑥所示的一组。

造成以上区别的原因是：如图 6.9.4 ①所示的内外两条路径，有同样的分段数，都是 35（需加工得到），所以可以得到均匀的"细分"，整体结果良好；而如图 6.9.4 ④所示的路径，内部的圆弧路径分段数是 35（用 36 片段数画圆后删除 1 段），外圈是画正方形后删除一点，形成了 5 条边的近似矩形，内外两条路径的片段数不同，所以不能得到均匀的细分，结果就一塌糊涂，甚至失去了使用价值。

应注意：类似本例中因两条相关路径的片段数不同造成的麻烦，并非只存在于这个特定的实例中，类似的情况在 SketchUp 建模过程中普遍存在，所以建模过程中只要遇到类似图 6.9.4 ⑤⑥所示的情况，应采取措施，令相关路径的片段数相同。

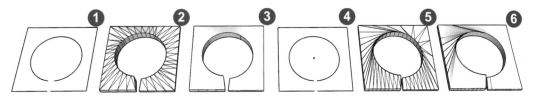

图 6.9.4 路径分段的重要性

4. 路径分段的方法

（1）内部路径：假设以片段数 36 画圆，用右键菜单分解曲线，删除其中的 1 段，剩下 35 段，用 JHS 的焊接工具重新形成整体，群组（分段数可在"图元信息"面板中查看）。

（2）外部路径：用矩形工具绘制正方形，分别选取每条边，右击线段，每边拆分成 9 段（四边共 36 段），删除与圆弧路径缺口对应的一段，剩下 35 段，用 JHS 的焊接工具重新形成整体，群组。

用以上方法处理后的两条相关路径，片段数相同，就不会产生如图 6.9.4 ⑤⑥所示的尴尬结果了。

第 7 章

曲拱结构造型类

作为一种重要的曲面建筑形式,从门框、窗框到天安门城楼下的门洞,从古老的赵州桥到现代的大型水坝,"曲拱"形式的结构与造型无处不在。

曲拱结构的优点是充分利用了材料抗压性能优于抗拉、抗折性能的特点,构造简单,节约材料,重量轻,跨度大,经久耐用,养护维修费用低,外形美观等。曲拱结构的缺点是由于推力的存在,所以对基础的要求较严格;有些曲拱形状不便于施工。

本章用 7 个实例介绍了古今中外对曲拱结构的典型应用,最后一节还汇总了 8 种典型拱形图形在 SketchUp 中的绘制方法。

7.1　曲拱造型与工具概述

可以稍带夸张地说，曲拱及其派生出来的结构与造型无处不在，从如图 7.1.1 所示的庆典现场的拱门（见图 7.1.1 ①）、拉杆拱桥（见图 7.1.1 ②）、清华园大门（见图 7.1.1 ③）、古希腊竞技场（图 7.1.1 ④）、隋代赵州桥（见图 7.1.1 ⑤）、景观桥（见图 7.1.1 ⑥），到各种屋顶、桥梁、涵洞、地下建筑，拱形结构随处可见。因此，在 SketchUp 应用实践中一定会经常遇到类似的建模任务。本节将介绍一些常见的曲拱形式，曲拱结构各部分的名称、曲拱结构的优 / 缺点以及创建曲拱模型常用的工具。

图 7.1.1　曲拱结构示例

1. 曲拱结构形式

工程中常用的拱有三铰拱（见图 7.1.2 ①）、两铰拱（见图 7.1.2 ②）和无铰拱（见图 7.1.2 ③）三种。

拱的轴线可以是圆弧、抛物线、悬链线等。在内力分析中，三铰拱属于静定结构；两铰拱属于一次静不定结构；无铰拱属于三次静不定结构。在上述三种常见拱结构基础上，还派生出很多新的结构，如图 7.1.2 ④⑤⑥⑦⑧⑨所示。

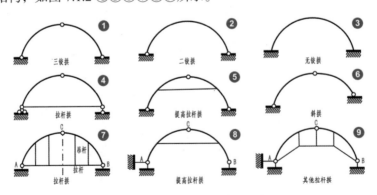

图 7.1.2　常见的曲拱结构形式

2. 曲拱结构名称

为在本书后续内容里统一称呼，图 7.1.3 列出工程设计中对拱结构的统一标准名称。

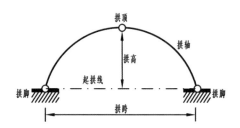

图 7.1.3　曲拱结构各部分名称

3. 曲拱结构优、缺点

（1）曲拱结构的优点。充分利用大多数材料抗压性能优于抗拉、抗折性能的特点，构造较简单，节约材料，重量轻，有利于广泛应用，跨度可以做得很大，经久耐用，养护维修费用低，外形美观。

（2）曲拱结构的缺点。由于推力的存在，所以对基础的要求较严格；有些曲线形状不便于施工。并且它是一种推力结构，对地基要求较高；在平原区修曲拱桥，由于建筑高度较大，使两头的接续工程（即引桥）和桥面纵坡量增大。

4. 曲拱结构建模相关的工具

除了 SketchUp 的原生工具外，本节还要用到以下插件。

（1）Extrude Tools（曲线放样工具，见《SketchUp 常用插件手册》5.1 节）。

（2）Curviloft（曲线放样工具，见《SketchUp 常用插件手册》5.3 节）。

（3）JHS Powerbar JHS 的焊接线条和放置组件工具（见《SketchUp 常用插件手册》2.3 节）。

（4）PerpendicularFaceTools（路径垂面工具，见《SketchUp 常用插件手册》2.16 节）。

（5）Select Curve（选连续线，见《SketchUp 常用插件手册》2.17 节）。

7.2　单曲连续拱实例（七孔拱桥）

本节要介绍的曲拱结构特征是"单曲拱"和"连续"。符合以上条件的一个典型例子是图 7.2.1 所示的苏州宝带桥。宝带桥位于江苏州玳玳河水道上，傍京杭运河西侧，是中国十大古桥之一，也是现存古桥中最长的多孔石桥。宝带桥始建于唐元和十二年（817 年）；唐元和十四年（819 年）宝带桥竣工投入使用；明正统十一年（1446 年），宝带桥重新建设，形制与规模多基本沿袭至今；清同治二年（公元 1863 年），英军戈登驾舰攻打苏州，宝带桥倒塌；1956 年宝带桥经修葺恢复旧观。

宝带桥桥长 317m（内两端砌驳引道 67m），宽 4.1m。桥下 53 孔连缀，孔径总长 249.80m。南端引桥长 43.80m，北端引桥长 23.40m，桥堍呈喇叭形，宽 6.10m，每孔跨径（由北端计）除第 14、15、16 三孔外，平均为 4.6m；第 14、16 两孔均为 6.5m；第 15 孔为 7.45m。桥的两堍接筑石堤，北堍长 23.2m，南堍长 43.08m，并各有石狮一对，另有石塔、碑亭等。桥址木桩基每墩用直径 15 ～ 20cm 圆木桩 60 根。（以上资料引用自《苏州地方志》。）

图 7.2.1　单曲连续拱实例（苏州宝带桥局部）

虽然苏州宝带桥非常符合本节"单曲连续拱"的主题，但是真的要在 SketchUp 里创建一个逾 300m 长，仅 4.1m 宽，还有 53 个桥孔的模型作为练习，虽然不难，但不太合适。作者根据宝带桥中间较大的几个桥孔，重新设计了一个适合练习用的"单曲连续拱桥"，如图 7.2.2 所示，另外，在图 7.2.3 附上了主要的尺寸。还可以从本节附件的 LayOut 文件导入矢量图形。

创建这个模型，除了 SketchUp 的原生工具外，还要用到以下插件。

（1）Bezier Spline（贝塞尔曲线，见《SketchUp 常用插件手册》5.5 节）。

（2）JHS Powerbar JHS 的焊接、放置组件（见《SketchUp 常用插件手册》2.3 节）。

现在开始建模，注意后面的过程中用到的一些诀窍可以大大简化建模的操作。

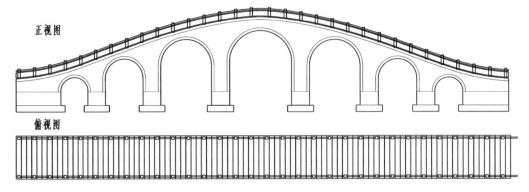

图 7.2.2　七孔拱桥

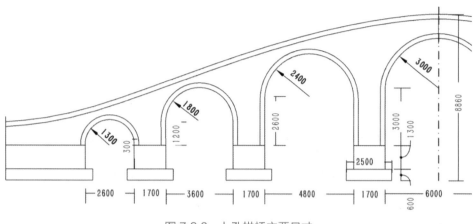

图 7.2.3　七孔拱桥主要尺寸

1. 创建拱桥的主体部分

（1）根据图 7.2.3 所示的尺寸，绘制立面如图 7.2.4 左侧所示，顶部弯曲部分用贝塞尔曲线工具绘制，圆弧与直线连接处要焊接。应注意，绘制好每一个部件后立即创建成组。

（2）图 7.2.4 ①②③所示 3 个部分都是桥栏，其中①是"立柱"宽为 240mm、高为 1000mm 的矩形，要立即创建成组件（不是群组）备用，为后续的操作打好基础。

（3）图 7.2.4 ②和③是桥栏的"栏板"部分，方法是复制图 7.2.3 最上面的一条贝塞尔曲线，向上移动复制出同样的 4 条线，分别连接两端，形成两个平面，创建组件后待用。

（4）现在用推拉工具分别推拉出桥体，大部分推出宽度为 4000mm，就像苏州宝带桥一样。最下面的基础部分各加宽 300mm，如图 7.2.4 右侧所示。

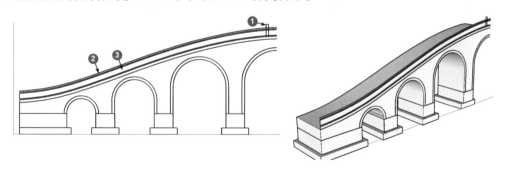

图 7.2.4　绘制立面图拉出桥体

2. 铺设台阶

（1）如图 7.2.5 ①所示，绘制一个矩形，红轴 500mm，绿轴 3800mm，立即做成组件。

（2）把该组件移动到②处，中心对齐，做内部陈列操作复制出 47 个，如图 7.2.5 ①所示。

（3）选择全部 48 个矩形组件，略微向上（蓝轴）移动一点。

（4）全选后单击 JHS 超级工具条上的"放置组件"工具，所有矩形组件下降到最近的平面，即"桥面"上。

（5）双击任一矩形组件，向下推出台阶的厚度，如图 7.2.5 ④所示，完成后如图 7.2.5 ③所示。

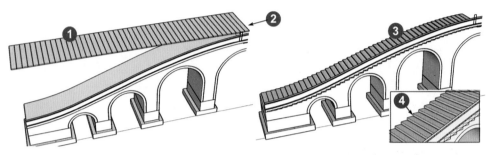

图 7.2.5　铺设台阶

3. 推拉出栏杆基座

（1）推拉出栏杆基座，如图 7.2.6 ①所示，复制到另一侧，如图 7.2.6 ②所示。

（2）栏杆基座尺寸细节如图 7.2.6 ③所示。

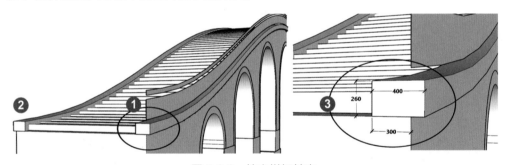

图 7.2.6　拉出栏杆基座

4. 布置栏杆立柱

（1）把如图 7.2.4 ①所示的矩形（组件）稍向上移动，并向左复制 15 个，间隔 1500mm，如图 7.2.7 ①所示。

（2）全选 16 个矩形组件，单击 JHS 超级工具条上的"放置组件"工具，所有矩形组件下降到最近的平面，即"立柱基础"上，如图 7.2.7 ②所示。

（3）注意，落下的立柱（矩形截面）务必在台阶板的中间，每相隔两块桥板一个。

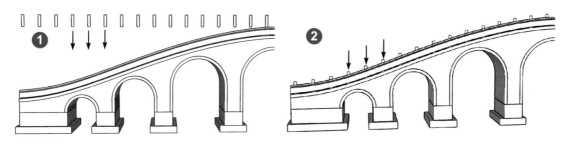

图 7.2.7　布置栏杆立柱

5. 完成栏杆、栏板

（1）如图 7.2.8 所示，用推拉工具推拉出立柱①为 240mm、栏杆②为 120mm 和栏板③为 80mm，各自移动到位（居中）。

（2）如图 7.2.8 ④所示，画出放样截面后做循边放样，结果如图 7.2.8 ⑤所示。

（3）全选①②③，移动复制到另一侧，如图 7.2.8 ⑥所示。

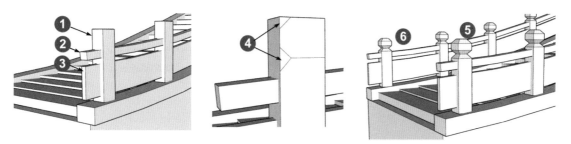

图 7.2.8　完成栏杆、栏板

6. 做出拱形部件特征

（1）拱形的桥和涵洞，拱形门窗、边框等拱形结构部件，其特征就是拱形部件截面一定是外侧大于内侧的梯形。

（2）为了体现上述特征，让你的模型看起来更加专业可信，桥孔拱形部分的边线非但不能全部柔化掉，还要如图 7.2.9 ①所示画出单个石块的轮廓线（尺寸要合理）。图 7.2.9 ②是放大后的轮廓线。

图 7.2.10 所示为完成后的成品白模，保存在本节附件里。除了仿制外，还可以为它赋予材质，应注意拱圈端部的材质需做 UV 调整，相关的技巧与工具可查阅本系列教程的《SketchUp 材质系统精讲》一书 10.8 节。

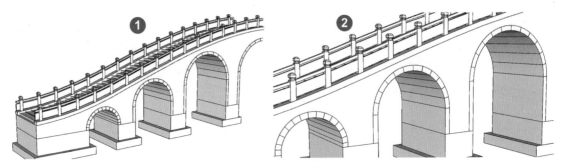

图 7.2.9 绘制桥孔拱形特征

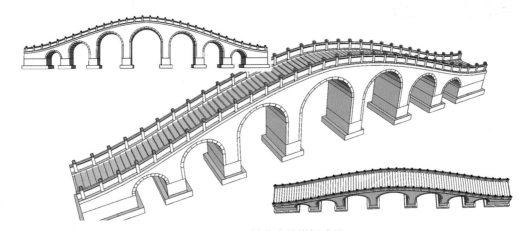

图 7.2.10 单曲连续拱桥成品

7.3 单曲空腹拱桥实例（赵州桥）

在拱桥拱圈上设置小拱、横墙或支柱来支撑桥面，从而减轻桥梁恒载并增大桥梁泄水面积者，称为空腹拱桥。赵州桥就是这种空腹拱桥，它又称安济桥，坐落在石家庄东南 45km 赵县城南洨河之上，桥体全部用石料建成。如图 7.3.1 和图 7.3.2 所示。赵州桥建于隋代开皇至大业年间（595—605 年），由匠师李春监造。赵州桥结构新奇，造型美观。

桥全长 64.4m，宽 9.6m，跨度 37.02m，是一座由 28 道相对独立的拱券组成的单孔弧形大桥。赵州桥最大的科学贡献就是它"敞肩拱"的创举。在大拱两肩，砌了 4 个并列小孔，既增大了流水通道，减轻了桥身重量，节省了石料，又增强了桥身稳定性。这就有力地保证了赵州桥在 1400 年的历史中，经受住了 10 次大洪水、8 次战乱以及多次大地震摇撼及车辆重压，仍挺立在洨河之上。

下面开始建模（7.2 节详述过的细节略）。

（1）根据上述尺寸与本节附件里的图片，描绘出包括拱券分割的轮廓线，如图 7.3.3 所示。

（2）用推拉工具做出桥体，如图 7.3.4 所示。注意随时翻面、柔化并清理废线面。

图 7.3.1 赵州桥全景

图 7.3.2 赵州桥细节

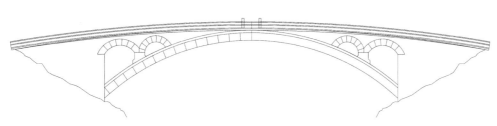

图 7.3.3 描绘出的轮廓线

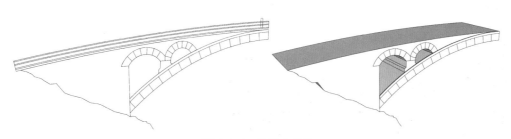

图 7.3.4 推拉出桥体

（3）创建桥栏立柱与栏板（细节略），复制并镜像，拼接成整体（接缝处边线柔化或隐藏），结果如图 7.3.5 所示。

本节附件里保存了赵州桥的几幅照片与线稿，其中还有一幅梁思成先生测绘的手稿，非常珍贵。图 7.3.3 就是按照梁思成先生的手绘稿描摹的。

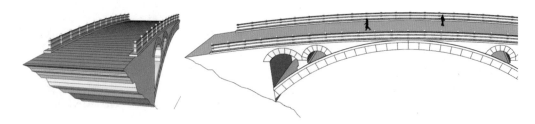

图 7.3.5 创建桥栏并复制镜像

7.4 双曲拱结构实例（江门恩平大桥等）

双曲拱桥由拱肋、拱波、拱板和横向联系构件等部分组成，特征是在纵横两个方向均呈弧形曲线。由于拱肋之间的拱波也呈曲线形且与主拱圈的曲线正交，故称为双曲拱桥。双曲拱比前面介绍的单曲拱结构（如赵州桥）能承受更大的载荷，原因是双曲拱不仅在一个方向上呈拱形，在与其垂直的另一方向上也呈拱形。

我们身边有两个绝佳的双曲拱例子，一是我们脚掌骨头形成的"脚弓"，二是自行车的挡泥板，这两者都是典型的双曲拱结构。这种结构受力时，力沿两个拱的方向均匀传递，某一局部受力过大时，双曲拱结构能自行调整平衡，整个双曲拱结构不会因此而损坏，因此用途广泛。

20 世纪六七十年代，中国尚不能建造大跨度混凝土桥梁，1964 年 4 月 17 日，一座造型别致的桥梁在江苏无锡东亭诞生了（见图 7.4.1），这是无锡县交通局桥梁工程队发明创造的。这种桥吸收了我国古代石拱桥的优点，将承重受力部分结构做成横向与纵向都用拱形曲线的形式，类似自行车挡泥板。东亭桥是我国第一座双曲拱桥，后在全国各地推广。1973 年，上海科教电影厂制成《双曲拱桥》专题片，1978 年邮电部特种邮票中有一枚就是该双曲拱桥（见图 7.4.2）。

图 7.4.1 无锡新虹桥

图 7.4.2 无锡新虹桥邮票

广东江门的恩平大桥始建于清道光六年（1826 年），抗战时期遭到破坏。为了解决锦江河两岸人们的交通问题，恩平大桥于 1958 年重新修建，但 1961 年被大水冲毁。1961 年、1963 年，恩平大桥重建工程经历了上马又下马的过程，1966 年终于重建，并于 1967 年 5 月 1 日通车。新中国建设的恩平大桥采用双曲拱桥技术，为当时广东省跨径最大的永久性双曲拱桥，也是全国第二座双曲拱桥（见图 7.4.3 和图 7.4.4）。恩平大桥建好后，恩平终于有了一座真正意义上的现代化桥梁。

图 7.4.3　广东恩平双曲拱大桥

图 7.4.4　双曲拱细节

双曲拱桥指的是拱圈由纵向拱肋和横向拱波组成的拱桥。主拱圈由拱肋、拱波、拱板和横向联系构件几个部分组成，外形在纵横两个方向均呈弧形曲线，所以称为双曲拱。其主拱圈的形式有单波、多波、多波高低肋等。这种结构能充分发挥预制装配的优点，可不用拱架施工，节省辅料，加快施工进度，耗用的工料又大大节省。此外，双曲拱比单曲拱能承受更大的载荷。

拱形结构除了能用于建造桥梁外，另一个重大的用途是建造水坝，特别是双曲拱形坝（见图 7.4.5 和图 7.4.6）。由于拱形顶所受的水压力能通过拱体均匀地传递给河岸，依靠坚固的两岸来维持稳定，它与完全靠自身重量来维持平衡的重力坝相比，不仅可以减小体积、节约材料，而且还有一定的弹性，对地基的局部变形具有一定的适应能力，有较好的抗震性能。

图 7.4.5　东江大坝

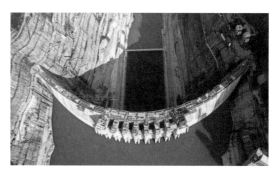

图 7.4.6　溪洛渡水电站大坝

本节安排的建模实例，完成后如图 7.4.11 所示的单孔双曲拱桥是同一个模型。也可以拼接成如图 7.4.12 所示的多孔的双曲拱桥。需要特别说明的是，以下演示与附件模型中出现的结构形式与尺寸仅供练习建模之用，未经材料学与工程力学等方面的设计，不能直接用于真实工程。

1. 绘制截面

（1）设计单孔拱跨 30m，拱高 4.8m，桥面宽 12m，主拱两侧各设 4 个副拱，以节省材料和减少丰水期流体阻力。主拱有 8 组拱券，每组由 32 个拱形的预制件构成。

（2）图 7.4.7 ①是桥主体的正视图；图 7.4.7 ②是横向拱券的截面，共有 3 种截面，左、右两侧和中间的略有区别；图 7.4.7 ③是实际测量所得的 3 处圆弧半径，要多次用到；图 7.4.7 ④是不含主拱的桥体截面。

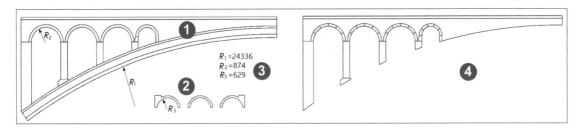

图 7.4.7　绘制截面

2. 创建横向拱与主拱单元

（1）图 7.4.8 ①②③是横向拱券的截面，图 7.4.8 ④⑤⑥是拉出高度 1000mm 后，各自创建的横拱组件。

（2）图 7.4.8 ⑦是把④⑤⑥调整到与主拱端部的方向角度大致相同。

（3）绘制一条相当于主拱的圆弧（也可以从图 7.4.7 复制），如图 7.4.8 ⑧所示。

（4）复制一个横拱组件，把一个角与圆弧的端部对齐，如图 7.4.8 ⑨所示。

（5）调用旋转工具，把横拱组件调整到与圆弧对齐，如图 7.4.8 ⑩所示。

（6）在圆弧的另一端向下画垂线，长度等于 R_1，如图 7.4.8⑪ 所示。

（7）以 ⑪ 下面的端部为圆心做旋转复制，完成后如图 7.4.8⑫ 所示，得到主拱单元的一半。

（8）用同样的方法，旋转复制出两侧的横拱备用（截图略）。

3. 组合成主拱

（1）如图 7.4.9 所示，先移动复制中间的 6 组，合并在一起。

（2）再把左、右两侧的拱券拼合到一起，创建群组，如图 7.4.9 ①②所示。

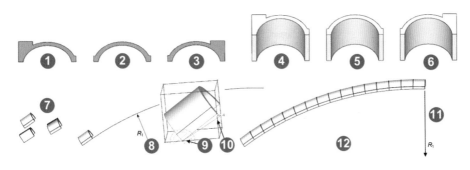

图 7.4.8　创建横拱与主拱单元

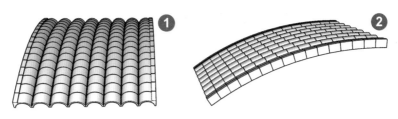

图 7.4.9　拼接组合

4. 拉出桥体

（1）把如图 7.4.7 ④所示的桥体截面复制到拱券，端部对齐，如图 7.4.10 ①所示。

（2）分别拉出体量后如图 7.4.10 ②所示。

为进一步减轻重量，节约用料，还可如图 7.4.10 ③所示，在横向支撑墙上做出拱形孔。

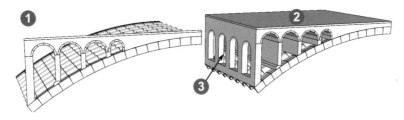

图 7.4.10　拉出桥体

5. 两种应用示例

（1）复制图 7.4.10 ②并镜像，得到一个完整的双曲拱桥的主体。

（2）创建桥栏立柱与栏板（截图略）。

（3）添加两端的基座，如图 7.4.11 所示，得到单孔双曲拱桥。

（4）把单孔双曲拱桥做移动复制，添加桥墩部件后得到多孔双曲拱桥，如图 7.4.12 所示。

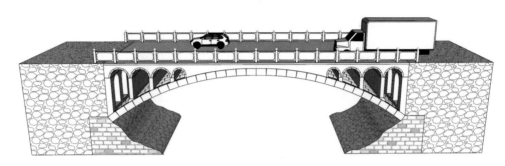

图 7.4.11　单孔双曲拱桥

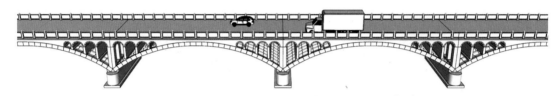

图 7.4.12　多孔双曲拱桥

7.5　三方向曲拱实例（大南瓜）

经常接触曲拱方面设计的人，都知道"单拱"和"双曲拱"，这也是前几节所讨论的内容，看到本节的名字"三方向曲拱"，也就是"三曲拱"，一定会奇怪，好像从来没有听说过有"三曲拱"这样的结构。其实这种"三方向曲拱"的实例还是很多的，本节所要讨论的大南瓜就是一种典型的"三方向曲拱"。图 7.5.4 ①②③所显示的就是一个南瓜瓣的三方向视图，它在 X、Y、Z 这 3 个方向上都是弯曲的，只要稍微关注一下就会发现，在自然界和工程中还有大量类似的例子。

要完成本节的建模任务，除了 SketchUp 的原生工具外，还要用到以下插件。

（1）JHS 超级工具条上的拉线升墙工具（见《SketchUp 常用插件手册》2.3 节）。

（2）Curviloft（曲线放样工具，见《SketchUp 常用插件手册》5.3 节）。

（3）PerpendicularFaceTools（路径垂面工具，见《SketchUp 常用插件手册》2.16 节）。

1. 绘制南瓜瓣截面

（1）调用多边形工具，调整成十二边形，画多边形如图 7.5.1 ①所示（每条边对应一个南瓜瓣）。

（2）调用圆弧工具，调整成 5 个片段，以多边形的一条边为弦长画圆弧，如图 7.5.1 ②所示。

（3）用直线工具连接弧线两端到中心，形成一个扇形并创建群组，如图 7.5.1 ③所示。

（4）把扇形群组往上移动一点，如图 7.5.1 ④所示，腾出空间绘制放射线。

（5）如图 7.5.1 ④所示，绘制的放射线所占的角度和扇形一样（300），分成 4 份，共 5 条线。

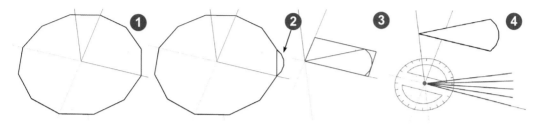

图 7.5.1　绘制南瓜瓣截面

2. 生成融合放样用的曲线

（1）选择好所有 5 条放射线，调用 JHS 工具条上的拉线升墙工具，拉出 5 个立面。

（2）把陷在立面中的扇形群组移动到立面垂直方向的中间，如图 7.5.2 ①所示。

（3）以立面垂直方向的两端为弦长、扇形群组与立面的交点为弧高画弧，如图 7.5.2 ②所示。

（4）删除立面上的废线面，腾出空间对后面的立面画圆弧，如图 7.5.2 ③④所示，重复操作，一直到把 5 个立面全部画完，如图 7.5.2 ⑤所示。

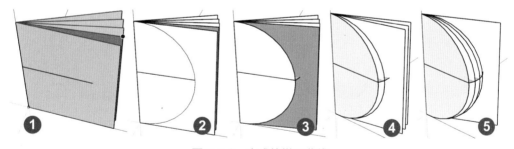

图 7.5.2　生成放样用曲线

3. 加工曲线与融合放样

（1）清理上一步生成的曲线①后，得到图 7.5.3 ②所示的一组弧线。

（2）现在弧线组②的两端是连在一起的，而即将要用到的 Curviloft 工具要求参与成形的线条必须是单独的，所以要提前加工好。

（3）放大弧线组，在两端用直线工具分割线段，如图 7.5.3 ③所示。

（4）删除端部的一小部分弧线后，原先连在一起的弧线组分解成独立的弧线，如图 7.5.3 ④⑤所示。

（5）全选所有弧线，调用 Curviloft 工具条上的第一个工具，得到如图 7.5.3 ⑥所示的弧面。

（6）适当柔化后的弧面如图 7.5.3 ⑦所示。注意，以上操作要一直保留中心线。

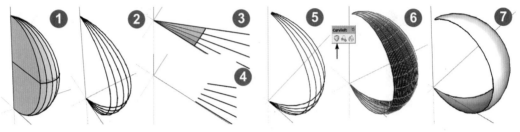

图 7.5.3 加工曲线与融合放样

4. 旋转复制生成南瓜主体

（1）图 7.5.4 ①②③是处理好的一个南瓜瓣在 *XYZ* 三轴方向的视图，它在 3 个方向上都是弯曲的，如前所述，这种形态的对象今后还有很多，请记住刚才所采用的方法和工具。

（2）旋转复制出南瓜的全部，结果如图 7.5.4 ④所示，如果前面的操作中丢失了中心线，会有麻烦。

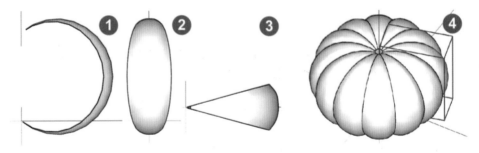

图 7.5.4 南瓜瓣三视图与旋转复制

5. 创建南瓜柄

（1）绘制一个六边形（见图 7.5.5 ①）和一小段圆弧（见图 7.5.5 ②）。

（2）调用 PerpendicularFaceTools（路径垂面工具），把六边形放置到弧线两端，如图 7.5.5 ③所示。

（3）对上面的六边形做中心缩放，缩小一半，如图 7.5.5 ④所示。

（4）调用 Curviloft 工具条上的第二个工具，生成南瓜柄实体，如图 7.5.5 ⑤所示。

（5）缩放到合适的尺寸后移动到南瓜的顶部，如图 7.5.5 ⑥所示。

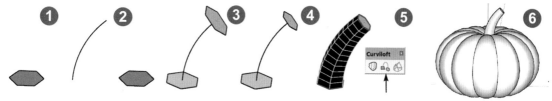

图 7.5.5　创建南瓜柄

6. 赋予材质并缩放到位

（1）赋予材质应该很容易，瓜的部分是 12 个相同的组件，所以只有对其中的一个赋予材质，其余所有的组件就同时完成了。

（2）如图 7.5.6 ①所示，相邻两个瓜瓣之间有一些难看的边线，解决的办法是双击任一组件，进入组件后，调用橡皮擦工具，按住 Ctrl 键做局部柔化，完成后如图 7.5.6 ②所示。

（3）缩小到合理的尺寸，配置合适的参照物后本例完成，如图 7.5.6 ③所示。

图 7.5.6　成品加工与参照物

7.6　肋架拱实例（佛罗伦萨大教堂）

建造于 1296—1461 年的意大利佛罗伦萨大教堂（见图 7.6.1），是许多文艺复兴时期天才建筑师的智慧结晶。大教堂圣堂上部的穹顶是建筑设计师和工匠智慧的凝聚物。穹顶为内、外两层结构，内径为 43m（与古罗马万神庙大小相同），平面投影为八边形，内、外层均由 8 根主肋拱和 16 根次肋拱构成，见图 7.6.3 ①。肋拱之间用砖砌，中间用连接在一起的石带加固。穹顶根部用由木材和铁带组成的圆环来保持整体性，穹顶的基座用由铁件连接的石材砌筑。穹顶的基座处标高 55m，顶部标高 120m，重达 2.5 万吨，是当时世界上最大、最先进的穹顶。

图 7.6.1 意大利佛罗伦萨大教堂

上面介绍说，佛罗伦萨大教堂是当时世界上最大、最先进的穹顶；其实放到几百年后的今天也未必落后，仍然不遑多让。

（1）图 7.6.2 ①所示为我国一个 12 层、两个单元的住宅楼，高 38m。

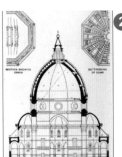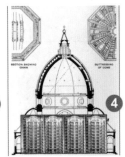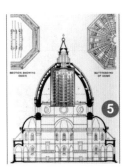

图 7.6.2 佛罗伦萨大教堂与 12 层楼房相比

（2）图 7.6.2 ②所示为佛罗伦萨大教堂，高 120m，图 7.6.2 ③所示为调整到同样比例的住宅楼。

（3）把 12 层住宅楼放到大教堂的肚子里的结果如图 7.6.2 ④所示。

（4）再看图 7.6.2 ⑤，仅一个拱形的穹顶里就可以放下 12 层的住宅楼，而且还绰绰有余。可见该拱形结构规模多么惊人；尤其考虑到这是 600 年前的建筑，更值得我们钦佩。

之所以把这个穹顶作为本节的建模标本，是因为它的结构跟其他大多数球形、半球形穹顶不同，基本原理是把一个拱顶区分为承重部分和围护部分，类似于今天的框架结构。这种拱顶的具体做法是先筑一系列发券，然后在它们之上架设石板，这是早期的肋架拱。由图 7.6.3 ①可见，它的特点是由 8 根截面积超过 $1.4m^2$、弧长超过 40m 的肋拱作为主要结构，再辅以 16 根较小的辅肋拱，共同组成承重的支撑，图 7.6.3 ②是外形。从建模的角度看，图 7.6.3 ③所示可分成 A、B、C 3 部分旋转复制来完成。

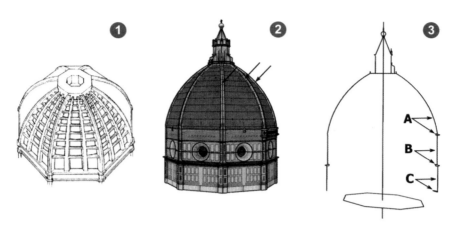

图 7.6.3　照片、模型和轮廓线

下面开始建模，除了 SketchUp 的原生工具外，还要用到以下插件。

（1）Curviloft（曲线放样工具，见《SketchUp 常用插件手册》5.3 节）。

（2）Select Curve（选连续线工具，见《SketchUp 常用插件手册》2.20 节）。

1. 创建穹顶的主要部分

（1）先绘制几个主要的截面和路径（见图 7.6.3 箭头所指的 3 组）。

（2）如图 7.6.4 ①所示，分别做路径跟随并创建成组件（为方便后续修改与赋予材质）。

（3）完成旋转复制后如图 7.6.4 ②所示。注意建模的全过程都要留下中心线。

（4）分别进入②箭头所指的两个组件，复制最内侧的边线，退出组件，选择"编辑"菜单，定点粘贴，把两个组件内侧的边线都复制出来并粘贴在组件外面。

（5）按住 Ctrl 键加选复制出来的两条弧线，调用 Curviloft（曲线放样工具条第一个工具），即可生成连接相邻肋拱的"拱板"，也做成组件，如图 7.6.4 ③所示。

（6）再次做旋转复制，结果如图 7.6.4 ④所示。穹顶的大部分就算完成了。

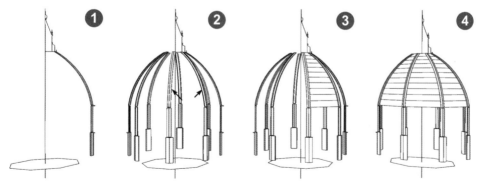

图 7.6.4　创建穹顶第一步

（7）上面第（4）步选择弧形边线时，用 Select Curve（选连续线工具）更为方便。

2. 创建穹顶下的裙部

（1）用路径跟随工具，分别完成图 7.6.5 ①箭头所指处的"圈梁"（截面积约为 1.2m²）。

（2）对圈梁内侧"补线成面"，向上拉出图 7.6.5 ②所示的墙体。

（3）再把图 7.6.5 ③箭头所指处预留的八边形移动到位，用偏移工具放大到尺寸如图 7.6.5 ③所示。

（4）拉出下部的墙体，如图 7.6.5 ④所示。注意，两段墙体的直径是不同的。

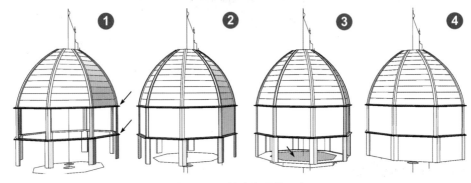

图 7.6.5　创建穹顶第二步

3. 做出几处细节

（1）准备好的模型如图 7.6.6 ①所示，删除裙部七面墙体，只留下一面。

（2）如图 7.6.6 ②所示画两个同心圆，大直径约为 12.5m，小直径约为 7.5m。

（3）预选小圆面，调用移动工具，按住 Ctrl 键向里推进 2m，做"折叠"形成一个喇叭形。

（4）在裙墙上画一个同样大小的圆，删除圆面后把"喇叭"移动到位，创建组件。

（5）旋转复制出其余 7 个后，如图 7.6.6 ④所示。

（6）把在其他地方做好的顶部⑤移动到位后，如图 7.6.6 ⑥所示。建模完成。

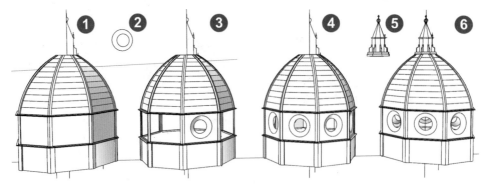

图 7.6.6　创建穹顶第三步

如果还有兴趣完成佛罗伦萨大教堂的其余部分，可以在本节的附件里找到完整的模型，供参考。附件里还有一些照片，可以制备成材质并赋予模型，关于材质制备和各种贴图的技巧可查阅本系列教材的《SketchUp 材质系统精讲》第 3 ～ 6 章以及第 10 章的相关内容。

7.7 交叉拱与十字拱

1. 交叉拱与十字拱

（1）学习建筑结构的同学时常会问一个同样的问题：交叉拱与十字拱有什么区别？各有什么用途？下面分别举例回答这两个问题。

（2）图 7.7.1 ①②是两个交叉拱，这两种拱结构在欧洲的名称是 "groin vaults"，如果直译，颇为不雅却又形象，叫作 "腹股沟拱"（腹股沟是人体大腿与下腹相接处的沟），它的作用是把重量沿 "腹股沟" 相交脊方向转移到对应的角柱上，交叉拱在获得大跨度的同时可还抵消大部分横向力，简化建筑结构并节省材料，还有附带的美学价值，主要用在建筑结构上。

（3）图 7.7.1 ③④是两个十字拱。它们显然是由两个交叉的 "直拱" 组成的。相交的两个直拱尺寸可以相同，如图 7.7.1 ③所示，也可以不同，如图 7.7.1 ④所示，交叉的角度也可以不是直角，这种结构可以用在隧道、涵洞的交叉位置，也可以用在建筑结构上。这种结构在俯视图上看起来像汉字的 "十" 字，故得名 "十字拱"。单个或串联的十字拱结构，横向推力互相抵消，就可以避免设置承重墙。

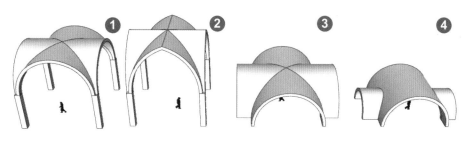

图 7.7.1　交叉拱与十字拱

2. 创建一个交叉拱

（1）在 XY 平面（地面）上画一个正方形，边长为 10000mm，绘制中心十字标记后群组，如图 7.7.2 ①所示。

（2）以正方形的边长为弦长，垂直向上画半圆，向内偏移 800mm，连接两端成面后如图 7.7.2 ②所示。

（3）拉出拱体如图 7.7.2 ③所示，旋转 900mm 复制出另一个后，如图 7.7.2 ④所示。

（4）全选后做模型交错，删除废线面后如图 7.7.2⑤所示。

（5）在一个角上创建立柱，并旋转复制到四角，建模完成后如图 7.7.2⑥所示，做成组件入库。

（6）如图 7.7.2⑥所示单体可改动后用作西式景观亭，也可以成为建筑结构的一部分。

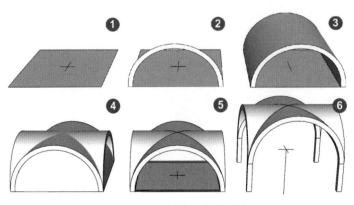

图 7.7.2　创建一个交叉拱

3. 创建一个用于支撑穹顶的交叉拱

（1）图 7.7.3⑧所示为一个要用来支撑穹顶的交叉拱。

（2）在 XY 平面（地面）上画一个正方形，边长为 10000mm，绘制中心十字标记后群组，如图 7.7.3①所示。

（3）以正方形的对角线为弦长，垂直向上画半圆，如图 7.7.3①所示。

（4）选择好半圆后调用缩放工具，垂直方向放大到 1.5 倍，如图 7.7.3②所示。

（5）向内偏移 800mm，截取一半成面，在中心线上画水平的圆作为放样路径，如图 7.7.3③所示。

（6）旋转放样后，形成一个大馒头形，如图 7.7.3④所示。

（7）复制①绘制的正方形群组，并以正方形边长为弦长垂直向上画半圆，向内偏移 800mm 后补线成面，拉出直拱，两方向各超出正方形 2000mm（直拱总长度为 14000mm，正方形居中），如图 7.7.3⑤所示。

（8）群组后移动到中心十字线，跟大馒头④相重叠，如图 7.7.3⑥所示。

（9）模型交错后清理废线面（过程与前相同，截图略）。

（10）利用中心线画圆半径 3300mm，拉出圆柱体与馒头顶部同高（截图略）。

（11）选择圆柱体的底面，用缩放工具按住 Ctrl 键缩小到原来大小的 10%；选择圆柱体的顶面，用缩放工具放大到原来大小的 2 倍以上（圆柱体变形成圆锥体后的锥度目测要接近 450mm），如图 7.7.3⑦所示。

（12）做模型交错并清理废线面后，建模完成，如图 7.7.3⑧所示。

创建类似的模型有多种方法，这里介绍的是其中之一，下一节还要详细介绍。

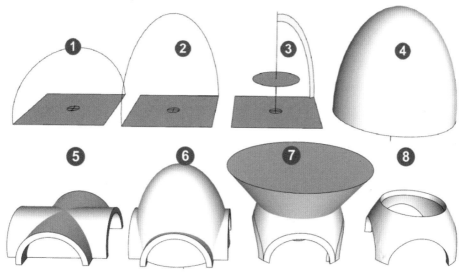

图 7.7.3　创建一个支承用交叉拱

4.一个交叉拱的应用示例

（1）与图 7.7.4 类似的交叉拱常见于西式建筑的走廊过道，在广东、福建、上海某些民国与更早的"租界"建筑中也能看到。显而易见，拱结构的应用在简化了建筑结构的同时，还改变了横平竖直的刻板形象，获得灵动的美学感受。

图 7.7.4　交叉拱应用示例

（2）有了图 7.7.3 ⑤所示的交叉拱后，创建这样的结构非常简单，移动复制即可。

（3）整个创建过程要充分利用组件间的关联性，方便修改与赋予材质等后续操作。

7.8　帆拱实例（圣索菲亚大教堂）

当中国的工匠们把"斗拱"玩到风生水起的时候，欧洲的工匠们也在玩"拱"，不过此拱非彼拱，他们把各色各样的拱结构玩得炉火纯青。7.6 节介绍的佛罗伦萨大教堂就是其中一例。

本节要提到的圣索菲亚大教堂（Sophia Church）是拜占庭帝国的主教堂，位于土耳其伊斯坦布尔，有近 1500 年的历史（与中国的赵州桥历史相当），因其巨大的圆顶而闻名于世，属拜占庭帝国极盛时代的纪念碑。

圣索菲亚大教堂东西长 77.0m，南北长 71.0m，高达 54.8m，是公元 532 年拜占庭皇帝查士丁尼一世下令建造的第三所教堂。在拜占庭雄厚的国力支持之下，由物理学家米利都的伊西多尔及数学家特拉勒斯的安提莫斯设计（本书作者注：古代欧洲人名前半截是地名），公元 537 年完工（内部见图 7.8.1）。1453 年以后被土耳其人占领，改建成为清真寺。1935 年改为博物馆，1985 年列入世界文化遗产。从图 7.8.1 可以看到，巨大的拱形结构撑起了同样巨大的穹顶。本节将重点介绍支撑穹顶的拱形结构。

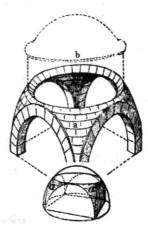

图 7.8.1　圣索菲亚大教堂内部与顶部结构

本节要介绍的拱结构如图 7.8.2 ①所示，用红色突出标注的三角形部分像古代帆船的三角帆，故得名为 sail arch（帆拱），帆拱是拜占庭帝国（东欧）的创造。请看图 7.8.1 右侧的图，最上面的 b 部分是穹顶；中间还有个圆筒形的"鼓座"，穹顶放在鼓座之上，a 部分就是帆拱。

与面创建一个帆拱。

（1）在 XY 平面上绘制正方形，边长为 10000mm，画出中心十字标记后创建群组，如图 7.8.2 ②所示。

（2）以正方形边长为弦长垂直向上画半圆，向内偏移 600mm，连接两端成面后群组，如图 7.8.2 ③所示。

（3）从中心向上画垂线，高等于弧高（5000mm），在垂线顶部画圆，半径为 5000mm，如图 7.8.2 ④所示。

（4）用直线工具分割出顶部圆形的 1/4 圆，并向内偏移 600mm，如图 7.8.2 ⑤所示。

（5）清理废线面后，如图 7.8.2 ⑥所示，仅留下 3 个扇形平面，分别拉出 600mm 后如图 7.8.2 ⑦所示，创建组件。

（6）旋转复制后如图 7.8.2 ⑧所示。

（7）双击进入一个组件，按住 Ctrl 键加选图 7.8.2 ⑨红色所示的 3 条边线，单击 Curviloft（曲线放样工具）右边的工具，生成内层曲面。

（8）再次按住 Ctrl 键加选图 7.8.2 ⑩红色所示的 3 条边线，再次单击 Curviloft（曲线放样工具）右边的工具，生成外层曲面。完成后结果如图 7.8.2⑪ 所示。

（9）用直线工具和旋转工具画出拱券的分割线，并拉出加强部分，成品如图 7.8.2⑫ 所示。

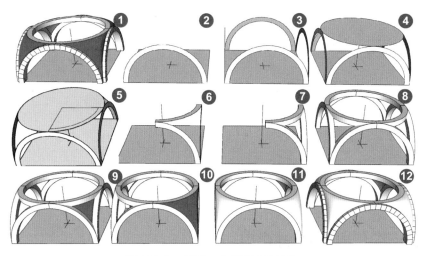

图 7.8.2　创建一个帆拱支撑结构

7.9　8 种主流拱形的 SketchUp 画法与建模

本章前面的篇幅中已经用了七八个实例来介绍拱形与它们的应用，想必读者中一定有人被勾起了兴趣。本节还要继续研究拱形，不过我们搞技术的一定要讲究实事求是，只要稍作研究便知，从"拱的结构""拱的造型""拱的应用""拱的施工"乃至"拱的研究"诸方面，我们善于玩砖头、木头和榫头的先辈们显然不如玩石头的西方同行。这里所说的"西方"甚至包括"一带一路"沿线的，目前经济还相对落后的很多西亚、南亚、中东与东欧国家及地区。

说到"一带一路"，被誉为"基建狂魔"的我们，除了上面所说的要"实事求是"外，还要"与时俱进"：读者中一定有参与"一带一路"相关项目的 SketchUp 用户，免不了要跟各色各样的"拱形结构与拱形造型"打交道，在本节的附件里为你留下了一些相关的图片与文字资料供参考研究。此外，本节还从大量相关资料中精选了 8 种最常见的拱形，通过反复试验，形成了下列在 SketchUp 条件下，快速准确绘制这些拱形的方法，供读者参考，至于附件里另外上百种不同形状的拱形，绝大部分是从这 8 种拱形变化而来。

绘制这些拱形，仅需 SketchUp 自带的原生工具即可。想要把绘制好的拱形变成立体的 3D 模型，也可以仅用 SketchUp 的原生工具，不过在本节的最后，还是会介绍一些插件以简化建模过程。

1. 等边形拱（equilateral arch）

（1）这种拱形的特征是：拱的中心位于等边三角形的中心处，有较好的稳定性。

（2）首先画出"起拱线"*ab*，长度假设为 10m，如图 7.9.1 ①所示。

（3）分别以 *a*、*b* 两点为圆心，*ab* 为半径画弧，相交于 *c* 点，如图 7.9.1 ②所示。

（4）删除废线面后，如图 7.9.1 ③所示。

（5）图 7.9.1 ④所示的两条虚线垂直于等边三角形的两条斜边，交点 *f* 即为拱的中心。这种形式的拱，只有"起拱线长度"一个参数可以调整。

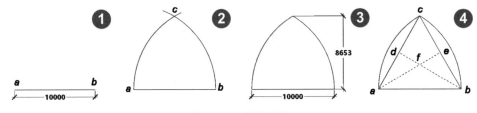

图 7.9.1　等边形拱

2. 柳叶刀形拱（lancet arch）

（1）这种拱形的特征是：形状比较尖锐，弧的中心在拱的外面。

（2）画出起拱线 *ab*=10000mm（10m），拱高 =12000mm（12m），直线连接三点后形成一个等边三角形，如图 7.9.2 ①所示。

（3）用量角器工具定位于两斜边的中点，分别生成垂直于斜边的辅助线 *ef* 和 *dg*，相交于起拱线 *ab* 的延长线上，形成交点 *f* 和 *g*，如图 7.9.2 ②所示。

（4）分别以交点 *f* 和 *g* 为圆心、两斜边端部为半径画弧，如图 7.9.2 ③所示。

（5）清理废线面后得到柳叶刀形拱，如图 7.9.2 ④所示。起拱线与拱高可灵活调整。

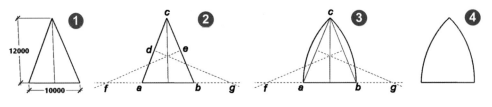

图 7.9.2　柳叶刀形拱

3. 降低的拱（drop arch）

（1）这是一个比等边形拱更平坦的拱，特征是弧的中心在起拱线上，如图 7.9.3 ③所示。

（2）设起拱线 *ad* 为 10000mm（10m），如图 7.9.3 ①所示。

（3）把起拱线拆分成 3 段，如图 7.9.3 ②所示，得到 *b* 和 *c* 两个端点。

（4）以 *b* 为圆心、*bd* 为半径画弧；以 *c* 为圆心、*ac* 为半径画弧，两弧线相交于 *e* 点，如图 7.9.3 ③所示。清理废线面后得到降低的拱，如图 7.9.3 ④所示。

（5）如图 7.9.3 ②所示的起拱线分段环节的规则可以根据需要调整。

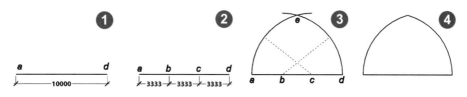

图 7.9.3　降低的拱

4. 三中心拱（three centered arch）

（1）这是一个由不同曲率的弧线复合形成的拱，还可以方便地改变组合。

（2）先用直线工具画出起拱线 *ac*，仍然是 10000mm（10m），如图 7.9.4 ①所示。

（3）画一个三角形，三角形的尺寸和形状直接影响最终结果，可根据测试或经验决定。三角形的顶点与起拱线 *ac* 的中点 *b* 对齐，如图 7.9.4 ②所示。

（4）按快捷键 T 调用卷尺工具，分别双击三角形的两条斜边，获得两条辅助线 *bf* 与 *bg*。

（5）分别以 *b* 为圆心、*ba* 与 *bc* 为半径画弧，分别相交于 *g* 与 *f* 点，如图 7.9.4 ④所示。

（6）再以 *d* 为圆心、*dg* 为半径，以 *e* 为圆心、*ef* 为半径，分别画弧相交于 *h* 点，如图 7.9.4 ⑤所示。

（7）清理所有废线面后获得三中心拱，如图 7.9.4 ⑥所示。

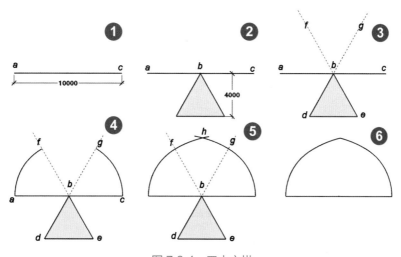

图 7.9.4　三中心拱

5. 四中心拱（four centered arch）

（1）这是一个重心降低（depressed）的拱形，用下面提供的方法可以方便地改变其形状。这种拱有两个圆弧中心在起拱线上，另两个圆弧中心在拱的外部很远处。

（2）绘制起拱线 ab，长度为 10m；用卷尺工具拉出垂直中心线，如图 7.9.5 ①所示。（后文中凡提到"用卷尺工具拉出辅助线"是指按快捷键 T，调用卷尺工具，单击 SketchUp 的相关坐标轴，不要松开鼠标，拉出平行于该轴的辅助线。）

（3）用多边形工具在中心线上画一个正三角形，如图 7.9.5 ②箭头所指处，其大小并不严格，但可用缩放工具改变其形状，图 7.9.5 ②所示的 3 个三角形，左、右两个关键的角度分别是 30°、45° 和 60°。三角形的形状将会直接影响拱的形状。

（4）用卷尺工具分别双击正三角形的两条斜边，产生两条辅助线，并与起拱线相交于 e 和 f 两点，如图 7.9.5 ③所示。因图 7.9.5 ③中用的是等边三角形，所以箭头所指的两个夹角都是 60°。

（5）全选三角形和 3 条辅助线，上下垂直移动，直到交点 e 和 f 到合适的位置。

（6）以交点 e 为圆心、ea 为半径画弧，与辅助线交于 g 点；再以交点 f 为圆心、fb 为半径画弧，与辅助线交于 h 点，如图 7.9.5 ④所示。（后文中凡提到绘制圆弧时应注意：SketchUp 有两个同名的圆弧工具，应使用"圆心→半径"，而不是快捷键为 A 的那个。）

（7）最后分别以 c 和 d 两角为圆心、ch 与 dg 为半径画弧，两圆弧相交于 i 点，如图 7.9.5 ⑤所示。

（8）清理所有废线面后得到四中心拱，成品如图 7.9.5 ⑥所示。

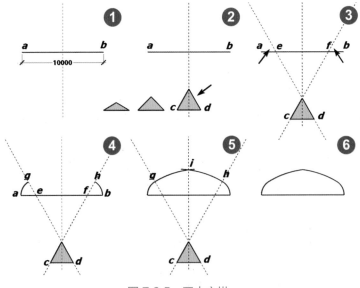

图 7.9.5 四中心拱

6. 直顶拱（straight top arch）

（1）这种拱的形状与上述四中心拱类似，但顶部是平直的。

（2）仍然从绘制起拱线 *ab* 开始，用卷尺工具拉出中心线，再画一个与中心线重合的等腰三角形。注意等腰三角形 *c*、*d* 两角等于 75°，上述 3 步操作如图 7.9.6 ①所示。

（3）按快捷键 T，调用卷尺工具，分别双击等腰三角形的两条斜边，生成两条辅助线，跟水平的起拱线相交，产生两个重要的交点 *e* 和 *f*，如图 7.9.6 ②所示。

（4）选择等腰三角形与辅助线，沿中心线垂直移动到 *e*、*f* 两交点到如图 7.9.6 ②所示的位置。

（5）以 *e* 为圆心、*ea* 为半径画圆弧，与辅助线相交于 *g* 点。

（6）以 *f* 为圆心、*fb* 为半径画圆弧，与另一条辅助线相交于 *h* 点。

（7）调用量角器工具，分别以 *g*、*h* 两点为圆心，创建两条垂直于辅助线的新辅助线，如图 7.9.6 ④所示。箭头所指的夹角等于 90°。

（8）用直线工具沿辅助线描出实线，清理废线面后得到直顶拱，如图 7.9.6 ⑤所示。

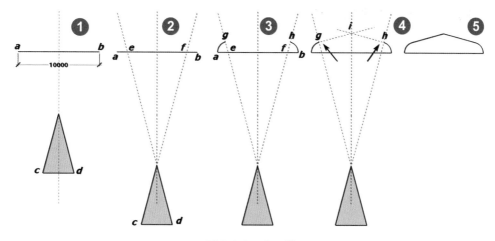

图 7.9.6　直顶拱

7. 洋葱头拱（ogee arch）（也称反曲线拱）

（1）这也是一种有 4 个中心点的拱，其中两个中心点 *c*、*d* 在起拱线上，另外两个中心点 *e* 和 *f* 在拱的上部。这些中心点的位置需要测试后确定，实例中给出的尺寸，结果如图 7.9.7 ④所示。

（2）画起拱线 *ab*，长度为 10m，分割成 5 份，图 7.9.7 ①中的 *c*、*d* 是居中一份的两个端点。

（3）用量角器工具，分别以端点 *c*、*d* 为中心，生成两条倾斜的辅助线，令箭头所指的角度为 68°。再从起拱线往上 7.5m（即起拱线长度的 3/4）创建一条水平辅助线，与倾斜辅助线相交于 *e* 和 *f* 点。上面的这些操作结果如图 7.9.7 ①所示。

（4）以 d 为中心、da 为半径画弧，与倾斜辅助线相交于 h 点，如图 7.9.7②所示。

（5）以 c 为中心、cb 为半径画弧，与倾斜辅助线相交于 i 点，如图 7.9.7②所示。

（6）如图 7.9.7③所示，以 e 为中心、eh 为半径画弧；再以 f 为中心、fi 为半径画弧；两弧相交于 j 点。

（7）清理所有废线面后的成品如图 7.9.7④所示。

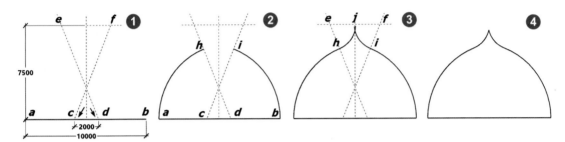

图 7.9.7　洋葱头拱

8. 平坦的拱（depressed arch）

（1）这是一种有 3 个圆弧中心的拱，两个在起拱线上，一个在中心线上。

（2）如图 7.9.8①所示，画起拱线 ab，长度为 10m；用卷尺工具拉出中心线。

（3）仍然如图 7.9.8①所示，调用旋转工具，以中心线上的 o 点为基点，分别向左、右创建倾斜的辅助线，令箭头所指的夹角为 20°。

（4）仍如图 7.9.8①所示，全选中心线与倾斜的辅助线，垂直移动到近似图 7.9.8①所示的位置，得到倾斜辅助线与起拱线两个相交点 c 和 d。

（5）如图 7.9.8②所示，以交点 c 为圆心、ca 为半径画弧，与倾斜的辅助线相交于 e 点。

（6）仍如图 7.9.8②所示，以交点 d 为圆心、db 为半径画弧，与倾斜的辅助线相交于 f 点。

（7）最后以 o 点为中心、oe 或 of 为半径画弧，如图 7.9.8③所示。

（8）清理废线面后得到成品，平坦的拱如图 7.9.8④所示。

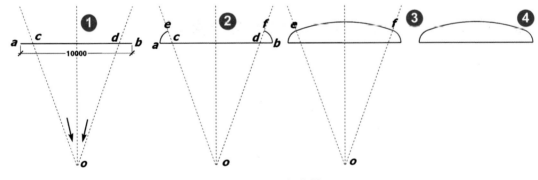

图 7.9.8　平坦的拱

9. 2D 拱转化成 3D 模型

上面介绍了 8 种常见拱形在 SketchUp 环境下快速准确的绘制方法，下面要集中介绍如何把上面绘制的 2D 拱形变成 3D 的模型。

（1）因为这次的拱是要用来生成 3D 模型的，所以画这个拱的时候务必注意以下两点：

① 圆弧的片段数将直接决定生成模型的"砌块"形状与数量，所以至关重要。

② 因上述同样的原因，绘制这个拱时就不能如图 7.9.9 ①箭头所指的那样交叉。

（2）在提前设置好圆弧的片段数后，还要如图 7.9.9 ②所示拉出中心线，画圆弧时只能画到与中心线相交，不要出头。上述其他形状的拱都一样。

（3）图 7.9.9 ②所示的弧画好后，删除底部水平方向的起拱线，如图 7.9.9 ③所示。

（4）现在全选图 7.9.9 ③的两条弧线，单击图 7.9.9 ④所示的 TIG 常用工具栏的"偏移线成面"工具。输入偏移值后，酌情回答诸如"要不要翻面"之类的一连串问题，即可生成如图 7.9.9 ⑤所示的"砌块"2D 图（这个图用 SketchUp 自带的工具也可以完成，但比较麻烦）。

（5）有了如图 7.9.9 ⑤所示的 2D 图后，只要推拉出"砌块"厚度即可，结果如图 7.9.9 ⑥⑦所示。

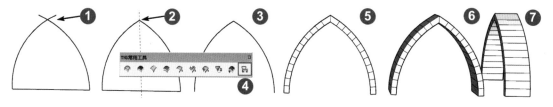

图 7.9.9　2D 拱转化成 3D 模型

（6）如果所绘制的拱是由多条曲线拼合而成的，则需要提前进行"焊接"成整体，而后再"拆分"成需要的片段数。

（7）上述"砌块"泛指砖、石、木、混凝土预制件等所有合用的材料。

扫码下载本章配套资源

第 8 章

网架（框架）结构类

　　网架与框架结构区别于传统的"平面结构"，是具有 3D 空间属性的"空间结构"范畴。是 20 世纪以来发展较快的建筑结构之一，从大型的机场候机楼、体育馆、煤库到小型的广告牌，都离不开网架结构。我国又是世界上钢铁生产和应用的第一大国、基建强国，网架结构的应用范围就更加普遍与宽广，甚至成为很多重要工程的首选，所以网架结构与造型一直是 SketchUp 建模应用中的重点之一。

　　本章要从网架结构的最小"细胞"——"几何不变形结构"开始讨论，再从简单到复杂，从杆件到节点球，介绍多种不同形式的网架造型建模思路与技巧。

8.1 网架类结构与建模工具概述

自 20 世纪以来，在全球范围内"空间结构"都得到了很大的发展。"空间结构"是相对传统的墙体、屋面等"平面结构"而言的，它具有 3D 特性。自空间结构问世以来，以其良好的力学特性、新颖美观的外形、快捷方便的施工、相对低廉的建造成本而受到人们的欢迎。本章要讨论的网架就是典型的空间结构。空间结构经过一个世纪的不断发展，除了本章要讨论的网架、网壳之外，本书的其他章节中还要讨论空间结构中的"膜结构""充气结构"等新成员。

在现代大中型建筑中，网架（grid structure）类型的结构一直占有重要的地位。它们广泛应用于如体育馆、影剧院、游乐园、大型展会、加油站、商场、车站/机场等候区和站台、大中型厂房、电厂煤库、飞机库、大型仓库、电视塔等，甚至小到广告牌、人行天桥、脚手架、市容牌楼、墙架、楼板、雨棚、冷却塔等建筑物与构筑物中。

国内所称的"网架"，国外大多称之为"框架"（space frame）或译为"空间框架"。下文中将统一使用"网架"这个名称，但应注意区别于第 9 章要讨论的"网格"（gridding）。为了在本章后面的篇幅中顺利展开讨论，本节要列出一些网架结构的概念与名称，目的仅用于建模，并不完整，也不一定全准确。本章后面介绍的多种网架结构，也仅限于讨论建模的一部分思路与技巧；严格的网架结构设计可查阅本节后附的专业文献。

图 8.1.1 展示的是由法国著名建筑设计师、普利策奖获得者让·努维尔操刀设计的罗浮宫阿布扎比分馆的外景，其网架穹顶直径达 180m，用了 8 层网架结构。图 8.1.2 所示为从内部看到的网架。从内部看金属穹顶，就像有大约 8000 颗镂空的星星，覆盖了 2/3 的面积。这个网架穹顶的重量跟埃菲尔铁塔相似，工期耗时 10 年，耗资 10 亿美元打造。

图 8.1.1 罗浮宫阿布扎比分馆外景

图 8.1.2　罗浮宫阿布扎比分馆内景

1. 网架结构的最小单元

合抱之木，生于毫末；九层之台，起于累土（《道德经》第 64 章）。即便巨大如阿布扎比罗浮宫 180m 直径的大网架也是由一个个杆件单元（相当于"细胞"）累积而成的，所以还得从最小的细胞开始研究。

网架的细胞是一个空间铰接杆系结构，理论上在任意外力作用下不允许存在几何变形。常见的几何不变形网架结构如图 8.1.3 所示。几何不变形的充要条件是：每 3 个（或以上）不在同一平面上的杆件交会于一点，该点就称为空间不动点。

（1）如图 8.1.3 ①所示的三角锥就是组成空间结构几何不变体系的最小单元。

（2）如图 8.1.3 ②③所示的由 3 个平面组成的空间结构，其节点至少为 3 个平面的交会点。

（3）如图 8.1.3 ④所示的四棱锥形状也常被用于网架的基本单元。

（4）还有更多不同的杆件单元结构，可查阅相关文献（略）。

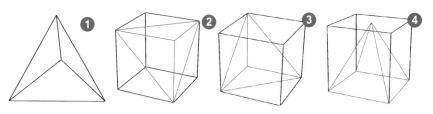

图 8.1.3　网架结构的最小单元

2. 网架结构与各部分名称

网架结构按弦杆层数不同，分为双层网架或 3（多）层网架。

（1）双层网架是由上弦层、下弦层和腹杆层组成的空间结构，见图 8.1.4，这是最常用的一种网架结构。

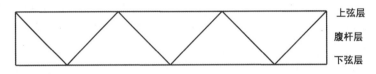

图 8.1.4 双层网架结构

（2）3 层网架是由上弦层、中弦层、下弦层、上腹杆层和下腹杆层等组成的空间结构，如图 8.1.5 所示。其特点是提高网架高度，减小网格尺寸，减小弦杆内力，减小腹杆长度，便于制造和安装。缺点是节点和杆件数量增多，杆件较密。有资料介绍，当跨度大于 50m 时，3 层网架用钢量比双层网架用钢量省，且跨度越大，用钢量降低越显著。上述阿布扎比罗浮宫的巨型网架甚至用了 8 层的结构，显然也是出于这个原因考虑。

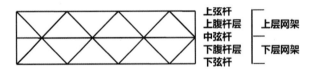

图 8.1.5 3 层网架结构

除了以上介绍的两种外，还有 10 多种不同形式的常见网架结构（读者可自行搜索相关文献）。但是从 SketchUp 建模思路与技巧的角度考虑，则大同小异，所以就不再逐一列出。

还有各种网架结构的节点，也将放在 8.8 节专门讨论。

3. 创建网架模型要考虑的主要技术参数（仅供参考）

（1）结构形式，如单层或双层，节点类型（焊接、螺栓）网格形式（三棱锥、四棱锥等）。

（2）网架平面尺寸：长度 l（m）、宽度 w（m）、高度 h（m）。

（3）网架节点形式与尺寸：相邻锥体的间隔（m）、节点连接形式（焊接、螺栓、钢板等）。

（4）支承形式：固定的、活动的等。

（5）材料：基础材料（混凝土、钢等）、网架杆、螺栓球。

（6）静载荷：上、下弦自重，节点自重等。

（7）活载荷：风载荷、雪压、抗震等。

（8）网架的网格高度与网格尺寸应根据跨度大小、荷载条件、柱网尺寸、支承情况、网格形式以及构造要求和建筑功能等因素确定。

（9）网架的高跨比可取 1/18 ～ 1/10。网架的短向跨度的网格数不宜小于 5。确定网格尺寸时宜使相邻杆件的夹角小于 45°，且不宜小于 30°

4. 建模工具

本章创建网架结构，除了要用到 SketchUp 自带的原生工具之外，还用到以下插件。

（1）Curviloft（曲线放样，见《SketchUp 常用插件手册》5.3 节）。

（2）JointPushPull Interactive（联合推拉，见《SketchUp 常用插件手册》2.7 节）。

（3）1001bit tools（建筑工具箱，见《SketchUp 常用插件手册》6.1 节）。

（4）JHS Powerbar（JHS 超级工具条，见《SketchUp 常用插件手册》2.3 节）。

（5）Selection Toys（选择工具，见《SketchUp 常用插件手册》2.8 节）。

（6）flowify [曲面流动（曲面裱贴），见《SketchUp 常用插件手册》5.16 节]。

（7）Soap Skin & Bubble（肥皂泡，见《SketchUp 常用插件手册》5.9 节）。

（8）Truebend（真实弯曲工具，见《SketchUp 常用插件手册》5.27 节）。

8.2　单层壳型网架实例（三角演艺场）

　　单层的网架（也称壳型网架）是网架家族中最简单的一类。本节的例子是为了说明如何快速创建单层网架与应用，是为了说明概念凭空想出来的例子，当不得真。不过，单层壳型的网架结构通常都比较简陋，时常用在跨度不大，甚至临时的场所，这倒是真的。

　　为了创建图 8.2.1 所示草台班子用的"三角形演艺场"，除了要用到 SketchUp 的原生工具外，还要用到以下几种插件。

　　（1）Soap Skin & Bubble（肥皂泡，见《SketchUp 常用插件手册》5.9 节）。

　　（2）JHS Powerbar（JHS 超级工具条 "线转圆柱" 工具，见《SketchUp 常用插件手册》2.3 节）。

　　（3）JointPushPull（联合推拉，见《SketchUp 常用插件手册》2.7 节）。

　　（4）Selection Toys（选择工具，见《SketchUp 常用插件手册》2.8 节）。

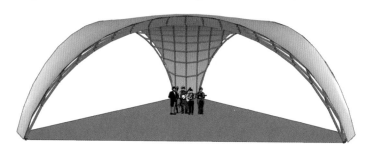

图 8.2.1　三角形的演艺场

创建过程如下。

　　（1）在 XY 平面（地面）上画一个等边三角形，内切圆半径为 12m。再在每一个角上切除大约 2m，形成如图 8.2.2 ①所示的形状。

　　（2）清理掉 3 个角后，如图 8.2.2 ②所示拉出高度 6m 左右。

　　（3）再如图 8.2.2 ③所示，用圆弧工具在一个立面上画个圆弧；再用旋转工具把圆弧旋转复制到另外两个面上。

（4）清理废线面后，仅留下图 8.2.2 ④所示的线框，这个线框非常重要，如果不满意，现在还可以用缩放工具改变它，如可以拉得更高或压扁一些。

（5）全选图 8.2.2 ④所示的线框，调用 Soap Skin & Bubble（肥皂泡）工具栏左侧的第一个工具 Generate Soap Skin（生成肥皂泡），见到如图 8.2.2 ⑤所示生成一个（10×10）的原始网格后要注意，马上要输入一个新网格的"分割数"，这个新的"分割数"将决定最终网格的密度。如图 8.2.2 ⑤是原始状态，图 8.2.2 ⑥是输入"16"后按 Enter 键的结果，还是显得网格太疏了；重新输入"20"后按 Enter 键，网格密度如图 8.2.2 ⑧所示。

（6）如果嫌原始的网格不够饱满，还可以单击 Soap Skin & Bubble（肥皂泡）工具栏左侧的第三个工具：Generate SoapBubbler（肥皂泡鼓出）工具，尝试输入一个正的值，如图 8.2.2 ⑥是没有经过"鼓出"调整的原状，⑦和⑧是输入"鼓出值"为"5"以后的结果，显得更加饱满。

（7）膜形成后，复制一个到旁边备用。三击全选一个膜，取消柔化后暴露所有边线，用 Selection Toys（选择工具）选择全部面后，按 Delete 键删除，仅留下网格线框。

（8）现在的网格只是一些线条组成的框架，后续就是要把这些线条变成真正能够承受各种力的实用网架。想法是这样的，最边缘的 3 条边受力最大，用直径为 200mm 的钢管，如图 8.2.2 ⑧黑色所示，内部其余的框架全部用直径为 100mm 的钢管。

（9）仔细选择好一条边缘的所有线条（用不着一点点做加选，把模型转到合适的角度做"框选"会快得多），单击 JHS 工具栏的线转圆柱工具，指定钢管的直径为 200mm，片段数为 10，指定颜色，指定创建群组即可。对另外两条最边缘的钢管做同样的处理。

（10）全选所有，再减选已经完成的 3 条边，剩下中间的所有框架，再度单击 JHS 工具栏的线转圆柱工具，指定钢管的直径为 100mm，片段数为 10，指定颜色，指定创建群组。

（11）现在所有的线框都按要求生成了粗、细两种钢管，接着就可以把图 8.2.2 ⑦所示的"表皮"移动到"钢管构架"上，再用缩放工具适当放大一点，让它覆盖在钢管框架的外面（代替帆布或者铁皮）；如果想把覆盖层做出厚度，可以调用 JointPushPull 联合推拉工具栏的第三个工具拉出厚度。

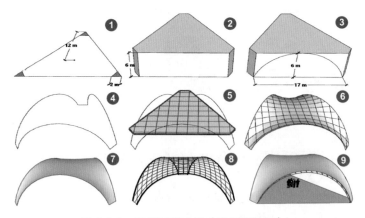

图 8.2.2　单层网架应用（三角演艺场）

注意：用以上方法创建的网架结构不够严格，只能作为空间方案推敲之用。

8.3　拱形网架结构

　　拱形的网架也是经常要遇到的项目，但是恕笔者直言，曾见过很多现实存在的网架工程，还有一些模型与图纸，以及网络视频教程中都犯了一些原则性错误，甚至发现在 www.youtube.com 的知名度很高的 SketchUp 教程视频中，发现至少有 4 个视频教程都是犯了同样的错误。下面将展示正确的与错误的两个实例。

　　创建本节的模型，除了要用 SketchUp 自带的原生工具外，还要用到以下插件：Truebend（真实弯曲工具，见《SketchUp 常用插件手册》5.27 节）。

1. 网架结构的最小稳定单元

　　我们在 8.1 节一开头就讨论过，网架结构的最小单元应该在任意外力作用下不允许几何变形。而几何不变形的充要条件是：每 3 个（或更多）不在同一平面上的杆件交会于一点，该点为空间不动点。所以"三角锥""四棱锥"或"3 平面组成的单元"等稳定结构就成为最小基本几何不变形单元，常被用作网架的基本单元。网架相邻杆件的夹角应介于 $30° \sim 45°$。

2. 常见的稳定与不稳定单元（假设都是 2m 见方）

　　（1）图 8.3.1 ①和②就是不稳定单元（常见于广告公司未经严格设计，任由焊工现场实作的广告牌框架），这种单元至少在两个方向上是不稳定的，可能造成"平行四边形变形"乃至事故。

　　（2）图 8.31 ③和④两个是最稳定单元，特别是图 8.31 ④是由 4 个严格的"三棱锥"组成，有最好的稳定度。（可打开附件里的模型进行研究）

　　（3）图 8.31 ⑤⑥两个单元是专门设计做两方向连接用的单元（如本节所讨论的拱门），图 8.31 ⑤⑥两个为一组，相邻两单元的斜杆方向相反，以获得最好的稳定性。

　　（4）图 8.3.1 所示的所有单元，在实际应用中，相邻两个单元至少有一面 4 根杆件是共用的，所以计算时都要减掉至少 4 根 2（m）的杆件，若按图 8.3.2 所示的两种尺寸相同、结构不同的网架实际用料计算，分别是：①②与③④均为 632m，⑤⑥与⑦⑧均为 576m。用料数量相差不到 10%，而实际强度却有天壤之别。

3. 常见的稳定与不稳定单元应用比较

　　（1）图 8.3.2 ②④两个都是用图 8.3.1 ⑤⑥两个单元拼接后弯曲而成，从任何方向看，都是十字交叉的三角形稳定结构。

　　（2）图 8.3.2 ⑥⑧两个是用图 8.3.1 ①②所示的单元拼接弯曲而成的，无论如何拼接，都有天生的薄弱环节，如红色箭头所指处（相邻杆件的夹角大于 45°）。

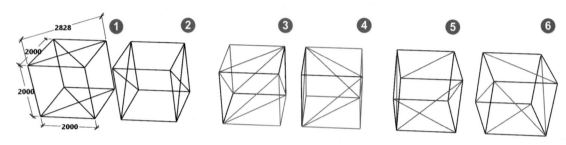

图 8.3.1　合理的与不合理的网架单元

4. 拱形网架建模操作要点

（1）创建网架结构的模型，除了 SketchUp 的原生工具外，还可能要用到以下插件。

① Truebend（真实弯曲工具，见《SketchUp 常用插件手册》5.27 节）。

② Shape Bender（形体弯曲，见《SketchUp 常用插件手册》5.28 节）。

（2）两者都可以把拼合成长条的网架单元①③⑤⑦（后称单元群组）弯曲成形，区别是：Truebend（真实弯曲）工具以单元群组的中心为基准点，两侧同时向中间靠拢实现弯曲，因此弯曲后的形状一定是"拱高"在"起拱线"的中心，拱高线两侧的形状相同。Shape Bender（形体弯曲）则可以随你的意愿弯曲成可能的任何形状。

（3）需要重点提醒一下，用 Truebend（真实弯曲）插件，直接对图 8.3.2 中任一"网架单元群组"做弯曲操作一定失败；经过很多次测试，找出解决的办法：需要提前在图 8.3.2①③⑤⑦靠弯曲内侧（或外侧）的一面绘制一个额外的临时平面，然后将此临时平面与单元群组再次创建群组（即嵌套），这样就可以顺利利用 Truebend（真实弯曲）插件进行弯曲操作了。弯曲完成后，删除临时平面即可。

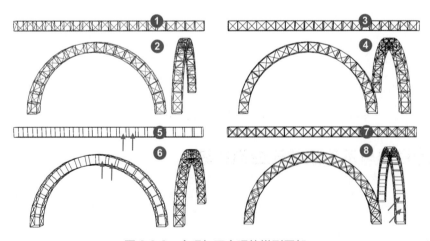

图 8.3.2　合理与不合理的拱形网架

8.4 平面网架结构

图 8.4.1 是某航空公司的机库（也是检修场所），80m 的跨度，是典型的平面网架应用实例。在当代条件下，很难想象，如果不用网架结构，还有什么更好、更经济的办法。本节要介绍两种双层平面网架结构的建模过程与要点。除了 SketchUp 自带的工具外，本节还要用到以下插件。

图 8.4.1 客机机库平面网架结构示例

（1）Selection Toys（选择工具，见《SketchUp 常用插件手册》2.8 节）。

（2）JHS 超级工具栏（见《SketchUp 常用插件手册》2.3 节）。

1. 六边形的平面网架

（1）假设网架的平面投影为六边形，内接圆直径为 30m，按网架跨度与高度之比 15 ：1 计算，网架高度应为 2m；拟采用 80 个边长为 3m、高度为 2m 的三棱锥网架单元（群组）拼合成如图 8.4.2 ①所示的三棱锥矩阵（也有把三棱锥的尖顶向下的做法，但后续操作不便）。

（2）用直线工具按照图 8.4.2 ②所示连接所有三棱锥的顶部，画出上弦杆，自然形成了一个面。

（3）全选图 8.4.2 ②所示的线面，单击 Selection Toys（选择工具）的第二个工具 Faces（面），其中所有的面被选中，按 Delete 键后，所有的面被删除，只留下所有的线，结果如图 8.4.2 ③ 所示。

（4）仔细检查 6 个侧面，一定会发现有两个侧面是矩形，须用直线添加斜向的腹杆。

（5）现在得到的是线框，也许还是上下方向颠倒的，可以做个上下镜像纠正。本节最后还会集中说明把线框转变成实体框架的过程。

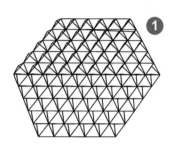 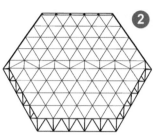 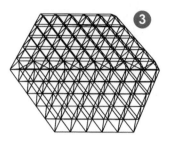

图 8.4.2　六边形平面网架

2. 矩形的平面网架

假设网架平面投影为正方形，边长为 30m，仍然按网架跨度与高度之比 15 ∶ 1 计算，网架高度应为 2m；拟采用 100 个边长为 3m、高度为 2m 的四棱锥网架单元（群组）拼合成如图 8.4.3 ①所示的四棱锥矩阵（也有把四棱锥的尖顶向下的做法，但后续操作不便）。

（1）用直线工具按照图 8.4.3 ②所示连接所有四棱锥的顶部，画出所有上弦杆，自然形成了一个面。

（2）全选图 8.4.3 ②所示的线面，单击 Selection Toys（选择工具）的第二个工具 Faces（面），其中所有的面被选中，按 Delete 键后，所有的面被删除，只留下所有的线，结果如图 8.4.3 ③所示。

（3）现在得到的是线框，也许还是上下方向颠倒的，可以做个上下镜像纠正。

3. 线框转为杆件实体

（1）现在简单介绍如何把线框转变成实体杆件的过程。

全选图 8.4.3 ③，炸开全部四棱锥，再次全选所有线框，单击 JHS 工具栏上的"线转圆杆"工具，输入圆杆的直径等参数后，稍待片刻，杆件即可生成（截图略）。

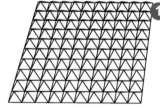 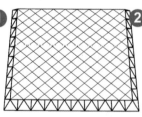 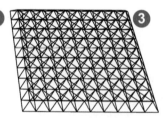

图 8.4.3　矩形平面网架

（2）如果想要用角钢、方管、槽钢等型材制作网架模型，需要事先按照国家标准把型材的截面画在 XY 平面（地面）上，再调用 1001 bit Tools 工具栏上的"将路径转换成实体"工具来创建。具体操作可查阅《SketchUp 常用插件手册》6.1 节与对应的视频。

（3）至于真实网架节点上连接各杆件的"焊接球"或"螺栓球"的创建方法，将在 8.7 节介绍。

8.5 曲面网架实例（拱形）

大跨度的仓库、雨棚、加油站、厂房乃至大型商场等，凡"实用性"优于"艺术性"的网架结构应用，一直是钢结构、网架结构应用领域的主流。实用性强的网架结构一定会优先考虑强度、可靠性、施工速度与成本效益比等指标，绝不会采取标新立异、怪模怪样的形状。而最符合以上"强度、可靠性与成本效益比"等条件的网架形状，除了8.4节讨论的平面形外，更可能成为首选的应该还是"拱形"的网架。本节就来介绍几种简单实用的创建拱形网架的方法。

本节的几个例子除了SketchUp自带的工具外，还要用到以下插件中的一部分。

（1）Truebend（真实弯曲工具，见《SketchUp常用插件手册》5.27节）。

（2）Shape Bender（形体弯曲，见《SketchUp常用插件手册》5.28节）。

（3）JointPushPull Interactive（联合推拉，见《SketchUp常用插件手册》2.7节）。

1. 创建拱形的网架

（1）本节要把8.4节创建的平面形的网架改造成拱形的，操作过程相对简单，要用到Truebend真实弯曲工具。在《SketchUp常用插件手册》5.27节曾经说过，这个工具只能对放置于XY平面上的对象才能做弯曲操作（即竖在地面上）。所以，第1步就要把8.4节已经做好的网架结构（群组）竖起来，就像图8.5.1①所示的那样。

（2）为了简化后面做屋面板的工序，现在就要在网架上屋面板的位置创建一个平面，就像图8.5.1②和⑥一样，拉出一个厚度（视屋面板不同而异），并且创建群组（如果在网架竖起来之前创建这个平面，后续的弯曲操作将会失败，除非炸开后重新创建群组）。

（3）把网架的群组和屋面板的群组再创建一个新的群组，也就是一个嵌套的群组。

（4）现在就可以调用Truebend真实弯曲工具了，图8.5.1③和⑦就是弯曲了90°后的结果，图8.5.1④和⑧是弯曲了180°后的结果，图8.5.1⑤⑥⑦⑧是把①②③④旋转90°后的视图。

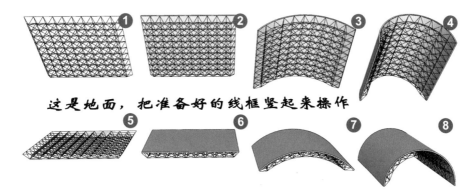

这是地面，把准备好的线框竖起来操作

图8.5.1 创建拱形的网架

2. 创建半椭圆拱形网架（与传统墙配合的屋面）

（1）如图 8.5.2 ①所示，把 8.4 节创建的平面形网架改造成 48m × 30m 的长方形，创建群组，仍然要把它竖在 XY 平面上以方便后续操作。

（2）仍然在屋面的位置画矩形，并拉出需要的厚度，创建群组。再把网架群组与屋面群组合并，再次创建成一个两层嵌套的群组，如图 8.5.2 ②所示。

（3）沿着嵌套群组的长度画一条与群组等长的直线③；再画出想要弯曲成的形状曲线，如图 8.5.2 ⑤所示。（绘制这种曲线的方法可参考 7.9 节。）

（4）接着就要用工具④ [Shape Bender（形体弯曲）] 进行弯曲操作，顺序如下：选择嵌套群组②，单击 Shape Bender（形体弯曲）工具图标④，单击直线③，再单击曲线⑤，现在要按照预示的图像单击上下箭头，直到看见正确的形状（见图 8.5.2 ⑥）后，按 Enter 键确定。图 8.5.2 ⑦是旋转 90° 后的正常状态。

（5）若想要做出其他形状的拱形网架，只要改变曲线⑤的形状即可。

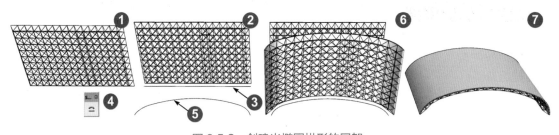

图 8.5.2　创建半椭圆拱形的网架

8.6　曲面网架实例（异形）

在大量曲面网架应用中，不乏以实用与艺术相结合的成功案例，图 8.6.1 所示的北京大兴国际机场航站楼的网架结构就是一个很好的例子。本节尾部附有北京市建筑设计研究院总工程师 束伟农先生写的一篇案例分析——"北京大兴国际机场航站楼钢结构设计研究"（全套PPT），文中包含了很多学术性的内容和十多幅大兴机场的美图，推荐读者参考。

本节与 8.7 节要介绍两个曲面造型的网架，为了说明问题，本节介绍一个相对简单的实例，只要真正掌握了本节介绍的方法，就可以应付很大一部分曲面网架的建模任务。

本节的建模任务除了 SketchUp 自带的原生工具外，还要用到以下插件。

（1）Curviloft（曲线放样，见《SketchUp 常用插件手册》5.3 节）。

（2）JointPushPull Interactive（联合推拉，见《SketchUp 常用插件手册》2.7 节）。

（3）JHS Powerbar（JHS 超级工具条，见《SketchUp 常用插件手册》2.3 节）。

（4）Selection Toys（选择工具，见《SketchUp 常用插件手册》2.8 节）。

（5）Flowify [曲面流动（曲面裱贴），见《SketchUp 常用插件手册》5.16 节]。

图 8.6.1　北京大兴国际机场航站楼钢网架（局部）

1. 创建曲面

（1）首先要规划出网架的大致尺寸与形状，操作如下：在 XY 平面上画一个 10m 见方的正方形，拉出一个 3m 高的立方体（截图略）。

（2）在立方体的一个侧面画一条圆弧（片段数用默认的 12，也可以用贝塞尔曲线工具），把这条曲线复制并镜像到对侧的面上，删除部分线面后如图 8.6.2 ①所示。

（3）继续删除废线面后，仅剩下如图 8.6.2 ②所示的两条关键曲线。

（4）全选图 8.6.2 ②所示的两条曲线，单击 Curviloft 曲线放样插件的第一个工具 Curvilof，注意在弹出的参数选择条上把 Seq 参数调整到 10，如图 8.6.2 ③箭头所指，以获得比较光滑的曲面。

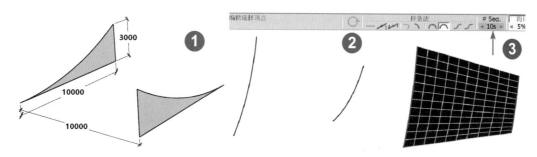

图 8.6.2　创建曲面

2. 创建四棱锥矩阵

（1）在 *XY* 平面上画一个正方形，边长为 1m，在正方形的中心向上画垂线，长 800mm，用直线工具连接正方形 4 个角与垂线的顶部端点（注意一定不要忘记删除中心的垂线，也不要创建群组）。完成后的四棱锥如图 8.6.3 ①所示。

（2）做移动复制，*X* 和 *Y* 方向各有 10 行、10 排，完成后如图 8.6.3 ②所示。

（3）用直线工具连接每一排与每一行四棱锥的顶点，如图 8.6.3 ③所示，已各完成了两排和两行。

（4）用直线工具将所有四棱锥顶端连接后全选，单击 JHS 工具栏上的"生成面域"按钮，所有已经连线而没有成面的位置全部自动成面，如图 8.6.3 ④所示（即使有反面朝外也不必理会）。

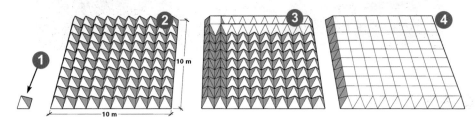

图 8.6.3　创建四棱锥矩阵

3. 准备曲面流动的条件

（1）现在已经有了一个曲面，又有了一组列队准备好的四棱锥，接着就该把后者"裱贴"到前者的曲面上去，现在这一步是要做"裱贴"前的准备。

（2）图 8.6.4 ①②③④共有 4 个群组，其中②箭头所指的是两条连接两个群组的线，并群组。

（3）将①②③三者再次创建成一个嵌套的组。

（4）将④沿红色的箭头，把两个群组准确重叠在一起，准备工作就完成了。

（5）归纳一下，先有①②③这 3 个单独的组，再把二者合起来建组；最后把④与③对齐。

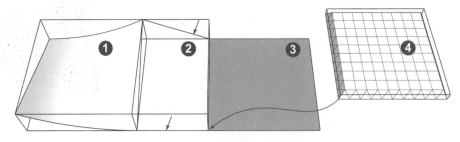

图 8.6.4　准备曲面流动的条件

4.形成曲面网格线框

（1）这一步虽然很简单但是很重要，要用到 Flowify（沿曲面流动）插件，测试中曾发现几个汉化版都出现过一些问题，所以推荐使用 extensions.sketchup.com 下载的"Flowify"。

（2）如图 8.6.5 ①所示，全选上一步已经重叠在一起的 4 个群组（即图 8.6.4 ①②③④），然后单击图 8.6.5 ②所示的"扩展程序"→ Flowify → Flowify without Cut 命令，稍待片刻，如图 8.6.5 ③所示，原先仅为一个曲面的群组上又叠加了一个变形的四棱锥群组，移出后如图 8.6.5 ④所示，这就是我们要的结果。

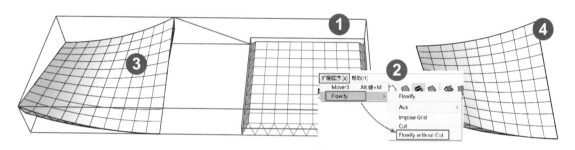

图 8.6.5　形成曲面网格线框

5.生成圆管网架与面层

（1）上一步生成的还只是"网格线框"，并且还包含了很多无用的"面"，这一步要去除无用的面，只留下线框，然后生成圆管网架，再加上面层。

（2）全选图 8.6.6 ①所示的所有线面，单击 Selection Toys（选择工具）插件的第一个工具 Edges（边线），选择所有的线，然后按住 Ctrl 键复制移出，如图 8.6.6 ②所示，形成一个线框网格（现在还不是网架）。

（3）全选图 8.6.6 ②所示的全部线框，再单击 JHS 工具栏上的"线转圆柱"工具，在弹出的对话框中输入圆柱的直径尺寸,注意只要指定这个尺寸,其余项目保留原状,一定不要"画蛇添足"。

（4）设置好圆柱尺寸，单击确定后，应注意屏幕左下角的进度条，老旧计算机可能要等几十秒甚至更久，请耐心等待。完成后如图 8.6.6 ③所示（为显示得更清楚，已经上色）。

（5）至于"面层"则非常简单，只要复制图 8.6.4 ①所示的曲面，移动到图 8.6.6 ③的网架上面并对齐，再调用 JointPushPull Interactive（联合推拉）工具栏上的第三个工具，把曲面拉出一个厚度即可。创建完成后的曲面网架成品如图 8.6.6 ④所示。

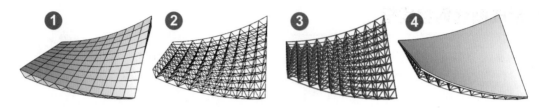

图 8.6.6　生成曲面网架与面层

参考资料：北京市建筑设计研究院有限公司总工程师束伟农"北京大兴国际机场航站楼钢结构设计研究"https://www.meipian.cn/2msr8tpe。

8.7　网架结构的节点

　　用钢材制作的网架，主要有如图 8.7.1 所示的几种节点。图 8.7.1 中①所示为十字板节点；图 8.7.1 ②所示为钢板型材节点；图 8.7.1 ③所示为焊接空心球节点；图 8.7.1 ④所示为螺栓球节点。其中①②两种节点都适用于型钢杆件与节点板的连接，采用焊接或高强螺栓连接。图 8.7.1 ③所示的空心球节点及图 8.7.1 ④所示的螺栓球节点，适用于钢管杆件的网架结构。工程上用得较多的还是焊接球形节点（见图 8.7.1 ③）和螺栓球形节点（见图 8.7.1 ④）。一般情况下，节点的钢材消耗量占整个钢网架结构用钢量的 15% ~ 20%。

　　至于焊接球（见图 8.7.2）与螺栓球（见图 8.7.3）有各自的优缺点，据相关文献比较：焊接球全部在现场焊接，受气候和工人技术水平的影响大，工时长，技术与设备门槛低，品质难以保障；材料成本比螺栓球略低，但现场焊接与安装的工时费用高。而采用螺栓球节点的情况跟焊接球基本相反，球体与杆件全部在工厂预制，技术与设备门槛高，工地上只要拧紧后锁定即可，一把扳手就能解决，工时短，品质好，虽然材料成本高，但工地现场的费用低。尺有所短，寸有所长，各有利弊，须合理取舍。本节的几个例子除了 SketchUp 自带的工具外，还要用到以下插件中的一部分：JHS 超级工具栏的辅助点、线轴圆杆、辅助点转组件等（见《SketchUp 常用插件手册》2.3 节）。

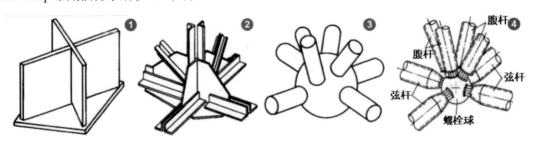

图 8.7.1　各种节点示意

图 8.7.2　焊接球节点

图 8.7.3　螺栓球节点

1. 节点球建模要点

　　创建节点球，对于建模来说，实在没有什么了不起，用路径跟随工具做个小球而已，不过若真的这么做，一定会返工，请一定要注意以下操作要领，免得返工。

　　（1）首先用路径跟随工具做一个球（直径为 300mm），因它将被大量复制，所以一定要控制片段数，又因为这个球不会做成特写，轮廓粗一点并不会影响模型的整体观感。建议做球体之前，把画圆工具的片段数调整到 8。球体形成后立即创建成组件（不是群组），如图 8.7.4 ①所示。

　　（2）双击进入这个球组件内部，一定能看到如图 8.7.4 ②左下角所示的组件坐标标志，现在调用移动工具沿绿轴（Y 轴）向 -Y 方向移动 150mm（球体直径的一半），结果如图 8.7.4 ③所示。

　　（3）再把球体沿蓝轴（Z 轴）-Z 方向移动 150mm（球体直径的一半），结果如图 8.7.4 ④所示。

　　（4）最后把球体沿红轴（X 轴）-X 方向移动 150mm（球体直径的一半）。

　　（5）打开 X 光模式，检查组件的坐标轴是否正好在球体的正中心，如图 8.7.4 ⑤所示。

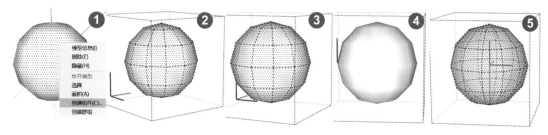

图 8.7.4　节点球建模要点

2. 准确放置节点球

为了看得更清楚些，下面的展示仅用了一个三棱锥。图 8.7.5 ①②③④和图 8.7.5 ⑤⑥⑦⑧分别展示两种方法，结果是一样的。

图中箭头所指的"d"是按图 8.7.4 做好的球体（注意是组件，坐标轴已经移动到组件的中心）。

（1）第一种方法：全选三棱锥①，单击 JHS 超级工具栏上的辅助点工具"b"，它会在每一个节点产生一个辅助点，如图 8.7.5 ②所示，接着全选包含辅助点的②和球体"d"，单击辅助点转组件工具"c"，所有的辅助点都变成了节点球，如图 8.7.5 ③所示，再次全选③，单击线变圆柱工具"a"，输入圆杆直径后按 Enter 键，所有线段变成圆杆，演示完成。

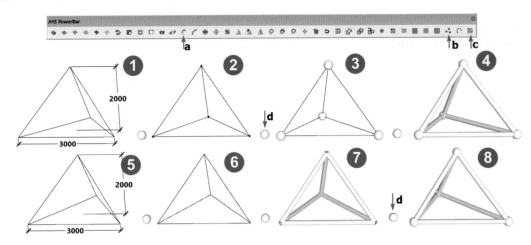

图 8.7.5　节点球安装小样示范

（2）第二种方法与第一种的区别在于，先创建圆杆（线框仍在圆杆中间，所以不会影响后续生成辅助点和创建球体），操作方法与第一种方法相同，建议用第一种更直观。

3. 创建焊接球网架实例

（1）图 8.7.6 ①所示就是前面 8.4 节创建的六边形平面网架的线框。下面要用它来演示创建网架的全过程。现在全选准备好的线框①，单击工具栏上的工具"a"，所有顶点全部生成一个辅助点，如图 8.7.6 ②所示。

（2）现在全选图 8.7.6 ②和节点球"c"，单击辅助点转组件工具"b"，如图 8.7.6 ③所示，所有辅助点都变成了球体。

（3）最后一步，要把线框生成杆件，请看图 8.7.6 ④，这是前一步已经创建了球体的线框，单击工具"a"，稍待片刻（老旧计算机要等几十秒），所有线框都变成杆件，如图 8.7.6 ⑤所示。

（4）图 8.7.6 ⑥是放大了网架成品一个角后的特写，球体上的红色仅用于突出显示，无其他特殊意义。为求清晰，球体体积放大了将近 1 倍，并非合理的比例，也说明一下。

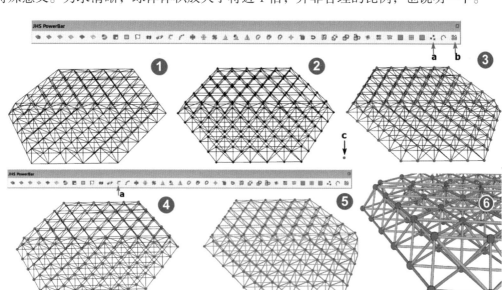

图 8.7.6　节点球就位

4. 创建螺栓球网架实例

（1）上面所述的焊接球，用钢板冲压成半球体焊接而成，体积较大。而螺栓球通常是实心的，在工厂预先铣出安装平面、打孔、攻螺纹，体积小，角度精准；而配套的杆件也需要在两端预制出螺栓。所以，建模也要麻烦得多。

（2）图 8.7.7 ①就是 8.4 节出现过的四棱锥。如图 8.7.7 ②所示，要用一条水平线创建网架的下弦杆，还要依照一条斜线做出腹杆，注意两头都要做出束头与螺杆部分（可参考前面的图 8.7.3）。还要创建一个球体组件，如红箭头所指。直径大约是杆径的 1.5 倍以内，也要把坐标轴移到球体的中心。

（3）接着对已完成的下弦杆与腹杆做旋转复制，结果如 8.7.7 ③所示。

（4）为了精准放置螺栓球，用 JHS 工具的辅助点工具，在图 8.7.7 ③所示的 5 个角上生成 5 个辅助点，如图 8.7.7 ③红色箭头所指处所示（也可以在①上生成辅助点后移动到③处对齐）。

（5）最后全选杆件与辅助点，还有螺栓球，单击 JHS 超级工具栏的 "辅助点转组件工具"，螺栓球全部就位，如图 8.7.7 ④所示。

（6）至于把这个小样扩展成实用的网架成品，因为杆件需要预制，又有螺栓球的存在，会比较麻烦，但是稍微动动脑筋还是可以实现的，譬如可以先把杆件的矩阵做出来，再在另一处把球体的矩阵做好，移动到两者精准重叠即可。本节附件里有实例（截图略）。

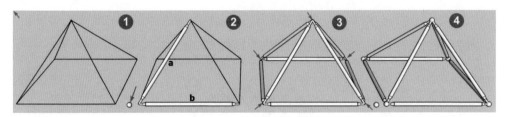

图 8.7.7　螺栓球网架安装小样

8.8　快速创建曲面网架（不严格的）

　　本节要介绍的曲面网架建模技巧，特点是速度快，并且可用于创建任意复杂的曲面网架。优点显著，缺点也明显：用这种方法创建的网架不是严格的"几何不变形"结构，所以只能在方案设计阶段表示形状和体量，等到方案大致通过后再做符合严格要求的模型。用这个方法创建曲面网架，除了 SketchUp 自带的工具外，还要用到以下插件。

　　（1）Curviloft（曲线放样，见《SketchUp 常用插件手册》5.3 节）。

　　（2）JointPushPull Interactive（联合推拉，见《SketchUp 常用插件手册》2.7 节）。

　　（3）JHS Powerbar（JHS 超级工具条，见《SketchUp 常用插件手册》2.3 节）。

　　（4）Selection Toys（选择工具，见《SketchUp 常用插件手册》2.8 节）。

1. 确定网架的大致体量与形状

　　（1）在地面上画一个长方形，红轴方向 50m，绿轴方向 40m，拉出高度 20m，如图 8.8.1 ①所示。

　　（2）在立方体的一端画圆弧，并且如图 8.8.1 ②所示，删除部分线面后复制出另外两份。

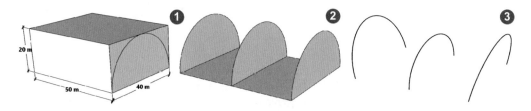

图 8.8.1　确定网架的体量形状

　　（3）两端的圆弧面向外侧旋转 15°，中间的圆弧面稍微压低，如图 8.8.1 ③所示。以上尺寸仅供参考，可以按自己的想法来确定尺寸与形状。

2. 获取线框

　　（1）全选图 8.8.1 ③所示的 3 条线，单击 Curviloft（曲线放样）工具栏的第一个工具，生成曲面，如图 8.8.2①所示。注意，这个原始曲面要留下一个副本，最后做面层或衬里层时还要用。

（2）双击全选曲面①，调用 JointPushPull Interactive（联合推拉）工具栏上的第三个工具，拉出厚度 2m，如图 8.8.2②所示。

（3）炸开群组，连续三击，全选所有后，取消柔化，暴露所有边线，如图 8.8.2③所示。注意，图 8.8.2③红色箭头所指处是四边面，需要补线加强。

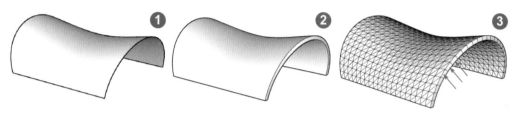

图 8.8.2　获取线框

3. 获取网格与标注顶点

（1）用直线工具在图 8.8.2③箭头所指处补画斜线，完成后如图 8.8.3①所示。

（2）全选图 8.8.3①所示曲面后，调用 Selection Toys（选择工具栏）的第二个工具选择所有面，按 Delete 键删除后，仅剩下线框，如图 8.8.3②所示（也可调用选择工具栏的第一个工具，仅选择所有边线后移出，结果相同）。

（3）全选图 8.8.3②所示的线框，单击 JHS Powerbar（JHS 超级工具条）上的辅助点工具，在网格所有的交点（即顶点）处生成辅助点，如图 8.8.3③所示，后面将用这些辅助点生成节点球。

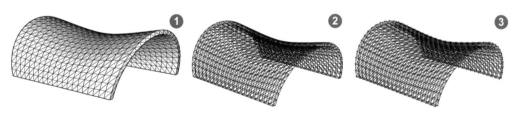

图 8.8.3　获取网格与标注顶点

4. 生成节点球与杆件

（1）全选线框与辅助点，还有预制的节点球组件（图 8.8.4①箭头所指处），单击调用 JHS Powerbar 工具条上的"辅助点转组件"工具，结果如图 8.8.4①所示。

（2）全选①，单击 JHS Powerbar（JHS 超级工具条）上的"线转圆杆"工具，输入圆杆的直径，经过漫长的等待后，所有的线框变成了圆杆（蓝色），加上已有的节点球，如图 8.8.4②所示，一个虽不严格却有点像的网架结构便有了。

（3）若要做面层或衬里层，可用预留的图 8.8.2 ①原始曲面改造（略）。

再重复一下，用这种方法创建的网架不是严格的"几何不变形"结构，所以只能在方案设计阶段表示形状和体量时使用。

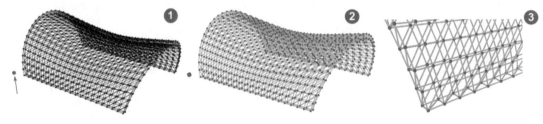

图 8.8.4　生成节点球与杆件

8.9　半球形网架

半球形的网架建筑也很常见，图 8.9.1 和图 8.9.2 是两个实例照片，这种形状的网架很适宜用于大型的建筑。本节将以直径 30m 的小型半球形网架结构为例，介绍其创建的方法。创建过程除了 SketchUp 的原生工具外，还要用到以下插件。

（1）Fredo6 Tools（工具栏上"标注法线"工具，见《SketchUp 常用插件手册》5.1 节）。

（2）Selection Toys（选择工具，见《SketchUp 常用插件手册》2.8 节）。

（3）JHS 超级工具栏的点工具、点转组件工具、线转圆杆工具（见《SketchUp 常用插件手册》2.3 节）。

图 8.9.1　球形网架（工地）

图 8.9.2　珠海钢铁公司（工地）

1. 从模型的做法看设计的思路

（1）图 8.9.3 ①展示了两种不同做法的网架结构，箭头"a"所指的几乎是国内外所有视频平台上介绍的做法：只要用"面转组件"插件，一瞬间就可将预制的四棱锥组件分布到所有选择好的四边面上去。这样做虽然建模速度快，但是非常不合理，网架上所有位置，不论其载荷状况如何，杆件单元完全相同，顶部载荷小，杆件反而更密集（可查阅附件），就像是完全的外行或马马虎虎赶时间应付建模任务。

（2）图 8.9.3 ①"b"箭头所指的是另一种做法，考虑到网架结构的顶部只承受网架杆件的自重与可能的雪压，越接近地面，承受纵向的重力与横向的风载荷等负载就越大，只有根据受力情况区别对待顶部与底部，分别设计出不同的杆件单元才是合理的设计思路，并且不难实现。

2. 根据载荷情况创建不同的杆件单元

（1）图 8.9.1 ②展示的是用 Fredo6 Tools 工具栏上绘制法线的工具。单击一个面的中心后，产生一条表示法线方向的虚线（虚线的截图略。图 8.9.3 ②中红色的线是确定矩形中心用的辅助线）。

（2）再分别用直线工具沿着法线方向画出长短不一的实线（即四棱锥的中心线）；每条直线的长度可以根据实际情况按照预定的比例来确定。图 8.9.3 ②所示的法线长度相当于该四边形上部横杆的长度，越接近顶部，中心线越短。

（3）接着只要用直线工具分别连接中心线顶点到四边形的 4 个角，如图 8.9.3 ③所示，就创建了网架底部最大，越往上越小的一系列四棱锥。在画线生成这些四棱锥的过程中，一定要把图 8.9.3 ②所示的法线与红色的辅助线删除，不然后续就会生成很多不该有的杆件。

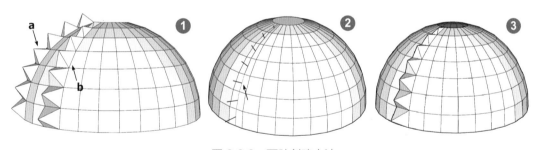

图 8.9.3　两种创建方法

3. 完成所有的线框

（1）把图 8.9.3 ③中除创建好的四棱锥以外的所有无关线面全部删除（注意要留下十字圆心，如果原来没有，要趁底部平面还在时补上），结果如图 8.9.4 ①所示。

（2）把这部分孤立出来以后还要做两件事：一是在①红色箭头所指处补上 3 条线，以贴合地面；二是把①所示的这几个四棱锥全选后创建成组件。

（3）接着做旋转复制，结果如图 8.9.4 ②所示。顶部中间有意留下一个直径近 6m 的空洞，只要安排一个单层的网架就足够了。这部分还可视工程的性质改变其用途，譬如覆盖透明材料后可用于采光，也可适当留空用来通风。

（4）现在双击任一组件，进入组件内部，用横竖、直线连接相邻四棱锥的顶点，这一步完成后，所有的线框就都具备了，如图 8.9.4 ③所示。

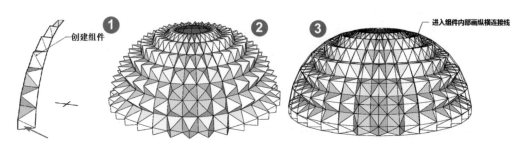

图 8.9.4　从局部到整体

4. 生成杆件与节点球

（1）全选图 8.9.4 ③所示的所有线面后炸开，调用 Selection Toys 选择工具栏的第一个工具 "Edges"，选择全部边线，移出后如图 8.9.5 ①所示。

（2）全选图 8.9.5 ①所有线框，调用 JHS 超级工具栏的 "线成圆杆"，输入圆杆直径，生成杆件如图 8.9.5 ②所示。此时①所示的线框仍然保留在杆件的内部，可以用来后续生成节点球。

（3）全选图 8.9.5 ②，单击 JHS 插件工具条的 "辅助点" 工具，在线框各顶点生成辅助点。因辅助点藏在杆件内部，只有打开 X 光模式才能看见。

（4）全选图 8.9.5 ②和预制好的节点球（箭头所指处），单击 JHS 超级工具栏的 "点转组件" 工具后，如图 8.9.5 ③所示，所有辅助点变成了节点球。

（5）上述 "网格生成杆件" 与 "辅助点生成节点球" 的顺序可以对调，先生成节点球再生成杆件，结果是相同的。

（6）节点球必须做成组件，坐标轴要在球体中心（可参考本章 8.7 节），若发现生成的节点球大小不合适，可单击任一节点球，进入组件内，用缩放工具（按住 Ctrl 键）做中心缩放。

图 8.9.5　线框生成杆件与节点球

SketchUp曲面建模思路与技巧

扫码下载本章配套资源

第 9 章

孔洞网格结构类

"孔洞网格结构"和第 8 章的"网架结构"是两种不同的结构形式。本章要讨论的"孔洞网格结构"偏向于"装饰",有更多的艺术性;而第 8 章的"网架结构"偏向于"结构",有更多的实用性。

"孔洞网格结构"大致可分为"规则孔洞"与"不规则孔洞"。"规则孔洞"形式的网格结构在实际工程应用与 SketchUp 建模中都是很常见的结构;创建规则孔洞网格的方法、工具、技巧也最多。"不规则孔洞"网格结构的孔洞形状、大小、排列呈"随机化",这种孔洞结构在建筑、景观、室内设计中都有大量的应用,譬如在穹顶、墙体、隔断、面装饰等领域都能看到不少优秀的作品。

本章共分为 8 节,包含多个小模型,这些实例看起来都很简单,但是蕴含其中的思路与技巧可用于任何行业与任何规模的曲面结构与造型。

9.1　孔洞网格结构与建模工具

　　各种孔洞网格在实际工程应用中是很常见的结构；在 SketchUp 里创建各种孔洞网格的方法、工具、技巧也有很多。本章要介绍一些创建孔洞网格结构的基本思路与技巧。

　　本章所讨论的实例中，除了 SketchUp 的原生工具外，还要用到以下插件。

　　（1）Curviloft（曲线放样，见《SketchUp 常用插件手册》5.3 节）。

　　（2）JointPushPull Interactive（联合推拉，见《SketchUp 常用插件手册》2.7 节）。

　　（3）1001bit tools（建筑工具箱，见《SketchUp 常用插件手册》6.1 节）。

　　（4）JHS Powerbar（JHS 超级工具条，见《SketchUp 常用插件手册》2.3 节）。

　　（5）Selection Toys（选择工具，见《SketchUp 常用插件手册》2.8 节）。

　　（6）flowify（曲面流动（曲面裱贴），见《SketchUp 常用插件手册》5.16 节）。

　　（7）Soap Skin & Bubble（肥皂泡，见《SketchUp 常用插件手册》5.9 节）。

　　（8）Truebend（真实弯曲工具，见《SketchUp 常用插件手册》5.27 节）。

　　（9）Unwrap and Flatten Faces（展开压平，见《SketchUp 常用插件手册》4.3 节）。

　　（10）2DBoolean（2D 布尔，见《SketchUp 常用插件手册》3.5 节）。

　　（11）Shape Bender（形体弯曲，见《SketchUp 常用插件手册》5.28 节）。

　　（12）Raylectron Platonic Solids（柏拉图多面体，见《SketchUp 常用插件手册》3.4 节）。

　　（13）Extrude Tools（曲面放样工具包，见《SketchUp 常用插件手册》5.1 节）。

　　（14）S4U To Components（S4U 点线面转组件，见《SketchUp 常用插件手册》3.2 节）。

　　（15）Compo Spray（组件喷射，见《SketchUp 常用插件手册》4.6 节）。

9.2　曲面孔洞网格

　　本节要探讨如何在曲面上生成网格的几种方法。本节的实例除了要用到 SketchUp 的沙盒工具（地形工具）外，还要用到 Flowify 曲面流动（曲面裱贴）插件。

1. 创建带孔洞的曲面

　　（1）在 XY 平面上画 3m × 3m 的矩形，并创建群组，如图 9.2.1 ①白色的底色所示。

　　（2）绘制正六边形与菱形，并移动复制成图 9.2.1 ①所示的深色部分。

　　（3）炸开图 9.2.1 ①白色的矩形群组，令六边形与菱形图案跟底部矩形合并，如图 9.2.1 ②所示。

　　（4）双击图 9.2.1 ②的大面，移到旁边如图 9.2.1 ③所示，翻面后获得带孔洞的面，如图 9.2.1 ④所示。

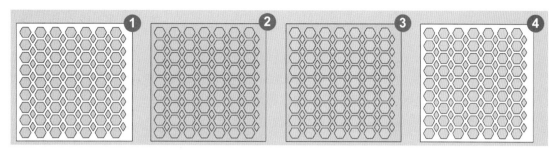

图 9.2.1 创建带孔洞的面

（5）调用沙盒工具栏上的"网格工具"画网格，如图 9.2.2 ①所示。

（6）调用沙盒工具栏上的"曲面起伏"工具，推拉出曲面并柔化后如图 9.2.2 ②所示。

（7）把之前准备好的带孔洞的面移动到曲面上对齐，如图 9.2.2 ③所示。

（8）调用沙盒工具栏上的"曲面投射"工具，把孔洞面"投射"到曲面上，如图 9.2.2 ④所示。

（9）图 9.2.2 ⑤是已经带有孔洞轮廓的曲面，双击大面移出后，如图 9.2.2 ⑥所示，得到带孔洞的曲面。

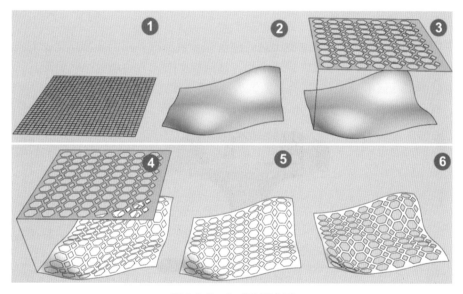

图 9.2.2 生成孔洞曲面

（10）如果需要，还可以用"联合推拉"、FFD 等工具拉出厚度或变形。

2. 创建带孔洞的板材

（1）上面介绍的方法只能获得带有孔洞的面（没有厚度），现在要介绍创建有厚度的、带有孔洞的板材，要用到 Flowify（曲面流动）插件。

（2）图 9.2.3 ①是准备好的一个嵌套群组，内含 3 个小群组（见《SketchUp 常用插件手册》5.16 节）。

（3）如图 9.2.3 ②所示，把带有孔洞的平板群组移动到①的上面。

（4）为了使插图印刷后看得更清楚些，图 9.2.3 ③有意把孔洞平板与生成的孔洞曲面稍微离开一点，图 9.2.3 ④是把创建完成的孔洞曲面移出并做柔化后的结果。

上面介绍的两种方法各有利弊，在建模过程中可酌情选用。

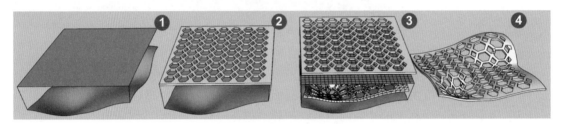

图 9.2.3　生成孔洞板材

9.3　曲面孔洞网格实例（六面广告塔）

图 9.3.1 所示为一个以广告为主要用途的建筑物（顶部有 6 幅大面积广告，底部还有 6 幅小面积广告），也可以看作一个城市景观小品。从结构上看，六边形的结构骨架内部一定是第 8 章所讨论过的"几何不变形结构"，表面饰以网格形状的镂空结构，镂空结构的内层是半透明的膜体，夜间内部打开彩色的灯光，绚丽多彩，引入驻足。

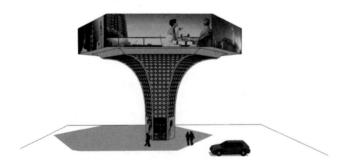

图 9.3.1　六面网格广告塔

建模过程中除了使用 SketchUp 的原生工具外，还要用到以下插件。

（1）Unwrap and Flatten Faces（展开压平，见《SketchUp 常用插件手册》4.3 节）。

（2）2DBoolean（2D 布尔，见《SketchUp 常用插件手册》3.5 节）。

（3）Shape Bender（形体弯曲，见《SketchUp 常用插件手册》5.28 节）。

曲面孔洞网格建模步骤如下。

（1）在地面画正六边形，在 XZ 平面（红蓝面）上画图 9.3.2 ①所示的放样截面。

（2）旋转放样后得到图 9.3.2 ②所示的毛坯，复制出其中的一个面到旁边，如图 9.3.2 ③所示。

（3）选中图 9.3.2 ③所示的曲面后调用 Unwrap and Flatten Faces（展开压平工具），把曲面压平展开后如图 9.3.3 ①所示。

图 9.3.2　获取一个曲面

（4）图 9.3.3 ②是准备好的八边形网格（群组），也是这个实例的主角。

（5）把图 9.3.3 ①②两者叠合在一起（注意要在同一平面上），如图 9.3.3 ③所示。

（6）单击 2DBoolean（2D 布尔）的第一个工具 Trim 2D-Geometry to Face（修剪 2D 几何体的面），修剪后得到群组（见图 9.3.3 ④）和保留下来的图 9.3.3 ⑤。

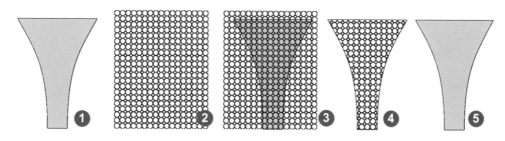

图 9.3.3　生成网格

（7）图 9.3.4 ①是通过模型交错获取一条用于弯曲依据用的曲线。

（8）如图 9.3.4 ②所示，上部的曲线就是弯曲用的依据，下部是平行于红轴的网格。

（9）沿着网格画条等长的直线，选中网格群组，单击 Shape Bender 形体弯曲工具，单击直线，再单击曲线，网格弯曲完成，弯曲后的结果如图 9.3.4 ③所示。

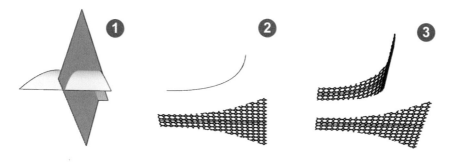

图 9.3.4　生成弯曲的网格

（10）旋转并移动弯曲的网格到位，如图9.3.5①所示。

（11）复制一条边缘的曲线，用路径跟随生成一条"边框加强筋"（组件），如图9.3.5②所示。

（12）移动加强筋到位，选择网格与加强筋，做旋转复制后如图9.3.5③所示。

（13）用推拉工具把加强筋和六边形的底部都向下拉出3m，形成下部广告区域，如图9.3.5④所示。

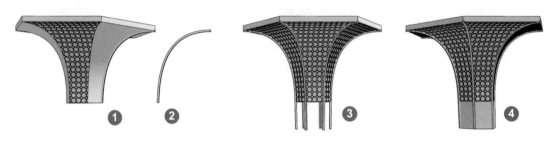

图9.3.5　旋转复制

（14）把顶部向上拉出4m，形成顶部广告区域。

（15）分别对上、下两个广告区贴图，建模完成，如图9.3.1所示。

9.4　球形网格建筑

图9.4.1是流行于某国荒漠里的球形露营帐篷，金属骨架，外表覆膜，内有保温层，部分透明，帐篷内生活设施应有尽有，上下水、供电与网络齐全，厨房、卫生间、冰箱、洗衣机、取暖降温甚至阁楼，应有尽有，外部有太阳能供电，并有备用燃气、户外家具、篝火和烧烤，快速搭建，半永久性质，常有野生动物造访，当然还包括苍蝇和各种小虫等。住宿费高至四星级酒店同等水平，折算成人民币超过2000元/晚，游客仍趋之若鹜，需提前几个月预订。本节的内容不是广告，在我国即便有同样的设施，恐怕也不会有多少人去体验捧场。

看起来，这个实例应该放在第8章的"网架结构"里更合适，看完你就知道，它更属于"网格孔洞"类。

创建这个模型除了使用SketchUp的原生工具外，还要用到以下插件。

（1）Raylectron Platonic Solids（柏拉图多面体，见《SketchUp常用插件手册》3.4节）。

（2）JHS超级工具栏的线转圆杆工具（见《SketchUp常用插件手册》2.3节）。

建模过程非常简单，以下是操作顺序。

（1）很多人对"Raylectron Platonic Solids柏拉图多面体"插件不是很熟悉（无汉化版），下面简单介绍一下。图9.4.2左上角箭头所指是它的工具图标，单击它后会弹出右边一个参数设置面板，可以看到这个插件能生成从四面体到二十面体的所有经典正多面体；配合下面指定的参数还可生成更高阶的多面体。读者可根据下面实例中的提示自行测试。

图 9.4.1 球形露营帐篷

（2）本例中并不需要太高阶的多面体，只要二阶的二十面体就够了。所以，在设置面板上选择二十面体；如果此时直接单击下面的 Generate（生成）按钮，只能得到一个正二十面体。

（3）为得到更高阶的多面体，要勾选 Subdivide into an IcoSphere without poles（改变为一个没有极点的二十面体）。应注意，"没有极点"的提法——所有用 SketchUp 路径跟随生成的球体都是有"南北极"的，并且南北极都是三面体，如图 9.4.3 ①所示，而如图 9.4.3 ②那样的球体就是全部由三面体构成的"无极点"球体（还有其他形式的无极点球体）。

（4）注意，图 9.4.2 的默认半径是 12，单位是英寸（1 英寸 =25.4mm），你可以计算后输入需要的尺寸，也可以生成默认尺寸的球体后再放大到需要的大小。

（5）在 Select subdivide recursion.level（选择细分递归级别）中选择 2（最高为 8）。

（6）单击 Generate（生成）按钮后得到如图 9.4.3 ②所示的"无极点球体"。把"无极点"球体旋转到合适的位置，删除其中的一半后得到图 9.4.4 所示的半球。

（7）全选半球体，用缩放工具把它往高度方向拉到 1.1 倍，如图 9.4.5 ①所示。

（8）全选球体的下沿一圈边线后调用 JHS 的线转圆杆工具，输入一个较大的直径。譬如 100mm，生成帐篷底部一圈较粗的杆件，如①红色箭头所指处。

（9）再全选除底部一圈外的所有边线，再次调用 JHS 的线转圆杆工具，输入一个较小的直径，譬如 50mm，生成上部的所有杆件，如图 9.4.5 ②所示。

（10）对图9.4.5③所示的部分平面赋予半透明的材质后，建模完成。

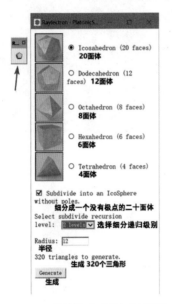

图9.4.2　柏拉图多面体插件界面

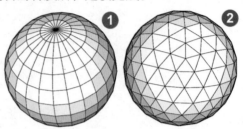

图9.4.3　有极点与无极点球体

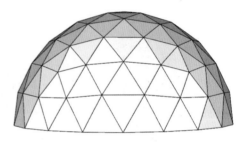

图9.4.4　切割出一半

图9.4.5　生成骨架与膜

（11）开门和开窗留给你自己去完成（略）。

本节附件里还保存有另一些相关图片，可供参考练习。

9.5　泰森多边形（圆锥曲线）问题与解决

《SketchUp常用插件手册》5.10节介绍过一组两个配合使用的插件，即Voronoi XY（泰森多边形）和Conic Curve（圆锥曲线），但凡是用过它们的SketchUp用户，很少有满意的。主要原因在于Voronoi XY（泰森多边形）插件只能根据很少的参考点生成非常有限面积的泰森多边形（圆锥曲线），所以很难形成实用规模，直接影响它们的使用价值。

本节介绍的方法则完全不受上述的影响，几乎可以得到没有限制的泰森多边形（圆锥曲线），下面就介绍这个引人入胜的方法。

1. 获取泰森多边形（圆锥曲线）平面与应用

（1）在 SketchUp 里绘制一个矩形（也可以是任何形状）创建群组。

（2）选择"文件"→"导出"→"三维模型"→"指定导出为 OBJ 文件"命令，再指定导出文件的保存位置。在指定的位置会出现两个文件，一个是 OBJ，另一个是 MTL（材质，也可指定不导出）。

（3）现在请在网络浏览器地址栏中输入 https://www.voronator.com/，这是位于法国一个专门为（3D 打印）生成泰森多边形（圆锥曲线）而设立的公益网站，可为我们所用。

（4）打开该网站后的首页如图 9.5.1 所示，单击①所指的按钮，上传刚才保存的 OBJ 文件（如果有 MTL 文件，可不予理会），可接受的其他格式见红字的中文说明。

（5）单击图 9.5.1 ②所指的"高级选项"后，展开③④⑤ 3 个下拉列表框，详细说明如下：

③有两个选项，即 PLY 与 STL，注意 SketchUp 只能接受 STL；

④有低、中、高 3 种选择，测试时建议选择 Less holes（更少的洞），见图 9.5.1 ④；

⑤有 4 种选择，除了平面外还有 3 种厚度，建议先选择第一种 Plane only（平面）。

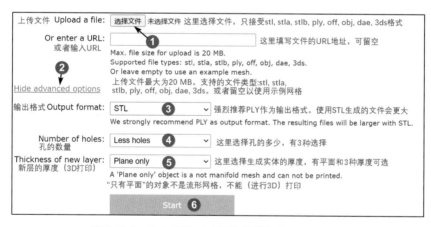

图 9.5.1　泰森多边形（圆锥曲线）参数设置面板

（6）完成以上的设置后，单击 Start 按钮，开始生成，请耐心等待，直到看见浏览器提示保存。此时，要注意把生成的 STL 文件下载保存到一个容易找到且不易忘记的位置。

（7）现在选择"文件"→"导入"命令，指定导入之前保存的 STL 文件。

（8）导入后的结果如图 9.5.2 所示，图中是用 3 种不同的孔洞密度、两种不同尺寸生成的泰森多边形＋圆锥曲线的结果，可以在本节的附件里找到并使用它们。

（9）https://www.voronator.com/ 位于法国，很多 SketchUp 用户可能无法访问，不过图 9.5.2 所示的 6 个模型足以应付绝大多数 SketchUp 建模所需，使用方法如下。

① 绘制想要的形状，如一个花瓶的形状（平面）。

② 把画好的花瓶平面与图 9.5.2 所示的某个群组重叠在一起。

③ 调用 2DBoolean（2D 布尔）工具，裁切出需要的一块。

④ 全选裁切出的一块，选择 JHS 工具栏的 Face finder（生成面域）。

⑤ 接着可以用各种工具弯曲变形与推拉出所需的形状。

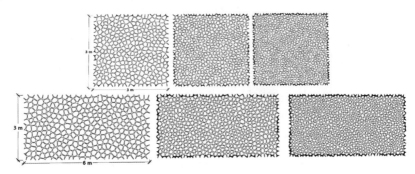

图 9.5.2　3 种不同孔洞密度的泰森多边形（圆锥曲线）

2. 弯曲加工有厚度的泰森多边形（圆锥曲线）实体

（1）全选图 9.5.2 中的任一群组，调用 JHS 工具栏的 Face finder（生成面域）。

（2）拉出所需要的厚度（也可以弯曲以后再用联合推拉工具拉出厚度）。

（3）还可以用其他工具加工出所需的形状，如图 9.5.3 所示。

图 9.5.3　弯曲的泰森多边形（圆锥曲线）实体

3. 获得有厚度和圆滑的泰森多边形（圆锥曲线）实体

想要获得图 9.5.4 所示的多孔圆滑实体，可以用图 9.5.3 所示的多孔平面为基础，在 SketchUp 里拉出厚度后再用各种有"细分平滑"功能的工具加工而成，但是最简单的方法还是直接在 https://www.voronator.com/ 生成，操作过程如下：在图 9.5.1 ④里选择好孔洞的密度，再在图 9.5.1 ⑤里选择生成实体的厚度（有 3 种不同的厚度可选），图 9.5.4 所示是最薄的一种。

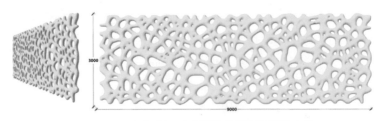

图 9.5.4　泰森多边形（圆锥曲线）圆滑的实体

4. 与模型匹配的泰森多边形（圆锥曲线）实体

想要获得图 9.5.5 所示与模型匹配的泰森多边形（圆锥曲线）实体，只能登录到 https:// www.voronator.com/ 去完成，请按以下步骤操作，整个过程可能需要长时间的等待。

（1）在 SketchUp 里创建好模型，为求简单，图 9.5.5 仅做了两个最简单的圆环和方环。模型完成后，选择菜单"文件"→"导出"→"三维模型"命令，指定导出为 OBJ 文件，再指定导出文件的保存位置。

（2）在浏览器中打开 https://www.voronator.com/ ，出现如图 9.5.1 所示的界面，在图 9.5.1 ① 中导出刚刚保存的 OBJ 文件（不用管另一个 MTL 文件）。

（3）单击图 9.5.1 ②，弹出高级选项，注意在图 9.5.1 ③里一定要选择 STL，在图 9.5.1 ④ 里选择孔洞的多少，没有十分必要请选择 Less holes（更少的洞），最后在图 9.5.1 ⑤里选择生成实体的厚度。

（4）单击图 9.5.1 ⑥所示按钮即开始进入生成过程，请耐心等待，直到出现保存界面，这个过程有时需要等待 15min 甚至 30min，没有足够耐心等待的话，在生成的等待过程中可随时结束，回到初始界面。

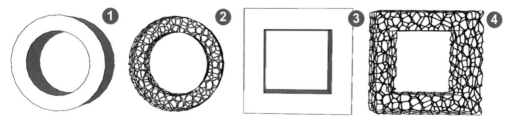

图 9.5.5　与模型匹配的泰森多边形（圆锥曲线）实体

（5）如果你能够登录到 https://www.voronator.com/ 并且有足够的耐心，可以上传非常复杂的模型，生成泰森多边形（圆锥曲线）实体，图 9.5.6 是部分实例截图。

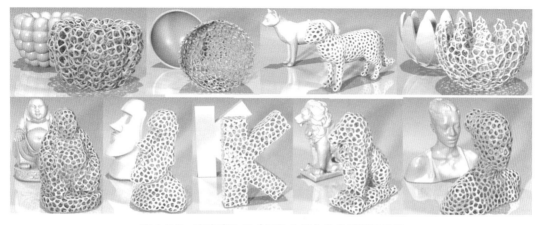

图 9.5.6　泰森多边形（圆锥曲线）化的雕塑工艺品

9.6 规则孔洞网格

规则孔洞网格在实际工程应用与 SketchUp 建模中都是很常见的结构。创建规则孔洞网格的方法、工具、技巧也最多。譬如，SketchUp 沙盒工具里就有个创建网格的工具，有了基本的网格后就可以放大、缩小、扭曲、变形以及生成杆件等。

本节要介绍其他几种创建规则孔洞网格简单易行的例子，要用到以下插件。

（1）JHS 超级工具栏上的多种工具（见《SketchUp 常用插件手册》2.3 节）。

（2）Extrude Tools（曲面放样工具包，见《SketchUp 常用插件手册》5.1 节）。

（3）S4U To Components S4U（点线面转组件，见《SketchUp 常用插件手册》3.2 节）。

（4）Selection Toys（选择工具，见《SketchUp 常用插件手册》2.8 节）。

1. JHS 的网格阵列

（1）JHS 工具栏上有个"网格阵列"工具，非常适合用来创建规则孔洞网格。在使用这个工具之前的准备工作是创建一个要开孔的面，如图 9.6.1 ③所示的矩形，还要创建一个孔洞形状的组件，本例中是一个如图 9.6.1 ①所示的等边三角形（名称为"组件 #6"）。

（2）选择要开孔的面后（不要选中边线），再单击 JHS 工具栏上的"网格阵列"工具，在弹出的小面板上进行参数设置，如图 9.6.1 ②所示：第一行选择"组件 #6"；第二行输入组件间隔的距离，还可以输入组件旋转的角度，默认为 0，即不旋转；第四行的网格类型有"矩形"与"三角形"两种选择，本例选择矩形；最后一行有"垂直"与"水平"两种选择，本例只能选择"垂直"。

（3）完成上述设置并确认后，形成如图 9.6.1 ③所示的组件阵列，整理并且全选炸开后如图 9.6.1 ④所示；双击开洞的面，移出后如图 9.6.1 ⑤所示。

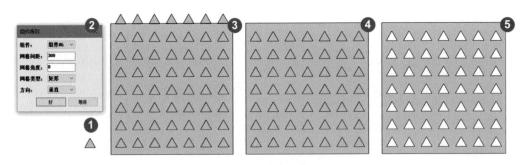

图 9.6.1　JHS 网格阵列

2. 点转组件阵列

（1）JHS 超级工具栏上的 46 个工具（下面简称 JHS）可以组合出好几个创建规则阵列的方

案，除了上述的直接生成网格阵列外，也可以用"点阵"的方法完成同样的任务，虽然没有直接生成网格方便，但是在某些特殊条件下多了一种选择。

（2）绘制一个平面，并且用 JHS 工具栏上的"分割平面"工具，把该平面分割成 7 份，如图 9.6.2 ①所示。全选后单击 JHS 的"顶点参考点"工具，在线条交点处生成参考点，如图 9.6.2 ①所示。

（3）全选①（包括线、面和参考点），分别调用 Selection Toys（选择工具栏）的"选择面"和"选择线"两个工具，并且删除所选的线和面，仅留下所有参考点，如图 9.6.2 ②所示。

（4）绘制一个孔洞的形状，本例为正五边形，创建组件（组件坐标在中心），如图 9.6.2 ③箭头所指。全选所有参考点和五边形组件，单击 JHS 的"组件转参考点"后，每个参考点上多了个五边形组件，如图 9.6.2 ③所示。

（5）把图 9.6.2 ③所示的五边形阵列移到一个平面④（或直接在③的位置绘制矩形），全选后炸开，最后双击矩形，选中线面后移出，得到孔洞阵列，如图 9.6.2 ⑤所示。

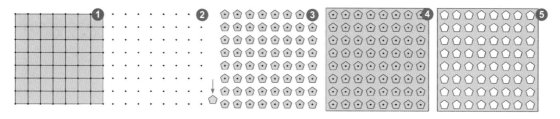

图 9.6.2　JHS 点阵列生成孔洞网格

3. 双轨放样转网格

（1）该实例要用到 Extrude Tools 曲面放样工具包的"双轨放样转网格"工具。用这个工具需要提前绘制 4 条曲线，如图 9.6.3 ①所示。注意曲线的片段数决定了网格的疏密尺寸。

（2）单击调用 Extrude Tools（曲面放样工具包）的"双轨放样转网格"工具，按照图 9.6.3 ①所示的 a、b、c、d 的顺序分别单击 4 条曲线，生成的曲线网格如图 9.6.3 ②所示。

（3）全选图 9.6.3 ②所示的所有边线后，单击 JHS 的线转圆柱工具，得到的网格如图 9.6.3 ③所示。

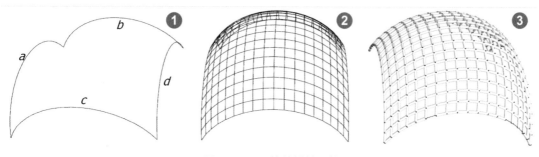

图 9.6.3　双轨放样转网格

4. 面转组件的方法

（1）这个例子要用到 S4U To Components（S4U 点线面转组件工具），准备工作是绘制一个图 9.6.4 ①所示的半球，注意用片段数来调整孔洞的疏密尺寸。

（2）绘制一个孔洞形状的正六边形组件，大小无所谓，插件有自适应功能。

（3）选择①想要转组件的面和箭头所指的六边形组件，再单击 S4U To Components（S4U 点线面转组件工具）的"面转组件"工具，稍等片刻，即可得到图 9.6.4 ②所示的网格。

（4）图 9.6.4 ③所示的区别仅仅是把六边形换成了圆形。

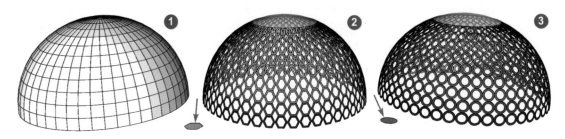

图 9.6.4　面转组件

9.7　不规则孔洞网格

不规则的排列（图案）是现代设计中常用的要素之一，所谓"不规则"是指图案元素的形状、大小、方向、位置等要素部分或全部趋于随机。不规则图形更彰显活泼、生动，但处理不好时也会带来杂乱无章的感觉。不规则的孔洞网格排列，在建筑、景观、室内设计中都有大量的应用，譬如在穹顶、墙体、隔断、面装饰等领域都能看到不少优秀的作品。

本节要介绍在 SketchUp 中创建不规则孔洞结构的方法与技巧。创建过程中除了 SketchUp 原生工具外，还要用到以下插件。

（1）Compo Spray（组件喷射，见《SketchUp 常用插件手册》4.6 节）。

（2）Truebend（真实弯曲，见《SketchUp 常用插件手册》5.27 节）。

1. 单要素孔洞网格示例

（1）创建一个平面，如 3m×3m，如图 9.7.1 ②所示。

（2）再创建一个圆，还要把它创建成组件，如图 9.7.1 ①所示，注意坐标要设置在圆的中心。

（3）现在同时选择好图 9.7.2 ①②，再单击 Compo Spray 组件喷射插件的第一个工具，即"自上而下"喷射。

（4）接着要在弹出的参数面板上做设置：图9.7.1①所指处有8个选择框，默认是空白的，现在因为只有一个组件，所以只要在一个选择框里选择它，如图9.7.1①所示。在图9.7.1②里选择"面"。图9.7.1③是压力值，压力越大，喷射出来的组件越多，图9.7.1④⑤是选择图层，可以用默认的。图9.7.1⑥⑦是设置海拔高度范围，现在平面在地面上，所以全部选择0海拔。图9.7.1⑧⑨是坡度范围设置，也拉到0°。图9.7.1⑩⑪是指定喷射出的组件大小范围，可根据需要调整。图9.7.1⑫⑬要选择"否"，不然喷射的组件会堆叠。

（5）得到的结果如图9.7.2③所示。

（6）自动生成的结果还需要手工进行调整，调整后如图9.7.3①所示。

（7）全选图9.7.3①，炸开，双击矩形平面，移动复制到旁边，如图9.7.3②所示。

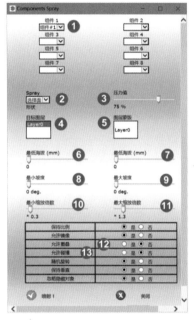

图 9.7.1　组件喷射插件面板

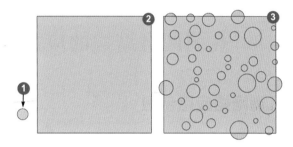

图 9.7.2　组件喷射

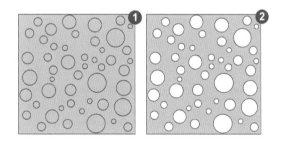

图 9.7.3　调整与结果

2. 多要素孔洞网格示例

（1）这个例子有3个组件，即矩形、三角形与六边形，如图9.7.4①所示。创建这些组件时务必把组件的坐标轴设置在组件的中心位置，否则喷射后会造成部分组件堆叠。

（2）因为有3个待喷射的组件，所以在设置面板上要分别设置3个组件。

（3）其余的设置跟前一个例子相同即可，执行组件喷射的结果如图9.7.4②所示。

（4）自动生成的组件有些靠得太近，有些地方空隙较大，手工调整后如图9.7.4③所示。

（5）全选后炸开所有组件，双击大平面后移出，如图9.7.4④所示，创建完成。

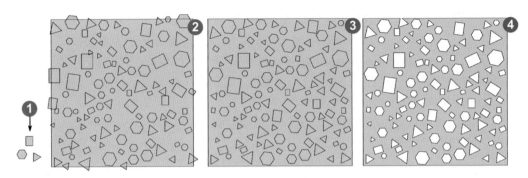

图 9.7.4　多要素孔洞网格示例

9.8　孔洞网格结构的应用

1. 孔洞网格应用示例

（1）孔洞平面的制备如前，不再赘述，见图 9.8.1 ①②③④⑤。

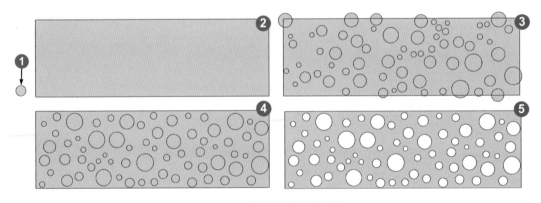

图 9.8.1　单要素孔洞网格制备

（2）拉出厚度后如图 9.8.2 ①所示，调用 Truebend 真实弯曲插件后对①执行不同方向、不同角度的弯曲变形后如图 9.8.2 ②③④所示。

图 9.8.2　孔洞网格应用示例 1

2. 不规则孔洞网格应用示例

（1）图 9.8.3 ①②是执行组件喷射后的初始结果，图 9.8.3 ③④是手工调整后的结果。

（2）创建一个直径相同的半球形，把有孔洞的面移动到半球形的正上方，如图 9.8.3 ⑤所示。

（3）调用 SketchUp 沙盒工具的"曲面投射"，把孔洞投射到曲面上，如图 9.8.3 ⑥所示。

（4）双击曲面后移出，如图 9.8.3 ⑦所示。这个曲面可用于穹顶或类似场合。

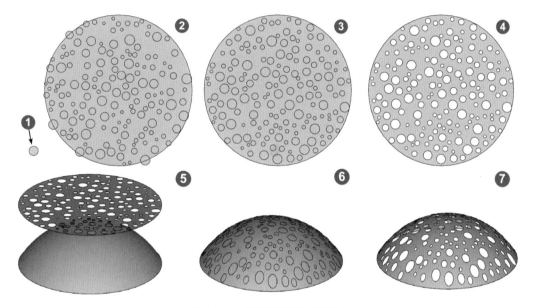

图 9.8.3　孔洞网格应用示例 2

扫码下载本章配套资源

第 10 章

充气和膜结构与造型

　　城市中已越来越多地可以见到膜结构的身影。膜结构已经被应用到各类建筑结构与非建筑的实际应用中，扮演着现代城市中不可或缺的角色。

　　膜结构（Membrane）是 20 世纪中期发展起来的一种新型结构形式且不限于建筑。膜结构是用高强度柔性薄膜材料，以不同的拉、压形式形成稳定曲面后，能承受一定外荷载的空间结构形式。有造型自由、轻巧、柔美以及阻燃、制作方便、安装快捷、节能、易干、安全、半永久等优点，因而在世界各地受到广泛的应用，也是 SketchUp 用户经常要接触的重要曲面建模题材。

　　本章共分为 10 节，包含 10 多个模型实例，应用领域包含了各类充气建筑、城市景观，甚至热气球、飞艇等。

10.1 膜结构与建模工具概述

1. 膜结构建筑形式的分类

有文献按照膜在结构中所起的作用和膜的结构形式来分类，一般可分为 5 种，即张拉膜、骨架式膜、充气膜、索桁架膜、张拉与索穹顶混合膜。

最常用结构有骨架式膜结构、张拉式膜结构、充气式膜结构 3 种。下面结合一些图片来认识一下这些不同的膜结构形式（附件里有更多图片）。

2. 骨架式膜结构（frame supported structure）

骨架式膜结构即以膜材为面层，结合刚性的支撑结构，获得安定性高的建筑，有造型灵活、经济效益高等特点，广泛适用于任何大小规模的空间。骨架式膜结构还有桁架式和框架式之分。图 10.1.1 和图 10.1.2 是两个不同的例子。

图 10.1.1 高速路收费站　　　　　　　　　图 10.1.2 欧洲大学体育馆

3. 充气式膜结构（pneumatic structure）

充气式膜结构即将膜材固定于屋顶结构周边，用送风系统让室内气压上升，以抵抗外力。因用气压支撑及钢索作为辅材，无须任何梁柱支撑便可得到大型空间。施工快捷、经济效益高，但需 24h 维持风机运转，运行及维护费用较高。充气式膜结构还可以分为单层膜、双层膜和气肋式。图 10.1.3 和图 10.1.4 是两个不同的例子。

图 10.1.3　CCTV 职工活动中心　　　　　　　　　图 10.1.4　储煤库

4. 张拉式膜结构（tension suspension structure）

张拉式膜结构即以膜材、钢索及支柱构成，利用钢索与支柱在膜材中导入张力以达到安定的形式，它方便实现设计师的创意，获得美观的造型与膜结构的精神表现。 近年来，大跨距空间也多采用以钢索与（木）集成材构成钢索网来支撑膜材的形式。因施工精度要求高、结构性能强且具丰富的表现力，所以造价略高于骨架式膜结构。张拉式膜结构还有悬挂式和张拉式之分。图 10.1.5 和图 10.1.6 是两个不同的例子。

图 10.1.5　景观张拉膜 1　　　　　　　　　　图 10.1.6　景观张拉膜 2

现今，城市中已越来越多地可以见到膜结构的身影。膜结构已经被应用到各类建筑结构中，充当着不可或缺的角色。 对膜结构有兴趣深入了解的朋友，附件里还有一些专业资料与图纸可供研究、参考（见本节尾部）。

5. 常见专业膜结构设计软件

（1）德国膜结构设计软件"easy"。

（2）意大利膜结构设计软件"forten4000"。

（3）同济大学膜结构设计软件"3D3S"。

（4）上海交大膜结构设计软件"SMCAD"。

（5）新加坡膜结构设计软件"WinFabric"。

（6）日本太阳膜结构设计软件"lmages"。

（7）中国建筑科学研究院结构所空间结构室膜结构设计软件"MEMBS"。

（8）澳大利亚膜结构设计软件"FABDES"。

我们天天在用的SketchUp可以用来做膜结构外形方案推敲与展示，也可以与LayOut结合，对不太复杂的膜结构工程制作施工图。

6. 本章后面的建模实例中还要用到的插件

（1）JHS Powerbar（JHS 超级工具条，见《SketchUp 常用插件手册》2.3 节）。

（2）Bezier Spline（贝塞尔曲线，见《SketchUp 常用插件手册》5.5 节）。

（3）Select Curve（选连续线，见《SketchUp 常用插件手册》2.20 节）。

（4）Curvizard（曲线优化工具，见《SketchUp 常用插件手册》5.4 节）。

（5）Extrude Tools（ 曲线放样工具包，TIG 常用工具，见《SketchUp 常用插件手册》5.1 节）。

（6）JointPushPull Interactive（联合推拉，见《SketchUp 常用插件手册》2.7 节）。

（7）Soap Skin & Bubble（肥皂泡，见《SketchUp 常用插件手册》5.9 节）。

（8）Curviloft（曲线放样，见《SketchUp 常用插件手册》5.3 节）。

（9）Selection Toys（选择工具，见《SketchUp 常用插件手册》2.8 节）。

10.2 张拉膜实例 1

如图 10.2.1 所示的这种张拉膜，以一个中央立柱承受主要的载荷，辅以两个立柱和墙体的两个角，形成了一个稳定的张拉系统，其结构简单可靠，成本低，建造速度快。

这种张拉膜系统以简单的结构和最少的材料获得最大的遮蔽面积，外形也像传统的房顶或亭子，适合用来做遮阳、避雨的休息空间，当作提供饮料快餐的小卖部也不错。

图 10.2.1　中心 – 四角张拉系统

　　下面是创建这个张拉膜系统的操作过程，除了 SketchUp 原生工具外，还要用到一个插件，就是 Curviloft 曲线放样工具栏最右边的"曲线 - 皮肤"工具。

　　创建过程如图 10.2.2 所示。

　　（1）如图 10.2.2 ①所示，在"地面"上画一个 7m 见方的矩形，中心画一条 3m 长的垂线。

　　（2）如图 10.2.2 ②所示，在矩形的一条边上画弧，弧高为 400mm，向内侧旋转倾斜 15°。

　　（3）直线连接任一角到中线顶点画弧，弧高为 400mm。顶部画直径为 600mm 的圆，如图 10.2.2 ③④所示。

　　（4）旋转复制矩形上的弧线与倾斜的弧线，清理废线面后如图 10.2.2 ⑤所示。

　　（5）全选如图 10.2.2 ⑤所示红色的所有边线，单击 Curviloft 最右边的工具后形成张拉膜，如图 10.2.2 ⑥所示。

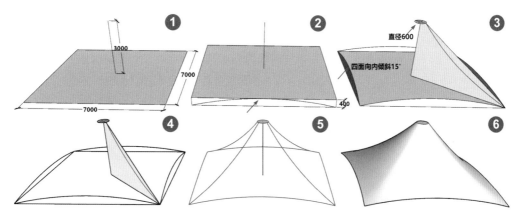

图 10.2.2　创建过程

10.3　张拉膜实例 2

城市建设不仅要考虑经济、快捷、方便，也要注重视觉感受，膜结构小品无疑是不错的选择，它不仅代表城市文化，更有画龙点睛的作用。

落日后，膜结构小品在彩灯照射下形成色彩丰富的城市景观；白天，膜结构也能为人们提供遮阳空间甚至旅游集散地。其多变活泼的造型给人带来时尚、轻松的感觉，令人赏心悦目，因此越来越受到各大景区的青睐，让城市建设多了些色彩。

最常见的景观张拉膜结构是依靠脊、谷、边索及少量支点施加并形成预张力膜面的结构体系，本节介绍的就是这种结构，如图 10.3.1 所示。此外，还有"骨架式膜结构"，膜面支承在刚性框架结构上；常见于实用的膜结构建筑，将在后面两节中介绍。

图 10.3.1　张拉膜夜景

图 10.3.2 至图 10.3.5 是 4 个张拉膜的实例，附件里保存有它们的成品与供练习用的半成品。图 10.3.2 展示了一个 4 个支点的例子；图 10.3.3 所示的例子有 6 个支点；图 10.3.4 所示的例子虽然也只有 4 个支点，但是其中有一个特别高，显得更加有力度；图 10.3.5 所示的例子是一组，包含了 3 个不同的张拉膜。

下面以图 10.3.2 所示的张拉膜为例，介绍其创建过程（见图 10.3.6）。

（1）选中图 10.3.6 ①的 4 条曲线，单击图 10.3.6 ②所示肥皂泡工具栏的第一个工具，生成原始曲面。

（2）原始曲面为 10×10 网格，若想要更平滑的膜，如图 10.3.6 ③所示是输入 20 按 Enter键后的结果。

（3）再次按 Enter 键，张拉膜生成，如图 10.3.6 ④所示。

（4）双击进入群组，做柔化后如图 10.3.6 ⑤所示，填色、开阴影后如图 10.3.6 ⑥所示，创建完成。

附件里有 4 个半成品的张拉膜，可供练习。

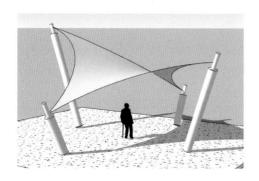

图 10.3.2 张拉膜示例 1

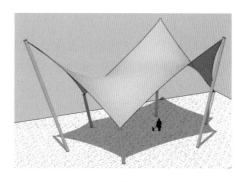

图 10.3.3 张拉膜示例 2

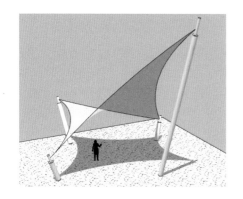

图 10.3.4 张拉膜示例 3

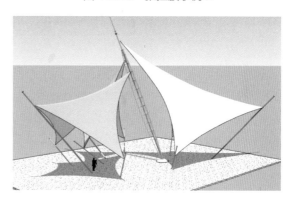

图 10.3.5 张拉膜示例 4

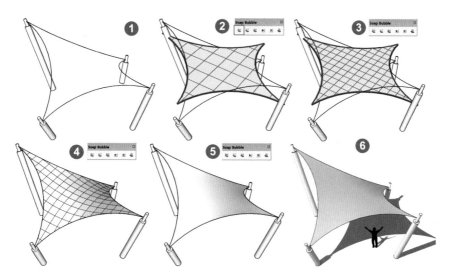

图 10.3.6 生成膜

10.4 内骨架式膜结构实例（车棚）

图 10.4.1 所示的停车场是一个内骨架式的膜结构，钢制的骨架是主要结构件，设置在膜的内部，故称为"内骨架式膜结构"。这种形式的膜结构，膜仅用于遮挡阳光与雨水，骨架主要起到支撑的作用，膜与骨架，取各自之长，避各自之短。

图 10.4.1　骨架式膜结构停车场

创建过程很简单，除了使用 SketchUp 原生工具外，仅用到 JHS 工具栏的"拉线成墙"工具。

（1）按图 10.4.2 ①绘制钢板骨架的截面，注意要如图 10.4.2 ②所示，偏移出 10mm 加强筋双线，图 10.4.2 ②顶部的小圆和图 10.4.2 ③都是系留膜件用的，完成后创建组件。

（2）图 10.4.2 ④所指处的两条曲线是用来生成膜件用的，复制自骨架截面的顶部。

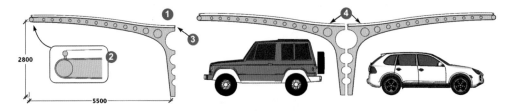

图 10.4.2　绘制骨架

（3）按间隔 5200mm（2 辆小车）复制出想要的车库总长度，如图 10.4.3 ①所示。

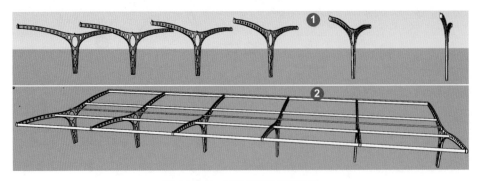

图 10.4.3　移动复制拉出杆件

（4）分别拉出骨架与所有的杆件。（提前对另一端的组件执行右键菜单的"设定为唯一"命令。）

（5）选择好图 10.4.2④所指的曲线，用 JHS 拉线生墙工具拉出膜件，结果如图 10.4.1所示。

10.5 外骨架式膜结构实例（废气处理场）

图 10.5.1 所示的是上海某化工厂的废水废气处理场，以抗腐蚀能力很强的氟碳纤维膜为内层，钢结构在外，把膜结构悬吊起来，抗腐蚀能力强的膜材直接将腐蚀性气体隔绝，避免了钢结构直接接触腐蚀性气体带来的侵蚀，大大延长了钢结构的使用寿命。

图 10.5.1　外骨架膜结构

建模过程很简单，除使用 SketchUp 原生工具外，还要用到 JHS 工具栏上的"线转圆杆"工具。

（1）绘制主骨架，见图 10.5.2①，偏移出膜结构的截面②。

（2）分别选择好两条弧线和所有短杆件，调用"线转圆杆"工具，分别输入直径 280mm和 160mm 后按 Enter 键，创建骨架的弧形部分，再在两侧做直径为 500mm、高为 8m 的立柱，如图 10.5.2③所示。

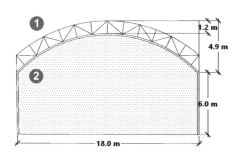
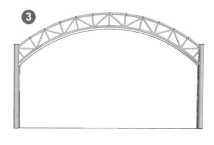

图 10.5.2　创建主骨架

（3）按图 10.5.3①②③所示绘制 3 种不同副骨架的线框。

（4）仍然用 JHS 工具栏上的"线转圆杆"工具，把线框分别生成直径为 280mm 和

160mm 的杆件，如图 10.5.3 ④⑤⑥所示。

（5）把如图 10.5.3 ④所示的副骨架移动到主骨架上，如图 10.5.4 ①所示。

（6）根据所需的长度复制①，组合出全部主骨架②。

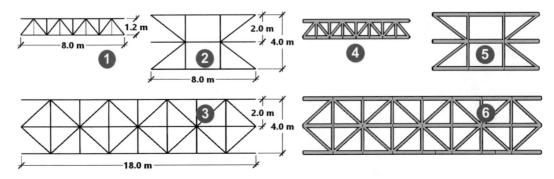

图 10.5.3　创建 3 种副骨架

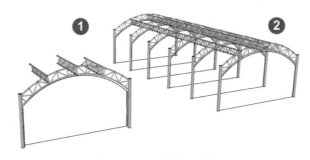

图 10.5.4　创建主骨架

（7）拉出预留的截面（见图 10.5.2 ②）成为膜结构。

（8）分别把图 10.5.3 ⑤⑥所示的杆件复制移动到位，成品如图 10.5.5 所示。

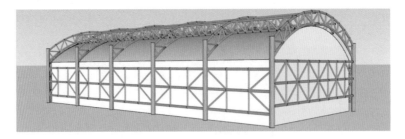

图 10.5.5　废水废气处理场

10.6　充气膜结构与建模工具

充气膜结构（pneumatic structures）大致可分成"气承式膜结构"和"气囊式膜结构"两

大类。后者还可细分为"气枕式"和"气肋式"。

1. 气承式膜结构（air-supported membrane structures）

气承式膜结构是一种在由膜材覆盖的建筑中，通过充气形成的膜材内外压力差而保持建筑形体的膜结构。气承式膜结构是直接用单层薄膜作为屋面和外墙，将周边锚固在圈梁或地梁上，充气后形成半圆柱状、近似圆筒状、球状或其他形状的建筑物。室内气压为室外气压的 1.001 ～ 1.003 倍。人和物通过有锁气功能的出入口进出。为减小薄膜拉力，增大结构跨度，气承式膜结构薄膜上面也可设置钢索网。

气承式膜结构有良好的经济性，可满足大跨度、大空间需求；建设周期短，可整体拆装移动；节能环保，安全性高；适用性强，半永久性。例如，国内有以下实例可供参考：

- 中央电视台职工健身中心气膜馆；
- 北京某国际学校气膜运动馆；
- 天津响螺湾体育休闲广场气膜工程；
- 神华巴彦淖尔能源有限责任公司选煤厂气膜工程；
- 招商港务（深圳）外场充气膜仓库。

图 10.6.1 和图 10.6.2 是气承式膜结构的两个示例。

图 10.6.1　大连体育中心　　　　　　　　图 10.6.2　某储煤场

2. 气囊式膜结构（air-inflated membrane structures）

气囊式膜结构是将空气充入由薄膜制成的气囊，形成柱、梁、拱、板、壳等基本构件，再将这些构件连接组合而成的建筑物。气囊中的气压为室外气压的 2 ～ 7 倍，是一种压力系统。

小体量的气囊，适合拼接成墙体、屋面，通常是扁平状，故也可称为"气枕式"。

大型的气囊式膜结构，尤其是拱形的，常形成建筑的主要结构，故可称为"气肋式"。

气囊式膜结构有重量轻、机动性强、存放压缩比大及可任选支撑形式等特点，适合任何地理环境，如太空、军事、民宅、商业广告，但是需要在合理的空间跨度下才能保证气囊的刚度，太大的跨度及完全的平顶形式须避免采用。

1）气枕式膜结构的实例

（1）2008 北京奥运会水立方，如图 10.6.3 和图 10.6.4 所示。

图 10.6.3 水立方

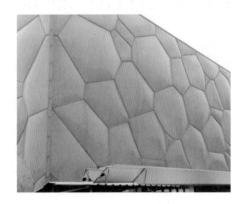

图 10.6.4 水立方细节

（2）大连体育中心体育场罩棚 ETFE 气枕结构。

（3）万科东莞植物园 ETFE 气枕膜结构。

（4）上海迪士尼明日世界创极光轮 ETFE 天幕工程。

（5）石狮世茂国际广场一期天幕。

2）气肋式膜结构

气肋式膜结构建筑通过设置连接管，将多个主肋管连接为一体，形成有一定刚性的"气肋结构"，该"气肋结构"成为建筑的主要受力构件，配合外部覆盖的顶棚布及保温材料，就构成了传统建筑中的受力构件与围护部分，形成新颖的气肋式膜结构。这种结构属自支撑性质，用风机加压后即可快速搭建，无须专门的基础、硬件连接和任何拉索等。气肋式膜结构建筑实例有北京自然博物馆的移动式展厅等。更多实例请看本节附件里的照片（见图 10.6.5、图 10.6.6）。

图 10.6.5 飞机库

图 10.6.6 某航天试验基地

3. 充气式膜结构建模

除了使用 SketchUp 原生工具外，还要用到以下插件。

（1）Curviloft（曲线放样，见《SketchUp 常用插件手册》5.3 节）。

（2）Truebend（真实弯曲，见《SketchUp 常用插件手册》5.27 节）。

（3）Soap Skin & Bubble（肥皂泡，见《SketchUp 常用插件手册》5.9 节）。

（4）Selection Toys（选择工具，见《SketchUp 常用插件手册》2.8）。

（5）JHS Powerbar（JHS 超级工具条，见《SketchUp 常用插件手册》2.3 节）。

（6）Zorro（佐罗刀，见《SketchUp 常用插件手册》4.7 节）。

（7）Bezier Spline（贝塞尔曲线，见《SketchUp 常用插件手册》5.5 节）。

（8）Mover3（精确移动插件，见《SketchUp 常用插件手册》2.12 节）。

10.7　气承式膜结构实例（充气式游泳馆）

图 10.7.1 展示的是一个符合奥运会尺寸标准的室内游泳馆。采用常规墙体、气承式屋面。

图 10.7.1　充气式游泳馆

创建这个模型除了使用 SketchUp 的原生工具外，还要用到 Curviloft（曲线放样）插件。模型创建过程比较简单，顺序如下。

（1）奥运世界锦标赛游泳池标准尺寸：长 50m、宽 25m。泳池的池岸宽度出发台端不小于 10m，其余池岸不小于 3m。

（2）在地面上画直径为 35m 的圆（泳池 25m 加池岸各 5m），如图 10.7.2 ①所示。注意圆形的片段数将跟两端弧形的形状与彩条数量有关，本例改成 48。

（3）用缩放工具把圆形压扁成短轴为 24m 的椭圆形，如图 10.7.2 ②所示。

（4）绘制 45m 长、35m 宽的矩形，用直线分割椭圆形，拼到矩形两端，如图 10.7.2 ③所示。

（5）分别拉出体量，高度为 8m，如图 10.7.3 ①所示。

（6）用旋转工具把两端的半个椭圆竖起来，如图 10.7.3 ①②所示。

（7）调用 Curviloft（曲线放样）工具栏的第一个工具，分别单击图 10.7.3 ①②端的两条弧线，得到图 10.7.3 ③所示的预览网格（注意，要在 Spline Method 样条插值中选择 Junction by Orthogonal Elliptic curves 正交椭圆曲线），如图 10.7.3 ④箭头所指处。另一端做同样处理。

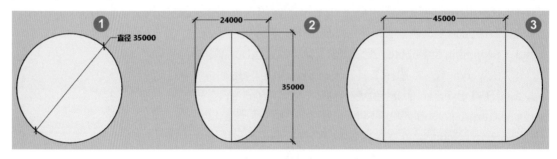

图 10.7.2　规划尺寸

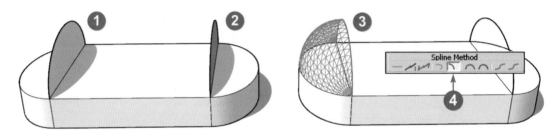

图 10.7.3　创建膜体

（8）在两端的弧形面上三击全选，用橡皮擦工具按住 Ctrl 键做局部柔化，得到图 10.7.4 所示的带有弧线的曲面。

（9）拉出中间的弧面部分，并拾取边线复制出分隔线，如图 10.7.4 ①所示，赋色。

（10）做一个有自动开洞功能的门廊组件，布置到合适的地方，建模结束。

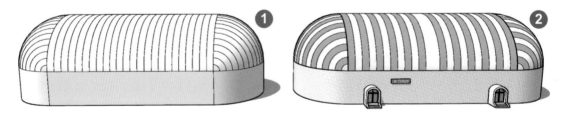

图 10.7.4　建模结果

10.8　气肋式膜结构

前已述及，将多个肋管连通，充气到相当压力后，形成有一定刚性的"气肋式膜结构"，配合覆盖的膜件构成自带支撑性、半永久性的气肋式膜结构，可快速搭建，无须专门的基础、硬件连接和任何拉索。

本节要创建一个如图 10.8.1 所示的气肋式建筑，有文献说曾经有人做过面积为数千平方米的大型气肋式建筑，我们马上要做的这个大概有 800m²。中间的门廊可以做成刚性的，膜结构充气后便会被紧密挤压，合二为一，形成水密气密。

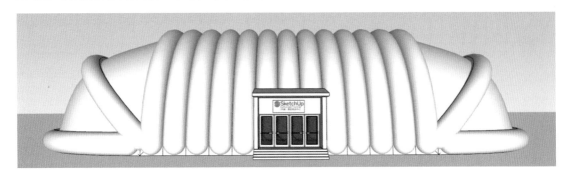

图 10.8.1　气肋式建筑

建模过程除了使用 SketchUp 的原生工具外，还要用到以下插件。

（1）Truebend（真实弯曲，见《SketchUp 常用插件手册》5.27 节）。

（2）Curviloft（曲线放样，见《SketchUp 常用插件手册》5.3 节）。

建模过程如下。

（1）在 XZ（红蓝）平面上绘制 30m×1.8m 的矩形，如图 10.8.2 ①所示。

（2）在矩形的两端绘制圆弧（不要画成正半圆），端部画出放样用的圆，如图 10.8.2 ②所示。

（3）对图 10.8.2 ②所示矩形做旋转放样后创建群组，再把图 10.8.2 ①所示矩形创建群组后，两群组重叠在一起，如图 10.8.2 ③所示。

（4）把图 10.8.2 ③所示两个群组再次编组，调用 Truebend（真实弯曲）工具，弯曲 180° 后如图 10.8.2 ④所示。

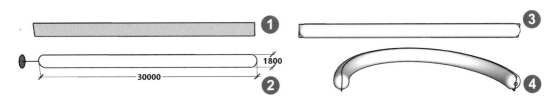

图 10.8.2　创建气肋单元

（5）复制一条气肋单元群组中的弧线到外面，相隔 45° 复制两条，如图 10.8.3 ①所示。

（6）下面将要用 Curviloft（曲线放样）工具栏的第一个工具，把这 3 条弧线生成弧面，但是必须注意一个细节：图 10.8.3 ②处 3 条弧线相交位置必须断开一点。

（7）全选 3 条弧线，单击 Curviloft（曲线放样），选择③箭头所指。生成曲面，如图 10.8.3 ④所示。

（8）移动、旋转复制一个气肋单元群组，完成后如图10.8.3⑤所示。

图 10.8.3　生成两端弧面

（9）复制镜像出另一半，拼接成整体。画一个矩形，拉出立方体后，移入已经完成的气肋组中，准备做模型交错，如图10.8.4①所示。

（10）模型交错后删除废线面，再做出门廊和门。气肋形式的膜结构不怕漏气，所以不用考虑锁气，结果如图10.8.4②所示。

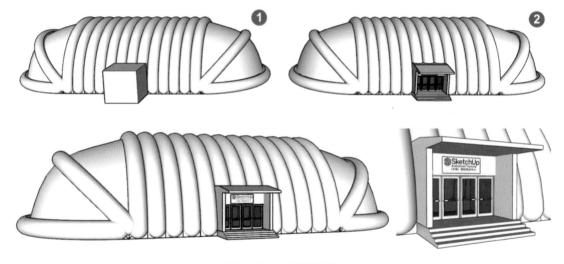

图 10.8.4　创建门廊

10.9　气枕式膜结构实例（水立方）

国家游泳中心又称水立方（Water Cube），是世界上最大的气枕式膜结构工程，见图10.9.1。它的外层采用先进环保的 ETFE 膜材，由3000多个气枕组成，气枕大小不一、形状各异，夜间灯光不断变幻，非常漂亮。水立方规划建设地 62950m^2，总建筑面积为80000m^2，形状为一个 177m×177m×30m 的立方体。投资约为 10.2 亿元，可用于游泳、跳水、花样游泳、水球等奥运项目。

本节创建过程中除了使用 SketchUp 原生工具外，还要用到以下插件。

（1）Soap Skin & Bubble（肥皂泡，见《SketchUp 常用插件手册》3.22 节）。

（2）Selection Toys（选择工具，见《SketchUp 常用插件手册》3.43 节）。

（3）JHS Powerbar（JHS 超级工具条，见《SketchUp 常用插件手册》3.3 节）。

（4）Zorro（佐罗刀）。

图 10.9.1　水立方夜景

1. 水立方建模思路

（1）描摹图 10.9.1 上的一组多边形（约 16 块），各自创建组件，如图 10.9.2 ①所示。

（2）如图 10.9.2 ②③所示拼接起来，发现拼合缝隙可进入相关组件，移动相关顶点并修复。

（3）分别进入图 10.9.2 ①所示的每个多边形，用 Soap Skin & Bubble 肥皂泡插件做出气泡。

（4）如图 10.9.2 ④所示拼合后用 Zorro（佐罗刀）插件切割出 4 片相连的"气泡墙"。

（5）把 4 片气泡墙旋转拼合成水立方的墙体。

（6）再把图 10.9.2 ②所示的气泡组拼合、切割成屋顶的尺寸，盖在墙体顶部。

上述操作过程保存在本节附件的"10.9.1.skp"里。

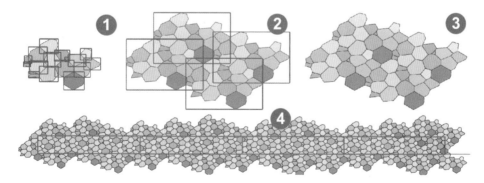

图 10.9.2　水立方建模思路

2. 气枕式帐篷

（1）图 10.9.3 所示为气枕式帐篷，与前面几节讨论的气肋式、气承式、骨架式都不同，结构载荷还是由钢管骨架来承受，气枕结构用来遮蔽和隔热保温。

图 10.9.3 气枕式帐篷

（2）把圆弧工具调到 20 片段，在红蓝平面上画弦长为 8m、弧高为 4m 的半圆，如图 10.9.4 ①所示。

（3）做旋转路径跟随后如图 10.9.4 ②所示，删除大部分后留下如图 10.9.4 ③所示的一片。

（4）用肥皂泡插件对图 10.9.4 ③所示的每一个小方块做成气泡组件，如图 10.9.4 ④所示。

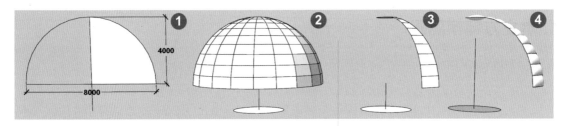

图 10.9.4 创建气枕组件

（5）如图 10.9.5 ①所示，做旋转复制，并删除 3 块气枕，留出门洞。

（6）用 Selection Toys（选择工具）选择所有的面以后删除留下线框，如图 10.9.5 ②所示。

（7）全选线框②后单击 JHS 的"线转圆杆"工具，生成帐篷骨架③后群组。

（8）把骨架群组③移动到气泡群组①重叠在一起，建模完成，如图 10.9.5 ④所示。

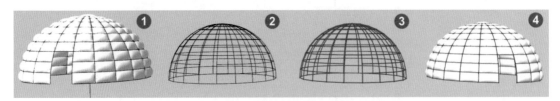

图 10.9.5 形成气枕式帐篷

10.10　气囊式膜结构（热气球）

从建模角度看，图 10.10.1 所示的热气球也可以算作一种气囊式膜结构（10.11 节的飞艇才是典型的气囊式膜结构），为顺利建模，先普及一点热气球的知识。

图 10.10.1　热气球比赛开始前

标准热气球体积分为几个级别：七级球体积为 2000 ～ 2400m³；八级球体积为 2400 ～ 3000m³；九级球体积为 3000 ～ 4000m³；十级球体积为 4000 ～ 6000m³。

目前，国内应用最广泛的是 AX-7 级热气球，规格及主要性能数据如下。

球囊体积：2176m³，高 21m，球体直径为 18m；飞行高度极限为 7000m，球体空重：170kg，最大起飞重量为 620kg；最大冷降速度为 5.2m/s。下面就按这个尺寸来建模。建模过程除使用 SketchUp 原生工具外，还要用到下列插件：

（1）Soap Skin & Bubble（肥皂泡，见《SketchUp 常用插件手册》5.9 节）。

（2）Bezier Spline（贝塞尔曲线，见《SketchUp 常用插件手册》5.5 节）。

建模过程如下。

（1）在 XZ（红蓝）平面上画直径为 18m 的圆，再按图 10.10.2 ①所示在圆的下面画弧。

（2）如图 10.10.2 ②所示删除半个圆面创建群组。因后续操作将要用到曲线的片段长度，而图 10.10.2 ②所示的曲线分两次绘制，线段长短不一，不能用。解决的方法是调用贝塞尔曲线工具后输入 20（指定曲线片段数 =20），按图 10.10.2 ②所示的曲线描摹出一条新的曲线，如图 10.10.2 ③所示。

（3）删除原曲线，把新画的贝塞尔曲线加中心线和水平线形成放样截面，做旋转放样，如图 10.10.2 ④所示。

（4）删除球体的大多数，留下如图 10.10.2 ⑤所示的一块西瓜皮形状的线面。

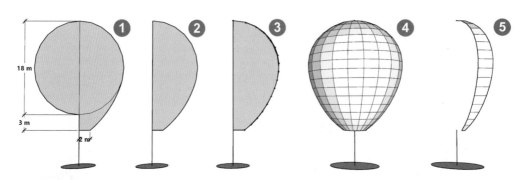

图 10.10.2　准备单元线面

（5）调用 Soap Skin & Bubble（肥皂泡）工具，把"西瓜皮"上的每一个小方格生成合适的气泡状，如图 10.10.3 ①所示。

（6）旋转复制出球体，如图 10.10.3 ②所示。创建"吊篮"，如图 10.10.3 ③所示。用直线连接球体与吊篮后，如图 10.10.3 ④所示。

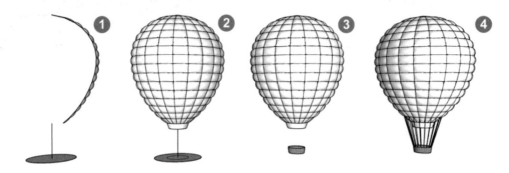

图 10.10.3　生成热气球

（7）复制出几份后分别赋予材质，如图 10.10.4 所示，建模完成（该模型保存在附件中）。

图 10.10.4　赋予材质后的成品

10.11 气囊式膜结构实例（飞艇）

如图 10.11.1 所示的飞艇是一个典型的气囊式膜结构。飞艇被认为是有助于减少温室气体的客货运潜在手段。据估计，飞艇的温室气体排放量比传统飞机少 80%～90%。图 10.11.1 所示的飞艇是由英国混合飞行器公司（HAV）开发的混合飞艇，由辅助机翼、尾翼、充氦气的膜结构组成，4 个柴油发动机驱动螺旋桨，价值 3289 万美元。这艘飞艇长 92m、宽 43.5m、高 26m，载重量为 10t，能以每小时约 150km 的速度航行，续航 5 昼夜，最大飞行高度为 6000m。内饰豪华，配有玻璃地板，乘客可以一览无余地欣赏他们经过的地面风景。由于其后部形状（见图 10.11.1 ②），该飞机被昵称为"飞屁股"。本节附件里有 10 多幅相关照片和一个视频，供建模时参考。

图 10.11.1 飞艇

模型的创建除了使用 SketchUp 原生工具外，还要用到以下插件。

（1）Bezier Spline（贝塞尔曲线，见《SketchUp 常用插件手册》5.5 节）。

（2）Mover3（精确移动插件，见《SketchUp 常用插件手册》2.12 节）。

建模过程如下。

（1）导入如图 10.11.2 ①所示的照片，炸开后重新创建群组，双击进入群组，用卷尺工具把该照片上飞艇的长度调整到 92m。

（2）调用 Bezier Spline（贝塞尔曲线）工具，立即输入 100 后按 Enter 键（即指定绘制的贝塞尔曲线片段数 =100），如图 10.11.2 ①红色箭头所指，描摹出飞艇的轮廓线。

图 10.11.2 导入图片并描摹轮廓

（3）请看图 10.11.3，已经准备好了模型所需的所有部件。创建过程非常繁杂，为大幅缩减篇幅，零部件创建过程略，可查阅附件里的模型。

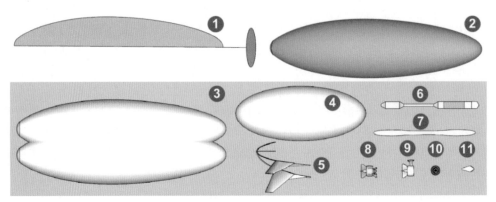

图 10.11.3　飞艇的全套部件

（4）首先通过旋转放样得到飞艇主体的一部分，如图 10.11.3 ①②所示，然后复制拼合成图 10.11.3 ③。

（5）重新做一个椭圆形的球体④，它将放到③的中间（可查阅附件里的照片）。

（6）图 10.11.3 ⑤是侧翼与垂直尾翼；图 10.11.3 ⑥是驾驶舱、客舱与燃料箱；图 10.11.3 ⑦是飞艇底部的气囊滑橇；图 10.11.3⑧⑨是柴油驱动的螺旋桨；图 10.11.3⑩是降落缓冲用的"大象腿"；图 10.11.3⑪ 用途不明，像是雷达模块。

（7）参照附件里的照片和视频，把上述部件装配起来后如图 10.11.4 所示，上部是 3 个方向的平行投影图，下部是透视图。

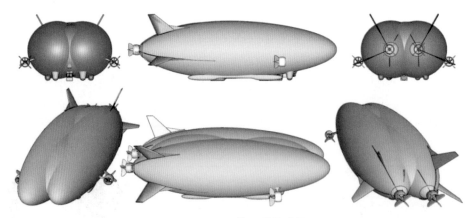

图 10.11.4　装配后的成品

SketchUp曲面建模思路与技巧

扫码下载本章配套资源

第11章

曲线融合类曲面

在这个系列教材最基础的《SketchUp 要点精讲》一书中曾经多次提到一个概念：在 SketchUp 模型中，线是构成面的基础，删除了面，线可以单独存在，还能补线恢复成面；若是破坏了面的边线，哪怕只是一点点，面就没有了，可见线的重要性。

在曲面建模的范畴里，"线"则显得更加重要，看起来非常复杂的曲面，如果你慧眼独具，能看出它的规律，也许只要画出几条关键的曲线，创建整个曲面的任务就能迎刃而解。本章就是为了强化这方面建模思路与技巧而设置的。

本章共分为 10 节，包含 9 个小模型，都是以几条简单的曲线融合成曲面的例子，希望这些实例能对你今后创建类似曲面模型时有所启发。

11.1 曲线融合类曲面与工具

在本章中收录这些实例，比创建一个模型更为重要的是：加深体会了解"线"在 SketchUp 曲面模型创建中的重要性以及如何以巧妙的"布线"来完成复杂曲面的技巧。

本章的实例中，除了使用 SketchUp 原生工具外，还要用到以下插件。

（1）Bezier Spline（贝塞尔曲线，见《SketchUp 常用插件手册》5.5 节）。

（2）Select Curve（选连续线，见《SketchUp 常用插件手册》2.20 节）。

（3）Curviloft（曲线放样，见《SketchUp 常用插件手册》5.3 节）。

（4）JointPushPull Interactive（联合推拉，见《SketchUp 常用插件手册》2.7 节）。

（5）Perpendicular Face Tools（路径垂面，见《SketchUp 常用插件手册》2.16 节）。

11.2 简单曲线融合生成曲面实例（舢板）

你一定会奇怪，这艘小船（舢板）看起来是蛮复杂的曲面，难道只是个简单的曲线融合实例吗？是的，对于掌握了曲线融合技巧的用户，创建这种曲面算是比较简单的。

在这个系列教材的其他书中曾多次提到在 SketchUp 模型中"线"的重要性；在曲面建模的范畴，"线"显得更加重要。本节的例子就可以说明这点。

创建图 11.2.1 所示的舢板模型，除使用 SketchUp 原生工具外，还要用到以下插件。

（1）Bezier Spline（贝塞尔曲线，见《SketchUp 常用插件手册》5.5 节）。

（2）Select Curve（选连续线，见《SketchUp 常用插件手册》2.20 节）。

（3）Curviloft（曲线放样，见《SketchUp 常用插件手册》5.3 节）。

（4）JointPushPull Interactive（联合推拉，见《SketchUp 常用插件手册》2.7 节）。

图 11.2.1 机动舢板

1. 曲线融合创建船体

（1）对象分析与建模思路。

① 舢板主体是"轴对称"型的，只要创建一半后做镜像，再拼合成整体即可。

② 可先创建一个立方体，尺寸相当于半个舱板（截图略），在立方体上分别绘制正视、俯视与左视方向的曲线，最后用相关插件把 3 条关键曲线融合生成曲面。

③ 最后复制、镜像成整体。

（2）图 11.2.2 就是根据以上思路，用贝塞尔曲线工具绘制的 3 条关键曲线。

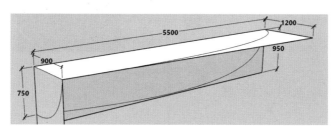

图 11.2.2　布线

（3）图 11.2.3 ①是清理废线面后的关键曲线，注意红色箭头所指处必须少一条垂线。

（4）全选图 11.2.3 ①所示的所有线条，再单击 Curviloft（曲线放样）工具栏右侧的 Curviloft - Skin Contours 工具完成"轮廓封面"，结果如图 11.2.3 ②所示。

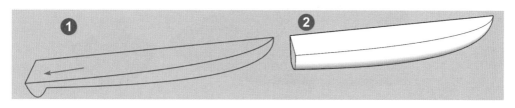

图 11.2.3　曲线融合

（5）图 11.2.4 ①是经过复制、镜像、拼合、柔化后的结果（过程截图略）。

（6）图 11.2.4 ②是用"联合推拉"插件拉出船体厚度后的结果。

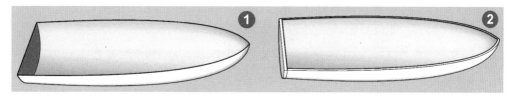

图 11.2.4　复制、镜像并加厚

2. 曲线融合创建船头防浪板

（1）在图 11.2.5 ①所示的位置绘制一个垂直的辅助面，在辅助面上画个圆弧。用旋转工具把辅助面连同圆弧向后旋转 30°，如图 11.2.5 ①所示。

（2）选择图 11.2.5 ②红色箭头所指的 3 条关键曲线后再单击 Curviloft（曲线放样）工具栏右侧的 Curviloft - Skin Contours 工具完成轮廓封面；如果看到的结果不合理，可选择曲面后单击图 11.2.5 ③所指的按钮调整顶点的方向指向船头，正确的结果如图 11.2.5 ②所示。

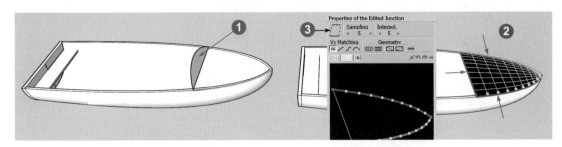

图 11.2.5 船头曲线融合

（3）赋予材质与放置参照物后如图 11.2.6 所示。

图 11.2.6 四方向视图

3. 留给你的思考题

图 11.2.7 所示为一种玻璃钢户外休闲凳，也是一种景观小品，请想一想如何用曲线融合的方法创建这个模型？想好后尝试创建这个模型。

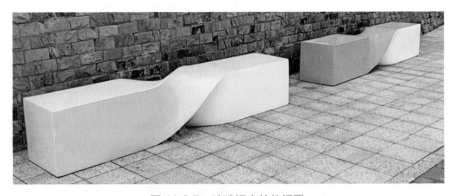

图 11.2.7 玻璃钢户外休闲凳

该思考题的答案（带创建过程的模型）藏在本书后面某处，届时会呈现供你对照。

11.3 规则曲线融合生成曲面实例（贝壳）

图 11.3.1 是作者应邀于 2009 年 10 月 6 日发布于某 SketchUp 专业网站的图文教程截图。SketchUp 当时大规模进入国内不久，也没有太多的插件可供选择，研究许久，创造了这种当时自称为"剖切面拟合"的方法（现在插件多了，办法也更多）。

老怪《非线性建模教程》贝壳为例

对于像贝壳这样三维空间都是曲线的模型，通常认为不是SketchUp的强项，其实，只要掌握了方法，是可以做出来的，本例用的是"剖切面拟合"的方法，用这种方法，不见得是最...

图 11.3.1 2009 年图文教程封面截图

该教程阅读量近 17 万次，有 1159 个回复。10 多年后返回去看，它仍然有很高的实用价值，所以收录入本书作为一个典型案例，至于实用价值是什么，谨将当年的说明全文抄录于后，至今仍然适用。

……对于像贝壳这样 3 个方向都是曲线的模型，通常认为不是 SketchUp 的强项，其实只要掌握了方法，还是可以做出来的，本例用的是"剖切面拟合"的方法。

这种方法不见得是最好的方法，但可以创建相当精确的模型，用这种方法建立的模型是具有实用价值的。它为后续的施工图制定乃至现场施工放样都提供了可能和方便。

需注意上述的关键词："剖切面拟合""精确的模型""实用价值""施工图""现场施工放样"，在正式介绍建模思路与方法之前，先讨论一下这几个关键词。

（1）"剖切面拟合"是什么？下面马上要介绍，暂且放下。

（2）我们知道，用 SketchUp 创建的曲面很难得到非常精确的形状与尺寸，而用这种看起来很笨的方法却能得到相对精确的模型，模型的精确度取决于剖切面的数量。

（3）"实用价值"是作者对所有教程一贯的自律原则，写教程、写书、做讲座的题材必须取决于在设计与生产实践中是否有普遍价值，绝不搞花里胡哨而无实用价值的炫技。

（4）老设计师都知道，即便你创建了出色的曲面模型，想要把它变成适用于现场施工的图纸，也会比创建模型困难得多，但是用下面的方法就不会有出图方面的困难。

（5）设计师尤其是缺乏现场经验的年轻设计师，最容易忽视的是如何在工地条件下，譬如工人大多只有初中（或以下）文化水平，又没有大型的放样工具……如何把复杂的曲面模型变成现实的工程，用下面的办法，即便是初中生也能配合你完成复杂的曲面造型。

（6）更为重要的是，同样的方法可以用于其他需要出施工图与现场放样的复杂模型。

创建本节的模型，除了使用 SketchUp 原生工具外，还需要用到以下插件。

（1）Bezier Spline（贝塞尔曲线，见《SketchUp 常用插件手册》5.5 节）。

（2）Curviloft（曲线放样，见《SketchUp 常用插件手册》5.3 节）。

（3）JHS 超级工具条的"拉线生墙"工具（见《SketchUp 常用插件手册》2.3 节）。

1. 获取俯视方向的建模轮廓

（1）图 11.3.2 ①②是两幅照片，需要说明：图 11.3.2 ②所示的贝壳俯视照片很容易找到，而像图 11.3.2 ①所示的侧视图则是凤毛麟角，非常难得，如果没有，也不必担心，画个大概的形状也行。

（2）如图 11.3.2 ③红线所示，用贝塞尔曲线工具仔细描绘出贝壳俯视图的边缘。

（3）边缘描绘完成后全选并移出，用旋转工具旋转摆正，如图 11.3.2 ④所示。垂直向上复制一个副本并暂时隐藏，留作投影贴图时使用。

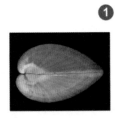

图 11.3.2　建模的依据

2. 获取侧视方向的建模轮廓并分割

（1）从图 11.3.3 ①所示的贝壳侧面图描绘出侧视轮廓，如图 11.3.3 ②所示。

（2）把图 11.3.3 ②所示的侧面轮廓移动到上一步获得的俯视轮廓上仔细对齐，如图 11.3.3 ③所示。

（3）画一条直线，做移动复制的内部阵列，如图 11.3.3 ④所示，线条的数量决定模型的精度。

（4）全选如图 11.3.3 ④所示的全部直线，调用 JHS 工具栏的"拉线生墙"工具，拉出如图 11.3.3 ⑤所示的剖切面。

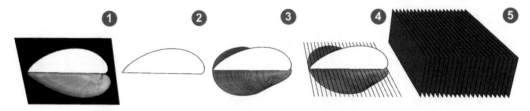

图 11.3.3　获取侧视方向的建模依据并分割

3. 在剖切面上描绘曲线

（1）调用圆弧工具，按图 11.3.4 ①所示的 a、b、c 顺序单击绘制圆弧。应注意以下几点。

① 圆弧的片段数同样与模型的精度有关，为此压缩线面量不宜过高。

② 圆弧工具单击 a、b、c 三点时，务必都要见到紫色的叉形交点符号，这是能不能获得精准模型的重点，务必认真、当心。

（2）图 11.3.4 ②③所示为绘制完全部弧线后的情况（前、后两个视图）。

（3）删除、清理完所有无关线面后的全套曲线如图 11.3.4 ④所示。

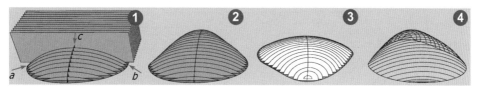

图 11.3.4　在剖切面上描绘曲线

4. 曲线融合与投影赋予材质

（1）全选图 11.3.4 ④所有曲线，单击 Curviloft（曲线放样）工具栏的第一个工具做"曲线封面"；建议选择一部分曲线，如 3 ～ 4 条，分多次完成曲线融合，柔化后如图 11.3.5 ①所示。

（2）恢复图 11.3.2 ①～③隐藏的平面轮廓，做投影贴图后如图 11.3.5 ②所示。

（3）复制、镜像、移动拼合后如图 11.3.5 ③④所示。建模完成。

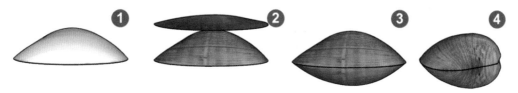

图 11.3.5　曲线融合与投影贴图

5. 施工图与工地放样简述

（1）如果这个模型是要实际施工的，那么在建模过程中就要留下如图 11.3.6 ②③所示的阶段模型，图 11.3.6 ②用于测量各剖面的弦长，图 11.3.6 ③用于测量弧高，数值填入表 11.3.1 的对应位置。

（2）工地现场放样时，只要如表 11.13.1 右侧的图像，按规定的间隔画出一系列平行线，再按表格的弦长与弧高，在三夹板或厚纸板绘制圆弧，大型模型设置可用钢筋弯曲，放置到对应的平行线上即可完成放样（具体做法可视用途与现场条件灵活变化）。

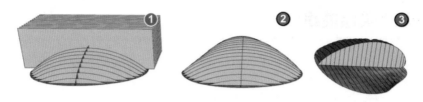

图 11.3.6　用于施工图与现场放样的图形

表 11.3.1　放样数据表（注意中心线是斜的）

剖面号	距原点 /mm	弦长 /mm	弧高 /mm
……	……	……	……
07	假设 600	……	……
06	假设 500	……	……
05	假设 400	……	……
04	假设 300	……	……
03	假设 200	……	……
02	假设 100	实测值	实测值

　　图 11.3.7 和图 11.3.8 所示的两幅扇贝模型用完全不同的方法创建，含建模过程的模型保存在本节附件里，供有兴趣者参考。

图 11.3.7　扇贝 1

图 11.3.8　扇贝 2

11.4　曲线融合生成曲面实例 1（晴雨伞）

　　本节以生活中常见的晴雨伞为例，如图 11.4.1 所示，介绍类似曲面的创建。创建这个模型，除了用到 SketchUp 原生工具外，还要用到以下插件。

　　（1）Bezier Spline（贝塞尔曲线，见《SketchUp 常用插件手册》5.5 节）。

　　（2）Curviloft（曲线放样，见《SketchUp 常用插件手册》5.3 节）。

图 11.4.1　曲面融合（晴雨伞）

1. 绘制轮廓线

（1）如图 11.4.2 ①所示，创建一垂直辅助面，并绘制代表伞面与伞骨的弧线与直线。如图 11.4.2 ②中 3 条红色线条所示，获得本例中最重要的 3 条线，注意垂直的中心线要一直保留到模型完成。

（2）选择弧线③ a，再向下偏移出两条弧线（各相隔 5mm），如图 11.4.2 ③ b 所示。原始的弧线用来生成伞面，下面两条红色的弧线用来创建伞骨。

（3）如图 11.4.2 ③ c 所示，向下 5mm 移动复制直线，用来生成伞骨的支撑部分。

（4）对图 11.4.2 ③ b 二弧线与图 11.4.2 ③ c 二直线的端部补线成面，拉出厚度 5mm 后形成伞骨，创建群组后如图 11.4.2 ④所示。

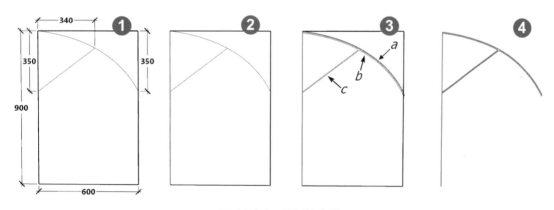

图 11.4.2　绘制轮廓线

2. 曲线融合与装配

（1）复制图 11.4.2 ③ a 所指的黑色弧线与垂直中心线，旋转 45° 复制,如图 11.4.3 ①所示。

（2）再如图 11.4.3 ①所示，用两条直线连接弧线的端点成面，再在面上画弧，如图 11.4.3 ①红线所示。

（3）删除图 11.4.3 ①中的两条水平直线，留下弧线；选择 3 条弧线后调用 Curviloft（曲线放样）右侧的"轮廓封面"工具，生成曲面（伞面），如图 11.4.3 ②所示。

（4）图 11.4.3 ③是准备好的伞骨群组，移动旋转跟伞面一侧对齐（低 5mm），创建群组。

（5）旋转复制后如图 11.4.3 ④所示。把预制好的伞柄⑤移动到中心对齐，建模完成。

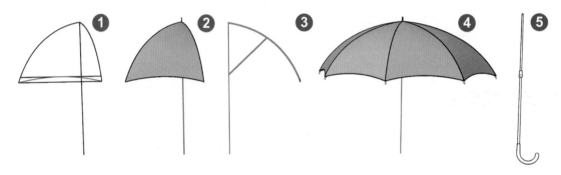

图 11.4.3　曲线融合与装配

11.5　曲线融合生成曲面实例 2（玻璃钢椅子）

如果把如图 11.5.1 所示的椅子单独拿出来展示，大多数人都不会相信这么漂亮别致的椅子居然是以 4 条曲线融合生成的。

创建这种模型，除了使用 SketchUp 原生工具外，还要用到以下插件。

（1）Bezier Spline（贝塞尔曲线，见《SketchUp 常用插件手册》5.5 节）。

（2）Curviloft（曲线放样，见《SketchUp 常用插件手册》5.3 节）。

图 11.5.1　玻璃钢椅子

绘制曲线与融合成形（见图 11.5.2）。

（1）如图 11.5.2 ①所示的尺寸，创建上、下两个立方体。

（2）在立方体表面绘制如图 11.5.2 ①红色所示的曲线。

（3）清理废线面后的 4 条曲线如图 11.5.2 ②所示，注意其中 a、b、c 3 条线要旋转一个角度，每条曲线可独立成组（打开附件里的 skp 文件查看更清楚）。

（4）单击调用 Curviloft（曲线放样）工具栏的第一个工具，按 a b c d 的顺序分别单击图 11.5.2 ②所示的 4 条曲线，并且如图 11.5.2 ③所示，把 Seq 改成 15；获得图 11.5.2 ④所示的预览图。

（5）单击屏幕空白处，勾选出现的绿色对钩，生成曲面如图 11.5.2 ⑤所示。

（6）调用 JointPushPull Interactive（联合推拉）做出厚度（截图略）。

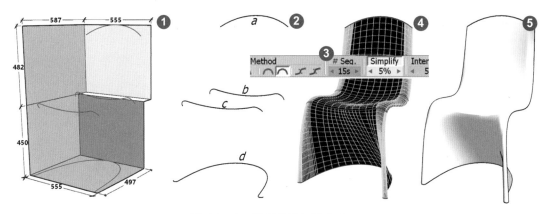

图 11.5.2 绘制曲线与融合成形

收录这个实例的目的比创建一张椅子更为重要的是：加深体会了解"线"在 SketchUp 曲面模型创建中的重要性，以及如何以巧妙的"布线"来完成复杂曲面的技巧。

11.6 曲线融合生成曲面实例3（快速简易六角亭顶）

搞建筑、规划、景观的设计师大多需要做一些中式的亭子作为点缀小品，只想表现一个总体规划意念和体量概念，并不需要精确的建筑结构（那是古建结构设计师的业务）。如果你也有同样的需求，那么本节的内容或许能供你参考。

中式的亭子与中式的建筑一样，最与众不同、最有中华特色的就是顶部，所以本节的内容以介绍快速创建中式六角亭的顶部为主。注意所介绍的方法不是严格的古建结构。

创建本节模型的过程中，除了用到 SketchUp 原生工具外，还要用到以下插件。

（1）Select Curve（选连续线，见《SketchUp 常用插件手册》2.20 节）。

（2）Perpendicular Face Tools（路径垂面，见《SketchUp 常用插件手册》2.16）。

（3）Curviloft（曲线放样，见《SketchUp 常用插件手册》5.3 节）。

（4）JointPushPull Interactive（联合推拉，见《SketchUp 常用插件手册》2.7 节）。

创建过程可分为布线、曲线融合和其余的辅助操作，具体如下。

（1）如图 11.6.1 ①所示绘制垂直的辅助面与辅助线，再如图 11.6.1 ②红线所示绘制贝塞尔曲线。

（2）选择图 11.6.1 ②所示红色的贝塞尔曲线，相隔 60° 做旋转复制，如图 11.6.1 ③所示。

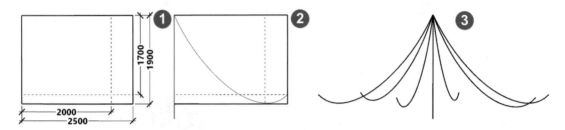

图 11.6.1　布线 1

（3）如图 11.6.2 ①箭头所示，连接相邻贝塞尔曲线的端部，绘制红色的弧线并群组。

（4）再如图 11.6.2 ②箭头所指，把画有弧线的群组旋转 30°，旋转复制后如图 11.6.2 ③所示。

图 11.6.2　布线 2

（5）预选图 11.6.2 ③所示的所有曲线，单击 Curviloft（曲线放样）工具栏中的轮廓封面工具，得到如图 11.6.3 ①所示的曲面，检查无误后确定，如图 11.6.3 ②所示，其中还有几个面是反的，并且柔化过度。

（6）取消所有柔化，全选后重新柔化，效果如图 11.6.3 ③所示。

图 11.6.3　曲线融合

（7）拾取图 11.6.4 ①所示的一条垂脊曲线为放样路径，如图 11.6.4 ②所示。

（8）在 XY 平面上绘制垂脊截面（见图 11.6.4 ③），调用 Perpendicular Face Tools（路径垂面）工具栏最右边的 Perpendicular Custom Face（垂直放置指定面）工具，把躺在地面上的放样截面移动到放样路径的端部，并垂直于路径，如图 11.6.1 ④所示。路径跟随放样后的垂脊如

图 11.6.4 ⑤所示，创建组件。

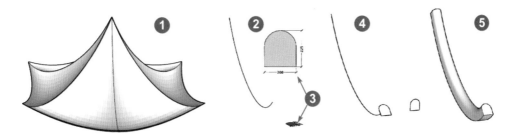

图 11.6.4　生成垂脊

（9）把垂脊组件移动到曲面的对应位置，并做旋转复制，如图 11.6.5 ①所示。

（10）用 JointPushPull Interactive（联合推拉）工具把 6 个曲面拉出厚度后如图 11.6.5 ①所示。

（11）对垂脊组件的端部做推拉等修改（可查看附件里的模型）。

（12）画出截面，用旋转放样创建一个"宝顶"，移动到位后如图 11.6.5 ②所示。

（13）分别对屋面、垂脊、宝顶赋予材质，如图 11.6.5 ③所示，建模完成。

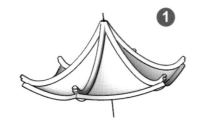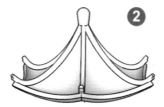

图 11.6.5　最后的润色

11.7　曲线融合生成曲面实例 4（实木虎脚书桌）

　　中式与西式的实木家具都有各种各样的"虎脚"式样，本节介绍一种比较常见的西式实木虎脚模型的创建方法。总的创建思路还是先设法得到一系列轮廓曲线，而后以曲线为依据生成曲面。创建图 11.7.1 所示模型的虎脚，除了使用 SketchUp 原生工具外，还要用到以下插件。

（1）Bezier Spline（贝塞尔曲线，见《SketchUp 常用插件手册》5.5 节）。

（2）Curviloft（曲线放样，见《SketchUp 常用插件手册》5.3 节）。

1. 绘制与分割轮廓

（1）在 XZ 平面上创建垂直辅助面，如图 11.7.2 ①所示。

（2）用贝塞尔曲线工具绘制如图 11.7.2 ②红线所示的曲线，这两条曲线将决定最终模型的形状。

（3）如图 11.7.2 ③所示，画一条水平线，做移动复制内部阵列。

（4）注意图 11.7.2 ④红色箭头所指范围内有 4 条线的间隔不同，需要单独布线。

（5）删除两条曲线范围之外的所有废线面，得到如图 11.7.2 ⑤所示的曲线与一系列分隔线。

（6）用直线工具逐一连接所有分隔线的"中点"，得到图 11.7.2 ⑥所示的红色中心线。现在有了一系列中心线与水平分隔线的"交点"。

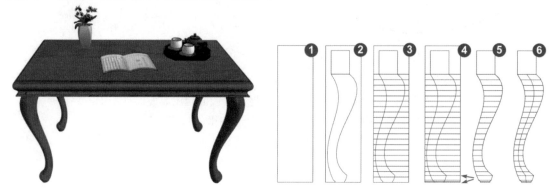

图 11.7.1　实木虎脚书桌　　　　　　　　图 11.7.2　绘制与分割轮廓

对于能够熟练运用 SketchUp 原生工具的用户，上述第（6）步可以省略。

2. 绘制曲线与融合成曲面

（1）调用画圆工具，分别以前一步生成的"交点"为圆心，以对应的曲线为半径画圆。

① 窍门：调用画圆工具后移动到 XY 平面（地面），此时画圆工具呈蓝色显示，按 Shift 键，锁定画圆工具的方向，移动工具到交点画圆，此方法又快又好。

② 如果能熟练操作，也可从图 11.7.2 ⑤所示的那步直接画圆。

（2）已经画完了所有圆形轮廓线后如图 11.7.3 ①所示，也可以画六边形或八边形。

（3）清理所有废线面后如图 11.7.3 ②所示，只留下 20 多个圆形。

（4）接着就可以做"曲线融合"了，选择好图 11.7.3 ②所示的所有圆形，单击调用 Curviloft（曲线放样）工具栏的第一个工具进行"曲线封面"，完成后如图 11.7.3 ③所示。

① 窍门：全选所有圆弧一次完成封面，会需要长久等待；可每次选择 3～4 个圆形，分多次封面，可大大节约时间，不容易造成封面失败。

② 注意，参与融合封面的线条必须干净，没有废线头，特别是选择顶部圆形时，很容易选择到不该选择的线面而造成封面失败。

（5）封面完成后，做柔化（勾选平滑法线与软化共面），完成后如图 11.7.3 ④所示。

（6）画出榫头形状，拉出榫头后如图 11.7.3 ⑤所示。创建成组件以方便后续赋予材质与修改。

（7）该"虎脚"实际应用如图 11.7.1 所示。此外，还可以用缩放工具压缩或者变形后用在其他实木家具上。

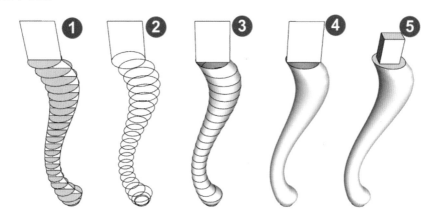

图 11.7.3　绘制曲线与曲线融合

11.8　曲线融合生成曲面实例 5（壁龛与维纳斯）

在西式建筑，特别是与宗教相关的场合，常能见到与图 11.8.1 类似的壁龛构造，嵌入墙内并供奉神像。图 11.8.1 所示的壁龛模型里把神像换成了知名雕塑爱神维纳斯，该雕塑不属于本节的讨论范围，在本系列教程的《SketchUp 材质系统精讲》第 8 章与本书第 15 章有"拍摄照片建模"的详细讨论以创建类似雕塑的模型，可供参考。

本节要讨论的建模重点是用曲线融合的方法完成维纳斯头部后面的波浪形装饰，下面介绍建模过程，除了要用到 SketchUp 原生工具外，还要用到以下插件。

（1）Curviloft（曲线放样，见《SketchUp 常用插件手册》5.3 节）。

（2）Select Curve（选连续线，见《SketchUp 常用插件手册》2.20 节）。

模型创建过程如下（见图 11.8.2 至图 11.8.5）。

（1）如图 11.8.2 ①所示，在 XY 平面上绘制半圆，弦长为 1000mm，弧高为 500mm。

（2）拉出高度 1500mm 形成半圆柱，如图 11.8.2 ②所示。

（3）如图 11.8.3 ①所示，选择半圆柱弧线，向内偏移 50mm。按住 Ctrl 键向下推出夹层。

（4）如图 11.8.3 ②所示，绘制两条圆弧，并均分成 12 份。

（5）在其中一份的外侧绘制小圆弧，如图 11.8.3 ③和红色箭头所指处所示。

（6）现在看图 11.8.4，这是绕到对象的后面进行的操作，所以要自右开始往左看。现在把①b 箭头所指的曲线旋转复制到图 11.8.4 ①c 所在的位置，注意 a、b、c 这 3 条曲线应首尾相接，图 11.8.4 ②是局部放大图。

（7）全选图 11.8.4 ① a、b、c 这 3 条曲线，单击调用 Curviloft（曲线放样）工具栏右侧的工具(轮廓封面)，完成曲面融合后如图 11.8.4 ③箭头所指。做旋转复制后如图 11.8.4 ④所示。

（8）选择垂直和水平两个半圆，各自群组，如图 11.8.4 ⑤所示，调用 Curviloft（曲线放样）

工具栏左侧的工具（轮廓封面），生成 1/4 的球体，盖在顶部，如图 11.8.4⑥所示。

图 11.8.1 壁龛与维纳斯

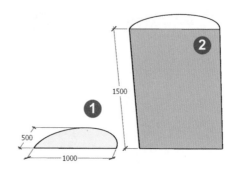

图 11.8.2 准备 1

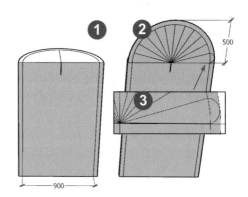

图 11.8.3 准备 2

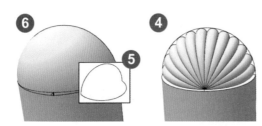  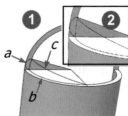

图 11.8.4 创建波浪形

（9）拾取如图 11.8.5①所示的边线作为放样路径，在一端绘制放样截面②后放样，得到如图 11.8.5③所示的边框，移动装配后如图 11.8.5④所示，再在图 11.8.4⑤的下部创建下沿底盘（见图 11.8.5⑥）。

（10）带有全部建模过程的模型保存在本节附件里，供练习时参考。

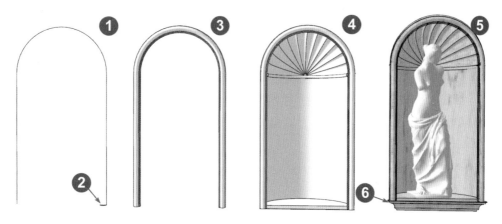

图 11.8.5　边框与下沿

11.9　曲面的剖切表达法与还原实例（船体）

图 11.9.1 包含了两艘船的图样，都使用了剖面的表达方法。这种以剖面表达的方法并不限于船舶，也适用于其他包含复杂曲面的设计对象。

图 11.9.1 左侧①与本节内容无关，可不用理会。

图 11.9.1 ②包含了 5 条正视方向的剖面线，分别对应于俯视方向④的同名曲线。图 11.9.1 ③所示的曲线对应于②右侧的 6 条垂直分割线。

图 11.9.1 ⑤所示的曲线又对应于②左侧的 6 条垂直分割线。图 11.9.1 ③⑤又与图 11.9.1 ④所示的俯视分割线一一对应。一个复杂的船体曲面信息全部包含在这 4 幅图中，也可为现场放样所用，非常巧妙。

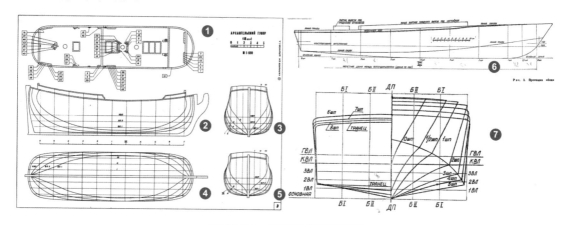

图 11.9.1　模型的剖面表示法

图 11.9.1 右侧是一艘快艇的图样，只有两个视图，更为简单实用，其中图 11.9.1 ⑥所示

为主视图，上面有 10 条代表剖面位置的垂直分割线，图 11.9.1 ⑦就是对应的剖面图样。本节就要以它们为依据来创建模型，除了要用到 SketchUp 原生工具外，还要用到以下插件。

（1）Bezier Spline（贝塞尔曲线，见《SketchUp 常用插件手册》5.5 节）。

（2）Curviloft（曲线放样，见《SketchUp 常用插件手册》5.3 节）。

以图放样还原曲面（见图 11.9.2），操作如下。

（1）按图 11.9.2 ①描摹出主视图，如图 11.9.2 ②所示。再按图 11.9.2 ③分别描摹出 10 个剖面，如图 11.9.2 ④所示。

（2）把图 11.9.2 ④所示的所有剖面旋转 90° 后，移动到主视图 11.9.2 ②上并分别对齐，如图 11.9.2 ⑤所示。

（3）如图 11.9.2 ⑥所示，用直线连接各剖面的同名角点。调用 Curviloft（曲线放样）工具栏中的"面路径放样"工具，按顺序单击 a、b、c 放样，完成曲面融合。

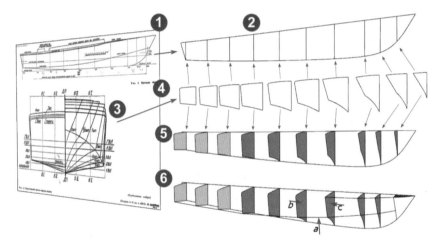

图 11.9.2　描摹剖面并移动到位

（4）完成曲线融合放样后的成品如图 11.9.3 所示。注意其头部较复杂的曲面。

图 11.9.3　曲线融合后的成品

11.10　曲线融合生成曲面实例（荷叶边花钵）

图 11.10.1 是应邀于 2011 年发布在某 SketchUp 专业网站的图文教程。因文中所述至今仍

有实用价值，故收录于本书作为曲线融合课题的一个实例。

创建图 11.10.1 所示的模型，除了要用到 SketchUp 的原生工具外，还要用到以下插件。

（1）Bezier Spline（贝塞尔曲线，见《SketchUp 常用插件手册》5.5 节）。

（2）Curviloft（曲线放样，见《SketchUp 常用插件手册》5.3 节）。

（3）JointPushPull Interactive（ 联合推拉，见《SketchUp 常用插件手册》2.7 节）。

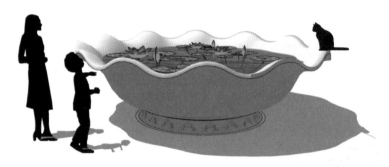

图 11.10.1　荷叶边花钵

1. 创建波浪线圆环

（1）在 *XY* 平面上画圆，半径为 2000mm。

（2）用推拉工具，按住 Ctrl 键向上做两次复制推拉，每次间隔 80mm，如图 11.10.2 ①所示。

（3）三击全选后取消柔化，暴露出所有边线，并按图 11.10.2 ①红色箭头所指处画圆弧。

（4）选中①箭头所指处圆弧，做旋转复制。

（5）清理废线面后得到图 11.10.2 ②所示环形波浪线。

（6）按图 11.10.2 ③所示创建临时辅助面。

（7）用贝塞尔曲线工具绘制图 11.10.2 ④所示的曲线，该曲线将决定花钵的截面形状。

（8）按曲线④的形状绘制方格线，如图 11.10.2 ⑤所示（越接近直线，可越稀疏）。

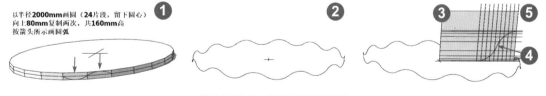

图 11.10.2　创建环形波浪线

2. 移动缩放波浪形并切割

（1）首先需要熟练 SketchUp 工具的操作技能，应认真看清线条交点，小心操作。

（2）把图 11.10.3 ① a 箭头所指的环形波浪线分别移动到图 11.10.3 ① c 所指的交点处。

（3）按住 Ctrl 键，分别把每条波浪形做中心缩放，对齐到图 11.10.3 ① b 所指的交点处。

（4）全部移动缩放完成后如图 11.10.3 ②所示。理论上此时就可以用这些线条融合成曲面了，但如图 11.10.3 ③所示，非常遗憾，很多性能不够强悍的计算机时常会操作失败，所以下面再介绍一种适合老旧计算机应用的方法。

（5）现在回到图 11.10.3 ②，从中点往外画条直线，相隔 30° 做旋转复制，拉线成墙后如图 11.10.3 ②所示。

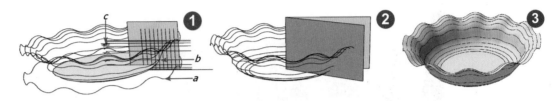

图 11.10.3　移动缩放波浪形并切割

3. 旋转复制并拉出厚度

（1）全选图 11.10.3 ②，做模型交错（只对选择的对象交错），得到图 11.10.4 ①所示的 1/12 片段。

（2）旋转复制后如图 11.10.4 ②所示，仔细删除所有废线面后做柔化，结果如图 11.10.4 ③所示。

（3）全选图 11.10.4 ③所示曲面后调用 JointPushPull Interactive（联合推拉）拉出整体厚度，如图 11.10.4 ④所示。

图 11.10.4　旋转复制并拉出厚度

4. 切割边缘并加底座

（1）如果用联合推拉生成的边缘不满意或者想要在俯视方向做成异形的边缘，可以用图 11.10.5 ①所示的方法做模型交错，切割出想要的尺寸或形状。

（2）图 11.10.5 ②就是切割出的形状。图 11.10.5 ③是提前准备好的底座，合二为一后如图 11.10.5 ④所示。

（3）底座上一圈雕花的做法（请看附件里的模型）将在第 15 章介绍。

（4）赋予材质，添加参照物后如图 11.10.1 所示（模型保存在本节附件里）。

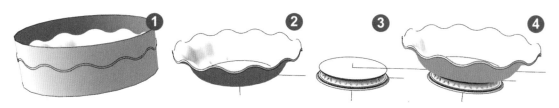

图 11.10.5　切割边缘并加底座

下面揭秘 11.2 节思考题（玻璃钢户外休闲凳）。

在前面的 11.2 节里，曾经留下一个思考题，下面介绍创建过程。

（1）创建一个长方体，长度为 2000mm，截面尺寸为 450×450mm。在长方体的中部用贝塞尔曲线工具绘制曲线，如图 11.10.6 ①所示。

（2）删除所有废线面，仅留下曲线与两端的正方形，如图 11.10.6 ②所示。

（3）选择曲线，以端部正方形的中心为旋转中心，间隔 90° 做旋转复制，如图 11.10.6 ③所示。

（4）全选后单击 Curviloft（曲线放样）工具栏的第一个工具，做曲线封面后如图 11.10.6 ④所示。

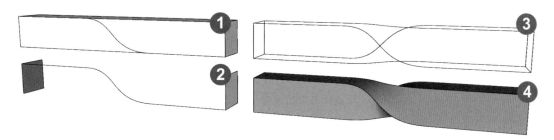

图 11.10.6　11.2 节思考题解答

扫码下载本章配套资源

第 12 章

布艺与无序曲面

    SketchUp 最初是瞄准了建筑设计行业而诞生的；因为其具有易学易用等一系列优点，很快就被用于其他行业的设计领域。室内外环艺设计是最早使用的行业；然而因为 SketchUp 在曲面建模方面天生的短板，这些行业所需的类似于布艺一类的组件必须去寻找其他软件生成的模型，再导入 SketchUp 里来，还要处理因此造成的诸如"线面数量巨大""破洞""贴图坐标混乱"等大量问题，苦不堪言。

    直到 SketchUp 诞生 10 多年后的 2018 年，AMS 发布了 ClothWorks（布料模拟）插件 1.0 版以后，4 年多的时间里经过了 10 多次的改良升级，现在已经升级到了 1.77 版，成为一个对 SketchUp 用户非常实用工具。SketchUp 用户终于有了在 SketchUp 里直接创建"无序曲面模型"的能力，这是一件非常值得庆贺的事情！

    本章将用 ClothWorks（布料模拟）插件创建 8 个"无序曲面模型"，其中包含该工具的大多数操作要点。如果你是相关专业的设计师，务必熟练掌握这个工具。

12.1　无序曲面造型与工具概述

本章的主题是"无序曲面"，所谓"无序"也就是"随机""没有规律"或"难以寻找规律"；难以或根本无法以数学或物理学的方程式来精确描述建模过程与结果。所以，建模过程中难以用输入数据的方式来获得精准尺寸的模型；同样难以在图纸上精准地量化表达，在工程现场也很难精准复原设计师的模型。最典型的"无序曲面造型"模型就是室内环艺设计中常见的布艺制品。

常用的创建布艺制品的工具为 ClothWorks（布料模拟）插件（见《SketchUp 常用插件手册》5.25 节）。

建模过程也许还要用到其他的自由变形插件：JHS 超级工具栏的 FFD 工具（见《SketchUp 常用插件手册》2.3 节）或 SketchyFFD 自由变形（见《SketchUp 常用插件手册》5.22 节）。

SketchUp 用户自从有了 ClothWorks（布料模拟）插件以后，就再也不用去辛苦寻找并导入用其他软件创建的床单、枕头、窗帘、台布等类似模型，并处理因此生出的麻烦。

SketchUp 用户终于有了在 SketchUp 里直接创建这些"无序曲面模型"的能力，这是一个表现非凡的工具。本节的 8 个实例都将用 ClothWorks（布料模拟）插件创建"无序曲面模型"，如果你是相关专业的设计师，务必熟练掌握这个工具，应对这个工具的 4 类共 41 个参数了如指掌，熟练运用。

12.2　无序曲面实例 1（台布）

常见的台布（桌布）是典型的"无序曲面"之一，本节要用 ClothWorks（布料模拟）插件为主要工具，介绍图 12.2.1 所示台布的创建方法。应注意，这个实例比较典型，所以解释得比较详细，务必充分注意其间提到的几处注意点。

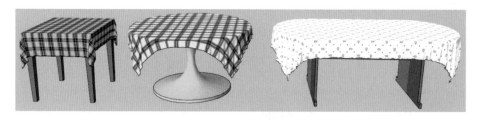

图 12.2.1　台布成品

1. 准备桌子与布

（1）从组件库里拉一张方桌到 SketchUp 窗口里，如图 12.2.2 ①所示。应注意：桌子必须是组件或组，可以是嵌套的，但所有内嵌的几何体都必须包含在唯一的组或组件内。

（2）在俯视图条件下，用矩形工具绘制一个比桌面稍大的矩形，创建群组，如图 12.2.2 ②所示。

（3）把矩形群组垂直移动到桌子组件的上方，如图 12.2.2 ③所示。

（4）用鼠标右击桌子上方的矩形，在右键菜单中选择 ClothWorks → "制作布料" 命令，如图 12.2.2 ④所示，这样刚才绘制的矩形就被定义成布料，它将被生成台布。

（5）再用鼠标右键单击桌子，选择 ClothWorks → "制作碰撞体" 命令，如图 12.2.2 ⑤所示，这样桌子组件就被定义成 "碰撞体"，它将被台布覆盖。

图 12.2.2　准备桌子与布

2. 应用四边形网格

（1）现在有了已定义为 "布料" 的矩形和等待被布料覆盖的 "碰撞体"（桌子），接着就要把布料覆盖到桌面上，应注意下面的一系列操作。

（2）再次用鼠标右击已定义成 "布料" 的群组，在右键菜单里找到图 12.2.3 ①所示的 ClothWorks，你会发现在二级菜单里多了一个如图 12.2.3 ②所示的 "1 布料" 命令（即当前选中了一个布料），单击后还有三级菜单，如图 12.2.3 右侧所示。

（3）现在要对这个群组进行 "网格细分"，图 12.2.3 中的三级菜单里有 3 种不同的网格可选：自适应网格、四边形网格和等边网格，在本例中首先选用如图 12.2.3 ③所示的四边形网格（其余两种网格将在下面讨论）。

（4）选择三级菜单中的 "应用四边形网格" 命令后，将弹出一个如图 12.2.3 ④所示的 "网格参数" 对话框，显示的默认解析度是 500，也就是说，默认把布料细分成 500 个四边面。确认后，单击图 12.2.4 ①所指的 "开始模拟" 工具，结果如图 12.2.4 ②所示，生成的台布就像是厚帆布，非常生硬，效果不好，原因是细分的四边形数量太少。

（5）现在如图 12.2.3 ④所示，把解析度改成 4000，再单击 "开始模拟" 工具，生成的台布如图 12.2.4 ③所示，效果就比默认参数好多了。

（6）经过图 12.2.4 ②与③的比较，可知高分辨率网格可提供更高质量的模拟结果，但也因此增加了计算机资源的消耗。在设置解析度时，要达到质量和性能的平衡。据插件作者的推荐：4000 ～ 6000 的网格分辨率可达到性能和质量之间的合理平衡。网格分辨率低于 4000 会影响模拟质量，为减轻计算机的负担，网格也没有必要高于 6000。

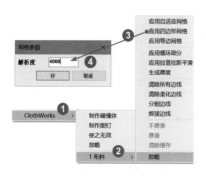

图 12.2.3 指定四边形网格

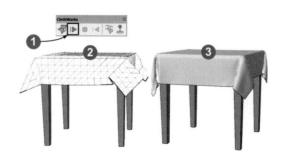

图 12.2.4 细分效果比较

3. 应用自适应网格

图 12.2.3 右侧三级菜单的顶部还有一个"应用自适应网格"命令,它的特点是能够动态地对曲率高的部分(如布料的悬垂部分)增加网格分辨率,对曲率低的位置(如桌面)保持原分辨率。如果决定用自适应网格模拟,可以从给定一个低分辨率的网格开始,比如从 100 个正方形开始,ClothWorks 会在质量和性能之间维持平衡。

(1)右击台布平面群组,在右键菜单里找到图 12.2.5 ①所示的 ClothWorks 命令再单击② "1 布料",在三级菜单中选择最上面的"应用自适应网格"命令,如图 12.2.5 ③所示,输入填充值为 100。

(2)此时若单击如图 12.2.6 ①所示的"开始模拟"按钮,ClothWorks 将以默认参数对布料群组进行模拟,该操作也许要用较长时间,如看到模拟结果已经满意,可单击按钮②停止。若检查后感觉模拟尚未到位,还可以单击按钮①继续模拟。

(3)图 12.2.6 ③是运行模拟大约 5min 单击"停止"按钮后的结果(似乎有点过头了)。

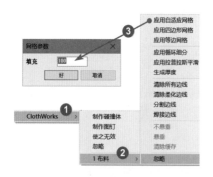

图 12.2.5 指定自适应网格

图 12.2.6 自适应效果

(4)为了得到一个更好的模拟结果,在开始模拟之前,还可以单击图 12.2.6 ④所示的按钮,打开参数设置面板进行更细致的设置。如图 12.2.7 ①④⑤所示,分别对"布料""碰撞体"和

"模拟"进行设置。

（5）如图 12.2.7 所示，对布料、碰撞体与模拟进行设置。注意红框内的是需要特别注意的部分。

① 图 12.2.7①第一项"自适应网格重构"有 10 个可选项，如图 12.2.7③所示，级别越高，所需时间越久，通常选择完善 3 级到 5 级即可。

② 下面还有个"预置"选项，在下拉列表框里可选默认的、棉花、尼龙、橡胶、丝绸或自定义，如图 12.2.7②所示，可酌情选择或保持默认设置。

③ 图 12.2.7④是对碰撞体进行设置，只有厚度与摩擦两个选项，如果碰撞体是桌子，厚度可按桌面的厚度设置，"摩擦"可保持默认值 0.7。

④ 图 12.2.7⑤是对模拟的过程进行设置，这里务必勾选"用 OpenGL API 绘制"以及"多线程"复选框，这样就充分利用了专业显卡（如果有的话）的运算能力，可大大加快模拟运算的速度。

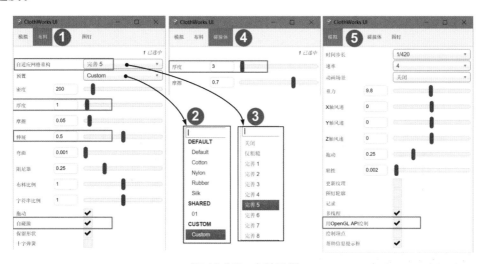

图 12.2.7　参数设置

4. 应用等边网格

这是一种与上述"四边形网格"类似的布料模拟方式，区别是单元网格从四边形变成了等边三角形，孰优孰劣？经过无数次测试，结果难分伯仲。如果一定要给出一个评判，在同等参数条件下，布料模拟的结果，似乎用"等边网格"比用"四边形网格"稍微好一点，但是要付出的代价是"边线"与"面"的数量增加了 16.7%（根据实测计算）。具体操作如下。

（1）跟前面的例子一样，准备好桌子与桌子上面的矩形；在右键菜单里把桌子定义成"碰撞体"；把平面定义为"布料"。

（2）在右键菜单里选择新出现的"1 布料"，在三级菜单里选择"应用等边网格"命令，弹出"网格参数"对话框，默认的解析度是 500，如图 12.2.8 所示，确认后，回到 ClothWorks

工具栏，单击"开始模拟"按钮，得到的结果如图 12.2.9 ①所示。应注意红色圈出的部分非常生硬，不能接受。

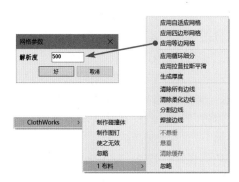

图 12.2.8　指定应用等边网格

（3）连续按 3 次 Ctrl+Z 组合键退回模拟前的原状，重新执行"应用等边网格"命令，把解析度改成 4000，再次单击"开始模拟"按钮，结果如图 12.2.9 ②所示，比图 12.2.9 ①所示好多了。

（4）赋予材质后的结果如图 12.2.9 ③所示（赋予材质的操作要领见后述）。

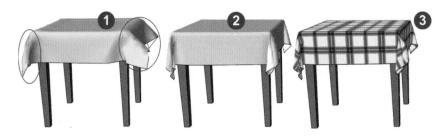

图 12.2.9　应用等边网格

5. 关于平滑与细分

（1）还可以用循环细分来平滑布料。具体操作如下。

①　在上述"布料模拟"过程结束后，右击布料，选择右键菜单中的 ClothWorks → "1 布料" → "应用循环细分"命令。

②　完成这个操作可能需要一些时间，完成后的布料看起来更流畅、逼真。

（2）循环细分注意事项。

①　不要在应用循环细分后再模拟布料，那样会增加模拟所花费的时间。

②　要撤销循环细分，执行两次撤销操作，即按两次 Ctrl+Z 组合键。

③　循环细分会使布料收缩，收缩会导致布料与对撞体的边缘破洞，如发生这种情况，要撤销循环细分，除去该布料属性，增加对撞体的厚度，重新模拟。

④　如果使用一个已经赋予材质的布料进行循环细分，会因乱纹而重新赋予材质。

⑤ 当应用拉普拉斯平滑时，如图 12.2.10 ④所示，可输入迭代次数，该值太大时将耗时过久。

⑥ 根据布料种类输入厚度值，如图 12.2.10 ⑤所示。

⑦ 厚度下面的"字符串段数"即褶皱弧线的片段数，片段数越大，耗时越久。

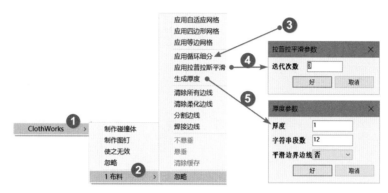

图 12.2.10　布料的平滑与细分

6. 对布料赋予材质

（1）对布料赋予材质通常应该在完成上述布料模拟过程之后，如图 12.2.11 ①所示，而不是之前。

（2）选择已经完成模拟（包括细分）的布料群组，再单击如图 12.2.11 ②黑框内所示的"切换悬垂"按钮，已完成模拟的布料群组将恢复到模拟前的平面状态，如图 12.2.11 ②所示。

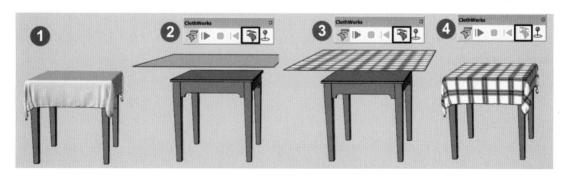

图 12.2.11　对布料赋予材质

（3）双击进入群组内，对该平面赋予材质，注意事项如下。

① 如果你对用 SketchUp 材质面板调整材质不十分熟悉，建议在 XY 平面上绘制一个与台布同样大小的平面，先对该平面赋予材质并调整图案大小，待角度、颜色等满意后再汲取已调整好的材质赋予台布的平面。

② 除非有特别的需要，对于布料类对象，最好正反两面都要赋予相同的材质。

③ 用这个插件赋予材质最容易犯的错误是：用油漆桶工具直接在布料群组外单击，这样

也能完成赋予材质的操作，但布料的悬垂褶皱部分一定是乱纹。所以，务必双击进入群组后再赋予材质。

（4）如果不满意所赋予的纹理材质，可重复上述（2）和（3）步骤赋予不同的材质。

12.3　无序曲面实例 2（窗帘）

图 12.3.1 所示的窗帘也是一种无序曲面，本节要用 ClothWorks（布料模拟）插件制作窗帘与类似的曲面。

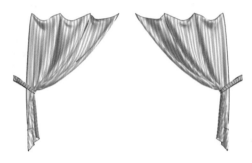

图 12.3.1　无序曲面示例（窗帘）

1. ClothWorks（布料模拟）插件的图钉功能

正因为有了"图钉"功能（也可称为别针），ClothWorks（布料模拟）插件才能创建窗帘类的模型。在创建类似模型时，要注意图钉功能的设置与应用。下面是一些例子。

（1）如图 12.3.2 ①所示，在 XZ 平面上绘制一个垂直矩形，宽为 1500mm，高为2000mm，并创建群组。

（2）右击该群组，在右键菜单里选择 ClothWorks →"制作布料"命令，把它定义为布料。

（3）再次右击 ClothWorks →"1 布料"→"应用四边形网格"命令，将解析度设置为4000 ～ 6000。

（4）单击如图 12.3.2 ②所示 ClothWorks 工具栏最右侧的"添加图钉"工具，移动工具到矩形群组的左上角，单击后不要松开左键，顺蓝轴方向移动一点再松开左键，以指出作用力的方向，这样就创建了一个如图 12.3.2 ③所示的图钉。

（5）全选后单击"开始模拟"按钮④，稍等片刻后按空格键停止模拟，便得到悬垂的布料⑤。

（6）按 Ctrl+Z 组合键，恢复到初始状态，复制图钉③到布料的右上角，再次单击"开始模拟"按钮④，稍等片刻后按空格键停止模拟，即可见到如图 12.3.2 ⑥所示的悬垂布料。

（7）按 Ctrl+Z 组合键，恢复到初始只有一个图钉的状态，右击该图钉，选择ClothWorks →"1 图钉"→"编辑比例"命令，改变比例为 0.5（确定图钉锁定的顶点数量）。

（8）如图 12.3.2 ⑦所示，复制该图钉并均分到布料的上缘，再次单击"开始模拟"按钮，结果如图 12.3.2 ⑦所示。

（9）在布料模拟开始后，用鼠标左键轻轻撩动布料，得到图 12.3.2 ⑧所示的效果。

（10）撩动布料的操作可多次进行，直到满意（或放弃）为止。

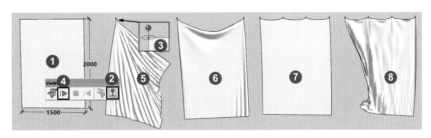

图 12.3.2　ClothWorks（布料模拟）插件的别针功能

2. 创建悬垂的布料

（1）如图 12.3.3 ①所示，绘制垂直的矩形并群组，右击，在弹出的快捷菜单中选择 ClothWorks →"制作布料"命令。

（2）右击布料群组，选择 ClothWorks →"1 布料"→"应用四边形网格"命令，设置解析度为 4000 ～ 6000。

（3）单击 ClothWorks 工具栏右侧的"添加图钉"按钮，移动工具到布料群组的左上角，单击后不要松开左键，顺蓝轴方向移动一点再松开左键，以指出作用力的方向。

（4）右击图钉，在弹出的快捷菜单中选择 ClothWorks →"1 图钉"→"编辑比例"命令，改变比例为 0.5（确定图钉锁定的顶点数量）。

（5）复制并在布料群组的上缘平均分布 4 个图钉，如图 12.3.3 ①顶部所示。

（6）全选图钉与布料，单击"开始模拟"按钮②，可见图 12.3.3 ③所示带红、绿、蓝三色箭头的控制器，单击红色的箭头并且轻微移动，可见布料的飘逸状态，如图 12.3.3 ③所示。

（7）框选布料上缘的全部图钉，按住 Ctrl 键移动红轴的方框，可缩放布料，如图 12.3.3 ④所示。

（8）待见到布料模拟到满意状态时，按空格键停止模拟，如图 12.3.3 ⑤所示。

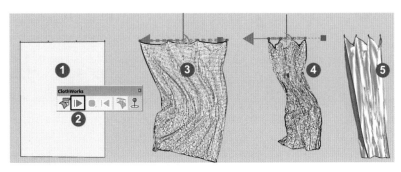

图 12.3.3　创建悬垂的窗帘

3. 对悬垂布料赋予材质

（1）图 12.3.4 ①是悬垂布料，选择后单击"切换悬垂"按钮②，悬垂的布料展开，如图 12.3.4 ③所示。

（2）双击进入布料群组，对展平的布料正反面赋予材质后如图 12.3.4 ④所示。

（3）退出群组，选择该群组，再次单击"切换悬垂"按钮②，布料恢复如图 12.3.4 ⑤所示。

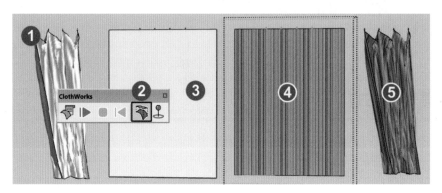

图 12.3.4　赋予材质

4. 创建有束缚布条的窗帘

这个例子是要仿真一个实用的窗帘，用一个布条把窗帘布料束缚起来，就如图 12.3.1 所示。创建过程介绍如下。

（1）图 12.3.5 ①就是按上面的例子创建的布料与图钉，不再赘述。

（2）图 12.3.5 ②是垂直于窗帘布料的束缚用布条群组，离开布料 50mm，右击它，选择 ClothWorks →"制作布料"命令，再次右击该群组，选择 ClothWorks →"1 布料"→"应用四边形网格"命令，设置解析度为 120。

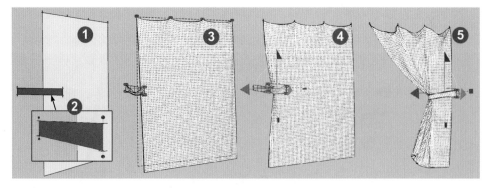

图 12.3.5　创建窗帘与束缚带条

（3）注意在其4个角上生成4个图钉，布条上方的图钉头向上，布条下方的图钉头向下。

（4）全选所有布料与图钉，单击ClothWorks工具栏中的"开始模拟"按钮，两个布料群组开始进入模拟阶段，如图12.3.5③所示。

（5）选择束缚条与4个图钉，看见红、绿、蓝三色箭头控制器，缓缓向右移动红色的箭头，布料开始被束缚布条带住向右归拢，如图12.3.5④所示。

（6）当布条移动到位后，全选束缚布条与图钉，按住Ctrl键移动绿色箭头，可把束缚布条两端并在一起。

（7）全选窗帘布料与顶部的图钉，按住Ctrl键移动红色方块，可以把布料稍微集中（截图略），按上述要领操作，结果如图12.3.5⑤与图12.3.6①所示。

（8）如图12.3.6①所示，束缚布条移动到位，两端合并，布料顶部也稍微收拢后，按空格键停止布料模拟，结果如图12.3.6②所示。

（9）布料模拟完成后，所有的图钉就不再有用，原则上可以删除，但是为了防止意外，后续还要重新修改编辑，可以新建一个图层（标记），把所有图钉归入该图层后隐藏。

（10）选择布料后单击"切换悬垂"按钮（见图12.3.6③），悬垂的布料展开。双击进入布料群组，对展平的布料正反面赋予材质后如图12.3.6④所示。退出群组，选择该群组，再次单击"切换悬垂"按钮③，布料恢复，如图12.3.6⑤所示。

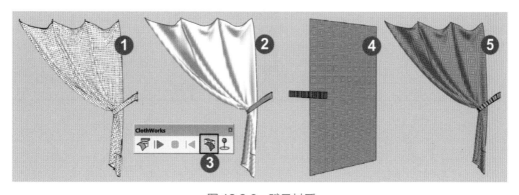

图 12.3.6　赋予材质

5. 参数设置面板

在前面的讨论中，为避免大量信息过于集中反而造成读者无所适从的问题，所以完全没有提到ClothWorks（布料模拟）插件内容丰富的参数设置面板，在掌握了上述的基本操作要领后，下面再来补上这一部分，相信这样的安排更有利于读者理解与记忆。

下面以表格的形式（见表12.3.1）列出设置要点，未提及的项目保持默认值即可。

注意：当SketchUp重新启动后，ClothWorks已设置的参数会恢复成默认值，所以当SketchUp重新启动后，需要对ClothWorks做重新设置。

表 12.3.1　参数设置

项目标签	参数设置要点 （未提及的项目保持默认值）
ClothWorks UI　　　　　　—　□　× 模拟　布料　碰撞体　图钉	对"模拟"标签的设置要点： 用 OpenGL API 绘制
ClothWorks UI　　　　　　—　□　× 模拟　布料　碰撞体　图钉	选择"窗帘"并调整属性如下： 确保自适应网格关闭； 设置"厚度"为 3； 设置"摩擦力"为 0； 将"伸展"设置为 1； 将"弯曲"设置为 0.001； 勾选"自碰撞"； 取消勾选"十字弹簧"
ClothWorks UI　　　　　　—　□　× 模拟　布料　碰撞体　图钉	选择"束缚布条"带并按以下方式调整属性： 确保自适应网格关闭； 设置"厚度"为 5； 设置"摩擦力"为 0； 设置"伸展"值为 0.5； 设置"弯曲"为 0.01； 取消勾选"自碰撞"； 取消勾选"十字弹簧"

12.4　无序曲面实例 3（旗帜）

本节要讨论"旗帜"类曲面的建模，仍然要用 ClothWorks（布料模拟）插件来完成。它与 12.3 节的"窗帘类"有相同之处，也有不同的地方。相同的是，两者都要用到图钉来固定布料的一点或多点。不同的地方至少有以下两点。

（1）窗帘与旗帜的受力方向有横与竖的区别。

（2）旗帜还要引入风向和风力的因素。

本节要创建的旗帜类实例如图 12.4.1 所示。

1. 创建旗帜

（1）如图 12.4.2 ①所示，绘制垂直的矩形（横向 1200mm、高 800mm），并将其设置为一个群组。

（2）右击该群组，选择 ClothWorks →"制作布料"命令（把该群组定义为布料）。

（3）再次右击该群组，选择 ClothWorks →"1 布料"→"应用四边形网格"命令，把分辨率设置为 1600 后确定。（也可以选择"应用循环细分"命令，结果会更精致，耗时也更久。）

（4）如图 12.4.2 ②箭头所指，在群组的左上角和左下角各创建一个图钉，左上角箭头的头向上，右下角箭头的头向下。

（5）还有一个可选项，全选这两个图钉并右击，选择 ClothWorks →"2 图钉"→"编辑比例"命令，在弹出对话框中输入 0.5（以限制关联的节点数量）。

（6）上面几步已经完成了创建一个旗帜的准备工作，现在单击 ClothWorks 工具栏中的"开始模拟"按钮，开始创建一个旗帜模型，如图 12.4.2 ③所示。看到模拟结果满意时，单击"停止模拟"按钮或按空格键，停止模拟，结果如图 12.4.2 ④所示。

图 12.4.1　旗帜成品

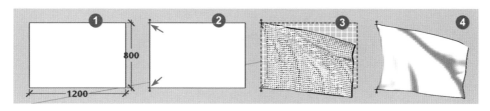

图 12.4.2　创建旗帜

2. 对旗帜赋予材质

（1）图 12.4.3 ①是之前创建的旗帜白模。如果不满意，可以单击 ClothWorks 工具栏上的"重置"按钮，设置参数，重新开始模拟。

（2）选择图 12.4.3 ①后，单击图 12.4.3 ②所示的"切换悬垂"按钮，旗帜白模被展开，如图 12.4.3 ③所示。

（3）导入如图 12.4.3 ④所示的材质图像（尺寸与旗帜相同，并指定为投影），放置于旗帜正前方或正后方，如图 12.4.3 ④所示。

（4）汲取图 12.4.3 ④所示的材质，双击白模③群组，进入群组后赋予其中的平面。

（5）再次单击图 12.4.3 ②所示的"切换悬垂"按钮，展开的平面恢复成如图 12.4.3 ⑤⑥所示的曲面旗帜成品。

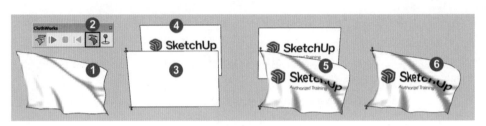

图 12.4.3　赋予材质

3. 参数设置

（1）设置"布料"的属性与参数（细节见图 12.4.4）。

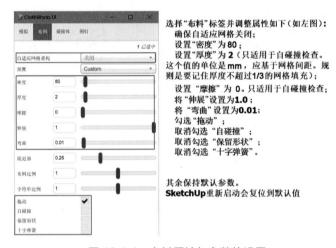

选择"布料"标签并调整属性如下（如左图）：
　确保自适应网格关闭；
　设置"密度"为 80；
　设置"厚度"为 2（只适用于自碰撞检查。
这个值的单位是 mm，应基于网格间距。规
则是要记住厚度不超过 1/3 的网格填充）；
　设置"摩擦"为 0。只适用于自碰撞检查；
　将"伸展"设置为 1.0；
　将"弯曲"设置为 0.01；
　勾选"拖动"；
　取消勾选"自碰撞"；
　取消勾选"保留形状"；
　取消勾选"十字弹簧"。

其余保持默认参数。
SketchUp 重新启动会复位到默认值

图 12.4.4　布料属性与参数的设置

（2）设置"模拟"属性与参数（细节见图 12.4.5）。

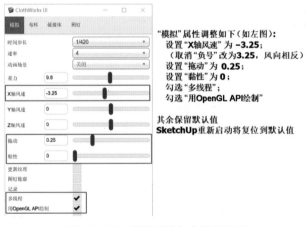

"模拟"属性调整如下（如左图）：
　设置"X 轴风速"为 −3.25；
　（取消"负号"改为 3.25，风向相反）
　设置"拖动"为 0.25；
　设置"黏性"为 0；
　勾选"多线程"；
　勾选"用 **OpenGL API** 绘制"

其余保留默认值
SketchUp 重新启动将复位到默认值

图 12.4.5　模拟属性与参数的设置

12.5 无序曲面实例 4 (覆盖)

本节包含如图 12.5.1 所示的两个实例，共同点是"覆盖"，所以归纳在同一节里讨论。创建这些模型的主要工具还是要用到 ClothWorks（布料模拟）插件，但是每个例子都有些不同的操作方法与不同的参数设置。

图 12.5.1　两个覆盖示例

1. 覆盖在沙发上的条纹布

（1）在俯视图模式绘制矩形，大小以能覆盖部分沙发为准，把该矩形创建群组后移动到沙发的正上方不太远的地方，如图 12.5.2 ①②所示。

（2）右击沙发，在弹出的快捷菜单中选择 ClothWorks →"制作碰撞体"命令。

（3）右击矩形群组，在弹出的快捷菜单中选择 ClothWorks →"制作布料"命令，如图 12.5.2 ③所示。

（4）再次右击矩形群组,在弹出的快捷菜单中选择"1 布料"→"应用四边形网格"命令，设置解析度为 3000。

（5）选择好矩形群组后单击图 12.5.2 ④所示的"开始模拟"按钮，得到曲面，如图 12.5.2 ⑤所示。

（6）选择曲面⑤后,单击工具条的"切换悬垂"按钮,曲面恢复成平面,如图 12.5.2 ⑥所示。

（7）双击进入群组⑥，赋予材质并在材质面板上调整大小与色彩，完成后再次单击"切换悬垂"按钮，结果如图 12.5.2 ⑦所示。

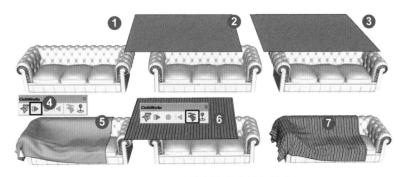

图 12.5.2　覆盖在沙发上的条纹布

2. 覆盖在床上的花布

（1）创建一个简单的床铺（见图 12.5.3 ①），方法是右击，选择 ClothWorks →"制作碰撞体"命令。

（2）调到俯视图，绘制一个比床垫略大的矩形，群组后移到床铺的上方。

（3）右击，在弹出的快捷菜单中选择 ClothWorks →"制作布料"命令，如图 12.5.3 ②所示。

（4）右击，在弹出的快捷菜单中选择"1 布料"→"应用四边形网格"命令，设置解析度为 3000。

（5）单击 ClothWorks 工具栏③所示的"开始模拟"按钮，结果如图 12.5.3 ④所示，注意红圈内的布料模拟得非常不正常。

（6）按 3 次 Ctrl+Z 组合键，恢复到原先的矩形，重新从 ClothWorks →"制作布料"命令开始。接着右击，在弹出的快捷菜单中选择"1 布料"→"应用自适应网格"命令，再单击 ClothWorks 工具栏中的第一个按钮打开用户界面，单击"布料"标签，把"自适应网格重构"设置成"完善 3"。

（7）再次单击"开始模拟"按钮，几分钟后得到如图 12.5.3 ⑤所示的曲面，情况略有好转。

（8）选择刚生成的曲面，单击"切换悬垂"按钮⑥，曲面恢复成平面以方便赋予材质。

（9）为了准确调整贴图，可创建一个同样大小的平面⑧，移动到需贴图平面之上，在其上调整坐标、尺寸、色彩等参数，做投影贴图，完成后如图 12.5.3 ⑦所示。

（10）再次单击"切换悬垂"按钮⑥，曲面恢复成图 12.5.3 ⑨所示。

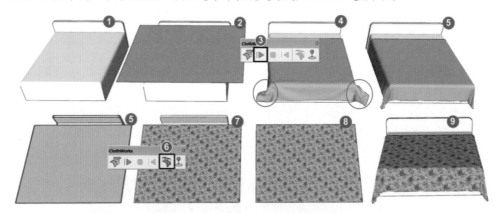

图 12.5.3　覆盖在床上的花布

12.6　无序曲面实例 5（枕头）

虽然 ClothWorks 并没有模拟软性实体的选项，但仍然可以设法实现类似于接近现实的、可变形的实体。下面尝试用 ClothWorks（布料模拟）插件制作一个枕头。

1. 准备工作 1（创建几何体）

（1）在 *XY* 平面上画一个 700mm×400mm 的矩形，并创建群组，如图 12.6.1 ①所示。

（2）右击该组，在弹出的快捷菜单中选择 ClothWorks→"制作布料"命令。

（3）右击该组件,在弹出的快捷菜单中选择 ClothWorks→"1 布料"→"应用四边形网格"命令，设置解析度为 3000。

（4）右击该组件，在弹出的快捷菜单中选择 ClothWorks→"1 布料"→"厚度"命令，设置厚度为 10，结果如图 12.6.1 ②所示。

（5）右击该组件，在弹出的快捷菜单中选择 ClothWorks→"1 布料"→"拉普拉斯平滑"命令，设置平滑为 6。

（6）以上设置完成后，如果进入该群组，三击对象后应能看到如图 12.6.1 ③所示的密集网格。

图 12.6.1　准备工作

2.　准备工作 2（参数设置）

（1）首先对"模拟"参数进行设置,要注意的只有图 12.6.2 所示的 4 四项，其余保持默认。

（2）再对"布料"参数进行设置，需注意的有 6 项，如图 12.6.2 所示，其余保持默认。

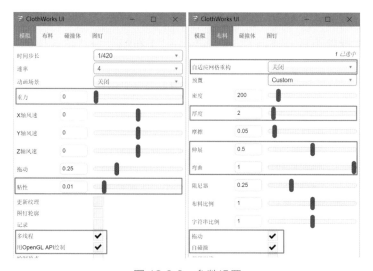

图 12.6.2　参数设置

3. 模拟与动态调整

（1）现在单击 ClothWorks 工具栏的"开始模拟"按钮，可观察到"枕头"正在充气，"充气"从对象的四周开始，如图 12.6.3 ①所示。

（2）当"充气"过程继续下去，可见到对象越来越膨胀，如此时用鼠标单击红色箭头位置，并往右轻轻拨动，可见到"膨胀"与"扰动"结合后的结果，如图 12.6.3 ②所示，此时枕头的形象基本成形。

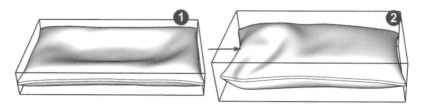

图 12.6.3　枕头充气与鼠标扰动

4. 添加更多揉皱的细节

如果还想要添加更多褶皱细节，可按以下要点操作。

（1）增加"模拟"标签里的"黏性"到 0.1（原先是 0.01）。

（2）降低"布料"标签里的"弯曲度"到 0.003（原先是 1）。

（3）使用鼠标左键单击与拖曳想要让枕头变形的地方。

（4）可以在枕头的不同位置重复"单击""拖曳"步骤，增加枕头的褶皱。

（5）如果枕头被揉皱了太多，可增加枕头的"弯曲度"。

（6）还可以用取消"自碰撞"勾选来消除不需要的重叠。

（7）也可以选择枕头后，选择 ClothWorks → "1 布料" → "拉普拉斯平滑"命令，修改参数。

（8）还可以选择枕头→ ClothWorks → "1 布料" → "柔化边线"命令，修改参数。

（9）如果对结果不满意，可按 Ctrl+Z 组合键，返回后重新设置参数，再次单击"开始模拟"按钮。图 12.6.4 是插件作者提供的揉皱的枕头。

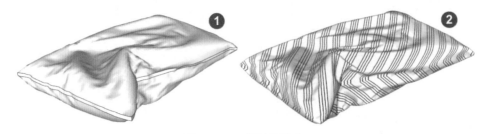

图 12.6.4　揉皱的枕头

5. 随意拖动生成枕头

这是一种靠鼠标拖动生成枕头类实体的方法，优点是有更大的随意性。

（1）在 *XY* 平面上绘制一个矩形并群组；右击该组，在弹出的快捷菜单中选择 ClothWorks →"制作布料"命令。

（2）右击该群组，在弹出的快捷菜单中选择 ClothWorks →"1 布料"→"应用四边形网格"命令，设置解析度为 100。

（3）右击该群组，在弹出的快捷菜单中选择 ClothWorks →"1 布料"→"厚度"命令，设置厚度为 10，结果如图 12.6.5 ①所示。

（4）现在要单击 ClothWorks 工具栏左侧的第一个工具，对"模拟"和"布料"两组参数进行设置，具体的参数设置如图 12.6.6 所示。重要的部分已经用红框突出显示。

（5）完成以上设置之后，选择好群组①，就可以单击 ClothWorks 工具栏的"开始模拟"按钮，开始创建枕头模型，一开始时，见到的情况如图 12.6.5 ②所示。

（6）接着可以用鼠标左键单击对象的某一点，按住左键不放，微微拖动鼠标，对象会随着鼠标的移动而产生"扰动"，如图 12.6.5 ③所示。

（7）可以用上述的"鼠标单击→拖拉"的方法扰动对象，让它变得接近想要的形状，图 12.6.5 ④所示就是从各方向单击，拖拉 10 余次后的结果。

（8）一旦见到对象的形状满意或接近满意时，要立即单击 ClothWorks 工具栏的"停止"按钮，但是即使停止了单击、拖动的操作，对象也一直在变化，最佳状态转瞬即逝；按空格键更能及时停止模拟，便于抓取到对象的最佳状态。

（9）一旦停止模拟后，虚线态的对象将变成如图 12.6.5 ⑤所示的实体模型，大多数情况下，刚停止模拟的对象表面比较粗糙，但有多种方法把它变得光滑。

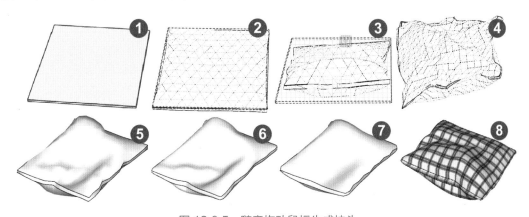

图 12.6.5　随意拖动鼠标生成枕头

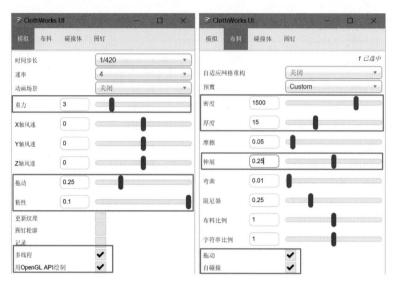

图 12.6.6　参数设置

（10）ClothWorks 本身就带有细分平滑用的工具，右击⑤，选择 ClothWorks →"1 布料"→"应用循环细分"命令，结果如图 12.6.5 ⑥所示。

（11）另一种细分平滑的方法是：右击⑤，选择 ClothWorks →"1 布料"→"应用拉普拉斯平滑"命令，输入"迭代次数"，确定后结果如图 12.6.5 ⑦所示。

（12）单击 ClothWorks 工具栏中的"切换悬垂"按钮，把曲面对象切换成平面，双击进入群组内赋予材质；再次单击"切换悬垂"按钮，结果如图 12.6.5 ⑧所示。（细节见后述。）

6. 为枕头赋予材质

（1）选择枕头（见图 12.6.7 ①），单击 ClothWorks 工具栏中的"切换悬垂"按钮，展开布料，如图 12.6.7 ②所示。

（2）双击图 12.6.7 ②所示的群组，把需要赋予的材质直接应用到布料的表面（如果以油漆桶工具直接单击群组②，将会引起材质 UV 坐标混乱）。

（3）当然也可以使用第三方工具，如有 UV 调整功能的工具，赋予材质。

（4）也可以另外画一个同样大小的矩形，先在外部调整好材质后以投影的形式赋予图 12.6.7 ②。

（5）赋予材质后的成品如图 12.6.7 ③所示。

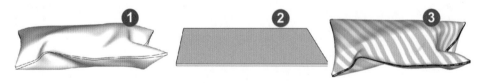

图 12.6.7　赋予材质

12.7　无序曲面实例 6（软装凸包）

有很多种方法可以创建图 12.7.1 所示的沙发、床垫之类的所谓"凸包"，本节要介绍的是用 ClothWorks（布料模拟）插件创建类似模型的方法。

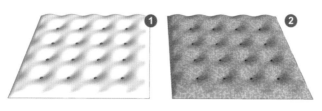

图 12.7.1　软装凸包

创建图 12.7.1 所示的模型，除了使用 SketchUp 原生工具外，还要用到以下插件。

（1）ClothWorks（布料模拟）。

（2）Flatten to Plane（压平物体，见《SketchUp 常用插件手册》3.17 节，或其他类似插件）。

1. 创建布料与图钉

（1）在 XY 平面上画一个 2000mm × 2000mm 的矩形（可自定）并创建群组，如图 12.7.2 ①所示。

（2）右击该组（见图 12.7.2 ①），在弹出快捷菜单中选择 ClothWorks →"制作布料"命令。

（3）右击该组①，在弹出快捷菜单中选择 ClothWorks →"1 布料"→"应用四边形网格"命令，设置解析度为 2000。

（4）单击 ClothWorks 工具栏中的"添加图钉"按钮，在布料平面的一角设置一个图钉，如图 12.7.2 ①红色箭头所指。

（5）选择该图钉后用移动工具向 X 方向做"内部阵列"，如图 12.7.2 ②所示，再次选择所有图钉，向 Y 轴方向再次做"内部阵列"后如图 12.7.2 ③所示。

图 12.7.2　创建布料与图钉

2. 生成凸包

（1）做好了图 12.7.3 ③的准备工作后，还要在参数面板上做若干设置，为了不打断建模思路，也为了方便排版，参数面板设置的截图放在本节尾部的图 12.7.6 中。

（2）全选后单击 ClothWorks 工具栏的"开始模拟"按钮，实况如图 12.7.3 ①所示。

（3）按空格键停止模拟，生成模型后如图 12.7.3 ②所示。

（4）为了下一步压平边缘，要删除四周一圈"图钉"，如图 12.7.3 ③所示。

图 12.7.3　生成凸包

3. 压平四周边缘

（1）分别选择图 12.7.4 ①红箭头所指的边缘后，单击 Flatten to Plane（压平物体）工具，结果见图 12.7.4 ①。

（2）为了得到平整的边缘，也可以创建 4 个长条状几何体赋予碰撞体属性，压住四周。

（3）删除留下的全部图钉后如图 12.7.4 ②所示。

（4）创建一个"凸包扣"（见图 12.7.4 ③），移动到对象的一个角，并做"内部阵列"，如图 12.7.4 ④所示。

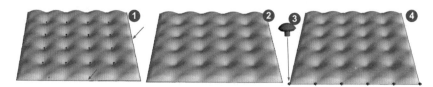

图 12.7.4　压平四周边缘

4. 完成"凸包扣"并赋予材质

（1）全选图 12.7.4 ④一排"凸包扣"，再向 Y 轴做"内部阵列"，结果如图 12.7.5 ①所示。

（2）删除四周一圈"凸包扣"后如图 12.7.5 ②所示。

（3）单击 ClothWorks 工具栏中的"切换悬垂"按钮，把曲面展平（截图略），然后赋予材质，结果如图 12.7.5 ③所示。

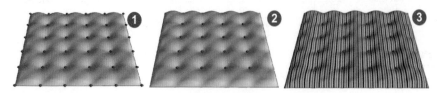

图 12.7.5　完成凸包扣并赋予材质

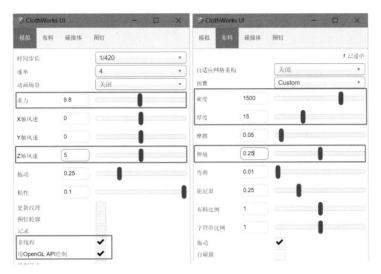

图 12.7.6　参数设置

12.8　无序曲面实例 7（盖头面纱）

1. 几种不同的盖头面纱

看起来图 12.8.1 是 3 种不同的盖头面纱，其实建模的方法是一样的，只是最后的处理有所不同而已，下面讨论创建的方法。用到的工具除了 SketchUp 自带的外，还有以下插件。

（1）ClothWorks（布料模拟，见《SketchUp 常用插件手册》5.25 节）。

（2）Selection Toys（选择工具，见《SketchUp 常用插件手册》2.8 节）。

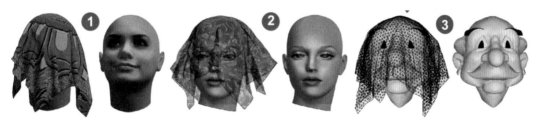

图 12.8.1　几种不同的盖头面纱

2. 盖头布与面纱的基本操作

（1）调到俯视图，绘制一个比头颅模型略大的矩形，旋转 45°，创建组件，如图 12.8.2 ①所示。右击组件，在弹出的快捷菜单中选择 ClothWorks → "制作布料" 命令。

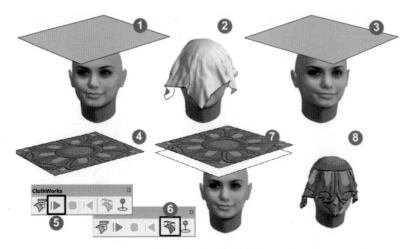

图 12.8.2　创建盖头

（2）右击组件，在弹出的快捷菜单中选择 ClothWorks →"1 布料"→"应用四边形网格"命令，设置解析度为 3000。

（3）单击 ClothWorks 工具栏⑤所示的"开始模拟"按钮，结果如图 12.8.2②所示。

（4）选择刚生成的曲面，单击"切换悬垂"按钮⑥，曲面恢复成平面③以方便赋予材质。

（5）为了准确调整贴图，可创建一个同样大小的平面④，移动到需贴图的平面之上，如图 12.8.2⑦所示；在其上调整坐标、尺寸、色彩等参数后做投影贴图。

（6）贴图完成后再次单击"切换悬垂"按钮⑥，曲面恢复成图 12.8.2⑧所示。

3. 半透明面纱的做法

（1）单击如图 12.8.3①所示的已完成了"布料模拟"的曲面，单击 ClothWorks 工具栏中的"切换悬垂"按钮，已完成模拟的曲面恢复成平面。

（2）在恢复的平面上赋予材质，并在操作面板上调整成半透明，如图 12.8.3②所示。

（3）再次单击"切换悬垂"按钮，曲面展开，如图 12.8.3③所示，半透明面纱完成。若隐若现是不是比起平铺直叙更具美感？所以半透明的布料用途不限于覆盖美人头。

图 12.8.3　半透明面纱

4. 网状面纱的做法

（1）图 12.8.4 ②是对①完成模拟的布料，是用"应用等边形网格"生成的。

（2）三击全选布料后取消柔化，暴露出所有边线。

（3）全选所有线面后调用 Selection Toys（选择工具）工具栏中的"面选择工具"，选择所有的面后按 Delete 键删除，仅留下边线，就得到图 12.8.4 ③所示的网状面纱。

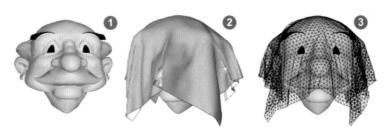

图 12.8.4　网状面纱

如半透明的面纱一样，网状的布料，用途也不限于覆盖老怪的头。

上面所举的几个例子当然不仅仅用于表现"面纱"，凡需要类似的半透明与网状覆盖的场合都可运用。

12.9　无序曲面实例 8（网兜）

本节要创建的两个模型，有一个人人说得出的名字，就是图 12.9.2 所示的运动员携带足球用的网兜。至于图 12.9.1 所示的东西，我相信 90% 的人会回答说是"渔网"，这么说也不能算错，其实它还有一个内行人口中沿用至今的更加正式的名字，叫作"罾"（zēng），汉语词典的解释是："一种用木棍或竹竿做支架的方形渔网。"这个字最早见诸《史记·陈涉世家》，可见这种捕鱼工具与这个"罾"字的历史至少已经有 2000 多年的历史了。

本节除了使用 SketchUp 原生工具外，还要用到以下插件。

（1）ClothWorks（布料模拟，见《SketchUp 常用插件手册》5.25 节）。

（2）Selection Toys（选择工具，见《SketchUp 常用插件手册》2.8 节）。

（3）JHS 超级工具栏的线转圆柱工具（见《SketchUp 常用插件手册》2.3 节）。

1. 先用"罾"来捉一条大鱼

（1）如图 12.9.1 ①所示，在 XY 平面上画一个正方形并群组，大小视你想抓多大的鱼（两者之比例）。

（2）如图 12.9.1 ①所示，把一条鱼的组件放在正方形的中间，往上移动一点（为了别把网弄破）。

（3）右击"鱼"，在弹出的快捷菜单中选择 ClothWorks→"制作碰撞体"命令。

（4）单击 ClothWorks 左侧第一个按钮，将"碰撞体"的厚度设置成 30 或以上。

（5）右击矩形群组，在弹出的快捷菜单中选择 ClothWorks→"制作布料"命令。

（6）再次右击矩形群组，在弹出的快捷菜单中选择 ClothWorks→"1 布料"→"应用等边形网格"命令，设置解析度为 300。

（7）单击 ClothWorks 工具栏中的"添加图钉"按钮，在①的四角设置向上的图钉。

（8）选择好矩形群组后单击 ClothWorks 工具栏中的"开始模拟"按钮，如图 12.9.1 ②所示。

（9）在模拟开始后按住 Ctrl 键加选 4 个图钉，出现红、绿、蓝三色控制器，单击蓝色箭头向上移动，结果如图 12.9.1 ③所示，4 个角开始向上，网中的那条鱼看来要束手就擒了。

（10）当你认定那条鱼再也无法逃脱时，就如图 12.9.1 ④所示，按空格键停止模拟。得到图 12.9.1 ⑤所示的"布兜"，而不是"网兜"，并且箭头所指的几处平滑不够自然。

（11）选择好"布兜"后，右击，在弹出的快捷菜单中选择 ClothWorks→"1 布料"→"应用拉普拉斯平滑"命令，输入迭代次数为 8 或更高，如图 12.9.1 ⑥所示，"布兜"的边缘就变得平滑了。

（12）接着要解决把"布兜"变成"网兜"的问题：三击全选"布兜"，取消全部柔化，暴露出所有边线与平面，单击 Selection Toys（选择工具）工具栏中的"Faces 面选择工具"，选择所有的"面"后，按 Delete 键删除被选中的面，留下所有边线，如图 12.9.1 ⑦所示。

（13）最后沿对角线画两个圆弧，全选后单击 JHS 超级工具条上的线转圆柱工具，如图 12.9.1 ⑧所示，生成竹竿。

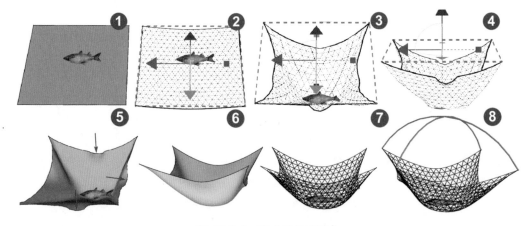

图 12.9.1　罾（捕鱼工具）

2. 再做一个携带足球的网兜

（1）跟上例一样，如图 12.9.2 ①所示在地面上画一个正方形并群组，大小视两者之比确定。再把一个足球群组放在正方形的中间，往上移动一点点离开平面。

（2）右击"球"，在弹出的快捷菜单中选择 ClothWorks → "制作碰撞体"命令。

（3）右击矩形群组，在弹出的快捷菜单中选择 ClothWorks → "制作布料"命令。

（4）再次右击矩形群组，在弹出的快捷菜单中选择 ClothWorks → "1 布料" → "应用等边形网格"命令，设置解析度为 300。

（5）单击 ClothWorks 工具栏中的"添加图钉"按钮，在①的四角设置向上的图钉。

（6）选择好矩形群组后单击 ClothWorks 工具栏中的"开始模拟"按钮，如图 12.9.2 ②所示。

（7）本该像上例一样，同时选择 4 个角的图钉往上拉出一个布兜，但是足球与布料的比例不同于鱼和网，如果同时移动 4 个角的图钉会因蓝色的控制器箭头"淹没"在球体内而无法操作，一个变通的办法是先选择好一侧的两个图钉往上拉一点，如图 12.9.2 ③所示，再选择另一侧的两个图钉也向上拉一点，如图 12.9.2 ④所示。

（8）接着就可以如图 12.9.2 ⑤所示，全选 4 个图钉同时向上拉，如果是渔网，现在已经差不多了，而网兜要把 4 个角集中在一起，还需要两步才能完成。

（9）现在按住 Ctrl 键，单击红色箭头另一侧的方形标志，向布兜中心移动，直到两侧相遇，如图 12.9.2 ⑥所示；接着单击绿色的方形标志，也把两端往中间集中，如图 12.9.2 ⑦所示。

（10）当 4 个端点都集中在一起后，按空格键停止布料模拟，形成布兜，如图 12.9.2 ⑧所示。

（11）三击全选该"布兜"，取消所有柔化，暴露出所有边线与平面，单击 Selection Toys（选择工具）工具栏中的"Faces 面选择工具"，选择所有的"面"后，按 Delete 键删除被选中的面，留下所有边线，结果如图 12.9.2 ⑨所示，网兜制作完成。

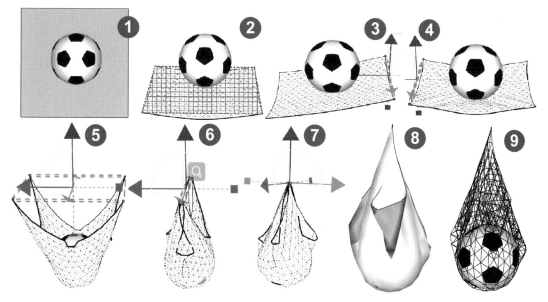

图 12.9.2　球类网兜

注意：上述过程没有使用"边缘平滑"的功能，所以网兜的边缘还留下点瑕疵。

扫码下载本章配套资源

第 13 章

节点编辑与细分平滑

　　大多数 SketchUp 用户的建模过程局限于跟"线面"打交道，而"线与面"的基础是"点"，若忽视了"点"的重要性，建模水平就难以提高。所以，建模水平的高低往往要看你掌控"点"的能力。

　　SketchUp 本身的点编辑功能比较弱，所以就有了一些针对"点编辑"的插件，让我们可以更方便地创建与编辑曲面模型。此外，SketchUp 也自带一些细分与平滑的手段，同样因为这些功能在曲面建模过程中还不够强悍，又产生了一些专门用来做"细分平滑"的插件。

　　"节点编辑"与"细分平滑"作为曲面建模的两个重要手段，经常同时出现、互相配合，所以本章要把它们放在一起来讨论。本章包含 10 多个小模型，希望通过这些实例，能快速提高你掌控"点"的能力，并因此提高曲面建模的水平。

13.1 节点（顶点）编辑与细分平滑概述

需要说明的是，英文术语统称为"顶点"（vertices）的概念，是数学分支拓扑学的专用名词之一，所指并没有中文里"顶点"（top）的含义；"顶点"在中文里泛指"最高点"；在中文语境下，用"顶点"来描述建模过程中的所有关键点大多名不副实；如改用中文表述，以"节点"（node）或"交点"（intersection point）描述"非最高点的关键点"，则更为精确严谨。本书在不至于混淆的前提下，三者混用，但各有所指。

1. 节点编辑与细分平滑的概念

（1）所谓"节点编辑"就是在建模过程中，人为移动（增删）一个或一些节点（有时还包括线和面）的方法改变几何体形状的技巧。譬如图 13.1.1 所示就是 2.17 节中用 SketchUp 的原生工具进行"节点编辑"的例子之一。此外，移动工具 +Alt 键也可进行简单的节点编辑（第 2 章里有几个实例）。

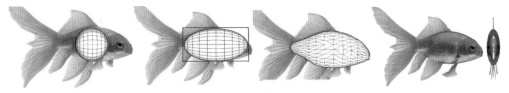

图 13.1.1　节点编辑示例

（2）所谓"细分"是建模过程中对几何体精细化处理的常用方法，图 13.1.2 的上面一行所示就是从几何体的初始网格开始，按某种规则递归地产生新的、逐渐加密的网格。随着细分过程不断深入，原始网格被逐渐逼近平滑的曲线或曲面（其实质仍然是网格）。

（3）"细分"与"平滑"时常同时出现、配合运用，甚至出现在同一组插件里。图 13.1.2 下面一行所示就是一些典型的"细分"加"平滑"的例子。

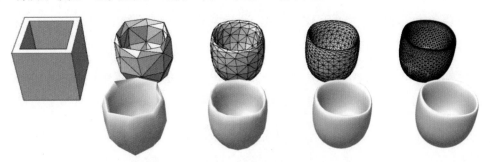

图 13.1.2　细分平滑示例

（4）细分与平滑不一定非要借助插件，如 SketchUp 的沙盒工具栏里就有对部分几何体网格进行"细分"的工具。SketchUp 的"柔化"工具，也可以看成"平滑"工具（其实是"伪平滑"，因为它仅改变视觉效果，并未改变几何体的网格结构）。

2. 节点编辑与细分平滑常用插件

虽然上面介绍过，即使仅用 SketchUp 本身自带的原生工具就可以部分完成"节点编辑"与"细分平滑"，为什么还出现了很多类似功能的插件呢？答案很简单：一是原生工具功能太简单、受限制；二是原生工具操作太麻烦、费时间。所以，建模过程中，为了得到更为称心如意的形状与细腻平滑的曲面，除了上述 SketchUp 自带的手段之外，主要还是靠外部的插件来配合，本章后面的篇幅中，至少要用到以下插件。

（1）SUbD（参数化细分平滑，见《SketchUp 常用插件手册》5.24 节）。

（2）Vertex Tools²（顶点工具栏，见《SketchUp 常用插件手册》5.22 节）。

（3）QuadFaceTools（四边面工具，见《SketchUp 常用插件手册》2.15）。

（4）Artisan Organic Toolset（雕塑工具集，见《SketchUp 常用插件手册》5.14、5.15 节）。

（5）Curvizard（曲线优化工具，见《SketchUp 常用插件手册》5.4 节）。

（6）Select Curve（选连续线，见《SketchUp 常用插件手册》2.20 节）。

需要特别提示：上述 SUbD（参数化细分平滑）、Vertex Tools²（顶点工具栏）与 QuadFaceTools（四边面工具）3 组插件都是知名 Ruby 作者 Thomthom（TT）的作品，可以看成是一套互相配合使用的曲面建模工具。通过测试与在实战中的运用，能感觉到作者的良苦用心，把它们三者配合起来运用可以达到更高的效率与更好的效果。这 3 组一套的重要曲面造型工具，内容非常丰富，值得多花点时间去熟悉与练习。

13.2 节点生成掌控基础实例（钻石）

本节安排的内容（练习）非常有趣：一颗钻石。它对不同的人有不同的价值。不过现在对于我们用 SketchUp 建模的人来说，它就是一个有 57 个面的几何体（据说经过光学计算，这种经典的切面形状可得到最灿烂的光芒）。

图 13.2.1 给出了这种钻石的几个视图。图 13.2.2 给出了它的各部分尺寸比例与角度。如果你感觉创建这个模型看起来还算容易，现在就可以根据这两幅图动手做一次自我测验（先不要看下文给出的建模建议），你很快就会知道，想完全符合图示的条件，做起来并不简单；但完成这次练习对于掌握节点的产生与利用多有裨益，有时间的读者不妨用它测试一下自己在 3D 空间中的想象力与掌控它们的能力。

一开始，作者选用"钻石"作为节点演示与练习的标本时，也没有想到这么个小东西竟让我琢磨了大半天，做了无数次的测试才得到以下一点"心得"供读者们参考。

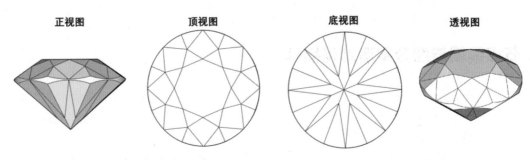

图 13.2.1　完美切面的钻石

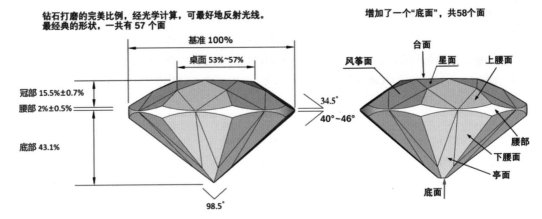

图 13.2.2　完美切面的各部分名称、角度与比例

1. 建模难点提示

（1）因为真实的钻石尺寸太小，为了各部分尺寸尽可能符合图 13.2.2 所示的完美比例，也为了操作方便，所以把"基准尺寸"定为 1000mm，其余的尺寸按比例计算即可。

（2）从图 13.2.1 所示的顶视图看，对象的几何图形属于中间的"正八边形"延伸出来的形状，很简单；但是稍微旋转一点，看了图 13.2.1 右侧的透视图，就会发现事情并没有平面的顶视图那么简单；如果现在提醒了你仍然看不出其中的门道，可能你要走弯路。

（3）注意钻石各部分尺寸、比例和角度都有严格的范围，要让模型中 57 个面的形状位置准确无误，同时还要符合图 13.2.2 指定的比例与角度要求，绝非易事。

2. "冠部"建模思路与过程

（1）根据已知条件绘制截面，如图 13.2.3 所示，以便作为建模的依据。

（2）根据图 13.2.3 所示的尺寸，绘制"台面"正八边形，内接圆直径为 530mm。

（3）在正八边形的中心向下画垂线，长度为 613mm。再用卷尺工具沿中心线往下 182mm 处作一个辅助点，这是钻石"冠部"与"腰部"的和。以上两步操作见图 13.2.4 ①，然后群组。

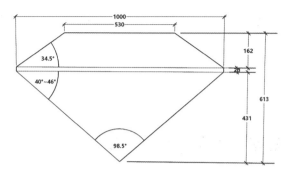

图 13.2.3 根据已知条件推算出的截面图

（4）沿正八边形的一条边建立方体，如图 13.2.4 ②所示。注意箭头ⓐ所指的边与几个边要足够长，要与"台面"同宽。再用量角器工具与直线工具配合绘出 34.5° 的斜线，如图 13.2.4 ②所示。

（5）用推拉工具去除上、下的三角形实体，清理废线面后剩下图 13.2.4 ③所示的"风筝面"并群组。

（6）图 13.2.4 ④的这步非常关键：先把"台面＋中心线"的群组旋转 22.5°，再把"风筝面"边线的中点与"台面"的一个顶点对齐，为什么要这么做,请参考图 13.2.1 所示的顶视图。

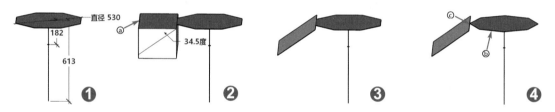

图 13.2.4 绘制台面、总高与风筝面

（7）选择图 13.2.4 ④的"风筝面"（还是毛坯），相隔 45° 做旋转复制，结果如图 13.2.5 ①所示。

（8）在中心线底部画圆，向上拉出 431mm，如图 13.2.5 ②所示；删除圆柱面和底面，剩下上面（正好在 182mm 点处），炸开"风筝面"，如图 13.2.5 ③所示做模型交错。

（9）仔细删除废线面后，剩下图 13.2.5 ④所示的一个面，先画中心线，再均分成 3 份，如虚线所示。在上面第一份处画水平线，形成个十字形。以直线连接十字形的 4 个端点，得到风筝面。

（10）删除十字辅助线，稍微加工后得到一个风筝面、一个星面和两个上腰面。

（11）清理掉废线面后，把图 13.2.5 ⑤所示的 4 个面相隔 45° 旋转复制完整，如图 13.2.5 ①所示。至此，钻石的"冠部"基本成形，此时应该已经有了 8 个风筝面、8 个星面、16 个上腰面，共 32 个切面,加台面共 33 个面。（可用"窗口"→"模型信息"→"统计信息"

命令查看。）

图 13.2.5　获得风筝面、星面和上腰面

3. "底部"与"腰部"建模思路与过程

（1）如图 13.2.6 ②所示，沿一个风筝面的顶点与一直保留的中心线为依据绘制垂面，并用量角器工具与直线工具画一条 49.25° 的斜线。

（2）清理废线面后只留下斜线，用 JHS 超级工具栏中的拉线成面工具向两侧拉出斜面，如图 13.2.6 ③所示。

（3）单击图 13.2.6 ③所示的斜面，相隔 45° 做旋转复制，结果如图 13.2.6 ④所示。

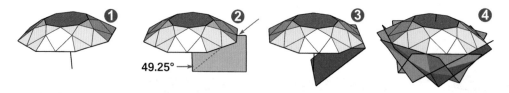

图 13.2.6　底部操作

（4）清理废线面后得到图 13.2.7 ①所示的一个亭面，旋转复制后如图 13.2.7 ①所示。

（5）用直线连接相邻亭面的交点到冠部的顶点后，又获得 16 个"下腰面"，结果如图 13.2.7 ②所示，钻石基本成形。

（6）最后还要把"腰部"的圆形"打磨"出来。先把画圆工具的片段数调整到 64 或更高；以钻石的尖端（即中心线端部）为圆心画圆，直径为 1000mm，如图 13.2.7 ③所示，该直径也可根据已建模型的实际情况微调。

（7）如图 13.2.7 ④所示，拉出足够高度后，炸开群组（如有的话），做模型交错。

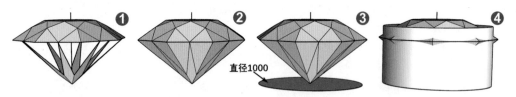

图 13.2.7　获得亭面、腰面与腰部

（8）仔细删除废线面后得到钻石的最后成品，如图 13.2.8 所示（多方向视图）。最终的成品应该有风筝面 8 个、星面 8 个、上腰面 16 个、亭面 8 个、下腰面 16 个，共 56 个，还有台

面一个。如果你的练习符合上述切面数量，同时还比较严格地符合图 13.2.2 所示的形状、尺寸比例与角度，恭喜你又一次获得不太轻松的成功。

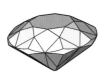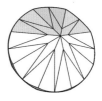

图 13.2.8　成品（多个角度）

（9）如果你愿意继续烧脑更上一层楼，图 13.2.9 所示的经典钻石切面可供你玩上好多天。

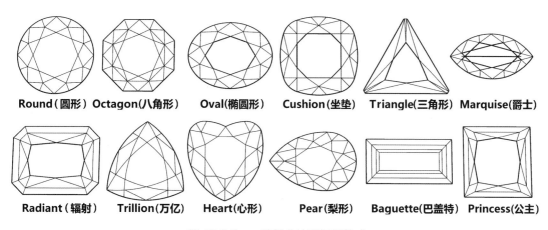

图 13.2.9　一些经典钻石切面款式

13.3　节点编辑与细分平滑实例 1（曲面建筑）

本节的图文与视频内容均由上海的张洋先生（网名：Lothar、Manny）友情提供，本书作者有增删改动。这个实例基本囊括了"节点编辑"与"细分平滑"的基本概念，所以安排在本章的前面。

在许多人眼里，SketchUp 只适合做体块的推敲以及简单的模型。其实不然，借助一些插件，其他 3D 建模软件能做的很多曲面形体，SketchUp 同样能做。如图 13.3.1 所示的曲面建筑模型同样可以在 SketchUp 里实现。

本例除了使用 SketchUp 的原生工具之外，还用到以下插件。

（1）Vertex Tools（顶点工具栏，见《SketchUp 常用插件手册》5.22 节）。

（2）QuadFaceTools（四边面工具，见《SketchUp 常用插件手册》2.15 节）。

（3）SUbD（参数化细分平滑，见《SketchUp 常用插件手册》5.24 节）。

图 13.3.1　曲面建筑

建模操作程序如下。

（1）如图 13.3.2 所示，描绘出曲面建筑的边缘轮廓。

（2）如图 13.3.3 所示，根据描绘的边线拉出面。

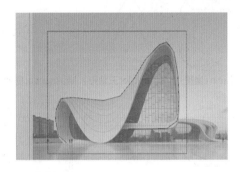

图 13.3.2　描绘边线

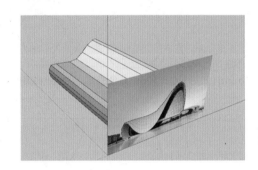

图 13.3.3　拉出面

（3）如图 13.3.4 所示，用四边面工具对面进行均匀分段。

（4）如图 13.3.5 所示，用顶点编辑工具开始一点点调整形态（保持四边面状态）。

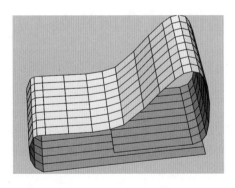

图 13.3.4　均匀分段

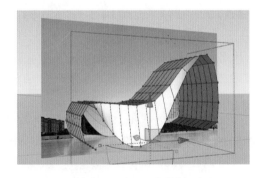

图 13.3.5　顶点编辑

（5）如图 13.3.6 所示，不断选择点位，调整到和形体差不多的状态。

（6）如图 13.3.7 所示，用联合推拉工具拉出厚度（务必在细分平滑前完成）。

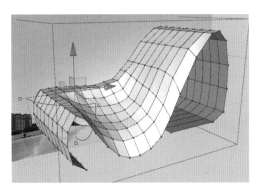

图 13.3.6　继续进行顶点编辑

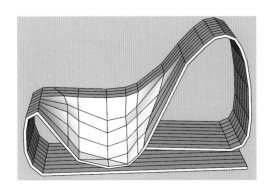

图 13.3.7　拉出厚度

（7）图 13.3.8 所示为单层曲面细分平滑后形状。

（8）图 13.3.9 所示为拉出厚度后再细分平滑后形状（仅一级平滑）。

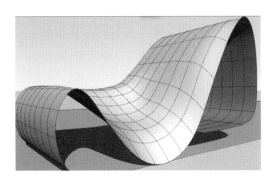

图 13.3.8　单层细分平滑后

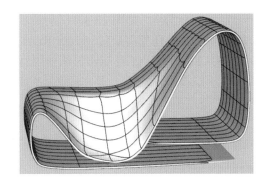

图 13.3.9　厚度细分平滑后

13.4　节点编辑与细分平滑实例 2（海豚）

本节的实例虽然有"节点编辑"和"细分平滑"两个环节，但"节点编辑"是重点。建模完成之后的结果如图 13.4.1 所示。看起来很难，其实操作很简单，本例作为"节点编辑"的练习之一，只要有足够的耐心，花点时间，算是比较容易完成的。如果有兴趣尝试这次练习，除了使用 SketchUp 的原生工具之外，还要用到以下插件。

（1）Vertex Tools（顶点工具栏，见《SketchUp 常用插件手册》5.22 节）。

（2）QuadFaceTools（四边面工具，见《SketchUp 常用插件手册》2.15 节）。

（3）SUbD（参数化细分平滑，见《SketchUp 常用插件手册》5.24 节）。

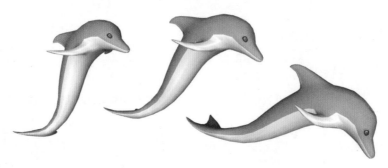

图 13.4.1　节点编辑示例（海豚）

1. 节点编辑环节

（1）创建一个垂直辅助面，并在其上绘制一个海豚的投影轮廓，如图 13.4.2 ①所示。

（2）复制出图 13.4.2 ①所示的轮廓图，拉出体量。用"四边面"工具栏的"插入循环边"工具分割出细分网格，如图 13.4.2 ②所示。

（3）接下来的任务需要对 Vertex Tools（顶点工具栏）的两三个工具有一定的了解，尤其是对图 13.4.2 ⑤⑥两个工具能够熟练使用，新手可能需要进行一定的练习。建议熟读《SketchUp常用插件手册》的 5.22 节，并完成必要的练习。

（4）"节点编辑"操作的现场见图 13.4.2 ④，部分节点编辑后如图 13.4.2 ③所示。

（5）图 13.4.2 ③④仅是海豚的"半边"，要及时创建成组件，并复制出一个，镜像后拼合在一起，这样只要修改任一"半边"，另外半边会跟着变化。

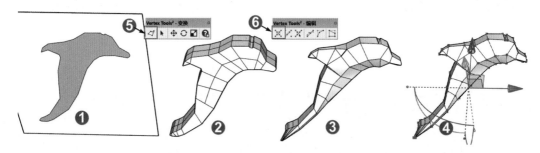

图 13.4.2　从平面到立体（节点编辑）

2. 细分与平滑环节

（1）用了几分钟的"节点编辑"（包括"节点位置调整"与"节点合并"）之后，得到了图 13.4.3 ①所示的"毛坯"，不必十分精细，即可进入下述最后的调整。

（2）单击图 13.4.3 ②的 SUbD 工具栏的"细分模式开关"，查看细分平滑后的大致结果；发现需要修改的部位后，再次单击"细分模式开关"，回到图 13.4.3 ①所示的状态，再次用"节点编辑"修改。这个操作可反复进行，直到满意为止。

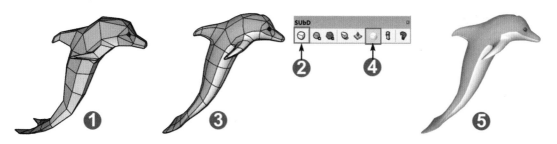

图 13.4.3　细分与平滑

（3）对模型的背部赋予浅灰色，最后单击图 13.4.3 ④所示的"切换显隐边线"按钮，得到图 13.4.3 ⑤所示的成品（注意该按钮对整个模型同时有效）。实践证明，没有必要增加细分次数。

（4）因为建模过程中运用了"组件"，如果操作中想要留下"过程文件"（方便回溯修改），在复制出副本后，务必右击组件的副本，在右键菜单里选择"设定为唯一"命令，可解除组件间的关联性。

（5）最后发现这海豚⑤似乎"营养不良，太瘦了"，你做练习时可适当"增肥"。

13.5　节点编辑与细分平滑实例 3（幸运猪）

猪在中国人的心目中有点不干不净，却又对它身上的大部分予取予求，爱不释手，充满矛盾。在很多西方人的习俗中，猪却代表幸运（有多种说法，此处略）。

本实例如图 13.5.1 所示，从一个球体通过节点编辑，添加（或拉出）少许附件（耳朵与脚、尾巴），形成猪的大致形状，最后经过细分平滑得到成品。

图 13.5.1　幸运猪大变身

除了使用 SketchUp 的原生工具外，还要用到以下插件。

（1）Vertex Tools（顶点工具栏，见《SketchUp 常用插件手册》5.22 节）。

（2）QuadFaceTools（四边面工具，见《SketchUp 常用插件手册》2.15 节）。

（3）SUbD（参数化细分平滑，见《SketchUp 常用插件手册》5.24 节）。

1. 节点编辑部分

（1）图 13.5.2 ①是一个球体，注意球体的"片段数"在"腰围"方向是 12，在"身长"方向是 24（或更少）。很多初次使用节点编辑的用户最怕过低的毛坯精度会影响成品的精度，其实这方面不必过于担心，因为后续的细分平滑环节能在很大程度上维持毛坯的粗糙程度。过于精细的毛坯将在"节点编辑"过程中大大增加工作量与操作难度。

（2）因为猪的模型是轴对称的，所以可以充分利用 SketchUp 组件之间的相关性来减少工作量，图 13.5.2 ②展示了把球体剖开后创建组件，然后复制一个镜像，这样只要改变其中的半边，另外半边也会做出相同的改变。

（3）图 13.5.2 ③所示是添加"耳朵"与"脚"的过程，如果你有把握，可以在"猪身"上画线，拉出并做节点编辑；如果不太有把握，可以在外部做好"零件"，再移动到位也一样。

（4）图 13.5.2 ④是用节点编辑工具做出猪的眼睛（凸出）和猪的鼻孔（凹入），这部分虽然面积不大，但想要做到"传神"，须花点时间进行调节。图 13.5.2 ⑤⑥⑦⑧是换个角度展示。

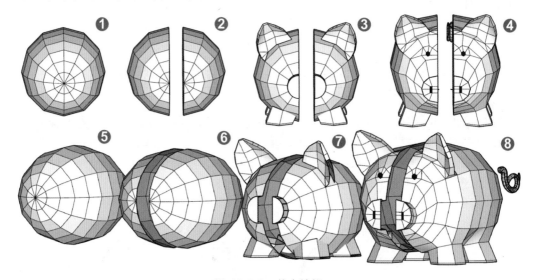

图 13.5.2　节点编辑

2. 细分平滑部分

（1）图 13.5.3 ①是把方向相反的两个相同组件拼合在一起，此时一定不要急着炸开，继续保持两半边的关联性，这样更方便继续修改。注意此时须完成对眼睛、鼻孔赋色。

（2）当可以确认基本不再需要修改后，可单击 SUbD 工具栏的第一个工具"细分模式开关"，进行默认的第一级迭代，如图 13.5.3 ②所示。如发现还有需要修改的地方，可以再次单击 SUbD 工具栏的第一个工具，回到初始状态进行修改。

图 13.5.3　细分平滑

（3）图 13.5.3 ③是单击了 SUbD 工具栏的第一个工具进行默认的一级迭代后，再单击一次 SUbD 工具栏的第二个工具，增加一级细分后的结果，根据经验，这样的网格密度已经足够精细，千万不要尝试再次"增加细分级别"；若是你硬要尝试，抑或你的计算机不够强悍，也许等你吃完午饭，它可能还没有完成你布置的任务。

（4）图 13.5.3 ④是单击 JHS 超级工具栏第 4 个工具"重度柔化"后的结果。除了使用各种"柔化"工具之外，也可以用 SUbD 工具栏的"切换显隐边线"按钮。

（5）图 13.5.3 ⑤⑥⑦⑧是另一角度的视图。

13.6　节点编辑与细分平滑实例 4（俱乐部椅）

本节要创建的对象是如图 13.6.1 所示的俱乐部椅，其是宾馆酒店房间里的标配。从建模练习的角度考虑，这个模型也能成为"节点编辑"与"细分平滑"操作的经典练习题。

图 13.6.1　俱乐部椅（宾馆椅）

创建图 13.6.1 所示的模型，除了使用 SketchUp 的原生工具外，还要用到以下插件。

（1）Vertex Tools（顶点工具栏，见《SketchUp 常用插件手册》5.22 节）。

（2）QuadFaceTools（四边面工具，见《SketchUp 常用插件手册》2.15 节）。

（3）SUbD（参数化细分平滑，见《SketchUp 常用插件手册》5.24 节）。

1. 创建基本几何体

（1）如图 13.6.2 ①所示，建模从创建一个立方体开始。

（2）如图 13.6.2 ②所示，删除立方体的一条边，用缩放工具做出喇叭口形状。

（3）在一个侧面画出箭头所指的折线，并用 JHS 超级工具栏中的"镜像"工具复制到对面。

（4）如图 13.6.2 ③所示，删除两侧的角面，用直线工具画出箭头所指处的细分线。

（5）用"联合推拉"工具拉出整体厚度，如图 13.6.2 ④所示。

（6）用四边面工具栏中的"插入循环线"工具生成边缘细分线，如图 13.6.2 ④箭头所指。

（7）选取④箭头所指的细分线，调用 Vertex Tools 工具栏中的"切换点工具"，把边缘细分线往外拉出一点，形成一个钝角。

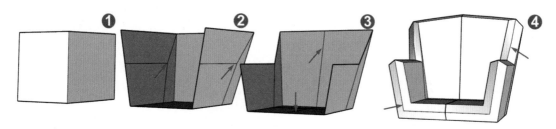

图 13.6.2　创建基本几何体

2. 节点编辑

（1）如图 13.6.3 ①所示，大致成形后，单击 SUbD 工具栏中的"细分模式开关"，查看如图 13.6.3 ②所示的初步细分后的效果；如果发现有问题，再次单击"细分模式开关"，退回到①，继续进行节点编辑，直到满意为止。

（2）图 13.6.3 ②所示的椅子底部是圆形的，要选取②箭头所指的曲线，再用 SUbD 工具栏中的"折边工具"进行"折边"处理，具体操作可查阅《SketchUp 常用插件手册》5.24 节相关内容。"折边"完成后的效果如图 13.6.3 ③箭头所指。椅子内的曲线要用同样的方法做折边处理。

（3）如图 13.6.3 ⑤所示，画一个水平矩形，拉出厚度；再用四边面工具栏中的"插入循环线"工具生成细分线。

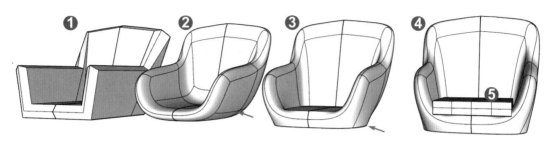

图 13.6.3　节点编辑与折边

3. 完成坐垫、脚与材质

（1）如图 13.6.4 ①所示，用节点编辑工具把"坐垫"的尺寸调整到合适大小，中间稍微鼓起。

（2）如图 13.6.4 ②所示，在底部画个六边形，拉出长度，下端缩小一点；用节点编辑工具分别修整出在红轴和绿轴上的倾斜度，并复制、镜像、移动到合适的位置。

（3）用"细分模式开关"与"节点编辑"两者配合做最后的修整，若无问题，可再单击 SUbD 工具栏中的"增加细分级别"工具，结果如图 13.6.4 ③所示。

（4）最后单击 SUbD 工具栏中的"切换显隐边线"工具，隐藏所有边线，赋予一种纺织品材质，适当调整材质的尺寸与明度。

（5）最后取消勾选"阴影"，但要勾选"使用阳光参数区分明暗面"，调整日期、时间、明暗等参数后，得到图 13.6.4 ④所示的效果。

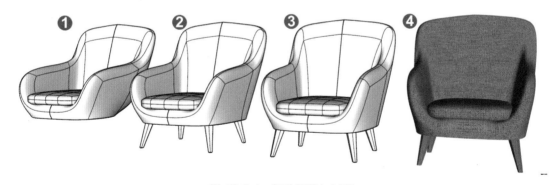

图 13.6.4　细分平滑与材质

13.7　节点编辑与细分平滑实例 5（阿拉伯水罐）

图 13.7.1 是两只阿拉伯风格的水罐。据说用陶土烧制的罐子，因其微渗透与蒸发作用能令罐里的水降温变清凉。用这种造型的罐子当作"节点编辑"与"平滑细分"练习用的标本，看起来平淡无奇，但真正做起来，要花点时间，难度的关键在于水罐的口上。右边土色

的水罐是撰写本节时做的，边做边截图；看着不满意，后来又重新做了左边白色的水罐，都保存在附件里供你练习时参考。创建这个模型除了使用 SketchUp 原生工具外，还要用到以下插件。

（1）Bezier Spline（贝塞尔曲线，见《SketchUp 常用插件手册》5.5 节）。

（2）Vertex Tools（顶点工具栏，见《SketchUp 常用插件手册》5.22 节）。

（3）SUbD（参数化细分平滑，见《SketchUp 常用插件手册》5.24 节）。

（4）JointPushPull Interactive（联合推拉，见《SketchUp 常用插件手册》2.7 节）。

图 13.7.1　阿拉伯水罐

1. 获取轮廓线与罐体雏形

（1）图 13.7.2 ①是网上找来的一幅图片，图 13.7.2 ②和③是从原图上用贝塞尔曲线描摹下来的轮廓线，图 13.7.2 ④是从底部中点往上绘制的中心线。

（2）下面的操作要形成罐体的雏形。注意操作过程中须 Ctrl 键与 Shift 键的配合。

① 用多边形工具，以中心线的下端为圆心、轮廓线为半径画正八边形。

② 删除八边形的面，留下边线并选中；调用 Vertex Tools（顶点工具栏）的第一个工具 Gizmo（点编辑）（中文版译成"切换点模式"）；单击蓝色箭头向上移动，按住 Ctrl 键向上复制出底部的第二条线。

③ 单击 Gizmo（点编辑），在选中第二条线所有节点的前提下，再次单击蓝色箭头向上移动，按住 Ctrl 键向上复制出底部的第三条线。

④ 关键来了：现在按住 Shift 键，单击红色轴另一端的方框，把第三条边线缩放到对齐边线，如图 13.7.2 ⑤所示。

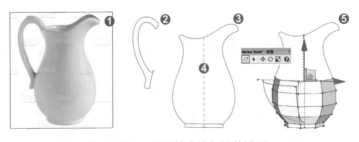

图 13.7.2　获取轮廓线与罐体雏形

2. 完成罐体与嘴部

（1）重复做上述操作，将边向上延伸，边缩放到对齐轮廓线，一直到如图 13.7.3 ①所示。

（2）仅选择①"嘴部"的部分节点，继续将边向上延伸，边缩放到对齐轮廓线，一直到图 13.7.3 ②所示。

（3）对照图 13.7.3 ③所示的样板，用 Gizmo（点编辑）工具仔细调节每个节点的位置，这一部分操作需要用更多心思与时间，也是锻炼节点编辑技能的机会。结果大致如图 13.7.3 ④所示。

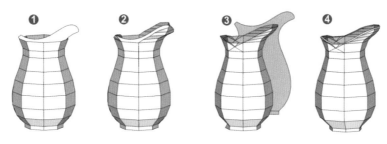

图 13.7.3　完成罐体与嘴部

3. 柄部、细调与细分平滑

（1）把图 13.7.2 ②所示的"柄部"拉出体量。调整好形状、角度待用，如图 13.7.4 ①所示。

（2）单击 SUbD 工具栏中的第一个工具（见图 13.7.4 ① a），查看初步的细分平滑效果，发现有问题，可再次单击图 13.7.4 ① a 所示工具，回到"节点编辑"环节，再用 Gizmo（点编辑）工具细调，这可能要重复很多次。

（3）在底部"补线封面"（先前已删面），调用联合推拉工具拉出厚度后如图 13.7.4 ②所示。

（4）现在可以单击 SUbD 工具栏中图 13.7.4 ① a 所示的工具，再单击一次图 13.7.4 ① b 所示的工具，得到如图 13.7.4 ③所示的效果。

（5）为了在"细分平滑"后罐子的底部仍然能保持平整，要选取底部的相关边线，单击 SUbD 工具栏中图 13.7.4 ① d 所示的中折缝工具，再把出现的刻度向上调整到 50 以上，结果如图 13.7.4 ③所示。

（6）现在可以尝试再单击一次 SUbD 工具栏中图 13.7.4 ① c 所示的工具，再增加一次细分。把"柄部"细分平滑后移动到合适的位置。

（7）满意后单击 SUbD 工具栏中图 13.7.4 ① e 所示的工具，隐藏边线，结果如图 13.7.4 ④所示，赋色后如图 13.7.4 ⑤所示。

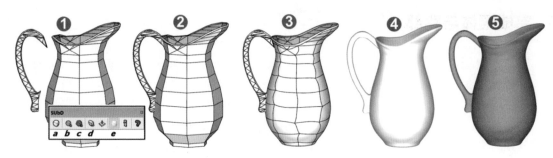

图 13.7.4　柄部、细调与细分平滑

13.8　节点编辑与细分平滑实例 6（简易车壳）

如图 13.8.1 所示的是 1956—1958 年在德国生产并风行于欧洲的三轮小汽车，叫作"海因克尔小屋"，档次与外形大概类似于中国现在的"老头乐""三蹦子"。安装了后置的单缸 174cm³ 汽油发动机，功率为 10 马力，自重为 243kg，最高时速为 86km。

图 13.8.1　海因克尔小屋

中国的"老头乐"我们见得多了，但从来没见过"前车窗"兼职"车门"这样的设计（见图 13.8.1 右侧）。现在这种"老头乐"在欧洲古董车收藏拍卖市场上的成交价竟达 5 位数欧元。

因为它的形状讨人喜欢，吸引了作者的注意，就拿它来当作"节点编辑"与"细分平滑"的标本。建模的过程中，除了使用 SketchUp 原生工具外，还要用到以下插件。

（1）Vertex Tools（顶点工具栏，见《SketchUp 常用插件手册》5.22 节）。

（2）QuadFaceTools（四边面工具，见《SketchUp 常用插件手册》2.15 节）。

（3）SUbD（参数化细分平滑，见《SketchUp 常用插件手册》5.24 节）。

1. 节点编辑环节

（1）垂直放置一辆小车图片，侧面图片如图 13.8.2 ①所示，并在其上描绘个投影轮廓，如图 13.8.2 ②所示。

（2）复制出图 13.8.2 ②所示的轮廓图，旋转 90° 后如图 13.8.2 ③所示。

（3）拉出体量后用四边面工具的"插入循环边"工具分割出细分网格，如图 13.8.2 ④所示。

（4）接下来的任务需要用到 Vertex Tools（顶点工具栏）中的两三个工具，新手可能需要进行一定的练习。可回《SketchUp 常用插件手册》5.22 节复习。本章其他实例可供参考。

（5）垂直放置一辆小车的图片，正面的图片如图 13.8.2 ⑤所示，同时参考图片①和⑤，按照其形状做节点移动和合并等操作，使模型尽可能接近照片的形状，如图 13.8.2 ⑥所示，并及时创建成组件。这部分操作是练习的重点，需要用较多的耐心与时间。

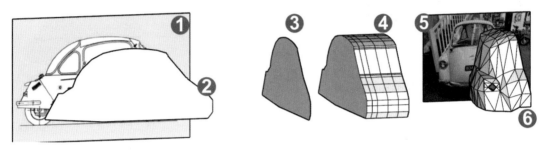

图 13.8.2　节点产生与编辑

2. 细分平滑环节

（1）要把图 13.8.3 ⑥所示的组件复制出一个，镜像后拼合在一起，这样只要修改任一"半边"，另外半边就跟着变化，如图 13.8.3 ①所示（也可在图 13.8.2 环节④就创建组件并复制镜像）。

（2）感觉修改到差不多的时候，单击 SUbD 工具栏中的"细分模式开关"，查看细分平滑后的大致结果；发现需要修改的部位后，再次单击"细分模式开关"，返回到图 13.8.3 ①所示的状态，然后用"节点编辑"修改成如图 13.8.3 ②所示的状态。这个操作可反复进行，直到满意为止。

（3）修改满意后，单击 SUbD 工具栏中的"细分模式开关"，得到图 13.8.3 ③所示模型，赋色后如图 13.8.3 ④所示（练习时，不建议再增加细分次数，免得浪费大量时间）。

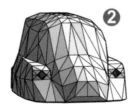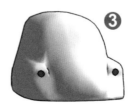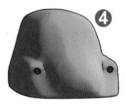

图 13.8.3　细分平滑

（4）图 13.8.4 ③④⑤所示为一个粗略的车体外壳模型，为了缩减篇幅，也为了降低读者练习时的难度，车窗、车灯等细节的做法就不再详细叙述。在本节的附件里，保存有这种车子的 10 多幅照片和多个带有建模细节的模型可供练习时参考。

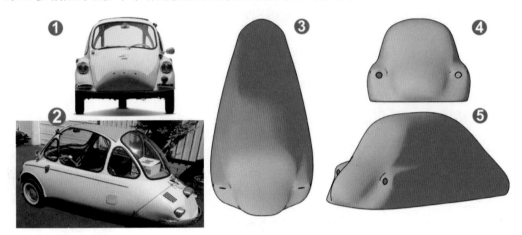

图 13.8.4　模型与参考图片

13.9　节点编辑与细分平滑实例 7（卡通人偶）

60 多年前，我的小学夏令营美术老师曾经说过："世界上最容易画的是鬼，因为没人真的看过鬼的样子，随便画画都可以说成是鬼；世界上最难画的是人，因为我们对自己同类的模样太熟悉了，差一点都不行，所以难。"

这个练习要创建的对象介于人鬼之间，是一个有点像人却不全像的卡通人偶。选择这个"不人不鬼"的卡通人偶作为本节的标本，就是因为它的最后形象有无限的可能，每位练习者的每一次练习都会有不同的结果，无论像人还是像鬼都是你的作品。

下面首先来抛砖引玉，看看我创建的玩意儿更像人还是更像鬼。除了使用 SketchUp 的原生工具外，还要用到以下插件。

（1）Vertex Tools（顶点工具栏，见《SketchUp 常用插件手册》5.22 节）。

（2）QuadFaceTools（四边面工具，见《SketchUp 常用插件手册》2.15 节）。

（3）SUbD（参数化细分平滑，见《SketchUp 常用插件手册》5.24 节）。

1. 原始形态与初始节点编辑

（1）随便用什么方法，弄出一个图 13.9.1 ①所示的"原始几何体"。注意左、右两半是同一个组件的镜像，这样只要改变其中之一便可同时改变另一半。

（2）选择"一条腿"，调用 Vertex Tools（顶点工具栏）中的第一个工具 Gizmo（点编辑）进行"移动"和"旋转"，把原始几何体的"下肢"变成图 13.9.1 ②所示的样子。

（3）图 13.9.1 ③所示为选择了"身体"部分、拉得宽一些后，两条腿的间隔又太大了，再用 Gizmo（点编辑）工具移动、旋转，变成图 13.9.1 ④所示的模样。

（4）调整"身高"与"上肢""腰部""头部"的比例，结果如图 13.9.1 ⑤所示。

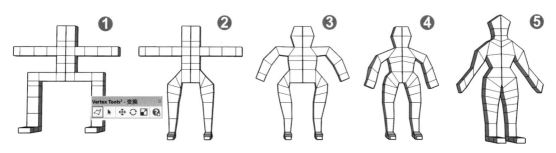

图 13.9.1　原始形态与初始节点编辑

2. 插入循环边后继续进行节点编辑

（1）图 13.9.2 ①所示是大致成形了，但是还不够细致，下面要用 QuadFaceTools（四边面工具栏）中的"插入循环边"工具进行局部细分，请对照图 13.9.2 ①②之间的区别，可见②已经对上、下肢都"插入循环边"，具体操作可查阅《SketchUp 常用插件手册》2.15 节。

（2）"插入循环边"后，可用来调整的"节点"增加了许多，接着就可以对上、下肢进行更多细节编辑操作，譬如改变"大腿与小腿""上臂与下臂""手掌与脚掌"等细节。

（3）图 13.9.2 ②③④⑤粗看差不多，其实它们中的每一个都不同，分别在"头部""臂部""手部""脚部"用 Gizmo（点编辑）工具做了很多细节调整。

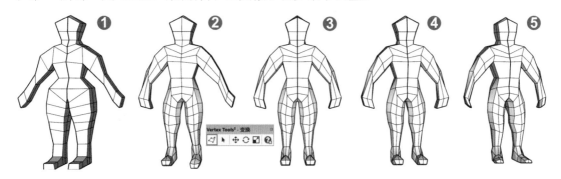

图 13.9.2　进一步做节点编辑

3. 用细分平滑工具配合做最后的调整

（1）在此之前,所有的"造型""调整"基本是用的 Vertex Tools(顶点工具栏)中的 Gizmo(点编辑)工具进行"节点移动""节点缩放""节点旋转"。但是模型所包含的节点终究有限，再继续调整也搞不出多大名堂了，所以后续要用 SUbD 工具栏中的"细分平滑"工具配合进行更加精细的调整。

（2）假设图 13.9.3 ②已经完成大致的形态调整，想要先看看最终的结果，可单击 SUbD 工具栏中的工具 a 进行"初级细分"，查看后若发现有需要修改的地方，可再次单击工具 a，返回图 13.9.3 ②修改成如图 13.9.3 ③所示，这个"查看→修改"的过程可反复进行多次，直到满意为止。

（3）满意后再单击一次 SUbD 工具栏中的工具 b（提高细分级别），结果如图 13.9.3 ④所示。大多数情况下，只要单击一次"提高细分级别"就够了。单击 SUbD 工具栏中的工具 c 可"降低细分级别"。

（4）满意后单击 SUbD 工具栏中的工具 e 隐藏边线，结果如图 13.9.3 ⑤所示，是个半人不鬼的怪物。

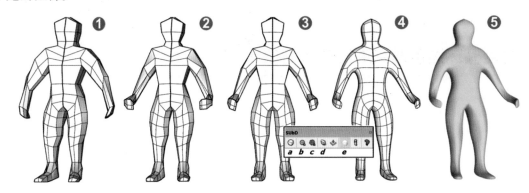

图 13.9.3　细分平滑配合节点编辑

（5）如果你有兴趣做出眼睛、鼻子、嘴巴、肌肉、手肘、膝盖、肚脐眼等，只要有足够的时间，充分运用 Vertex Tools（顶点工具栏）、QuadFaceTools（四边面工具栏）和 SUbD（细分平滑）的功能，完全可以实现。

（6）这个实例从头到尾都使用了"轴对称"的操作，所以只能创建左、右两侧相同的模型，如果想要做"迈开一条腿"或"举起一只手"的模型，只要右击左右相同的组件中的一个，执行"设定为唯一"命令，解除左、右组件间的关联性后就可以任意编辑了。不过这一切都要在"细分平滑"之前完成，不然会浪费很多时间。

13.10　节点编辑与细分平滑实例 8（冷热水龙头）

本节仍然要用"节点编辑"与"细分平滑"的手法创建一个如图 13.10.1 所示的家用冷热水龙头。此类模型的品质，也就是做得像不像，在掌握了基本技巧以后，跟投入的时间成正比，因为篇幅的限制，演示用的实例以说明操作要领为主。说实话，图 13.10.1 所示的两个模型，自我评分只能给刚刚及格的 60 分。读者练习时还可做得更细致些。

图 13.10.1 所示的水龙头模型由下部的"底座"与上部的"手柄"两部分组成，分别建模后组合成整体。模型各部分的形状、尺度与各部分比例没有图纸，也没有实物尺寸，完全按

脑子里的印象，跟着感觉走，而这正是 SketchUp 的特色：在方案推敲时可挥洒自如、任意发挥,练习时别错过这个机会(不要去找实物或图纸参考)。本例除了使用 SketchUp 原生工具外，还要用到以下插件。

（1）Vertex Tools（顶点工具栏，见《SketchUp 常用插件手册》5.22 节）。

（2）QuadFaceTools（四边面工具栏，见《SketchUp 常用插件手册》2.15 节）。

（3）SUbD（参数化细分平滑，见《SketchUp 常用插件手册》5.24 节）。

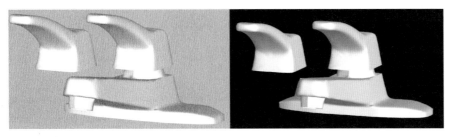

图 13.10.1 冷热水龙头

1. 创建水龙头底座的基本几何体

（1）如图 13.10.2 ①所示，绘制矩形，并切除 4 个角，拉出厚度，形成"底板"。

（2）在"底板"中间绘制矩形。拉出高度，并把顶部做中心缩放，缩小一点，如图 13.10.2 ②所示。

（3）在顶部绘制八边形，拉出高度，进行中心缩放，适当缩小一点，如图 13.10.2 ③所示。

（4）从矩形部分的斜面拉出水喉部分，选择端部，适当缩小一点。

（5）现在把已有的模型从中间剖开，创建组件，并复制、镜像后如图 13.10.2 ④所示。

（6）如图 13.10.2 ⑤所示，在水喉的下部绘制一个八边形，作为出水口的轮廓。

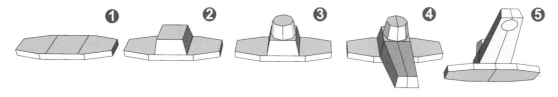

图 13.10.2 创建底部几何体

2. 四边面细分与节点编辑

（1）不能用四边面工具"插入循环边"进行细分的位置须预先画线分割，如图 13.10.3 ①所示。

（2）图 13.10.3 ②是用四边面工具栏中的"插入循环边"工具进行细分后的结果。

（3）单击 Vertex Tools 工具栏中的第一个工具"切换点模式"对节点进行移动、缩放、旋转等编辑操作。为了检测节点编辑的结果，其间还可单击 SUbD 工具栏中的"细分模式开关"进行查看，如图 13.10.3 ③所示。若需修改，可再次单击"细分模式开关"回到"节点编辑"状态，继续编辑。

（4）大多数情况下，水龙头之类的对象在模型中处于配角的地位，有图 13.10.3 ③所示的细分精度就足够了。

（5）图 13.10.3 ④就是在③的基础上又单击了一次"提高细分级别"的结果，搞成了 20 多万个线面，一个模型里用了几个这样的水龙头就该快死机了。盲目追求模型的精细度是初学者最容易犯的错误之一，要善于按对象在模型中的地位，包括用于远景还是近景等因素，合理分配线面精度。若发现如图 13.10.3 ④所示的问题，赶快单击"降低细分级别"。

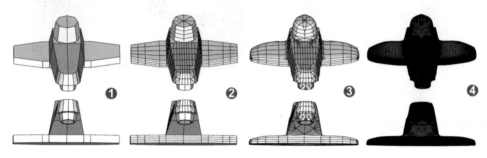

图 13.10.3　四边面细分与节点编辑

3. 手柄建模与细分

（1）如图 13.10.4 ①所示，创建原始几何体。注意手柄的操作部分细分成了 4 段，目的是方便后续的"弯曲"。

（2）"弯曲"操作仍然用 Vertex Tools 工具栏的第一个工具"切换点模式"。预选好需弯曲的部分后单击"切换点模式"工具，出现如图 13.10.4 ②所示的操作工具，单击并稍微移动红色的弧线即可实现局部弯曲。整个弯曲过程需分成 3 段进行，注意每一段的弯曲角度要控制在合理的范围内。

（3）"弯曲"过程大致完成后，可单击 SUbD 工具栏的"细分模式开关"查看，如图 13.10.4 ③④所示，若需修改，可再次单击"细分模式开关"回到"节点编辑"状态，继续编辑。

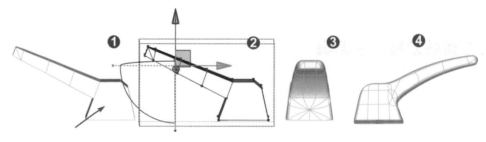

图 13.10.4　创建手柄

（4）图 13.10.5 是为缩减篇幅的简化做法，图 13.10.4 ①的红色箭头所指处应该是八边形的。

（5）把"手柄"与"底座"两部分组合后如图 13.10.5 左侧所示。

（6）最后单击 SUbD 工具栏中的"切换显隐边线"工具，结果如图 13.10.5 右侧所示。

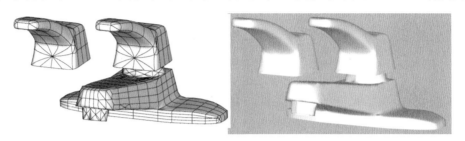

图 13.10.5　装配与赋予材质

13.11　节点编辑与细分平滑实例 9（异形花瓶）

本节仍然以"节点编辑"与"细分平滑"为主题，练习创建一个异形的花瓶。在之前的 11.7 节，安排过一个类似的模型（阿拉伯水罐），这次的异形花瓶与水罐的区别在于罐体上多了个"洞"。仍用"节点编辑"工具难度很大。难度的关键就在于"洞口"上。创建这个模型除了要用到 SketchUp 原生工具外，还要用到以下插件。

（1）Vertex Tools（顶点工具栏，见《SketchUp 常用插件手册》5.22 节）。

（2）SUbD（参数化细分平滑，见《SketchUp 常用插件手册》5.24 节）。

（3）JointPushPull Interactive（联合推拉，见《SketchUp 常用插件手册》2.7 节）。

（4）Curviloft（曲线放样，见《SketchUp 常用插件手册》5.3 节）。

（5）QuadFaceTools（四边面工具栏，见《SketchUp 常用插件手册》2.15 节）。

1. 描绘与创建毛坯

（1）图 13.11.1 ①是这种异形花瓶的照片。用画圆工具（或多边形工具）调成八边形，以照片水罐底部中点为圆心、罐体边缘为半径画圆，如图 13.11.1 ②箭头所示。

（2）删除圆面，仅留下边线（重要）；选择边线，调用 Vertex Tools 工具栏第一个工具"切换点模式"，按住 Ctrl 键，用鼠标左键单击图 13.11.1 ③"a"所示的④蓝色箭头，向上移动复制。

（3）再按住 Shift 键，用鼠标左键单击红轴另一端的小方框 b 进行中心缩放，尽可能把边缘跟照片的轮廓线对齐。

（4）用同样的方法把轮廓线一直复制到水罐顶部。选择好顶部的边线后单击绿色的弧线，稍微旋转移动做出瓶口的倾斜度，接着用"节点编辑"完成瓶口的形状，如图 13.11.1 ④所示。

（5）重要提示。

① 从图 13.11.1 ③底部开始，务必把视图调成"前视图"与"平行投影"；否则可能选择不到被照片遮挡而看不见的另一半节点。

② 向上复制边线时，在水罐开洞的位置（可打开 X 光模式观察），复制的间隔要跟洞口的高度相当，以方便后续操作。

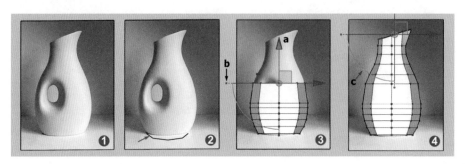

图 13.11.1　描绘与创建毛坯

2. 初步完成在瓶体上开洞

（1）把图 13.11.2 创建完成的毛坯复制一个副本到旁边（保留原型以防万一），删除开洞位置的面，如图 13.11.2 ①箭头所指处所示。

（2）选择好前、后两面的所有边线（建议用四边面工具栏中的"选择循环边"工具）再调用 Curviloft（曲线放样）工具栏的第一个工具进行"曲线封面"，并把 Seq（段数）改成 3（重要），完成后如图 13.11.2 ②箭头所指处所示。

（3）单击 SUbD 工具栏中的第一个工具 Gizmo（点编辑）；查看"细分平滑"后的初步结果如图 13.11.2 ③所示。与图 13.11.2 照片对比，差距在"洞口的坡度"。

（4）按照图 13.11.2 ③的网格密度，很难调整出"洞口坡度"，接下来可全选后用QuadFaceTools（四边面工具栏）中的"平滑四边面"工具做一次细分，结果如图 13.11.2 ④所示。单击 SUbD 工具栏中的"细分模式开关"，结果如图 13.11.2 ⑤所示。箭头所指处的一圈，是需要调整的位置。

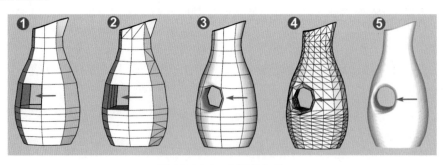

图 13.11.2　开洞与细分

3. 洞口坡度调整

（1）有些情况要有点思想准备：

① "洞口坡度"很难前、后两面同时操作，只能一面一面进行调整。

② 用图 13.11.3 ②所示那样方法，一个个节点、一条条边线进行调整，很费时。

③ 想把洞口做到像照片所示那样光滑，不太容易。

（2）大致调整完成后，用 JointPushPull（联合推拉）工具拉出厚度，如图 13.11.3 ③所示。

（3）单击 SUbD 工具栏中的"切换显隐边线"工具，结果（半成品）如图 13.11.3 ④与⑤所示，箭头所指处还需调整。可单击 SUbD 工具栏中的 Gizmo（点编辑）工具，继续修正。这个模型留在本节附件里，有兴趣者可尝试继续做细节调整练习。

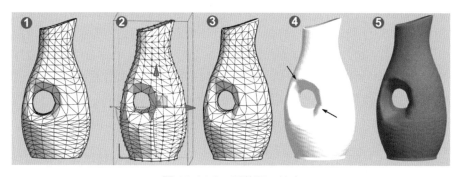

图 13.11.3　调整洞口坡度

13.12　节点编辑与细分平滑实例 10（北欧兔凳）

如图 13.12.1 所示的是北欧塑料家具品牌 QEEBOO 的设计师 STEFANO GIOVANNONI（斯特凡诺·乔凡诺尼）与他的作品。兔子形状的凳子有大、小两种，可放在园子里当作点缀摆饰，也可作为家具使用。在中国，除了幼儿园外，大概不会有太大市场。本节除了用它来作为节点编辑与细分平滑的练习对象外，也想沾点乔凡诺尼老头未泯的童趣。

图 13.12.1　北欧兔凳

这个练习相对简单，要用到以下 3 个插件。

（1）Vertex Tools（顶点工具栏，见《SketchUp 常用插件手册》5.22 节）。

（2）QuadFaceTools（四边面工具栏，见《SketchUp 常用插件手册》2.15 节）。

（3）SUbD（参数化细分平滑，见《SketchUp 常用插件手册》5.24 节）。

1. 创建基本形状

因工具用法已讲过多次，仅简述如下（见图 13.12.2）。

（1）选中球体（见图 13.12.2 ①）的上半截，用移动工具拉出长度（见图 13.12.2 ②），旋转 90°，如图 13.12.2 ③所示。

（2）分别删除两只"耳朵"部位的一条对角线，选择菱形边线，调用 Vertex Tools 工具栏的 Gizmo（点编辑）工具，拉出"耳朵"的毛坯，如图 13.12.2 ③所示。

（3）用 QuadFaceTools 工具栏中的"插入循环边"工具把"耳朵"细分成 4 段；并用 Vertex Tools 工具栏中的 Gizmo（点编辑）工具做旋转弯曲，如图 13.12.2 ④所示。

（4）继续用 Gizmo（点编辑）工具拉出头部与底部的雏形。

（5）选择底部边线，单击 Vertex Tools 工具栏中的"自动共面"得到平整底面。

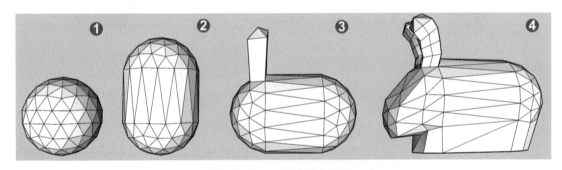

图 13.12.2 创建基本形状

2. 精细修正与赋色

（1）把图 13.12.2 ④的毛坯创建成组件，复制两个，其中之一旋转 90°，如图 13.12.3 ②所示。这样就可以修正任一对象，另一不同方向的对象同时变化，这是避免反复调整视图的小窍门。

（2）调整对象期间，需要反复单击 SUbD 工具栏中的"细分模式开关"查看细分后的效果，再返回修改。

（3）看到差不多后，复制出若干副本，分别右击，在弹出的快捷菜单中选择"设定为唯一"命令，单击 SUbD 工具栏中的"显隐边线"工具，隐藏边线后分别赋色，结果如图 13.12.3 ③

所示。

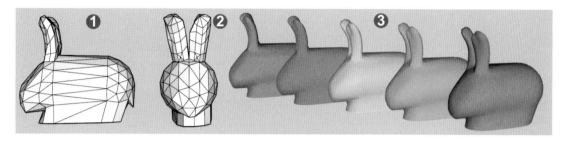

图 13.12.3　精细修正并赋色

第 14 章

位图矢量化

　　想要生成曲面，通常先要获得曲线。我们时常把位图导入 SketchUp 里，在位图上描绘其轮廓线，将这些轮廓线当作路径，用来放样或用其他形式形成曲面，其实这就是一种手工的"位图矢量化"过程。这种方法费时、费力，还容易出错，本章要介绍一些用工具配合，可多快好省地完成位图矢量化的相关内容。

　　本章原先安排有一节"素材的收集与素材库"，为缩减篇幅，本节的全文与库文件保存在 14.1 节的附件里。

　　本章所有实例用到的素材都可以在 14.1 节的附件里找到，在各小节里不再赘述。

14.1 位图矢量化与工具概述

在本系列教程的《SketchUp 材质系统精讲》一书中曾经详细介绍过：用计算机绘制生成的直线、圆、圆弧、曲线和图表等形式的图形文件，都是矢量图，"矢量"有时也称为"向量"，是同时具有方向和大小的量。矢量图只记录生成这个图形的算法和图上特征点的坐标，每幅矢量图只是计算机里的一堆公式与数据。

将矢量图文件还原成可见图形时，众多特征点要按照特定的算法还原成直线或曲线，重新组成有意义的图形呈现给用户，大文件可能需要很多时间。我们还知道，SketchUp 也是一种矢量化的绘图建模工具，因此，打开或保存一个较大的模型时需要等很久就是这个原因。

图 14.1.1 和图 14.1.2 就是典型的矢量图，它们是一种只有线没有面的线框图。这种线框图大多用在工程图纸领域，代替用丁字尺、三角板、圆规、铅笔绘制的图纸。这种数字图形的优点是文件体积小，可以任意放大而不会降低图像质量。比如像图 1.4.1.1 和图 14.1.2 展示的是在 SketchUp 中导入的 DWG 格式的图形，左下角的两个小图是原状，把它放大再放大，它仍然是清晰的。所以，矢量图非常适合做工程图样、插图等。

图 14.1.1 矢量图形 1 　　　　　　　　　　　　　图 14.1.2 矢量图形 2

显然，我们无法通过数码相机或者扫描仪得到图 14.1.1 和图 14.1.2 所示的矢量图，矢量图只能由某些专业的软件来生成。在包括 SketchUp 的很多设计工具里，矢量图也可以用线框（路径）来生成面，并且赋予颜色。如图 14.1.3 所示的米老鼠就是对矢量图形人工赋色的结果，是由一系列色块组成的。而图 14.1.4 在填色时用了一些平滑过渡的技巧，部分模拟出一些立体感，但仍然无法表现丰富的色阶，图像缺乏真实感，因此矢量图注定不能像图 14.1.5 那样细腻传神。因为矢量图比较生硬，所以适合表现具有大面积色块的卡通、文字或公司 Logo 等。SketchUp 和配套的 LayOut 也可以完成这种任务。

在 SketchUp 里，矢量图还有另外一些重要的用途，图 14.1.6 ①②所示的是从外部导入的 2D 矢量图；图 14.1.6 ③④是把矢量图生成面域后，用推拉工具拉出一点厚度，这种做法在不重要的场合，柔化掉部分边线后，可勉强作为浮雕应用。而图 14.1.6 ⑤⑥所示的就是标准的

"浅浮雕"（模拟黄铜材质）。图 14.1.7 是另外一些石质与木质的浅浮雕实物照片，现实生活中能见到很多类似的例子，因为实现起来更容易，也能做得细腻、逼真，应用范围较广，它们也是很多 SketchUp 用户建模任务中的重要内容之一。

图 14.1.3　矢量图形 + 颜色

图 14.1.4　矢量图形 + 颜色 + 平滑

图 14.1.5　位图

图 14.1.6　矢量图生成浅浮雕

图 14.1.7　浅浮雕示例

　　问题来了：不难想见，想要完成类似图 14.1.7 所示的浅浮雕，无论是以石头、木头还是砖头为材料，必须先画出线稿（轮廓线）；而线稿（轮廓线）在 SketchUp 里就是"矢量图"，这是一切的关键。如果你有美术天赋或者就是美术专业的科班出身，并且能熟练驾驭相关软件，想要设计并绘制类似的矢量图当然没有问题，只是要花不少时间。遗憾的是，SketchUp用户中有一半以上并无这样的能力，还有一些人虽然有能力却不愿意把时间投入其中。本章后面的内容将要为你解决这些颇为伤脑筋的问题。

众所周知，除了 DWG、DXF、CDR 及 AI 等常见格式的矢量图外，更多的图像资源是各种格式的位图，这就产生了如何把丰富的位图资源转化成矢量图的问题。能用来做位图矢量化功能的软件工具很多，如 Photoshop（PS）、Adobe Illustratort（AI）、CorelDRAW（CD）等，可惜它们用起来太烦琐，如同杀鸡用牛刀，专业的书也有很多，所以本章不会去讨论它们。本章后面的篇幅将会介绍一些适合 SketchUp 用户所需的"多快好省"的方法。

（1）首先是介绍原始素材的收集渠道与窍门。

（2）本章还要详细介绍两种专门为位图矢量化而生的软件——Img2CAD 和 Vector Magic，还会提到另外一些软件，相信总有一款适合你。

（3）如果你难得用一次位图矢量化，或者懒到连傻瓜软件都不想学，还要介绍你两种在线操作且免费的位图矢量化的方法。

（4）位图矢量化以后的曲线，多多少少会有些问题，本章最后一节还要介绍修改和优化曲线的技巧。

14.2　位图矢量化工具 1（Img2CAD）

看这个工具的名称就知道，它是用来把"Image 位图"转换成"CAD 矢量图"的工具，作者依稀记得，大概在 Windows 3.2 或 Windows 95 时就用过这个工具。可见，已经有 20 多年的历史了，至今还颇受喜欢。现在已经发展到 7.6 版。以下前半截译于软件官网 https://www.img2cad.com；后半截将提供几个应用实例与优、缺点分析。

1. 官网介绍

（1）Img2CAD 是一个独立的程序，可将扫描的图纸、地图和图像转换为精确的矢量文件（如 DXF、HPGL、WMF、EMF 等），以便在任何 CAD 应用程序中进行编辑。

（2）Img2CAD（图片转 CAD 软件）功能特点如下。

① 输入图像格式有 BMP、JPG、TIF、GIF、PNG、PCX、TGA、RLE、JPE、J2K、JAS、JBG 和 MNG 等。

② 输出矢量格式包括 DXF、HPGL、EMF、WMF 等。

③ 创建中心线与轮廓。

④ 概述实心栅格区域。

⑤ 彩色、灰色与黑白图像矢量化。

⑥ 在 X 与 Y 方向上缩放图像，以使其更大或更小。

⑦ 增加或减少亮度与对比度。

⑧ 在单色灰度或彩图上跟踪光栅线、圆弧、圆、箭头线、虚线、折线、阴影线。

⑨ 自动校正：恢复相交、对齐、连接片段、将片段连接到直线、圆弧、圆与折线。

⑩ 删除小尺寸的矢量对象，更正识别的文本。

⑪ 自动将图像拉直到参考线。

⑫ 去除颜色斑点，使颜色更均匀。

⑬ 可以调整公差等级。

⑭ 批量处理。

⑮ 支持拖放。

（3）官网的示例。从 Img2CAD 获得出色的结果非常容易，无须任何先前的经验或专业知识，Img2CAD 提高了内核性能，微调了质量。示例如表 14.2.1 所示。

表 14.2.1　官网列出的示例

参数设置	输入图像	生成矢量图像
细化对象：中心线 原始尺寸的比例：1 颜色阈值：0 容差：15 对象识别：全选		
细化对象：轮廓 原始尺寸的比例：1 颜色阈值：100 容差：15 对象识别：全选		

该软件是收费的，但是官网有免费版可下载，国内还能搜索到汉化版。软件下载后不用安装，解压后单击其中绿色的 Img2CAD 图标即可运行该软件。

2. 黑白图像矢量化

（1）解压后找到绿色的 img2cad.exe 图标双击运行，弹出图 14.2.1 所示的对话框；单击"添加文件"按钮①，选择要转换的图片文件，如图 14.2.2 所示（支持 10 多种图像格式）。提示：如软件无法正常打开，可右击绿色图标，以管理员模式运行。

（2）单击图 14.2.1 ②可以添加整个文件夹里的所有图像，单击图 14.2.1 ③或④可删除部分或全部图像；勾选⑤后甚至可把子文件夹里的图像都包含在处理范围内；图 14.2.1 ⑥⑦是导入图像的路径与类型。如果为了完成位图矢量化，务必在图 14.2.1 ⑧所示的 5 种文件格式中选择 DXF；矢量化处理后的结果如图 14.2.4 所示，保存在⑨所指定的位置。

（3）图 14.2.1 ⑩所示的按钮非常重要，单击以后会弹出图 14.2.3 所示的参数设置对话框。

（4）在"选项"对话框的"细化"选项组（见图 14.2.3 ①）中要选择"轮廓"，不然就只有一条中心线。

（5）在"原始尺寸"文本框（见图 14.2.3 ②）中输入 1，即转换后保持原始尺寸。

（6）"颜色阈值"选项组（见图 14.2.3 ③）中的"值"这一栏，经过大量测试，对于本例，设为最高 600 为好。

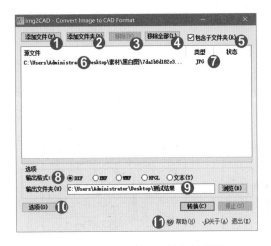

图 14.2.1　Img2CAD 的初始界面

图 14.2.2　待处理的 JPG 图像

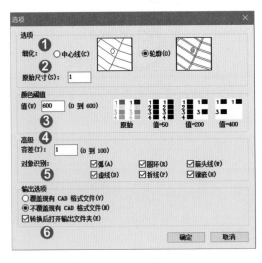

图 14.2.3　参数设置对话框

图 14.2.4　矢量图

（7）"容差"文本框（见图 14.2.3 ④）也经过大量测试,该参数似乎是图案边缘的像素值,设置为 1 ～ 3 都差不多。

（8）"对象识别"选项组（见图 14.2.3 ⑤）默认是全部勾选,如无特别需要可保留默认值。

（9）"输出选项"选项组（见图 14.2.3 ⑥）有 3 个选项,其中,"不覆盖现有 CAD 格式文件"选项务必要选中。

（10）以上设置完成后,单击"确定"按钮,返回图 14.2.1 所示的对话框,务必仔细检查选择要输出的格式与输出的目标文件夹,一切无误后,单击"转换"按钮,一瞬间转换就完成了——即使指定了整个文件夹里的大量图片。

3. 复杂的线描图转成 DXF 单线矢量图

线描图转换为 DXF 示例如表 14.2.2 和表 14.2.3 所示。

表 14.2.2　线描图转换成 DXF 示例 1

原位图	转换后的矢量图	细化：中心线 原始尺寸：1 颜色阈值：600 容差：1 ～ 30（测试） 对象识别：全部 其余默认

表 14.2.3　线描图转换成 DXF 示例 2

原位图	转换后的矢量图	细化：中心线 原始尺寸：1 颜色阈值：600 容差：1 ～ 30（测试） 对象识别：全部 其余默认

4. 小结

Img2CAD 图片转换成 CAD 软件是一个将图片转换成 CAD 格式图形的小工具,不需要 AutoCAD 支持,该工具有以下几大优点。

（1）体积小巧，使用方便，支持 32 位或 64 位系统。

（2）可以一次完成整个文件夹内很多位图的转换（即"批处理"）。

（3）可以"描边"，也可以生成"中心线"（后者很重要）。

（4）支持的位图格式多，可接受 JPG、BMP、TIF、GIF、PNG 等格式。

（5）支持输出的格式也不少，有 DXF、HPGL、EMF、WMF、TXT 等格式。

（6）缺点只有一个，转换后的矢量图边缘不够光滑，可能需要后续处理。关于曲线的平滑处理，可查阅本章最后一小节的内容。

如果你可能要频繁使用这个工具，可右击绿色的工具图标，选择"发送到桌面快捷方式"命令，这样今后用起来就方便多了。

14.3 位图矢量化工具 2 [Vector Magic（矢量魔法）]

14.2 节介绍的 Img2CAD 有很多优点，但有个致命的缺点，就是矢量化后的边缘锯齿较为严重，大多数应用场合需要做后续的平滑处理。本节要介绍的 Vector Magic（矢量魔法）保留了 Img2CAD 的大多数优点，还克服了它的缺点，是设计师们的最爱。

Vector Magic（矢量魔法）的应用可简可繁，对于 SketchUp 用户，绝大多数应用可以简单到完全自动化。对于专业的平面设计师，也可选择人工参与的复杂应用，有几十种参数可供选择与调整。

该软件有桌面应用程序，还很容易搜索到汉化版，此外，还有功能更为强大的云端服务。只要在网页浏览器中输入 https://zh.vectormagic.com/，即可打开中文网页，或者输入 https://vectormagic.com/ 后在网页的最下面选择简体中文。按照提示上传位图并简单设置后即可下载矢量图。

1. Vector Magic（矢量魔法）工具的初始界面

（1）有 4 种方法可打开待矢量化的位图：直接把图像文件拖放到图 14.3.1 ①所示的位置；或单击图 14.3.1 ②所示按钮导航到位图文件；也可以截取或复制需要矢量化的位图后单击图 14.3.1 ③所示按钮粘贴到图 14.3.1 ①所在的位置；如果有大量类似的位图需要处理，也可以单击图 14.3.1 ④所示按钮，进入批处理界面。

（2）单击图 14.3.1 ⑤⑥所示按钮可查看已打开的或已处理的对象。注意：图 14.3.1 ⑦所示按钮不是用来更新处理对象的，而是用来更新软件本身的，如果你用的是"汉化版"，请谨慎操作，避免更新。

（3）图 14.3.1 ⑧所示按钮的名称"选项"，英文版却是 About（关于），疑为翻译错误。

（4）图 14.3.1 ⑨⑩⑪ 这 3 个按钮分别用来恢复到图 14.3.1 所示的初始态、向前一步或后退一步。

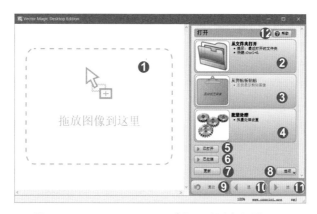

图 14.3.1　Vector Magic（矢量魔法）初始界面

2. 一键全自动矢量化

（1）图 14.3.2 中已经拖放了一幅位图进去，如图 14.3.2 ①所示。

（2）图 14.3.2 ②所在的位置有 6 个小按钮，4 个用来移动位图，中间的那个用来缩小位图，右上角的是把位图充满窗口，当待处理的位图幅面很大或很小时，就会用到它们。

（3）图 14.3.2 ③所在的滑块用来缩放窗口里的位图。

（4）图 14.3.2 ④所在处显示当前窗口里的是位图还是矢量图，勾选后还能显示路径。

（5）单击图 14.3.2 ⑤所示按钮就可进入全自动的矢量化，结果如图 14.3.3 所示。

（6）单击图 14.3.2 ⑥所示按钮可进行图 14.3.4 所示的基本设置。

（7）单击图 14.3.2 ⑦所示按钮，可进行高级设置，界面如图 14.3.5 和图 14.3.6 所示。

（8）单击图 14.3.2 ⑧所在处的两个按钮，可分别查看当前的基本设置与高级设置。

（9）图 14.3.2 ⑨⑩ ⑪ 这 3 个按钮分别用来恢复到初始态、向前一步或后退一步。

图 14.3.2　一键自动化操作

3. 一键全自动矢量化的结果与后续调整

（1）图 14.3.3 ①就是单击全自动按钮后的结果。

（2）注意：图 14.3.3 ②所在位置现在显示当前窗口中的是矢量图，请与图 14.3.2 对照。

（3）注意图 14.3.3 ②所在位置已经勾选了"路径"，所以①上面就显示蓝色的路径。

（4）如需仔细检查生成的路径品质是否符合要求，可用图 14.3.3 ④所指处的滑块放大视图，再用图 14.3.3 ③所在处的 6 个按钮移动缩放视图进行检查。

（5）在图 14.3.3 ⑥所在的位置有高、中、低 3 种精度可选，默认为高。虽然看起来曲线平滑圆润，但是也因此边线密集，若后续还要生成曲面，面的数量将呈几何级增长，对于大型的对象可能造成灾难性的结果，所以在积累经验的基础上，适当降低边线精度是明智的。

（6）图 14.3.3 ⑦所在的位置有两种选择，即"自定义颜色"与"多种颜色"。另外，还有个"调色板"，它们对于彩色图像的矢量化非常重要。如果当前待处理的对象是人工绘制的，包含有限色彩的位图，"自定义颜色"按钮会自动被选中；如果当前待处理的对象是照片，"多种颜色"按钮会被选中（也可人为切换），这部分内容会在图 14.3.4 中呈现并介绍。

（7）图 14.3.3 ⑧所在位置有"去除背景""编辑结果""自选设置"3 个按钮，每一个都有一大堆选项、知识点与操作要领，这部分将在本节所附的官方视频中介绍。

（8）对于大多数 SketchUp 用户，特别是以黑白图像为位图素材时可以勾选⑨复选框，跳过此页的选项，让 Vector Magic（矢量魔法）自动处理你的图像。

（9）一切调整到满意后，单击"完成"按钮（见图 14.3.3 ⑤），随即进入保存状态。如果生成的矢量图随后要在 Photoshop 等软件中处理，甚至不用保存，可直接把图 14.3.3 ①拖曳到相关软件窗口中去。

图 14.3.3　一键自动化操作的结果

（10）当要处理图 14.3.4 ①所示的彩色位图时，单击"全自动"按钮后，等待处理完成，图 14.3.4 ②会自动显示当前视图是矢量图。

（11）勾选图 14.3.4 ②所示的"路径"，则出现如图 14.3.4 ④所示的蓝色边线"路径"，向前推动鼠标滚轮，视图放大，按住左键可移动视图进行检查。

（12）单击图 14.3.4③所在的"选择"会弹出⑤所示的调色板，可根据需要选择其一，双击重新进行矢量化，注意过分精细的颜色分类同样会造成 SketchUp 模型线面数量剧增的问题。

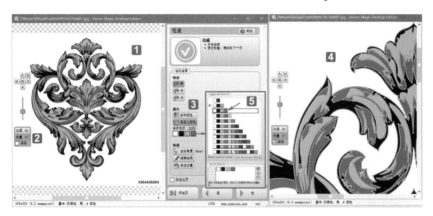

图 14.3.4　用调色板指定颜色分级

4. 基本设置选项

（1）现在回去看图 14.3.2 中的⑥，上面提示这是"简单选择"与"常规操作"。单击这个按钮后，弹出图 14.3.5a 所示的二级选择窗口，上面有 3 个选项，即"用相机捕获的照片①""有混合边的作品②"和"无混合边的作品③"，至于④⑤⑥这 3 个按钮的用途和用法我们都熟悉了，不再赘述。

（2）在图 14.3.5a 所示界面中单击"用相机捕获的照片①"，在弹出的第三级界面 14.3.5b 中又有高、中、低 3 种选择，上面列出了 3 个级别的特征，默认选择"高"，推荐选择"中"。

（3）在图 14.3.5a 所示界面中单击"有混合边的作品②"后，在弹出的第三级界面 14.3.5c 中又有高、中、低 3 种选择，上面列出了 3 个级别的特征，默认选择"高"，推荐选择"高"。

（4）在图 14.3.5a 所示界面中单击"无混合边的作品③"后，同样在弹出的第三级界面 14.3.5d 中又有高、中、低 3 种选择，上面列出了 3 个级别的特征，默认选择"高"，推荐选择"高"。

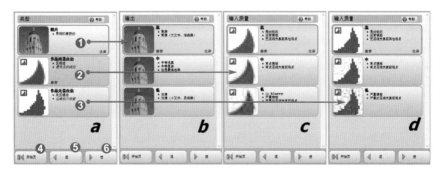

图 14.3.5　基本设置

（5）在单击"全自动"按钮之前，务必在这里完成设置；否则就是接受默认值。

5. 高级设置选项

如果单击了如图 14.3.2 ⑦所示的"高级"按钮，就需要面对图 14.3.6 和图 14.3.7 所示的至少 6 个设置面板，每个面板又有好几个按钮，很多按钮又有多个选项，有些选项还需要人工参与绘制、修剪等操作，排列组合后就可能产生无数可能的结果。

这些高级设置主要是为平面设计专业人士所设立的，SketchUp 用户可忽略。对高级设置有兴趣深入研究的读者，可在 https://vectormagic.com/ 找到官方发布的详细教程（包括图文教程与视频教程）。

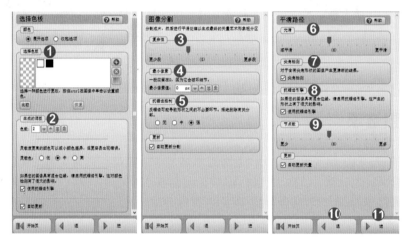

图 14.3.6　高级设置页面 1 ～ 3

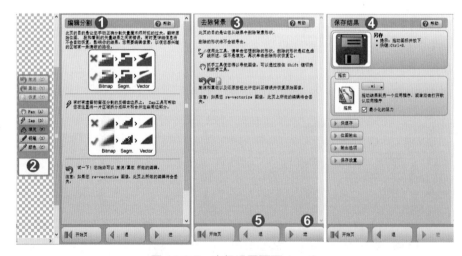

图 14.3.7　高级设置页面 4 ～ 6

6. 几个实例

（1）图 14.3.8 ①②③是原始位图，图 14.3.8 ④⑤⑥是矢量化导入 SketchUp 后图形，图 14.3.8 ⑦⑧⑨为成面情况。

（2）其中图 14.3.8 ①是黑色填充图案，矢量化参数：双色，中等精度。这种图最适合矢量化后导入 SketchUp 做成浮雕。图 14.3.8 ④所示的矢量图边线为 1160 ，面为 55。如图 14.3.8 ⑦所示可推拉成体。

（3）其中图 14.3.8 ②是线描图案，矢量化参数：双色，低等精度。这种图矢量化后需要修整才能成面做成浮雕。图 14.3.8 ⑤所示的矢量图边线为 10031，仅有少量边线形成小面，如图 14.3.8 ⑧所示。

（4）如图 14.3.8 ③所示的彩图，矢量化参数：三色，中等精度。如图 14.3.8 ⑥所示的矢量图边线为 5505，如图 14.3.8 ⑨所示生成面 264 个，也需要加工后才有实用价值。

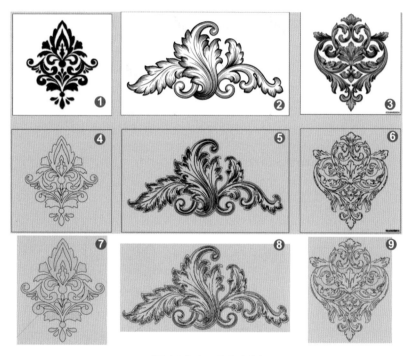

图 14.3.8　几个实例

14.4　在线文件转换 1

本节要介绍一个在线的矢量化工具。在它的欢迎页面上就清楚表明了它的功能与特点：Autotracer 是一款免费的在线图像矢量转换工具，可将 JPEG、GIF 和 PNG 等位图转换成可缩放矢量图形（EPS、SVG、AI 和 PDF）。无须注册，也不需要电子邮箱。其实前面括号里列出的矢量图形并不全，还有 3 种没有列出，其中就有我们关心的 DXF 格式。下面详细介绍其用法。

1. 操作界面与设置要领

（1）如图 14.4.1 ①所示，在网页浏览器地址栏中输入 www.autotracer.org 后按 Enter 键。

（2）打开的网页即操作界面，单击图 14.4.1 ②所指的"中文"将显示中文界面。

（3）单击图 14.4.1 ③所示的"选择文件"按钮，可导航到你想要矢量化的位图。

（4）单击图 14.4.1 ④所在的下拉按钮，可以在 7 种矢量格式中选择，建议选择 DXF 格式。

（5）在图 14.4.1 ⑤所在的"色彩数"中选择时要注意，黑白位图选 2；如果待矢量化的图像是彩色的，可以在这里指定色域范围，如选 8，彩色图像会被矢量化成 8 种色域。

（6）"平滑度"下拉列表框（见图 14.4.1 ⑥）中有 5 种选择，选择默认的"正常"即可。

（7）"去噪"选项组中的"活跃"复选框（见图 14.4.1 ⑦）一定要勾选，否则矢量化后可能会出现很多小洞、小点。

（8）当待矢量化图像是白色背景时，应勾选"忽略"复选框（见图 14.4.1 ⑧）。

（9）以上项目全部设置完成后，单击"开始"按钮（见图 14.4.1 ⑨），开始上传图像并矢量化。

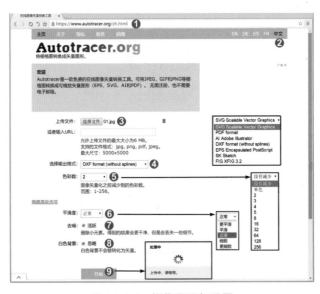

图 14.4.1　操作界面与设置

2. 预览与下载矢量化图形

（1）单击如图 14.4.1 ⑨所示的"开始"按钮以后，可以把指定的图像上传到 autotracer.

org 的服务器，上传完成后自动进入矢量化处理，上述过程都有图文提示。

（2）当服务器处理完上传的图像后，会自动进入预览界面，如图 14.4.2 ①所示（3 次截图合并）。

（3）如不满意可单击图 14.4.2 ③所示按钮，返回初始界面，重新设置后上传处理。

（4）如认可，单击蓝色的文件名（见图 14.4.2 ②），下载到本地计算机。

图 14.4.2　预览界面

3. 导入与对比

（1）把矢量化后的 DXF 文件下载到计算机后，就可以执行 SketchUp 中的"文件"→"导入"命令，导航到保存有 DXF 文件的目录，找到该 DXF 文件后确定。

（2）图 14.4.3 ②④⑥就是导入 SketchUp 的 DXF 文件，图 14.4.3 ①③⑤是原始位图，供对照。

图 14.4.3　导入与对比

（3）图 14.4.4 所示为导入矢量图后直接成面的结果。

图 14.4.4　导入 SketchUp 成面

（4）根据大量测试可知，类似图 14.4.3 ①③⑤所示的黑白图案最适合矢量化后导入 SketchUp 中应用。

14.5　在线文件转换 2

本节要向你推荐一个可誉为"万能"的网站——Convertio.co，可对图像、矢量文件、字体、文档、电子书、视频、音频等几乎所有想得到的文件进行转换。以下是该网站的自我介绍。

（1）支持超过 300 种不同的文件格式及超过 25600 种不同的转换方式。数量全面超越其他任何转换器。

（2）只需将文件拖放至本页面，选择输出格式并单击"转换"按钮即可。完成转换过程需要一点时间，请稍等。我们的目标是在 1 ~ 2 min 内完成全部转换过程。

（3）所有转换都在云端进行，不会消耗计算机的资源。

（4）大多数转换类型都支持高级选项。例如，对于视频转换器，可选择质量、长宽比、编解码器，以及进行其他设置、旋转和翻转。

（5）能够立即删除已上传的文件，并在 24h 后删除已转换的文件。任何人都无法访问你的文件，可确保你的隐私 100% 安全。

（6）Convertio 基于浏览器并支持所有平台，无须下载与安装任何软件。

本书作者补充以下心得。

（1）虽然该网站有注册收费的业务，但是位图转矢量图免注册并免费。

（2）免费转换的文件上限为 100MB，对把位图转换成矢量图的应用足够了。

（3）该网站有中文版，并把服务器放在中国，速度飞快。

1. 操作要领

（1）如图 14.5.1 所示，在浏览器的地址栏①中输入 https://convertio.co/zh/ 后按 Enter 键，即可打开图 14.5.1 所示的网站首页。单击"选择文件"按钮（见图 14.5.1 ②），可导航到需要矢量化的位图，即开始上传。

（2）位图上传完毕后，从图 14.5.2 ①处可以看到文件名与扩展名。

图 14.5.1　网站首页

（3）单击图 14.5.2 ②所在处的向下箭头，找到 CAD → DXF（或者向量→在 AI 等 11 种矢量图格式中选一种），完成正确选择后，出现绿色的"准备好"字样。

（4）单击红色的"转换"按钮（见图 14.5.2 ③），进入转换阶段，速度非常快。

（5）如果有不止一幅位图需要转换，单击图 14.5.2 ④所示按钮就可以"添加更多文件"，添加的文件可以从本地硬盘中选择，也可以从 Google Drive 或 Dropbox 两种网盘中选择。可见该网站是有批处理能力的，但不能添加整个文件夹。

（6）应注意，图 14.5.2 红色方框内的文字"在线免费转换您的 jpg 文件为 dxf 文件"。

图 14.5.2　上传位图

（7）如果上传的文件不是很大或很复杂，几秒后就会出现图 14.5.3 所示的界面，绿色的文字通知你"已完成"转换。单击如图 14.5.3 ①所示的"下载"按钮，即可获得免费转换的矢量图。

（8）单击如图 14.5.3 ②所示的按钮，可以继续上传更多新的位图文件进行转换。

图 14.5.3　下载矢量图

2. 转换实例与问题

（1）图 14.5.4 ①②③是原始位图，图 14.5.4 ④⑤⑥是经过转换并导入 SketchUp 的结果。

（2）图 14.5.4 ①转换成图 14.5.4 ④所示图形后，边线数量为 7550。

（3）图 14.5.4 ②转换成图 14.5.4 ⑤所示图形后，边线数量为 48482。

（4）图 14.5.4 ③转换成图 14.5.4 ⑥所示图形后，边线数量为 120773。

图 14.5.4　原始位图与转换后的矢量图（已导入 SketchUp）

（5）问题：位图转换成矢量图的功能不能选择参数，虽然转换的品质极佳，但因此生成的线段和节点也很多，需要后续简化。

同类功能的网站还有 https://www.vectorizer.io/，该网站只有英文版与德文版，有兴趣者可去看看。

14.6 矢量曲线的优化

无论用前面所介绍的何种工具和方法，以位图进行矢量化后的结果不见得全都符合我们的要求，所以就引出了本节的内容——矢量曲线的优化。位图矢量化以后的曲线存在的问题大致有以下几种。

（1）曲线断裂不连续，甚至断断续续地缺少一部分，无法成面。

（2）曲线上有多余的线段，同样难以成面。

（3）曲线呈锯齿状，不光滑、不平整。

（4）曲线精度过高，边线与端点数量庞大。

处理以上问题，有些很简单，有些则非常伤脑筋。以上列出的问题，越靠前面的越麻烦。处理这些问题，除了使用 SketchUp 的原生工具之外，可能还要用到以下插件中的一个或多个。

（1）Curvizard（曲线优化工具，见《SketchUp 常用插件手册》5.4 节）。

（2）Edge Tools（边线工具，见《SketchUp 常用插件手册》2.14 节）。

（3）Chrisp Repair Add Face DWG（DWG 文件修复，见《SketchUp 常用插件手册》2.9 节）。

（4）Select Curve（选连续线，见《SketchUp 常用插件手册》2.20 节）。

1. 解决曲线不连续、断断续续的问题

在本章前面的篇幅中，介绍了 4 种用插件实施位图矢量化的方法，但是要处理图 14.6.1 ①所示的单线图，还要求矢量化后仍然是单线时，使用插件 Img2CAD（图像转换为 CAD 的"中心线"）是唯一的选择，因为只有它拥有按位图线条中心生成矢量文件的能力。如果位图原稿的线条本身就不十分清晰、连续，获得的矢量文件当然就会断断续续、不连续。

图 14.6.1 ②就是经过 Img2CAD 转化后的 DXF 文件导入 SketchUp 以后的情况，图 14.6.1 ③是用 Edge Tools（边线工具）标注的断点和多余的短线段，吓了一跳吧？有很多工具和方法可以帮助我们解决此类问题。如 Edge Tools（边线工具）和 Chrisp Repair Add Face DWG（DWG 文件修复）等。修复的过程难以详细描述，但是有两个提示。

（1）尝试一种工具或方法之前，必须多复制出几个副本，以免造成损失。

（2）最好不要指望插件能为你解决所有问题，要做好人工参与的思想准备。

图 14.6.1 ④是经过大约 10min 插件加人工处理后的效果，图 14.6.1 ⑤是用"DWG 文件修复"插件生成面域后的情况。

图 14.6.1　单线的修理与优化

2. 解决曲线锯齿状的问题

本章前面介绍的 4 种位图转矢量图的方法中，只有 Img2CAD（图像转换为 CAD）会在转换后产生大量锯齿，可试着用几种不同的参数转换，找一个锯齿最小、最密的，用下面介绍的方法，经过两步处理，即可得到光滑的曲线。

（1）图 14.6.2 ①是刚转换成功的矢量图，图 14.6.2 ②是局部放大的图，有大量锯齿。用卷尺工具量取大多数相邻锯齿间的距离，比如量得 12 ~ 16。

（2）全选后单击调用 Edge Tools（边线工具）中的 Simplify selected curves（简化曲线工具），在弹出的数值框里输入一个比量得的值稍大的值，如 20，按 Enter 键后得到图 14.6.2 ③所示的结果，图 14.6.2 ④是放大的局部。

（3）大多数情况下，经过上述处理的结果，曲线比较生硬，再次全选后，单击 Curvizard6（曲线优化工具）的"光滑曲线"后，结果如图 14.6.2 ⑤所示，图 14.6.2 ⑥是放大的局部。

图 14.6.2　处理锯齿状曲线

3. 解决曲线精度过高的问题

本章前面介绍的 4 种位图转矢量图的方法中，除了 Img2CAD（图像转换为 CAD）之外的其他 3 种方法，转换精度为默认值，无法事先设置，转换成矢量图后，曲线的精度都偏高。无论是把这些曲线当作路径还是要生成平面或曲面，都会产生数量庞大的线面，可以用下述方法加以简化。

（1）图 14.6.3 左侧是刚刚矢量化后导入 SketchUp 的统计数字，边线为 5246。

（2）全选后单击 Curvizard（曲线优化）工具栏中的"简化曲线"工具，不用输入参数，处理后的边线如图 14.6.3 右侧所示，边线为 603，简化了接近 90%，并无肉眼可见的变形。

图 14.6.3　简化曲线

扫码下载本章配套资源

第 15 章

浮雕与裱贴

　　各种雕塑（雕刻与塑造）在很多行业里都有着重要的地位，历来就是设计师与能工巧匠们重点关注的领域。虽然"雕塑"并非 SketchUp 的强项，但是随着技术的发展、用户的创新，很多种"雕塑"题材的模型已经能够在 SketchUp 中实现。

　　你将会在本章的篇幅中看到，我们可以在一个实体对象上抠挖出纹样的凹入形状，也可以在对象上堆叠出纹样的凸出形状（塑造），或者兼而有之。你也会看到，这些做法在平面的实体对象（如木板、石板）上实现起来比较简易可行，换成曲面对象操作起来就麻烦很多，但是使用被作者称为"曲面裱贴"的方法就可以较好地完成。

　　本章将以 9 个例子介绍在 SketchUp 里实现浮雕、沉雕、透雕、裱贴等建模手段，以创建不同风格、不同用途的雕塑模型。

15.1　浮雕与曲面裱贴概述

　　"雕塑"（塑造与雕刻的统称）是一种重要的造型艺术类别，题材丰富，技法多样，材料各异，璀璨夺目。自古以来，上至皇室下至庶民，从神界到民间的建筑、景观、室内乃至器物设计领域，各种雕塑都有着重要的地位。本书将用第 15 ～ 17 章的篇幅集中介绍与讨论雕塑（塑造与雕刻）在 SketchUp 中的实现思路与技巧。

　　从字面上来看，"塑造"与"雕刻"虽然都是重要的造型艺术，但还是有很大区别：譬如用木头、石头为材料进行加工，只能去除不需要的部分，称为"雕刻"，有"减去"的含义。用泥土、石膏或其他软性材料以堆叠的手法形成作品的称为"塑造"，是逐步"添加"的过程。两者正好相反，"雕刻"与"塑造"民间混称为"雕塑"。

　　"雕刻"如按作品的外形来区分，大致可分成圆雕、浮雕、透雕 3 种形式。

　　（1）圆雕。除了底座外，不附着任何背景，腾空存在，可从上、下、左、右多角度欣赏的立体雕塑作品。有写实或装饰性的，有抽象的，也有具象的。这部分内容将在后面几章详细讨论。

　　（2）浮雕。它是雕塑与绘画结合的产物，靠人为加工的凹凸形象表现 3D 空间，并可用背景烘托主题，是建筑、景观乃至室内、器物应用方面的重要表现形式。本章将重点介绍和讨论在 SketchUp 条件下创建浮雕模型的思路与技巧。

　　（3）透雕。又称为镂空雕，是介于圆雕和浮雕之间的一种雕塑；是在浮雕的基础上，镂空其背景，有单面透雕和双面透雕，带有边框的又可称为镂空花板，常见于传统建筑与家具。本章也将安排一个实例。

1. 浮雕的进一步分类与基本区别

　　所有"浮雕"都是用逐步减少材料的工艺，使艺术形象凸出于材料底面的表现方式。在建筑与景观工程上使用较多，在各种用具器物上也常可见到。近些年来，它在城乡建设工程中有了越来越重要的地位。浮雕在内容、形式和材质方面可以与圆雕一样丰富多彩；浮雕的材料有石头、木头和金属等。因为在浮雕附着的底面上还可以布置背景，其传递信息的表达能力甚至比圆雕更为丰富多彩。根据压缩空间的不同程度，"浮雕"还可分为高浮雕、浅浮雕与透雕三大类。

　　（1）高浮雕。这是一种介于圆雕和绘画之间的艺术表现形式。高浮雕对形体的压缩程度较小，因此其塑造特征与视觉效果更接近圆雕，甚至局部完全按圆雕方式处理。图 15.1.1 所示的人民英雄纪念碑的"渡江战役"可称为高浮雕杰作之一，充分表现出人物相互叠错、起伏变化的复杂层次关系，给人以强烈的、扑面而来的视觉冲击感。可惜非但用 SketchUp 很难做出这种效果，即便用其他任何软件实现起来也不可能轻而易举。

　　（2）浅浮雕。这是一种半立体的雕刻技法，"浅浮雕"与"高浮雕"相比，其形体压缩比较大，因此平面感较强，更接近绘画形式。它不像高浮雕靠实体空间来营造效果，而是更多地利用绘画手法或透视等方式来塑造抽象的压缩空间；浅浮雕更有利于把创作的主题对象依附在基底面上，有较高的强度。"浅浮雕"可以把造型浮凸于材料表面，称为"浮雕"，也可以把造型凹入材料表面，此时称为"沉雕"，还可两者混用。图 15.1.2 所示为两幅不同风格的浅浮雕作品，在生活与设计、生产实践中，此类应用比"圆雕"与"高浮雕"更为普及，在SketchUp 条件下也更容易实现。

图 15.1.1　人民英雄纪念碑（"渡江战役"深浮雕）

图 15.1.2　浅浮雕作品示例

（3）透雕。在浮雕作品中，保留凸出的物像部分，将底面的局部或全部镂空，这种技法与作品就称为透雕（见图 15.1.3）。"透雕"有单面透雕和双面透雕之分。单面透雕只刻正面，譬如太师椅与玫瑰椅的背面就没有必要做得跟正面一样。双面透雕则要将正、背两面的形象都刻出来，如用于双面可见的窗棂（木雕与砖雕中多见）或一些特殊的工艺品。

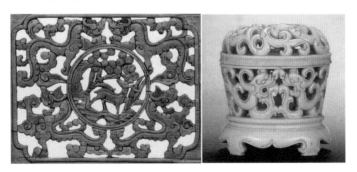

图 15.1.3　透雕应用示例

2. 创建浮雕模型的基本程序

（1）绘制或获取轮廓线。如果不打算从头设计或不具备设计能力，可用第 14 章介绍的方法捡个便宜偷个懒，不过一定要注意不要侵犯知识产权。

（2）以轮廓线（或稍加改造）生成曲面，这个过程比较重要，可用的工具与技法也较多，可综合运用。在后面的实例中会重点介绍。

（3）如曲面对象整体较复杂，可分成若干小块分别处理，最后整合在一起。

3. 曲面裱贴概述

在 SketchUp 里完成浮雕，有很多种实现方法，可以在一个实体对象上抠挖出纹样的凹入形状，也可以在对象上堆叠出纹样的凸出形状，或者兼而有之。这些做法在平面的实体对象上实现起来比较容易可行，换成曲面对象，操作起来就麻烦很多。但是使用被作者称为"曲面裱贴"的方法，可以较好地完成在曲面上制作雕塑的任务，本章将安排几个相关实例供参考。

创建浮雕模型，除了使用 SketchUp 的原生工具外，可能还会用到以下插件。

（1）JHS 超级工具条上的部分工具（见《SketchUp 常用插件手册》2.3 节）。

（2）Bezier Spline（贝塞尔曲线，见《SketchUp 常用插件手册》5.17 节）。

（3）Select Curve（选连续线，见《SketchUp 常用插件手册》2.20 节）。

（4）Curvizard（曲线优化工具，见《SketchUp 常用插件手册》5.4 节）。

（5）RoundCorner（倒角插件，见《SketchUp 常用插件手册》2.5 节）。

（6）Extrude Tools（曲面放样工具包，见《SketchUp 常用插件手册》5.1 节）。

（7）Tools On Surface（曲面绘图工具，见《SketchUp 常用插件手册》5.2 节）。

（8）JointPushPull Interactive（联合推拉，见《SketchUp 常用插件手册》2.7 节）。

（9）Truebend（真实弯曲，见《SketchUp 常用插件手册》5.27 节）。

（10）Shape Bender（按需弯曲，见《SketchUp 常用插件手册》5.28 节）。

（11）SoapSkinBubble（肥皂泡，见《SketchUp 常用插件手册》5.9 节）。

（12）Scale By Tools（曲线干扰，见《SketchUp 常用插件手册》5.12 节）。

（13）Curviloft（曲线放样，见《SketchUp 常用插件手册》5.3 节）。

（14）Artisan Organic Toolset（雕塑工具集一，见《SketchUp 常用插件手册》5.13、5.14、5.15 节）。

（15）Flowify（曲面流动，见《SketchUp 常用插件手册》5.16 节）。

（16）SketchyFFD（自由变形，见《SketchUp 常用插件手册》5.31 节）。

（17）QuadFaceTools（四边面工具栏，见《SketchUp 常用插件手册》2.15 节）。

（18）Vertex Tools（顶点工具栏，见《SketchUp 常用插件手册》5.22 节）。

（19）Edge Tools（边线工具，见《SketchUp 常用插件手册》2.14 节）。

（20）SUbD（参数化细分平滑，见《SketchUp 常用插件手册》5.24 节）。

（21）2DBoolean（2D 布尔，见《SketchUp 常用插件手册》3.5 节）。

（22）Selection Toys（选择工具，见《SketchUp 常用插件手册》2.8 节）。

15.2　浮雕实例 1（沉浮直立形）

这是最简单的浮雕，可以凸出在材料表面，也可以凹入材料里面，甚至做成透雕。你一定想到了，不就是推拉吗？是的，差不多就是推拉。既然这种结构在设计与建模实践中也是一种浮雕的形式，本节就简要介绍其操作过程与注意事项。

1. 图像获取与矢量化

该过程在本书的第 14 章里已经笼统介绍过，本节要以实例进一步说明。

图 15.2.1 左侧 4 幅黑白位图是随便从百度图片上找来的，因为是缩略图，所以免费。把 4 幅位图全部上传到 14.5 节介绍过的 Convertio.co 网站，指定矢量化成 DXF 文件，因为没有注册过会员，每次只能处理两个文件，所以要分两次处理（次数不限）。本节附件里有转化后的 DXF 文件，图 15.2.1 右侧是导入 SketchUp 后的 DXF 图形。DXF 文件导入后还要稍作修整，譬如删除无用的文字，调整到相同尺寸等。

图 15.2.1　黑白原稿与导入 DXF 文件

2. 成面与推拉

（1）由 Convertio.co 网站矢量化后的 DXF 图形导入 SketchUp 后，基本都可以成面，除非原来就是断开的。如果实在不能成面，可以用后面 15.5 节的办法找到断点并修复。

（2）图 15.2.2 左侧 4 幅为已经成面的毛坯，再偏移出边框，推下去呈凹入状，拉出来呈凸出状，图 15.2.2 右侧 4 幅，两幅为凹入，两幅为凸出（可打开附件研究）。

（3）还可对边框与底纹赋予材质、加挂件等（本例全免，仍保留原始的正反面颜色）。

图 15.2.2　修整成面与推拉成品

15.3　浮雕实例 2（景观地灯）

这个练习是在本章 15.2 节的基础上的实用化设计（见图 15.3.1）。全过程包括以下内容。

（1）搜集相关素材，也可以自行绘制（见 14.2 节）。

（2）用工具软件或在线把位图矢量化（见 14 章的 4 个小节）。

（3）检查断点与修复成面，添加边框与填色。

（4）推拉出凹凸浮雕，适度柔化。

（5）旋转复制，拼接成四面柱体。

（6）添加灯具底座与上盖。分别创建组件后保存待用。

图 15.3.1　彩色浮雕景观灯

15.4 浮雕实例 3（沉浮鼓泡形）

这是在 15.3 节基础上变化而来的例子，不再是用推拉工具创建的简单凹凸（沉浮）浮雕图形。本节的例子要借用一些 SketchUp 原生工具以外的软件与插件，包括以下几个。

（1）Vector Magic（位图矢量化软件，见《SketchUp 常用插件手册》14.4 节）。

（2）Select Curve（选连续线，见《SketchUp 常用插件手册》2.20 节，可能会用到）。

（3）Curvizard（曲线优化工具，见《SketchUp 常用插件手册》5.4 节）。

（4）JHS 超级工具栏中的部分工具（见《SketchUp 常用插件手册》2.3 节）。

（5）SoapSkinBubble（肥皂泡工具，见《SketchUp 常用插件手册》5.9 节）。

1. 获得矢量化图形

（1）图 15.4.1 ①是一幅从百度图片找来的免费"缩略图"。

（2）导入 Vector Magic（位图矢量化软件），以全自动方式生成矢量图，如图 15.4.1 ②所示，非常平滑，经检测，边线数量高达 3363，为了方便后续加工，需要适度简化；全选后调用 Curvizard（曲线优化工具）的"简化曲线"，把"角度"调到 16°，结果如图 15.4.1 ③所示，在保证基本精度的条件下，边线数量缩减到 488，边线数量减少了 85%。

（3）为了检测所有边线是否连续，可单击 JHS 超级工具栏中的"生成面域"工具，结果如图 15.4.1 ④所示，全部成面，证明所有该闭合的边线都是闭合的（注：后续操作并不要"面"）。

图 15.4.1 获得矢量化图形

2. 创建凹凸浮雕模型

（1）选择取一条闭合的边线，如果不能选择到所有线段，可尝试以下两种方法之一。

① 在线条上连续三击全选（但对象线必须是独立闭合的）。

② 调用 Select Curve（选连续线）工具配合选择。

（2）全选闭合曲线后，调用 SoapSkinBubble（肥皂泡工具）插件的第一个工具"生成皮肤"，插件自动生成默认的细分网格（10×10 的群组），此时要根据待处理的面积酌情调整细分网格的密度，对于大面积，需输入更高的细分数量，反之，对于小面积，要减少细分数量，以图 15.4.2 ①为例，细分密度为"15"；无论接受默认细分密度还是输入新的细分密度，都要按 Enter 键确认后才能正式生成初始膜（这一步常被忽略而抱怨插件不好用）。

（3）生成初始膜以后，要单击选择已生成的初始膜（也常被忽视），再单击 SoapSkinBubble（肥皂泡工具栏）插件的第三个工具，改变张力，此时要注意已生成的初始膜是"反面向上"的，面的朝向与要输入的"张力参数"密切相关。非常容易搞错的是，在"反面向上"条件下若要生成凸出的曲面，要输入一个负数。

（4）图 15.4.2 ②所示为生成全部凸出的曲面，全选，单击 JHS 超级工具栏中的第四个工具，执行重度柔化，结果如图 15.4.2 ③所示。

（5）图 15.4.2 ④所示为生成凹入的曲面，区别是输入"张力参数"时要输入"正值"。关于创建浮雕模型的更多细节与技巧，15.5 节还要继续讨论。

图 15.4.2　创建凹凸浮雕

15.5　浮雕实例 4（浮沉雕花板）

此前的两节介绍了两种创建简单浮雕模型的方法，本节要从一幅不甚清晰的线描图开始创建两种不同的浮雕。特意挑选从一幅不太理想的位图开始，更能锻炼我们处理问题的能力。此外，本节的同一个例子内包含凸出与凹入的两种不同形式。创建本节的浮雕模型，除了要用到 SketchUp 的原生工具外，还要用到以下软件与插件。

（1）Vector Magic（矢量魔法软件，见《SketchUp 常用插件手册》10.9 节）。

（2）Edge Tools（边线工具，见《SketchUp 常用插件手册》2.14 节）。

（3）JHS 超级工具栏中的一个工具（见《SketchUp 常用插件手册》2.3 节）。

（4）QuadFaceTools（四边面工具的一个工具，见《SketchUp 常用插件手册》2.15 节）。

（5）SoapSkinBubble（肥皂泡，见《SketchUp 常用插件手册》5.9 节）。

（6）JointPushPull Interactive（联合推拉，见《SketchUp 常用插件手册》2.7 节）。

1. 位图矢量化与问题处理

（1）图 15.5.1 ①是一幅黑白线描图，用 14.2 节介绍过的"位图矢量化软件"（Img2CAD）

进行矢量化并经平滑处理，得到的矢量图导入 SketchUp 后，发现不能成面；全选后调 Edge Tools 工具栏的第二个工具，查找线头，标示出所有断裂的边线与多余的废线，如图 15.5.1 ②所示。

（2）量取目测较大的空隙为 20mm，调用 Edge Tools（边线工具栏）中的第三个工具"闭合空隙"，在弹出的对话框里输入一个较大的值，如 22mm，确定后，再次单击 Edge Tools 边线工具栏的"查找线头"工具，发现大约 70% 的未闭合线头已经连接，还剩下少量未闭合的，再次量取空隙尺寸后重新单击"闭合空隙"工具，输入一个更大的值 35mm，确定后再用"查找线头"工具检查，发现还有三四处不能自动闭合，改用直线工具分别连接后全部闭合。

（3）全选后单击 JHS 超级工具栏中的"生成面域"工具，结果如图 15.5.1 ③所示。全选后单击"联合推拉"工具，生成厚度，如图 15.5.1 ④所示。

图 15.5.1　位图矢量化与处理

2. 生成浮雕凹凸形态 1

（1）计划的造型要把所有的花瓣做成向下凹入，大多数花蕊与茎叶向上凸出。生成凹凸面的主要工具是 SoapSkinBubble（肥皂泡）插件。为了顺利选择曲面的复杂边线参与后续的凹凸造型，还要用 QuadFaceTools（四边面工具栏）的"选择循环边"工具配合。

（2）首先介绍如何创建向下凹入的花瓣。

① 向下凹入的弯曲显然不能留下图 15.5.2 ④所示的部分平面，所以要把"花瓣"的平面先行删除；而用"肥皂泡"插件又必须先选择所有边线，失去了面，一段段地选择所有边线变得很困难，甚至无法完成，这个困难可以用上述"选择循环边"插件来完成。

② 具体的操作程序是：删除"花瓣的面"后，选择如图 15.5.2 ①②红色箭头所指的 a、b 任一小段边线，接着单击调用 QuadFaceTools（四边面工具栏）的"选择循环边"工具，一圈边线将被全部选中，接着就可以调用"肥皂泡"插件了。

③ 在一条连续的边线全部被选中的条件下，单击 SoapSkinBubble（肥皂泡）插件的第一个工具"生成皮肤"，插件自动生成默认的细分网格（10×10 的群组），此时要根据待处理的面积酌情调整细分网格的密度，对于大面积，需输入更高的细分数量，反之，对于小面积，要减少细分数量，以图 15.5.2 ③所示的标本为例，细分密度最小为 5；最大细分密度为 40。

无论是接受默认细分密度还是输入新的细分密度,都要按 Enter 键确认后才能正式生成初始膜,这一步常被忽略。

④ 生成初始膜以后,要单击选择已经生成的初始膜后(常被忽视)再单击 SoapSkinBubble(肥皂泡)插件的第三个工具"改变张力",此时要注意已生成的初始膜是"反面向上"的,面的朝向跟要输入的"张力参数"密切相关。非常容易搞错的是,在"反面向上"条件下,若想生成向下凹入曲面,输入的张力参数必须是正数,反之,若要生成凸出的曲面,要输入一个负数。

⑤ 如图 15.5.2 ③所示,细分与张力参数的范围大致如下(供参考):花瓣的凹入部分,细分范围在 8 ~ 15,视面积不同而异;张力参数范围在 350 ~ 800,面积越小,张力参数越高。枝干、叶片等凸出的部分,面积差异较大,细分范围在 5 ~ 40 不等,以细分网格尺寸相似为度;张力范围在 -300 ~ -2000 不等,同样视面积而异。

⑥ 如图 15.5.2 ③所示,全部生成曲面后,全选,单击 JHS 超级工具栏中的第一个工具 AMS Soften Edges,在弹出的参数面板中把"法线间角度"滑块拉到 85°,其余保持默认,保存后生效。再单击 JHS 超级工具栏中的第二个工具 AMS Smooth Run,执行柔化,结果如图 15.5.2 ④所示。翻面、赋色后如图 15.5.2 ⑤所示。

图 15.5.2　创建浮雕示例 1

3. 生成浮雕凹凸形态 2

(1)上例生成的曲面是"腾空"的(即没有可依附的面),生产实践中有类似的做法,即把用模具加工好的部件以胶接或其他方式固定在某个面上,涂装后融为一体。图 15.5.3 所示的例子与上例不同,是在一块木板(也可以是石材或其他材料)上直接创建出凹凸的浮雕作品。具体的操作方法略有不同。

(2)仍以花瓣部分凹入木板平面为例,这次用"试错"的办法来尝试创建凹入的曲面。操作方法如下。

① 双击花瓣平面,选中面与边线,单击 SoapSkinBubble(肥皂泡)插件的第一个工具"生成皮肤",插件自动生成默认的细分网格(10×10)。后续根据面积大小调整细分网格密度等操作如上例。

② 生成初始膜以后,单击选择它(常被忽视)才能接着单击 SoapSkinBubble(肥皂泡)

插件的第三个工具"改变张力"。输入张力参数的要点同上例（正值），区别是生成的曲面在原平面以下，因此看不到细节，此时可删除原平面后单击选择新产生的曲面，输入新的张力参数并按 Enter 键，直到满意为止。

③ 如图 15.5.3 ③所示，全部生成曲面后，全选，单击 JHS 超级工具栏中的第一个工具 AMS Soften Edges，在弹出的参数面板中把"法线间角度"滑块拉到 85°，其余保持默认，保存后生效。再单击 JHS 超级工具栏中的第二个工具 AMS Smooth Run，执行柔化，翻面、赋色后如图 15.5.3 ④所示。

图 15.5.3　创建浮雕示例 2

15.6　浮雕实例 5（节点编辑雕塑）

15.3 ～ 15.5 节介绍的实例，虽然曲面有向上凸起的，也有向下凹入的，但有个共同的特点：生成曲面的边线都在同一平面上，形状单调。本节不同的是：用于生成曲面的边线要人为改造成不同的高度，因此生成的曲面就有了更加丰富的变化。因为要仔细调整曲线，所以要付出更多的时间。本节的实例要用到以下软件和插件。

（1）位图矢量化用的工具（见本书第 14 章，任选一种）。

（2）Edge Tools（边线工具，见《SketchUp 常用插件手册》2.14 节）。

（3）JHS 超级工具栏的自动成面工具（见《SketchUp 常用插件手册》2.3 节）。

（4）Vertex Tools（顶点工具栏，见《SketchUp 常用插件手册》5.22 节）。

（5）SoapSkinBubble（肥皂泡，见《SketchUp 常用插件手册》5.9 节）。

1. 创建浮雕的基本形态

（1）图 15.6.1 ①是百度图片找来的免费缩略图，用本书第 14 章介绍的任一种方法进行矢量化，可得到非常平滑的矢量图（截图略）。

（2）为后续操作的方便，必须大大简化曲线：全选后调用 Edge Tools（边线工具）的"简化曲线"工具，把角度调整到 18°，得到如图 15.6.1 ②所示的曲线。

（3）全选后调用 JHS 超级工具栏中的"生成面域"工具，曲线成面后如图 15.6.1 ③所示。

（4）按图 15.6.1 ④所示，把部分平面向上拉出合适的厚度。

图 15.6.1 　创建浮雕的基本形态

2. 边线修正与生成曲面

（1）删除图 15.6.2 ④所示的顶部平面，以便后续做节点调整。

（2）调用 Vertex Tools（顶点工具栏）的"切换点模式"，并逐点调整其高度，如图 15.6.2 ①和局部放大的图 15.6.2 ②所示。这个过程需要消耗较多时间，最终结果的品质也基本在这个节点调整过程中得到确定。在掌握"顶点编辑"的使用技巧之后，这一步做得越精细，得到的结果品质也越高。

（3）相关的节点调整到差不多时，就可开始尝试用 SoapSkinBubble（肥皂泡）工具生成曲面（该工具已多次介绍与讨论，故不再赘述）。如对生成的曲面形状不满意，可删除已经生成的曲面，重新回到前一步的"节点编辑"，对不满意的位置重新调整后，再用 SoapSkinBubble（肥皂泡）工具重新生成曲面，如图 15.6.2 ③所示。

（4）待全部曲面都生成后，在图形的中心绘制一条中心线（中心线也可以早点绘制）。

（5）删除图 15.6.2 ③左侧的线面，再选取右侧已经完成的曲面（连同其他面），调用 JHS 超级工具栏中的"镜像"工具，把右侧的曲面镜像复制到中心线的左侧，结果如图 15.6.2 ④所示。

（6）全选后，单击调用 JHS 超级工具栏中的第四个工具"重度柔化"，或者先把第一个工具的滑块拉到 85° 左右，再单击第二个工具"增强柔化"，结果如图 15.6.2 ⑤所示。

图 15.6.2 　边线修正与生成曲面

15.7 　镂空雕弯曲实例（透光柱）

这个实例要创建如图 15.7.2 ③④所示的透光柱，模型创建过程较为简单，但在室内陈设与景观设计领域较为常见，所以作为一个例子介绍创建过程。本例除了要用到 SketchUp 原生工具外，还要用到以下软件与插件。

（1）位图矢量化用的工具（见本书第 14 章，任选一种）。

（2）JHS 超级工具栏的自动成面工具（见《SketchUp 常用插件手册》2.3 节）。

（3）Selection Toys（选择工具，见《SketchUp 常用插件手册》2.8 节）。

（4）Truebend（真实弯曲，见《SketchUp 常用插件手册》5.27 节）。

（5）JointPushPull Interactive（联合推拉工具，见《SketchUp 常用插件手册》2.7 节）。

1. 图形制备

（1）图 15.7.1 ①是一幅位图，用本书第 14 章介绍的任一方式得到矢量图形②。

（2）全选矢量图②，单击 JHS 超级工具栏的"生成面域"工具，顺利得到图形③，如在这个环节不能全部成面，则需用 Edge Tools（边线工具栏）找出断点并修复。

（3）按透光柱的周长与高度绘制矩形④，并且把图形③移动到位；全选后做一次模型交错，并检查是否存在未成面的部分（未成面的地方边线较粗）。

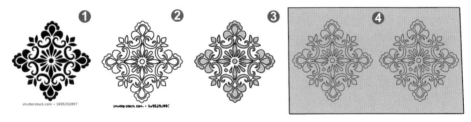

图 15.7.1 图形制备

2. 镂空与成形

（1）框选图 15.7.1 ④的图案部分后，单击 Selection Toys（选择工具栏）的第二个工具"选择面"后按 Delete 键，删除所有图案所在部分的面，如图 15.7.2 ①所示。

（2）翻面并群组后如图 15.7.2 ②所示。调用 Truebend（真实弯曲）插件，输入弯曲角度 360° 后按 Enter 键，得到圆桶状的模型，如图 15.7.2 ③④所示。

图 15.7.2 镂空与成形

（3）如需做出圆柱体的厚度，可选取平面后用 JointPushPull Interactive（联合推拉）工具拉出厚度；还可在内部再做一个圆柱体，赋上半透明的彩色。

15.8 裱贴实例（浮雕花瓶）

该例的成品如图 15.8.2 ④所示，在半透明的鼓形瓶体上做出凸出的图案，操作相对简单，但这种造型在室内陈设与景观设计领域较为常见，也作为一例介绍。本例除了要用到 SketchUp 原生工具外，还要用到以下软件与插件。

（1）位图矢量化用的工具（见本书第 14 章，任选一种）。

（2）JHS 超级工具栏（见《SketchUp 常用插件手册》2.3 节）。

（3）Selection Toys（选择工具，见《SketchUp 常用插件手册》2.8 节）。

（4）Truebend（真实弯曲，见《SketchUp 常用插件手册》5.27 节）。

（5）JointPushPull Interactive（联合推拉工具，见《SketchUp 常用插件手册》2.7 节）。

1. 图形制备

（1）图 15.8.1 ①是一幅位图，用本书第 14 章介绍的任一方式得到矢量图形②。

（2）全选矢量图②，单击 JHS 超级工具栏的"生成面域"工具，顺利得到图形③，如在这个环节不能全部成面，则需用 Edge Tools（边线工具栏）找出断点并修复。

（3）按花瓶的大致周长与高度绘制矩形④，并且把图形③移动到位；全选后做一次模型交错，并检查是否存在未成面的部分（未成面的地方边线较粗）。

图 15.8.1　图形制备

2. 调整形状

（1）框选图 15.8.1 ④的图案部分，单击 Selection Toys（选择工具）的第二个工具"选择面"后调用 JointPushPull Interactive（联合推拉）工具，拉出图案的凸出部分，如图 15.8.2 ①所示。

（2）调用 Truebend（真实弯曲）插件，输入弯曲角度 360° 后按 Enter 键，得到圆桶状的模型，如图 15.8.2 ②所示，柔化接头部分的边线后创建群组。

（3）选取②后调用 JHS 超级工具栏的 FFD Dimensions（空间设置），分别输入 Width（宽）=7、Depth（深）=7、Height（高）=7、Subdivide（细分）=true（真），得到变形控制点矩阵。

（4）单击任一黑点进入控制点矩阵群组，分别选择顶部、底部、中间偏下的 7×7 矩阵，调用缩放工具，按住 Ctrl 键做中心缩放，调整到合适的形状，如图 15.8.2 ③所示。最后对瓶体拉出厚度并双面赋予一种颜色，调整到半透明状，成品如图 15.8.2 ④所示。

  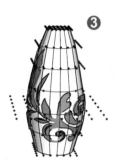 

图 15.8.2　调整形状

15.9　曲面裱贴实例（花钵）

本书作者于 2011 年 8 月 25 日，用 SketchUp 6.0 创建了图 15.9.1 右侧的花钵，发布到某专业网站共享；次日就有人质疑这是用 3ds Max 做好了导入 SketchUp 里去的，责备作者严重误导小朋友们，还有很多不明真相的人跟风"批判"，一时好不热闹。

为正视听，作者当天下午又发布了该模型的制作教程，自证清白后才平息了该风波。就算是 11 年后的现在，只要不说破，估计还是有很多人不相信 SketchUp 能创建这种模型。可见 SketchUp 在大多数用户的心目中只能做点推推拉拉的简单东西。

经过上述风波后，作者为扭转 SketchUp 在很多用户心目中只能做点简单东西的错误观念，发布了一系列几十个 SketchUp 曲面建模方面的图文教程，其中包括 8 种不同的花钵和大量其他曲面作品，有一部分保存在本节的附件里。

作者经常跟学生们说：想要练习曲面建模，提高自己的创新能力与美学修养，"花钵""花瓶"乃至"茶壶"都是不错的目标——因为这些题材没有条条框框的约束，可以任你发挥；淘宝上就能找到大量照片，不妨从依葫芦画瓢开始，逐步发展到创造一套自己设计、新颖独特的花钵、花瓶，此后你驾驭 SketchUp 曲面造型的技能、创新与美学功底就不会太差，足以对付建筑、景观、室内各行业的大多数曲面课题。（附件里就有一些可供临摹的图片。）

因为作者当年创建类似模型的法宝 Lss Toolbar 插件工具栏的"群组匹配粘贴"在 SketchUp 8.0 后已无法使用，目前可勉强替代其功能的 Flowify（沿曲面流动）插件又不太争气，要求高，失败率更高，图 15.9.1 右侧有 3 处需要用 Flowify（曲面流动）插件进行"裱贴"的，只有一处成功，另外两处反复折腾一整天都因各种问题放弃，第二天换用其他工具替代，所以，本节的实例要用到的插件品种与操作就更多些，操作也更复杂。用到的插件有以下几个。

（1）Flowify（曲面流动，见《SketchUp 常用插件手册》5.16 节）。

（2）Shape Bender（按需弯曲，见《SketchUp 常用插件手册》5.28 节）。

（3）SoapSkinBubble（肥皂泡，见《SketchUp 常用插件手册》5.9 节）。

（4）Vertex Tools（顶点工具栏，见《SketchUp 常用插件手册》5.22 节）。

（5）Stick groups to mesh（群组粘贴，见《SketchUp 常用插件手册》5.19 节）。

图 15.9.1　SketchUp 曲面裱贴示例（花钵）

1. 创建毛坯与裱贴准备

（1）图 15.9.2 ①是花钵的放样截面，图 15.9.2 ②是后面要用到的小零件。图 15.9.2 ③是"旋转放样"后的花钵"毛坯"，后续的"裱贴"才是本例要讨论的重点。

（2）图 15.9.2 两处④是按 Flowify（曲面流动）插件的要求准备"裱贴"到"毛坯"上的"组件"，非常遗憾，反复尝试，反复修改参数，甚至反复换用不同来源、不同版本的 Flowify（沿曲面流动）插件都不能成功或结果不符合裱贴的愿景。

（3）图 15.9.2 ⑤也是按 Flowify（曲面流动）插件的要求准备"裱贴"到"毛坯"上的"组件"，这是 3 处需裱贴位置唯一操作成功的一处。

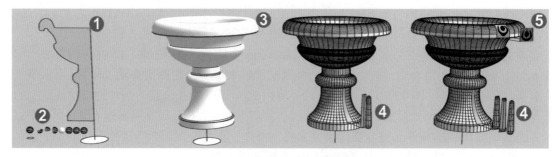

图 15.9.2　创建毛坯与裱贴准备

2. 变通裱贴与旋转复制成形

（1）上面提到有一处用图 15.9.3 Flowify（曲面流动）裱贴失败的部件，无奈之下用 Shape Bender（按需弯曲）插件成形后如图 15.9.3 ②所示，移动到位，再旋转复制，结果如图 15.9.3 ①所示。

（2）花钵的中部还有一处需要裱贴的部件，如图 15.9.3 ④所示，同样因为 Flowify（曲面流动）未能顺利实现"裱贴"，一再尝试失败后，改用 SoapSkinBubble（肥皂泡）插件"起拱"，并用 Vertex Tools（顶点工具栏）做局部修正，得到图 15.9.3 ③所示的部件，移动到位后旋转复制成形。（附件里有个名为 15.8.02 的 SKP 文件保存了各种尝试的结果，可供参考。）

（3）剩下 3 处半球形的装饰件，只要复制图 15.9.2 ②处的零件，经缩放与压扁等处理后，移动到位，旋转复制即可，结果如图 15.9.3 ⑤所示，操作相对简单，不再赘述。

（4）全部"裱贴"完成后，全选，适度柔化，成品如图 15.9.3 ⑥所示。

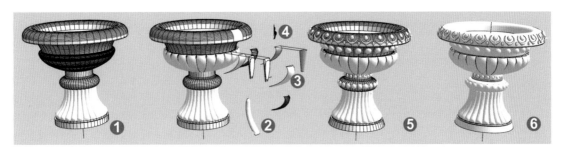

图 15.9.3 各部分裱贴

扫码下载本章配套资源

第 16 章

现代城市雕塑

  在第 15 章我们曾谦卑地承认：在圆雕、浮雕、透雕 3 种主要的雕塑形式中，SketchUp 并非都能胜任，尤其是对"具象的"圆雕与高浮雕更是无能为力。但是从本章开始，SketchUp 用户至少在"现代城市雕塑"方面将不必再继续"自卑"。

  本书作者敢于这么说的理由非常简单：你只要用"城市雕塑"作为关键词到百度图片中搜索一下就会信心大增，你看到的大量现代"城市雕塑"照片中，有九成以上并非是"具象"的"圆雕"，而是"抽象"的雕塑作品；而在这九成抽象的"城市雕塑"中，至少又有九成是可以用 SketchUp 来完成设计与创建模型的。九九八十一，也就是说，SketchUp 可以完成八成以上的现代城市雕塑设计与建模。

16.1 城市雕塑建模概述

随着改革开放的深入与经济、文化生活的改善，城市雕塑越来越常见：或矗立在城市广场，众目睽睽，成为地标物；或散置于公园角落，独处一隅，陪伴情侣；或于某大楼前，赫然企业形象；或深藏别墅小院，一家独享。城市雕塑的材质有石料、水泥、铜、不锈钢等。如前所述，通过在"百度图片"搜索"城市雕塑"的结果，我们知道有九成以上的现代城市雕塑都是"抽象"的作品，而其中的绝大多数是可以用 SketchUp 来完成设计与创建模型的。本章将要较为详细地讨论如何创建这种抽象城市雕塑的思路与技法。

一般认为，凡不以写实为目的与手法的雕塑都可定义为抽象雕塑。"抽象雕塑"允许不特指具体的雕塑形象，可以完全抽象，也就是什么都不像，对形体描述的要求也不十分严格，不必与自然界的实际物体相像；但并不意味抽象的雕塑就可以天马行空地胡造乱搞。虽然它所表达的可以是什么都不像的"完全抽象"，但对它的最低要求是至少要给人以美感，当然最好还要拥有内在的寓意。遗憾的是，很多新建的城市抽象雕塑的寓意往往只有设计师本人能自圆其说（经不十分充分的研究，自圆其说时所涉及的关键词非常有限，并大致雷同）。归根结底，抽象雕塑是在"像又不像，似与不似"之间传递设计师灵感的"写意"。

在作者看来，抽象的城市雕塑还可以细分为"什么都不像的完全抽象"，比如很多城市广场的大型不锈钢材质的流线形体，除了怪异的形状、巨大的空间、流畅的线条、平滑的表面、夺目的颜色之外，完全没有能被大多数人看得出的特别寓意。而另一种城市雕塑，多少有点像某一具体事物，而又高度简化概括变形，具有夸张的美感以及内在的含义。大多数看到的人都能够领悟意会，甚至受到震撼与教育，比如抽象的人物、动物、器物、几何体及其组合等。对于这种"半抽象"的城市雕塑形式，作者自说自话地在"具象"与"抽象"之间，加称之谓"意象"，这种"意象"的形式更容易被人们接受与热爱，也有更强的生命力。

严格意义上，城市雕塑的创作者应该接受过"造型基础""立体构成""雕塑构图"等一系列专业训练，但是从 SketchUp 建模的实用角度考虑，其中的"立体构成"最为重要。经典的立体构成理论认为，立体构成是从 2D 平面进入 3D 空间的升华表现，两者之间既有联系又有区别：联系是因为它们两者都是造型艺术，都需要拥有抽象构成与审美能力；而两者间的区别是立体构成属于 3D 空间里的实体形态，还要考虑材料、工艺、力学、美学等，是艺术与科学相结合的体现。"立体构成"是研究在 3D 空间中如何将立体要素按一定原则组合并赋予美的学科。对于 SketchUp 用户，可以把"立体构成"理解为如何把整个模型的创意分解成点、线、面，再以这些点、线、面形成各种形态的体块组合成模型的过程。

其次，所谓"造型"是基于创作者对于表达对象的理解，它基于在创作者对客观事物的深入观察与体验的基础之上，然后才谈得上"造型"与"创意"，在认识客观事物到"造型"的过程中有各种各样的方法与路径，现在我们在"造型"时所用的方法至少有同构、解构、类比、拆分、重组等多种方法，让我们去认识并理解、表达客观世界。

作者在规划本章"城市雕塑"的内容时，尽可能按"由简入繁、由浅入深、循序渐进"的原则，如果你曾有写生、素描、构图练习等学习经历，完成这些练习会相对轻松；而完全没有这些经历的读者可打开各小节附件里的模型，经过研究、揣摩也能快速完成这些练习，从而提高创意设计与建模的能力。各练习所需的插件工具将分别在各节公布。正如学习美术通常从"临摹→写生→默写"的顺序，然后尝试创作，逐步形成自己的风格，最终成为名人大家。学习城市雕塑设计与建模同样可以按这个顺序来进行。

在本节的结尾，请允许作者引用爱因斯坦的一句名言提前归纳一下本章的主旨："Of all the imaginations, the imagination of space is the most important."意译成中文就是："在所有想象力中，空间想象力是最重要的。"把这句名言用来当作本章第一节的结尾，有"拉大旗作虎皮"之嫌，然而当你看完本章的 20 个实例，尤其是亲自动手尝试后，你将会像我一样，十二分地认同爱因斯坦的这句名言。

16.2　雕塑建模基础 1（曲线融合）

本节的练习是两个最简单的城市抽象雕塑，除了圆滑的曲线，光滑的表面，没有什么特别的寓意。除了要用到 SketchUp 原生工具外，还要用到以下插件。

（1）Curviloft（曲线放样，见《SketchUp 常用插件手册》5.3 节）。

（2）Bezier Spline（贝塞尔曲线，见《SketchUp 常用插件手册》5.5 节）。

（3）NURBS Curve Manager（曲线编辑器，见《SketchUp 常用插件手册》5.21 节）。

1. 曲线融合示例 1（抽象雕塑双环）

（1）如图 16.2.2 ① a 所示，利用坐标原点在蓝绿平面画圆。把图 16.2.2 ① a 所示的圆往上复制一个，如图 16.2.2 ① c 所示。

（2）用缩放工具把图 16.2.2 ① a 所示的圆在水平方向压扁；把图 16.2.2 ① c 所示的圆缩小成 1/3 。

（3）在图 16.2.2 ① a 与图 16.2.2 ① c 所示的圆之间画垂线（见图 16.2.2 ① b)。用"中心圆弧"工具，以垂线① b 的中点为圆心、端点为半径画半圆，如图 16.2.2 ① d 所示，删除垂线① b。

（4）全选椭圆① a、小圆① c 和圆弧① d，单击 Curviloft（曲线放样）工具栏②中间的"面路径成体"工具，生成曲面，如图 16.2.2 ③所示。

（5）复制一个如图 16.2.2 ③所示的图形，镜像后拼接，如图 16.2.2 ④所示。再复制一个如图 16.2.2 ④所示的图形，缩小到 1/2 左右，如图 16.2.2 ⑤所示。

（6）经旋转、移动后得到如图 16.2.1 所示的成品。

2. 曲线融合示例 2（抽象雕塑）

这个例子也是没有具体寓意的抽象雕塑（见图 16.2.3），创建过程要用到一个冷门的插件，即 NURBS Curve Manager（曲线编辑器）。创建过程如图 16.2.4 和图 16.2.5 所示。

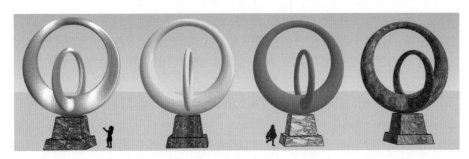

图 16.2.1　曲线融合示例 1（抽象雕塑）

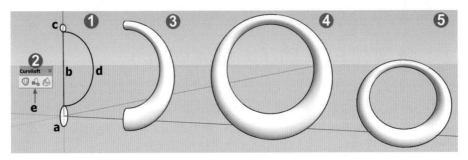

图 16.2.2　创建过程

图 16.2.3　曲线融合示例 2（抽象雕塑）

（1）绘制垂直辅助面，群组并锁定，用贝塞尔曲线工具画如图 16.2.4 ①所示的 3 条曲线。

（2）全选后复制出来，如图 16.2.4 ②所示，3 条曲线分别命名为 a、b、c。

（3）选定曲线 c 后，调用 NURBS Curve Manager（曲线编辑器）的第一个工具，如图 16.2.4 ②所示，把曲线 c 往远离我们的方向移动（必要时可用左箭头键锁定绿轴方向）。图 16.2.4 ③是②的俯视图，可见曲线 c 与 a、b 已不在同一平面。图 16.2.4 ④是曲线 c 移动后的正视图。

（4）因后续生成曲面的操作要用到 Curviloft（曲线放样）的第一个工具"曲线封面"，这个工具有个"怪癖"——参与封面的曲线必须是独立的，所以两端不能连在一起，现在要尽可能把上、下两个角放大,用短线段把连在一起的端部分割开。

（5）之前已经把 3 条两端连在一起的曲线分割成 3 条独立的曲线,现在把这 3 条曲线再复制 3 份（共 4 份）。

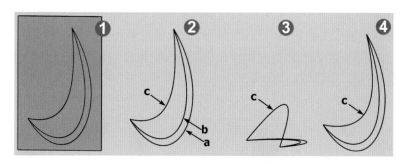

图 16.2.4　轮廓与布线

（6）选取第一份的曲线 a 与 c,再单击图 16.2.5 ②箭头所指的"曲线封面"工具,生成曲面,如图 16.2.5 ①所示。

（7）选取曲线 b 和 c,第二次单击"曲线封面"工具,生成曲面,如图 16.2.5 ③所示。

（8）选取曲线 a 和 b,生成平面,如图 16.2.5 ④所示。

（9）把图 16.2.5 ①③④所示曲面移动到一起（以角定位）后炸开,合并在一起,如图 16.2.5 ⑤所示,赋予花岗岩、大理石或不锈钢材质,如图 16.2.5 ⑥所示。

（10）解释一下为什么不全选图 16.2.4 ④（已分割独立的 3 条线）一次生成 3 个面? 不能这样做的原因仍然是"曲线封面"工具上述的"怪癖",若是让它同时处理 3 条线,插件也是一个个面生成的,只要生成了任一个面,两端就自动连接,后续的操作就无法进行了。

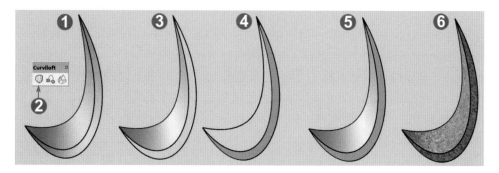

图 16.2.5　曲线分别融合与组合

16.3　雕塑建模基础 2（扭曲练习）

在现代城市的"抽象雕塑"中,各种各样的"扭曲造型"早已司空见惯,占有相当大的比例,也相对容易实现,所以把创建扭曲造型的内容放在本章靠前的位置。

1. 立体扭曲示例

这个练习的实物可小可大，小到可以做成放在书桌上的摆饰，在适当位置安排点光伏电池提供能量就可不停地旋转，想必望着它发呆有解压放松之奇效；大到可以成为城市标志性雕塑，如能在底座里装上垂直的轴与传动系统和发电机，还是一种新颖的风力发电绿色能源。

如果把图 16.3.1 ①算作正视图，图 16.3.1 ②就是旋转 90° 的侧视图，图 16.3.1 ③④是分别向右和向左旋转 45° 的模样。图 16.3.1 ⑤⑥⑦⑧则是图 16.3.1 ①②③④对应的顶视图（平行投影）。

图 16.3.1　雕塑基础练习示例

这个看起来很伟大的"发明"，创建模型的过程却不太复杂，作为雕塑部分的一个练习，除了要用到 SketchUp 的原生工具之外，还要用到以下插件。

（1）沙盒工具栏的"网格工具"（沙盒工具栏在 SketchUp 里是以插件形式提供的）。

（2）JointPushPull Interactive（联合推拉，见《SketchUp 常用插件手册》2.7 节）。

（3）Fredo Scale（自由比例缩放，见《SketchUp 常用插件手册》2.6 节）。

这个练习的建模过程简述如下。

（1）如图 16.3.2 ①所示，用沙盒工具绘制 20×20 的网格矩阵，删除中间的 8×8 网格。全选后用 JointPushPull Interactive（联合推拉）工具拉出厚度，创建群组（网格与厚度尺寸自定）。

（2）把图 16.3.2 ①所示的群组经过两个方向的旋转到如图 16.3.2 ②所示 全选后调用 FredoScale（自由比例缩放）工具栏的"变形框扭曲缩放"工具，如图 16.3.2 ③所示，旋转扭曲 180° 后，结果如图 16.3.2 ④所示。

（3）适度柔化后如图 16.3.2 ⑤所示，全选并用缩放工具垂直方向拉高到 1.5 倍后，如图 16.3.2 ⑥所示。

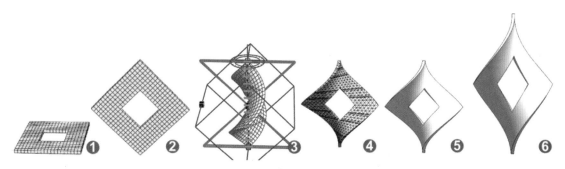

图 16.3.2　建模过程

（4）创建底座部分较简单，不再赘述。希望每位读者都动手做一下这个实例，并且尝试不用网格（即中间有个方孔的立方体），用上述的顺序与工具创建同样的模型，比较其区别，并回答为什么有这些区别。

2. 平面扭曲示例

图 16.3.3 所示是一种看起来在同一平面上不同部分之间的扭曲，想表达的是曲面融合之美。创建的思路与方法完全不同，除了要用到 SketchUp 原生工具外，还需要用到以下两种插件。

（1）SoapSkinBubble（肥皂泡，见《SketchUp 常用插件手册》5.9 节）。

（2）SketchUV（UV（贴图工具，见《SketchUp 常用插件手册》9.3 ～ 9.5 节）。

图 16.3.3　平面扭曲雕塑

（1）绘制一个垂直方向的正方形，画出十字中心点，旋转 45° 后如图 16.3.4 ①所示，成为菱形。注意后续的所有操作都要保留十字中心点（重要），直到全部完成。

（2）如图 16.3.4 ②所示，分别在菱形的一条边线和上、下对角之间画两条圆弧。注意所画的圆弧弯曲度（弧高）要适可而止，切忌过分夸张，新手可能需要反复几次才能获得满意的效果。

（3）选取两条圆弧，旋转复制后如图 16.3.4 ③所示。

（4）删除大部分废线面后仅留下如图 16.3.4 ④所示的一个角。

（5）双击平面④，按 Shift 键减选面，仅留下线（重要），调用 SoapSkinBubble（肥皂泡）插件，按本书 5.9 节介绍的方法做出"鼓出"的部分，如图 16.3.4 ⑤所示。这个过程也可能要反复几次以获得合适的凸出形状，同样要掌握"适可而止"的原则，避免过分夸张。

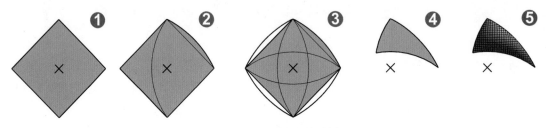

图 16.3.4　画线规划与鼓泡

（6）全选图 16.3.4 ⑤，创建"组件"，用留下的中心点做旋转复制后如图 16.3.4 ①所示。

（7）双击进入一个"组件"，全选后适当柔化，如图 16.3.4 ②所示。

（8）创建一个底座，为了获得统一的风格，底座的俯视投影轮廓也如图 16.3.4 ③所示，是四边带有圆弧的矩形，拉出高度后如图 16.3.5 ③所示。

（9）全选上部的 4 个曲面，调用缩放工具，在水平方向适当压缩，得到如图 16.3.5 ④所示的造型。

（10）又因上、下两部分全部都是曲面，可以用 SketchUp 自带的"投影贴图"，但是用插件 SketchUV 配合更为方便。图 16.3.4 ④便是用 SketchUV 生成的 UV 贴图坐标。

（11）所有贴图的尺寸大小与角度务必在正式贴图前先画一个与贴图目标差不多大小的辅助面，提前把材质在辅助面上调整好再实施贴图，如图 16.3.5 ⑤所示。也可如图 16.3.3 所示分别尝试使用多种材质，但是务必在模型的上半部分用较浅的材质，下部底座用相对较深的材质，以避免产生"头重脚轻"的观感。

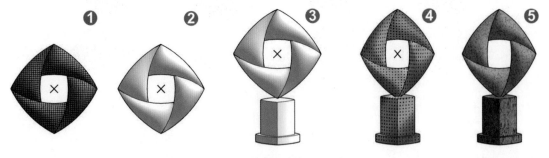

图 16.3.5　旋转复制与 UV 贴图

原写作计划中还有图 16.3.6 所示的几个练习，都是属于扭曲操控能力的基础训练课目，创建的模型都可以成为城市或公园景观雕塑，为压缩篇幅，留给你自行决定是否要动手试试看。这些素材保存在本节附件里，文件名为"16.3（练习用）"。

图 16.3.6　练习用（保存在附件里）

16.4　雕塑建模基础 3（空间关系练习）

本节是雕塑建模（立体构成）的两个初级练习，目的是锻炼空间想象力，以及在 SketchUp 空间里的想象与操控能力。

1. 立方体与圆弧

图 16.4.1 ①②③④是这个模型的前、后、左、右 4 个透视图，图 16.4.1 ⑤⑥⑦⑧是对应的俯视图（平行投影）。完成这个练习只要使用 SketchUp 的原生工具即可。

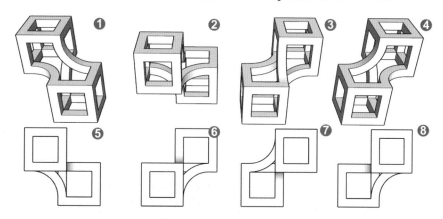

图 16.4.1　空间练习示例

建模过程较简单，图 16.4.2 所示的模型保存在本节附件里，已经完成了一部分作为示例，剩下的部分由你来补齐。

（1）由图 16.4.2 ①创建正立方体，并且挖空，如图 16.4.2 ②所示。

（2）如图 16.4.2 ③所示，复制一个，其中一个角重叠。删除部分线面，绘制辅助线，并且利用辅助线生成辅助面，在辅助面上绘制圆弧并偏移，形成弧面，结果如图 16.4.2 ④所示。这部分是这个练习的重点，看起来简单，但不见得每位尝试者都能很快完成。

（3）把弧面拉出厚度，如图 16.4.2 ⑤所示。剩下两处请照样自行完成。

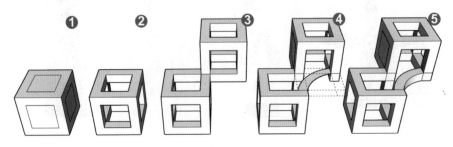

图 16.4.2　部分建模过程

2. 一笔画立方体

如图 16.4.3 所示的"一笔画立方体"是经典的"立体构成"练习实例。这是留给你的练习题，希望你能迅速形成正确的建模思路，并在 SketchUp 里成功复制出这个模型。在本书后面的某处将向你公布本书作者的创建思路与方法。

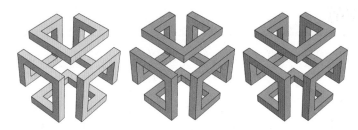

图 16.4.3　一笔画立方体成品

原写作计划中还有图 16.4.4 所示的几个练习，都属于空间操控能力的基础训练课目，创建的模型都可以成为城市或公园景观雕塑，为大幅压缩篇幅，留给你自行决定是否要动手试试看。这些素材保存在本节附件里，文件名为"16.4（练习用）"。

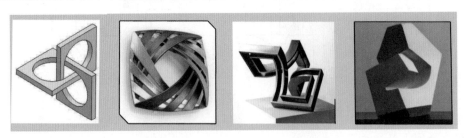

图 16.4.4　练习用示例（保存在附件里）

16.5 雕塑建模基础 4（体块练习）

如果你对建筑、景观特别是美术或雕塑专业有所了解，就会知道"立体构成""造型基础""雕塑构图"都是必修的基础课。如果你曾经有幸学习过这些课程，建议把本节的 3 个实例作为一次复习与能力自测，希望你不会后悔当初没学好。

如果你无缘上述的课程，看到下面的模型截图，别以为是新款的"积木"，通过前面章节的内容，你大概也应该能猜到，这些以简单体块搭成的模型（低模）通过一定的处理（如"节点编辑""细分平滑"等）就可以成为生动、逼真的模型。

如果你曾经接受过 SketchUp 的正规训练，并且对 SketchUp 的原生工具能用到非常自如，下面的几个小实例不用插件就能完成，这将成为你的骄傲。如果功底差，或想走个捷径偷个懒，也只要用 Vertex Tools（顶点工具，见《SketchUp 常用插件手册》5.22 节）一个插件就足够了。

本节与后面几节的建模过程很难用图文的形式表述得十分清楚，因为涉及艺术造型方面的操作，大多"只能意会，难以言传"。下面尽量把需要注意的关键点提示一下。

1. 体块练习 1（犀牛）

（1）图 16.5.1 ①②③是最简单的练习成品，虽然整个模型只由五六个体块组成，但是大多数人第一眼就能认出这是犀牛而不是河马或别的什么，关键在于"抓重点"，至于犀牛的重点是什么，就不用赘述了吧。想要做到逼真，各部分的位置、形状与比例也很重要。

（2）建模从创建一个垂直的辅助面④开始，为了方便后续操作，要锁定它（下同）。然后如图 16.5.1 ④所示在辅助面上绘制一些矩形和三角形等基本形状待用，注意要分别创建群组（下同）。

（3）用 SketchUp 自带的移动工具移动矩形的一些"角点"和"边线"，在没有角点可移动（如后腿的中间）时，就用直线工具画一小段线，产生新的端点后再移动它。移动端点和边线时，可以用箭头键锁定移动的方向。大致成形后如图 16.5.1 ⑤所示。

（4）把图 16.5.1 ⑤所示的平面全部复制到旁边，用推拉工具拉出厚度，建议你按图 16.5.1 ⑤所示 a、b、c、d、e、f 的顺序操作。接着用缩放工具做出各部分的锥度；移动工具可分别移动点、线、面，体，是重要的塑形工具。必要时可补线分割几何体。

（5）选择一个面后用缩放工具，按住 Ctrl 键做中心缩放，可得到身体与头部的锥度。双击一个面，或选取一条线后稍微移动可获得需要的形态。

（6）两条腿之间可画八字形线后推拉出分叉。双击一条腿的底面，用移动工具移动，可得到两腿一前一后和左右分开的效果。后腿中间补线后，用缩放工具可做出"大屁股"。

（7）至于犀牛的特征，一大一小两个角，只要控制好角度和大小就行，不再赘述。

（8）如果在移动、缩放、塑形时因"折叠"形成破面或任何故障，可大胆删除有问题的线面后重新补线成面进行修复，这是重要的技巧，一定要掌握。

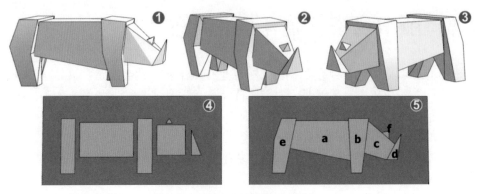

图 16.5.1　体块练习 1（犀牛）

2. 体块练习 2（长颈鹿）

（1）长颈鹿的特征也很明确，如图 16.5.2 ①②③④所示，除去两个角与两个耳朵，只有头、颈、体、腿、尾，共 5 个体块（4 条腿相同）。创建过程同样要注意各部分的大小、位置与形状。

（2）建模如图 16.5.2 ⑤所示，从在辅助面上规划出几个矩形开始，然后如图 16.5.2 ⑥所示逐步修改这些平面，拼接后形成大致形状，如图 16.5.2 ⑦所示。

（3）接着仍然是推拉成体、缩放成形、移动到位……，上例已经介绍过，操作并不复杂。

（4）这个实例为你留下两处需要修改的练习。

① 图 16.5.2 中的 4 条腿是与身体分离的体块，请设法把 4 条腿与身体合成整体，或直接从身体部分画线拉出前、后腿。

② 图 16.5.2 所示的 4 条腿是相同的，请添加最少的线条，把它们改成走动或奔跑的形态。

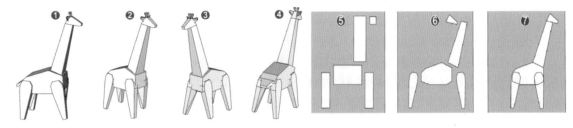

图 16.5.2　体块练习 2（长颈鹿）

3. 体块练习 3（大角羊）

这个练习难度又提高了一点，区别在于"羊体略往前的姿势""羊体上窄下宽的形态""羊头羊角的形状"等。

（1）如图 16.5.3 ⑤所示，建模仍然从创建垂直辅助面并锁定它开始。然后在辅助面上绘制对象的轮廓线，这个环节要避免使用"手绘线工具"或"圆弧工具"（原因后述），可以用 SketchUp 的直线工具绘制，但如果你能熟练掌控 Bezier Spline（贝塞尔曲线）工具栏的第二个工具——Polyline [折线（多段线）] 工具，则更为方便。

（2）绘制轮廓线时有个重要原则：要尽量减少轮廓线的线段数量，多用直线，少用折线，禁用弧线，以方便后续编辑。这个原则同样适用于本节、本章，甚至本书的所有实例。上面提到绘制轮廓线时要避免使用"手绘线工具"或"圆弧工具"就是这个原因。

（3）对于图 16.5.3 ⑤的原始图形，可以综合运用 SketchUp 的移动工具、缩放工具与旋转工具等进行修正编辑，过程如图 16.5.3 ⑥⑦所示。

（4）本例的另一个重点是：在图 16.5.3 ⑤把轮廓线拉出体量后，如何生成前后分叉的 4 条腿。提示一下：要用到"拆分线段""补线成面""删除废线面"等。

（5）大角羊的头部要综合运用推拉工具、缩放工具与移动工具来完成。

（6）从图 16.5.3 ①②③④可见，大角羊的身体部分上窄下宽，如何用最简单的办法获得这种形状？这是留给你的思考题（允许用《SketchUp 常用插件手册》里介绍过的任一插件），正确的方法将在本章的后面某处告诉你。

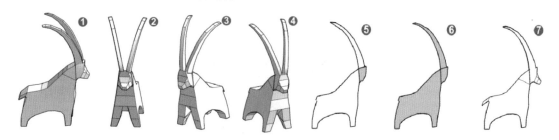

图 16.5.3　体块练习 3（大角羊）

4. 体块练习 4（大象）

这个实例比前几个又要复杂些，区别在于"大肚子""大头""长鼻子""大耳朵"，前面两个例子已经介绍过的操作就不再重复了，下面只挑重要的说。

（1）创建这个实例，建议你考虑使用 Vertex Tools（顶点工具）来配合，Vertex Tools（顶点工具）可以完成对"点、线、面、体"的移动、缩放和旋转，但是想要真正用好这个工具还是需要付出一点时间和精力去练习、去熟悉的。

（2）无论是用 SketchUp 原生工具还是用 Vertex Tools（顶点工具），实施"点、线、面、体"的"移动、缩放和旋转"过程中，都会产生一些不需要、不合理的"折叠""废线""废面"甚至"破洞"，一旦出现这种情况，不必着急，要看清楚问题的根源所在，在保留关键"点、线、面"的前提下，要敢于、要舍得删除（甚至大面积删除）有问题的线面，重新"补线成面"，只要操作得当，便可用最少的线、面得到最好的表达。

（3）这个例子也为你留下一些可以修改的部分，请用最少的线、面对图 16.5.4 ①②③中的 4 条腿进行改动，改成走动时更加生动的形态。

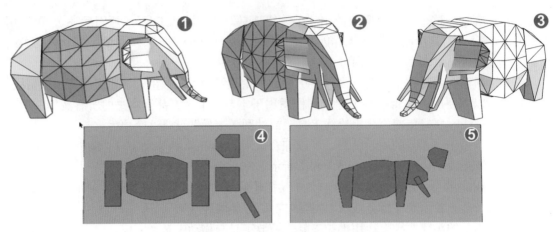

图 16.5.4　体块练习 4（大象）

　　原写作计划中还有图 16.5.5 和图 16.5.6 中的部分练习，都是空间操控能力的基础训练课目，创建的模型都可以成为城市或公园景观雕塑，为大幅压缩篇幅，留给你自行决定是否要动手试试看。这些素材保存在本节附件里，文件名为"16.5（练习用）"。

图 16.5.5　练习用示例 1（保存在附件里）

图 16.5.6　练习用示例 2（保存在附件里）

16.6　雕塑建模基础5（细分平滑练习）

既然在前面的第13章用整整一章12节专门讨论了"细分平滑"与"节点编辑"的课题，为什么现在又旧话新提？一言以蔽之：各有偏重。此番重提"细分平滑"与16.7节的"节点编辑"目标在于"抽象的雕塑"，而不是第13章"具象的器物"。也就是"具象"与"抽象"的区别，或是"写真"与"写意"的区别。本节的3个实例除了SketchUp原生工具外，还要用到以下插件（还有很多插件也有细分平滑功能）。

（1）Curvizard（曲线优化工具，见《SketchUp常用插件手册》5.4节）。

（2）SoapSkinBubble（肥皂泡，见《SketchUp常用插件手册》5.9节）。

（3）JHS超级工具栏（见《SketchUp常用插件手册》2.3节）。

（4）RoundCorner（倒角插件，见《SketchUp常用插件手册》2.5节）。

（5）SUbD（参数化细分平滑，见《SketchUp常用插件手册》5.24节）。

（6）Bezier Spline（贝塞尔曲线，见《SketchUp常用插件手册》5.5节）。

1. 细分平滑示例1（抽象小鸟）

（1）图16.6.1①是用SketchUp原生工具勾画出3种小鸟的轮廓线，大致成形后用Curvizard（曲线优化）工具对这些曲线进行平滑处理（转折角度为8°），这个过程是本例中的第一次"细分"，细分操作的对象是曲线。

（2）全选一组曲线（如果已成面，要减选掉面），调用SoapSkinBubble（肥皂泡）插件，首先生成初始网格，输入初始网格密度为30后按Enter键，这是本例的第二次细分，细分的对象是网格面。

（3）在初始网格选中的前提下，再调用SoapSkinBubble（肥皂泡）插件的Generate Soap Bubble（生成肥皂泡）工具，输入"充气"参数600（该参数可根据面积与网格密度变化），得到图16.6.1②所示的单面的"鼓泡"模型。

（4）用JHS超级工具栏的镜像工具，形成双面鼓泡的小鸟模型，如图16.6.1③所示。此时可炸开两个群组（生成肥皂泡时自动形成的），全选并赋予一种颜色后，再对鸟喙部分赋予另一种颜色（赋色顺序颠倒将会增加很多麻烦），完成后如图16.6.1③所示。

（5）全选后，单击JHS超级工具栏中的中度柔化工具，结果如图16.6.1④所示。这是本例的"平滑"过程。

注意点1：本例要创建的是抽象概念的小鸟模型，只要能被分辨出是小鸟就够了，如果添上翅膀与爪子，也很容易，不过这样做对于表达抽象对象就是画蛇添足了。

注意点2：想要得到干净的模型，务必把"视图"→"边线类型"命令中设置成仅勾选"边线"，而取消其他任何勾选（下同）。

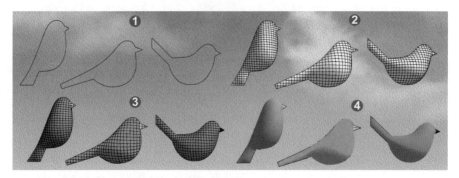

图 16.6.1　细分平滑示例 1（抽象小鸟）

2. 细分平滑示例 2（抽象雕塑）

（1）这是一个"什么都不像的抽象模型"，特点是柔的曲线与曲面，仅此而已。

（2）如图 16.6.2 ①所示创建垂直辅助面，锁定以免误移。在辅助面上绘制如图 16.6.2 ①所示的 3 条曲线组成的图形。完成后复制移出，全选后调用 Curvizard（曲线优化工具），把转折角调整到 8°，这是本例第一次细分（对线的细分），结果如图 16.6.2 ②所示，光滑了许多。

（3）分别选择内、外两组曲线，用 SoapSkinBubble（肥皂泡）插件，生成外圈"30×30"和内圈"25×25"的初始网格，这是本例第二次细分（对面的细分），而后生成向外凸出与向内凹陷的两个曲面，如图 16.6.2 ③所示。（充气参数根据面积与网格密度而异。）

（4）全选图 16.6.2 ③后单击 JHS 超级工具栏中的中度柔化工具，进行平滑，结果如图 16.6.2 ④所示。

下面介绍一下如何在赋色后调出凹凸感的窍门。

① 在阴影面板上取消显示"阴影"，勾选下面的"使用阳光参数区分明暗面"。

② 在 UTC+8（北京时间）的条件下，把"时间"滑块拉到上午 9 点左右，日期滑块拉到 9 月左右。

③ 看着阴影把模型细调到凹凸感最强，如图 16.6.2 下排所示的效果。

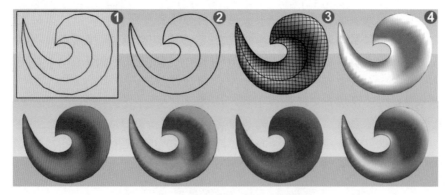

图 16.6.2　细分平滑示例 2（抽象雕塑）

3. 细分平滑示例 3（抽象雕塑）

这是一个高度抽象的雕塑作品：一大一小两个带有球形的弧形，中间还有一个更小的类似形状，非常形象地表达父母护住孩子的意境（见图 16.6.3）。生怕缺乏想象力的人看不懂，我还在花岗岩的基座上镌刻了一行英文——"All the love"（可译成"全部的爱"或"一直爱我"）。

图 16.6.3　抽象雕塑（全部的爱）

（1）建模仍然从绘制垂直辅助面、锁定开始。用 Bezier Spline（贝塞尔曲线）工具栏的 Polyline（多段线）工具勾勒出图 16.6.4 ①所示的图形，还可用同一工具栏的 Edit（编辑）工具进行调整，直到满意为止。要注意绘制曲线时很容易画到离开辅助面的空间里。

（2）与前两个例子不同，这次绘制轮廓线不求精细，要尽量限制线段的数量，原因后叙。曲线成形后全选，单击 JHS 超级工具栏的"生成面域"，结果如图 16.6.4 ②所示。

（3）现在要暂时把父亲雕塑、母亲雕塑、孩子雕塑三者分开，如图 16.6.4 ③所示，分别拉出厚度，三者的厚度要有区别，本例中，父亲雕塑拉出 300mm，母亲雕塑拉出 260mm，孩子雕塑拉出 220mm，如图 16.6.4 ④所示。

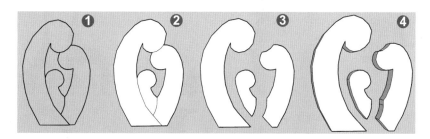

图 16.6.4　勾勒轮廓线与推拉成体

（4）图 16.6.4 ④得到的是带 90° 棱角的简单实体，后面的操作将要把它们改造成圆滑的形状（除了底部）。改造的过程就是"细分平滑"的过程，要分好几步完成。

（5）双击图 16.6.4 ④的一个面，调用 RoundCorner（倒角插件）的"倒直边"工具，进行第一次"细分"，结果如图 16.6.5 ①所示。

（6）调用 SUbD（细分平滑）工具进行第二次细分加第一次平滑。提前用"折边工具"对于两处将与基座接触的底面做"折边"，以限制细分，结果如图 16.6.5 ②所示。

（7）调用 SUbD（细分平滑）工具进行第三次细分加第二次平滑，结果如图 16.6.5 ③所示。

（8）将三者移动组合后如图 16.6.5 ④所示，再用 SUbD（细分平滑）工具隐藏边线后如图 16.6.5 ⑤所示。

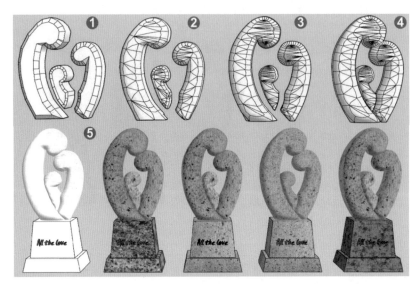

图 16.6.5　3 次细分加两次平滑

（9）加底座、3D 文字，赋予 UV 材质等较简单，不再赘述。

本节附件里保存有图 16.6.6 所示的练习用素材，文件名为"16.6（练习）"，有空时可按上面 3 个实例的操作方法尝试完成建模。

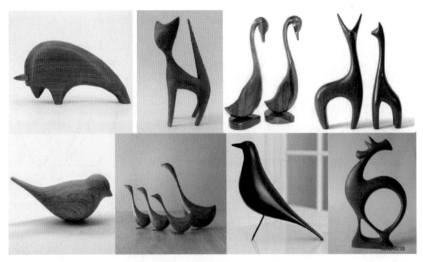

图 16.6.6　练习用（附件"13.6 练习"）

16.7 雕塑建模基础 6（节点编辑练习）

本书第 13 章曾讨论过"节点编辑"。本节重新回到"节点编辑"是因为目的不同，操作当然也不同。本节的重点在于"抽象"，属于"写意"范畴。本节的例子跟在本章前面的 16.5 节的例子，粗看也有类似之处，区别是 16.5 节的要点是"体块"，每个体块可单独编辑，最后"组装"成整体；而本节的例子一开始就是整体（面或体），然后分割或折叠出"块面"（见图 16.7.1）（除了策略性的例外）。注意上面的叙述中"体块"与"块面"的区别，评判的标准是要用最少的"块面"表达清楚设计者的意图。

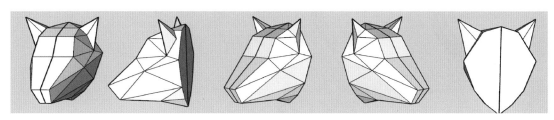

图 16.7.1 成品各视图展示

创建本节实例除了要用到 SketchUp 原生工具外，还要用到以下插件。

（1）Vertex Tools[2]（顶点工具栏，见《SketchUp 常用插件手册》5.22 节）。

（2）Bezier Spline（贝塞尔曲线，见《SketchUp 常用插件手册》5.5 节）。

1. 节点编辑示例 1（动物头）

（1）创建垂直辅助面并锁定。在辅助面上绘制图 16.7.2 ①所示的动物头部的侧面轮廓。因为动物头是轴对称的，所以再绘制如图 16.7.2 ②所示动物头正面轮廓的一半。

（2）注意，从图 16.7.2 ③可见，①②两个截面的最高处相等。把两个截面拉出并相交，如图 16.7.2 ④所示，做模型交错后删除废线面，结果如图 16.7.2 ⑤所示。

（3）全选⑤，创建成"组件"，复制并镜像后如图 16.7.2 ⑥所示。

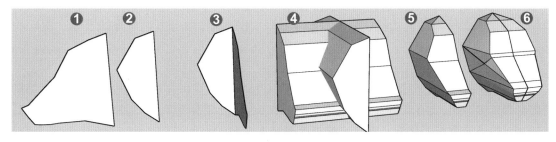

图 16.7.2 创建基本形体

（4）如图 16.7.3 ①所示，双击进入左、右任一组件，调用 Vertex Tools[2]（顶点工具栏），对点、线或面进行移动调整，熟练使用这个工具需要一定的练习，也要对目标形体几何特征有一定的概念，还要耗费较多的时间。

（5）图 16.7.3 ②是经过几分钟调整后，添加了动物的耳朵，但经过"节点调整"后，产生了很多"折叠"造成的线、面。

（6）最后要在保证对象特征的前提下精简线、面，这部分操作要"火眼金睛"，发现问题所在，要有大面积删除已有线、面的"胆魄"与"运筹帷幄"的技巧，图 16.7.3 ③④是精简后的模型，从统计信息⑤可见，这个动物头的模型仅有 134 个线段和 74 个面。

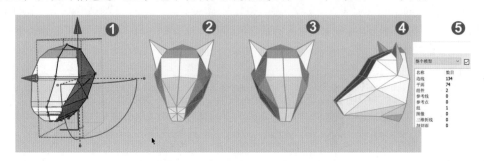

图 16.7.3　调整与精简线、面

2. 节点编辑示例 2（猎狗）

图 16.7.4 展示了这个实例的多个视图，基本体现了要表达的目标。

（1）建模仍然从创建垂直辅助面并锁定开始，接着用 Bezier Spline（贝塞尔曲线）工具栏的 Polyline（多段线）工具绘制对象的轮廓，并用同一工具栏中的 Edit（编辑）工具仔细修改到图 16.7.5 ①所示的样子，注意减少线段数，只求形似，不求精细。

（2）轮廓线完成后移出，如图 16.7.5 ②所示，单击 JHS 超级工具栏中的"生成面域"，如图 16.7.5 ③所示，并用线段勾画出细节，如图 16.7.5 ④所示（后续的操作证明，如图 16.7.5 ④所示的细节很多都是"蛇足"）。

（3）把图 16.7.5 ④所示的轮廓线旋转 90°，如图 16.7.6 ①所示，令"狗头"朝向操作者，以方便后续的推拉与节点编辑。

（4）接着对"半边狗"进行初步的推拉与节点编辑，注意上述操作不能破坏和移动后续要做"镜像"部分对接的边线，以免"拼不拢"。实际操作中可以把"身体"与"前后腿"分开，推拉编辑后拼接到一起，大致做到图 16.7.6 ②所示时，创建组件并复制、镜像后如图 16.7.6 ③所示。

（5）双击进入左右侧任一组件，继续用 Vertex Tools[2]（顶点工具栏）对点、线、面进行编辑，需要花费较多时间，要有点耐心。调整到如图 16.7.6 ④所示的样子就差不多了。（过程截图略。）

（6）接下来就是简化线、面了，这可能是技术含量较高的过程之一，细节与注意事项与前一个例子相同，不再重复。线、面简化后的结果如图 16.7.6 ⑤所示。统计结果：线 447 条，面 300 个，如图 16.7.6 ⑥所示。

（7）下面尝试用 SUbD（细分平滑）插件加工一下（本节计划外），图 16.7.7 ①就是

图 16.7.6 ⑤只有 300 个面的"低模"，炸开到如图 16.7.7 ①所示，再重新群组；单击 SUbD（细分平滑）工具栏的第一个工具，进行一次细分，结果如图 16.7.7 ②所示；再单击一次 SUbD（细分平滑）工具栏的第二个工具，增加一次细分，结果如图 16.7.7 ③所示。柔化并赋予灰色后如图 16.7.7 ④所示。效果还算令人满意。

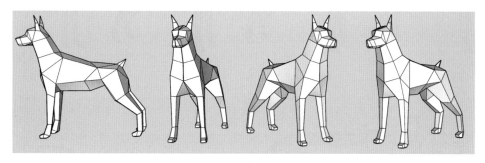

图 16.7.4 成品各向视图

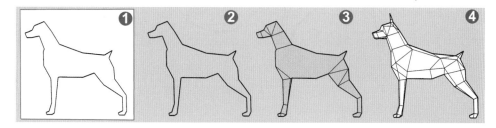

图 16.7.5 创建基本图形

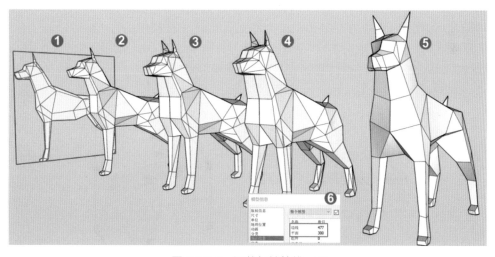

图 16.7.6 调整与精简线、面

本节附件里有一个文件名为"16.7（练习）"的 SKP 文件，是留给你的习题，如图 16.7.8 所示。

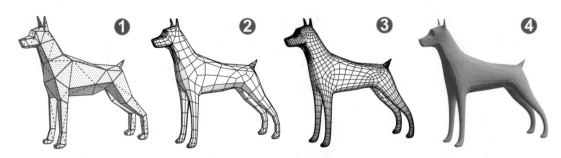

图 16.7.7 细分平滑后的结果

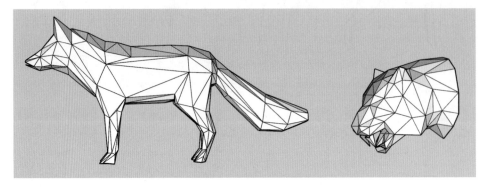

图 16.7.8 本节附件里的习题

16.5 节思考题答案：

"大角羊"的身体部分上窄下宽，如何用最简单的办法获得这种形状？下面公布正确的方法。

如图 16.7.9 所示，选择好需要缩放的对象后，单击工具栏中的① FredoScale（自由比例缩放）上所框出的"变形框 收分缩放"工具，对象上将出现如图 16.7.9 ②所示的红色"变形框"，把光标移到顶部，按住 Ctrl 键，稍微向内移动光标即可完成。

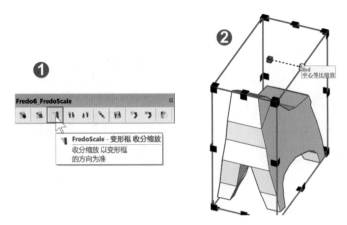

图 16.7.9 16.5 节所留思考题答案图示

16.8 雕塑建模基础 7（空间曲线曲面练习）

图 16.8.1 所示的是部分常见的抽象雕塑作品（都是相对简单的），它们有个共同基础就是"空间曲线"。"空间曲线"千变万化，每一种都是数学与相关应用领域里的重要研究课题，可以检索到大量硕、博论文，竟然是针对某一种或某一类曲线（或应用）的课题。

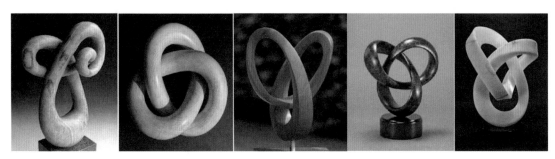

图 16.8.1 部分空间曲线（曲面）模型

回到"城市抽象雕塑"领域，我们当然没有必要去对某一种曲线的数学基础刨根究底，但是在掌握正确的思路与技巧之前，初学者确实很难在 SketchUp 里创建这一类模型。本节将介绍三种比较基础的方法，可以解决大部分类似的应用。所提供的实例仅是最基础的，实战中还要举一反三、融会贯通，创造出更美的造型和更好的方法。

1. 开环的曲面造型（编辑法）

图 16.8.2 所示的抽象雕塑，属于"什么都不像"的"完全抽象"，目标要求很低：看起来柔和、好看，讨人喜欢就行。要用到以下插件。

（1）Bezier Spline（贝塞尔曲线，见《SketchUp 常用插件手册》5.5 节）。

（2）Perpendicular Face Tools（路径垂面，见《SketchUp 常用插件手册》2.16 节）。

（3）Curviloft（曲线放样，见《SketchUp 常用插件手册》5.3 节）。

（4）Curvizard（曲线优化工具，见《SketchUp 常用插件手册》5.4 节）。

（5）NURBS Curve Manager（曲线编辑器，见《SketchUp 常用插件手册》5.21 节）。

最后的这个 NURBS Curve Manager 是一种较冷门的插件，简单复述一下这个插件的基础与用途：NURBS Curve（即非均匀有理 B 样条曲线，汉译成"努尔布斯曲线"）这种曲线允许表现具有任意形态的自由形状。NURBS 允许用控制点和"结"引导曲线的形状，并允许用少量数据表示复杂的形状，是一种重要的曲线编辑工具。建模过程如下。

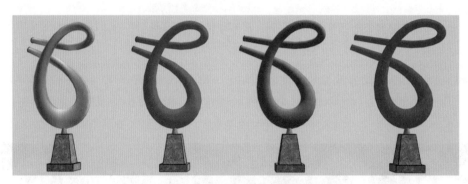

图 16.8.2　开环曲线（曲面）造型成品

（1）在一个垂直的面（*XZ* 面）上用 Bezier Spline（贝塞尔曲线）工具绘制图 16.8.3 ①所示的曲线，如没有把握在 3D 空间里操作，可绘制在垂直的辅助面上，画好后移出。

（2）然后调用图 16.8.3 ②所示的 NURBS Curve Manager（曲线编辑器）工具栏的第一个工具 Manipulate Curve（操纵曲线），把曲线的两端沿绿轴方向移动（即远离我们的方向，可按住左向箭头锁定绿轴方向移动）。如果需要其他功能可参阅《SketchUp 常用插件手册》5.21 节。

（3）曲线调整到差不多的时候，两端各接上一段直线，如图 16.8.3 ③所示。形状大致完成后，用 JHS 超级工具栏把三段线"焊接"成整体。

（4）为得到光滑的曲线"路径"，还可用 Curvizard（曲线优化工具）适当平滑，如图 16.8.3 ④所示。

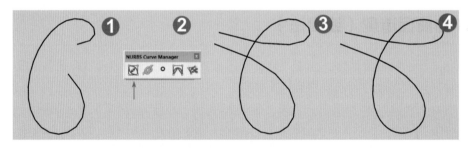

图 16.8.3　曲线绘制与编辑

（5）图 16.8.4 ①所示的红色箭头所指在"地面"上绘制一个圆，然后用 Perpendicular Face Tools（路径垂面）工具在曲线路径上布置一系列放样截面，陡弯处（曲率半径小处）放样截面应布置得更密集些；然后根据创意用缩放工具分别调整这些放样截面的形状（放大、缩小、压扁）；最后用直线工具在放样截面与路径相交处画短线段以分割路径。

（6）最后调用 Curviloft（曲线放样）工具栏如图 16.8.4 ③箭头所指的"面路径成实体"工具，分段成形，如图 16.8.4 ④所示。适度柔化后，如图 16.8.4 ⑤所示。

（7）用上述工具与方法，原则上可编辑创建出任何形状的空间曲线与各种复杂截面的抽象雕塑成品，但操作过程较复杂且需要一定的经验技巧，附件里的模型供参考。

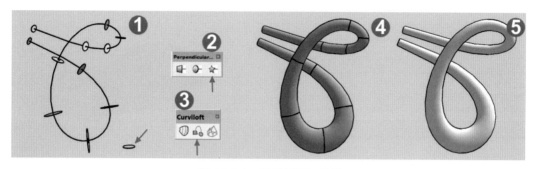

图 16.8.4　路径截面与放样

2. 圈套圈的曲面造型（扭转法）

上面介绍的方法虽然万能，但是操作费时并需要一定的技巧。

用来制作闭环的造型不见得是最好的选择。而下面介绍的方法用来制作"圈套圈"的闭环曲面模型则非常容易，即使没有曲线编辑经验的初学者也可以轻易完成相对复杂的造型。创建类似图 16.8.8 所示的"闭环造型"需要用到以下两种插件。

（1）Fredo Scale（自由比例缩放，见《SketchUp 常用插件手册》2.6 节）。

（2）Truebend（真实弯曲，见《SketchUp 常用插件手册》5.27 节）。

曲面造型创建过程如下。

（1）下面介绍创建这类闭环曲线（曲面）造型的思路。

① 先把细分后的圆柱体扭曲成"大麻花"，扭曲角度可按 360 的整倍数改变。

② 再把"大麻花"弯曲 360°，让它们首尾相接，就完成闭环的曲面造型。

③ 可以用"大麻花"扭转的角度改变成品的形状，就像图 16.8.8 那样。

④ 可以变化的参数还有圆柱体单元的粗细与圆柱体间的间隔等。

（2）如图 16.8.5 ①所示，绘制一个直径为 400mm、长度为 6000mm 的圆柱体。

（3）双击任一圆柱体端面后减选面，仅留线（重要）移动到另一端做内部阵列细分，为得到较光滑的表面，细分数量为 150，细分后的圆柱体如图 16.8.5 ②所示。

（4）平行复制一个细分后的圆柱体并群组，间隔 200mm，如图 16.8.5 ③所示。

（5）全选图 16.8.5 ③所示的两个圆柱体，调用 Fredo Scale（自由比例缩放）工具栏的"变形框扭曲缩放"工具，如图 16.8.6 所示做旋转变形。使用这个工具时，要注意每次旋转只扭曲 180°，所以需要多次重复操作，原因一是这样做所需时间短，原因二是这样做容易操作，不易出错。注意每次扭转 180° 的操作只能进行偶数次，如 2、4、6。

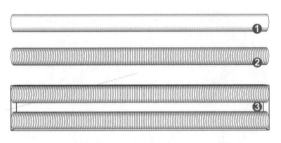

图 16.8.5　创建圆柱并细分　　　　　　　　　　　图 16.8.6　扭曲变形

（6）图 16.8.7①所示为经过两次 180° 旋转的"麻花"与弯曲并首尾相接后的投影。

（7）图 16.8.7②所示为经过 4 次扭转（共 720°）的麻花与首尾相接后的投影。

（8）图 16.8.7③所示为经过 6 次扭转（共 1080°）的麻花与首尾相接后的投影。

（9）图 16.8.8 所示为适度柔化并赋予颜色后的成品。

图 16.8.7　创建过程　　　　　　　　　　　　　　图 16.8.8　几种成品

（10）用"扭转法"创建闭环的曲面造型有以下缺陷。

①　经大量测试，用上述方法似乎只能对两条圆柱体扭转与弯曲对接。图 16.8.9 是尝试用 3 条圆柱体扭转后弯曲对接，接头位置（红圈标出处）总有点错位，除非你有能力完成后续编辑，否则不推荐。

②　用此法创建的曲面模型，只是"圈套圈"各自为圈，如图 16.8.10 所示。

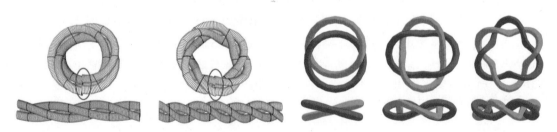

图 16.8.9　扭转法的缺陷与局限 1　　　　　　　　图 16.8.10　扭转法的缺陷与局限 2

3. 闭环的曲线（曲面）造型（参数法）

这是一种用输入参数自动生成空间曲面模型的方法。下面列出的 10 个实例全部用了相同的原理——Mobius band（莫比乌斯环），这涉及一种重要的拓扑学理论（在第 1 章已略有述及），它在国内外的 SketchUp 应用界都是一个非常老的常见话题，网上有大量相关文章，但是大多仅把"莫比乌斯环"在 SketchUp 里用来玩玩而已，很少有深入研究。

图 16.8.11 有 8 个实例，所用的工具只用了一种插件，就是 Draw Ring（有人译为"莫比乌斯环"，其实不十分合理，因为它能做的远不止于此，所以插件作者对插件的命名并未与"莫比乌斯环"挂钩）。这个插件可以在官方插件库 extensions.sketchup.com 用 Draw Ring 搜索安装。注意：官方的版本没有工具图标，只能选择"扩展程序"→ Draw Ring 命令调用。测试中发现国内添加了图标的汉化版，问题多、不可靠（后有实例），不推荐使用。Draw Ring 插件的用法可查阅《SketchUp 常用插件手册》5.7 节。

表 16.8.1 左侧 12 个参数（括号内为汉译）相当于调用"扩展程序"→ Draw Ring 命令后弹出的数据对话框中的所有项；表 16.8.1 右侧是 10 个测试模型所对应的参数，供比较。为避免过分复杂的参数引起困扰，所以测试中不同的模型大多数参数保持相同，读者比较时只要关注其中有变化的一两个数据即可。

表 16.8.1　测试模型参数表

参 数 项	模型编号与对应参数									
	1号	2号	3号	4号	5号	6号	7号	8号	9号	10号
Strip width（环带宽）	20	20	20	30	20	20	25	30	20	20
Strip thickness（环带厚）	20	20	20	30	20	20	25	30	2	2
Offset x（X 轴偏移）	30	30	15	15	15	30	15	30	30	30
Offset angle（偏移角）	0	0	0	0	0	0	0	0	0	0
Radius（半径）	60	60	60	60	60	60	60	60	60	60
Loops（循环数）	2	2	2	2	2	1	2	2	2	2
Inner twists（内侧扭转）	0	0	0	0	0	0	0	0	0	0
Outer twists（外侧扭转）	3	3	3	3	3	3	3	3	3	3
Strip type（环带类型）	方	圆	圆	圆	方	方	方	圆	面	面
Detail（细节）	中	中	中	中	中	中	中	中	中	中
Strip color（颜色）	黄	黄	黄	黄	黄	黄	黄	黄	赋色	
Edges（边线）	柔化	柔化	柔化	柔化	柔化	柔化	柔化	柔化	柔化	柔化

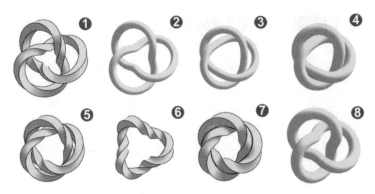

图 16.8.11　测试模型（1～8号）

图 16.8.11 ①②③④⑤⑥⑦⑧测试时，执行"扩展程序"→ Draw Ring 命令，所弹出对话框的 Strip type（环带类型）项里选的是自带的 Rectangular（矩形）和 Elliptic（椭圆形），而图 16.8.12 则选用了 Selected face（指定面）。图 16.8.12 ⑤就是预先绘制的 Selected face（指定面）（直径为 40mm、12 片段的圆，圆形边缘两边各挖掉 6mm × 3mm 的缺口），操作方法也略有不同。图 16.8.12 ①②是正视图，图 16.8.12 ③④是①②的俯视图（平行投影），操作方法如下。

（1）在 XY 平面上绘制好如图 16.8.12 ⑤所示的面并选择它（不要选择到线）。

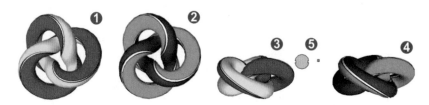

图 16.8.12　测试模型（9号）

（2）选择"扩展程序"→ Draw Ring 命令，在弹出的对话框中按表 16.8.1 的 9 号输入参数。

（3）在 Strip type（环带类型）项里选用 Selected face（指定面）后，单击"确定"按钮。

图 16.8.13 ①③⑤和图 16.8.13 ②④⑥是两个相同模型的不同视图。创建的参数见表 16.8.1 中 10 号，区别是把图 16.8.12 ⑤的平面缩小一半后，用汉化后的插件，结果与预期完全不同，且反复测试的重复性不好（每次出现的结果都不同）。所以，推荐使用官方插件库 extensions.sketchup.com 提供的 Draw Ring，避免使用汉化版。

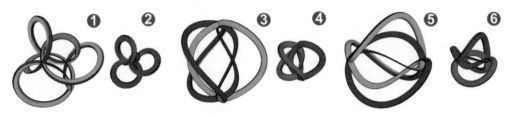

图 16.8.13　测试模型（10 号汉化插件的问题）

请用上面介绍的 3 种方法，尝试各设计创建一个城市抽象雕塑模型。

16.9　城市雕塑实例 1（抽象雕塑《凝固的爱》）

本节要展示一个有关"爱"的抽象雕塑，一目了然，简单而又深刻。

图 16.9.1 所示连在一起的身体与互相靠拢的头部，描述的显然是一对热恋情侣。因以石头为材质，所以起个名字叫作"凝固的爱"。

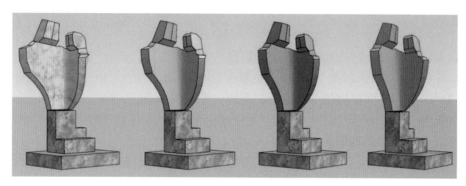

图 16.9.1　抽象雕塑《凝固的爱》

有了创意和腹稿，创建过程则非常简单：如图 16.9.2 ①所示，画个矩形，挖掉一块，上面再加个五边形的立方体，拉出头部，稍微旋转倾斜一点后群组；调用 Truebend（真实弯曲）插件，稍微弯曲后如图 16.9.2 ②所示。用同样的方法做出图 16.9.2 ③所示形体，注意物理学的"异性相吸"规律，头向另一侧倾斜，如图 16.9.2 ③所示。

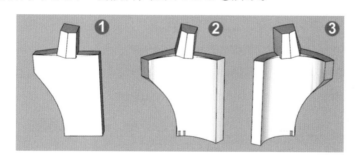

图 16.9.2　创建过程提示

准备好后，适当旋转、缩放并拼合在一起，在角上画线删除少许，形成肩部的形象，拉出个花岗岩底座，抽象雕塑《凝固的爱》就此完成。往公园里一放，每天来打卡拍照留念的情侣定如过江之鲫。

下面公布本章 16.4 节留下习题的建模思路与创建过程。

图 16.9.3 是一个锻炼与测试空间想象力，形成建模思路能力与 SketchUp 掌控能力的初级综合练习。这个经典的"一笔画立方体"练习需要在 10min 内完成。看起来很容易，但是如

果不能迅速抓住对象的特征重点，就难以形成正确的建模思路，比画来比画去，10min 很快就没了。

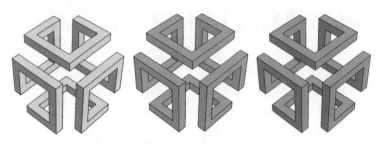

图 16.9.3　一笔画立方体成品

（1）下面 3 个小图是该题建模的最关键思路与操作方法。

① 如图 16.9.4①所示，在 XY 平面上绘制边长为 1m 的正方形；向内 150mm 偏移出内圈；再按照图 16.9.4①左下角删除部分，绘制两个边长为 150mm 的正方形。

② 按图 16.9.4②所示，把两个边长为 150mm 的正方形拉出 1000mm，其余部分拉出 150mm。全选后创建临时群组（见图 16.9.4②）。

③ 复制群组图 16.9.4②，经过旋转与移动，两个群组的关系应如图 16.9.4③所示。

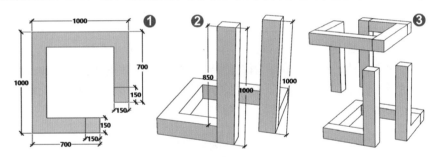

图 16.9.4　关键思路 1

（2）为了更清楚图 16.9.4③各部分的位置关系，图 16.9.5 给出了图 16.9.4③的 3 个方向的视图，最重要的是图 16.9.5②。

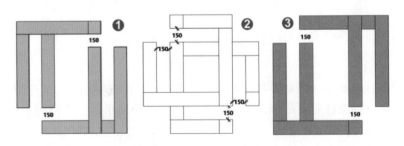

图 16.9.5　三方向视图

（3）最后要补上缺少的部分，操作过程如下。

① 图 16.9.6①就是已经准确调整到位的两个群组，现在最好全选后炸开。

② 如图 16.9.6 ②所示补上 3 段方柱体；再如图 16.9.6 ③所示补上另外 3 段方柱体。

③ 用橡皮擦工具擦除全部中间过程的废线段后，如图 16.9.6 ④所示，建模完成。

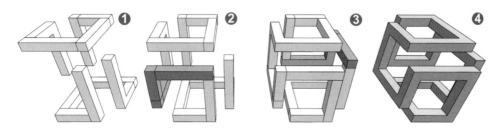

图 16.9.6　关键思路 2

16.10　城市雕塑实例 2（抽象雕塑《机器人的爱》）

这是个有点搞笑的抽象雕塑，作者做完这个模型觉得还蛮有意思的，所以收入本节，给你当个练习的课题。模型简单而又夸张，却在情理之中：两个稍微错过一点的球，寓意避开碍事的鼻子；女角踮起的脚尖，表达爱之切情之深；两对手臂互相紧搂的情景，只有久别重逢或即将离别才会发生，这种难以抑制的感情流露，按作者 76 岁的经验，一辈子也经历不了几次。最搞笑的是不锈钢的材质，加上男角细长的腿部与胯部的大铆钉。做这个模型不用插件，用 SketchUp 的原生工具就够了。

（1）如图 16.10.1 ①所示在辅助面上绘制两个角色身体的轮廓，突出女角飘逸的长裙和踮起的脚尖，男角略前倾的上身与纤细搞笑的下肢。

（2）拉出实体，男角要比女角稍微宽大些。图 16.10.1 ③所示的两个球要互相错开。

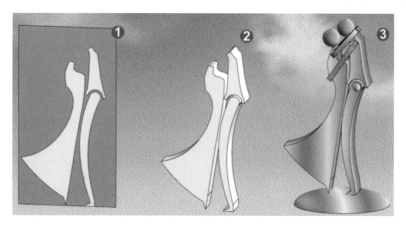

图 16.10.1　创建过程提示

（3）至于手臂，可以在别处做好一个后复制、移动、缩放并旋转到位，没有难度，不再赘述。成品如图 16.10.2 所示。

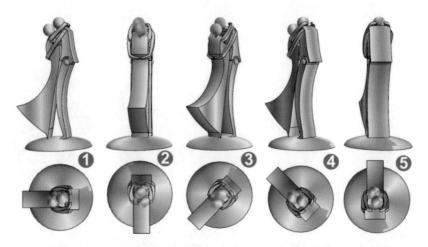

图 16.10.2　抽象雕塑多视图《机器人的爱》

图 16.10.3 所示是留给你练习用的素材，保存在本节附件里，文件名为"16.10（练习）"。

图 16.10.3　练习素材

SketchUp曲面建模思路与技巧

扫码下载本章配套资源

第 17 章

图像逆向重建（IBMR）

本章要讨论的"图像逆向重建"就是俗称的"照片建模"。这不是传统意义上以点、线、面、体几何元素为基础的建模形式，也不是 SketchUp 自带的"照片匹配"，而是近些年快速发展起来的新技术之一。

本章将要介绍与讨论的课题是"基于图像的逆向重建与渲染"（Image-Based Modeling and Rendering，IBMR），这种建模技术是以普通数码相机（甚至手机）对物体在多角度下拍摄的若干照片为依据，经计算机自动重构获得对象精确 3 D 模型的方法。这种技术能在几乎零设备成本，接近零学习成本的条件下，为 SketchUp 用户提供一种轻易完成传统建模方法根本做不了的复杂模型，大大扩展了 SketchUp 的应用领域。

IBMR 的研究，在国内外各学科应用中都已取得了丰硕的成果，是最近几年高速发展的新技术之一，并有可能从根本上改变人类对计算机图形学的认识、理念与方法。即便我们暂时不参与研究与应用，至少也需要提前对其有所了解与布局。本章将介绍一系列相关的工具与方法，并以几个实例展示具体的操作与成果。

本章准备的内容较多，除了安排的 10 节外，为压缩篇幅，还有 7 节的素材与课件保存在附件里，有兴趣的读者可自行深入学习、研究。

17.1 图像逆向重建概述

1. 3D 建模的历史与发展

平时我们常说的"3D 建模"是虚拟现实的技术核心之一，所谓"虚拟现实"就是在数字空间中模拟真实世界（或设计创意）的过程。

以点、线、面、体几何元素加上贴图为基础的 3D 建模，大概可以追溯到 40 年前，直到大概 30 年前，随着个人计算机的普及才得到大量应用。历史上出现过的 3D 建模相关软件至少有上百种，目前仍有 10 多种方兴未艾、各有所长，SketchUp 就是其中之一。

后来又出现了"接触式扫描仪"，用来捕捉物体表面信息建模，设备价格便宜、精度有限，还因局限较多、使用不便，已成非主流，目前仅在少数机械行业应用。

大概 10 多年前，非接触式的 3D 扫描仪异军突起，其特点是不需接触便可捕捉对象的 3D 信息。所用的传感器包括超声波、电磁波、可见光与激光等多种类型。其中光学的方法有结构简单、精度高、工作范围广等优点，从卫星测绘到产品设计都有广泛的应用。

2. 基于几何学的 3D 建模

这是计算机辅助设计的一个分支。到目前为止，常用的计算机 3D 建模软件不下 10 多种，它们的共同特点是利用一些基本的几何元素，如直线、圆弧、矩形、圆形、立方体、球体等，通过一系列操作，如平移、旋转、拉伸及布尔运算等来构建复杂的几何场景。此种方式要求操作人员具有丰富的专业知识，熟练使用建模软件，而且操作复杂、周期较长，同时最终完成的 3D 模型真实感不强。一般用于机械与建筑、室内外环艺设计。

在 SketchUp 建模领域，传统建模方法仍然还是以平面图为参考的居多，从基础 3D 几何体开始，不断调整和优化，最终创建出目标 3D 模型。这种方式存在许多局限：首先对建模人员的要求较高，并不太复杂的曲面模型就需要建模者达到很高的专业水平；其次，时间成本高，建模人员需先读图，了解目标物体的大体及细节结构后，再根据图纸创建 3D 几何形状，直至完成建模。目前市场上能见到的很多优秀建模软件，建模的麻烦程度跟 SketchUp 相比，有过之而无不及。

3. 光学非接触扫描建模

这一类扫描建模的形式与手段很丰富，大到卫星上所用的各种光谱波长对整个地球扫描的成像方式，小到对于具体产品或考古出土器物的扫描建模，在这大与小两个极端中间还有对整个城市、某个区域、某个工地、某个建筑物的扫描建模，应用范围更为广阔。对于 SketchUp 用户关系最为密切的光学扫描建模大致有以下两种。

1）激光扫描建模

3D 激光扫描技术又称为"激光实景复制"，是测绘建模领域继 GPS 技术之后的一次技术革命。这种技术是当前光学非接触扫描的主流方向之一，可以达到非常高的扫描精度和公里级别的规模；SketchUp 的东家 Trimble（天宝）公司就有成系列的激光扫描仪与配套的点云建模处理软件，作者曾在《SketchUp 材质系统精讲》一书中对此做过详细的介绍。激光 3D 扫描仪以其精度高、扫描距离远的优势在大工程中得到较多的应用。但易产生噪声干扰，须进行后期专业处理，如删除散乱点、点云网格化、模型补洞、模型简化等。

2）照片建模（IBMR）

上述专业的 3D 激光扫描仪虽然可以很高的速度和精度完成大规模区域的建模，但其昂贵的设备费用、专业的操作步骤，令它难以得到广泛的应用；它还有个致命的缺点，就是只能得到物体表面的几何信息，难以同时获得扫描对象表面的精细纹理。而本章将要介绍与讨论的"基于图像的建模与渲染"（Image-Based Modeling and Rendering，IBMR）则可扬其所长，避其所短，这种建模技术是以普通数码相机甚至普通手机对物体在多角度下拍摄的若干照片为依据，经计算机自动重构获得对象精确 3D 模型的方法。

4. 再聊"照片实景建模"

照片建模，也称"照片实景建模"，是一种通过拍摄几十张甚至上百、上千张普通照片，依靠相关软件的数学算法，重建出被拍摄物体 3D 模型的建模方法。因为这种方法重建的模型是依据对象的实景照片，原始图像本身包含着丰富的场景信息，因而可以生成照片般逼真的场景模型，生成的模型在空间结构与表面纹理两方面与真实物体相似度都极高。此外，普通的单反相机（甚至手机）拍照与学习的成本几乎可略去不计，生成模型的时间成本也很低，所以照片建模技术已成为计算机图形图像领域的研究热点。作为一种容易普及、高品质、低成本的"逆向设计技术"，在很多行业被广泛应用，当然也适用于广大 SketchUp 用户。

归纳一下：与传统的、基于几何的建模方式（包括 SketchUp）相比，IBMR 技术至少具有以下特点与优点。

（1）能为 SketchUp 用户轻易完成传统建模方法根本做不了的复杂模型，譬如后面要介绍的几个模型，大大扩展了 SketchUp 的应用领域。

（2）现在有多种照片逆向建模软件可供选择，都可在本地计算机上简单操作，几乎能自动生成模型。也有一些只要上传照片，在云端自动生成模型的网站，不用学习便可使用。

（3）建模变得更快、更方便、更容易。生成的模型有照片级别的真实感与最自然的形态。

（4）IBMR 的研究已经取得了许多丰硕的成果，并有可能从根本上改变对计算机图形学的认识和理念，这些对于 SketchUp 用户与 Ruby 脚本作者是非常好的研究、应用课题。

5. 照片建模技术

对既有建筑、地形的逆向复原对大部分城市改造项目的老建筑缺乏符合实际现状的信息模型或图纸，用传统的测绘方法不仅精度难以保证，并且耗时久、成本高。SketchUp 的"照片匹配"功能曾经一度成为低门槛的、对既有建筑逆向重建的希望，但因有 SketchUp 官方帮助中心都承认的功能缺陷，所以 SketchUp 的"照片匹配"功能始终难以成为"建筑逆向建模"技术的有效手段。随着照片建模技术的发展与普及，尤其是民用无人机的普及，旧城改造项目中的"照片建模"就成了对既有建筑逆向建模唯一可用的最佳方案。最低 4 位数的设备投资、极低的时间成本和工程费用，与传统测绘方式相比几乎可略去不计。本章后面的篇幅会做详细介绍。

6. 产品设计逆向建模

SketchUp 用户中有大量是从业于产品设计或者需要接触产品设计的，如建筑与景观设计业的小品设计、木材加工与家具业、石材加工业、展览陈设业甚至婚庆布置业等，其中很多都需要接触复杂的曲面建模，譬如"石狮子""华表""盘龙柱""门墩抱鼓石""传统雕花家具""仿古陈设"，以及各种石雕、砖雕、木雕模型……以前在 SketchUp 里是根本无法完成的，现在有了"照片逆向建模"的手段，往日的难题便可迎刃而解。本章后面的篇幅里会用一些实例作详细介绍。

7. 逆向建模的图像获取

图像（照片）的采集是整个 3D 模型重建过程中非常重要的一步，重建结果的好坏往往与照片采集有很大的关系，而不是软件操作的问题。影像分辨率高、重叠度大、清晰度高，拍摄光照条件好的原始照片，建成的 3D 模型效果自然会好。下面从对照片采集的基础知识和一些细节要求做些说明。

1）对于可移动物件的拍照原则

对于小物件对象，可绕着桌子拍照（相机移动），也可用转盘拍摄（物件旋转），背景越简单、干净越好，可用单色的不反光材料做背景搭设简易摄影棚。分别对物件的顶部、中部与底部各拍摄若干照片，相邻两张照片之间至少要有一半的内容重叠。注意要在均匀照明下工作，用低 ISO、小光圈拍摄，注意准确的焦点，避免玻璃等对象的光反射（可喷涂亚光涂料），避免照片中出现阴影（包括操作者的阴影）。网上有廉价的手动与电动转盘出售，如图 17.1.1 ①所示，以电池驱动的、转速可调的摄影转盘，小的只要 10 多元，图 17.1.1 ②是手动的，便宜的不足 10 元，可承载更大的物件。相机三脚架与手机拍照支架也有 10 多元的。有兴趣练习照片建模的读者不妨试试看。在本节的附件里有一个用图像重建技术对文物进行图像重建的实例。

图 17.1.1　简易的电动与手动转盘

2）对于户外建筑外观、景观小品、大型文物的拍照原则

最好挑选光线充足、光照均匀的多云或阴天去拍照，光线柔和的清晨与黄昏也是不错的选择。拍摄场景中一定要避免日光直射的部分，也不能有移动的人物与车辆。同一个 3D 重建项目要用同一台相机或手机拍摄所有的照片。

有条件的话，可以环绕建模对象的顶部、中部与底部分别拍摄三四圈照片，相邻照片最好有一半以上的内容是重叠的。通常一圈拍 8 ～ 12 张照片就够了，还可加拍几张细部。后面要介绍的石狮子和花钵就是两个这样的实例。

如果对象较高，可以用两台手机互联（网上有相关 App 下载），手机 A 固定于加长杆顶部用于拍照，手机 B 用来预览手机 A 的视野，并遥控手机 A 拍照。

对于既有建筑，最低要求是在较远的距离围绕对象可见部分拍摄一圈，这样创建的模型是没有顶部的，后面的篇幅中会有一个类似的实例。

3）无人机航拍 3D 重建的图像采集原则

这个课题至少可分成两个档次，较高的档次是政府规划部门、大型工程、较大规模的旧城区改造、大型的矿山、大型工程的工地勘测等，需要正规的无人机航拍 3D 重建，通常会委托专业的公司去做，它们需要专业的航拍设备拍摄几天甚至几个月，需要规划控制软件与专业的图像 3D 重建软件，甚至专用的云端服务器。这个档次的应用专业性很强，且跟 SketchUp 关系不大，所以不是本书要讨论的课题。但是在本节附件里仍然给出了一个相关视频，可供参考。

另一个档次可能更加值得 SketchUp 用户关心，譬如对于小型的或独立的既有建筑，对较大的历史建筑、牌楼、牌坊之类的 3D 重建，完全可以用几千元的民用无人机与 Altizure 无人机控制 App 配合自行般拍，拍摄的路线规划、拍摄角度也因对象不同而异。对于像独立建筑等对象可分层次环绕拍摄，而对于一个小区域的拍摄，则需要专门用于航拍的无人机（一两万元），提前规划好路线、拍摄数量与拍摄的角度等众多参数。有航拍功能的小型无人机还有很多可用于 3D 重建的智能功能。

17.2　图像逆向重建工具 1（Agisoft Metashape，原 Photoscan）

作者在《SketchUp 材质系统精讲》一书第 8 章里曾经对 Photoscan 工具做过介绍，现在大幅充实修改后重新作为本章的一节以说明"照片实景建模"的初步概念。

这是一款较早进入中国，在国内有较多用户的照片建模工具，软件有中文版，也有中文网站；读者可在下面列出的网站下载试用版，也可注册后申请一个月的全功能版。在下列网站可浏览与下载使用手册、大量实例、原始素材（本节附件里已保存了一些资料）。

该软件在中国的中文网站是 www.agisoft.com/ 或 www.photoscan.cn/，两者内容相同。

Photoscan 是它的原名（仍然通用），现在改名为 Metashape，功能有所改良，可以免费更新。最新的版本是 Agisoft Metashape 1.8.1，是 Photoscan 的后续版本。本书实例所用的还是 1.4.4 的老版本，故后续统一称呼为 Photoscan，容易记忆，叫起来也更上口。该软件的主要功能是"多视点 3D 重建"（即以多张照片重现 3D 现场）。

声明：本书内容纯属学术探讨性质，作者与 SketchUp（中国）授权培训中心跟本书中提到的软件工具与相关公司无业务及经济往来。

Photoscan 是最早也是至今唯一曾经跟 SketchUp 结缘挂钩的照片建模工具；早在 2010 年，有个 SketchUp 插件叫作"Tgi3D"，由 3 个部分组成，其中之一就是"Tgi3D SU Photoscan"，把它作为一个独立的高精度相机校准工具，大大增加了 SketchUp 曲面建模的能力。遗憾的是，"Tgi3D"只能应用于 SketchUp 7.0 至 SketchUp 2018。而"Photoscan"则至今欣欣向荣，现在我们仍然可以使用"Photoscan"生成 3ds、dae、dxf、stl、obj 等 SketchUp 可以导入的文件格式。

这个软件的用途能大能小，大到能做航拍图像处理（是它的主要功能），形成数字地形与数字表面及 3D 高精度测量；小到各种遗址考古、文物数字化；对建筑物、内饰、人像等各种场景对象建模，可做到超级详细的可视化。甚至用手机随便拍几张照片就可以形成 3D 模型。另一个特点是，虽然它功能强大，但是初级应用比较简单，看完本节与后面的 17.6 节就会操作。

本节下面的篇幅将用一组照片来实现 3D 建模并形成 SketchUp 模型。

图 17.2.1 就是一组用普及型手机拍摄的照片，2020 年为了赶写《SketchUp 材质系统精讲》的实例，匆匆忙忙赶去拍照的时候正在下着蒙蒙细雨，绕着公园的塑像转了一圈，拍了 28 幅照片，创建了下文的模型。现在是 2022 年，为了写本节，又重新去拍摄了一组 82 幅照片，也创建了一个模型，这些照片素材与模型（含中间结果）全部保存在本节的附件里，供参考练习。

照片里的人物是明代常州人，唐荆川（1507—1561 年），原名唐顺之，明嘉靖八年（1529 年）23 岁中进士，礼部会试第一，入翰林院任编修。一年后告病归里闭门读书 20 年，于学无所不精。

嘉靖初与王慎中同为当代古文运动的代表，世称"王唐"。后又与归有光、王慎中三人合称为"嘉靖三大家"。后人把王、唐、归三人与宋谦、王守仁、方孝孺共称为"明六大家"。著有《荆川集》《勾股容方圆论》等著作。荆川先生不但是有名的文学家，而且是有名的抗倭英雄，刀枪骑射无不娴熟。抗倭名将戚继光曾向他学过枪法。唐荆川 51 岁被朝廷重新起用，任右佥都御史、兵部主事及凤阳巡抚等职。自此，他亲督海师狙击倭寇，屡建奇功，后因久居海中，足腹尽肿，在赴任凤阳巡抚途中，病重去世，终年 54 岁。 他是一位值得我们为其创建模型的学者与英雄。

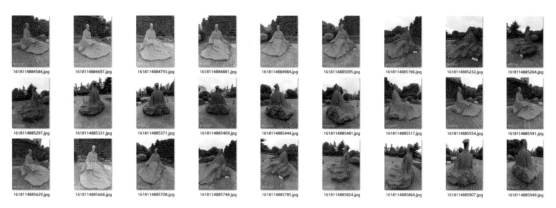

图 17.2.1　一套雕塑照片

（1）软件的安装（略）。双击运行桌面图标后，软件先要运行一个"cmd"文件（见图 17.2.2），应立即"最小化"（一定不要关闭它）。

图 17.2.2　先运行 cmd 再最小化它（不要关闭）

单击默认的英文菜单 tools → Preferences → Language → Chinese 命令，把工作界面改成中文。

图 17.2.3 所示是 Photoscan 的工作界面，比较简单，下面介绍几处常用的位置。

图 17.2.3 ①所示为"文件"菜单，等一会要用它新建一个项目，打开和导入、导出。

图 17.2.3 ②所示为"工作流程"菜单，大多数操作要按这里的顺序进行。

图 17.2.3 ③所示为打开的照片（或已有的项目）在这里显示。

图 17.2.3 ④是照片形成模型各阶段的主要显示窗口。

图 17.2.3 ⑤所示的这一排工具图标，有几个是常用的，等一会结合实例介绍。

图 17.2.3 ⑥将显示工作流程的摘要。

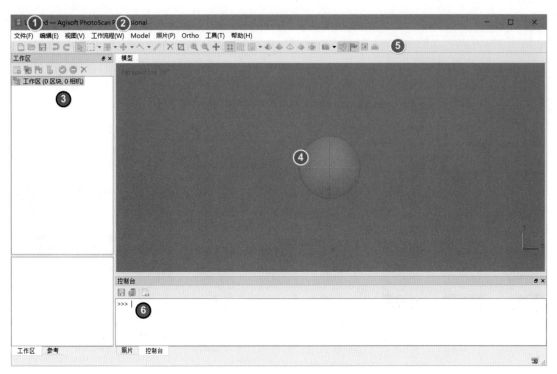

图 17.2.3　Photoscan 的工作界面

（2）现在开始实际操作演示。单击菜单栏的"工作流程"，在下拉菜单中，"添加照片"和"添加文件夹"两个命令可以分别指定以照片或整个文件夹的照片参与建模。

如图 17.2.4①所示，这里显示所有导入的照片文件名，可以分别查看。

如图 17.2.4②所示，在上面单击了一个文件名后，这里显示照片的缩略图与概况。

如图 17.2.4③所示，注意这里有两个标签，现在是"工作区"。

如图 17.2.4④所示，这里也有两个标签，现在是"照片"。

如图 17.2.4⑤所示，这里显示参与建模的所有照片缩略图，双击一幅可放大查看。

如图 17.2.4⑥所示，这里的工具可以对照片进行启用与禁用相机、旋转等操作。

如图 17.2.4⑦所示，在这里可查看每一幅照片的细节（滚轮缩放）。

需注意，以上是对普通照片的操作，若是用无人机拍摄的、有坐标信息的照片，应注意下面的（3）～（6）步。

（3）如果你的无人机航拍照片有 POS 数据，单击图 17.2.4④"参考"栏中的图表，导入 POS 数据，若没有 POS 数据可直接跳至下面的"第（7）步"（POS 数据为拍摄每张影像所对应的无人机位置、姿态参数，辅助拼接，拼接后的影像将具有地理坐标信息）。

（4）单击"导入"按钮后，弹出 POS 导入窗口（截图略），选择整理好的 POS 文档即可。

（5）POS 导入后，选择"WGS84"坐标系统，并将各列数据与表头名称对应。

（6）POS 数据导入后，界面中将显示 POS 轨迹，即无人机拍摄照片时所处空间位置。

图 17.2.4　添加了整个文件夹后

（7）现在选择菜单中的"工作流程"→"对齐照片"命令，弹出预选参数对话框，见图 17.2.5，保留左侧 Generic preselection（通用预选）和 Reference preselection（参考预选）的勾选状态，如图 17.2.5①所示；右侧的精度建议选择"中"或"高"，如图 17.2.5②所示。尤其是测试阶段，否则耗时太多。在图 17.2.5③中会有软件自行确定的关键点与连接点的数量，可以人工修改。

（8）完成上面的设置，单击 OK 按钮后，软件自动开始"对齐照片"处理，此过程只需等待，无须操作，如图 17.2.6 所示。

处理完成后，会生成 3D 点云数据，如图 17.2.7 所示。

如图 17.2.7①所示，注意必须是这里的"模型"标签被选中才能看到点云数据。

如图 17.2.7②所示，如果是航拍照片，这里会显示相关信息。

如图 17.2.7③所示，这里咖啡色的是要建模的主体，雕塑的点云数据关键点。

如图 17.2.7④所示，一圈蓝色的矩形，每一个代表一幅照片拍摄时的相机位置。

如图 17.2.7⑤所示，橙色的那幅照片是有问题的，或者是同一位置重复的。

如图 17.2.7⑥所示，这里的绿色关键点是背景植物（见图 17.2.4⑦）。

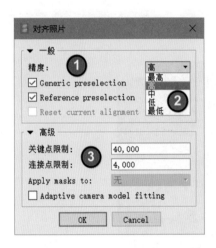

图 17.2.5　对齐照片预选参数对话框

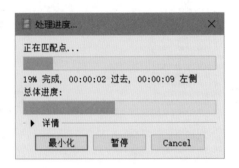

图 17.2.6　正在进行照片对齐

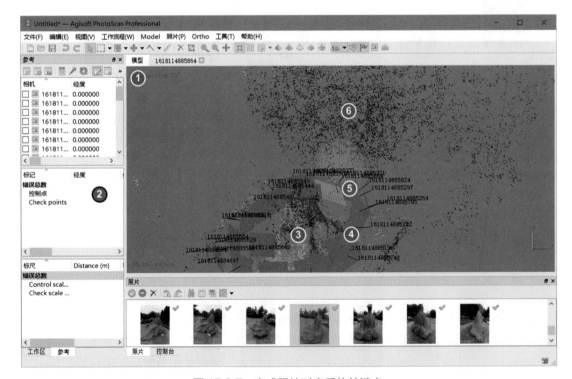

图 17.2.7　完成照片对齐后的关键点

（9）接着选择菜单中的"工作流程"→"建立密集点云"命令，在弹出的对话框（见图 17.2.8）中选择所需要的模型质量，质量设置得越高，处理的速度就越慢，图 17.2.8 ①②③仅供参考。

图 17.2.9 所示是正在生成"密集点云"，大概需要一两分钟。

生成"密集点云"的过程与结果与图 17.2.7 相似，不会有太大变化（截图略）。

（10）现在选择菜单中的"工作流程"→"生成网格"命令，在弹出的对话框中选择所需要的质量，如图 17.2.10 所示，单击 OK 按钮，出现图 17.2.11 所示的进度显示界面，图示已经耗时近 7min，处理完大约需要 10min，请耐心等待。

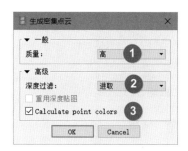

图 17.2.8 "生成密集点云"对话框

图 17.2.9 生成密集点云进度

图 17.2.10 "生成网格"对话框

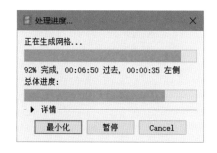

图 17.2.11 生成网格进度

（11）10min 后得到了图 17.2.12 所示的结果。

① 可见雕塑主体的左、右侧与后方有一些背景，这是照片里带来的，没有办法避免，不过可以删除所有不想要的内容，包括背景植物、部分地面等。应注意以下操作要领（有个工具可在生成点云前选择范围，为求显示全面前未述及）。

② 用鼠标左键在灰色的坐标球上单击移动可旋转，滚轮可缩放，右键可平移。

③ 如果看不到坐标球，可以选择菜单中的 Model（模型）→"导航"命令，调出坐标球。

④ 尽量把建模的主体移动到跟坐标球重叠，以方便旋转操作。

⑤ 单击图 17.2.3 ⑤工具条上的相机按钮，可隐藏所有相机，以方便删除操作。

⑥ 可单击"调整区域大小"工具图标，调整有效区域。

⑦ 工具条上还有三种选择工具，任选一种，圈出需要删除的部位后，按 Delete 键删除。删除工作需要点耐心，尽量把无用的线面弄干净，还不能伤及需要留下的部分。

（12）大致清理完成后的模型如图 17.2.13 所示，其实还有好多细节没有清理完。接着要选择菜单中的"工作流程"→"生成纹理"命令。

图 17.2.14 所示是"生成纹理"的参数设置对话框，看见的是默认参数。

图 17.2.15 是单击 OK 按钮后生成纹理的进度对话框。

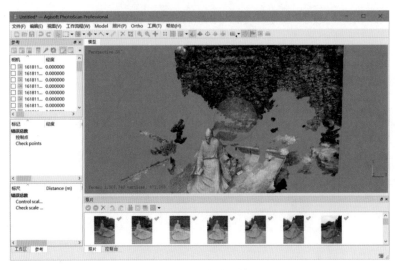

图 17.2.12　生成网格后

图 17.2.13　清理废线面后

图 17.2.14　生成纹理参数设置

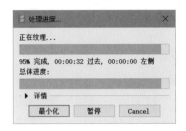

图 17.2.15　生成纹理进度

（13）这次没有等太久，图 17.2.16 所示就是生成纹理后的结果，比起生成纹理之前，各处细节要清晰很多。

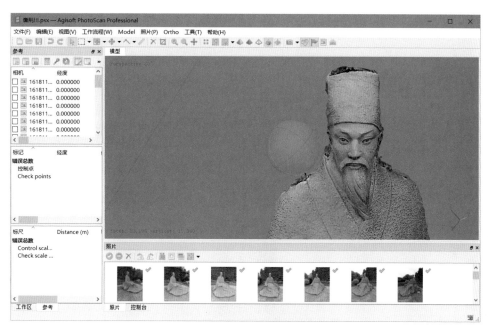

图 17.2.16　生成纹理后

请注意图 17.2.14 所示雕塑主体的帽子顶部、肩膀等处还有缺陷，造成这种情况的原因是雕塑实物超过接近 3m 高，拍照时只能获得平视和略微仰视的图像，缺少顶视的图像，所以造成这些缺陷，今后你要做类似的模型，一定要想办法拍摄一些顶视图（用自拍杆或梯子）。

（14）现在就可以导出你所需要的文件了，Photoscan 可导出的文件格式非常多，下面仅就导出"模型"到 SketchUp 做简单介绍，如图 17.2.17 所示。

图 17.2.17　导出文件类型

① 第一项的 OBJ 是通用的 3D 模型，适合在多种 3D 软件之间互导、优选。
② 第二项的 3DS 线面数量多，纹理易出错，也可以用，但不推荐。

③ DAE 和 STL 两种格式，3D 打印机用得较多，推荐，后面还有专门介绍。

④ FBX 格式与 OBJ 一样，也是 3D 软件之间的重要互导格式，可用。

⑤ 当指定导出 DXF 格式时要注意，可以导出 Polyline（多段线）或 3DFace（3D 面）两种格式，若想要在 SketchUp 中用，建议导出 3DFace 格式。

⑥ 当你想把模型放到 Google 地球时，可导出 KMZ 格式。

（15）导入 SketchUp。

本节附件里保存了 Photoscan 本身的 PSX 文件，可以用 Photoscan 打开修改。还保存了五六种能被 SketchUp 接受的其他格式，供参考研究。

图 17.2.18 是在 SketchUp 里导入 OBJ 格式后，经过旋转、柔化等操作以后的样子（DAE、3DS 也一样，但各有短长）。注意，Photoscan 等软件的坐标系统跟 SketchUp 不同。

图 17.2.18　SketchUp 导入 OBJ 文件后

（16）导出格式的对比。

① 正如图 17.2.17 ①所示，Photoscan 具有丰富的导出功能，共可导出 15 类不同的文件，其中仅"导出模型"一项就有 13 种选择，如图 17.2.19 ②所示。

② 图 17.2.20 ①是 Photoscan 中以 81 张瓷娃娃照片生成的模型截图，②是导出 DAE 格式后，再导入 SketchUp 后（用 JHS 重度柔化）的结果，较好地保持了对象在 Photoscan 里的原状。③是导出 3DS 后，再导入 SketchUp，同样柔化后的结果有大量瑕疵且难以修复。所以，建议读者们在测试时优先尝试导出 DAE 格式到 SketchUp。

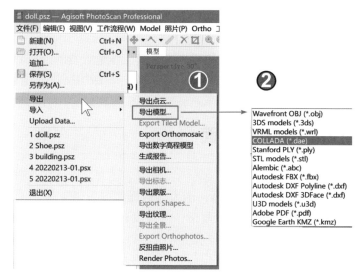

图 17.2.19 Photoscan 丰富的导出功能

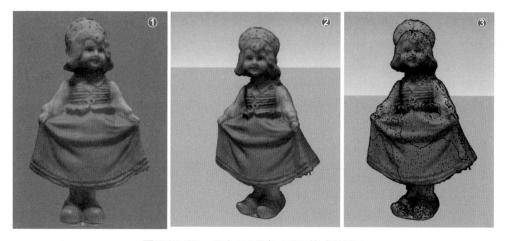

图 17.2.20 导出 DAE 与 3DS 格式的对比

17.3 图像逆向重建工具 2（RealityCapture）

本节要介绍另一款知名的照片建模工具——RealityCapture（现实捕获）。该软件官网的简略介绍如下：RealityCapture 是最先进的摄影测量软件解决方案，正在改变行业。它是目前市场上最快的解决方案，为你的工作带来了有效性，并使你能够专注于自己的目标。完全自动地从图像和（或）激光扫描中创建虚拟现实场景、纹理、3D 网格、正交投影、地理参考地图等。

想要深入了解 RealityCapture 的读者可访问其官网 www.capturingreality.com，该网有教程

和测试用照片素材的下载链接。经反复搜索，找不到中文版的官网（仅检索到几个主要以航拍服务搞地理信息重建的代理商）。

愿意尝试的读者可去官网下载免费试用版，也有按工作量收费的经济套餐。

声明：本书内容纯属学术探讨性质，作者与 SketchUp（中国）授权培训中心跟本书中提到的软件工具与相关公司无业务与经济往来。

1. RealityCapture 的初始界面

（1）软件的下载安装（略）。

（2）RealityCapture 基本没有工具图标，绝大多数操作需单击软件界面顶部的菜单命令，因为软件的功能相当多，所以菜单也比较复杂，并且没有汉化的版本（注意网络上声称可提供汉化版、中文版下载的全是无良骗子，不要上当）。全英文的界面可能会吓退很多不谙英文的尝试者，但除非你用它的目的是"带高程与经纬度的无人机航拍照片建模"需要花点时间较深入地研究一下之外，对于普通的应用，包括像"既有建筑与大中小型雕塑逆向重建"一类的任务，即使英文马马虎虎，看完本节与配套的视频，也可顺利操作出成果。

（3）图 17.3.1 ①是该软件的"文件"菜单，有新建、打开、保存、另存等常用功能。

（4）图 17.3.1 ②里有 8 种视图样式选项和"撤销""恢复"按钮（实例中会提到）。

（5）图 17.3.1 ③是初始的一级菜单，分别是"工作流""对齐""重建"。

（6）图 17.3.1 ④是二级菜单，内容因一级菜单改变而变化（下面会列出）。

（7）图 17.3.1 ⑤才是最终要执行的命令区，虽然看起来很复杂，其实常用项并不多。

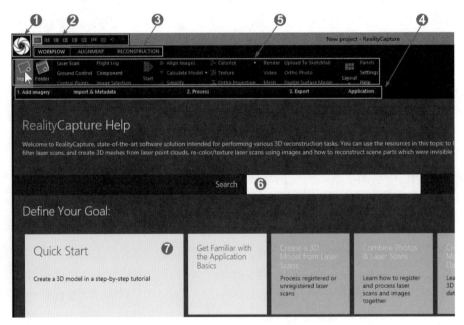

图 17.3.1　RealityCapture 的初始界面

（8）除了图 17.3.1 ①②③④⑤所示的菜单部分外，菜单区的下面是工作区，软件安装好后的初始状态，下面全部是帮助文件，帮助文件包含以下四大类。

① 定义目标，共有 19 个项目，图 17.3.1 ⑦是快速启动，看完即可简单操作。

② 导入 / 导出与重新计算，共有 12 个常见问题。

③ 有益的工作流程与工具，共有 15 个常见问题。

④ 了解更多，有 13 个属于提高性质的问题。

最下面还有"在线资源""在线教程""常见问题"3 个链接。

在图 17.3.1 ⑥里输入关键词还可对所遇到的问题进行搜索。

2. RealityCapture 的 WORK FLOW（工作流）菜单

（1）这是最重要的菜单，如果你的用途仅限于"既有建筑与大、中、小型雕塑逆向重建"一类的任务，很多操作都将在这里完成。

（2）图 17.3.2 ①即工作流一级菜单，图 17.3.2 ②的两个图标分别用于指定导入图片或导入包含全部图片的整个文件夹。

（3）图 17.3.2 ③是导入原始数据与材质，都跟大地测绘、航拍重建有关。

（4）图 17.3.2 ④的"过程"最重要，并不复杂，后面结合实例说明。

（5）图 17.3.2 ⑤是有关输出的选项，图 17.3.2 ⑥项目较杂，可改变视图，快速进入"帮助"，最重要的是 Settings（设置）初学者可先不予理会，就用默认值。

图 17.3.2 RealityCapture 的"工作流"界面

3. RealityCapture 的 ALIGNMENT（对齐）菜单

（1）单击图 17.3.3 ①即进入"对齐"菜单，如果你的用途仅限于"既有建筑与大、中、小型雕塑逆向重建"一类的任务，这个菜单基本不用操作。

（2）图 17.3.3 ②③④⑤⑥⑦分别是登记、约束、分析、选择、输出、输入，初学者与上述一般性任务可先不予理会，就用默认值。

图 17.3.3 RealityCapture 的"对齐"界面

4. RealityCapture 的 RECONSTRUCTION（重建）菜单

（1）单击图 17.3.4 ①即进入"重建"菜单，如果你的用途仅限于"既有建筑与大、中、小型雕塑逆向重建"一类的任务，这个菜单基本不用操作（也可操作一小部分）。

（2）图 17.3.4 ②③④⑤⑥分别是过程、对齐、选择、工具、输出、输入，初学者与上述一般性任务可先不予理会，就用默认值。

图 17.3.4　RealityCapture 的"重建"菜单

5. RealityCapture 的 SCENE（场景）菜单

（1）以上所述是还没有把建模用的照片导入 RealityCapture 之前的 3 组默认菜单，一旦导入了建模用的照片，并且进行初步对齐操作后，还会出现一组图 17.3.5 ①所示的"场景"菜单。

（2）图 17.3.5 ②③④⑤⑥⑦分别是源、对齐点、对齐相机、显示、场景渲染、工具。

图 17.3.5　RealityCapture 的"场景"菜单

6. 一个简单实例

（1）仍以 17.2 节的 28 幅照片为例尝试生成模型，如图 17.3.6 ①所示，选取"1+1 视图"和"工作流"菜单；单击图 17.3.6 ②所示的任一按钮，导航到保存照片的位置，导入全部照片，如图 17.3.6 ③所示。

（2）单击图 17.3.6 ④所示的 Start（开始）按钮，开始对齐任务，稍等片刻，不要等到全部对齐，只要在图 17.3.6 ⑤所在位置看到出现红、绿、蓝色的小点与半透明立方体，就立即单击图 17.3.7 箭头所指的 Abort（中止）按钮，结果如图 17.3.6 ⑤所示。

（3）上述"中止"对齐进程的目的是调整（缩小限制）对齐操作的范围；否则软件会把目标周围无效的背景、杂物等全部生成模型，将白白浪费很多时间；生成模型后再去删除就更麻烦。

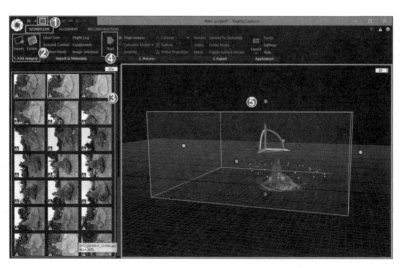

图 17.3.6　初步对齐

图 17.3.7　中止对齐

（4）调整的方法是分别单击并移动 6 个红、绿、蓝色小点，把半透明的包围框缩小到正好把建模对象包围在里面（略留余量），如图 17.3.8 所示。

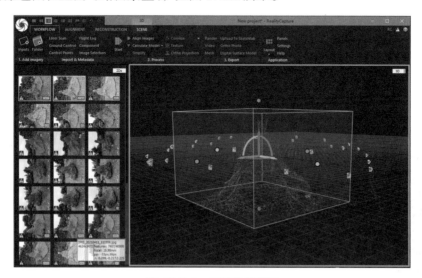

图 17.3.8　调整建模范围

（5）接着单击图 17.3.9 所示的"重建"菜单①，再单击 Preview（预览）模式②[或 High Detail（高细节）]，生成模型网格，此时生成的模型看起来很粗糙（截图略）。见到粗糙的模型网格后再单击图 17.3.9 ③，为模型网格赋予材质，模型如图 17.3.9 所示，此时看起来就精细多了。

（6）如果想要减少面的数量，可单击④，然后在⑤所指处输入面的数量（须经验或测试），再单击 Simplify（简化）按钮⑥简化模型网格。（简化后须再次单击③重新赋予材质。）

图 17.3.9　生成网格与赋予材质

（7）如果已经满意，可选择 Export（输出）→ Mesh（网格）命令，输出模型。RealityCapture 能够输出的文件格式如图 17.3.10 ①所示，多达 16 种。可被 SketchUp 接受的有 OBJ、DXF、DAE 等。图 17.3.10 ②是指定导出 DAE 格式时的参数面板，可在此修改部分参数。

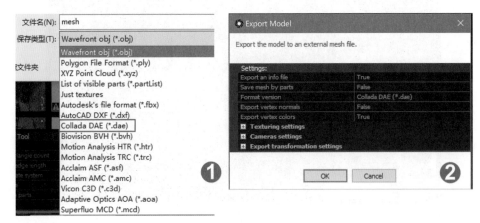

图 17.3.10　RealityCapture 的输出

因撰写此稿件使用的是免费版本，可能输出功能受到限制，尝试多次，导出的模型不能在 SketchUp 里导入（也许还有其他未知原因），但从上述测试结果看，确实有生成速度快、生成的模型精度高等优点，建议愿意接受英文操作界面的读者尝试。

17.4 图像逆向建模工具 3（3DF Zephyr，3DF）

"3DF Zephyr"是要向你介绍的第三种"图像逆向建模"工具。下面有一部分介绍文字摘译于该软件官方网站：https://www.3dflow.net/ 与 http://www.3dflow.net.cn/。

声明：本书内容纯属学术探讨性质，作者与 SketchUp（中国）授权培训中心以及下文中将要提到的软件工具与相关公司无业务与经济往来。

3DF Zephyr 是一个完整的摄影测量软件，广泛应用于摄影测量和 3D 激光扫描领域。

3DF Zephyr 先进的技术允许使用任何相机或无人机重建任何对象，是将 3D 激光扫描仪和影像数据相结合的完整、强大、可靠的软件包。

3DF Zephyr 提供了许多专业工具，旨在简化工作流程。3DF Masquerade 的图像遮罩功能非常巧妙，支持导入和导出所有最常见的文件格式。

3DF Zephyr 的专有技术，让用户可以完全控制整个重建过程，所有的版本均包含可直接使用的预设参数以及为专业人士提供的可调的高级参数设置。

3DF Zephyr 可以让用户通过图片进行全自动轻松重建 3D 模型。Zephyr 广泛应用于各种专业领域，如测量、工程施工、3D 建模、政府和科研机构等。

3DF Zephyr 软件的两个核心专利技术是 3DF Samantha 和 3DF Stasia，属于业内领先，也是学术界认可的构建技术，处理过程完全自动化，无须标靶、手动编辑以及其他特殊设备，该技术是利用每个像素提供最准确的解决方案，同时提供了一个用户友好的界面，导出几乎常见的所有 3D 格式，并且可自动生成无损高清视频。

3DF Zephyr 有 4 种不同版本。免费版单次只能处理 50 张照片，SketchUp 用户如果用于图 17.4.2 一类的照片建模已经够用。

另外，还有"Lite 版"，是低成本版本，单次能处理 500 张照片，小企业足够用。"Aerial版"有完整的摄影测量包，含所有功能与更多高级功能，如正射影像、CAD 绘图、DTM、DEM、多光谱数据处理等。"Aerial EDU 版"是面向高校与科研院所的完整摄影测量包。

图 17.4.1 是对既有建筑无人机航拍的重建。图 17.4.2 是作者在附近公园用手机随便拍摄了一些照片后尝试建模的截图。

1. 软件的获取与安装

（1）官网可下载免费版本试用，安装过程略。

（2）若安装后看到默认的英文界面，可选择菜单 Tools → Options → Appearance → Language

命令，在9种语言中找到"中国"，如图17.4.3所示。关闭软件，重新启动后就是中文版了。

图 17.4.1　既有建筑逆向重建

图 17.4.2　小物件重建

图 17.4.3　改变成中文版

（3）重新启动后，请重新回到"工具"→"选项"，这里有9个标签，有大量可设置的项目，可以一一点开熟悉一下，除非有十分的把握，建议先不要做改动。

下面以一个小实例简单描述软件的最基本应用，所有参数除专门说明之外，全部用软件内置的预设参数。

2. 初始界面与主要菜单

（1）图17.4.4所示为打开软件后的初始界面，①框出的两个菜单是本节要用到的"工作流程"和"导出"。②就是"工作流程"菜单的一部分，③所框出的3项"新建项目""生成3D模型""生成纹理化网格"加上"导出"，只要顺序用这4个菜单项，就能完成照片生成3D模型的全过程。

（2）图17.4.4④所在的位置将保存照片到模型的全过程："导入照片"→"稀疏点云"→"密集点云"→"网格"→"纹理化网格"，便于回溯与修改。从照片到模型的全过程都将在⑤所在的区域里显示、检查与修改。⑥所在的区域有"录制视频"与"编辑"两个标签，本例中不用。⑦所在的区域将显示参与建模的所有照片，单击任一照片都将在区域⑤里显示，以便检查。

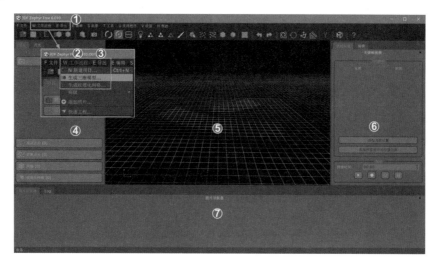

图 17.4.4　初始界面与主要菜单

3. 新建项目与导入照片

要创建一个新项目，选择菜单"工作流程"→"新建项目"命令，随后弹出一个新建项目的向导页面，基本不用修改（截图略）；在见到图 17.4.5 所示的"选择照片"页面后，单击"+"加载照片；也可以把照片直接拖曳到这里。单击"-"可删除照片。3DF Zephyr 也可以"从视频导入照片"或导入"全景照片"，关于全景照片的制作可查阅《SketchUp 材质系统精讲》。

应注意，3DF Zephyr 是作者测试过的 10 多种相关软件里唯一可接受"视频"与"全景图片"建模的工具，这是两个非常好的功能。

4. 相机校准与相机定向（截图略）

（1）见到图 17.4.6 中已经导入的照片后，单击"下一步"按钮，即进入"相机校准"页面，因软件自带"校正参数"，所以默认"自动校准"，如果需要可单击"编辑校准"按钮（非无人机航拍建模等特殊需要，用默认的"自动校准"即可）。相机自动校准后，单击"下一步"按钮。

（2）现在进入"相机定向"页面，有两个选项，即"类别"和"预设"。"类别"有 5 种选择，即常规、航拍、近景、人体、城市。其中，"航拍""人体"很好理解；"近景"用于出土文物等小物件的照片；"城市"用于"既有建筑逆向建模"的照片；"常规"是兼顾多种因素的默认值，除了上述 4 种特殊情况外，都选择默认的"常规"。"预设"有快速、默认、深度 3 个选项，建议采用"默认"。所以，这个页面不用改动，直接单击"下一步"按钮。

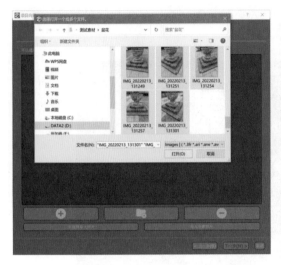

图 17.4.5　导入照片

图 17.4.6　已导入的照片

5. 稀疏重建

（1）现在出现"开始重建"页面，上面列出了"照片数量""预设类型"和"预设名称"等前面已经确定的参数摘要供你查核，有问题单击"上一步"按钮回去修改；没有问题单击顶部的"运行"按钮，开始"稀疏重建"。图 17.4.7 所示为正在"稀疏重建"的界面。

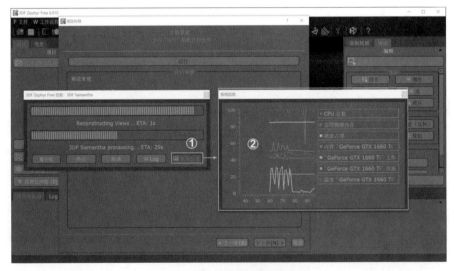

图 17.4.7　稀疏重建界面

（2）在稀疏重建过程中单击图 17.4.7 ①所示的"系统信息"按钮，即可见到图 17.4.7 ②所示的"系统信息"显示面板，分别列出了"CPU 占用率""物理内存""磁盘占用""显卡内存占用"显卡工作"显卡风扇"显卡温度"共 7 个参数。如图 17.4.7 所示，CPU 占用几乎 100%。这种对于用户"全部透明"的操作过程，比起傻傻看着进度条的传统形式，把枯燥的等待时间变得非常有趣，也方便了解你的计算机性能，很值得称赞。

6. 调整点云范围

（1）"稀疏重建"完成后，图 17.4.8 中间的工作区内出现一个隐隐约约的"稀疏点阵"，如果导入的照片没有经过"褪底去背景"，通常目标对象周围会出现大量噪声点，需要去除。此外，为了减少后续生成"密集点阵"的工作量，也需要限制后续操作的范围。

（2）单击图 17.4.8 ①所示的"编辑范围框"图标，在工作区"稀疏点阵"上出现一个如图 17.4.8 ②所示的"范围框"，同时还出现如图 17.4.8 ③所示的"编辑范围框"面板，上面有6 个编辑用的工具。

（3）后面的操作就是要把"范围框"尽量缩小到正好把目标包围在其中，调整的要领大致是：将光标悬停在场景上按住左键，移动鼠标旋转；转动滚轮缩放，按住滚轮平移视图。

（4）如图 17.4.8 ③所示那样，分别单击 6 个面进行移动，直到把范围框缩小到与目标相似。

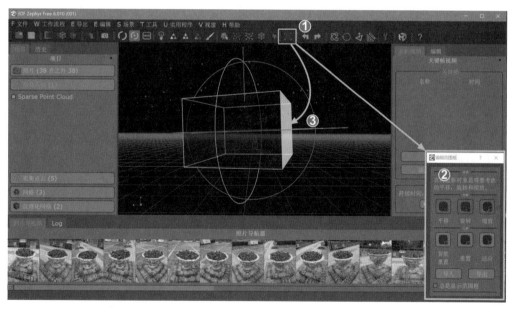

图 17.4.8 点云范围编辑

7. 生成 3D 模型

（1）上述的"点云范围"编辑完成后，即可选择"工作流程"→"生成 3D 模型"菜单命令，这部分工作其实包含了两部分内容，即"生成密集点云"和"生成网格"，所以会弹出 3 个对话框，即"多视图立体处理""创建密集点云"和"表面重建"；全部不要改动，直接单击"下一步"按钮；直到看见第四个"绘图概要"面板后，单击"运行"按钮。

（2）如图 17.4.9 所示，正在"生成密集点云"和"生成网格"，其间进度条会从前者切换到后者，这个过程需时较多。

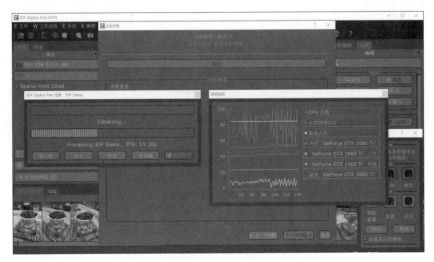

图 17.4.9　生成 3D 模型

8. 生成纹理化网格

图 17.4.10 就是刚刚生成的 3D 模型，因为还没有生成精确的纹理，看起来较粗糙。

图 17.4.10　生成的模型（粗糙）

选择"工作流程"→"生成纹理化网格"菜单命令，结果如图 17.4.11 所示，精致了很多。

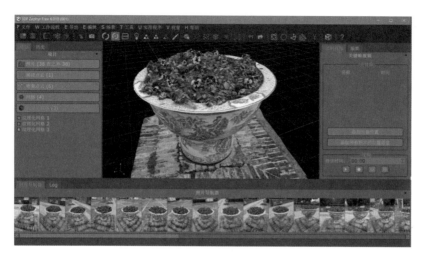

图 17.4.11　完成纹理化网格后（精确贴图后）

9. 导出

（1）如前所述，完成了"稀疏云"→"密集云"→"成网格"→"纹理化"之后，几乎全部用 3DF Zephyr 的默认参数得到了一个精细的模型，现在到了收获的时候。

（2）因为以上测试用的是 3DF Zephyr Free V.6.010（免费版），如图 17.4.12 ①所示，选择"导出"→"导出纹理化网格"菜单命令，在图 17.4.12 ②所示的导出面板上只有 4 种选择，即 Ply、Obj/Mtl、Glb、Upload to Sketchfab，如图 17.4.12 ③所示，只能选择 Obj/Mtl（带材质的 OBJ），后来证明导入 SketchUp 后有不能显示的问题，只能待找其他版本后再测试了。

（3）图 17.4.12 ④里保存了从导入照片到完成贴图的全过程，可供查阅、修改。

图 17.4.12　导出

10. 测试小结

这是一款 300MB 的重磅大软件，功能非常丰富强大，运算速度快，建模质量高。上面的测试只是摸到了一点点边，还有很多细节可以研究，如能解决导入 SketchUp 的问题（如格式转换），则非常值得推荐。

17.5 前文小结与另几种逆向建模工具

再次郑重声明，本书内容纯属学术探讨性质，作者与 SketchUp（中国）授权培训中心跟本书中将要提到的任何软件与相关公司无业务与经济往来。下面表达的观点仅代表作者基于 SketchUp 用户的看法与试用体会，未必全部正确。

1. 已介绍过的 3 种图像重建工具小结

1）Agisoft Metashape（即 Photoscan）

中文官网：https://www.photoscan.cn/。

在本章 17.2 节已做过介绍，还通过一个实例展示了它的基本用法。已知这是一款基于影像自动生成高质量 3D 模型的优秀软件。

软件使用中无须设置初始值，无须相机检校，根据多视图 3D 重建技术，无须指定控制点就可对任意照片进行处理；照片的拍摄位置是任意的，无论是航拍照片还是高分辨率数码相机拍摄的照片，甚至手机拍摄的影像都可以使用。整个工作流程无论是影像定向还是 3D 模型重建过程，只要指定高、中、低，其余都是完全自动化的。

Photoscan 如果用于航拍重建，可生成高分辨率的正射影像，通过控制点则可进而生成真实坐标的 3D 模型（使用控制点后，精度可达 5cm）及带精细色彩纹理的 DEM 模型（数字高程模型）。完全自动化的工作流程，即使非专业人员也可以在一台计算机上处理成百上千张航空影像，生成专业级别的摄影测量数据。

它的优点非常明确：有官方中文版，有中文官网与交流社区，学习应用资源丰富，操作简单，容易掌握，处理速度快；大到处理无人机航拍照片重建城镇、工地、矿山等大场景，小到随便找个小物件拍照建模都能从容应对……

作者曾尝试（测试）过 10 多种图像重建工具，如从 SketchUp 用户的视角进行比较，Photoscan 是给我综合印象较好的。譬如用于既有建筑的 3D 重建，无论操作简便程度还是重建模型的品质，都可能成为 SketchUp 自带"照片匹配"的替代品。建筑与景观设计业所需的复杂小品可信手拈来，SketchUp 用户因此如虎添翼，谨向本书读者推荐试用。

2）RealityCapture

英文官网：www.capturingreality.com。

这是在本章 17.3 节讨论过的。同样可以用于大到无人机航拍的 3D 重建到小物件建模的功能覆盖。功能强大，处理速度快，3D 还原效果好，输出格式多，官网有丰富的教程和测试用照片素材的下载链接（英文），有免费的版本，也有按工作量计费的服务方式，很多优点非常突出。可惜没有中文版，操作界面基本不用图标，以单击英文菜单为主，界面偏复杂，真诚推荐给英文基础好的或愿意接受英文操作界面的读者。

3）3DF Zephyr Lite

中英文官网：https://www.3dflow.net/；http://www.3dflow.net.cn/。

其主要功能同样覆盖了无人机航拍 3D 重建到小物件建模。有 4 种不同版本，免费版单次可处理 50 张照片，SketchUp 用户的小规模应用也够了。另外，还有"Lite 版"，是低成本版本，单次能处理 500 张照片，小企业足够用。更高档的"Aerial 版"和"Aerial EDU 版"是面向高校与科研院所的完整摄影测量包，用来做大地测量与 3D 重建。

这款软件有中文网站与带中文字幕的视频教程，也推荐读者尝试。

除了上述 3 种之外，借此机会还要悼念一下另一种曾经风靡全球的 Autodesk 123D Catch，它也是一种知名并非常好用的照片建模工具。

它的特点是只要用相机或手机从不同角度拍摄物体、人物或场景，上传到 Autodesk 123D Catch 的云，然后利用 Autodesk 云计算的强大处理能力，可将数码照片在几分钟内转换为 3D 模型，而且还自动带上纹理信息供下载。作者多年前曾经尝试过几次，感觉非常方便。缺点是生成的 3D 网格不够细致，但是可以通过纹理来表现真实感（其实所有照片重建 3D 模型的软件都是如此，只是程度不同而已）。该软件基本不用学习即可使用。

为了写这本书再去尝试测试，发现不能用了，随即去 Autodesk 官网查询，看到以下通知：2016 年 12 月 16 日，Autodesk 宣布，包括"Catch"在内的所有"123D"系列应用程序将于 2017 年 1 月停产。

看到以上通知后，作者为此准备好的素材与提前写好的相关图文只能删除了！

本书读者们不要因为见到网上有很多介绍文章与视频，再去浪费时间与感情了。

2. 可关注的另两种大型 3D 重建软件

1）ContextCapture（原 Smart3D）

这款软件是一个近 1GB 的大家伙，主要用于航拍照片建模，拥有处理几万张照片、几亿个顶点、若干平方公里 3D 重建的能力；更大的项目还可以提供云服务。若你是城镇规划、大工程、矿山等行业，可以关注中文网站：https://www.bentley.com/zh/products/brands/contextcapture。

国内还有公司可提供一条龙服务，请自行搜索。

2）Autodesk ReCap Pro

Autodesk ReCap 软件是一个独立的应用程序，它可以使通过引用多个索引的扫描文件（RCS）来创建一个点云投影文件（RCP）。该软件可通过 Windows 的"开始"菜单或从

Autodesk ReCap 桌面图标中启动它。可以用 Autodesk ReCap 将扫描文件数据转换成点云格式，使其能在其他产品中查看和编辑。Autodesk ReCap 可处理大规模的数据集，使你能够聚合扫描文件，并对其进行清理、分类、空间排序、压缩、测量和形象化。访问以下网站可下载试用 30 天的免费版：https://www.autodesk.com/products/recap/free-trial。

应注意，如果你真的单击了 Download free trial（免费下载试用）按钮，会弹出一个"提醒"（其实是警告）——需要关注的是，"试用版文件的大小，估计有 4GB"。相信此时绝大多数人看到 4GB 的文件体积就会知难而退，放弃这个免费试用的机会。

3. 航拍与地图建模

1）国产的 LocalSpace Viewer

官网：http://www.locaspace.cn/。

LocaSpace Viewer（LSV）集成多种在线地图资源。包括：百度地图、影像、标注；天地图、影像、标注。软件还开设了本地图源接口，轻松接入各种类型的外部图源。LocaSpace Viewer（LSV）支持倾斜摄影数据极速浏览。支持的倾斜摄影 3D 模型格式包括 *.osgb、*.dae 等。软件把 osgb 分块文件建立索引生成一个 lfp 文件，便于倾斜摄影 3D 模型在地球上进行快速定位。LocaSpace Viewer（LSV）采用矢量化的方式，通过叠加的矢量底面，在渲染层面实现建筑物、道路等地物的单体化。

如果你的单位有上述需要，请支持一下国货，经过试用，看起来并不比洋货差。

2）OpenDroneMap

英文官网：https://opendronemap.org/。

OpenDroneMap 是一个开源的航拍图像处理工具，可以把航拍图像进行点云、正射影像和高程模型等转换处理。这是一个用输入"命令行"方式操作的软件，执行的效率肯定更高，使用的难度也相应增加，推荐给愿意研究的读者。

4. 3D 扫描重建工具（零件模具机械工程等）

1）Geomagic Design X

官网：https://www.3dsystems.com/software/geomagic-design-x。

Geomagic Design 是一款专业的 CAD 工程设计软件，其特点是把传统的 CAD 与 3D 扫描数据相结合。正因为这个特点，用户可以创建与其他 CAD 软件兼容的模型，为设计复杂的模型提供更高的效率，对于设计更具挑战性的零件建模速度有非常大的提升。

软件采用了设计师们相对熟悉的 CAD 界面，让创建 CAD 模型的过程变得更快，操作起来简单、流畅。可以用它来提取实体模型，对实物、草图、扫描数据进行操作。此外，软件还支持各种输入和输出格式、实时编辑工具、运动分析和数据共享等工具。

Geomagic ® Design X ™ 可以比任何其他逆向工程软件更快、更准确、更可靠地从 3D 扫描创建 CAD 模型，使你能够从现有产品中创造新的商业价值。

（1）处理具有数百万点的大型扫描数据集的速度比任何其他逆向工程软件都要快。

（2）为实体、曲面和网格创建复杂的混合 3D 模型。

（3）直接连接到你的 CAD 环境并创建本机文件，以准确表示扫描对象。

（4）就像在 CAD 中一样快速创建实体或曲面。

（5）将具有完整设计历史的 3D 参数模型直接传输到任何流行的 CAD 软件。

2）Quick Surface

官网：https://www.quicksurface3d.com/。

Quick Surface 是适用于 3D 扫描仪的终极逆向工程解决方案。

（1）扫描对象并将其导出为 STL、OBJ 或 PLY 网格或 PTX 点云后，可以在 Quick Surface 中导入网格。由于软件已完全优化，因此导入的网格大小没有限制。

（2）使用 Quick Surface 简单而强大的工具可创建 2D 草图，拉伸 3D 草图，以及旋转曲面、自由形式曲线、曲面和棱柱形特征。

（3）Quick Surface 提供标准的 CAD 操作，如修剪、旋转、布尔、放样、扫描、延伸、镜像。通过添加圆角和倒角来完成你的工作。

（4）随时通过准确的偏差控制来完成你的工作。Quick Surface 可以创建复杂的混合 3D 模型。

（5）以最佳精度和设计意图重塑你的对象。

（6）准备就绪后，将作为行业标准 STEP 或 IGES 文件格式导出到其他 CAD/CAM 软件包，或使用结果进行 3D 打印或 CNC 加工。Quick Surface 在 SOLIDWORKS 中提供了一个完整的参数化树。

此外，基于扫描逆向设计的建模工具还有很多，如下所列，有兴趣者可自行搜索。

Geomagic（俗称"杰魔"）包括系列软件 Geomagic Studio、Geomagic Qualify 和 Geomagic Piano。其中，Geomagic Studio 是被广泛使用的逆向工程软件。

Imageware 也是著名的逆向工程软件，它因其强大的点云处理能力、曲面编辑能力和曲面的构建能力而被广泛应用于汽车、航空航天、消费家电、模具、计算机零部件等设计与制造领域。

RapidForm 是韩国 INUS 公司出品的逆向工程软件，提供了新一代运算模式，可实时将点云数据运算出无接缝的多边形曲面。

ReconstructMe 是一款功能强大且易于使用的 3D 重建软件，能进行实时 3D 场景扫描，几分钟就可以完成一张全彩 3D 场景。

Artec Eva、Artec Spider 等手持式的 3D 扫描仪，重量轻且易于使用，成为许多 3D 体验馆扫描物体的首选产品。

PolyWorks 是加拿大 InnovMetric 公司开发的点云处理软件，提供工程和制造业 3D 测量解决方案，包含点云扫描、尺寸分析与比较、CAD 和逆向工程等功能。

CopyCAD 是由英国 DELCAM 公司出品的功能强大的逆向工程系统软件，它能用已存在的零件或实体模型扫描数据，产生 3D CAD 模型。

17.6 图像逆向重建实例1（石狮子）

本节要用一组照片重建图 17.6.1 所示的石狮子模型，用同样的方法可以创建类似的对象，非常值得经常要制作小品模型的 SketchUp 用户参考与练习。

图 17.6.1 照片建模（石狮子）

1. 准备工作

（1）所用的照片建模工具是 Photoscan，在 17.2 节中已经有过简单介绍，本节要再度展示用它做照片建模更详细的全过程，其中有些 17.2 节没有提到的操作。

（2）要用到的素材照片保存在本节附件里，共 66 幅，用普通中、低档手机（1600 万像素）加自拍杆拍摄，所有照片未经挑选与任何加工。照片拍摄时用自拍杆加长，对石狮子的顶部拍摄一圈，共 10 多张照片，围绕头部又拍摄了 10 多张，围绕石狮子的中部与底部各绕一圈，各拍摄 10 多张，共 4 层（其实只要 3 层，每层 8 ～ 10 张就足够了）。

2. 本例图像重建 3D 模型的步骤简述

以下操作步骤几乎适用于除"无人机航拍重建"的所有照片重建 3D 模型任务。

（1）图 17.6.2 所示为打开 Photoscan 软件后，准备开始操作的界面。

（2）注意图 17.6.2 ①②所在的位置是打开的"工作流程"菜单。有 6 个菜单项，除了最上面的"添加照片"与"添加文件夹"都是为了导入照片的两种不同操作之外，自上往下还有另外 4 个菜单项，即"对齐照片""建立密集点云""生成网格""生成纹理"，这几个菜单项就是从导入照片到生成模型的全过程，共 5 个步骤，操作顺序也如菜单项的排列一样。

（3）首先正规操作如下：选择"文件"→"新建"菜单命令，新建一个文件，选择"文件"→

"另存为"→"导航到保存位置"菜单命令，打开"保存"对话框，默认保存为 psx 格式，输入文件名，单击"保存"按钮。注意，"保存"对话框有默认的 psx 和 psz 两种格式可选。其中，psx 是 Photoscan 默认的项目文件格式，而 psz 是 Photoscan 的存档格式（经压缩，体积较小）。不要跟 Photoshop 相同或相似的文件格式搞混了。

（4）现在要把准备好的照片导入 Photoscan，建议用"添加照片"命令，而最好不要用"添加文件夹"命令的方式，原因是"文件夹"里可能有不需要导入的图像文件，譬如前一次测试生成的纹理贴图或其他无关的图像文件，一起导入后，可能大大增加 Photoscan 运行的时间，甚至得到莫名其妙的结果。

（5）现在单击"添加照片"命令，导航到保存有原始素材照片的位置，如图 17.6.2 ③所示。自上而下检查一遍，选择需要导入的文件后，单击"打开"按钮。

图 17.6.2　照片建模基本程序

3. 导入照片与检查

（1）导入的照片将同时出现在图 17.6.2 ①和③的位置，单击①或③任一缩略图，该照片将出现在④所在的位置。注意：开始的两幅照片带有经、纬度等数据，若是无人机航拍照片，要设置成每一张都有经、纬度与高度数据。

（2）注意图 17.6.3 ②与⑤所在处各有一排小按钮，测试时将光标移动到按钮上可见其用途。

（3）注意图 17.6.3 ⑥所在处有图像与模型两个标签，图像检查完毕后应切换到"模型"标签。

图 17.6.3　导入照片与检查

4. 对齐照片与设置

其次，要进行"对齐照片"，也就是生成所谓的"稀疏点云"。

（1）选择"工作流程"→"对齐照片"菜单命令，在弹出的对话框中把"精度"设置为"中"，"关键点限止"设置为 60000，"连接点限制"设置为 6000（经验值），其余各项保持默认值不动，如图 17.6.4 所示。

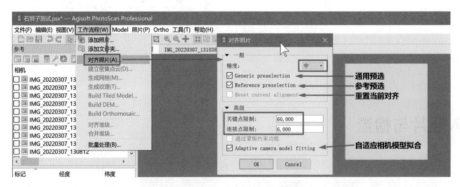

图 17.6.4　对齐照片的设置

（2）经过大概 1 ～ 2min（进度条截图略），"对齐照片"过程结束；出现了图 17.6.5 ①所示的隐隐约约可见的"稀疏点云"，出现时是歪的，歪的方向与经、纬度有关，但可以校正。

（3）单击图 17.6.5 ②框出的"导航"工具图标，按图 17.6.5 ③所示的方法操作。刚开始操作会有点别扭，要把"点云"中的"对象"移动到与"坐标球"重叠，检查稀疏点云。

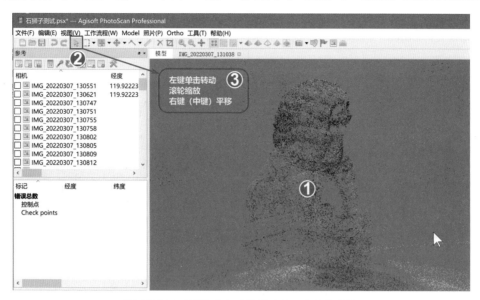

图 17.6.5　照片对齐后的稀疏点云与鼠标操作

5. 调整点云有效区域

（1）单击图 17.6.6 ①"调整区域大小"工具图标，再选取图 17.6.6 ①所示的"调整区域大小"，向后旋转滚轮，能够见到图 17.6.6 ②所示的半透明包围框，这就是刚生成的稀疏点云，范围相当大，真正的目标对象只是图 17.6.6 ③框出的那一点点。下面要把点云区域调整到尽量接近目标大小。

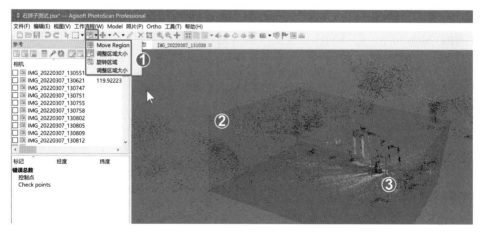

图 17.6.6　调整点云区域（半透明包围框）

（2）单击图 17.6.7 ①所示的"调整区域大小"；用鼠标左键单击半透明包围框的角点（不是很清楚），移动包围框；再用图 17.6.7 ①所示的"旋转区域"配合，把包围框的 6 个面尽量调整到靠近目标（要花点时间适应），结果如图 17.6.7 所示。因为现在还是"稀疏点云"，看不太清楚细节，预留空间可适当宽松点，等后续看得清楚时再做精细调整。

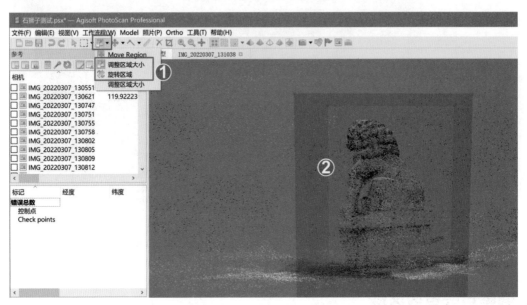

图 17.6.7　粗调完成的包围框

6. 建立密集点云

（1）完成前一步对"点云区域"的调整以后，接着就要在"稀疏点云"的基础上进一步生成"密集点云"。所谓"密集点云"就是下一步"生成网格"的基础，"云"中的每一个"点"将可能成为"网格"的"顶点"，点越多，面也越多。根据作者本人的经验，照片重建的模型若用于 SketchUp，需特别注意控制线面数量，要从这一步开始注意。

（2）选择"工作流程"→"建立密集点云"菜单命令，在弹出的对话框中把"质量"设置为"中"，"深度过滤"设置为"中度"，Calculate point colors（计算点的颜色）保持默认的勾选（方便后续观察与检查），如图 17.6.8 所示。

（3）单击 OK 按钮后就进入运算状态，这一步需时较多。如之前对"精度"和"深度"选择了"高"或"超高"，在漫长的等待运算的过程中，你一定会后悔，不如中止进程，从头重新来过。因为之前选择了"中"，几分钟后得到的结果如图 17.6.9 所示。

7. 生成网格

所谓"生成网格"，用 SketchUp 用户的术语讲，就是"以点成面"的过程。

图 17.6.8　生成密集点云设置

图 17.6.9　生成的密集点云（因质量为"中"区别不明显）

（1）选择"工作流程"→"生成网格"菜单命令，如图 17.6.10 所示，选择"面数"为"中"，可见提示生成面的数量为 38 万多，对于 SketchUp 用户来说，已经非常精细了。

（2）从"生成网格"进度条看，全过程有"生成网格"与"消减网格"两个进程。所谓"消减网格"，就是智能地删除不能成面的离散点与明显错误的面，得到的"有效网格"就会相对比较"干净"，大大减轻了后期清理的工作量。

（3）"生成网格"（即成面）后的结果如图 17.6.11 所示，已经看得出模型的样子。因为之前在"生成密集点云"和"生成网格"两个环节都选择了"中等"，生成速度快，线面数量相对较少（其实已经不少了），得到的模型在细节处，譬如狮子头上的"卷毛"细节，似乎缺乏"立体深度"，表现比较一般，这种缺憾可以在下一步"生成纹理"环节，用清晰的贴图纹理来弥补。这样做完全符合"三分模型，七分贴图"的原则。

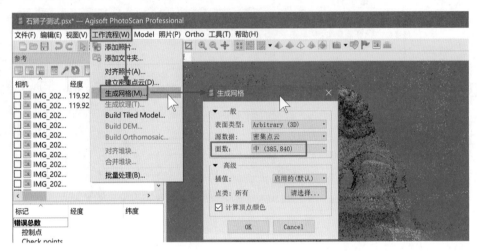

图 17.6.10　生成网格（即以点成面）设置

图 17.6.11　生成网格后的结果

8. 生成纹理

（1）在正式开始"生成纹理"（即贴图）之前，可以用图 17.6.12 所示的两种工具配合清理已经生成但不需要的部分，如石狮子底座周围的地面等。

图 17.6.12　清理模型所用的工具

（2）建议用"旋转对象""滚轮缩放""中键平移"与"自由圈选"工具配合，圈选出需要清理删除的部分，然后按 Delete 键删除。

（3）完成清理后的模型如图 17.6.13 所示。

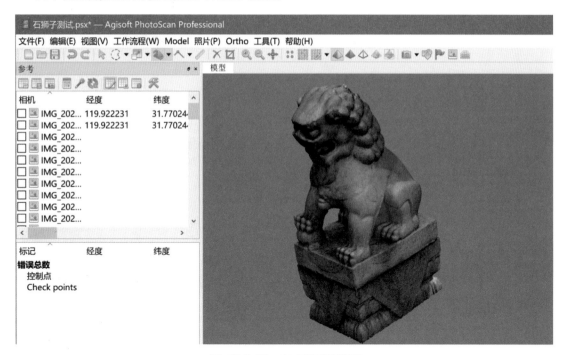

图 17.6.13　完成模型清理后

9. 生成纹理（即贴图）

接着要进入"生成纹理"环节，选择"工作流程"→"生成纹理"命令，建议使用默认参数，不用改动，如图 17.6.14 所示。默认生成两幅纹理贴图（可调整为 1 幅），贴图后的模型如图 17.6.15 所示。

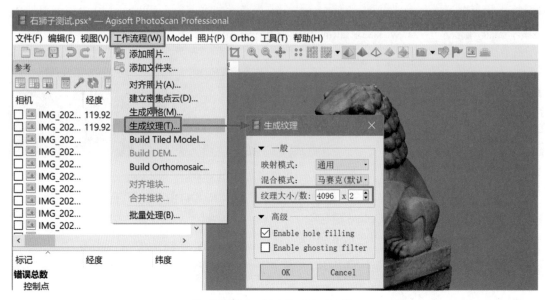

图 17.6.14　指定生成纹理参数

图 17.6.15　生成纹理后（图中基座上的浅色是阳光直射处）

10. 导出模型

选择"文件"→"导出"→"导出模型"菜单命令，建议导出 DAE 格式类型，指定位置与文件名后保存，如图 17.6.16 所示。

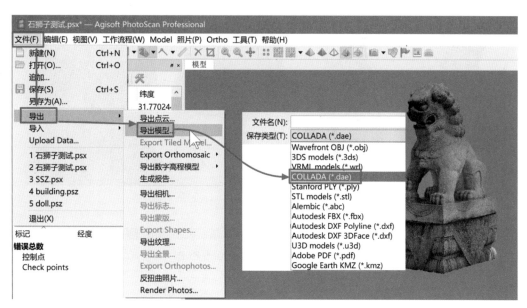

图 17.6.16　导出模型

注意，Photoscan 可导出的大类有 15 个，仅"导出模型"就有 13 种选择，其中只有不多的几种能被 SketchUp 接受，如 OBJ、3DS、DAE、DXF, 经过多次测试，导出 DAE 格式比较合适，麻烦较少（应注意，尤其要避免导出 3DS 格式）。

11. 导入 SketchUp

（1）刚导入 SketchUp 的模型是歪斜的，如图 17.6.17 ①所示，这是因为 Photoscan 的坐标系统跟经、纬度有关（在 Photoscan 里可调整），先不用管它，选中模型后单击 JHS 超级工具栏的"重度柔化"，并在菜单"视图"→"边线类型"里仅勾选"边线"，结果如图 17.6.17 ②所示。

图 17.6.17　导入与柔化

（2）把视图分别调到正视图、侧视图和顶视图（平行投影），用旋转工具把模型调正后如图 17.6.18 所示。适当调整光照与材质的 HSB 的明度（B），效果与细节如图 17.6.19 所示。

图 17.6.18 扶正与细节

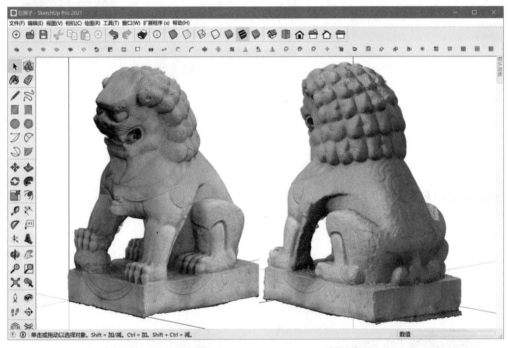

图 17.6.19 适当调整光照与材质的明度后

17.7 图像逆向建模实例 2（碑墙）

这个例子展示对近乎平面的对象做照片建模，用的工具仍然是 Photoscan，照片仍然是用 1600 万像素的中、低档手机拍摄，如图 17.7.1 所示，共有 14 幅，保存在本节附件里。

为了大幅缩减篇幅，所有的操作过程与 17.6 节完全相同，不再赘述；此处仅列出简单插图说明。图 17.7.1 是用于建模的 14 幅照片之一，可见建模对象的全貌。

图 17.7.1　原始照片

　　图 17.7.2 是经过"照片对齐"（截图略）、"生成密集点云"（截图略）后生成的"网格"，未做清理删减的原状，可见 Photoscan 智能识别建模目标的能力相当强。

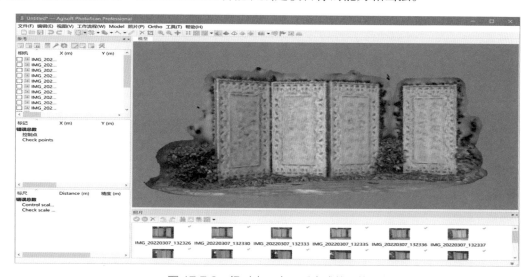

图 17.7.2　经对齐、点云后生成的网格

图 17.7.3 是在图 17.7.2 的基础上执行"生成纹理"命令后的效果，对象的细节更为清晰。随即导出 DAE 格式的文件，从导入 14 幅照片开始到导出模型，仅用了 7 ～ 8min。

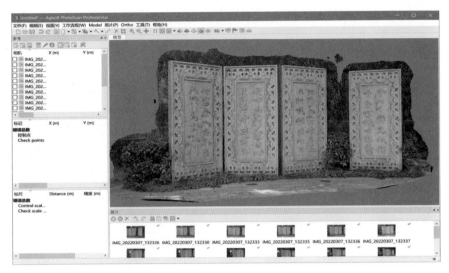

图 17.7.3　生成纹理（贴图）后

图 17.7.4 是 SketchUp 导入 DAE 格式文件后经过简单的"扶正"，对阳光照射方向稍作调节（不开阴影）的结果，如果想要更加好的效果，还可以在 SketchUp 里做清理与重新贴图。

图 17.7.4　导入 SketchUp 后的原状

17.8　图像逆向建模实例 3（高浮雕）

如图 17.8.1 所示的图像来源于网络，全套共 14 幅。从图 17.8.2 可见全套照片，以弧

形的角度拍摄于同一个高度，拿来作为一个"高浮雕"图像逆向建模的素材。图 17.8.3 和
图 17.8.4 是其中的两幅。

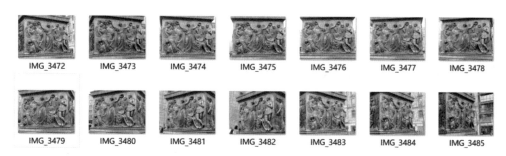

图 17.8.1　某纪念碑照片

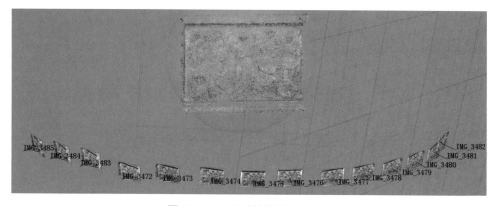

图 17.8.2　照片拍摄位置与角度

图 17.8.3　图像 1

图 17.8.4　图像 2

　　本例照片逆向建模仍然用 Photoscan，因为照片数量不多，所以在"对齐照片""密集点
云"和"生成网格"过程中都用了较高的参数设置。

图 17.8.5 左侧的图像是 "生成纹理" 之后的情况，因为原始照片上有部分垃圾，生成的模型上也多了一些不该有的部分（已框出）。按理可以在前面的任一过程中提前处理掉，但因瑕疵不多，且之前的过程中看不清楚，容易误删，故留到 "生成网格" 后处理。

图 17.8.5　模型瑕疵与修整

注意： 如果发现的瑕疵没有在 Photoscan 中清理干净，导入 SketchUp 再处理会非常麻烦（见图 17.8.6）。图 17.8.5 右侧就是完成清理后的对象。

图 17.8.6　导入 SketchUp 后的模型

17.9 图像逆向建模实例 4（既有建筑重建）

图 17.9.1 所示的图像来源于网络，全套共 50 幅。从图 17.9.2 可见，全套照片绕着建筑对象在同一个高度完成拍摄；最后 6 幅照片是加拍的"近景细节"；因为只有在地面上拍摄的单层图像，所以重建的模型一定是没有屋顶的。

图 17.9.1　50 幅原始照片

图 17.9.2　照片拍摄位置与角度

之所以选用这样一套并不完善的照片作为一个"既有建筑重建"的实例，仅为了对"既有建筑重建"提供一个原理性的粗略示范（全过程采用低参数且未对模型作任何修整），希望这个例子能更真实地对习惯用 SketchUp "照片匹配"功能的用户提供点新思维和新选择。

图 17.9.3 所示是在 Photoscan 中经过（低参数的）"添加照片""对齐照片""建立密集点

云""生成网格""生成纹理"5 个过程后，在 Photoscan 窗口中的形象；可见 Photoscan 已经智能识别出需要"3D 重建"的主体，自动排除了绝大部分与主体对象无关的背景，但是仍然存在一些多余的"垃圾"，如屋顶以上与墙脚以下有些不需要的面。Photoscan 提供了多种删除这些"垃圾"的工具，可以非常方便地清理这些"垃圾"。为保持原状供读者参考，未经任何清理与修整。

图 17.9.3　PhotoScan 里未经清理修整的原始模型

图 17.9.4 和图 17.9.5 是未经任何清理、修整，导入 SketchUp 后的截图。

重要提示：清理"垃圾"务必在 Photoscan 里完成，到 SketchUp 后清理会很麻烦。

图 17.9.4　导入 SketchUp 后的模型截图 1

图 17.9.5　导入 SketchUp 后的模型截图 2

17.10　基于互联网云的 3D 重建

近几年来，随着"图像 3D 重建"技术的成熟与应用领域的扩展，国内外都出现了不少为此提供"云服务"的网站；用户仅需上传照片，云服务器就会为你自动生成 3D 模型，有些云服务站点还可提供后续的在线精细编辑工具。这些站点大多提供免费的试用服务，即便收费也很低廉，每处理几千张 4000 像素 ×3000 像素的照片才收取 10 元钱，几乎免费。非常适合有大量图像 3D 重建任务的个人与单位使用。下面介绍几个国内提供此类服务的平台。

郑重声明：本书内容纯属学术探讨性质，作者与 SketchUp（中国）授权培训中心跟本书中将要提到的任何软件与相关公司无业务与经济往来。

1. 大势智慧（https://www.daspatial.com/）

旗下有图 17.10.1 所示的"重建大师""云端地球""重建农场"3 个板块，其中云端地球（https://earth.daspatial.com/）提供在线 3D 重建业务。只要注册一下，便可得到 50GP（每 GP 相当于 832 张 4000 像素 ×3000 像素的照片）的免费建模额度，只要成功上传照片建模另有奖励与优惠。对于大多数人来说，相当于长期免费。

2. GTE3D Farm 就是上述的"重建农场"（https://www.get3d. cn/router/）

区别是通过下载 Get3d—assistant（https://www.get3d.cn/router/other/tools），可在本地 PC 上快速创建工程、上传照片和下载模型，方便用户更快、更轻松建模。

图 17.10.1　服务平台

3. GETsD Cluster 即上述"重建大师"（https://www.daspatial.com/cn/gcluster）

重建大师是一款专为超大规模实景 3D 数据生产而设计的集群并行处理软件，输入无人机拍摄的倾斜照片、激光点云、POS 信息及像控点等数据，输出高精度彩色网格模型，可一键完成空中三角测量、自动建模和 LOD 构建。

4. 欧科 3D 建模官网（ reparo.cn ）

基于互联网的文化类 3D 重建平台；旗下"如初官网"聚焦文化遗产的数字化资源平台（reparo.vip），注册后也可提供 3GP 的免费额度。建模主题以历史文化遗产为主，也可提供航拍照片重建。经过实际注册试用，似乎服务器响应速度有问题，有待改善。

扫码下载本章配套资源

第 18 章

灰度图建模

"灰度图"是什么?

很多 SketchUp 的用户甚至还从来没有听说过这个名词。为什么要用整整一章的篇幅来介绍与讨论它? 因为"灰度图"可以大大简化 SketchUp 用户创建曲面模型的速度,并保证质量,甚至可以借此创建其他方法无法完成的曲面模型;还因为"灰度图"大到城乡规划设计、建筑与景观设计,小至家装、家具的雕塑、雕刻都有用武之地,都能解决大问题。所以,就有了本章的精彩内容。

除了后面的 9 节内容之外,在本章的附件里还有另外一些素材,包括一个"精品灰度图库"可供练习,也可供实用。

18.1 灰度图建模与工具概述

1. 灰度图的概念与用途

根据"百度百科"的说法，灰度图（Gray Scale Image）又称灰阶图。把白色与黑色之间按对数关系分为若干等级，称为灰度。灰度分为 256 阶（2^8）。用灰度表示的图像称为灰度图。除了常见的卫星图像、航空照片外，许多地球物理观测数据也以灰度表示。

——上面"百度百科"说的仅仅是灰度图的"大用途"，后面有几节会讨论如何在 SketchUp 条件下实现这种"大用途"。

其实我们每个人差不多都跟"灰度图"有密切关系：医院里影像学诊断用的 X 光片和 CT 片等就是"灰度图"，不过灰度的等级分得更细，可达到 2^{10}、2^{12} 甚至 2^{16} 阶。

除了上述的"大用途"外，"灰度图"的"小用途"更为丰富多彩：譬如现代家具上的"雕花部件"，除了少数手工雕刻的之外，大多是用 CNC（Computer Numerical Control，计算机数值控制）机械加工的，而 CNC 加工的依据可能就是用"灰度图"生成的刀具路径。

2. 基于灰度图的浮雕

能用灰度图生成模型的软件有很多，如 Rhino、3ds Max、C4D、Zbrush、3Dcoat、Blender、ProE、Maya、JDpaint 等，如果你能熟练操作上述这些软件中的任何一款，本章中的部分章节就可以不用看了。如果你还无缘以上软件中的一款，本章的内容或许可以帮你个小小的忙。

图 18.1.1 ①所示就是导入 SketchUp 的一幅灰度图，在 SketchUp 里生成浮雕形式的立体，如图 18.1.1 ②所示，它仍然保留了灰度图；然后用 SketchUp 的默认正、反面颜色替换掉灰度图后如图 18.1.1 ③所示。至于图 18.1.1 ④所示的是浮雕去掉无用边缘后的另一种形态。从这个小例子可以看出，SketchUp 也有一定程度的把灰度图生成浮雕模型的能力。本章后面会介绍几个这样的例子。

图 18.1.1 以灰度图创建浮雕

3. 基于灰度图的地形

前面的例子说了一个灰度图在 SketchUp 里的"小用途",下面再用一个例子来说明灰度图在 SketchUp 里实现的"大用途"。

图 18.1.2 ①是代表某地山区(带有高程信息)的灰度图(网络上有很多专门的网站可免费提供)生成真实地形模型后,再用同一地区的卫星照片对黑、白、灰色的地形模型做投影贴图生成的"真实地形"(包含较准确的尺寸与真实地貌),是不是很吸引人?后面会详细介绍从获取卫星灰度图、卫星彩图到生成模型的具体操作过程。

图 18.1.2　用灰度图生成卫星地形

4. 灰度图建模工具

灰度图建模,其实包含了至少两大类。一类就是上面所说的"小用途",这种灰度图有很多现成的可用;有需要又有能力的用户,当然也可以创作自制,后面有两节内容会提到这个话题,提供一些方法。至于上面提到的"大用途"灰度图,需要非常精准,老百姓只能从权威渠道获取;不过也有个例外,就是马斯克,他可以自己发射卫星。

有了灰度图,到了 SketchUp 里,除了 SketchUp 自带的原生工具与功能外,还要准备好以下插件才能生成 3D 模型。

(1)Bitmap to Mesh(灰度图转浮雕,见《SketchUp 常用插件手册》5.23 节)。

(2)Scale By Tools(曲线干扰,见《SketchUp 常用插件手册》5.12 节)。

(3)SUbD(参数化细分平滑,见《SketchUp 常用插件手册》5.24 节)。

另外,还有一个需要特别交代的原则:在 SketchUp 里用灰度图生成模型,灰度图上的每个像素将生成两个三角面,稍微大点的灰度图,可能会产生出几十万、上百万、上千万的面,有些复杂、精确的图形,甚至可能生成上亿的面,所以即便是用灰度图创建相对简单的 3D 模型,也需要功能非常"强悍"的计算机。我们设计师常用的普通计算机只能处理有限数量的线面,换句话讲,就是一般的计算机只能用来做点"小玩意",如何尽可能做看起来大一点的东西,后面的篇幅里会具体介绍一点作者摸索出的小经验。

18.2 灰度图的获取与转换

1. 灰度图的种类

并不是所有的"灰度图"都是能够用来建模的。常见灰度图至少可分成四大类。

（1）以灰度为一种艺术表现形式的灰度图，从白到黑的"阶数"可以非常丰富，甚至局部可能是彩色的，如图 18.2.1 ②所示的灰度图就是用从彩色照片①变化而来的，想要表达的是另一种意境。③和④也一样。这种灰度图通常不能用来生成 SketchUp 模型。

图 18.2.1　艺术表现形式的灰度图

（2）如图 18.2.2 所示的是以不同灰度表达不同高度（深度）的灰度图，越是接近白色代表越高，越是接近黑色代表越深（或相反）。从白到黑是"线性关系"，通常只有 2^8 阶（ $0\sim255$ ）这种灰度图可以用来建模。但是图 18.2.2 ④所示的灰度图细节很多，而 SketchUp 处理线、面的能力却有限，显然不适合用来在 SketchUp 里生成模型。

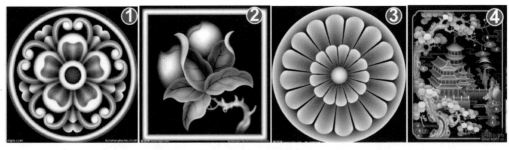

图 18.2.2　以雕刻为目的创建的灰度图

（3）图 18.2.3 同样是以不同灰度表达不同高度的灰度图，越是接近白色代表越高，越是接近黑色代表越低（或相反），但是从白到黑与高度之间是"对数关系"；这种灰度图常见于表达卫星测绘的地形高度（也可能用来表达地磁、温度、辐射、气流、洋流等）。这种灰度图也可以用来生成 SketchUp 模型。

（4）还有一种如图 18.2.4 所示的彩色图像，因为它的用途跟灰度图一样，所以也有人称其为灰度图。其实它们是一种 CNC 雕刻机械配套软件（精雕软件）专用的图，越接近黄色代表越高,越接近蓝色代表越低(深)。想要用来在 SketchUp 里生成模型,还需要回到"精雕"或其他软件里做一定的处理,把它们变成如图 18.2.2 所示的灰度图才行。

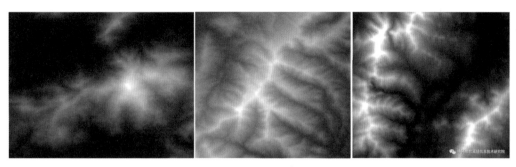

图 18.2.3　以卫星测绘的地形灰度图

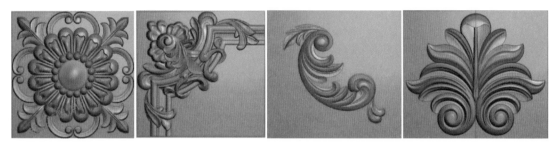

图 18.2.4　精雕软件专用的图

2. 获取合适的灰度图

　　想要获取 18.1 节介绍"小用途"的灰度图,非常容易,有以下几种方法。

　　(1)在"百度图片"上以"灰度图"为关键词进行搜索,就能找到无数的"灰度图",这些灰度图大多是用来做木材或石材雕刻用的,注意有些比较复杂的灰度图很难在 SketchUp 里生成 3D 模型。

　　(2)如果你能登录 Google 图片(https://www.google.com/imghp)可以尝试输入下述关键词或者它们的组合,逐步逼近想要的结果。

　　① 3D relief art(3D 浮雕艺术)、Grayscale(灰阶)、3D laser engraving(3D 激光雕刻)。

　　② 3D cnc grayscale(3D 数控灰度图)、CNC Sculpture(CNC 雕刻)。

　　③ grayscale images(灰度图像)、3D model(3D 模型)。

　　(3)把一幅可用于生成模型的灰度图(本节附件里就有很多)直接拉到"百度图片"或"Google 图片"的搜索框里,就会得到一系列相似的灰度图,然后改变搜索条件继续搜索,很快就能接近你想要的目标。

　　至于如何获取"大用途"的灰度图是另一门学问,将在后面专门介绍与讨论。

3. 将 WebP 格式图像文件转换成可用的图像

无论你用"百度图片"还是"Google 图片"，搜索并下载的图像往往是扩展名为 WebP 格式的，双击它往往只能在网络浏览器、Windows 自带的照片查看器或 Windows 的画图工具中打开；无法用常见的图像处理工具（如 Photoshop）打开与处理，非常尴尬。

WebP 格式是谷歌开发的一种旨在加快网络加载速度的图片格式。图片压缩到体积大约只有 JPEG 的 2/3，能节省大量的服务器带宽资源和数据空间。国内外的大多数知名网站，包括"百度图片"都已经开始使用 WebP 格式。

WebP 是一种有损压缩的图像文件，相较于 JPEG 文件，虽然网络传输速度较快、占用空间较少，但是处理同样质量的 WebP 文件需要占用更多的计算机资源。对于想把网络图片用于设计的人员，譬如已经下载到某些灰度图的我们，就得想想办法了。

1）少数 WebP 的转换方法

① 最爽快的办法是，下载某图片时输入图片名称并加 .jpg 或 .png 后保存。

② 如果只有不多的几幅 WebP 图像要转换格式，最简单的办法是右击该图片，输入图片名称并加后缀 .jpg 或 .png，无视弹出的警告，单击保存。

③ 右击该图片的缩略图，在右键菜单里选择"打开方式"→"画图"命令，打开 Windows 自带的"画图"工具后，再另存为 bmp、jpg、png 格式之前，还可以顺便做一下修剪、旋转与缩放等操作。

2）用软件批量转换的方法

① 去下载一个名叫"XnConvert 图像转换器"的小软件（见本节附件），截图见图 18.2.5，如果看到的是英文界面，可选择 Settings → Language，单击"简体中文"，关闭"XnConvert 图像转换器"后重新启动就是中文版了。

② 单击图 18.2.5 ①，可以添加单个的 WebP 图片或保存含有大量 WebP 图片的文件夹，所有的 WebP 图片将出现在"XnConvert 图像转换器"的工作区②中。

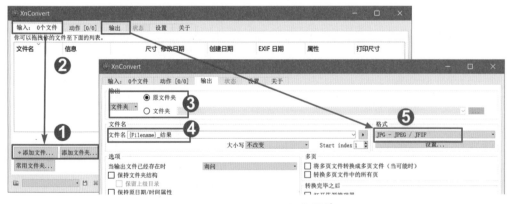

图 18.2.5　XnConvert 图像转换器

③ 单击"输出"标签，设置好保存转换后文件的位置③和保存的文件名④（此处不做设

置也可以，转换后的文件将保留原文件名，再加上"结果"二字）。

④ 还要在图 18.2.5 ⑤所在处指定转换后的文件格式，默认为 jpg。

⑤ 上述几处全部设置好后，回到图 18.2.5 ①②所在的页面，右下角有个"转换"按钮，单击该按钮，转换过程瞬间即可完成。

⑥ 该小软件还有很多功能与可设置的项目，大多与当前所需无关（略）。

3）在线转换的方法

① 第 14 章所介绍的文件在线转换器 https://convertio.co/zh/ 同样可用，方法见 14.5 节，未注册用户每次只能转换两张图片。

② 在浏览器中输入 www.iloveimg.com/zh-cn/ 后按 Enter 键，这是一个在线的图像编辑 / 转换工具，其中有一个工具就可以把 WebP 图片转换成 jpg 文件。

③ 在浏览器中输入 www.sojson.com/image/，里面也有个"图片格式转换"工具。

18.3　灰度图制备 1（场景模糊）

正如在 18.1 节所介绍过的：能用灰度图生成模型的软件有很多，如 Rhino、3ds Max、C4D、Zbrush、3Dcoat、Blender、ProE、Maya、JDpaint 等，它们都可以用灰度图为基础生成模型。

而反过来，能用来设计与绘制灰度图的工具却相对有限。注意，这里指的不是用彩色图片去掉彩色而成的灰度图，那太简单了。也不是用已有 3D 模型逆向生成的灰度图，很多软件都有这样的功能。这里所说的是要以灰度图的形式设计一个模型。

为了写本节的内容，作者用了好几天的时间，几乎搜遍了国内外有关的文献与视频，企图获得这方面更多的资料借鉴以飨读者，可惜非常遗憾，找到的绝大多数文章或视频都是介绍如何用彩色图像改造成灰度图的做法（大多是用 Photoshop），还有少许是以专用的雕刻软件（如精雕）来创建灰度图的教程……

鉴于本书读者都是 SketchUp 用户，加上 SketchUp 对于线、面数量非常敏感的这两个特点，即便能够以灰度图形式创建出自己的模型，只要细节稍微多一点，图形稍微复杂一点，就难以在 SketchUp 里生成模型。下面介绍作者常用的简单方法，仅供参考。

1. 生成黑底与白色的图像

（1）这个方法适用于任何有"模糊"功能的图像工具，包括 Photoshop、PhotoImpact，甚至国产的"美图秀秀""图片工厂"等。下面的例子用的是 PhotoImpact X3（简称 PI），因为在我看来它最好用（关于 PhotoImpact X3 可查阅《SketchUp 材质系统精讲》4.3 节）。

（2）在 PI 里新建一个图像文件，800 像素 ×400 像素，黑底。然后输入一行白色的字母（图像也可以），如果现在保存下来，就可以在 SketchUp 里做成第 15 章提到的"直立浮雕"，如图 18.3.1 所示。

图 18.3.1　生成黑底与白色的图像

2. 生成灰度图

（1）如图 18.3.2 所示，选择"相片"→"模糊"→"模糊"菜单命令。

图 18.3.2　调用"模糊"工具

（2）如图 18.3.3 所示，移动"模糊"工具的滑块，图中模糊度为"13"，可以清楚地看到文字的周围已经有一定程度的"模糊"，其实现在就是一幅灰度图了。

（3）继续增加"模糊度"到"24"，得到的结果如图 18.3.4 ③所示，白色的文字进一步与黑色的底纹融合在一起。后面要把图 18.3.4 所示的 3 个图形都做成浮雕，用来比较。

图 18.3.3　调节模糊度

图 18.3.4　原始图形与两种不同模糊度的灰度图

3. 用 Photoshop 制备灰度图

（1）如果你的计算机上安装了 Photoshop，可以用图 18.3.5 所示的方法生成灰度图。因为 Photoshop 的功能非常强大，生成灰度图的方法也很多，有些方法操作起来比较复杂，下面介绍的是一种相对简单的方法（把整幅图像模糊化生成灰度图）。

（2）按图 18.3.5 所示，把一幅需要做成灰度图的黑白图片拉到 Photoshop 的工作窗口里，然后选择"滤镜"→"模糊"→"场景模糊"菜单命令，右侧会弹出一个"模糊工具"面板（截图略），移动上面的滑块或直接输入模糊的像素即可获得模糊的图像（就是灰度图）。注意：Photoshop 模糊滤镜用来表征模糊程度的单位是"像素"，所以，不同大小的原始图像，想要得到相同的模糊程度，将需要模糊不同的像素数量。

（3）图 18.3.6 ①是还没有模糊化的原始图像，分辨率为 300 像素 ×300 像素；②是模糊了 8 像素时的情况（2.7%）；③所示是模糊了 12 像素时的情况（4%）；④是模糊了 15 像素时的情况（5%）；⑤是模糊了 20 像素时的情况（6.7%）。上面一行与下面一行的区别只是把黑色与白色反了个相，两者都可以用来在 SketchUp 里创建浮雕形式的模型。

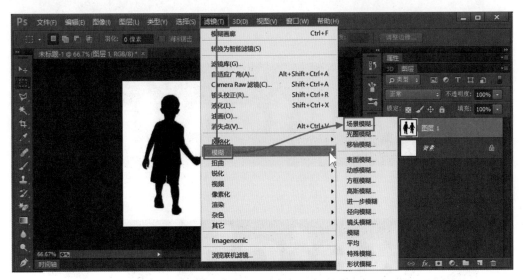

图 18.3.5　用 Photoshop 的模糊滤镜生成灰度图

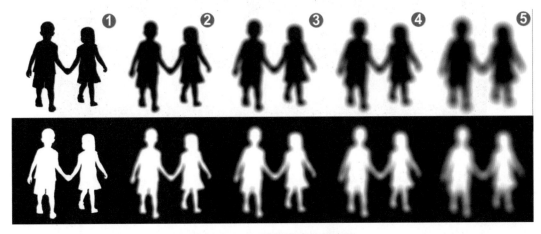

图 18.3.6　不同模糊度的灰度图

18.4　灰度图制备 2（高斯模糊与像素调整）

18.3 节介绍了用 Photoshop 与 PhotoImpact 的"模糊工具"创建灰度图的方法，那是一种对整幅图像全部模糊生成灰度图的方法，只能创建一些简单的灰度图。

本节要介绍的方法可以用来以灰度图的形式"创作"你的模型。这个方法适合比较熟悉 Photoshop 并有创作能力的读者使用。

1. 以选区与高斯模糊创建简单的灰度图

（1）图 18.4.1 ①是原始的黑白图像，目标部分是黑色的，需要变成白色的才能进行下一步；选择 Photoshop 的"图像"→"调整"→"反相"菜单命令，即可获得如图 18.4.1 ②所示的结果。

（2）现在看图 18.4.2，单击①所示的"快速选择工具"，单击图像的白色部分，得到选区的"蚂蚁线"，如图 18.4.1 ③所示。

（3）有了选区，再选择"滤镜"→"模糊"→"高斯模糊"菜单命令，弹出图 18.4.2 ③所示的"高斯模糊"对话框，移动滑块或输入数值即可对选区内的部分完成高斯模糊，满意后确定并保存。图 18.4.1 ④所示就是保存后的灰度图。

图 18.4.1　以选区与高斯模糊创建灰度图

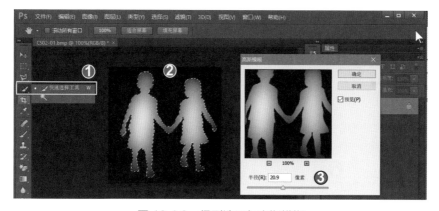

图 18.4.2　得到选区与高斯模糊

2. 创建较复杂的灰度图

（1）如图 18.4.3 ①所示，勾画出创作对象的轮廓线，这部分工作可以在包括 SketchUp 的其他软件里完成后导入 Photoshop（保留路径）。

（2）在 Photoshop 里用上面介绍的办法，分成 10 多个小区，用"高斯模糊"分别创建灰度图，注意用不同的灰色区分高低、深浅，结果如图 18.4.3 ②所示。

（3）这种有很多细节的灰度图只适合用来创建"刀具路径"进行 CNC 雕刻。注意，大多数计算机无法在 SketchUp 里顺利生成这种浮雕模型，不推荐 SketchUp 用户模仿。

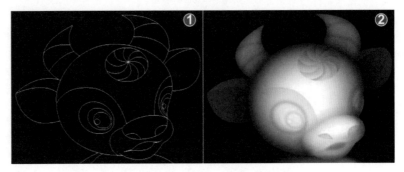

图 18.4.3　创建较复杂的灰度图

3. SketchUp 处理能力的限制与像素调整

最后要讨论的问题对于想在 SketchUp 里以灰度图创建模型的读者非常重要。

（1）众所周知，衡量图像的最小单位是"像素"，而衡量 3D 模型的最小单位是"面"，如果在 SketchUp 里以灰度图为依据创建模型，灰度图的每一个像素会生成两个三边面，这个规律在《SketchUp 常用插件手册》5.23 节介绍 Bitmap to Mesh（灰度图到网格）插件时曾经介绍过。即使不用这个插件，上述规律同样有效。这个概念非常重要，重要到能否顺利把灰度图生成模型。

（2）通常要把待生成模型的灰度图调整到合适的大小，如 200 像素 ×200 像素（相当于 200×200×2=8 万个面）；一般的中档计算机最多不要超过 500 像素 ×500 像素（500×500×2=50 万个面）。以上还是理论计算的值，实际测试往往远高于计算值。

（3）大多数平面图像专业软件都有按像素调整图像大小的功能，以下介绍的方法最为简单，无论是否安装平面设计专业软件的计算机都可以用（见图 18.4.4）。

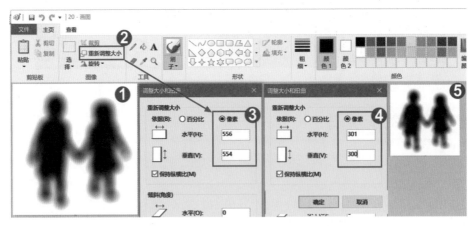

图 18.4.4　调整像素数量的简单办法

① 用 Windows 自带的"画图"工具，打开需要调整大小的灰度图，如图 18.4.4①所示。

② 单击图 18.4.4②所示的"重新调整大小"，选择图 18.4.4③"像素"，可见原图大小为 556 像素 ×554 像素。

③ 如图 18.4.4④所示，把任一数值改成 300，另一个会自动换算，单击"确定"按钮后，图像按输入的像素缩小，如图 18.4.4⑤所示。最后另存为 bmp 或 jpg 格式的新图像。

（4）同时还有另一个概念也同样重要。

① 图 18.4.5 上排②③④⑤就是 18.3 节用 Photoshop 生成的不同模糊程度的灰度图，其中图 18.4.5①是未经模糊处理的原图，5 幅图全部都是 300 像素 ×300 像素。

② 图 18.4.5 下排是用上排的图像，用同样的工具、同样的参数生成的浅浮雕模型，可见明显的效果区别。

③ 现在布置个思考题：请猜猜图 18.4.5 下排的 5 个浮雕模型之间线面数量的大致比例。答案会在 18.5 节公布。

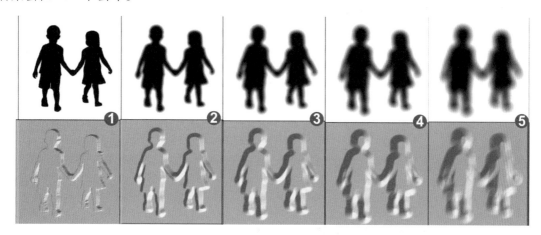

图 18.4.5　不同等级灰度图与浮雕比较

18.5　灰度图建模实例1（Bitmap to Mesh 创建浮雕）

因为《SketchUp 常用插件手册》5.23 节在讨论插件 Bitmap to Mesh（灰度图到网格）一节中已经对灰度图建模的操作方法做了非常详细的介绍，本节就不再重复已经介绍过的部分了。

本节要展示以灰度图为原始素材，Bitmap to Mesh（灰度图到网格）插件为工具创建的 3 个浮雕作品，分别简述如下。

1. 浅浮雕示例 1（如意花）

（1）这是一种中国传统纹饰，由 6 个"玉如意"形状的花瓣构成，有"称心如意"的良好寓意。图 18.5.1①是导入 SketchUp 的灰度图；图 18.5.1②是用 Bitmap to Mesh（灰度图到网格）插件拉出浮雕后。

（2）注意，图 18.5.1 ③已经把浮雕炸开，并且跟一个矩形的平面做模型交错，目的是把花纹部分切割分离出来。图 18.5.1 ④是已经分割出的浮雕部分并赋色。

（3）在炸开浮雕部分之前，只要用推拉工具稍微向上移动③的平面后再做模型交错，即可得到图 18.5.1 ⑤所示的"镂空"效果。

图 18.5.1　浅浮雕示例 1（如意花）

注意：当浮雕线面数量较大时，炸开过程会很漫长，且有崩溃退出的可能。

2. 浅浮雕示例 2（莲花）

（1）莲花也是中国传统纹饰之一，有"出污泥而不染"自爱高洁的寓意，图 18.5.2 ①是导入 SketchUp 的灰度图，图 18.5.2 ②是用 Bitmap to Mesh（灰度图到网格）插件拉出的浮雕。

（2）图 18.5.2 ③用 SketchUp 默认的正反面替换了灰度图的颜色，图 18.5.2 ④是按住 Ctrl 键后用橡皮擦工具对 4 条边做局部柔化后的效果。

图 18.5.2　浅浮雕示例 2（莲花）

3. 浅浮雕示例 3（弥勒佛头像）

（1）图 18.5.3 ①是导入 SketchUp 的灰度图，图 18.5.3 ②是用 Bitmap to Mesh（灰度图到网

格）插件拉出的浮雕，因为是头像，可适当拉得高一点，以获得更好的立体感。

（2）图 18.5.3 ③是用 SketchUp 默认正反面颜色替换灰度图后的效果，图 18.5.3 ④是赋予类似贴金的黄色。

（3）本节也留一个思考题：想把浮雕凸出的部分与周围的"废边"分割清理掉，除了用上述图 18.5.1 模型交错的方法之外，还能用什么办法？

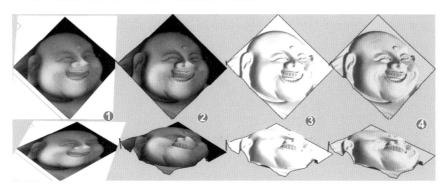

图 18.5.3　浅浮雕（弥勒佛头像）

（4）18.4 节思考题的答案。

18.4 节布置了一个思考题：用下图上排的图像，以同样的工具、同样的参数生成下排的浅浮雕模型，可见到明显的凹凸效果区别，请猜猜下排模型线面数量的大致比例。

现在告诉你答案：虽然①②③④⑤的原始图像不同，但以同样的工具、同样的参数生成的浅浮雕模型，其线面数量完全相同：面都是 269139，线都是 178819，你猜对了吗？

这个结果说明，线、面数量仅与原始图片的像素有关。这是个非常重要的概念。

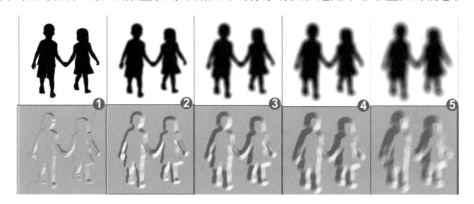

18.6　灰度图建模实例 2（Curve scale 创建浮雕）

本节的例子要换用另一种工具——Curve scale（曲线干扰），仍然以灰度图创建浮雕模型，一定有人会问，既然有了 18.5 节用 Bitmap to Mesh（灰度图到网格）创建浮雕的方法，为什么还要换一种工具？下面回答这个问题。

1. Bitmap to Mesh（灰度图到网格）的缺点

（1）还记得在 18.4 节中反复提醒过，用来创建浮雕的灰度图，每个像素将生成两个三边面，即便用一幅 500 像素 ×500 像素的小幅度图片生成的模型都可能产生 50 万个面（实际还不止）。所以，用 Bitmap to Mesh（灰度图到网格）插件生成浮雕之前必须有一个调整像素数量的环节，通常是大大缩减灰度图的像素（还必须提前计算好）。

（2）Bitmap to Mesh（灰度图到网格）的使用过程中，无法用输入尺寸的方式获得浮雕作品的长度、宽度和凸出凹入的精确尺寸，只能边移动鼠标，边看着数值框里的数字来控制尺寸，无法做出精准尺寸的作品。

2. 用 Curve scale（曲线干扰）插件生成浮雕的比较

（1）图 18.6.1 ①是一幅 404 像素 ×642 像素的灰度图，如果用 Bitmap to Mesh（灰度图到网格）生成浮雕，理论计算将产生"404×642×2=518736 个三边面"中档计算机没有半个小时完成不了，还有一半的机会半途崩溃罢工（作者计算机还行，实测 516663 面，776351 线，耗时 25min）。模型虽然有更多细节，但是反而把灰度图的瑕疵全暴露出来了（见附件）。

（2）图 18.6.1 ②和③是一样的，都是用 Curve scale（曲线干扰）生成的浮雕，②是向下凹入，③是向上凸出，都是 31301 面，47521 线，线面数量仅为前者的 6% 左右（该值可控）。

图 18.6.1　Curve scale（曲线干扰）生成的浮雕

3. Curve scale（曲线干扰）生成浮雕操作要领

（1）提前画一条与绿轴平行的辅助线，相距绿轴 1000mm（或其他整数）。

（2）执行"文件"→"导入"菜单命令，导航到图 18.6.2 ①所在位置，选择后确定，图片将黏附在光标上，单击坐标原点后鼠标指针向右上方移动到辅助线，再次单击，图片固定。

（3）然后用卷尺工具单击图片四周边线，得到 4 条辅助线，如图 18.6.2 ①所示。

（4）删除导入的图片，调用沙盒工具栏的"生成网格"工具，输入网格尺寸 10mm，在上述 4 条辅助线范围内绘制网格，网格数量为 100×159=15900，如图 18.6.2 ②所示。

（5）双击进入网格，如图 18.6.2 ③所示全选后单击 Curve scale（曲线干扰）工具栏最右边的"按图移顶点"工具，在弹出的对话框④中输入 Z 轴的移动值（为 50～100 的值，该值即为浮雕凸出或凹入的程度），单击"好"按钮后，又会弹出 Windows 的资源管理器，此时导航到原先导入过的灰度图，确定后，稍微等待一下，即可生成浮雕，如图 18.6.2 ⑤所示。

（6）全选后单击 JHS 超级工具栏中的 Smooze Hard（深度柔化）工具，稍等片刻后即可得到图 18.6.1 所示的浮雕。为得到更好的浮雕效果，可在"阴影"面板上关闭阴影，勾选"使用阳光参数区分阴暗面"复选框，把时间调到 9 时左右，日期调到凹凸感最强。

（7）如生成的网格反面朝上，想要获得凸出的浮雕，输入 Z 轴移动值时要输入负值；否则得到的是凹入的"阴雕"，不过可以做一次 Z 轴镜像翻转。

（8）如果嫌浮雕凸出得不够，可以用缩放工具改变整体的厚度。

（9）如果想得到精度更高的浮雕，在上面第（4）步输入网格尺寸时可随意改变，譬如把网格尺寸改成 5mm，网格的密度增加 1 倍，网格的数量是原来的 4 倍，模型生成的时间将是原来的 10 多倍，计算机风扇"呜呜"叫，等到地老天荒、七窍生烟都不一定成功。所以，还是不要太贪心，精度差不多够用就好。

（10）现在可以总结一下，用 Curve scale（曲线干扰）的"按图移顶点"工具生成浮雕的优缺点。优点：可以得到精准尺寸的浮雕，可以随意设置模型的精度，可以使用原图，不用改变灰度图的像素……优点不少；缺点只有一个：过高的精度生成浮雕的时间较久。

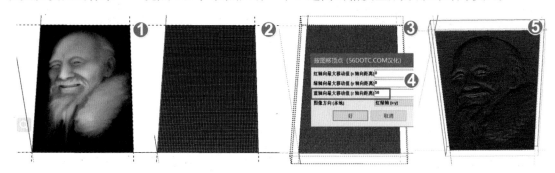

图 18.6.2　用曲线干扰工具生成浮雕

18.7　获取地形灰度映射

民用的卫星遥感遥测技术应用发展至今不过短短二三十年（军用卫星的历史更久），曾长期被列为"机密"的地理信息就被人一览无遗了，尤其是近些年来，农村乡间小道、城镇的小街小巷实景都能轻易获取，门牌号码都清晰可见。说句笑话："卫星之下，财主家的银子都不知道往哪里藏是好。"

本节附件里，作者收集了二三十个国内外能提供免费卫星遥感遥测数据资料的网站，其中绝大多数仍以提供传统地图为主，也有一些可提供高程数据的网站，不过太专业了，不大适合 SketchUp 用户创建地形模型所用。我们最需要的是能生成地形的灰度图。

在浩瀚的卫星遥感资源中，终于找到了一个开源、免费的，可以提供地形灰度映射的网站，非常适合 SketchUp 用户获取所需的"地形灰度图"。这是麻省理工学院与斯坦福大学名为 tangrams（七巧板）的 height mapper（高度映射器）的研究项目，该项目已进行了至少 6 年。下面详细介绍如何从 tangrams（七巧板）项目中获取"高度映射图"（即灰度图）的方法。

1. 登录 "七巧板高度映射器" 网站

域名：https://tangrams.github.io/heightmapper/ （不用抄录，附件里有链接）。

图 18.7.1 是打开此网站的首页。这是一个可提供海拔数据的浏览器，最高处显示白色，最低处是黑色，黑白之间以不同的灰度表示不同的海拔高度。现在看到最白处就是我国的西藏与喜马拉雅山脉及南美洲的智利山脉。右上角是参数的设置与显示区。

图 18.7.1　"七巧板高度映射器" 网站

2. 初始默认参数与显示

图 18.7.1 中右下角已把"参数设置显示区"放大并译成中文。一开始，"自动曝光"默认是勾选的，所以"最大海拔高度"默认是世界最高海拔 8848m，"最低海拔高度"默认是 0m，只能看到很少的白色与浅灰色。

3. 找寻目标区域与设置

在图 18.7.1 所示的条件下是无法找到我们想要的目标区域的。现在可勾选"地图线",可见到如图 18.7.2 所示的粗略地图线,这就为缩小查找范围提供了条件。

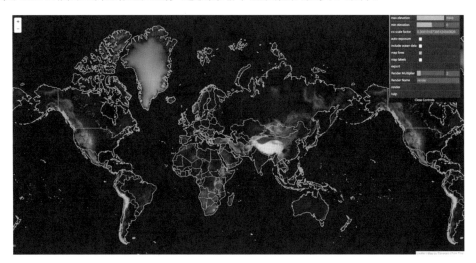

图 18.7.2　显示地图线

4. 缩小查找范围

假设需要"香港大屿山"的地形灰度图,用鼠标滚轮不断放大,鼠标左键平移,再勾选"地图标签"显示地名,很快就可以把目标定位在视图中。

5. 获取精确的灰度图

从百度搜索得知,香港大屿山岛主峰是凤凰山(海拔为 935m)以及大东山(海拔为 869m)。为了得到最为精准的灰度图,现在把图 18.7.4 ①所指处的最大海拔高度直接改成 935m(如不能确定视图中最高海拔,可输入数值测试,一直调整到灰度等级合理为止),最低海拔保留默认的 0m,出现我们所要的灰度图,颜色最白处就是凤凰山与大东山两个主峰。

现在关闭"地图标签"(隐藏地名),为了方便后续的应用,建议输出两幅图,一幅带有图线边界的灰度图;再取消"图线"勾选,输出一幅没有图线的灰度图(截图略)。输出可单击 Export 按钮(用截图工具截图可能不准确),导航到保存位置并命名一个新文件。注意两次导出之间一定不要移动和缩放地图。这两幅图已经保存在本节附件里供参考。

还有一个重要事情,在缩放移动地图之前,务必把"Z：X 比例因子"("Z：X 比例因子"描述了当前视图在 Z 轴上"高"与当前视图 X 轴上宽度的比例)的一串数字复制下来,本例中为"0.00010187365124040628",后面会用到它,至于其他的几个"渲染"选项,不很重要，请自行测试。

6. 另一个知名精确卫星地形高程获取途径

USGS 美国地质勘探局（United States Geological Survey）。

美国地质勘探局地球探索者数据库 "USGS Earth Explorer"。

网站域名：https://earthexplorer.usgs.gov/ 。

该网站可提供的数据包括地球资源卫星系列、数字高程模型、高光谱数据、中分辨率成像光谱、甚高分辨率辐射计等一系列数据，非常专业，但不一定全适用于 SketchUp 用户。

18.8 获取地形纹理

SketchUp 老用户都知道，SketchUp 可以从 Google 地图截取一小片带有高程信息的地图，还可以生成不太精确的 3D 地形。不过，自从 Trimble 公司从 Google 收购了 SketchUp 以后，地图下载这一功能有了一些改变，尤其是在 SketchUp 2021 版以后与最新的 SketchUp Pro 2022 版里，地图功能有了较大的变化。下面简单介绍 SketchUp 地图功能的具体应用，已经有这方面经验，但是很久没有使用该功能的读者也可以稍微关心一下后面的内容，经常使用并非常熟悉该功能的读者可选择性地略过下面的一小部分。

1. 在 SketchUp 里获取地图的基本方法

（1）选择"文件"→"地理位置"→"添加位置"菜单命令，会弹出一个不大的、显示地图的面板，为了方便后续操作，可以拖动地图面板的角与边，把窗口放到跟屏幕一样大。

（2）地图面板上默认出现的大概率是你所在城市的卫星图（或许是通过你的 IP 地址来确定的），理论上可以使用地图界面上的搜索栏搜索目标位置（实际操作发现即使输入英文的地名也未必能准确抵达）。所以，最好使用 + 或 - 按钮（或用鼠标滚轮）进行缩放并单击拖动地图到达目标位置。如对此没有把握，可单击图 18.8.1 ⑥，把卫星图改成普通地图。

（3）在地图缩放过程中，会出现一个白色的定位方框，方框内就是可下载的地图范围，如见到方框后继续放大地图，那么失去方框后的窗口内所见的全部内容就是可下载的范围。完成后，应单击"选择区域"按钮。

（4）这里要注意了，默认的地图提供商为 DigitalGlobe（数字地球），还有另一个选择是 Hi-Res Nearmap（高分辨率近图），这一点对于理解后面介绍的内容很重要。

（5）如果选择了默认的 DigitalGlobe，可以得到最高精度为 18 级的数字地图。单击"导入"按钮，所选的地图即可出现在 SketchUp 的坐标原点处。

2. 关于数字地图的精度问题

（1）关于数字地图的精度级别标准，各国甚至各大公司都不太一致，但相差不大。譬如 Google 地图标准，从 1 级到 22 级，网上对民用免费开放的大约在 17～19 级，最高可获得 20 级。大概每像素相当于地面真实尺寸 0.1～1m。

（2）百度电子地图是最低 3～20 级；其 18 级正好相当于每像素 1m，17 级等于 2m，16 级等于 4m。反过来 19 级每像素等于 0.5m，20 级每像素等于 0.25m，以此类推。

（3）现在回到 SketchUp，前面提到的用 + 或 - 按钮（或用鼠标滚轮）进行缩放的操作与地图的分辨率相关联。把地图放得越大，图像的分辨率也越高，能看到的细节越多。每个缩放级别下的图像分辨率大致如表 18.8.1 所示（因摄像机位置与投影等很多复杂的原因可能会有少许误差，所以精确的电子地图需要专业的软件进行修正，后面还会提到）。我们在 SketchUp 里能够免费获取的数字地图，最高精度是 18 级，相当于每像素 0.5m。

表 18.8.1　SketchUp 数字地图概况（DigitalGlobe 免费）

缩放级别	每像素代表的实际距离	SketchUp 地图供应商
Z21	7cm	Hi-Res Nearmap
Z20	12cm	Hi-Res Nearmap
Z19	25cm	Hi-Res Nearmap
Z18	50cm	DigitalGlobe & Hi-Res Nearmap
Z16	2m	DigitalGlobe & Hi-Res Nearmap

（4）理论上 SketchUp 用户可以从 Hi-Res Nearmap 购买高分辨率的数字地图，按所购"瓦片"计价，每片 8 美分，每次最少购 200 片，如图 18.8.1 ①所示，选择了 Hi-Res Nearmap。

在图 18.8.1 ②中把滑块拉到 20 级，可见很多小方格，每个方格就是一个"瓦片"，单击③可以预览其中的一个瓦片（每用户只有 3 次预览的机会）。图 18.8.1 ④已经计算好了"瓦片"总数为 392，需付款 21.36 美元，虽然不贵，但是目前没有对中国大陆用户开放的支付渠道。

从表 18.8.1 所知，SketchUp 可获最高缩放级别达 21 级，每像素相当于 7cm，相信绝大多数人对此没有具体概念，作者为此"设法"截取了一幅 21 级分辨率下的 4K 全屏图（见图 18.8.2）放在了本节的附件里，截图的右下角可见地图级别、比例尺和分辨率，供你参考。

3. 地图拼接与 3D 地形

很多时候，用单击 SketchUp 的"文件"→"地理位置"→"添加位置"菜单命令获取的地图，如调整到最高的 18 级，只能获得目标区域的一小部分，想要获得目标区域的全部就只能降低分辨率，其实，SketchUp 的地图是有"图像自动对齐"功能的（"图像对齐"的概念在 17 章"照片建模"中已经讨论过）。

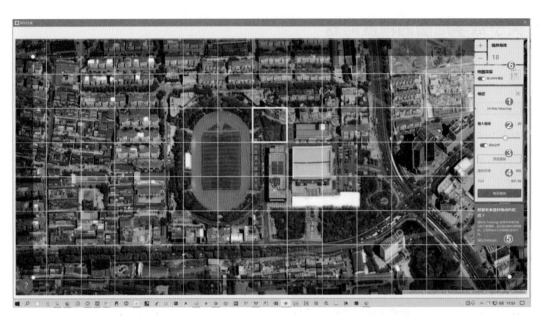

图 18.8.1 获取更高级别的数字地图

图 18.8.2 21 级下台湾桃园机场的一架飞机（充满 4K 显示器）

　　具体操作为：执行"文件"→"地理位置"→"添加位置"菜单命令，把地图窗口拉到满屏。找到目标位置，调整到看得见白色的区域方框，并且把方框调整到最大可见，此时大约是 16 级，把目标的一部分移到方框内，在右侧"选择区域"选择供应商 DigitalGlobe，单击

"导入"。这样第一块地图就出现在 SketchUp 的坐标原点上了（默认是正方形并锁定，不要轻易解锁）。

　　接着继续执行"文件"→"地理位置"→"添加位置"菜单命令，此时地图窗口保留前一次截图的状态，只要移动地图到新的位置，注意要跟前一次有部分重叠，以便 SketchUp 把两幅图"对齐"，在右侧"选择区域"选择供应商 DigitalGlobe，单击"导入"。这样第二块地图就拼接在前一幅的地图上了。用同样的办法可以无数次重复，拼接出一个大场面。本节附件里有一个名为"桃园机场"（16 级）的模型，就是用 3 幅 16 级地图拼接而成的（截图略）。

　　如果想要获得最大的 18 级地图，方法差不多，区别是不用管那个白色的区域方框，直接推动鼠标滚轮把地图调到最大就是 18 级，仍然是在右侧"选择区域"选择供应商 DigitalGlobe，单击"导入"。此时导入的将不再是正方形的地图，而是跟你屏幕形状一样的图，通常是 16：9 的长方形，同样要移动地图，稍微重叠，重复在右侧"选择区域"选择供应商 DigitalGlobe，单击"导入"。本节附件里有一个名为"桃园机场局部"（18 级）的模型，就是用了 8 幅 18 级地图拼接而成的（截图略）。

　　在操作过程中如出现"此 SketchUp 模型已在距你选定位置超过 1000m 的地方进行地理坐标参考，这可能导致对齐较差，要继续吗？"提示，操作者确信两次采样之间已经有了足够的重叠部分，可不予理会这个提示，即便两次截图完全没有重叠的部分也可以事后补上。

　　至于如何显示 3D 地形的问题，非常容易解决，刚截取并且拼接后的地图是 2D 平面，待拼接完成后，选择"文件"→"地理位置"→"显示地形"菜单命令，2D 的平面就变成了 3D 的模型。本节附件里有两个名为"香港大屿山岛"的模型可供参考。

4. PreDesign（初步设计或预设计）

　　在上面的图 18.8.1 ⑤处，有一个去往"PreDesign"（"初步设计"或"预设计"）的链接，单击它之后，会打开一个名为"PreDesign"的站点，这是 SketchUp 的一个服务项目，在该站点可获取当前地图所在处的气候数据、设计意见和现成的图形与说明文字，可让用户在正式设计之前就获得大量与地理、大气物理相关的数据，甚至自动生成相关的报告或演示文稿、数据、图像与注解文字，为后续设计提供支持。即便你不是正版 SketchUp 的用户，"PreDesign"的站点上的 3 个示范项目也有非凡的参考意义，它们分别是：

① Dev Ops HQ - Suceava（罗马尼亚苏恰瓦县的办公楼）；
② Bali Garden School - Denpasar（印尼巴厘岛登巴萨花园学校）；
③ Wilderness Hideaway - Valparaiso（智利瓦尔帕莱索的住宅楼）。

　　建议所有城乡规划、建筑与室内设计行业的设计师们去仔细浏览一下，实例中对于季节、建筑适应性、窗墙比、遮阳装置、顶部采光、外部空间等与地理、气候有关的因素与必须考虑的细节有丰富的表达用的图形与文本可以直接引用或参考。

5. 介绍 3 种专业工具

城乡规划、建筑设计与景观设计行业的 SketchUp 用户通常免不了要跟地图、地形、地块现状等一系列设计要素打交道，借此机会向 SketchUp 用户与行业新人介绍两个专业工具，或许对你今后的工作有所裨益。同样需要声明一下，下文纯属学术探讨，作者与 SketchUp（中国）授权培训中心与下面要提到的软件所有者无商业与任何经济关系。

1）全能电子地图下载器

这是一款全能的地图下载器软件，集多种技术与功能于一身。作为国内最早开发地图下载软件的开发者，拥有大力自主研发的下载引擎，实现了对各种在线地图数据传输协议的完全解译，完美实现海量高质量影像、信息点高效率下载。

可下载的地图包括（并不限于）：谷歌地图、百度地图、高德地图、四维地图、微软地图、诺基亚地图、天地图、腾讯地图、ArcGIS 地图等。集浏览、搜索、下载、标记、定位、拼接等功能于一身的地理信息管理软件。

其中最重要的功能包括高清卫星影像下载、大图拼接、影像拍摄日期查看、大字体地图下载、兴趣点（POI）下载、导出无限制大图、导出瓦片、导出地图离线包、兴趣点（POI）标注、矢量路径绘制、矢量面状轮廓绘制、丰富多样的地图资源、影像在 CAD/ArcMap 中完美叠加、影像数据裁剪等非常强大的专业功能。

以下的"特性"描述文字摘录于该软件官网：https://www.centmap.cn/（全能地图）。

① 支持多线程高速下载，线程数可由用户根据自己的网络带宽情况自行设置。

② 提供海量地图下载，下载图片数量无任何限制，模拟浏览器请求方式进行地图下载。

③ 提供了全国主要城市边界坐标，内置了全国共 34 个省级行政区和 3000 多个地级行政区划单位边界坐标。

④ 下载方式灵活多样，操作简单方便，只要拖动几下鼠标，就可按圆形、矩形、不规则多边形和行政区范围下载。

⑤ 可无缝拼接单张大图，可拼接成 BMP、PNG、JPG 大图，最大支持 4GB，GeoTIFF 可拼接为无限制大图。

⑥ 可生成精确坐标文件，可将所下载的图片精确地叠加到其他软件中，如 Global Mapper。

⑦ 提供测量距离、测量面积、书签、火星坐标和地球坐标互转等实用功能。

⑧ 提供海量 POI 信息点下载。

软件工作界面如图 18.8.3 所示，图中是 20 级时的北京故宫太和殿，每像素相当于 0.1m。图中可见到能下载 12 种世界主要的地图且功能丰富，可达 Google 地图 22 级中的 20 级。

有兴趣研究应用的 SketchUp 用户可去该软件官网 https://www.centmap.cn/ 下载最新的免费试用版，免费版与付费版的区别是下载的地图带有"软件未注册"的水印。本节附件里有本节完稿时最新的"20220218 版"可供参考学习。

① 地图 19 级大概相当于在 1000m 高度拍摄的照片，20 级相当于 500m 高度拍摄的照片。

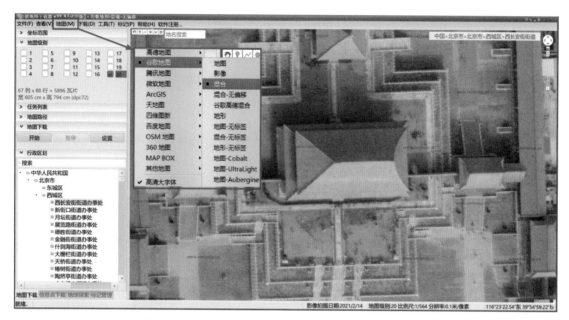

图 18.8.3 全能电子地图下载器 20 级时的故宫太和殿

② 用全能地图下载器软件下载的卫星地图，图像的规模可能非常大，用常见的普通图像处理软件（包括 Photoshop）很可能打不开，要用专业的软件才可以打开这种大图，如即将介绍的 GlobalMapper 或 ArcMap 等地图处理的专业工具。

2）Global Mapper（上帝之眼）

这是一款专业级的地图绘制辅助软件，能够帮助用户快速将地图数据转化成为矢量地图、高程地图、光栅地图等形式，而且它还支持访问美国地质勘探局卫星照片 TerraServer 数据，使广大用户更好以 3D 的形式查看地图，非常适用 SketchUp 用户用于制作地理工程、道路工程等场景。

Global Mapper 集地图浏览、地图合成、地图输入等多种功能于一体，可以很好地满足用户对地图制作及编辑的各种需求，此外，该软件还能够通过编辑、转换、打印各类地图图形文件，也支持图像校正、通过地表数据进行轮廓生成等多种操作，能够极大提升用户的工作效率。限于篇幅，就不详细讨论了，读者可用"Global Mapper 操作手册"自行搜索。

3）ArcMap

相对于上述 250MB 规模的上帝之眼（Global Mapper），现在介绍的 ArcMap 是一个压缩安装包就有 1.27GB 的大家伙。体积大通常功能也强，建议你先访问它们的中文官方网站（https://www.esri.com/zh-cn/）了解一下情况，再决定是否要下载与学习它。不过经常跟地图打交道的人，计算机里通常都有它的身影。用上述"全能地图下载器"下载的软件，用它来处理是合适的选择。同样限于篇幅，对此不再展开讨论,有兴趣的读者可以"ArcMap 帮助文档"为关键词自行搜索并学习。

18.9 地形高度映射图应用示例

本节的原计划是：先到 18.7 节介绍过的"七巧板高度映射器"网站去截取一块"灰度图"来生成地形；初始目标位置是香港大屿山或苏州太湖凤凰山，后来发现大屿山有 147km^2，太大了，还是选小一点的 90km^2 的凤凰山；再到 Google 地球去截取同一位置的彩色地图用来做投影贴图；最后把模型调整到真实尺寸。这样就能够把前面两节介绍讨论过的内容有机地付诸实践了。

图 18.9.1 ①就是勉强完成的 90km^2 的太湖凤凰山（前视图，平行投影），图 18.9.1 ②的垂线是凤凰山最高峰的标高 336.6m；图 18.9.1 ③是从"七巧板高度映射器"截取的灰度图；图 18.9.1 ④是用灰度图生成的 3D 地形，原先是黑白的，做完投影贴图成了现在的样子；图 18.9.1 ⑤是用 18.8 节介绍的"全能地图下载器"截取的彩色卫星图片，两张 14 级地图拼接，每像素为 9.6m，箭头所指处有个 500m 的比例尺标志，用它来调整模型整体的尺寸。图 18.9.1 ⑥所指的垂线与②一样，是用来调整模型总高的。对于大多数 SketchUp 熟手，看过上述的介绍和附件里的模型，应该能想象得出创建这个模型的过程、难度与关键所在。

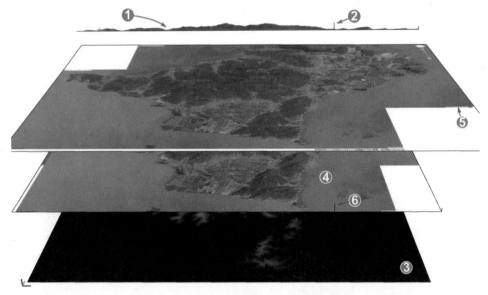

图 18.9.1 苏州太湖凤凰山与建模过程

遗憾的是，也许作者选择的 90km^2 的范围太大，又对计算机资源消耗的估计不足，自以为还行的中档计算机，在上述任务面前相形见绌，实在不争气，任务执行到半途老是掉链子死机，还屡教不改，虽然最后总算完成了任务，但是根本无法在操作过程中再留取截图。

最后只能改变计划，到 Youtube 上找来一段 SketchUp 官方发布的类似视频，截取几幅插图，写上操作过程，总算完成了本节的计划，写完后回头看看，也算是把想要表达的意思说清楚了。下面就借用 SketchUp 官方视频的截图来介绍建模过程。

1. 截取灰度图

相关过程已经在 18.7 节详细介绍过，这里要着重提示的是：勾选图 18.9.2 右上角小手单击处，可自动调整视口范围内的灰度；还一定要记下①所指的"X ∶ Z 比例因子"。

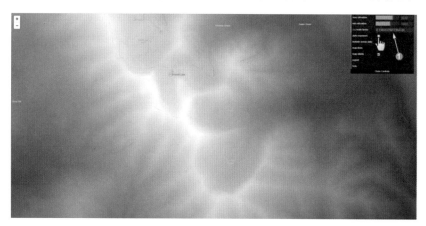

图 18.9.2　到"七巧板高度映射器"网站获取灰度图

2. 获取贴图纹理

可以用任一工具截取与灰度图同一位置的彩色纹理，唯要求图上必须有表示实际尺寸的比例尺标示，如图 18.9.3 右下角所示。

图 18.9.3　获取贴图纹理

3. 灰度图生成地形

这一步选用 18.5 节的 Bitmap to Mesh（灰度图到网络）或 18.6 节的 Curve scale（曲线干

扰）工具都可以，但是要注意按你的计算机性能确定地形的尺寸与精度，依据图18.9.4的三处箭头所指处有长度、宽度像素值与总像素值。生成的模型如图18.9.5所示。这一步要注意留下一份灰度图的备份（可放在另一图层并隐藏）。

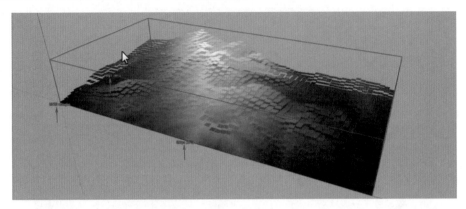

图18.9.4　灰度图生成地形

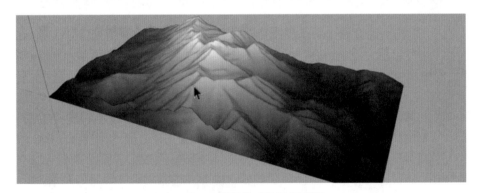

图18.9.5　已经生成的地形模型

4. 调整灰度图与纹理图的方向及大小

诀窍是：先找到灰度图与纹理图都有的至少两个相同的"特征点"，并分别如图18.9.6①②③所示，用直线连接两个特征点，并把直线与图片一起创建群组。图18.9.6④表示用旋转工具调到两幅图上直线的方向一致，再用缩放工具把两幅图上的直线调整到一样长（截图略）。

5. 投影贴图

这是稍微入门的SketchUp用户都掌握的技巧，如果你还不能熟练运用此功能，建议阅读作者撰写的《SketchUp材质系统精讲》一书（由清华大学出版社出版），这里就不展开讨论了。投影贴图完成后如图18.9.7所示。

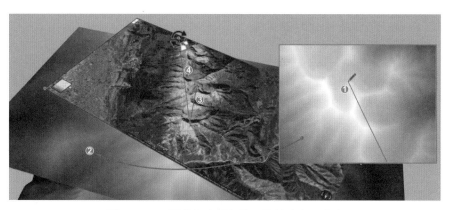

图 18.9.6　调整灰度图与纹理图的方向及大小

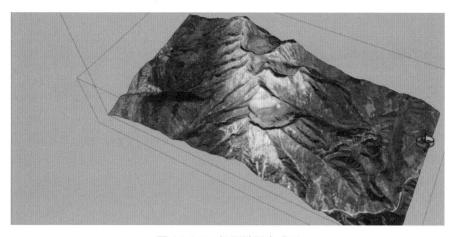

图 18.9.7　投影贴图完成后

6. 调整到真实尺寸（X 与 Y 方向）

上面提到过，不管用什么工具获取地形纹理，都必须注意要有图 18.9.8 箭头所指的代表真实尺寸的标志，现在就要用这个标志来把模型调整到真实的尺寸，稍微入门的 SketchUp 用户都知道这个功能的用法，如果你是新手，建议阅读作者撰写的《SketchUp 要点精讲》（已由清华大学出版社出版上市），这里就不再赘述了。

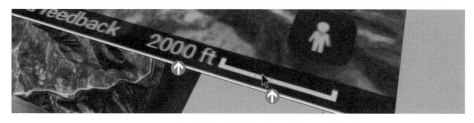

图 18.9.8　把模型调整到真实尺寸（XY 方向）

7. 调整到真实尺寸（Z方向）

还记得本节的开始第1部分介绍获取灰度图时务必要记录下"X : Z 比例因子"吗，现在就要用它来把模型调整到真实的高度了。所谓"X : Z 比例因子"就是灰度图的 X 方向（红轴）长度与 Z 轴方向的比例关系（注意灰度图不能经过缩放编辑）。

上面已经提醒你要把一个灰度图的副本保存在隐藏的图层里，现在解除隐藏，用卷尺工具量取灰度图红轴方向的尺寸，然后与"X : Z 比例因子"相乘，得到的结果即模型的真实高度。图 18.9.9 箭头所示 5527.15（英尺）就是模型的真实高度。

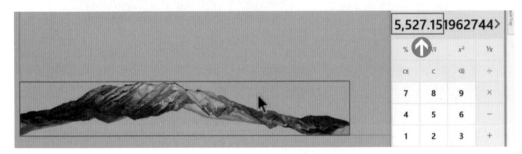

图 18.9.9　计算模型的真实高度（Z方向）

如图 18.9.10 ①所示，从模型最低处（或海拔 0 处）向上画垂线，高度等于 5527.15（英尺），用缩放工具把模型调整到与垂线同高。最终的地形沙盘如图 18.9.11 所示。

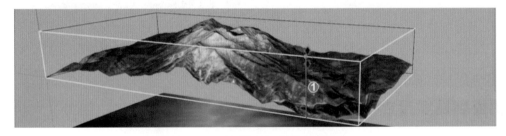

图 18.9.10　把模型调整到真实高度

图 18.9.11　最终的地形沙盘

扫码下载本章配套资源

第 19 章

曲面贴图

在 3D 数码图形（3D Computer Graphics）应用领域（包括特效电影、动画电影、游戏、影视剧甚至商业广告）的从业者中有 8 个字的一句话非常经典，同样适用于本书针对的读者群体，作者把它放在本章的开头，点出本章内容的重要性：

——三分建模，七分贴图。

不过因此就说之前的 18 章只讨论了曲面建模的三分，而本章却包含了曲面建模的七分，显然是夸大其词。作者宁愿换个说法：

——好的贴图可为你的模型锦上添花。

SketchUp 自带一些简单的贴图功能与材质编辑功能，但这些功能对于本书的读者用来完成复杂曲面模型的贴图还远远不够，这就要借助一些扩展程序（插件）的帮助；同时也引出了一系列的应用技巧。这些就是本章的主题。

19.1 曲面贴图与工具概述

我们知道，SketchUp 的主要功能是创建 3D 模型，俗称"建模"；其实在建模的功能之外，SketchUp 还自带有一个"实时渲染系统"，正因为有了这个系统，SketchUp 一面世就被美誉为"立体的 Photoshop"。我们都知道，SketchUp 自带有一些简单的贴图与材质编辑功能，老用户也知道这些功能对于用来完成复杂曲面模型的贴图还远远不够，这就要借助一些扩展程序（插件）的帮助。因此，也引出了一系列的应用技巧需要学习与练习。在作者撰写制作的大量视频教程和实体出版物里，曾经不止一次地提醒过："只有充分驾驭了 SketchUp 的材质系统，你才算是真正学会了 SketchUp；否则，你只能算学会了一半。"而在本章的开头，我还要补上一句：

——只有真正掌握了曲面贴图，你的曲面建模技术才算完整。

下面从回顾 SketchUp 自带的两种贴图方式开始本章的学习。

1. SketchUp 自带的两种贴图形式

（1）一种是"非投影贴图"，这种方式的贴图在用户中的称呼比较混乱，也有称为包裹贴图、材质贴图、像素贴图、坐标贴图的；它的特点之一是能把一幅图片包裹在对象上，就像是图 19.1.1 ①②罐头上的标签和另外 3 只罐头表面的铁皮。同样的办法也可以包围贴合在其他形状的规则几何体上，所以也有人称它为"包裹贴图"。

（2）SketchUp 还有另外一种贴图方式，这种贴图方式的称呼比较统一，大家都称之为"投影贴图"，也是 SketchUp 默认的贴图方式，这种贴图就像把图片做成幻灯片，投射到对象上。图 19.1.1 ③④所示的这些罐头的顶部和底部就是这种贴图。

图 19.1.1　包含有两种不同贴图方式的成品

这两种不同的贴图方式，适用的对象不同，结果也完全不同，都是 SketchUp 的重要功能，也是 SketchUp 用户必须掌握的基本技巧。

2. SketchUp 自带的非投影贴图（也称包裹贴图、像素贴图、坐标贴图等）

图 19.1.2 是圆柱体、立方体和竖立在它们前面的图片，把这些图片准确"包裹"在圆柱体上的方式称为"非投影贴图"。19.2 节将详细介绍"非投影贴图"的细节与操作要领。

图 19.1.2　非投影贴图

3. SketchUp 自带的投影贴图

（1）图 19.1.3 是对两种不同的弧形曲面做投影贴图的例子。

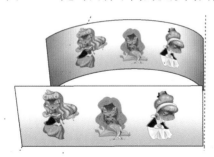

图 19.1.3　投影贴图示例 1

（2）图 19.1.4 是投影贴图的另一些例子，图 19.1.4 ①是 4 种不同的几何体，分别是四棱锥、圆锥体、半球体和圆弧凸台；图 19.1.4 ②是对它们完成投影贴图后的效果。这些也将在 19.2 节介绍与讨论。

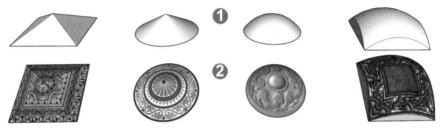

图 19.1.4　投影贴图示例 2

4. 关于 UV 贴图

这里先简单说一下 UV 贴图的基本概念，后面会有专门的章节进行深入讨论。

前面所说的"非投影贴图"与"投影贴图"都是利用 SketchUp 自身功能来实现的，虽然用这些简单的方法就可以完成大多数贴图任务，但是像在球体、凹凸不平的曲面等特殊对象上做贴图，SketchUp 自身的功能就显得不够了，为了提升 SketchUp 的贴图功能，出现了很多专门针对 SketchUp 在曲面上贴图的扩展插件和方法，这些插件的名称，很多都有"UV"两个字母，那么，为什么贴图插件的名称都有"UV"两个字母呢？这还要从 UV 坐标讲起。

所谓 UV 坐标，它的全称应该是"UVW 坐标"，这是为了区别于 X Y Z 坐标系的另一个专门用来处理贴图的坐标系。UV 坐标就是贴图上每个像素映射到模型表面的依据。U 和 V 的值一般都是 0 ~ 1 的小数；U 等于水平方向第 U 个像素除以图片的宽度；V 等于垂直方向的第 V 个像素除以图片的高度；W 的方向垂直于显示器的平面，需要对该贴图的方向翻转时才有用；因为 W 坐标不常用，所以大家就省略掉 W，简称为 UV 了。

请看图 19.1.5 的例子。如图 19.1.5 ③所示，需要贴图的球形模型本身是曲面，它有自己的 UV 值用来定义曲面每一个点在 3D 空间中的位置。而做贴图的图片，如图 19.1.5 ①所示，也有自己的 UV 坐标系，图片的 UV 坐标和 3D 曲面的 UV 坐标要一一对应成图 19.1.5 ②所示，势必要对图片上的每个像素做扩张、收缩、重新排列的复杂过程，这个过程就是 UV 贴图的过程。

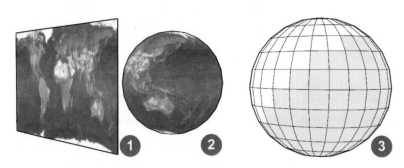

图 19.1.5　UV 贴图

世界地图和地球仪上的经纬线就可以看作 UV 坐标。把一幅世界地图贴到地球仪上的过程就是 UV 贴图。SketchUp 本身没有做 UV 贴图的功能，需要借助额外的插件来完成，这个话题在后面会有几节做详细讨论。

5. 关于 UV 贴图工具（曲面贴图工具）

能够用来在 SketchUp 里完成 UV 贴图的工具（插件）有很多种，有些简单到只有 5KB 身材的免费"rb"文件，如作者本人用了 10 多年的"UV Tools"，可怜到连工具图标都没有，照样能完成 SketchUp 里的大部分 UV 贴图任务；甚至在 10 几年后的 SketchUp 2022 版里照样可以把 UV 贴图玩得风生水起，在 19.3 节会证明给你看。

有些工具的身材庞大了几千倍到 20MB 多，价值数百元，如"WrapR"，需要独立安装到"C:\Program Files"的大家伙，功能当然也非常强大，甚至可以对动画人物完成精细贴图，可惜大多数 SketchUp 用户根本用不着；就算难得用一次，且不说花费的银子，即便从投入很多学习的时间成本来评估，显然也不是最好的选择。

上面所说的是两个极端的例子，还有一些介于两者之间的 UV 贴图工具（插件），如免费的 SketchUV（120KB）、TT UVToolkit（60KB），甚至 Fredo6 Tools 里也有一个"增强贴图工具"（见《SketchUp 常用插件手册》2.4 节），它们都能较好地完成 UV 贴图任务。在后面的章节里会详细介绍它们及其具体的用法。

6. 关于凹凸贴图的话题

顺便再提一下凹凸贴图的问题，这也是很多 SketchUp 用户关心的课题。"凹凸贴图"英文叫作"bump mapping"，也可以翻译成 凹凸处理、凹凸纹理、凹凸映射等。

通俗点讲，"凹凸贴图"与第 18 章介绍的"灰度图建模"产生的凹凸效果是完全不同的两种概念。"凹凸贴图"其实是一种"视觉造假"的技术。请看图 19.1.6 至图 19.1.8 这 3 幅图片，看到凹凸的视觉效果了吗？这就是用凹凸技术产生的成果。

图 19.1.6 凹凸材质 1　　图 19.1.7 凹凸材质 2　　图 19.1.8 凹凸材质 3

稍微专业点讲，这是一种在场景中模拟粗糙表面的技术，其原理是通过改变光照方程的法线，而不是表面的几何法线来模拟凹凸不平的视觉特征，如褶皱、波浪等。凹凸贴图在计算机图形学中的实现方法主要有偏移向量凹凸纹理和改变高度场等。

将带有深度变化的凹凸材质贴图赋予 3D 模型，这个模型的表面就会呈现出凹凸不平的视觉感受，而无须改变模型的几何结构或增加额外的线面。大量事实证明，在线、面数量很少的"低模"上应用"高保真"的贴图，照样可以得到"高品质"的模型。所以，业内才有"三分建模，七分贴图"的经典说法。

7. 关于无缝材质和无缝贴图的问题

"无缝材质"与"无缝贴图"也是 SketchUp 用户较为关注的问题，顺便解释一下：材质图片在对象上展开平铺后，看不出拼缝的就叫作无缝材质，对应的操作叫作无缝贴图。请看图 19.1.9，将 12 幅图片分成了 3 组。

如图 19.1.9 ①所示的 4 幅图，材质的原始尺寸并不大，但可以平铺出无限大的面，还看不出材质平铺后的拼缝，可以算作比较完美的无缝材质。

如图 19.1.9 ②所示的 4 幅图，材质平铺的接缝非常明显，就不能算作良好的无缝材质了。

如图 19.1.9 ③所示的一组 4 幅图，虽然也可以勉强算作无缝材质，但还是隐隐约约看得出拼缝，这些是品质不好的无缝材质。

图 19.1.9　无缝材质

除了上面极为简略的介绍之外，SketchUp 里关于"材质"和"贴图"与大量的展开应用方面还有很多"学问"与"技巧"，作者在 SketchUp（中国）授权培训中心指定教材的《SketchUp 材质系统精讲》一书里用了 462 页的规模做过详细深入的介绍、讨论与研究，该书已经由清华大学出版社出版发行，建议本书读者阅读与练习。

19.2　两种 SketchUp 原生贴图方式

本节要用几个实例回顾一下 SketchUp 两种原生的贴图功能，这些都是 SketchUp 用户应该熟练掌握的技巧。

1. 非投影贴图操作要领（也称包裹贴图、像素贴图、坐标贴图等）

1）把图像精准包裹在对象上的贴图要领

① 图片与贴图对象等高，贴图对象周长（不一定要圆形）与图片长度相等。图片与贴图对象的底部或顶部应在同一平面上，如图 19.2.1 ①所示。

② 炸开图片并右击（重要：不能同时选择到图的边线），取消勾选"纹理"→"投影"选项（即取消默认的投影贴图方式）。

③ 按快捷键 B 调用油漆桶工具，按快捷键 Alt 转换为吸管工具，单击图片汲取材质，松开 Alt 键恢复成油漆桶工具，单击贴图对象，贴图完成。

④ 若图像尺寸、位置等条件完全符合上述要求，贴图将在对象上正好首尾相接。

2）把图像精准敷贴到指定位置的操作要领

① 图像尺寸与垂直位置等条件与前述相同。

② 若要把图像精准贴敷到指定位置，可如图 19.2.1 ②箭头所指，从目标处引出辅助线，再令贴图对象中心对齐辅助线，随后执行上述的贴图操作即可。

③ 左右或上下移动图片与目标对象的相对位置，可改变贴图的位置。

④ 如图 19.2.1 ②所示目标为非圆柱体，需要一个个面单击完成贴图。若对象的周长不等于图片长度，SketchUp 会自动衔接并删除多余的部分。

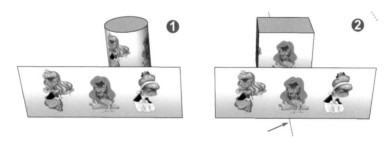

图 19.2.1　非投影贴图

2. 圆柱体分区精确贴图

图 19.2.2 ①所示的两只瓶子，因为贴图只占瓶体的一部分，如果仍然用上述的方法对瓶子直接做贴图，无论用坐标贴图还是投影贴图，结果都必然是图 19.2.2 ②所示的乱纹。为了避免出现这种情况，需要对贴图的范围作出限制，也就是要在瓶体上按图 19.2.2 ③所示，做出两个圆环（可以用模型交错完成），只允许把图片贴到这两个圆环之间就可解决。

图 19.2.2　圆柱体精确贴图

3. 投影贴图操作要领

（1）贴图的对象换成了圆弧，须事先把图片与贴图对象调整到等高，贴图对象的弧形前视图投影宽度应跟图片等长（如图 19.2.3 所示用辅助线确定）。图片与贴图对象的底部或顶部应在同一平面上。

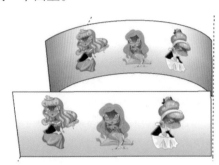 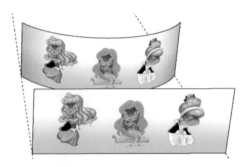

图 19.2.3　对弧形对象做投影贴图

（2）炸开图片并右击（重要：不能同时选择到图的边线），勾选右键菜单中的"纹理"→"投影"选项（即保持默认的投影贴图方式）。

（3）按快捷键 B 调用油漆桶工具，按快捷键 Alt 转换为吸管工具，单击图片汲取材质，松开 Alt 键恢复成油漆桶工具，单击弧形贴图对象，贴图完成。

对其他形状的对象做投影贴图的操作要领基本相同。

4. 投影贴图实例

下面以图 19.2.4 所示几样美食为标本：两个荤菜（梅菜扣肉和毛血旺）、一个素菜（拌萝卜丝）、一小碗大米饭，还有一盘莲蓉蛋黄月饼。色香味形四要素中，只能尽量兼顾色与形，至于香和味，只能麻烦你发挥想象力了。为了控制图文篇幅，下面是大大压缩后的简化版，完整的建模过程可浏览《SketchUp 材质系统精讲》第 3 章与配套视频。

图 19.2.4　本节成品

1）投影贴图实例（梅菜扣肉）

（1）图 19.2.5 所示是典型的投影贴图。图 19.2.5 ①的下部是准备接受投影贴图的对象（盘子与里面的凸出部分），图 19.2.5 ①上部的圆面就是投影贴用的"幻灯片"。

（2）如图 19.2.5 ②所示，已经把"梅菜扣肉"的照片赋予圆面，并调整好位置。

（3）接着按快捷键 B 调用油漆桶工具，再按快捷键 Alt 转换为吸管工具，单击圆面汲取材质，松开 Alt 键恢复成油漆桶工具，单击下部的贴图对象，贴图完成。

（4）图 19.2.5 ③即为完成贴图后的成品。

图 19.2.5　投影贴图（梅菜扣肉）

2）改造成凉拌萝卜丝

（1）凉拌萝卜丝只要将梅菜扣肉稍微改造一下，贴上新的图片即可，很简单。

（2）用建模留下的中心线画个圆当幻灯片，半径对齐梅菜扣肉的边缘，如图 19.2.6 ①所示。

（3）对"幻灯片"赋予萝卜丝材质后调整贴图坐标，如图 19.2.6 ②所示。按快捷键 B 调出油漆桶工具，按 Alt 键切换到吸管工具，汲取材质，赋予目标对象。成品如图 19.2.6 ③所示。

图 19.2.6　改造成萝卜丝

3）投影贴图实例（毛血旺）

（1）操作方法跟梅菜扣肉基本是一样的，图 19.2.7 ①是准备好的贴图对象（碗里的凸起部分）与之上的"幻灯片"圆面。

（2）导入"毛血旺"的照片，炸开后赋予幻灯片，并调整大小及位置，如图 19.2.7 ②所示。

（3）汲取"幻灯片"上的材质，赋予下面碗里的凸出部分，贴图完成后如图 19.2.7 ③所示。

图 19.2.7　投影贴图实例（毛血旺）

4）改造成大米饭

（1）大米饭，可以用毛血旺来改造，也很简单：用建模留下的中心线画个圆当幻灯片，半径对齐碗口内侧边缘，如图 19.2.8 ①所示。

（2）对"幻灯片"赋予大米饭材质后调整贴图坐标，如图 19.2.8 ②所示。

（3）汲取材质赋予对象后如图 19.2.8 ③所示。

图 19.2.8　改造成大米饭

（4）中国人的菜碗广而浅，饭碗窄而深，用缩放工具即可完成。

5）做月饼

这个任务要交给你作为本节的练习，几个要点提示如下。

（1）整块的月饼，用圆弧工具按图 19.2.9 勾画出轮廓，清理四周废线面，直接拉出厚度就是月饼，不过不好看，想要好看还不太容易，要另外贴图。

图 19.2.9　练习用样品与素材

（2）以模型交错当刀切开月饼后做月饼截面的贴图。

练习素材与参考用的模型都保存在附件里。

5. 碗与盘的分区贴图

前面曾经讨论过在圆柱体上的分区贴图，下面讨论的分区贴图道理是一样的，但是具体操作要更麻烦些。

（1）盘子的周边要分成 4 个区，中间一个区，分别准备好"幻灯片"，如图 19.2.10 ①②所示。

（2）完成投影贴图后如图 19.2.10 ③所示，柔化掉边线后的成品如图 19.2.10 ④所示。

（3）碗的分区贴图更麻烦些，图 19.2.11 ①是规划好的贴图分区（内外都有两圈线）。

（4）图 19.2.11 ②是用计算好长度的预制图片材质对碗的内外侧做非投影贴图，可见到内外的贴图纹理都是乱纹。经过 UV 调整后得到如图 19.2.11 ③所示的准确纹样（UV 调整在19.3 节讨论）。

（5）柔化掉分区边线后的成品如图 19.2.11 ④所示。

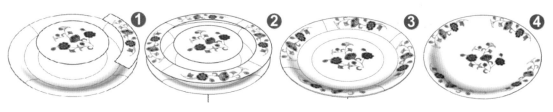

图 19.2.10　盘子的分区贴图

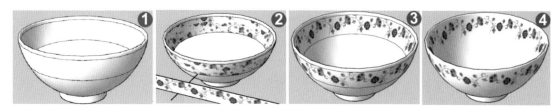

图 19.2.11　碗的分区贴图

19.3　最简单的 UV 贴图工具与应用（UV Tools）

在本章 19.1 节曾经提到过：……有些简单到只有 5KB 身材的免费"rb"文件，如作者本人用了 10 多年的"UV Tools"可怜到连工具图标都没有，照样能完成 SketchUp 里大部分 UV 贴图任务；甚至在 10 几年后的 SketchUp 2022 版本里照样可以把 UV 贴图玩得风生水起，在本节就会证明给你看。

好了，下面就该证明给你看了。在本节的附件里有英文原版与汉化版各一个（《SketchUp 常用插件手册》9.1 节里也有）。注意：该插件不能用"扩展程序管理器"安装，安装方法可查阅 3.1 节。

1. UV Tools 的菜单

图 19.3.1 列出中英文对照，并且安装在最新版的 SketchUp 2022 里进行测试。

图 19.3.1 ①所示的导入、导出 UV 的功能基本用不着，操作中主要用到图 19.3.1 ②的右键菜单。

图 19.3.1　扩展程序菜单与右键菜单

2. UV Tools 应用示例 1

（1）图 19.3.2 ①是一个瓶体状的对象，用来作为第一个 UV 贴图的例子。

（2）图 19.3.2 ②是对这个对象赋予了一种 SketchUp 自带的材质，显示乱纹。

（3）用鼠标右击对象②的表面，在右键菜单里选择 UV Tools → Cylindrical Map（柱状映射）命令，对象表面变成图 19.3.2 ③所示的图案，可明显看出 UV 映射已经正确，纹理尺寸却太大。

（4）如图 19.3.2 ⑤所示，到材质面板上把 200 改成 20，结果如图 19.3.2 ④所示，UV 贴图完成。

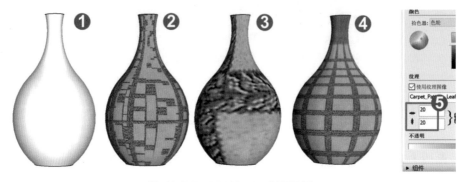

图 19.3.2　UV Tools 应用示例

3. UV Tools 应用示例 2

（1）这是一个创建"青花瓷碗"的例子，包含了"分区贴图"与"UV 调整"两方面的内容，需要预先准备好图 19.3.3 ②所示的贴图素材，测量好碗口的内、外直径。

（2）根据量得的碗口内、外直径算出周长，把材质图片调整到周长如图 19.3.3 ③④所示。

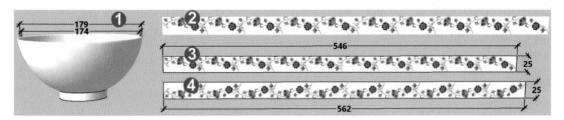

图 19.3.3　准备贴图素材

（3）如图 19.3.4 ①所示，根据调整好的素材宽度 25mm，用中心线绘制圆面并推拉到 25mm 高，模型交错后得到内、外两个贴图区域，如图 19.3.4 ②所示。

（4）如图 19.3.4 ③所示，借助辅助线，把贴图素材与贴图区域在垂直方向上对齐。

（5）汲取材质，分别对内、外贴图区域贴图，若见到如图 19.3.5 ①所示的乱纹不用着急。

（6）右击乱纹所在区域，在弹出的快捷菜单中选择 UV Tools → Cylindrical Map（柱状映射）命令，对象表面变成如图 19.3.5 ②所示的正常图案；适度柔化后，UV 贴图完成，如图 19.3.5 ③所示。

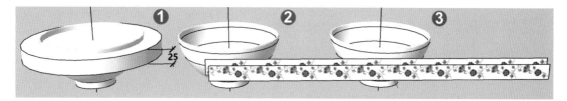

图 19.3.4　贴图区域与对齐

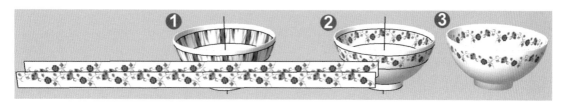

图 19.3.5　贴图并进行 UV 调整

4. UV Tools 应用示例 3

（1）图 19.3.6 ①是展开的世界地图，②是待贴图的球体。

（2）图 19.3.6 ③是用油漆桶工具对球体按常规赋予材质后的乱纹。

（3）右击③的表面，在右键菜单里选择 UV Tools → Spherical Map（球面映射）命令后，贴图得到 UV 映射调整，纹理基本正常，如图 19.3.6 ④所示。

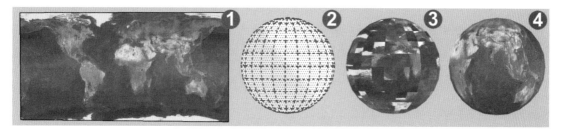

图 19.3.6　对球体的 UV 贴图

5. 思考题

应注意上面"示例 3"的最后一句话，"贴图得到 UV 调整后，纹理基本正常……"为什么说纹理"基本"正常？这个说法是不是还隐含了"不完全正常"的意思？

是的，上面"示例 3"对球体的贴图，地球的南、北两极是不正常的乱纹，可以把图 19.3.7 ①与图 19.3.8 的北极与南极，再与图 19.3.7 ②的北极与图 19.3.7 ③的南极对比，就会发现贴图完全不对。请不要怀疑你现在所用的 UV Tools 是不是有问题，可以告诉你，你使用过的或还没有用过的很多 UV 贴图工具都会有同样的问题。

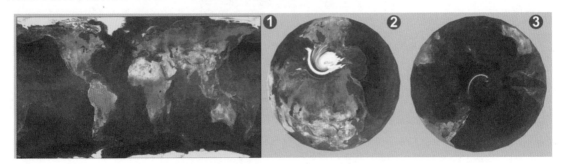

图 19.3.7　球体两极乱纹问题

思考题如下：

（1）为什么很多 UV 贴图工具会在球体的南、北极产生乱纹？请说出具体原因。（准确的南、北极俯视图如图 19.3.8 所示。）

 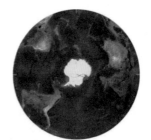

卫星北极俯视图　　　　　　　　卫星南极俯视图

图 19.3.8　用于对照的卫星俯视图

（2）有没有办法解决？如果有，最简单的办法是什么？（不用其他插件的条件下。）

提示：如果经过思考与试验还没有结果的话，可仔细阅读 19.1 节"关于 UV 贴图"，那里只有解决球体两极乱纹的线索，不会直接告诉你答案。

也许在后面的某处会告诉你为什么很多 UV 贴图工具对球体两极的乱纹毫无办法，并且还要告诉你本书作者"发明"的应急解决方法。

19.4　SketchUV 初步实例（球形贴图）

从本节开始的 4 节都会用插件 SketchUV（UV 映射调整）为主要工具完成对曲面对象的贴图。关于 SketchUV（UV 映射调整）插件的介绍可查阅与本书配套的《SketchUp 常用插件手册》9.3 ～ 9.5 节或本系列教材的《SketchUp 材质系统精讲》第 10 章的 3 个小节。

1. 条件与任务

图 19.4.1 ①是一个正球体，是贴图的目标对象；图 19.4.1 ②是提前准备好的西瓜皮纹理，任务是要把纹理材质②贴到目标对象①上去。因为西瓜皮纹理是提前处理过的（详见《SketchUp 材质系统精讲》6.4 节），所以不用做 UV 坐标与大小的调节，这个例子可算是在理想状态下的任务，建模实战中很少有这样不用调整 UV 坐标的大小和方位的。具体操作细节可浏览下面的图文说明或 19.5 节所附的视频。

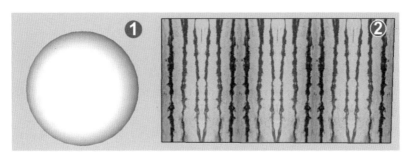

图 19.4.1　准备好的球体与纹理图片

2. 获取与保存 UV 坐标

（1）如图 19.4.2 ①所示，三击全选要做 UV 贴图的球体对象，把所有的面和隐藏的边线虚显出来。

（2）单击调用工具栏上左侧彩色的"UV 贴图工具"（图 19.4.2 ②箭头所指）。

（3）光标回到想要做 UV 贴图的面上，找准一个当作 UV 坐标基点的交点，如图 19.4.2 ②箭头所指处的交点（为了截图完整选了个靠上的点，实战中最好找个靠近中心的交点）。

（4）此时单击鼠标右键，才能看到该插件的全部功能，如图 19.4.2 ②的菜单所示。现在演示用的是汉化版，英文版的操作与此相同。右键菜单上面的文字将在后面解释。

（5）当前需要做贴图的对象是球体，所以要选择"球形贴图"命令，如图 19.4.2 ②红框内所示。

（6）应注意右键菜单括号里的"视图"二字，英文版里是"View"，它想要表达的是"预览查看 UV 坐标"的意思，3 个都是。

（7）右击菜单中的"球形贴图"命令后，表现如图 19.4.2 ③所示，球体上布满了这种可称为"UV 坐标"的图样，上面有 16×16 的方格（以 0 ～ F 的十六进制数值表示），还有从红到紫的渐变色。

（8）当看到 UV 坐标符合贴图要求时（19.5 节将介绍调整 UV 坐标的概要），如图 19.4.2 ③所示，用鼠标右击对象，在右键菜单里选择"保存贴图坐标"命令后，如图 19.4.2 ④所示，弹出窗口告知保存成功与数量。

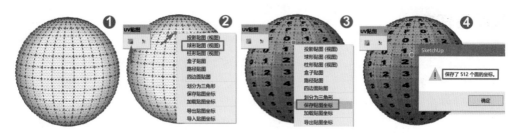

图 19.4.2 获取并保存 UV 坐标

3. 完成贴图与 UV 校正

（1）把本节附件里的一幅西瓜皮图片拉到 SketchUp 窗口中炸开（截图略），用吸管工具汲取后赋予球体，如图 19.4.3 ①所示，可见此时贴图有乱纹且有一条白色的水平横线，那是纹理图像的边缘。

（2）单击图 19.4.3 ②箭头所指工具条左侧的彩色工具，移动到球面上，在右键菜单里选择"加载贴图坐标"命令，如图 19.4.3 ②菜单方框所示。

（3）贴图即刻加载了之前保存的 UV 坐标，重新分配各像素的大小与位置，并如图 19.4.3 ③所示弹出已经加载的提示。图 19.4.3 ④即为完成了 UV 校正的贴图。

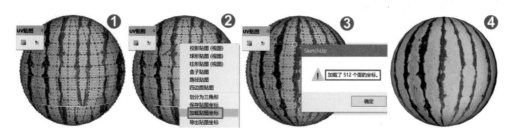

图 19.4.3 贴图并加载 UV 坐标

4. 思考题

需注意图 19.4.4，现在使用的 SketchUV 算是比较专业的 UV 贴图工具了，仍然无法解决球体贴图南、北极的乱纹问题吗？这是一个新的思考题，同是南、北极乱纹，原因却跟 19.3 节不同，请亲自动手试验一下，也许会得到不同的结果。本题的答案同样会在后面的某处公布。

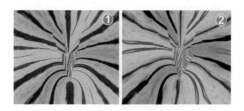

图 19.4.4 老大难的球体贴图南、北极问题

19.5 SketchUV 进阶实例 1（UV 调整 电脑椅等）

19.4 节向你介绍了 SketchUV 的最基本操作，只涉及 SketchUV 功能的一小方面，还有更多、更强的功能将在本节与 19.6 节为你做全面的介绍。如果看了本节的简单图文介绍还不能充分领会与掌握 SketchUV 的全部功能，在本节中的附件里还有这个插件的作者——"mind.sight. studios"团队，简称"m.s.s"的视频教程。该视频基本涵盖了这个插件的全部功能。本书作者还为你加上了全部中文说明和背景音乐（原视频是无声的，比较沉闷），在重要的位置，还为你添加了必要的额外中文说明。认真看完本节与视频，稍作练习体会，轻松驾驭 SketchUV 将不再会有太大的困难。下面用 7 个例子来说明 SketchUV 的功能与用法。应注意每个练习用的模型界面右上角都附上了 SketchUV 的键盘、鼠标快捷操作要领供随时查阅。

例 1 电脑椅靠背坐垫部分（见图 19.5.1 至图 19.5.6，视频从 1′32″ 开始）。

（1）三击靠背，虚显所有隐藏的线（如是群组须双击进入，不用炸开）。

（2）让它面向相机，单击 SketchUV 彩色工具，按 Tab 键调出田字格后校正，如图 19.5.1 所示。

（3）再次单击 SketchUV 彩色工具，右击一个交点并选择"投影贴图"命令，如图 19.5.2 所示。

（4）接着可以用箭头键 +Ctrl 或 Shift 组合键调整 UV 大小和方向（或输入缩放比例）。

（5）选择坐垫，重复上面的过程，注意尽量改善接缝处衔接，见图 19.5.3、图 19.5.4。

窍门：双击一个面，该面就可快速对齐相机，免得反复调整。

（6）每完成一部分 UV 映射，就要在右键菜单里选择"保存 UV 坐标"命令。

（7）对剩下的表面重复执行赋予 UV 和调整后，完整的 UV 映射的椅子如图 19.5.6 所示。注意在接缝处的连续性（十六进制的顺序是 0123456789ABCDEF，转折处要按顺序对齐）。

（8）油漆桶工具赋予材质后，右击并在弹出的快捷菜单中选择"加载 UV 坐标"命令，完成贴图后仍能调整大小和方向（截图略）。

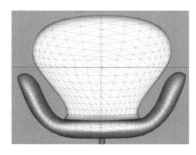 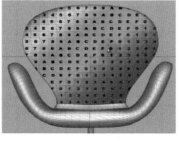 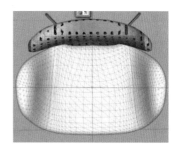

图 19.5.1 用 Tab 键校正靠背　　　图 19.5.2 赋予 UV 坐标　　　图 19.5.3 用 Tab 键校正坐垫

图 19.5.4　赋予 UV 并调整

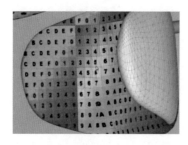
图 19.5.5　侧面赋予 UV 并调整

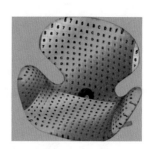
图 19.5.6　完成赋予 UV 后

例 2　电脑椅立柱部分（见图 19.5.7 至图 19.5.9，视频从 6′11″ 开始）。

（1）电脑椅坐垫下面有个立柱，形状是标准的圆柱体。

（2）进入群组，三击虚显网格，必要时用 Tab 键调出田字格校正方向。

（3）调用工具栏上的彩色图标，右击一个交点并在弹出快捷菜单中选择"柱形贴图"命令，如图 19.5.8 所示。

（4）接着可以用箭头键 +Ctrl 或 Shift 组合键调整 UV 大小和方向（或输入缩放比例）。

（5）右击柱面，在弹出的快捷菜单中选择"保存 UV 坐标"命令。

（6）油漆桶工具赋予材质后，右击并在弹出的快捷菜单中选择"加载 UV 坐标"命令，完成贴图后仍能调整大小和方向（截图略）。

图 19.5.7　白模

图 19.5.8　赋予 UV 后

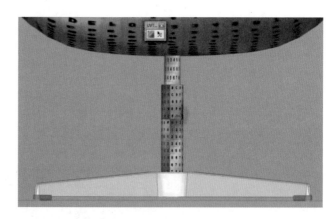
图 19.5.9　完成 UV 映射后的立柱

例 3　不规则箱体（见图 19.5.10 至图 19.5.12，视频从 6′49″ 开始）。

（1）立柱下的基座可以看成"箱体"。

（2）进入群组，三击虚显网格，必要时用 Tab 键调出田字格校正方向，如图 19.5.10 所示。

（3）调用工具栏上的彩色图标，右击一个交点，并在弹出的快捷菜单中选择"盒子贴图"命令，如图 19.5.11 所示。

（4）接着可以用箭头键 +Ctrl 或 Shift 组合键调整 UV 大小和方向（或输入缩放比例）。

（5）右击一个面，在弹出的快捷菜单中选择"保存 UV 坐标"命令。

（6）用油漆桶工具赋予材质后，右击并在弹出的快捷菜单中选择"加载 UV 坐标"命令，完成贴图后仍能调整大小和方向（截图略）。

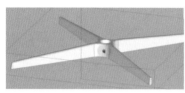 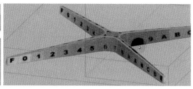 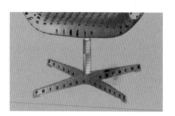

图 19.5.10　白模　　　　　　图 19.5.11　赋予 UV 映射　　　　图 19.5.12　整体 UV 映射

例 4　不规则柱形（见图 19.5.13 至图 19.5.15，视频从 8′50″ 开始）。

（1）虽然图 19.5.13 所示的灯座对于贴图来说是一个比较复杂的对象，但它大致还是圆柱体的形状，也可以看成管状，所以可以用 SketchUpV 的"柱面映射 UV"或者"管状映射 UV"制作。

（2）进入群组，三击虚显网格，必要时用 Tab 键调出田字格校正方向，如图 19.5.13 所示。

（3）调用工具栏上的彩色图标，右击一个交点，在弹出的快捷菜单中选择"柱形贴图"命令后如图 19.5.14 所示。

（4）或者右击一个交点，并在弹出的快捷菜单中选择"路径贴图"命令后如图 19.5.15 所示。

（5）接着可以用箭头键 +Ctrl 或 Shift 组合键调整 UV 大小和方向（或输入缩放比例）。

（6）右击一个面，在弹出的快捷菜单里选择"保存 UV 坐标"命令。

（7）用油漆桶工具赋予材质后右击，并在弹出的快捷菜单中选择"加载 UV 坐标"命令，完成贴图后仍能调整大小和方向（截图略）。

  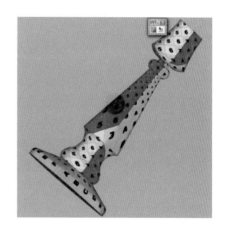

图 19.5.13　特殊柱体　　　　　图 19.5.14　赋予 UV　　　　　　图 19.5.15　调整 UV

例 5 4 种不同的管状路径贴图（见图 19.5.16 至图 19.5.19，视频从 11′44″ 开始）。

（1）凡是能用"路径跟随"创建的任何几何图形都可以用路径贴图。

（2）一定要沿着管子的纵轴设置 UV 坐标系的 U 方向（UV 坐标的定义见 19.1 节）。

（3）基本操作同前几例：首先都是进入群组，三击虚显网格。

（4）调用工具栏上的彩色图标，沿管子的纵轴画线，指定 U 方向，生成 UV 映射。

（5）接着可以用箭头键 +Ctrl 或 Shift 组合键调整 UV 大小和方向（或输入缩放比例）。

（6）右击一个面，在弹出的快捷菜单中选择"保存 UV 坐标"命令。

（7）用油漆桶工具赋予材质后右击，并在弹出的快捷菜单中选择"加载 UV 坐标"命令，完成贴图后仍能调整大小和方向（截图略）。

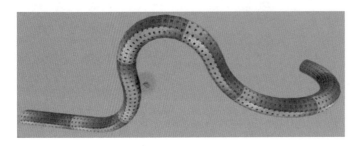 

图 19.5.16　弯管状 UV 映射　　　　　图 19.5.17　异形截面管状 UV 映射

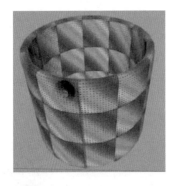 

图 19.5.18　直管 UV 映射　　　　　图 19.5.19　弯曲平面 UV 映射

例 6 球形特例热气球（见图 19.5.20 至图 19.5.22，视频从 14′55″ 开始）。

（1）这个特例看起来像是球面，也可以看成类似于柱面映射。

（2）进入群组，三击虚显网格，必要时用 Tab 键调出田字格校正方向，如图 19.5.20 所示。

（3）调用工具栏上的彩色图标，右击一个交点，在弹出的快捷菜单中选择"球形贴图"命令后如图 19.5.20 所示。

（4）接着可以用箭头键 +Ctrl 或 Shift 组合键调整 UV 大小和方向（或输入缩放比例）。

（5）右击一个面，在弹出的快捷菜单中选择"保存 UV 坐标"命令。

（6）用油漆桶工具赋予材质后右击，并在弹出的快捷菜单中选择"加载 UV 坐标"命令，完成贴图后仍能调整大小和方向（截图略）。

（7）如图 19.5.22 所示，如想要贴图，应在 U 方向重复两次，可以输入"*2U"。

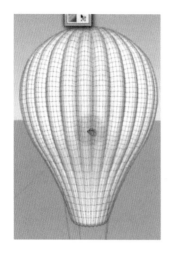  

图 19.5.20　热气球白模　　　图 19.5.21　赋予 UV 映射后　　　图 19.5.22　贴图后

例 7　路径工具（视频从 16′30″ 开始，截图略）。

（1）SketchUV 插件工具栏右侧上还有一个"路径选择"工具，这个工具的主要功能是方便画线（如指定 U 方向的线），具有将复杂表面分割成更易于管理的 UV 贴图部分等用途。

（2）单击一条边以启动路径，然后单击路径上的各种边，单击的边与附近的边会自动选中。

（3）在使用该工具画线后，任何时候按 Enter 键或 Return 键都可以使边缘变硬。

（4）可以通过双击边缘来快速选择边缘循环。

（5）这个工具在基于四边形的网格上效果最好，但也可以在其他几何图形上试试。

（6）在三角形网格中双击一条边，选择一个循环有时可能奏效，但通常会产生意想不到的结果。

（7）这个工具对于将表面分割成更小的区域进行 UV 贴图非常有用。

19.6　SketchUV 进阶实例 2（箱体贴图等）

1. 箱体贴图示例

本节的两个小例子，展示如何用 SketchUV 的"Box Map 箱体贴图"功能为岩石做 UV 贴图的过程。应注意，SketchUV 对于贴图对象形状的定义并不十分严格，所以不用纠结右键菜单里的投影贴图、球形贴图、柱形贴图、盒子贴图、路径贴图、四边面贴图等，它们都不要求必须完全符合名称上表述的要求，只要形状差不多就可以试试。本节的标本——石块，最接近盒子（Box Map），所以下面将用 SketchUV 的"盒子贴图"来做尝试。

（1）图 19.6.1 是一块石头的白模（其他形状的石头也可以试试），边线为 2225，有 1392 个面，对于模型中的配角，这种线面数量有点太高了。图 19.6.5 与图 19.6.6 则是另一块低线面数量的石头，贴图方法一样，不再重复。

（2）三击贴图对象，虚显所有隐藏的线（如是群组须双击进入，不用炸开），如图 19.6.2 所示。

（3）调用工具栏上的彩色图标，右击一个交点，并在弹出的快捷菜单中选择"箱体贴图"命令，结果如图 19.6.3 所示。

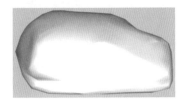
图 19.6.1　石头白模

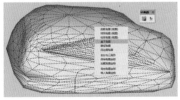
图 19.6.2　指定箱体贴图

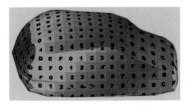
图 19.6.3　赋予 UV 映像

（4）接着可以用箭头键 +Ctrl 或 Shift 组合键调整 UV 大小和方向（或输入缩放比例）。

（5）完成 UV 映射调整后，不要忘记在右键快捷菜单里选择"保存 UV 坐标"命令。

（6）用油漆桶工具赋予材质；再次调用工具栏上的彩色图标，右击，选择"加载 UV 坐标"命令。

（7）完成贴图后（见图 19.6.4）仍能调整大小和方向（截图略）。

以上操作要领也适合 19.7 节的测试练习。

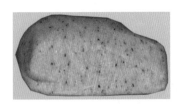
图 19.6.4　贴图完成

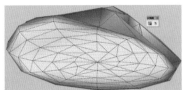
图 19.6.5　低线面数量的石头

图 19.6.6　贴图完成后

2. 本章 19.3 节思考题解答

问 1：为什么很多 UV 贴图工具会在球体的南北极产生乱纹？请说出具体原因。

答 1：在提出这个思考题时，曾经提醒过："可查阅 19.1 节关于 UV 坐标的原理与定义。"如果你仍然找不到原因或者找到的原因跟后面即将公布的不同，说明你也许根本没有动过脑子，或者你比较粗心，现在告诉你原因。

UV 坐标系统的原理告诉我们：UV 坐标只对类似于图 19.6.7 ①所示的四边面有效。球体两极如图 19.6.7 ②红框内所示，产生乱纹的位置是三边面，图 19.6.7 ③是一个极点的放大图，可见到都是三边面，因三边面无法获得合法的 UV 坐标，所以产生乱纹，记住这一点，对今后处理 UV 贴图乱纹很重要。

问 2：有没有办法解决？如果有，最简单的办法是什么？（不用其他插件的条件下）

答 2：如上所述，既然已知球体南、北两极在 UV 贴图时产生乱纹的原因是两极都是三边面，无法获得合法 UV 坐标，只要设法把三边面改造成四边面即可解决不能获取 UV 坐标的问题；最简单的办法是在每个三边面靠近极点处画一个小线段，把三边面改造成四边面，但这不是最好的办法。

最好的办法是：如图 19.6.7 ④所示，以任一极点为圆心画一个圆（直径越小越好），用推拉工具拉出一个小圆柱体到另一极，然后做模型交错；删除圆柱体后，两端三边面的绝大部分变成了四边面，因而可获得合法的 UV，再做贴图的结果如图 19.6.7 ⑤所示，95% 以上面积的乱纹得到纠正，留下中间极小的一点仍然是乱纹，但已无足轻重，不至于影响观感了。

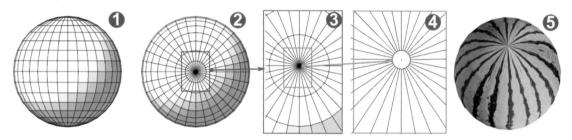

图 19.6.7　球体南、北极 UV 贴图的乱纹的原因与应急方法

3. 本章 19.4 节思考题解答

问：应注意图 19.6.8，现在使用的 SketchUV 算是比较专业的 UV 贴图工具了，仍然无法解决球体贴图南、北极的乱纹问题吗？这是一个新的思考题，与上题一样同是南、北极乱纹，原因却跟上一节不同，请亲自动手试验一下，也许会得到不同的结果。

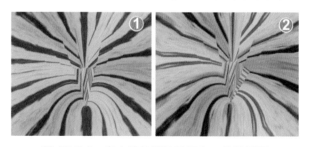

图 19.6.8　老大难的球体贴图南、北极问题

答：首先要肯定的是 SketchUV 不像 SUTools 那样对三边面敏感。SketchUV 可以智能识

别三边面并给出合适的处理，图 19.6.8 所示的球体两极点乱纹是因为操作不当造成的。正确的操作如下。

　　① 调整到前视图，相机菜单要调到"平行投影"（重要！）。

　　② 单击调用 SketchUV 的彩色按钮；再按 Tab 键，调出十字坐标网格，如图 19.6.9 ①所示，仔细旋转与移动球体。令球体的水平垂直边线跟十字坐标尽量对齐（重要！）。

　　③ 单击球体的一个节点，在弹出的快捷菜单中选择"球形贴图"命令，获得如图 19.6.9 ②所示的 UV 坐标，并保存 UVs。

　　④ 用材质面板吸管汲取西瓜皮材质赋予图 19.6.9 ②，此时显示乱纹（截图略）。

　　⑤ 单击调用 SketchUV 的彩色按钮，右击乱纹的②，选择"载入 UVs"命令，结果如图 19.6.9 ③所示，材质纹理得到 UV 校正，图 19.6.9 ④是北极视图，贴图正常（南极相同）。

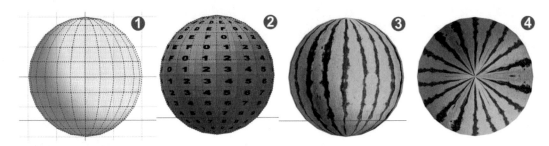

图 19.6.9　球体贴图南、北极问题答案

19.7　SketchUV 进阶实例 3（缺陷与限制）

　　SketchUV 的功能虽然很强，但也并非无懈可击。本节讨论的几个例子，主要讨论作者在测试过程中发现 SketchUV 的某些功能限制与解决的办法，属于研究性质，并非推荐的应用实例。

1. 贴图对象与纹理准备

　　图 19.7.1 准备了 3 个抱枕，已经全部通过连续三击，暴露了原先隐藏的线面情况。其中图 19.7.1 ①是圆形的，上、下两面是平面，内、外两个圆周上的弧形全部是四边面。图 19.7.1 ②③是用《SketchUp 常用插件手册》5.25 节介绍的 ClothWorks（布料模拟）插件制作的抱枕。

　　图 19.7.1 ④是准备贴图用的布料材质。顺便说一下，凡是做曲面贴图测试与练习的时候，最好用方格花纹的纹样材质，这样才方便检查贴图后的 UV 坐标是否准确。此外，最好提前绘制一个跟贴图对象差不多大的矩形辅助面，把纹样材质赋予辅助面，并且在辅助面上调整好纹样大小和方向，可以免去后续的很多麻烦。

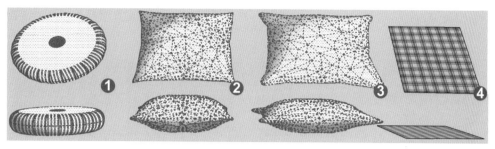

图 19.7.1　测试对象与纹理材质

2. 获取 UV 坐标与赋予材质

（1）图 19.7.2 ②③的形状可以看作"盒子"，可按"盒子贴图"获取 UV 并保存。具体操作过程的要领与 19.6 节相同，就不再重复了。

（2）图 19.7.2 ①就有点麻烦，SketchUV 能选的 6 种 UV 坐标都不适用，图 19.7.2 ①是按"柱形贴图"得到的 UV，换成球形更糟糕。（后面再来讨论如何解决。）

（3）用 SketchUp 材质面板的吸管工具汲取材质④或⑧分别赋予①②③；得到的初步贴图效果如图 19.7.2 ⑤⑥⑦，除了⑤的平面处是正常的外，其余全部是乱纹。

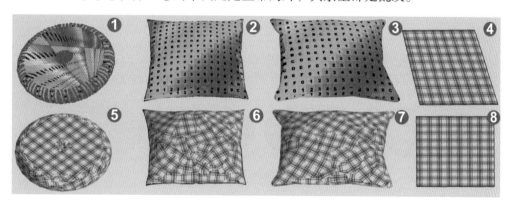

图 19.7.2　生成 UV 坐标与赋予材质

3. 进行 UV 校正与缩放

（1）图 19.7.3 ①②③是加载贴图坐标后的情况，看到的是纹理的原尺寸。

（2）分别选中图 19.7.3 ①②③，输入"*6"后按 Enter 键，结果如图 19.7.3 ⑤⑥⑦所示。"*6"是把原有纹理缩小到原来的 1/6 的意思。⑤⑥⑦是尝试两次后，尽量把纹理尺寸调整到接近④与⑧。

（3）如果仔细查看图 19.7.3 的⑥⑦反面，特别是正反面连接处，也能发现部分位置的贴图不完全准确。所以，作者建议你针对窗帘、床单、台布、枕头、旗帜一类对象的贴图，最好直接在 ClothWorks（布料模拟）插件里解决（可查阅《SketchUp 常用插件手册》5.25 节的介绍）。

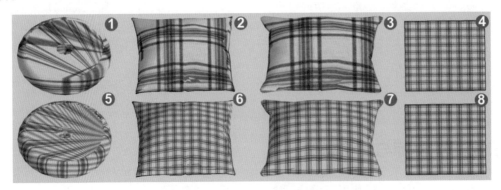

图 19.7.3　UV 校正与缩放

4. 换用"投影贴图"的结果

（1）这是一种"没有办法的办法"，在要求不太高的场合适用。

（2）如图 19.7.4 ①所示，三击全选后，取消柔化，暴露出所有的线面。

（3）调用 SketchUV 的彩色的工具，在右键快捷菜单中选择"投影贴图"命令，结果如图 19.7.4 ②所示。

（4）用 SketchUp 材质工具贴图后如图 19.7.4 ③所示，就是普通的投影贴图。

（5）在 SketchUp 材质面板上输入一个较小的尺寸，结果如图 19.7.4 ④所示。

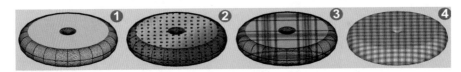

图 19.7.4　投影贴图与问题

5. 改成全四边面的办法

（1）图 19.7.3 ①⑤之所以失败，是因为它们只有圆周部分是四边面，上、下两个是平面；如果把平面也改成四边面，情况会不会改善？不妨试试看。

（2）如图 19.7.5 ①所示，绘制垂直辅助面，并且在辅助面上画两个圆弧。关键在于图 19.7.5 ②所示，用圆弧工具连接直线的两端后，删除原来的直线③。完成旋转放样后如图 19.7.5 ③所示。

（3）三击全选后暴露全部线面，如图 19.7.6 ①所示，可见上、下平面也变成了四边面。

（4）现在就可以名正言顺地用右键快捷菜单中的"四边面贴图"命令了，图 19.7.6 ②所示就是获取的四边面 UV。

（5）图 19.7.6 ③是赋予材质并且做过 UV 校正后的情况，接着还可以用两种不同的方法调整贴图的尺寸和角度：一是用 SketchUp 的材质面板；二是用 SketchUV 插件的快捷键。

本节提到的所有模型都保存在附件里，供参考与练习用。

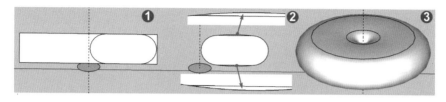

图 19.7.5　把上下平面改成曲面

图 19.7.6　平面改成四边面后的结果

19.8　UV Toolkit 应用（UV 工具包应用）

之前的 19.4 ～ 19.7 节，用 4 节的较大篇幅介绍了 SketchUV 插件，如果能够真正掌握好、运用好 SketchUV，可以说在 SketchUp 里的曲面贴图基本就不会再有太大问题了。本节要介绍另一个功能强大的插件——UV Toolkit，可以直接翻译成"UV 工具箱"。虽然名字都有"UV"两个字母，功能却完全不同，可以互补，却不能替代。 这个插件可以到 https://sketchucation. com/ 下载。除了扩展程序库里的英文版外，我还找到一个由网名 56 度汉化的版本，也一并保存在附件里。

两种版本都是 rbz 文件，可以用菜单中的"窗口"→"扩展程序管理器"命令简单安装。安装完成后，可以在菜单"视图"→"工具栏"里调出如图 19.8.1 所示的工具栏；在"扩展程序"菜单里同时有一组可选项，如图 19.8.2 所示，应注意，工具栏与菜单中的内容有所区别，所以有时要配合起来用。

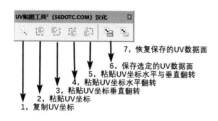

图 19.8.1　工具栏

图 19.8.2　菜单命令

例 1 首先演示一下菜单最上面的两个功能（正反面材质互赋）。

（1）随便画一个面，对正面随便赋予一种材质。

（2）然后选择菜单，把正面的材质赋予反面。

（3）现在反面也有了跟正面相同的材质。

（4）接着对正面赋予 SketchUp 的默认材质（白色）。

（5）单击菜单里的"将反面的材质赋予正面"命令，两面又有了相同材质（所有贴图略）。

一定有人会感到奇怪，这两个功能有什么用？其实这两个功能对于到了渲染阶段才发现有部分面的朝向不对，用来做局部修复补救非常有用，用了它就不用逐个重新做贴图了。

例 2 继续演示这个插件的主要功能（复制与粘贴 UV）。

请看图 19.8.3 里有一大堆大大小小的平面，有长有短，有些上面还有孔洞，想要在这些平面上做与图 19.8.3 ①同样的贴图，要求是：不管这些平面的大小、形状，每个平面上只准许有一个图片的纹样。用常规的贴图方法是这样操作的：用吸管工具汲取图 19.8.3 ①所示的材质，赋予所有无编号的面，然后右击每一个平面，在右键菜单里选择"纹理"→"位置"命令，逐个调整贴图的大小与形状。

现在换用这个插件来做就简单得多了。

（1）选择经过调整的贴图（见图 19.8.3 ①），单击图 19.8.3 ②所示的第一个工具，这样就让插件记住了当前已经选中的图 19.8.3 ①的纹理与 UV 坐标。

（2）然后一次选择图 19.8.3 里的一大堆平面。

（3）现在单击图 19.8.3 ③所指的按钮，对这些面粘贴刚才复制的 UV 坐标。

（4）图 19.8.4 所示为操作后的结果，可以看到所有的面，不管大小、形状、是否有孔洞，全都完成了贴图和尺寸缩放，每个面上只有一个图，都不重复。

这个功能有什么用？下面用图 19.8.3 至图 19.8.10 所示的两个实例来告诉你。

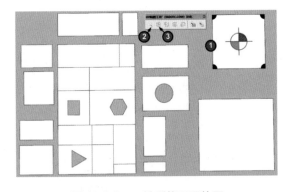
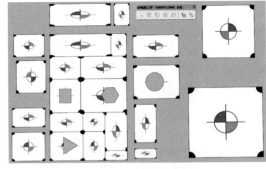

图 19.8.3　一堆形状不同的面　　　　　　图 19.8.4　分别赋予同一个图像

例 3 街心花园中心铺装。

图 19.8.5 是一个街心花园的白模与准备用来贴图的图片素材，其中，①②③是要做贴图的位置（三圈小方块分别成组），④⑤⑥是用来贴图的素材图片。注意这 3 张图片都有石块

之间的接缝，完成贴图后的①②③也必须有石块之间的接缝，这样就更接近真实。操作过程如下。

（1）对图 19.8.5 ①的一个小方格赋予材质并在右键快捷菜单中选择"纹理"→"位置"命令，调整大小和位置，完成后如图 19.8.6 ①所示，已经调成扇形，四周还带半条拼缝。

（2）选中图 19.8.6 ①后，再单击工具条第一个按钮"复制 UV 坐标"。

（3）进入图 19.8.5 ①的群组，选中所有小块后单击工具条第二个工具"粘贴 UV 坐标"。

（4）第一圈的所有小方块完成 UV 贴图，如图 19.8.7 所示。

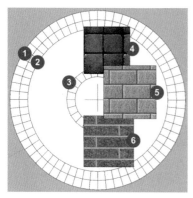 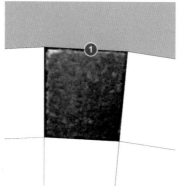 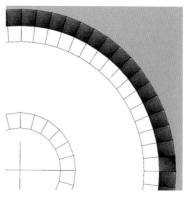

图 19.8.5　街心花园白模与素材　图 19.8.6　调整大小和方位后结果　图 19.8.7　完成复制 UV 后结果

（5）图 19.8.8 所示为对第二圈重复赋予材质，调整贴图大小、位置。

（6）调整完成后，再单击工具条第一个按钮"复制 UV 坐标"。

（7）选中第二圈的所有小块后单击工具条第二个工具"粘贴 UV 坐标"。

（8）第二圈完成后如图 19.8.9 所示。

（9）用上述方法完成第三圈的 UV 贴图等，成品如图 19.8.10 所示。

  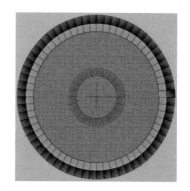

图 19.8.8　第二圈重复　　　图 19.8.9　第二圈完成后结果　　　图 19.8.10　全部完成

例 4　翻转 UV。

UV Toolkit 工具条上的第三、四、五个工具分别用来对 UV 坐标做水平、垂直、水平＋

垂直的 3 种翻转，这个实例展示 3 种不同的翻转效果与操作方法。

（1）看图 19.8.11，其中的①是贴图素材，②③④⑤是已经完成贴图的对象。

（2）再对照图 19.8.12 ②③④⑤，已经过不同的"UV 翻转"。

（3）以图 19.8.11 ②为例，单击选中已经赋予材质的面。

（4）再单击工具条第一个按钮，记住这个面的 UV 坐标。

（5）接着单击工具条的第三个按钮"UV 坐标水平翻转"，结果如图 19.8.12 ②所示。

（6）图 19.8.12 ③所示为经过垂直翻转后的结果。

（7）图 19.8.12 ④⑤所示为经过水平＋垂直翻转后的结果。

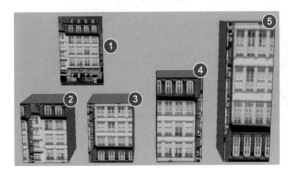 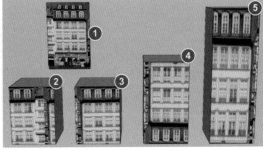

图 19.8.11　贴图后的原始状态　　　　　图 19.8.12　经过 3 种不同的翻转后结果

例 5　更换树组件的全部树叶。

图 19.8.13 里有两棵树的组件，是在《SketchUp 材质系统精讲》里介绍过的 2.5D 的组件（树干、树枝是 3D 的，树叶是 2D 的）。这种组件同时避免了 3D 和 2D 两种树木组件的缺点，是一种不错的发明。现在不是要研究这种组件的做法，做这种组件太麻烦了，但是我们可以改造它。

图 19.8.13　2.5D 树组件的原始状态

这种组件是把树叶做成小组件，再把若干小组件组合成一个大一点的组件，经过几个层级的组合，最后形成一棵完整的树。现在要把这棵树上的树叶全部换成图中躺在地面上的新树叶，一定有人会想这是在说胡话，这么多树叶，排列得乱七八糟，是想换就能够换的吗？下面就来试试看，能不能把原来的树叶替换。

（1）选择好躺在地面上的树叶图像，单击工具条上第一个按钮"复制 UV 坐标"。

（2）全选要更换的所有树枝和树叶（要提前炸开）。

（3）单击工具条上第二个按钮"粘贴 UV 坐标"。

（4）结果如图 19.8.14 所示，树叶全部完成了更换。树叶都能换，别的组件当然也能换。

图 19.8.14　更换树叶后效果

例 6　保存和恢复 UV。

（1）图 19.8.15 是一个用地形工具创建的地形，赋予图 19.8.15 ①所示的材质后全部是碎片。

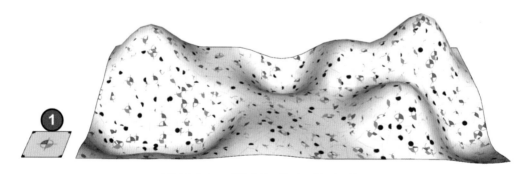

图 19.8.15　用材质工具赋予材质后效果

（2）选取好①后，再单击工具条右边的第二个按钮"保存选定的 UV 数据面"。

（3）再单击工具条上最右边的按钮"恢复选定的 UV 数据面"。

（4）操作结果如图 19.8.16 所示。接着还可以在材质面板上改变材质的大小。

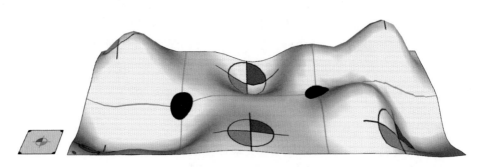

图 19.8.16　恢复 UV 坐标后效果

前面用 6 个例子介绍了 UV Toolkit 的几种功能，至于你想把它用到什么地方，相信你到了需要的时候自然会想到它。

这个插件和前面演示的所有道具及素材全部保存在附件里，你也去试试吧！

扫码下载本章配套资源

第 20 章

模型修复与优化

　　不可否认，SketchUp 有很多其他 3D 建模工具所没有的优点，因此得到了建筑、规划、景观、室内、木业等众多行业设计师的青睐与拥戴。

　　同样不可否认，SketchUp 也有一些不足，需要认真面对：例如导入 dwg 文件后带入的大量问题；导入其他格式的模型后带来的大量问题；贴图或材质引出的问题；模型几何体精细程度太高或太低引起的问题；BIM 模型不符合实体要求的问题；模型减肥的问题等。

　　要解决这些问题，除了在建模过程中要时刻注意、严谨操作之外，还有很多问题需要借用外部插件来配合解决，所以本章要介绍利用一些外部插件来解决建模过程中的这些问题。

20.1 模型修复与优化概述

这本书前面的章节讨论的都是曲面建模的相关内容，曲面模型的创建过程中，甚至完成后，难免会发现一些问题需要修复，有时修复模型比创建模型还麻烦。现在到了这本书快要结束的时候,也该讨论一下如何修复有毛病的模型和如何对模型"减肥"和"优化"的问题了。本章打算从 5 个方面来展开讨论。

（1）如何找到不合适（偏大或偏小）的材质并进行修复。

（2）如何找到精度过高的几何体并进行修复。

（3）如何修复有孔洞等毛病的模型。

（4）线面减肥优化的问题。

（5）导入 dwg 文件后的问题。

除了在建模过程中时刻注意严谨操作、提高建模水平之外，想要解决上述问题，往往还需要外部插件来配合。所以，本节的内容大致就是介绍下列几组相关的插件及其应用要领，还要用一些典型的例子作为实际操作演示。本章主要介绍以下几种插件。

（1）Material Resizer（材质调整）。

（2）Goldilocks Texture（纹理分析）。

（3）Goldilocks Geometry（几何分析）。

（4）Solid Inspector[2]（实体检测修复）。

（5）Skimp（模型减面优化）。

（6）Universal Importer（通用格式导入并减面）。

20.2 Material Resizer （材质调整）

在 SketchUp 的用户中经常有人会吐槽，规模不大的一个模型，为什么 skp 文件的体积动辄就几十兆、几百兆，操作起来很受限制。这个问题要细究起来，可能有很多原因，其中材质贴图方面的主要有两项。

（1）没有及时清理曾经试用过的，现在已经不再用的贴图和材质。解决这个问题并不难，只要选择"窗口"→"模型信息"菜单命令，然后在统计信息里清理一下就可以了。这个清理操作效果很明显，却经常被忘记。不过这并不是本节要讨论的原因。

（2）模型中用了太多高像素甚至超高像素的贴图，有时一幅图就有好几兆，模型里有十幅八幅这样的图，模型一下子就被"催肥"了。眼前就有个例子，图 20.2.1 中间的主体部分与右边的材质样板，从 Windows 的资源管理器中可以看到它的文件体积是 5MB 左右。现在多了左边几个贴图用的样板，你猜猜看，它的文件体积有多大？你一定没想到它差不多有原来的 4 倍大吧。

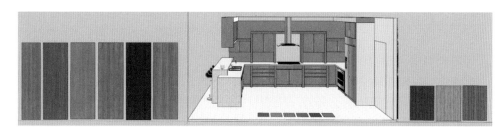

图 20.2.1　本节标本模型

从这个例子可以清楚地看出一个问题，贴图或材质可能会把模型撑得很胖，这个问题早就引起了大家的注意，所以在 SketchUp 的插件大家族里，为贴图或材质减肥的工具就有不少，本节要介绍的这种插件，叫作 Material Resizer（材质调整），它也是一种为材质减肥的工具，其来源于 SketchUp 官方的 Extension Warehouse（扩展仓库）。

众所周知，模型中用到的所有贴图是要保存在 skp 文件里的，图 20.2.1 的例子说明贴图尺寸过大会导致模型体积快速膨胀；其实这些高像素、高清晰度的贴图对于设计和表达来说，大多数纯属浪费，没有多大实际意义。但是，如果模型中已经用了很多偏大的贴图，想要一个个去查找并且修改却会非常困难。所以，我们就会想要有一个工具，可以把模型里所有贴图的尺寸都列出来，让我们来决定要不要修改和如何修改。

现在介绍的这个插件 Material Resizer（材质调整）就是用来解决这个问题的，下面就来演示一下这个插件能为我们做什么和怎么做。这个插件已经保存在本节的附件里，可以用 SketchUp 的扩展程序管理器简单安装。安装完成后，它没有工具图标，须到菜单"扩展程序"里找到 Material Resizer。

单击它以后，弹出一个面板，如图 20.2.2 所示，这个面板上列出了当前模型里所有的材质，左边有一个小小的缩略图和材质名称，右面框出的数据是贴图的尺寸，以像素为单位，一目了然。

仔细看一下，这里有些材质大得吓人，有几个都是六七百万像素的，还有几个是三四百万像素，最小的估计都有 150 万像素左右。

如果模型里材质品种太多，在表格里看起来就会眼花缭乱，图 20.2.2 ②所指处有个过滤器，单击这个像漏斗的图标，会出现一个输入框，左边有一排文字"Show materials larger than"，意思是只显示大于你指定像素的材质。假设输入 800 后按 Enter 键，所有高度或宽度小于 800 像素的材质就不再显示了，只留下大于 800 像素的对象。

现在就可以根据这些材质使用的位置和重要性来确定要如何处理它们了，说实话，想把这一步做好并不容易，如果没有相当的经验，不是把图像尺寸定得大了就是定得太小。若是定大了，为模型瘦身的预期目的打了折扣；定小了，模型看起来就会模糊不清。

不过，不要着急，在 20.3 节还会为你介绍一种检测材质的工具，可以很好地为我们解决这个难题，现在假设我们都很有经验，先把精确调整材质大小的问题放一边，来讨论为这些嫌太大的材质定一个大致的尺寸。

应注意图 20.2.2 ④处还有一行字和一个数值框，上面写着"Reduce selected materials to"，

意思是想把选定的材质减少到数值框里的像素，默认是 512 像素，暂且先接受默认的 512 像素好了。

现在还要选择需要瘦身的对象，可以逐个单击勾选，也可以单击图 20.2.2 ③，在这里勾选全部，接着就可以单击图 20.2.2 ⑤的 GO 按钮。

接下来就是等待，它正忙着，要对一个个材质去计算和修改，要稍微等一下。

现在所有需要调整的材质尺寸全都变了，如图 20.2.3 所示。

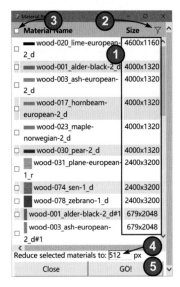

图 20.2.2　瘦身前清单

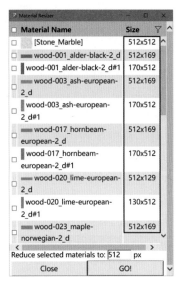

图 20.2.3　瘦身后清单

调整前较大的尺寸都变成了 512 像素，原来较小的尺寸全都按比例缩小了。为了比较，把它保存为另一个文件。

现在我们可以来比较一下了，图 20.2.4 是调整前的文件大小（19.1MB）；图 20.2.5 是调整后的文件大小（6.17MB），是原来的 1/3 还不到，效果很明显吧！

图 20.2.4　瘦身前模型大小

图 20.2.5　瘦身后模型大小

关键是模型与材质的效果仍然可以保持跟原先一样。附件里有这个插件，还能找到测试用的模型，你也去试试吧！

20.3　Goldilocks（纹理与几何分析）

20.2 节介绍的插件 Material Resizer（材质调整）可以快速把太大的材质（通常是贴图）调整到你指定的大小，因此可以大大缩小模型的体积。但是，这种方法属于不分青红皂白地"一刀切"，比较粗暴，可能会犯错误——把不该缩小的材质也缩小了。

本节要介绍的插件叫作"Goldilocks"，按照字面来直译，肯定会让你大吃一惊，居然叫作"金发女郎"。它是跟一种叫作"LightUp"的即时渲染器配套应用的插件。大家都知道，在小规格的模型上用了高像素的纹理会使文件增大、运行变慢；反过来，大尺度的模型如果使用了低像素的纹理也不好，会使贴图看上去模糊。这两种情况下的模型，若还要做渲染的话，问题更大。所以，即时渲染器"LightUp"出现的同时，"金发女郎"也应运而生。

若是真的要直译这个插件为"金发女郎"，好像有点不正经。所以，在后面的篇幅里，要根据它的功能改口称它为"纹理几何分析"。"纹理几何分析"插件是一个 rbz 文件，可以用 SketchUp 的扩展程序管理器进行简单安装。安装完成后没有工具图标，可以在"工具"菜单里看到以下两个功能选项：

（1）Goldilocks Texture，纹理分析；

（2）Goldilocks Geometry，几何分析。

1. 纹理分析

现在打开了一个曾经见过的模型，如图 20.3.1 所示，拿它来当作标本进行分析。

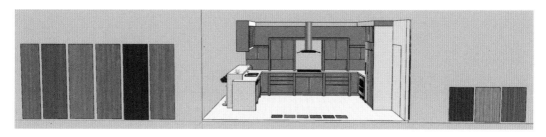

图 20.3.1　本节测试用模型

选择"工具"→ Goldilocks texture（纹理分析）菜单命令，就开始对当前模型贴图的像素与模型的尺度关系进行客观分析，并提供分析的结果。

模型用 Goldilocks 分析后，会向我们提供一个如图 20.3.2 所示的图表，图表的左侧是 Component Path（对象的路径），右侧是 Texture Resolution（纹理分辨率）。模型中尺寸偏大的贴图会以红色进度条显示，进度条越长表示贴图与模型的匹配越差，合适的贴图则使用绿色进度条显示。如果看到黄色的进度条，说明这个贴图精度过低，要引起注意。

需要提出，很长的红色条，对应的贴图纹理像素不一定很大，有可能是跟它在模型里扮演的角色不相符，例如一个没有被删除的废材质，它根本就没有用在模型上，在模型中扮演的是多余的角色，它在分析结果时就会非常突出地显示。所以，进行"纹理几何分析"之前，应记得先清理所有不再使用的废材质，免得出现干扰信息。

现在进行另一项测试，选择"工具"→ Goldilocks Geometry（几何分析）菜单命令，开始对当前模型的几何体精细程度进行客观分析，并提供分析的结果，图 20.3.3 所示图表也有左、右两个部分，左侧是 Component Path（对象的路径），右侧的 Edge Density（边缘密度）（边缘密度即边缘线段的数量），红色的进度条越长，就提示这个对象的边缘线段密度越高，越应该精简。

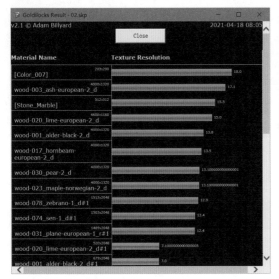 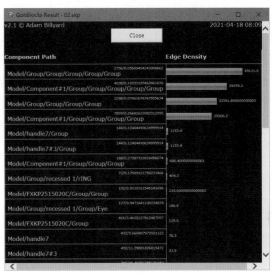

图 20.3.2　Goldilocks Texture（纹理分析）　　　图 20.3.3　Goldilocks Geometry（几何分析）

显而易见，如果你没有为几何体（组或组件）命名的习惯，或者用了简单的 1、2、3 或 a、b、c 对组或组件命名，即使工具帮你找到了有问题的对象，你也不能很快定位该对象并进行修复。避免这种尴尬的最好办法，就是建模过程中对于创建的每一群组或组件及时赋予一眼就认得出的、有明确意义的唯一名称。这是听起来很简单的操作，举手之劳而已，但是大多数 SketchUp 用户并没有建立这样的好习惯。

郑重建议，所有看到这段文字的 SketchUp 用户尽快养成上述好习惯，尤其是创建的模型将用于 BIM 项目时，为每个群组或组件赋予唯一的、有明确意义的名称就显得更为重要。

2. 合适尺寸的材质

第二个测试用的是一个养眼的模型，如图 20.3.4 所示，可以打开附件里的这个模型，观察一下每一个组件的图像，都足够清晰。我们可以看看这些图像的分辨率，为今后实战中确定贴图所需的像素数量提供参考数值。

现在选择"工具"→ Goldilocks texture（纹理分析）菜单命令，分析结果如图 20.3.5 所示，可见大多数对象的纹理大小呈现绿色，说明在合理的范围内。现在就可以注意一下这些清晰度足够高的贴图，它们大概是多少像素：仔细观察图表左边的数据（文件名旁边），若取个偏高的平均值，高度设置为 1000 像素左右，宽度设置为五六百像素就可以获得足够好的效果。

不过还要注意，Goldilocks 对贴图大小的分析与给出的数据，是基于保证渲染效果、减少渲染时间为目标的，注重的是当前视图（即将渲染的画面）中可见的材质；如果把模型转过一个较大的角度，或者缩放模型可见部分，贴图材质在画面的比例有了改变，就需要重新进行分析。所以，要在模型完工之前，至少在确定模型视图前使用该工具。

至于图 20.3.6 所示的另一项测试是，选择"工具"→ Goldilocks Geometry（几何分析）菜单命令，对当前模型的几何体精细程度进行客观分析，并提供分析的结果，如图 20.3.6 所示。这个图表也有左、右两个部分，左侧是 Component Path（对象的路径），右侧是 Edge Density（边缘密度）（边缘密度即边缘线段的数量），红色的进度条越长，就提示这个对象的边缘线段密度越高，越应该精简。

图 20.3.4　测试用模型

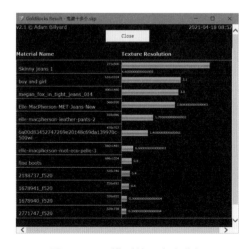

图 20.3.5　模型纹理大小分析

图 20.3.6　模型精细度分析

20.4 Solid Inspector² (实体检测修复)

1. 实体与其概念

从 SketchUp 8.0 版开始,SketchUp 引入了"实体"的新概念,为了更好地对实体进行加工,还增加了一组实体工具条。目前,"实体"在 BIM、3D 打印等领域已是必需条件。在展开本节的主题之前,首先来复习一下有关实体和实体工具方面的概念。

(1)实体必须是群组或组件。

(2)实体必须是密闭的空间,不能漏气。

(3)实体内不能有多余的线段,哪怕只有 1mm。

(4)只有在"默认"→"图元信息"面板里能显示体积的组或群组才符合实体条件。

(5)符合条件的实体才能使用实体工具进行加壳、相交、联合、减去、剪辑、拆分、布尔操作。

2. 问题与解决

自从引入了"实体"以及相关的逻辑运算工具后,从理论或学术角度上看,SketchUp 又上了一个台阶,为完善 SketchUp 的逻辑运算,进入 BIM 与 3D 打印等应用领域创造了条件。但是也产生了一些新的问题,尤其是"几何体很难全都符合实体条件",直接影响了实体概念与其运算操作的深入发展。问题的起源大多数是因为 SketchUp 用户的操作不够严谨所产生。为了让用户的几何体符合 SketchUp 对实体的要求,产生了不少插件,本节介绍的 Solid Inspector²(实体检测修复)就是其中较完善的一个。

你可访问 Extensions Warehouse 菜单,用 Solid Inspector² 搜索最新版本直接安装。在本节附件里有适用于 SketchUp 2022 版的 Solid Inspector² 的 2.4.7 版。可用"窗口"→"扩展程序管理器"菜单命令直接安装,并执行"视图"→"工具栏"→ Solid Inspector² 菜单命令调用;也可以选择"工具"→ Solid Inspector² 菜单命令调用该插件。

一些号称具有"自动转实体"或"实体修复"等功能的插件,有些确实可以快速把有问题的几何体修复成符合条件的实体,可惜检测和处理的过程是"黑箱操作",其结果还可能弄巧成拙。还有人编写了一些对实体"容错"的替代工具,这是跟 SketchUp 底层运算核心逻辑相悖的,也不利于 SketchUp 用户在建模过程中养成应有的认真、严谨的习惯。本节要介绍的 Solid Inspector²(实体检测修复)克服了上述的不足,先检测,再提供检测报告,由用户自己决定要不要修复,当用户拿不定主意时,还能为用户提供参考意见。

3. 应用示例 1 (检测与修复反面)

图 20.4.1 所示的球体上有一些错误的反转平面。见图 20.4.1 ①,选择好该球体后,单击

图 20.4.1 ②所示的工具图标，结果如图 20.4.1 ③所示，不正确的面用红色突出显示。同时提供④所指处所示的检测报告：提示有 38 处 Reversed Faces（反面），如果你不知道如何操作，单击⑤所指处的问号后会弹出操作提示（黑色的部分）。如果确认检测出的问题需要纠正，可单击图 20.4.1 ⑥所指处的 Fix（维修），结果如图 20.4.1 ⑦所示。同时给出最终的检测报告⑧：No Errors Everything is shiny（没有错误一切都是完好的），检测、修复完成。

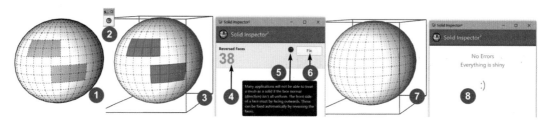

图 20.4.1　Reversed Faces（反面）

4. 应用示例 2（检测修复内部线面）

图 20.4.2 ①所示的六棱柱内部还有一些线面，这些线面有可能是用户有意创建的，也可能是多余的，单击工具②后，结果如图 20.4.2 ③所示，内部的面用红色突出显示。同时提供图 20.4.2 ④所示的检测报告：提示有 7 处 "Internal Face Edges"（内部的线面），如果你不知道如何操作，可单击⑤处的问号；如果确认检测出的问题需要纠正，可单击⑥ Fix（维修），结果如图 20.4.2 ⑦所示，同时给出最终的检测报告（截图略）。

图 20.4.2　Internal Face Edges（内部的线面）

5. 应用示例 3（检测修复零散边线）

图 20.4.3 ①所示的六棱柱内部还有一些线，这些线有可能是用户有意创建的，也可能是多余的。单击工具②后，结果如图 20.4.3 ③所示，这些线用红色突出显示。同时提供图 20.4.3 ④所示的检测报告：提示有 12 处 "Stray Edges"（零散边线）（其中一条手绘线有10 个线段）。如果你不知道如何操作，可单击⑤处的问号；如果确认检测出的问题需要纠正，可单击⑥所指的 Fix（维修），结果如图 20.4.3 ⑦所示，同时给出最终的检测报告（截图略）。

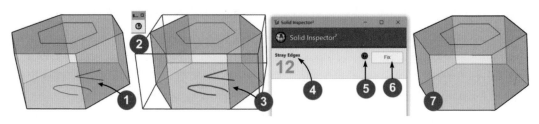

图 20.4.3 Stray Edges（零散边线）

6. 应用示例 4（检测内部的线面）

图 20.4.4 ①所示的六棱柱内部还有一些线面（2 个矩形），这些线面有可能是用户有意创建的，也可能是多余的。单击工具②后，结果如图 20.4.4 ③所示，内部的面用红色突出显示。同时提供图 20.4.4 ④所示的检测报告：提示有 2 处 "Internal Face Edges"（内部的线面）。如果你不知道如何操作，可单击⑤所指处的问号；如果确认检测出的问题需要纠正，可单击⑥所指处的 Fix（维修），结果如图 20.4.4 ⑦所示，同时给出最终的检测报告（截图略）。

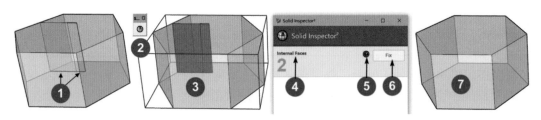

图 20.4.4 Internal Face Edges（内部的线面）

7. 应用示例 5（检测并修复面上的孔洞）

图 20.4.5 ①所示的球体表面有几处"洞"（7 个矩形），这些"洞"有可能是用户有意创建的，也可能是模型的缺陷。单击工具②后，结果如图 20.4.5 ③所示，这些"洞"的边线用红色突出显示。同时提供图 20.4.5 ④所示的检测报告：提示有 7 处 "Face Holes"（面上的洞）。如果你不知道如何操作，可单击⑤处的问号；如果确认检测出的问题需要纠正，可单击⑥处的 Fix（维修）。

但是这次不会提供自动修复，在弹出的提示⑥中告诉你："Edges that form the border of a surface or a hole in the mesh.These cannot be fixed automatically. Manually close the mesh and run the tool again."（可意译为："不能自动修复形成表面孔的边缘，请手动修补后再次运行插件检查。"）。遇到这种情况就需要人工介入进行处理，通常可用的措施是"补线成面"（包括柔化）。

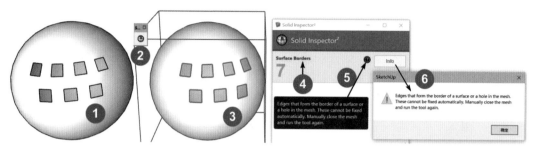

图 20.4.5　Face Holes（面上的洞）

8. 应用示例 6（修复表面边线）

图 20.4.6 ①所示的四棱锥外部有一些"废线"（一个圆弧、一段手绘线、三段折线），这些线有可能是用户有意创建的，也可能是模型缺陷，单击工具②后，结果如图 20.4.6 ③所示，检测到的废线以红色突出显示。同时提供图 20.4.6 ④所示的检测报告：提示有 24 处（其实是 24 个线段）"Stray Edges"（零散边线）。如果你不知道如何操作，可单击⑤的问号；如果确认检测出的问题需要纠正，可单击⑥所指处的"Fix"（维修），结果如图 20.4.6 ⑦所示，同时给出最终的检测报告（截图略）。

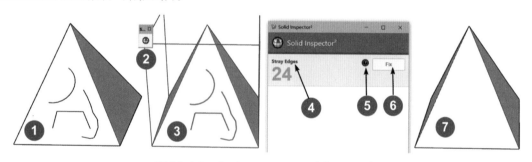

图 20.4.6　Surface Borders（表面边界）

9. 应用示例 7（检测与修复百病缠身的模型）

图 20.4.7 ①和③是"百病缠身"的一对兄弟，因为它们都不是组或组件，所以一旦单击了②的工具图标，兄弟俩所有的毛病都同时被检查出来并且用红色突出显示，从图 20.4.7 ④所示的检查报告中可以看到，它们兄弟俩共患有 4 种不同的毛病：

（1）"Stray Edges"（零散边线），108 个（线段）。

（2）"Surface Borders"（表面边界），16 个。

（3）"Internal Face Edges"（内部的线面），9 个。

（4）"Nested Instances"（嵌套的实体），3 个。

分别单击它们的 Fix（修理）按钮后，工具自动修复了其中的大多数毛病，最后剩下一些需要用户自行确认和手工修复，显示在最终的报告⑥里面，它们是：

（1）"Surface Borders"（表面边界），12 个。

（2）"Internal Face Edges"（内部的线面），5 个。

（3）"Nested Instances"（嵌套的实体），3 个。

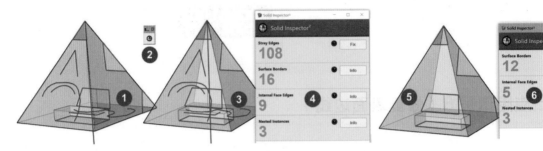

图 20.4.7　"百病缠身"的一对兄弟

经过反复的测试，最后还要提示一下。

（1）要用这个 Solid Inspector² （实体检测修复）插件做实体检测修复的对象，应提前做成组或组件。

（2）检测修复操作前务必预先选择该组或组件，这样检测修复的范围就可受到限制。

（3）如果选择了一些尚不是组或组件的几何体，单击工具图标后将检测当前 SketchUp 中的所有几何体。

（4）如连续单击两次 Solid Inspector² （实体检测修复）工具图标，也会把检测范围扩大到模型中的所有几何体。

（5）对模型中所有几何体做检测和修复，得到的时常是画蛇添足的结果。

（6）善用这个工具，除了可以把几何体修复到符合实体的要求（对 BIM 设计特别重要）外，显然还能快速提高我们的建模规范化水平。

20.5　Skimp（模型减面优化）

SketchUp 用户时常借用其他软件创建模型，这么做的最大麻烦是导入的模型线面数量通常都庞大无比，令人望而生畏，但只要用本节介绍的减面优化插件 Skimp 就可快速完成减面优化的功能。除了对导入的模型减面优化外，它对 SketchUp 创建的模型同样有效。

用"扩展程序管理器"在线搜索"Skimp"，即可快速下载与安装。

安装完成后可在"视图"菜单中选择"工具栏"命令，调出如图 20.5.1 所示的工具栏；也可以选择"扩展程序"→ Skimp 命令，调用如图 20.5.2 所示的菜单命令。

该插件的功能包括导入、预览以及简化 FBX、OBJ、STL、DAE、3DS、VRML、PLY 等3D 格式文件，还可直接简化模型场景中的组和组件。

Skimp 还有以下特点：快速导入及简化，在正式导入前可进行预览、调整比例和模型坐标系，基于模型单位的精确简化，保持原模型结构层次，在导入和简化时保持模型的材质、UV 和法线，完全兼容 PC 和 MAC。

图 20.5.1　工具栏　　　　　　　　　　　　　　图 20.5.2　菜单命令

　　Skimp 兼容 Windows 和 Mac 系统并完全内置在 SketchUp 中工作；Skimp 支持导入的 3D 文件格式很多，适合同时使用多种 3D 软件的 SketchUp 用户。Skimp 可以优化 SketchUp 场景中的组或者组件对象；Skimp 还可以为减面设置一个允许误差限制，以实现减面优化的高度精确简化，这对于简化机械或制造类对象（如车辆、电器、电子设备等）非常关键。Skimp 的简化功能旨在实现精确性和性能消耗的完美平衡，它速度快、精度高、内存占用率低。

　　Skimp 面向更专业的建模人员，其主要目标是能够轻松、快速地将大量模型导入 SketchUp 中。Skimp 自带纹理替换工具，可在 SketchUp 模型中添加纹理和材质；Skimp 的界面更简单、直观，让大多数 SketchUp 用户更容易上手。

　　下面以 4 个实例来说明 Skimp 的减面优化效果，如看不清楚可查看附件的视频。

　　（1）像杯具器皿等模型，通常在 SketchUp 场景里都是配角，完全没有必要计较它们的精度，反而应大大减少其线面数量，图 20.5.3 ①所示为一个杯子，图 20.5.3 ②的原始线面数是 8408，减少到图 20.5.3 ③所示的 5.0%，线面数减少到 400 多，图 20.5.3 ④所示的模型并无太大变形，足够在 SketchUp 里表达其真实形状。

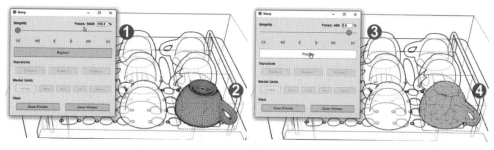

图 20.5.3　减少 95% 线面后的杯子

　　（2）图 20.5.4 和图 20.5.5 是两个不同地形模型减面优化前、后比较，减面效率都接近 90%，仍能保留主要的模型特征与原始纹理，可浏览附件里的 GIF 动画。

　　（3）沙发在室内设计业的场景中算是占用空间较大的对象，通常马虎不得，图 20.5.6 ① 是沙发的原始线面，图 20.5.6 ②是减面优化到原来的 11% 左右后的结果，仍然不辱使命。

图 20.5.4　地形减面效果示例 1

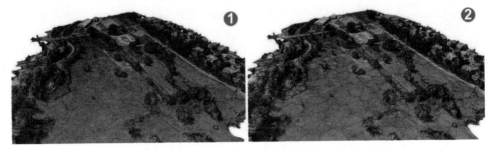

图 20.5.5　地形减面效果示例 2

图 20.5.6　沙发减面

（4）如前所述，对于机械或制造类对象（如车辆、电器、电子设备等）的表现精确度非常重要。图 20.5.7 ①是导入后的模型线面，经过测试，减面到原来的 16%，如图 20.5.7 ②所示。

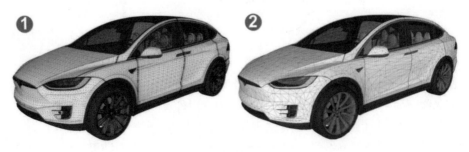

图 20.5.7　减面到原来的 16% 后的小车

20.6 Universal importer（通用格式导入并减面）

Universal importer 是一种在 SketchUp 里使用的通用格式导入与减面所用的插件，可以导入 50 多种不同格式的 3D 模型文件（见表 20.6.1），同时拥有对导入模型的"减面优化"功能。对个人的基本功能免费（见 https://github.com/pricing）。

表 20.6.1　Universal importer 可导入的模型格式清单

3D	CMS	LWO	NDO	SIB
3DS	COB	LWS	NFF	SMD
3MF	DAE/Collada	LXO	OBJ	STP
AC	DXF	M3D	OFF	STL
AC3D	ENFF	MD2	OGEX	TER
ACC	FBX	MD3	PLY	UC
AMJ	glTF 1.0 + GLB	MD5	PMX	VTA
ASE	glTF 2.0	MDC	PRJ	X
ASK	HMB	MDL	Q3O	X3D
B3D	IFC-STEP	MESH / MESH.XML	Q3S	XGL
BLEND	IRR / IRRMESH	MOT	RAW	
BVH	ZGL	MS3D	SCN	

1. 插件的安装与使用方法

（1）这是一个免费开源的共享插件，访问"sketchucation.com"并用"Universal importer"为关键词搜索即可下载。本节附件里有适用于 SketchUp 2022 与之前版本的 rbz 文件，可使用"扩展程序管理器"导航到本节附件安装。

（2）安装完成后，通常会自动弹出图 20.6.1 ①所示的"纸鹤"状的图标；也可以选择"视图"→"工具栏"→ Universal Importer 菜单命令，调出这个图标，但现在不要执行此操作。

（3）注意这个插件安装完成后，在"文件"菜单新增了一个 Import with Universal Importer 菜单命令。

（4）选择"文件"→ Import with Universal Importer 菜单命令，会弹出如图 20.6.1 ②所示的 Select a 3D Model 对话框，可选择一个 3D 模型，单击图 20.6.1 ③所示的 3D Models，将会看到一个奇长无比的格式清单，包含了表 20.6.1 的所有格式，不用管它，直接在资源管理器里导航到你需要导入的 3D 文件，单击"打开"按钮。

（5）然后单击工具图标，按提示操作，改动线面数量，稍等片刻即可完成减面操作。

图 20.6.1　工具图标与新菜单

2. 两个应用实例

（1）图 20.6.2 所示为一个减面实例，减面前的球体①有 20000 个面，减面后的球体②仅剩 800 个面，统计数如图 20.6.2 ③所示，适度柔化后看不出球体的精度有什么变化，减面效果相当明显。

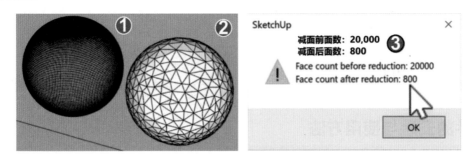

图 20.6.2　一个减面实例

（2）图 20.6.3 是另一个减面实例，减面前的模型①有 32405 个面，减面后的模型②仅剩 3990 个面，模型③是适度柔化后的效果，统计数如图 20.6.3 ④所示，看不出有什么明显变化，减面效果相当不错。

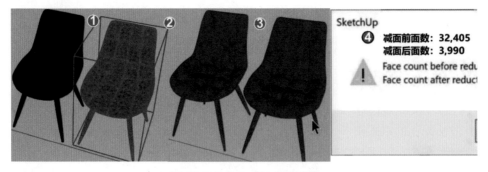

图 20.6.3　另一个减面实例

本节附件里有插件作者的视频，已把字幕译成中文并添加了中文提示，可供参考。

20.7　其他模型修复与减面优化工具

除了前面重点介绍的几种对模型进行检测、修复、减面、优化的工具外，本节再向你推荐另外一些有类似功能的工具，供你选用。

1. CleanUp³ 清理大师

这是挪威特隆赫姆的 Thomas Thomassen thomthom [托马斯·托马斯森，网名为 thomthom （汤姆托姆，简称 tt）] 的知名 Ruby 作者编写的免费插件。

请用 SketchUp 访问 "Extension Warehouse"，并用 "CleanUp³" 为关键词搜索安装。

安装完成后 "清理大师" 是没有工具图标的，只能从 "扩展程序" → CleanUp³ 菜单命令中调用各种功能，如图 20.7.1 所示，这组插件有 8 项功能，各功能还有更多可操作项，可查阅《SketchUp 常用插件手册》4.9 节的详细说明。

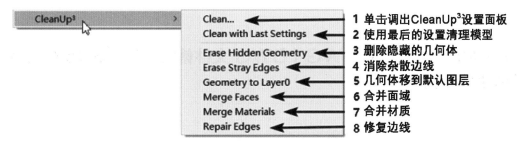

图 20.7.1　CleanUp³ 清理大师菜单中的功能选项

2. Polygon Cruncher（3D 模型减面工具）

Polygon Cruncher 是一款非常好用的 3D 模型优化软件，软件能够支持 LightWave、3ds Max、Maya 这 3 款软件的多个不同版本，可以在不影响 3D 模型外观的前提下，尽量减少模型的多边形数量，同时在高优化比的情况下不损失细节，还可以保留原型地支持 3D 模型浏览器，是一款实用的 3D 减面插件。

这是一款独立的收费软件，有分别针对 LightWave、3ds Max、Maya 等软件的多个不同版本，有兴趣关注的读者可访问 www.mootools.com，下载 "Polygon Cruncher" 的相关版本，并浏览相关的功能介绍与视频教程。

这是一款独立的软件，不是 SketchUp 插件。网络上可搜索到很多相关文章和视频，所以就不再占用本书的篇幅了。

3. Transmutr 模型转换器（见《SketchUp 常用插件手册》8.10 节）

　　Transmutr 是一款轻松转换 3D 模型为 SketchUp 支持格式的软件，可以通过这款软件将 FBX、OBJ、3DS 等格式的 3D 文件导入 SketchUp 中。除了 3D 文件的转换导入外，Transmutr 还可进行减面优化处理和制作渲染用的代理模型。

　　（1）自动化代理，只需单击，Transmutr 即可生成 V-Ray、Thea 和 Enscape 的代理。而且还可以与 Quixel Megascans Bridge 直接链接，只需单击几下，即可将 Megascans 资产从 Quixel Bridge 发送到 SketchUp。

　　（2）清理模型层次结构。Transmutr 可保持模型层次结构，同时简化模型层次结构以尽量减少嵌套。

　　（3）到目前为止，Transmutr 可以支持导入 FBX、OBJ、3DS 和 DAE 格式文件，官方计划在即将发布的版本中继续添加支持更多的 3D 格式。

　　（4）Transmutr 当前可为 V-Ray、Thea 和 Enscape 生成渲染就绪材质和代理模型。但是，如果你使用其他的渲染引擎，仍然可以利用 Transmutr 转换干净的 3D 文件，简化模型，与 Megascans 库直接链接等。

　　该插件为收费的商业插件，可在 Windows 与 MAC 系统中使用，有 7 天的免费试用期。有兴趣试用者可访问官方网站 https://help.transmutr.com/ 浏览教程。

4. Repair AddFace DWG（DWG 文件修复，见《SketchUp 常用插件手册》2.9 节）

　　在这套教材的《SketchUp 建模思路与技巧》一书中用了几节的篇幅详细讨论了在 SketchUp 里导入 DWG 文件不兼容的原因与对策。"Repair AddFace DWG"（DWG 文件修复）就是针对导入 DWG 或其他矢量图形后不能成面问题的重要工具之一。这是 2010 年发布的一个插件，经过 10 多个版本的升级后，至今仍能正常使用。国内有很多汉化版，本书作者也一直拿它作为解决导入 DWG 文件问题的主要工具之一。

5. 对付导入 wdg 问题的其他小工具

　　（1）Z to 0（Z 轴归零）。

　　（2）Stray Lines（线头工具）。

　　（3）SetArcSegments（重建圆弧）。

　　（4）Make Face（自动封面）。

　　以上几个也都是解决导入 DWG 文件后所产生问题的有力工具，其各有特点，拥有类似功能的综合性插件工具栏也不少。以上几个插件保存在本节附件里供参考。

扫码下载本章配套资源

第 21 章

曲面模型出图放样与施工

    SketchUp 用户创建完成 3D 曲面模型后，往往只是刚开了个头，后续的方案认证、投标、出图、深度设计、现场放样与施工才是最终要实现的目的，每一步都伴有大量工作要做。

    假设你的曲面模型（或常规模型的曲面部分）已经通过了所有审核，进入了施工图阶段，首先碰到的问题就是如何在图纸上表达你的曲面模型，然后就是如何在工地上按你的图纸放样和施工。这一过程中会遇到曲面偏差如何纠正等一系列大大小小的棘手问题，其中很多问题都是"曲面"所特有的。

    本章将从曲面设计的图上表达开始，并结合几个实例介绍一些对付曲面项目的办法。项目有大有小，办法有土有洋，仅供读者参考。

21.1　曲面项目放样施工概述

除了学习过程中的习作外，我们对于曲面项目的规划、设计与建模实战，往往只是项目的开端，模型完成后，还有大量的工作要做。

属于设计师直接要做的工作至少还要参与项目论证与相关文件的制作、绘制施工图，以及材料与人工成本核算等。因为我们现在讨论的是"曲面模型"，单单从绘制施工图这一项考虑，就跟常规的施工图有很大的区别，有时还是完全不同的区别。

此外，当曲面模型的设计师（包括建模者）对于曲面工程的特殊性与现场放样与施工可用的工具装备、方式方法、放样与施工工艺等诸要素完全没有概念时，设计的可行性、经济性方面就会存在问题，就可能做出根本无法施工或不符合经济规律的设计和模型。

因此，真正内行、有责任心的设计师一定会站在现场施工方的角度提前考虑曲面项目的放样与施工中可能会遇到的困难，在制作施工文件时一定会考虑到现场施工人员的技术水平、设备条件，甚至在全套设计文件里还包括放样与施工的详细指导性文件。

本章的内容将为曲面工程的设计师介绍一些需要注意的重点和参考建议，其中有一些还是本书作者亲身经历过的办法，希望能对本书读者遇到类似项目时有所启发。

21.2　曲面设计的图上表达方法

跟大多数图纸的表达方式不同，很多曲面对象在图纸上的表达并不像常规图纸那样画个轮廓、剖个面、标注上尺寸和角度、配上点文字说明那么简单。

本节要介绍几种针对曲线、曲面对象的特殊图上表达方式，它们中有些是我国建筑制图标准中指定可用的表达方式，有些是行业制图标准（如船舶制图标准）专用的表达方式，有些是行业俗成的表达方式等，这些表达方式虽然特殊却并不少见，尤其是针对本书的读者，如果你的曲面模型不是习作而是正式的工程项目，想要把你的设计（模型）在图纸上表达清楚并能为施工人员所接受，其实并不容易，所以要集中起来用一节的篇幅来介绍它们。

对曲面对象的所谓特殊的图上表达（标注）可归纳出以下 7 种不同的类型（为作者一家之言，可能还不完整），并在后面的篇幅里收集安排了一些对应的实例，今后读者在对曲面模型制图时，万一出现类似情况可以借鉴套用。

1. 坐标表达法

如图 21.2.1 所示的中国传统亭子顶部的屋脊曲线就属于这种特殊的情况。我们在计算机上绘制时只要用贝塞尔曲线工具拉出一条曲线，然后偏移缩放即可，非常简单。但是到了施工现场，施工人员并没有"贝塞尔曲线"工具可用，作为工程设计人员的你就必须考虑在施工现场如何"放大样"的问题，所以就有了这种以坐标形式来标注特殊对象的方法。现场工人没有"贝塞尔曲线"工具可用，但是只要有这些坐标，即使用最简单的直尺都可以完成"放大样"，让你的创意成真。该实例的详细说明可查阅系列教程的《LayOut 制图基础》一书，该书已由清华大学出版社出版发行。

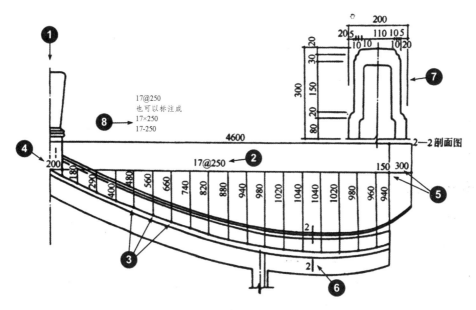

图 21.2.1　坐标形式标注曲线

需注意图 21.2.1 有几个重点，对于绘图和施工的人都很重要。

最左边有一条垂直的单点划线（图 21.2.1 ①），所有中心线都是这样的，间接说明看到的只是中心线右侧的一半，左边一半省略了。中心线也可以称为"平分符号"。

图 21.2.1 ②所指向的"17@250"代表的意思是这里共有 17 个间隔单位（18 条坐标线），每个间隔单位是 250mm。这里的符号 @ 在英文里有单价、单位的意思。这个标注也可以用"17×250"或"17-250"来代替。

在施工现场，工匠们画完这 18 条垂直坐标线以后，再根据图样上标注的长度，可以获取图 21.2.1 ③所指的坐标点，连接这些坐标点就得到了想要的曲线。很明显，坐标点越密集，曲线的精度就越高。

注意，图 21.2.1 ④所指处有个 200mm，图 21.2.1 ⑤所指处有 150 和 300 两个数字，它们都是单独的尺寸，没有包括在 17 个坐标间隔之内。

图 21.2.1 ⑥所指处有一对剖切符号，图 21.2.1 ⑦就是对应的剖面。

图 21.2.2 是另外两个亭子的顶部，标注的方法跟上一个类似。这 3 个例子都是用一组坐标来标注一条曲线的方法，这种方法在古建筑设计、园林景观设计中用得比较多。

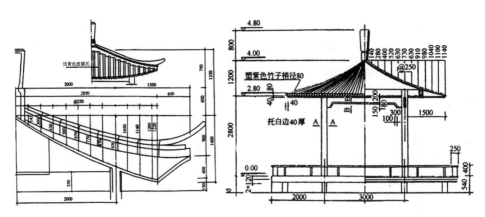

图 21.2.2　另两个坐标标注的例子

2. 表格表达法

图 21.2.3 所示为一个表格标注的例子（贝壳）。在本书 11.3 节曾经出现过，从图 21.2.3 ①②③可见对 3D 模型的切片细节，⑤是放样用坐标原点，⑥为 Y 轴向的剖面线与编号，⑦⑧⑨⑩是以表格形式给出的每个剖面对应的"弦长"与"弧高"数据。

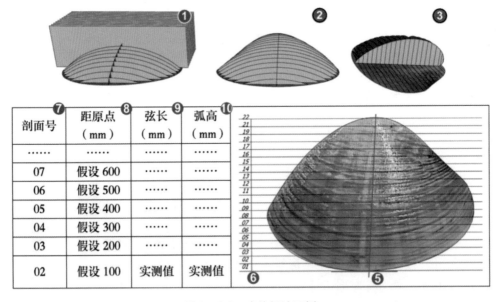

剖面号	距原点（mm）	弦长（mm）	弧高（mm）
……	……	……	……
07	假设 600	……	……
06	假设 500	……	……
05	假设 400	……	……
04	假设 300	……	……
03	假设 200	……	……
02	假设 100	实测值	实测值

图 21.2.3　表格标注示例

这种用表格辅助标注的方式，可以简化绘制类似规则曲面图样时的工作量，尺寸的表达也更为清晰。在工地现场放样时，只要如图 21.2.3 ⑤⑥所示，按规定间隔画出一系列平行线，再按表格的弦长与弧高绘制圆弧（在三夹板或厚纸板上或用钢筋弯曲），排列放置到对应的平行线上即可完成放样（具体做法可视用途与现场条件灵活变化）。

上述的例子相对简单，至于如何对一个已有的复杂曲面模型进行切片与标注的问题，将在后面的章节详细讨论。

此外，表格标注的内容还可能是一系列 2D 或 3D 的点坐标数据组，每一组数据就代表曲面模型上的一个 XYZ 坐标点，只要把这些坐标点用直线（或平滑曲线）连接起来，就能获得完整的曲面模型，常用于大型工程。

3. 坐标加表格复合表达法

图 21.2.4 所示为一个坐标加表格标注的例子，它集中了前面介绍的坐标与表格两种方式的优点，并且可以清晰地标注出比较复杂的坐标数据。

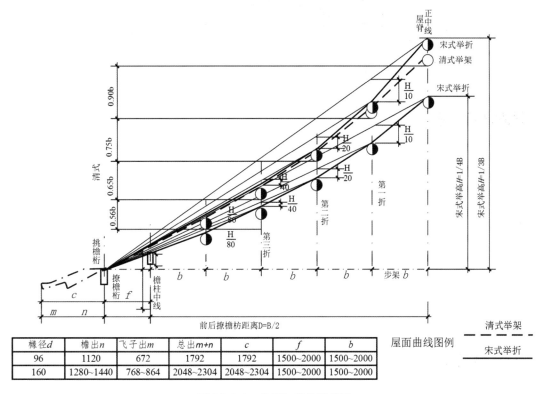

椽径d	檐出n	飞子出m	总出m+n	c	f	b
96	1120	672	1792	1792	1500~2000	1500~2000
160	1280~1440	768~864	2048~2304	2048~2304	1500~2000	1500~2000

图 21.2.4　坐标加表格的标注

4. 公式表达法

图 21.2.5 所示为另一个坐标加表格的标注方式，同时还以简单公式的形式比较清楚地表达了不同变量之间的关系，通过简单换算就可以得到具体的尺寸。

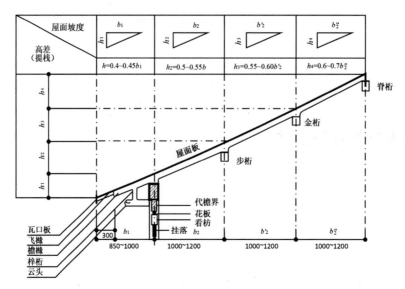

图 21.2.5 公式标注

5. 网格表达法

设计师在绘制图样的过程中，会碰到大量无法以简单方法标注尺寸形状的难题，例如之前提到的贝塞尔曲线、抛物线等，虽然可以通过相关的高阶方程去表达和标注，但是这种卖弄小聪明的标注到了施工现场必定成为难题。所以，制图的人一定要多为施工现场着想，为施工人员提供方便，网格标注方法就是一种很好的解决方法。

有了这种方法，设计师在方案推敲阶段尽管可以天马行空，画出你想要的最最稀奇古怪、最最曼妙迷人的曲线。只要在施工图阶段套上一个合适的网格，就像你现在看到的，图 21.2.6 就是苏州沧浪亭大门右侧的"平升三级"花窗的图案，图 21.2.7 是苏州拙政园里的一个花窗图样。到了施工现场，工匠们不用精通高等数学，也不用解高次方程，只要在网格上依葫芦画瓢，就能搞得九分以上相像。显然网格的密度越高，相像的程度也越高。

6. 展开表达法

很多曲面模型，在计算机上创建起来并不复杂，然而到了工地就可能变成不大不小的难题，根本无法（或很难）放样施工，这种尴尬在设计与施工实践中并非罕见。在手工制图的年代，很多专业的学生都要学一门"展开图画法"的课程，就是为了解决类似问题。

进入计算机辅助设计后，很多软件也有类似展开的功能，如 UG、SolidWorks、Pro/E、Solideage、钢构 CAD 等，虽然 SketchUp 模型本身就是若干多边形的组合（见图 21.2.8 ②），但是它却没有对应的展开功能，有些办法与插件也许可以部分解决上述难题，将复杂的曲面分解成若干多边形，图 21.2.8 是一个最简单、典型的展开图画法，有了如图 21.2.8 ③所示的展开图，就可以按图上的尺寸（略）放样施工，该例材质是钣金，但展开画法绝不限于钣金，在后续的 21.3 节里还将详细介绍。

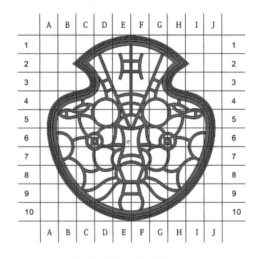

图 21.2.6 网格标注 1

图 21.2.7 网格标注 2

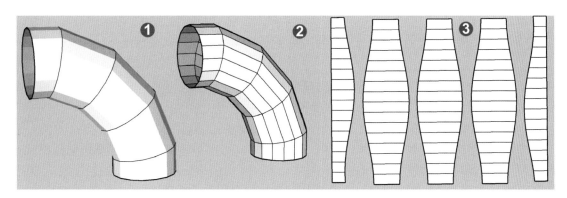

图 21.2.8 弯头的展开表达

7. 切片表达法

图 21.2.9 ①②③所示为批量生产的混凝土或玻璃钢材质的"鲸鱼"小品，布置在公园里任孩子们骑上嬉戏。如果施工的是雕塑家，随便搞一下就是作品，连图纸都不用。但是相信用 SketchUp 创建这个模型的设计师未必都有亲临现场施工的能力与愿望，那么图 21.2.9 ④⑤所示的以"切片"表达的方式就能在设计师与工匠之间搭起一座桥梁。工匠只要按照给出的形状与位置把切片排列起来，就能还原设计师的创意。21.4 节还会有专门讨论。

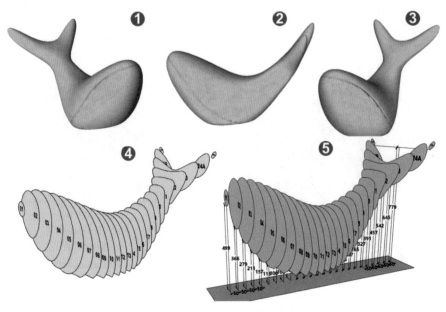

图 21.2.9　曲面小品的切片表达

21.3　曲面模型的展开表达

所谓"曲面模型的展开"就是把曲面模型的表面，整体或分区按一定顺序连续地摊在平面上所得到的图样，俗称"展开图"。这种图样历来在各种工业部门中都有着广泛的应用，在建筑相关的行业也有普遍的应用，如各种曲面建筑的模板、曲面的网架、幕墙等。显然，展开图画得是否准确，直接关系到制件质量、生产效率、产品成本等问题。计算机辅助设计普及应用后，很多专业软件对于曲面的设计对象也具备了对曲面的精确与近似的展开表达功能，但 SketchUp 本身并无这样的功能，本节要较详细地讨论相关的话题。

众所周知，SketchUp 模型无论是简单还是复杂，其本质都是由或多或少的"块面"拼合而成的。在 SketchUp 用户看来，它们的表面不是平面就是曲面，其实 SketchUp 的曲面也是由平面组成的。虽然平面模型（例如大到常规建筑，小到桌椅板凳）的展开非常简单，却基本不需要用展开的方式来表达与标注。而曲面模型的展开较为复杂与困难，反而时常需要用展开的方式来表达。下面的讨论将从曲面的基本性质开始，尽量以通俗易懂的文字来描述，若有想对曲面理论与曲面展开课题深入研究的读者，可查阅参考文献。

1. 可展曲面与不可展曲面

首先以最通俗的文字描述可展曲面："能沿某个基线剪开，然后不用任何拉伸或者扭曲就可以完全平摊在一个平面上的就是可展曲面。"

再以简单的数学概念描述:"可展曲面是在其上每一点处高斯曲率为零的曲面。"另外,3D 空间中可展曲面都是直纹曲面(注:3D 空间中的双曲面是非可展的直纹曲面的例外,但是在高维空间中可以举出很多非直纹曲面的可展曲面的例子)。

一般情况下,空间曲线的切线簇所描述的曲面是以这个空间曲线为边界的可展曲面。不能以这样的方式获得的可展曲面仅剩下锥面和柱面(平面可以视为特殊的柱面)。因此,在微分几何理论中,我们知道高斯曲率处处为零的曲面是可展曲面,而可展曲面只有 3 类,即平面、柱面、锥面(其实还可引申出"切向可展面")。

图 21.3.1 ①②③所示就是可展曲面。这样的曲面有良好的性质,并在数学中已经被研究得很透彻。而图 21.3.1 ④⑤⑥就是微分几何意义里的"不可展曲面",但在 SketchUp 里所有的曲面都是以"平整的块面"存在的,所以都可以设法展开。下面会用一些例子来证明。

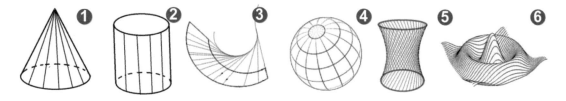

图 21.3.1　可展曲面与不可展曲面

2. 平面曲面展开示例

图 21.3.2 ①是一个纸盒的底部,叫作"自别式纸盒",不用外部黏合剂就可封口。图 21.3.2 ②是这种纸盒底部的展开图,因为纸盒的各部分都是平面,而平面是最简单的可展面,因这种展开操作非常简单,故展开过程就不截图赘述了。

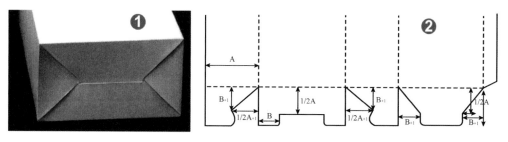

图 21.3.2　盒子底部与展开图

3. 柱形曲面展开示例

"柱形曲面"是另一种"可展开面",图 21.3.3 ①所示为一种最典型的"圆柱形",图 21.3.3 ②所示是取消柔化后的结果,可见这个圆柱形是由 24 个矩形平面组合而成的;图 21.3.3 ③就是把这个圆柱体展开后的平面(虚线对应②所示的矩形边线)。因这种展开操作非常简单，所以展开过程也不赘述了。

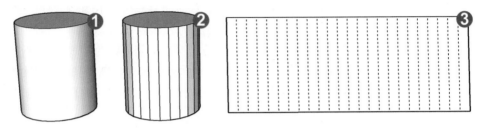

图 21.3.3　典型的柱面展开

4. 锥形曲面展开示例

"锥形曲面"作为一种单独的曲面类型，可以简单，也可以很复杂，如图 21.3.4 ①②所示的锥形曲面的"母线"是直线，属于简单的锥形曲面。它是由一条倾斜的"母线"一端固定，另一端绕轴旋转一周形成的曲面（见图 21.3.4 ②），类似的还有如图 21.3.4 ⑤⑥所示的"圆锥截台"与其他相似与变化引申而出的几何体。

对图 21.3.4 所示的"锥形曲面"或"锥形截台"一类的曲面做展开，可使用《SketchUp 常用插件手册》4.3 节介绍的 Unwrap and Flatten Faces（展开压平插件）来完成，具体操作如下。

（1）三击全选图 21.3.4 ①与⑤所示的几何体。

（2）在"默认面板"的"柔化边线"面板上把滑块拉到最左边，显示出所有边线，如图 21.3.4 ②与⑥所示（这是推荐的操作，最好不要用"撤销隐藏"的办法）。

（3）全选图 21.3.4 ②或⑥后，在右键快捷菜单中选择 Unwrap and Flatten Faces → Unwrap and Flatten 命令，即可获得图 21.3.4 ③④⑦所示的展开图。

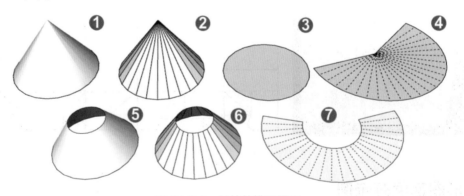

图 21.3.4　单纯的锥面展开

5. Oloid（奥洛伊德）曲面

前面内容介绍了 3 种不同类型的"可展曲面"，现在要介绍图 21.3.5 ②③所示的一种称为

Oloid（奥洛伊德）的曲面，大多数人看到图 21.3.5 ②③所示的复杂形状时，一定不会相信这种曲面竟然是可以展开的。Oloid（奥洛伊德）曲面由保罗·沙茨在 1929 年发现，并证明为可展曲面（Oloid 曲面有点像莫比乌斯环，但它们在几何学里是不同的）。

1）创建 Oloid（奥洛伊德）曲面

（1）如图 21.3.5 ①所示，将两个全等的圆形在 3D 空间内互相垂直放置，并保持它们的圆心距等于半径 r（这时一个圆的圆周恰好在另一个的圆心上）。构造一个凸曲面，将上述骨架包裹，并使该凸曲面的面积最小，便得到一个 Oloid 曲面。

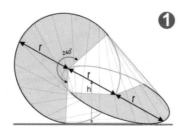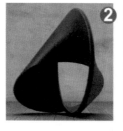

图 21.3.5　Oloid（奥洛伊德）曲面 1

（2）图 21.3.6 ①是按上述要求将两个全等的圆形在 3D 空间内互相垂直放置，并保持它们两者的圆心距等于半径 r（即一个圆的圆周恰好在另一个的圆心上）。

（3）全选图 21.3.6 ①的两个圆，单击调用 Curviloft 工具栏最左面的 Curviloft - Loft by Spline（曲线封面）工具，对段数、简化、插值 3 项都用了默认值"5"；稍等片刻即可获得如图 21.3.6 ②所示的 Oloid 曲面。图 21.3.6 ③④为②的不同视图。

（4）图 21.3.6 ⑤⑥⑦⑧和⑨⑩⑪ 是上述①②③④不同的视图，以方便了解该曲面全貌。

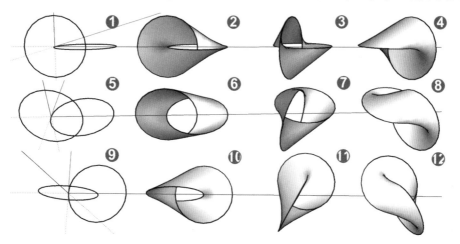

图 21.3.6　Oloid（奥洛伊德）曲面 2

2）展开 Oloid（奥洛伊德）曲面

（1）三击全选图 21.3.6 所生成的 Oloid 曲面，取消柔化，显示出图 21.3.7 ①所示的边线。因之前用"Curviloft"插件创建曲面时，对段数、简化、插值 3 项都用了默认值"5"，所以能看到 5 圈三边面（读者练习时可改动为 4 甚至 1）。

（2）全选图 21.3.7 ①后，在右键菜单里选择 Unwrap and Flatten Faces → Unwrap and Flatten 命令，获得如图 21.3.7 ②所示首尾相接的展开图，可见展开图呈 5 段。

（3）稍微整理后得到如图 21.3.7 ③所示的 5 段分开的展开图。

（4）图 21.3.7 ④⑦是在用 Curviloft 插件创建曲面时，把 #Seq（段数）改成"1"后生成的 Oloid 曲面，取消柔化后如图 21.3.7 ⑤⑧所示。用上述同样的方法展开后得到展开图，如图 21.3.7 ⑥⑨所示。

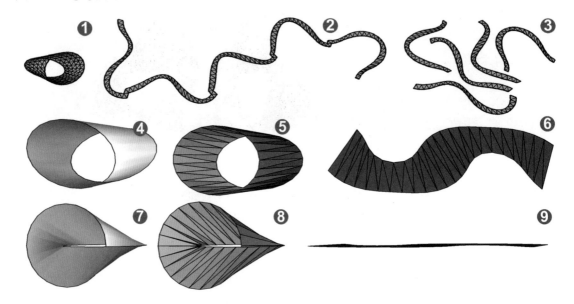

图 21.3.7　展开 Oloid 曲面

6. 不可展曲面的近似展开

在微分几何理论中，可展曲面只有 3 类，即平面、柱面和锥面，一般认为椭圆面、椭圆抛物面、曲线回转面、扭曲的面等都是不能展开成平面的曲面，即"只有直纹曲面才是可展曲面，双曲曲面都是不可展曲面"（见本书第 1 章的相关内容）。

另外，SketchUp 用户也知道，所有 SketchUp 的曲面模型都是由很多平面拟合而成的，SketchUp 模型里组成曲面的平面大多是三边面，部分是四边形，还有少量是多边面。既然 SketchUp 模型都是由（可展开的）平面组成，那么由 SketchUp 创建的类似微分几何理论里的所有不可展曲面都将成为可展的，严格来讲是可"近似展开的"，展开精度则仅取决于对该模型的"细分"程度。

需要再次提示，在本书第 1 章和《SketchUp 常用插件手册》的 2.15 节就曾详细介绍过，经过 QuadFaceTools（四边面插件）生成的"四边面"，其实是相邻两个三边面拼凑而成的"伪四边面"（即非平面四边面），展开时仍然需恢复成原始三边面，这个概念至关重要。

7. 曲线回转面的展开示例

（1）图 21.3.8 ①是一个典型的曲线回转曲面模型，它与上述本节 4 中所述的"锥形曲面"都是"母线绕轴旋转"形成的曲面，区别在于本节 4 中所述的"锥形曲面"的母线为直线，而这里的母线为曲线。

（2）按微分几何理论分类，这是一种不可展开的曲面，但是因为所有 SketchUp 模型都是由块状平面拟合而成的特殊性，就可以对它轻易展开成若干平面，具体操作如下（椭圆、抛物线选择面与球体也可用同样的方法展开）。

① 顺序双击图 21.3.8 ②以橙色标注的一组"块面"，选择所有的面与其边线；

② 在右键菜单里选择 Unwrap and Flatten Faces → Unwrap and Flatten 命令，获得如图 21.3.8 ②中绿色所示的一组展开图（已自动成组）；

③ 旋转复制成 24 份后，得到图 21.3.8 ③所示的全套展开图。如果需要，还可以对图 21.3.8 ②绿色展开面的各小块面编号，并以表格形式列出相邻块面间的弯曲角度，以便施工。

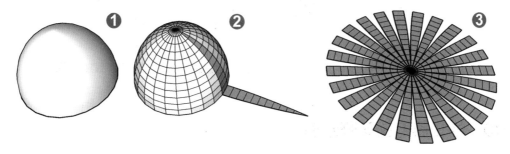

图 21.3.8　曲线回转面的经线方向展开

（3）图 21.3.8 所示的展开方式叫作"沿经线展开"；而图 21.3.9 所示的是"沿纬线展开"。操作方法是全选图 21.3.9 ②，再在右键菜单里选择 Unwrap and Flatten Faces → Unwrap and Flatten 命令，即可获得图 21.3.9 ③所示的展开图（未经整理的原状），同样可以弯曲焊接还原成如图 21.3.9 ②所示的曲线回转曲面。

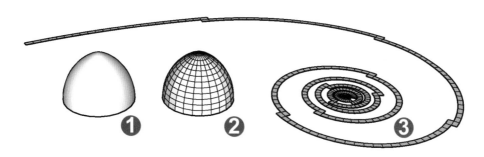

图 21.3.9　曲线回转面的纬线方向展开

（4）至于以经线方向还是纬线方向展开，应由客观条件与工程需要来决定。

8. 无极点球体展开示例

（1）图 21.3.10 ①是一个"无极点球体"，它与用"路径跟随"生成的球体不同，它没有南、北极的三边面，两极之外也不是四边面。无极点球体全部由三边面构成，仔细观察发现，图 21.3.10 ②中间绿色的一圈是规则排列的三边面，可单独处理。

（2）对于此类对象的展开方法如下：将视图调到正视图与平行投影，框选②中间绿色部分，在右键菜单里选择 Unwrap and Flatten Faces → Unwrap and Flatten 命令，得到如图 21.3.10 ④所示的较规则的展开图。

（3）分别选择上部的橙色部分与下部的紫色部分，同样在右键菜单里选择 Unwrap and Flatten Faces → Unwrap and Flatten 命令，获得展开图 21.3.10 ③⑤（未经整理）。实际生产环节还可对③⑤做包括编号与剪接的再次编辑，以合理用料。

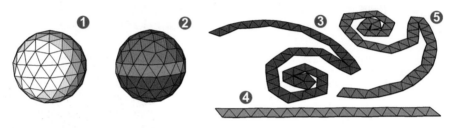

图 21.3.10　无极点球体展开示例

9. 90° 虾米腰弯头展开示例

（1）创建虾米腰弯头方法：建立垂直辅助面（见图 21.3.11 ①），把圆弧工具片段数调到"5"，绘制圆弧①a 与①b；再用直线连接①a 与①b 的 4 个端点，得到 4 条分段线，如图 21.3.11 ①c 所示；最后以直线工具连接各分段线的中点，如图 21.3.11 ①d 的虚线所示。

（2）删除辅助面和分段线，仅留下②c 的中心线与红色的弧线，用画圆工具以中心线②c 为圆心、红色弧线为半径画圆，如图 21.3.11 ②a 与②b 所示。

（3）在地面上画小圆③a 并选中后调用 PerpendicularFaceTools（路径垂面）工具栏右侧的工具，分别单击图 21.3.11 ③中心线的 4 个端点，获得 4 个③a 的圆形。

（4）用缩放工具把 4 个③a 圆形放大到与红色边线对齐，结果如图 21.3.11 ④所示。

（5）删除所有废线面后仅留下如图 21.3.11 ⑤所示的 6 个圆形（无圆面）。

（6）全选图 21.3.11 ⑤所示的 6 个圆圈，调用 Curviloft（曲线放样）工具栏（见《SketchUp 常用插件手册》5.3 节）最左侧的"曲线封面"工具，把 #Seq（段数）调到"1"，得到"虾米腰弯头"，如图 21.3.12 ①所示。

（7）三击全选后取消柔化（或选择"视图"→"撤销隐藏"菜单命令，不推荐此法），如图 21.3.12 ②所示。

（8）分别顺序框选如图 21.3.12 ②所示的 5 段中的一段线面，在右键快捷菜单中选择

Unwrap and Flatten Faces → Unwrap and Flatten 命令，分别得到如图 21.3.12④所示的展开图。

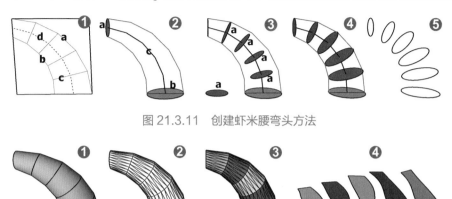

图 21.3.11　创建虾米腰弯头方法

图 21.3.12　虾米腰弯头的展开

（9）因为已提前在"工具"→ Unwrap and Flatten Faces → Settings 菜单命令中勾选了 Colorize（着色），所以弯头的每一段与其展开面有同样的颜色，以示区别。

10. 扭曲对象的展开示例

（1）图 21.3.13①④是在第 11 章出现过的扭曲对象，按微分几何理论分类，扭曲的面属于不可展开的面，而 SketchUp 里的扭曲对象照样可展开。

（2）图 21.3.13②③是取消柔化后的扭曲面，可见到曲面由若干"块面"组成。

（3）按住 Ctrl 键，按顺序双击加选图 21.3.13②，以绿色标示每一个面；然后在右键快捷菜单中选择 Unwrap and Flatten Faces → Unwrap and Flatten 命令，得到展开图，如图 21.3.13③⑥所示。

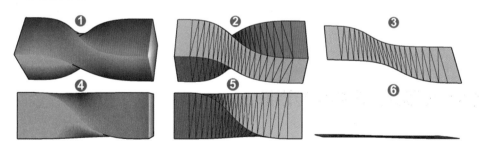

图 21.3.13　扭曲对象的展开示例

11. 螺旋面的展开示例

（1）按微分几何理论的分类，图 21.3.14①⑥所示的"螺旋面"（螺旋输送器的一部分）

其实是一种扭曲的面，属于"不可展开面"，而 SketchUp 里的曲面由若干小的平面组成，所以用 SketchUp 生成的扭曲对象照样可以展开。

（2）如图 21.3.14 ②⑦所示，取消螺旋面的柔化，暴露全部边线（也可选择"编辑"→"撤销隐藏"菜单命令，但最好不要用此法，并养成习惯，因为这样做可能撤销不该撤销的隐藏）。

（3）若全选图 21.3.14 ②⑦所示的螺旋面后，在右键菜单里选择 Unwrap and Flatten Faces → Unwrap and Flatten 命令，将得到如图 21.3.14 ③⑧所示的摆在一起且没有使用价值的展开图。正确的操作如下：按住 Ctrl 键，如图 21.3.14 ④⑨蓝色所示，加选一圈曲面的所有线面，而后在右键菜单里选择 Unwrap and Flatten Faces → Unwrap and Flatten 命令，将得到如图 21.3.14 ⑤⑩所示的一圈展开面。用同样的方法可得到全部展开面。

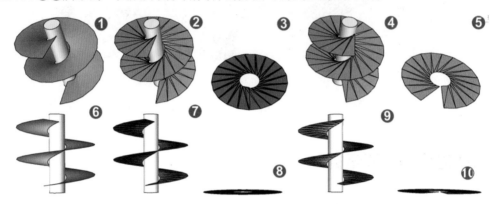

图 21.3.14　螺旋面的展开

21.4　曲面模型的分段剖面表达

对于形状复杂的曲面模型，设计师还有个法宝，就是用分段"切片"（即剖面）的形式来表达与标注，并且在同一幅图中展示全部切片（剖面）。这种表达曲面的巧妙方式，据说在造船行业已经沿用了数百年，直到如今仍在使用。本书的 11.9 节已经从"曲线融合建模"的角度简单介绍过一个此类实例，本节要从曲面模型表达标注的角度来讨论它。

1. 例 1：曲面的分段剖面与还原

（1）图 21.4.1 为一艘船的 3 个视图，包含了非常复杂的曲面信息。图 21.4.1 ①为正视图，建模时将在 SketchUp 里垂直放置；图 21.4.1 ②是俯视图（轴对称的一半），建模时将水平放置；图 21.4.1 ③是侧视图，因为有编号，左视和右视都一样，建模时将垂直放置。这 3 个视图都使用了剖面（即切片）的表达方法。看过这一组视图，只要稍微有点空间想象力的人都能在脑子里形成这艘船的大致形状。需要指出，这种以剖面表达的方法并不限于船舶，也适用于其他包含复杂曲面的设计对象（后面用一个实例来说明）。下面就来稍微深入一点分析这组图纸的巧妙（可打开附件图纸参考）。

（2）先看正视图①，除了船体的轮廓线外，还有从 0 到 20 共 21 条垂线与 WL1 ～ WL7，再加上边线 BL 共 8 条水平线。这些线的作用类似于建筑图纸的"定位轴线"，可称它们为"定位线"或"剖面线"。因为①是正视图，所以①所示的垂线在 SketchUp 里建模时将平行于蓝轴。图 21.4.1 ①最外侧的轮廓曲线与垂线的一系列交点将用来分别定位图③的同名"剖面"。

（3）俯视图②也有从 0 到 20 共 21 条垂线与 4 条水平线，4 条水平线为中心线 CL 和剖面线 B1、B2 与边线 BL。因为②是俯视图，所以现在看到的垂线与水平线，在 SketchUp 里建模时将都是平行于红绿平面的水平线。其中，从 0 到 20 的 21 条线与图①的同名垂线完全对应，CL、B1、B2、BL 则对应于图③的同名垂线。

（4）图 21.4.1 中③是最为重要与复杂的。因为它是侧视图，图中的垂线在 SketchUp 里也平行于蓝轴。先看它的定位线 WL1 ～ WL7，加上边线 BL 共 8 条水平线，对应于①的同名水平线。CL、B1、B2、BL 则对应于图②的同名水平线。图③的曲线分左、右两部分，从曲线上的编号可知，由中心线 CL 与左侧的 0 ～ 9 这 10 条曲线形成 10 个"剖面"，对应于图①船尾部的 10 条同名垂线位置的剖面；而由中心线 CL 与右侧的 10 ～ 20 这 11 条曲线形成的 11 个"剖面"，对应于图①船首部的 11 条同名垂线位置的剖面。

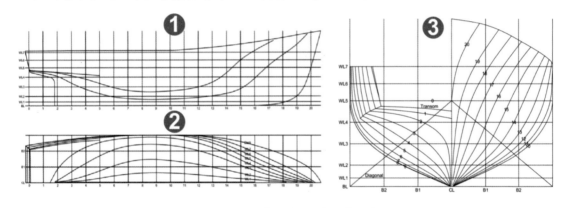

图 21.4.1 曲面模型的剖面表示法

（5）下面将用图 21.4.2 ①②③④所示的 4 组图来说明如何用它们来还原设计师对整个曲面对象的规划与创意。应先注意一下上面的图 21.4.1，所有的图都没有标注具体尺寸，给出的信息仅限各剖面相互之间的位置与比例关系（曲线线型）。所以，可以用这套图纸来打造一条吓人的亚丁湾海盗船，也可以用它来造一条小渔船，如果你也想拥有一条 12m 左右长、4m 左右宽，船头最高处 3m 的渔船，可按下面的顺序操作（附件里有详图）。

① 图 21.4.2 ①是原始图纸，炸开后分割成如图 21.4.2 ②所示的 a、b、c 三幅小图，各自群组。

② 如图 21.4.2 ③所示，把 a、b 两幅图竖起来，并将 b 旋转 90°，与 a 垂直。

③ 进入组③a，用皮尺工具把图 a 的中心线 CL 调整成 3000mm 高。

④ 进入组③ b，用同样方法把船头最高处 e 点到底部的 BL 线的高度也调成 3000mm（见红框内）。此时，船体的总长度 12230mm（绿框内）也同时确定了。

⑤ 接着按图③ b 的总长度 12230mm 调整图③ c 的长度，同时船的左舷（船的半宽）2200mm 也确定了（紫框内）。

⑥ 最后可以移动 a、b、c 这三幅图，令其上的关键点 e、f、g 对齐图 21.4.2 ④ o 点所指，以验证各视图尺寸是否准确。

至此，"曲面模型分段剖面表达"的目的基本一目了然。如果你还想要享受亲手造一条船的成就感，最后的工作将作为一个练习由你自己来完成（并非必需）。后面"造船"的操作，除了 SketchUp 原生工具外，还要用到以下插件。

（1）Bezier Spline（贝塞尔曲线，见《SketchUp 常用插件手册》5.5 节）。

（2）Curviloft（曲线放样，见《SketchUp 常用插件手册》5.3 节）。

（3）Selection Toys（选择工具，见《SketchUp 常用插件手册》2.8 节）。

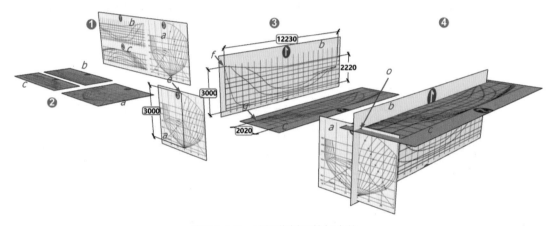

图 21.4.2 图纸分割调整与定位

以这种图纸创建船体曲面模型的操作，其实在之前的 11.9 节已经详细讨论过，下面再挑几个重点提示一下（按图 21.4.2 描述）。

① 按图 21.4.2 ③ a 描摹出全部 21 个"剖面切片"，分别成组并按图纸编号。

② 把上述 21 个"剖面切片"组移动到图 21.4.2 ③ b 上，按编号对齐轮廓线放置。

③ 若能精准完成上述两步，其实图 21.4.2 ③ c 与图 21.4.2b、c 中间的曲线就不重要了。

④ 最后（复制一份副本移出后）炸开群组，用直线连接各剖面的同名角点。调用 Curviloft（曲线放样）的"面路径放样"工具，完成曲面融合成形。操作细节见本书 11.9 节。

⑤ 本节附件里保存有另外 10 多幅类似的图纸，可供研究练习使用。

2. 例 2：获取已有模型的分段剖面切片例 1

（1）图 21.4.3 ①②是一艘小艇的原型。删除对称的一半后，暴露出纵向龙骨与横向肋骨，如图 21.4.3 ③所示。根据各肋骨截面中点布置辅助线，并彻底清理所有无关的构件，获得曲面后如图 21.4.3 ④所示。

（2）图 21.4.3 ④列出了所有辅助线与相隔尺寸，注意，前后两端的尺寸不同。

（3）如图 21.4.3 ⑤所示，根据辅助线位置绘制水平线，并且垂直移动到船体上部用于分割。

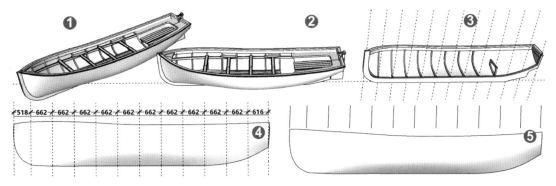

图 21.4.3　船体原型与结构清理等

（4）分割船体可用沙盒工具栏的"边线投影"工具。具体操作为：全选图 21.4.4 ①上部的所有水平线，调用"边线投影"工具后单击船体（群组），生成分割线，如图 21.4.4 ①下部所示。

（5）全选后用 Selection Toys 工具选择所有的面后删除，仅剩下边线，如图 21.4.4 ②所示。

（6）复制、镜像后获得小船的框架，如图 21.4.4 ③所示，补线成面后如图 21.4.4 ④所示，获得全套剖面切片。

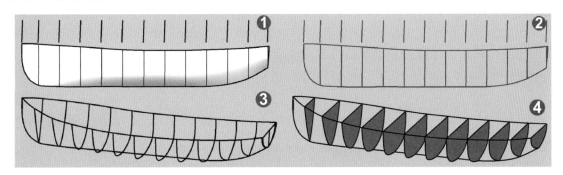

图 21.4.4　生成切线与剖面切片

3. 例3：获取已有模型的分段剖面切片例2

（1）图 21.4.5 ①②③所示的鲸鱼小品模型在 21.2 节以说明切片表达的目的时出现过，现在补上如何完成对它的"分段剖切"。这是一种以混凝土或玻璃钢材质批量生产的公园景观小品，用下述方法可制作批量生产用的模具。

（2）如图 21.4.5 ④所示，在模型的正上方绘制一组正好覆盖模型的直线，间隔 50mm。

（3）全选这组直线后，调用沙盒工具栏上的"边线投影"工具，再单击下方的模型群组，即可获得如图 21.4.5 ⑤下方所示的分割线。

（4）复制出一个副本，如图 21.4.5 ⑥所示，全选后调用 Selection Toys（选择工具）的第一个工具，仅选择模型的所有线。

（5）用移动工具复制出已被选中的所有曲线，如图 21.4.5 ⑦所示。

（6）全选图 21.4.5 ⑦所示的所有边线，调用 JHS 超级工具栏的"生成面域"工具，曲线成面，如图 21.4.5 ⑧所示。

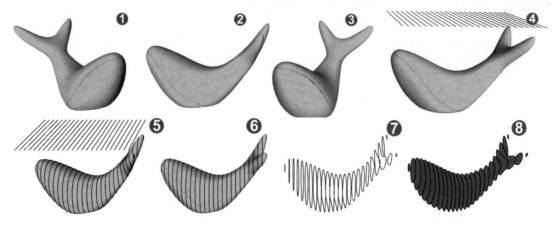

图 21.4.5　分段剖面切片

（7）接着可用 2D Tools 插件（见《SketchUp 常用插件手册》3.14 节）对所有的"切片"编号后编组。

（8）在切片下面的"地面"上绘制一个矩形平面，分别从每个"切片"最靠近地面的点向下到"地面"绘制一段直线，并且分别标注各直线的长度，用于垂直方向定位，如图 21.4.6 所示。

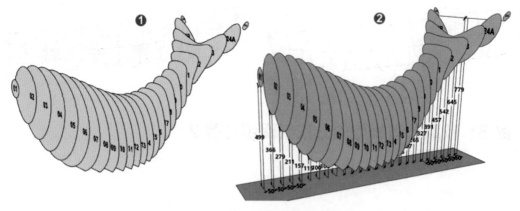

图 21.4.6　对切片编号与标注进行定位

（9）由于鲸鱼模型是左右侧对称的，所以只要一条中心线，没有左右定位的问题。若你的剖切对象不是左右对称的，可以考虑在剖面切片的垂直方向打两三个定位孔的方法，施工时用螺杆穿起来，切片间用定长的套管间隔。再用"模型石膏"填充，表面打磨光滑即成"正模"。

（10）至于如何做成可反复使用的模具（负模），各企业都有自己的办法与工艺。作者推荐用复合模具，即以模具硅胶夹布作柔性内层以方便脱模，模具的可拆卸外壳与硅胶内层间的填充，用混凝土或模型石膏都可以，为减轻模具重量，也有用高强度发泡聚氨酯的。

上述例子虽然是个小东西，但是在各种工程中都可通过这种"剖面切片"的方法获取曲面模型的整体形状和尺寸，解决复杂曲面模型放样难的问题。譬如对复杂多变的3D曲面进行如"现浇混凝土模板设计"制作"幕墙"或"表皮"……同样有参考价值。本节附件里还有一些如图21.4.7所示的孩子们攀爬嬉戏的公园小品模型，读者不妨把它们放大10倍、20倍，当作需要浇铸混凝土或制作"网架加表皮"的对象，设计出施工方案与图纸。

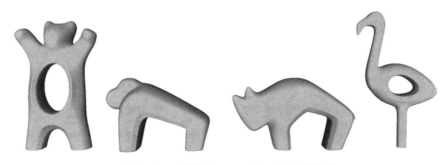

图 21.4.7　附件里可用于练习的类似模型

需要郑重提示，本节原规划是打算用 TIG 开发的 Slice（切片）插件完成切片演示的，但经过大量测试，该插件仅对严格符合"实体"条件的几何体能有效"切片"，遗憾的是，如图21.4.7所示的大多数曲面模型都不符合"实体"的严酷要求，即便形状简单到上述的"鲸鱼"，都不能用 Slice（切片）插件实现切片，所以最后经测试改用上述"沙盒工具栏"的"曲线投影"工具实施切片。幸运的是，"曲线投影"工具的表现非常值得肯定。

至于如何把每一剖面切片的曲线形状（包括大小不同或复杂曲线）精确绘制出来的问题将在21.5节详细讨论。

21.5　从大佛到曲面放样施工

不要奇怪，后面会告诉你为什么本节一开头就出现两座大佛的尊容（下文纯属学术讨论，无任何不敬之意）。如图21.5.1所示，左面两幅图是四川乐山大佛，全高71m，开凿于公元713年，历时90年，公元803年完成，距今已有1200余年，好几代人的贡献，是非常了不起的人文历史奇观。

图 21.5.1　相隔 1200 多年的两座大佛

右侧是中原大佛，位于河南平顶山鲁山县佛泉寺，大佛总高为 208m，身高 108m，历时 12 年于 2008 年建成。该巨型大佛打破了吉尼斯世界纪录，取代了曾经第一名的乐山大佛，成为世界最大佛像，用铜 3300 吨，表面积为 11300m²，由 13300 块铜板焊接而成。

现代的中原大佛，头脸部高度约 20m，借用现代技术放样（后面还会讨论）且为铜材焊接而成，施工时材料可增可减，甚至局部割掉返工重做也非难事，工程虽然不易，但在现代条件下实现起来却并没有太大难度。

而 1200 年前的大佛面容虽然没有现代的俊俏传神，从美学的角度看，约 15m 高的头脸部的五官模样也还说得过去；但从工程角度考虑，大佛以石为材，仅以"减材"为工艺，难度在于"落手无悔"，任何错误都根本没有返工修理的余地，从这个角度考虑，石像放样施工的难度比现代铜像要大得多。这个问题一直令作者困惑：1200 年前的几代人是如何设计又如何放样完成如此的大工程？反复搜索也找不到相关的线索。

1. 一个放样的故事

约 40 年前，改革开放不久，作者在江苏某大学科研处工作，有个单位接到一项大业务，感觉颇为棘手，找我们帮忙：任务是要在刚落成的高逾 100m 的大楼顶部做 6 个大字"XX 国贸大厦"，已请到了某知名书法家的墨宝，要求每个字必须按样放大到 6 ～ 8m 高，字太小了放在逾 100m 高的屋顶上看不清，要求白天醒目，晚间有霓虹灯，大字的材料是 3mm 厚的钢板，当然还有配套的型材支架等。虽然 100m 多高处常年大风呜呜，型材支架的设计却不难，学校建筑系和机械系的老师都能解决。可参考本书第 8 章的网架结构设计。

文字放样的任务落实到了学校的美术系，要请老师帮忙把书法家写的字（每个约 300mm 高）放大到 6m 高以上，多数老师都没有这方面的经验，最后落到曾搞过舞台美术的某老师头上。所用的办法就是本章 21.2 节 5 中介绍的"网格放样"的方法：他带了几位学生，用 1200mm 宽的卷筒牛皮纸拼接成七八米见方的大张，然后脱了鞋在上面画格子，再按照原稿上的格子用墨笔画线，弄了两三天才完成了一个字。看着这些师生这么做不容易，后来作者给他们出了个主意，把书法原稿拍成胶片，做成幻灯片（学校就有现成的条件），再从电化教室借来一台幻灯机，安置到体育馆钢构房梁上，镜头朝下，以一幅方格图案幻灯片为样板，调校好高度与垂直度；地面上铺开大纸，换用载有文字的幻灯片投影，依葫芦画瓢描边就成，一天工夫就完成了剩下 5 个大字的放样。

当时刚刚改革开放，条件有限，用幻灯机投影描边偷懒的办法也是利用了学校的现成条件，换个没有这种条件的单位也只有网格放样的传统笨办法可用。换了现在，能用的好办法太多了，下面就简单介绍几种。

2. 中小型曲面图形的放样

40 年后的现在，小到 21.4 节介绍的鲸鱼小品截面放样，大到万吨巨轮钢板切割，都有对应的数控设备可用。譬如 21.4 节的鲸鱼小品，所有剖面切片用图 21.5.2 左侧的绘图机就足以对付，更大的曲面模型切片可以分开打印后拼接。像上面提到的六七米见方的大字，甚至再大若干倍的放样任务，都可以用图 21.5.2 右侧的阔幅打印机，单幅可达 3.2m，当然也可以分段打印后拼接，宽 10m、20m 轻松应对，长度无限。

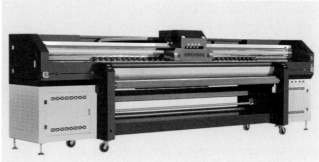

图 21.5.2　不同宽度的打印机

3. 曲面模型的施工

上面说的是"放样"，现在再说说各种曲面模型的"施工"。常见的普通形式与规格的设备，如钢筋加工、弯管、焊接等就免去不提了，以压缩篇幅。

1）3D 打印成形

在本系列教材的《SketchUp 材质系统精讲》里，曾经介绍过大大小小的"3D 打印机"，小的可以打印售楼处沙盘用的楼房模型，甚至能打印握在手心里的 CG 小玩意；大的能打印整座桥梁及各种复杂的城市景观小品，乃至整座 6 层楼，甚至整个工业园区，有兴趣的读者可浏览研究。

2）关于板材加工

据说我国最大规格的钢板可做到 5500mm 宽、400mm 厚，长度任意，这种材料的用途大概只有核反应堆或船舰一类，切割、弯曲、成形都有专用的大型设备，跟我们大多数 SketchUp 用户关系不大。SketchUp 用户接触更多的是常见规格的材料。切割、弯曲加工这类板材的设备很多：对付薄板有剪板机、弯板机；中等厚度的板材有等离子切割、激光切割、高压射流水刀切割、液压弯曲等。下面的数据提供给对此完全没有概念的读者参考。

激光切割碳钢的厚度一般在 40mm 以下，切割不锈钢一般在 25mm 以下。水切割可切割金属或非金属材料，厚度可达 100mm 或更厚（作者曾用它批量切割水泥块制作园林花窗）。等离子切割碳钢厚度为 0 ～ 120mm，20mm 时系统性价比最高。电火花线切割精度最高，厚度一般为 40 ～ 60mm，最厚可达 600mm。

较厚板材的弯曲与成形分冷加工或热加工，专业性较强，读者可自行搜索查阅相关文献。

3）关于管材加工

据报道，我国最大的弯管机是中油管道机械制造有限公司研制成功的大型热煨弯管机，可进行低碳钢、合金钢、X80 级管线钢等感应加热弯管制造，最大加工直径为非常吓人的 1620mm，最大弯曲度为 95°。整机采用计算机系统控制，可实现实时监控、测量和记录，大幅度提高了弯管质量。后面 21.7 节中的 2 部分的一个实例就要用到这种大型的弯管设备。至于中小型的弯管设备，品种多到数不胜数，网购都能送货到家，不再赘述。

4）中小型曲面模型的放样加工

（1）小型的曲面造型，如 21.4 节提到的"鲸鱼"模型，面积最大的切片，高度与宽度仅在 600mm 左右，用图 21.5.1 左侧的打印机打印出切片曲线，贴到胶合板上，锯割成形，按预留的定位孔，用套管间隔，螺栓穿起来就可以加工了。

（2）若是把上述的"鲸鱼"模型放大 10 倍、20 倍或更大，再用胶合板就不行了，得用钢筋按放样曲线弯曲并焊接成有足够强度的框架才能成形。放样曲线可以按上面讲的那个 40 年前的故事，用网格放样。如果你还能找得到幻灯机可用的话，当然也能如法炮制，用"光学投影描边"放样（注意镜头光学变形）。

上述这些"因陋就简"的办法，用于中小型的曲面项目有简单易行、门槛低的优点，但是对于更大型的曲面对象，譬如曲面的建筑或本节开头的大型雕塑等曲面对象就有点力不从心了，即便勉强能够完成，投入的人工与材料也可能不符合投入产出的合理范围。下面两节将向你介绍一些现代化的高端放样装备与应用实例。

21.6　BIM 放样机器人（RTS）放样概述

本节和下一节的内容都以普及现代机器人放样知识为初衷，并以 Trimble（天宝公司）代理商天拓集团李振先生提供的大量资料为基本素材，摘录要点、改编撰写而成，希望通过这两个小节的介绍，能对"机器人放样（Robotic Total Station Layout，RTS Layout）"的概念提供些基础信息。

本节以问答形式初步描述"机器人放样"的大致概念；下一节将以三个实例具体化"机器人放样"的过程与特点。

1. 传统现场放样方式

把深化后的 CAD 图纸或 3D 模型的平面位置和高程测量设置到工地现场上去的工作称为施工放样（也称施工放线）。传统的放样工作由配置卷尺、墨斗（现在或者还有激光水平仪），测量标高或依据轴网进行位置偏移定位。传统放样团队从已知位置或高程参考点绘制出需要放置的某个构件位置，代表性的例子有暖通空调管道的支吊架、消防管道的吊筋、给排水管道、电缆桥架的吊架等。在传统的放样过程中，难免会出现一些错误和遗漏，为了弥补这些过失，常常需要调整施工进度或变更方案来应对意外情况的发生，并将伴随时间与投资等多方面的损失。

2. 传统放样的主要问题

（1）"不精确"或许是传统放样最根本的问题。它不仅需要多人手动重复工作，数据多由肉眼观测，各专业图纸也可能存在不同的版本。很多步骤中都可能存在着不可估量的误差：比如怎样确保参考点准确？如何确保测量工具没有移动？如何确保标线弧度没有发生改变？如何确保各专业的图纸保持统一？如何确保图纸与现场一致？……每个细小的误差都会造成潜在的严重后果，其中一些甚至可能影响工程造价。

（2）"效率低下"也是传统方法的问题所在：用传统手动方式进行现场放样会耗费很长的时间。有经验的工作人员知道不精确测量所产生的后果，所以他们会花费很多时间来确保放样过程不出任何差错，这可能导致施工延误，也会产生额外的劳务费用。

（3）更加遗憾的是，这种传统放样的应用范围较窄，传统放样方式很难或不能对复杂对象、曲面对象或以预制构件、设备为基础的建筑等进行放样。

3. BIM RTS 概述

使用 BIM RTS，只需一两个便可以完成复杂的放样工作，相比常规的放样团队，不仅明显提高了效率，还大大提高了精准度。

施工放样的开始阶段将 2D 图纸或 3D 模型发送到便携的工业平板电脑；在平板电脑的专用软件中设置，将模型的控制点与现场的控制点建立映射关系，然后仪器定位出自身坐标。RTS 定位完成之后，操作员就可以参照平板电脑上的模型并选择某些点进行放样。

使用棱镜放样的方式，在棱镜杆模式下，只要单人即可放样，RTS 将告诉操作员与所选点之间的精确距离（精度到毫米），然后通过"前后左右还相差多少毫米"的方式引导操作者移动至准确的放样点，操作员可在该点标记并前往下一个点。

另一种先进的 RTS 可视化放样方式（Visual Layout）能通过高亮激光点标记放样点（免棱镜模式），操作员仅需跟随激光到每个点并标记其位置。RTS 可以在同一时间、不同施工段进行多专业、多工种、多作业面的综合放样，快速进行三维的空间定位。

4. RTS 的优点

（1）高效率。BIM RTS 与包括 SketchUp 在内的主流软件相兼容，采用相同的 2D 图纸或是 3D 模型，支持更多的专业与工种，使团队协作更加简单、快捷。RTS 可以直接从建筑模型中读取放样坐标信息，也可以在放样时记录放样位置的偏差。这种方式不仅加快了"模型 / 设计 /BIM/ 外业操作"之间的数据传递，同时也确保放样点的质量控制，最终放样数据会回传到办公室，结果都将反馈到 2D 图纸或 3D 模型。

因为 RTS 直接通过建筑模型进行工作，且在放样过程中没有涉及手动测量，所以规避了人为操作的错误。放样的点都由平板电脑计算出来后自动指挥 BIM 放样机器人主机工作。因为设计文件的数字化，使得在与其他专业分享数据与结果时变得容易。

（2）质量控制。BIM 放样机器人可以作为一种先进的工具用于工程质量控制过程中。例如在混凝土浇筑前后，可使用 RTS 定位吊架、管带、接头、锚点等设备的精确位置。对于依据原始设计或者模型放样后的文件，增加了放样数据的安全设置，确保了放样文件的安全。可对不准确或是偏离模型的放样点进行读取和展示，提供给 RTS 用户的报告中会包括以下内容：每日放样统计；误差报告；配有图片的户外作业问题和进度报告；所有问题的描述和坐标。

在放样或安装完成之后，还可以使用 RTS 进行精度校验。可通过参照设计的精度来对比已完工的尺寸精度，这样便可以在完工前轻松发现误差，以避免返工。这种质量控制模式不仅确保了放样工作的详细记录、BIM 落地施工的能力，同时还保证了施工过程与建筑设计或模型的一致性。这种一致性既能避免施工中的冲突，也能确保未来施工中的参照模型永远是准确的。

5. "BIM 到工地"（BIM-to-Field）解决方案

用一句话来描述就是"模型与设计匹配，直接在 BIM 模型中选取位置进行放样"。

BIM 模型通过对建筑物整个生命周期中基本项目数据的生成、调整和管理，促进业主和施工队之间的协作。将复杂的建筑模型与详细的设计、资产信息相结合，对于项目的效率以及施工后期管理都是至关重要的。

一个复杂的 BIM 进程依赖于项目工作中每个参与者的相互协同，BIM 以项目中的基础数据为核心，并围绕其进行运转，每个工程参与者都可以读取他们已完成的工作，并且有任何调整时都可以更新数据或模型。随着向更复杂的 BIM 流程（如 4D 和 5D 的 BIM），在这些 BIM 中还要考虑包括施工工艺、施工现场设备能力、工作方法的约束，还有基于模型的估价等，因此建立与施工现场实时互动非常重要。

在这个过程中，工程负责人可以使用 RTS 在项目完成时参考原始模型对其工程进行跟踪，在施工过程的下一个准备工作阶段中跟踪并应用必要的调整。例如，在混凝土浇筑前对预埋件进行放样，并对模型进行核对。管理者对这些放样数据以及模型上任何调整进行审核，审核无误后通知混凝土队伍进场施工。

BIM 目前最常用且最被认可的是应用在规划和设计阶段。如果一家公司想将 BIM 策略与技术应用在施工和操作等环节，则需要一些施工方法来完成任务，如现场放样、模型与办公流程相结合的方式等。模型中的构件元素如何在施工现场中定位建造，这是"BIM 到工地模型现场三维放样"（BIM to field）成功的关键因素。通过 RTS 能有效地建立模型与现场的直接关系，将模型中的构件空间信息直接定位到施工现场。使用 BIM 放样机器人智能户外放样设备，施工现场将会实时保持最新状态，减少延时、提高速度，整个施工过程也会变得尽可能的高效。

6. BIM RTS 的工作流程

BIM RTS 是直接使用 BIM 模型结合高精度的自动测量全站仪在施工现场同时进行多专业 3D 空间放样的技术。RTS 放样是融合了计算机技术、BIM 技术、光学测量技术、实时通信技术、自动控制与跟踪等技术的全新施工放样技术。与 RTS 放样技术的高效及高精度相比，它的工作原理与工作流程却相对简单，可分成下述四步。

（1）BIM 模型（或图纸）驱动平板电脑；

（2）平板电脑驱动全站仪；

（3）全站仪指挥现场工作人员；

（4）现场工作人员只需完成简单的事务（如移动棱镜或标记放样点）。

进行 RTS 3D 放样之前须结合现场控制点匹配 BIM 模型，使现场的 3D 空间坐标系与 BIM 模型 3D 空间坐标系建立映射关系，RTS 即可计算出 BIM 模型任何空间位置与真实 3D 空间对应的 x、y、z 坐标，并自动以激光或棱镜方式指引施工人员找到该点的真实位置。

7. BIM 施工放样技术的特点

（1）绝对"按模型施工"的放样模式。整个放样过程中的数据读取与识图都是机器在思考，"人"不参与这个环节，因此，BIM 模型的准确度决定了放样的准确度。

（2）多专业同时放样的工作方式。可以在同一个区域内同时放样多个专业的内容，而且专业越多，它的整体放样效率就越高。

（3）同级别放样无误差传递。依据的是现场的控制点坐标系，它的放样误差是基于现场坐标系的整体误差而定的，并且在每一个测站中的所有的测量值之间不会有任何误差的传递。

（4）自动生成报告。BIM 模型中每个放样点的 (x, y, z) 坐标数值、放样的时刻、放样后的偏离误差都会自动记录在 BIM 放样机器人（RTS）中，并可自动生成准确的放样报告、现场报告与偏差报告。

8. BIM RTS 的系统组成

BIM RTS 的系统组成（以 RTS771 主机为例）如图 21.6.1 所示。

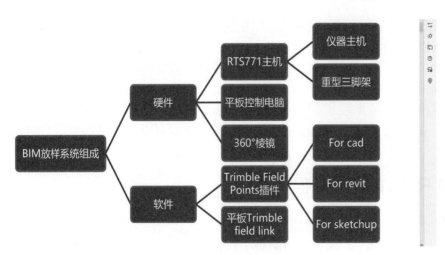

图 21.6.1　BIM RTS 系统组成

9. BIM RTS 硬件组成

（1）一台至少具备以下功能的全站仪（含脚架）：视频辅助机器人测量功能，将测量数据叠加到现场照片进行直观验证；快速高效的激光伺服系统；多目标跟踪技术提供主动和被动跟踪……如图 21.6.2 中图所示。

（2）一台至少具备以下功能的工业平板电脑（俗称手簿）：能接受 2D 图纸或多种格式的 3D 模型；能运行相关软件；能与上述全站仪实现双向通信，将模型控制点与现场的控制点建立映射关系并显示；与操作员交换信息的人机界面；存储并与计算机交换数据……如图 21.6.2 左图所示。

（3）带有可伸缩杆件的 360° 棱镜。在单人棱镜工作站模式下，可与"手簿"及"全站仪"构成单人工作站，如图 21.6.2 右图所示。

平板控制器

RTS771主机

360°棱镜

图 21.6.2　BIM 放样机器人（RTS）的硬件

10. BIM RTS 使用流程概述

（1）如有需要，提前对现有结构进行 3D 扫描，生成模型（非必需）。

（2）新建或根据现有结构创建 3D 模型。

（3）如有需要，将现有结构与设计图纸（或模型）进行对比，并提交偏差报告。

（4）设计单位深化复核，优化设计 3D 建模，并提供测量控制点与放样点数据。

（5）将准确的图纸、模型、控制点、放样点数据导入平板电脑。

（6）全站仪与平板电脑到现场建立通信，以若干控制点为基准完成建站。

（7）在平板电脑上指定一系列放样点实施放样，并提供一系列报告。

11. 限制 RTS 放样普及应用的误区与解释（细节略）

因为 RTS 在 BIM 放样过程中具有革命性的推动作用，所以世界各地越来越多的公司选择在各类工地中使用 RTS，在各种工程中颇受欢迎，那么为什么 RTS 还不能快速普及呢？原因大多只是对 RTS 的技术认识不足和使用方式存在误区，举例可查阅本节附件的相关文件。

21.7 BIM RTS 放样实例

1. 苏州太平金融中心应用

1）项目概况

苏州太平金融中心位于苏州工业园区星湖街以西，地块长约 90m，宽约 107m，是集超高层办公、商业于一体的城市综合体，建筑总高度为 187.8m，总建筑面积约为 $11.1 \times 10^4 m^2$。塔楼和裙房在地面下连成一体，地面以上塔楼与裙楼各自独立，形成中部商业广场，塔楼与裙房通过钢连廊连成一体。

广场上部设计了异形钢网格结构，覆盖裙房屋面和南北商业广场，造型与塔楼外墙延续，呈现柔滑过渡的连续曲线造型，如图 21.7.1 和图 21.7.2 所示。结构东西向跨度约为 42m，南北向长度约为 74m。

2）项目要点

苏州太平金融中心裙房屋面异形钢网格结构与塔楼外墙形成一体，并呈现平滑连续曲线造型，在空间上呈不规则曲线变化。异形钢网格结构分为几大区块，包括商业广场上部区块、裙房屋面上部区块、南北两侧下倾飘带。异形钢网格结构采用不自然共面的四边形钢格，空间布置复杂（细节见附件 pdf 文件）。

（1）异形钢网格结构采用非自然共面的四边形钢格。

（2）屋面钢网格结构在生产或施工安装中已发生变形，导致现场钢网格结构与设计模型误差较大，原图纸与模型无法为后续玻璃幕墙深化和安装提供可靠的数据。

（3）由于空间造型复杂、空间大，需重新测量的点位数量大，若用传统全站仪测量，效率低，测量不够全面，难以还原钢结构现况。

图 21.7.1　曲面钢构 1　　　　　　　　　　图 21.7.2　曲面钢构 2

3）解决方案

通过 3D 点云扫描结合 BIM 对结构复核，3D 激光扫描仪可以将被扫描的钢结构外表面结构及预埋件信息转换为 3D 点云数据，然后利用 BIM 技术逆向建立 BIM 模型，提供给深化设计人员作为深化基础数据，最后从 BIM 模型中导出现场实际结构外轮廓及预埋件位置的施工图，从而保证施工图的精确性。解决方案流程如图 21.7.3 所示。

图 21.7.3　解决方案流程

（1）现场扫描。

按照计划的扫描路线摆放拼接目标球（目标球摆放应均匀分布，相互通视），架设仪器，调平，设置扫描挡位，保证每个测站位置能扫描到 3 个以上的目标球。细节可查阅本节 pdf 文件，如图 21.7.4 所示。

（2）内业数据处理。

通过内业软件 Trimblerealworks 实现点云数据降噪，分割离散点，剔除非目标区域，保证无多余噪点，提取出裙楼屋面钢网格结构，如图 21.7.5 和图 21.7.6 所示。

（3）钢结构偏差校验。

将图 21.7.6 所示的点云数据通过 Trimble Scan Essential 导入原钢结构模型进行对比分析。钢梁误差位置分布，红色区为不满足安装空间位置，如图 21.7.8 所示。图 21.7.7 的偏差校验最大误差为 86mm，说明钢梁在此处实际高于理论值 86mm，如按原设计理论表皮下单制作幕墙，将无法按理论位置安装。

图 21.7.4　现场扫描

图 21.7.5　原始点云模型　　　　　　　图 21.7.6　整理后的模型

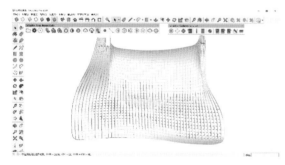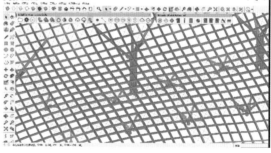

图 21.7.7　钢结构偏差校验 1　　　　　图 21.7.8　钢结构偏差校验 2

（4）深化和修改幕墙表皮面板。

　　根据三维扫描结构点云数据，提取钢梁中的位置向法线之上推出表皮。根据新确认的表皮，更新了所有材料模型，用于后续大规模下料，如图 21.7.9 所示。

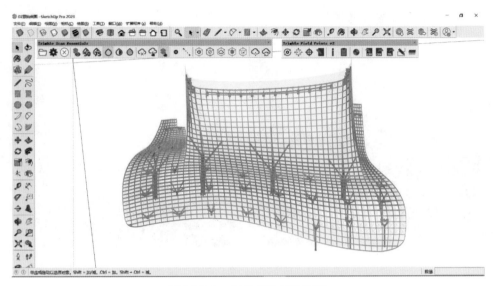

图 21.7.9　深化修改用于下料

（5）基于 BIM 模型的精确定位。

　　屋盖的所有面材和线材都是基于模型定制化加工的预制件，所以幕墙安装的定位点也必须精准。为了保证安装的精确，BIM 设计师基于 BIM 模型通过 Trimble Field Point 提取的点位，保证了材料与测量数据的统一，如图 21.7.9 所示；将模型和点位数据导入 BIM 放样机器人手簿中，并控制 BIM 放样机器人进行放线，如图 21.7.10 和图 21.7.11 所示。

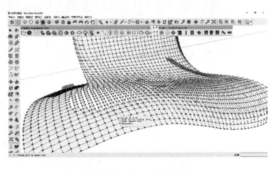

图 21.7.10　模型提点

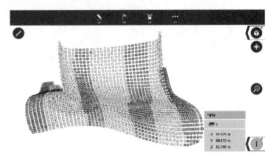

图 21.7.11　导入 RTS 手簿

（6）总结。

　　在建筑幕墙生产与装配中，时常会遇到框架尺寸与原始设计尺寸不相符的情况，此时，我们便可以运用三维激光扫描技术以点云形式记录框架表面的实际尺寸信息，根据实测误差对模型进行调整，或者以点云数据为基础进行二次设计更改。重新标定尺寸，进行幕墙生产安装，更好地把控项目成本。

　　BIM 技术与 RTS（机器人放样）的出现，颠覆了传统幕墙行业的思维模式，改变了现有的生产流程模式，提高了工作效率与质量。本例虽以建筑幕墙为例，但是 BIM 技术与 RTS（机器人放样）在建筑领域的其他应用中同样可以发挥无可比拟的重要作用。

2. 许昌科普教育基地

1）项目简况

该项目位于河南许昌（见图 21.7.12），作为许昌的地标性建筑，采用"科技之翼"形象作为科技馆设计方案，科技馆两侧对称分布着两个空间双曲面连廊。建筑空间造型由上下两层共计 24 根弧形管梁构成，每根管梁直径为 1.4m，壁厚为 3cm，跨度达到 28m，24 根弧形管梁作为骨架支撑，在骨架上架设球网架，球网架由管道杆件和球体焊接而成，与"管桁架"无缝对接后，可形成巨大的网面，每个焊接点需要进行精准定位。该建筑当时拥有国内最复杂的建筑表皮，施工难度在国内能排入前五名。

图 21.7.12　许昌科普教育基地

2）项目要点

（1）24 根弧形管梁在施工安装中发生变形，安装不精准，现场安装的骨架结构与设计模型出入较大，不能为后续球形网架安装提供可靠的安装依据，如图 21.7.13 所示。

图 21.7.13　有问题的骨架

（2）如何快速测量出现场钢结构的偏差，作为深化设计的基础数据。

（3）球形网架的定位安装焊接问题。

（4）球形网架的吊装定位问题。

3. 解决方案

该项目引进 3D 激光扫描技术和 BIM RTS 技术，解决传统测量手段无法精准反映主体结构偏差、幕墙施工和钢结构施工吊装安装等施工难题。计划先得到现状数据，然后纠正弧形管梁安装完成后与设计模型产生的偏差，修改管梁的设计模型，为球形网架的模型深化提供依据。为以后的复杂的异形幕墙精准施工安装提供了全新的施工方法和思路。实施过程如下。

（1）现场架设 3D 激光扫描仪获取现场钢结构的整体数据，3D 扫描数据处理，分割出钢结构的点云数据，如图 21.7.14 所示。

图 21.7.14　3D 激光扫描获取点云数据

（2）如图 21.7.15 所示，将 3D 激光扫描的点云数据导入原始模型，获取现场安装与模型的偏差。

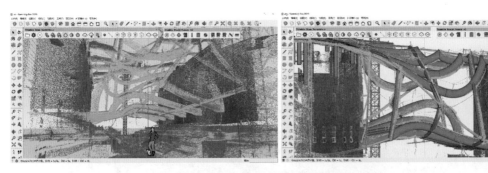

图 21.7.15　扫描数据导入模型获取偏差

（3）通过将 3D 扫描数据原始模型叠加对比，可以发现现场钢结构的点云数据已经突破表皮，如图 21.7.16 所示。

（4）如上所述，通过 3D 扫描数据对原始模型的校验，已得到基础数据；设计师根据对应的偏差对幕墙 BIM 模型的表皮和转换层进行深化，消除跟点云（现场）的碰撞，如图 21.7.17 所示。

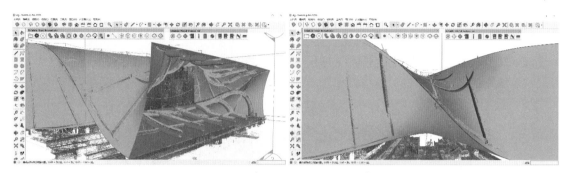

图 21.7.16　钢结构现状已突破表皮

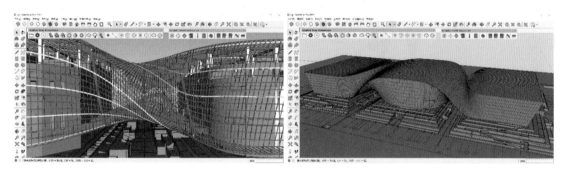

图 21.7.17　根据实测偏差深化设计

4. 球形网架分区施工

（1）由于整个球形网架巨大，现场将网架分割为若干小块施工，每个小块球形网架由球形节点和钢管杆件焊接而成，在地面组装、校验合格后吊装就位，分片模型如图 21.7.18 左侧所示。

（2）由于网架是曲面的，每个球形高度和水平位置都不同，球形节点的位置采用 RTS 定位各网架球形节点位置。图 21.7.18 右侧即为 RTS 平板电脑看到的模型与节点，与左侧模型完全对应。

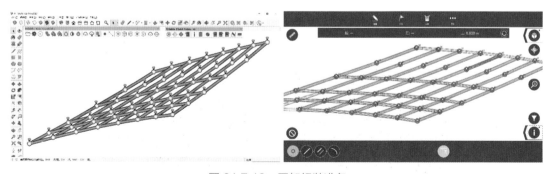

图 21.7.18　网架组装准备

（3）如图21.7.19右上所示，将球形网架模型和放样坐标的文件导入 BIM RTS 平板电脑中，现场通过平板电脑控制 BIM 放样机器人，通过平板电脑读出方位指示，通过棱镜调节每一支架的高度，快速、精准地定位每个球形节点的空间位置，如图21.7.19右上所示。

（4）所有球体放样就位后就可以如图21.7.23左所示，通过钢管杆件焊接到每个球形节点。

（5）图21.7.19右下为制作完成准备吊装的单元球形网架。

图 21.7.19　RTS 定位节点球体与焊接施工

5.北京大兴国际机场北商业区装配式冷热换热机房安装工程

1）项目简介

北京大兴国际机场（Beijing Daxing International Airport）是建设在北京市大兴区与河北省廊坊市广阳区之间的超大型国际航空综合交通枢纽。按照客流吞吐量1亿人次、飞机起降量80万架次的规模建设7条跑道和约 $140 \times 10^4 m^2$ 的航站楼，如图21.7.20所示。

图 21.7.20　北京大兴国际机场

本例所涉及的项目为机场北商业区冷热换热机房设备的装配式安装，工期只有20天，并须达到严苛的施工安全质量要求。

2）现场问题

（1）无准确的土建竣工尺寸数据，理论图纸与土建竣工现场存在偏差，机电施工图则是旧版的理论图纸，后续的深化设计因现状实际尺寸与图纸偏差而无法进行。

（2）无法快速全要素地测量土建的竣工尺寸信息，如所有梁、板、柱以及机电的预留孔洞。使用传统的测量方式，不仅效率低且误差大，无法解决安装前的测量问题。

（3）若建筑、结构及机电安装的冲突在深化设计阶段不解决，将影响现场的安装，出现返工甚至耽误工期，造成工程损失。

3）解决方案

为解决机电预制化工程的装配难题，决定引进数字化测量和RTS方案。

（1）以3D激光扫描将现场尺寸数据1∶1输入到设计软件中，做深化设计。

（2）用BIM RTS技术将深化设计模型中的数据1∶1映射到施工现场。

（3）方案流程如图21.7.21所示。

图 21.7.21　解决方案流程图

4）现场3D激光扫描

现场进行3D激光扫描，做到扫描无死角、无遗漏，获取完整的现场点云数据，如图21.7.22所示。

图 21.7.22　3D 激光扫描

5）点云数据处理

将现场扫描的点云数据自动拼接，对多余的点云数据进行分割和降噪，获取有效的点云数据并建模，如图 21.7.23 所示。

图 21.7.23　现场 1：1 点云模型数据

6）比对与深化修改模型和图纸

比对与深化修改模型和图纸，如图 21.7.24 所示。

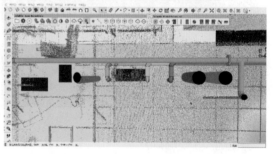

图 21.7.24　比对与修改模型和图纸

7）深化修改 BIM 模型

将点云模型导入 BIM 软件中与设计模型做比对，修改设计模型。图 21.7.25 中彩色为点云模型，灰色部分为设计模型。可见，现场混凝土基础与设计模型中基础尺寸不符；设计模型管道位置与现场管道位置出现偏差；现场实际预留套管位置也与设计模型不符等问题。需进行深化模型或修改设计方案（详见附件）。

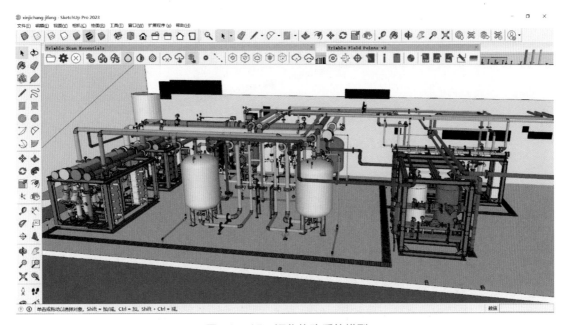

图 21.7.25　深化修改后的模型

8）提取放样点并导入平板电脑

深化修改机电 BIM 模型后，在 BIM 模型中提取需要放样的点位。将放样点位和 BIM 模型导入 BIM 放样机器人中。图 21.7.26 上半部分是在 BIM 模型中提取放样点位；下半部分是将 BIM 模型和放样点位导入平板电脑中以后。

9）现场使用 BIM RTS 放样

图 21.7.27 左侧墙面上的黑白方格标志为使用 BIM RTS 进行 BIM 放样前的参考点之一。图 21.7.27 左侧为 RTS 主机（放样前的参考点校对设定）。图 21.7.27 右上为平板电脑配合 360° 棱镜单人放样。图 21.7.27 右下为平板电脑上显示的位置偏差提示信息。

10）成果展示

根据 RTS 的结果进行定位施工，在规定时间内，保质保量完成设备与管道的顺利安装。工程完成后的现场如图 21.7.28 所示。

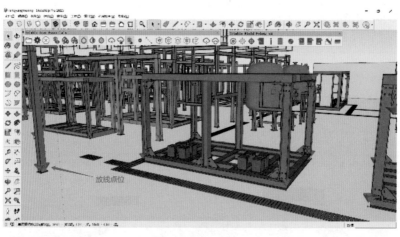

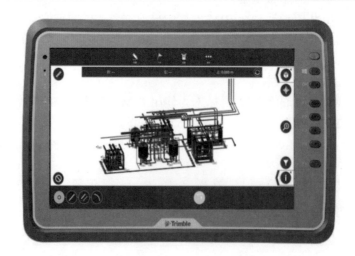

图 21.7.26　提取放样点并导入平板电脑

图 21.7.27　现场用 BIM RTS

图 21.7.28　设备安装完成后

参 考 文 献

[1] do Camco. 曲线与曲面的微分几何 [M]. 田畴，等，译. 北京：机械工业出版社，2005.

[2] 朱心雄，等. 自由曲线曲面造型技术 [M]. 北京：科学出版社，2000.

[3] 丘维声，等. 现代几何学：方法与应用（卷）曲面几何 [M]. 北京：高等教育出版社，2006.

[4] 丘维声. 解析几何 [M]. 3 版. 北京：北京大学出版社，2019.

[5] SolidWorks. SolidWorks 高级零件与曲面建模 [M]. 生信实维编译. 北京：清华大学出版社，2003.

[6] 胡其登，戴瑞华. SolidWorks 高级曲面教程 [M]. 北京：机械工业出版社，2020.

[7] 张家瑞. 立体几何的问题和方法 [M]. 哈尔滨：哈尔滨工业大学出版社，2020.

[8] 吴为廉. 景观与景园建筑工程规划设计（上下册）[M]. 北京：建筑工业出版社，2005.

[9] 全国科学技术名词审定委员会编. 建筑学名词 [M]. 2 版. 北京：科学出版社，2014.

[10] 薛素铎，等. 充气膜结构设计与施工技术指南 [M]. 北京：中国建筑工业出版社，2019.

[11] 张其林. 索和膜结构 [M]. 上海：同济大学出版社，2002.

[12] 毛昕，马明旭. 曲面映射与展开中的几何分析 [M]. 北京：清华大学出版社，2013.

[13] 武汉水利电力学院. 工程曲面的几何计算与展开 [M]. 北京：水利出版社，1980.

[14] 《工程图学自学丛书》编委会. 怎样画展开图 [M]. 福州：福建科学技术出版社，1985.

[15] 朱辉，等. 画法几何及工程制图 [M]. 上海：上海科学技术出版社，2013.

[16] GB/T 50001—2017 房屋建筑制图统一标准.

[17] GJT 244—2011 房屋建筑室内装饰制图标准.

[18] CJJT 67—2015 风景园林制图标准.

[19] 北京天宝天拓资料，北京大兴国际机场北商业区装配式冷热换热机房安装.

[20] 北京天宝天拓资料，北京新机场机房放样.

[21] 北京天宝天拓资料，苏州太平金融中心裙楼屋顶 -3D 激光扫描应用.

[22] 北京天宝天拓资料，RTS bim 放样机器人使用流程.

[23] 北京天宝天拓资料，Trimble RTS771 BIM 放样机器人.

[24] 田永复. 中国古建筑知识手册 [M]. 北京：中国建筑工业出版社，2013.

[25] 吴为廉. 景观与景园建筑工程规划设计上册 [M]. 北京：中国建筑工业出版社，2005.

[26] 赵广超. 不只中国木建筑 [M]. 上海：上海科学技术出版社，2000.

[27] 张文福. 空间结构 [M]. 北京：科学出版社，2005.

[28] 杜新喜. 钢结构设计 [M]. 南京：东南大学出版社，2017.

[29] 杨文柱. 网架结构制作与施工 [M]. 北京：机械工业出版社，2005.

[30] 赵峥. 网架结构工程设计与施工 [M]. 北京：中国建筑工业出版社，2016.

[31] 编委会 . 网架结构设计手册 [M]. 北京：中国建筑工业出版社，1998.

[32] JGJ 7—91 网架结构设计与施工规范 .

[33] GBJ 205 钢结构工程施工及验收规范 .

[34] JG/T 11—2009 钢网架焊接空心球节点 .

[35] JGT 10—2009 钢网架螺栓球节点 .

[36] GB/T 16939—1997 钢网架螺栓球节点用高强度螺栓 .